第二次青藏高原综合科学考察研究任务八之专题 1：
稀贵金属（金、镍、钴、铬铁矿、铂族元素）科学考察与远景评估　　资助
青海省柴达木周缘大型超大型金矿深部探测技术创新工程技术研究中心

东昆仑成矿带金矿成矿系列研究及找矿预测

魏占浩　杜生鹏　王　斌　杨奎锋 等　著

科学出版社
北　京

内 容 简 介

东昆仑是青藏高原重要的金成矿带之一，是青海省的优势战略矿产资源勘查开发基地。

本书通过东昆仑金矿成矿系列研究，全面反映了该区成矿地质背景，总结了典型金矿床特征，梳理了该区金矿时空分布特征，厘定出3个金矿成矿时段，划分出金矿成矿系列组、成矿系列各5个，成矿亚系列12个，矿床式10个，建立了岩浆热液型、接触交代型等4种类型金矿找矿预测模型，在东昆仑成矿带划分出16个金矿找矿远景区，圈定优选金矿找矿靶区36处。

本书旨在向广大地勘工作者、科研工作者及院校师生，提供东昆仑地区地质背景基础资料、金矿的成矿规律新认识；同时，提出面上和已有矿区深边部找矿方向，为进一步开展矿产勘查部署提供科学依据。

审图号：GS京（2025）1004号

图书在版编目（CIP）数据

东昆仑成矿带金矿成矿系列研究及找矿预测 / 魏占浩等著. -- 北京 ：科学出版社，2025. 7. -- ISBN 978-7-03-081718-1

Ⅰ. P618.51

中国国家版本馆CIP数据核字第2025MD4215号

责任编辑：王　运　柴良木 / 责任校对：何艳萍

责任印制：肖　兴 / 封面设计：无极书装

科学出版社出版

北京东黄城根北街16号

邮政编码：100717

http://www.sciencep.com

北京建宏印刷有限公司印刷

科学出版社发行　各地新华书店经销

*

2025年7月第　一　版　开本：787×1092　1/16

2025年7月第一次印刷　印张：21 1/2

字数：510 000

定价：338.00元

（如有印装质量问题，我社负责调换）

《东昆仑成矿带金矿成矿系列研究及找矿预测》

编写委员会

主　编：魏占浩　杜生鹏

副主编：王　斌　杨奎锋　谢海林

编　委：陈苏龙　李兴辉　陈建林　赵志飞　王　雷

刘志华　韩　玉　李少南　王　震　李玉莲

马文君　侯长才　杜承文　徐汉宾　吴金检

梁政忠　祁贞明　谈晓樱　刘锦文　刘存善

刘延和　范宏瑞　曾庆栋　滕晓燕

序

青藏高原总面积约 250 万 km^2，是我国独具特色的重要矿产地。近年来，系列大型-超大型矿床的发现，不仅预示着青藏高原的巨大成矿潜力，甚至将在很大程度上改变我国矿产资源的版图。但是，青藏高原矿床地质勘查工作程度低，开展勘探工作的地区不足全区面积的3%，部分潜在矿山的地质工作程度也仅为普查乃至预查，对矿床成因和成矿规律的掌握情况远不能满足资源开发利用的需求。因此，摸清青藏高原金属矿产家底，尤其是金、钴、镍、铬、铂族元素等稀贵金属矿产的资源分布规律，评估资源远景，是目前十分紧迫的任务。

东昆仑成矿带位于青海省中西部，是青藏高原北部重要的地质单元。显生宙以来复杂的造山过程和构造-岩浆活动，为该带多金属矿产的形成提供了有利条件，特别是形成了丰富的金资源。迄今为止，已在该带发现了一大批大-中型金矿区，其中大场金矿区黄金资源储量 220t、五龙沟金矿区储量 128t、沟里金矿区储量 110t。因此，东昆仑又有“金腰带”之称，被认为是我国十大新的战略资源接替基地之一。但是，目前对东昆仑成矿带金矿床形成规律、富集机制及赋存形式的系统研究仍相当缺乏，严重制约了带内金资源的进一步勘查与开采。

受益于第二次青藏高原综合科学考察研究任务，青海省第一地质勘查院与中国科学院地质与地球物理研究所通力合作，对东昆仑成矿带开展系统的金成矿潜力研究工作。他们克服高寒缺氧等诸多困难，在充分搜集区域性基础资料及主要矿区勘查资料的基础上，立足于扎实的野外地质调查，结合典型金矿床控矿因素、年代学、流体特征、微量元素和同位素示踪成因等研究成果，分析了东昆仑构造演化与金矿成矿时空及成矿作用关系，进而开展了金矿远景区划分和大比例尺找矿靶区预测，取得了丰硕的成果。

呈现在读者面前的《东昆仑成矿带金矿成矿系列研究及找矿预测》，就是这一集成的研究成果，作者在东昆仑这块无数人研究的大地上又取得了大量创新性认识，将东昆仑金矿集区的研究推向了一个新的高度，也为将青藏高原建设成为我国新的大型矿产资源接替基地提供了科学依据。翔实的描述、严谨的分析、活跃的学术思想，以及对东昆仑成矿潜力的科学预测，让我对该书产生了浓厚兴趣。我愿意向读者推荐该书，不仅因为它资料丰厚、图文并茂、推论有据、可读性强、表述科学准确，而且我认为它将成为青藏高原金矿研究的又一部力作，对实现高原矿产勘查的重大突破意义非凡。

是为序。

中国科学院院士

2025 年 6 月 15 日

前　言

东昆仑造山带位处青藏高原中北部，横跨青海省中部，属秦祁昆造山系，北接柴达木盆地，南侧以昆中断裂为界与康西瓦-修沟-磨子潭地壳对接带相邻，东端与西秦岭造山带相接于兴海县尕马羊曲附近，东西长约880km，南北宽70～190km，面积94699km^2。

东昆仑造山带经历了原特提斯和古特提斯洋的发展演化，记录了加里东期和海西-印支期两期洋陆转化造山事件，两期造山运动，造就了东昆仑独特的大地构造位置、复杂的构造环境、频繁的岩浆活动及不同程度的变质作用，形成了种类齐全的内生金属矿化和丰富的矿产资源，矿床在不同阶段的造山挤压与伸展转换或造山期后的伸展阶段就位，不同的地质构造环境控制着不同类型矿床的形成与改造。

东昆仑大规模内生成矿作用发生在南华纪—泥盆纪、石炭纪—三叠纪，中三叠世是东昆仑成矿带一个重要的成矿期，成矿类型主要为岩浆热液型、接触交代型、海相火山岩型等。与金相关的岩浆热液型成矿作用发生于泥盆纪和三叠纪，接触交代型矿床形成于志留纪、三叠纪，海相火山岩型矿床形成于奥陶纪和三叠纪。

1990年青海省首例大型岩金矿床——金龙沟金矿被发现后，东昆仑成矿带也拉开了依托1∶50万水系沉积物化探异常找金的序幕，相继发现了岩金沟金矿、满丈岗金矿、阿斯哈金矿、果洛龙洼金矿、红旗沟-深水潭金矿等金矿床，为地方经济发展做出了巨大贡献。随着祁连、巴颜喀拉、三江等成矿省相继划入生态红线区内，东昆仑成矿带逐渐成为省内乃至全国以战略性铁、钴、镍、铜、金、三稀等多矿种为主的重要勘查基地，是开展新一轮找矿突破战略行动、保障资源安全的远景区带，是贵金属矿产增储上产的主要矿区矿带。因此，以成矿系列预测理论为指导，梳理区域成矿地质背景，以最新找矿成果丰富成矿地质条件、成矿作用认识，总结成矿规律、成矿预测要素，突出金矿区域找矿预测和已有矿区深边部找矿靶位预测，按照缺位找矿的思路，指导新一轮找矿突破战略行动岩金勘查找矿工作部署，重点解决东昆仑成矿带新区培育、深边部找矿瓶颈等问题，实现区带上新的点上突破、面上进一步拓展、已有矿区深边部找矿成果进一步扩大，对促进柴达木循环经济试验区开发和青海省经济社会发展意义重大。

本次研究受益于第二次青藏高原综合科学考察研究任务八之专题1“稀贵金属（金、镍、钴、铬铁矿、铂族元素）科学考察与远景评估”项目的资助，在充分搜集东昆仑成矿带区域性基础资料、主要矿区勘查资料及《中国矿产地质志·青海卷》研编成果的基础上，结合课题组对岩金沟、果洛龙洼、阿斯哈等矿区典型矿床控矿因素、年代学、流体特征、成矿物质来源、微量元素示踪成因等研究成果，以成矿系列理论为指导，总结了东昆仑金矿区域成矿规律，分析了东昆仑构造演化与金矿成矿时空及成矿作用关系，梳理建立了东昆仑与金成矿相关的成矿系列，结合地物化及蚀变信息开展了远景区划分和大比例尺的找矿靶区预测。

本书编撰人员分工如下：前言由魏占浩、李玉莲撰写；第一章由魏占浩、陈苏龙编写；

第二章由魏占浩、李玉莲、王雷、韩玉编写；第三章由魏占浩、李兴辉、陈建林、刘志华、李少南、王震、吴金检、梁改忠、侯长才编写；第四章由杜生鹏、魏占浩编写；第五章由魏占浩、王斌、杨奎锋编写；第六章由杜生鹏、赵志飞、魏占浩、马文君编写；图件由杜承文、徐汉宾、韩玉、祁贞明、谈晓樱、刘锦文、刘存善、刘延和、滕晓燕完成；参考文献由马文君复核校对，本书最终由魏占浩、杜生鹏统编、定稿，并由杜生鹏完成全书校改。

本书编写得到了中国科学院地质与地球物理研究所范宏瑞研究员和曾庆栋研究员、青海省地质矿产勘查开发局潘彤总工程师等专家、老师的悉心指导，《中国矿产地质志·青海卷》编撰组为本书编写提供了部分研编成果资料和无私帮助，成文后中国科学院地质与地球物理研究所吴福元院士为书作序，在此一并表示深深的谢意！

限于作者的研究水平和表达能力，书中难免存在疏漏，敬请读者批评指正。

作　者

2024 年 7 月

目　录

第一章 绪　论

第一节　黄金资源的战略意义

金（Au），铜族元素，元素周期表第 79 位元素，相对原子质量 196.97，密度 19.32g/cm^3，熔点 1064.43℃，不溶于一般的酸和碱，化学性质稳定，可塑性、延展性极佳，是人类较早发现和利用的金属之一。黄金稀少珍贵，且由于其特殊的物理化学性质，具有其他金属无法比拟的价值，在中外文明历史上一直是财富和地位的象征。随着社会经济的发展，黄金的经济地位和应用价值在不断地发生变化，它的货币职能随着国际社会环境的变化而显示出波动性，而在首饰、工业和高科技领域方面的商品属性与应用范围在逐渐扩大。概括来说，黄金兼具商品、货币及投资三大属性，是重要的全球性战略资产和各国金融储备体系的基石，在维护国家金融稳定、经济安全中具有不可替代的作用。

黄金的主要需求和用途有三大类：一是用作国际储备，目前许多国家，包括西方主要国家国际储备中，黄金仍占有相当重要的地位；二是用作珠宝装饰，华丽的黄金饰品一直是个人的社会地位和财富的象征；三是在工业与科学技术上的应用，它具有极高的抗腐蚀稳定性，良好的导电性和导热性，广泛用于电子、通信、航空航天、化工、医疗等技术领域。从个人财富、饰品到工业发展、政府国际储备，黄金都有着重要的不可或缺的作用，受到极大的重视（崔敏利等，2020）。

2016 年国土资源部发布的《全国矿产资源规划（2016—2020 年）》将石油、天然气、页岩气、煤炭、煤层气、铀、铁、铬、铜、铝、金、镍、钨、锡、钼、锑、钴、锂、稀土、锆、磷、钾盐、晶质石墨和萤石等 24 个矿种列为战略性矿产，并进一步明确要“对战略性新兴产业矿产，保障资源供应”。金赫然在列不仅是因为传统文化拉动了我国作为黄金首饰等产品最大消费国的消费需求，更是因为黄金储备是稳定经济的压舱石。

史家亮 2022 年提出，从近几年国际黄金交易的数据来分析，债券属性和金融属性依然是当前黄金价格的核心影响因素，决定美债收益率和美元指数走势的美联储货币政策转向与黄金价格走势具有显著的负相关性。

当前，世界正处于百年未有之大变局，“去美元化”的声音在世界各国逐渐汇聚，本币交易也开始尝试，其中黄金储备量与国际贸易中本币交易的信誉度和抵御风险的能力呈正相关。在当前世界货币金融资产结构里，黄金是唯一非负债性质的资产，唯一具有永久国际货币地位和唯一既能够承受国际风险压力又能够应对国内危机的金融资产。黄金具有财富储藏和保值的永久国际清算功能，因此可以作为国际融资保证以对付外来威胁，应对突发事件。同时，黄金也是货币的信用基础，欧洲中央银行在成立之初就确定了外汇准备金的 15%以黄金形式持有。

中国的和平崛起需要粮食安全、能源资源安全和国家安全做保障，需要一个相对友好的国际环境和相对稳定的金融基础。因此，在世界大国博弈中，具有多重属性的黄金资源更显战略意义：

（1）黄金资源与其余战略性矿产资源共同构成我国国民经济发展的重要基础，是国家实力的物质家底，也是国家安全的根本保障。

（2）勘查开发黄金资源是提高人民生活水平的基本途径，可以提升科技创新能力，在国际关系中谋求战略主动。

（3）黄金作为国际硬通货的根本特性没有改变。黄金几乎是唯一能够突破地域、语言、宗教、种族、政治信仰限制的国际公认资产，同时由于体积小、易运输、价值相对稳定、没有被冻结风险等无可替代的特点，可以作为紧急支付手段，在国家战略储备中占有重要位置。对少有发生但具有极大破坏性的事件，如战争、高通货膨胀等，黄金具备保险功能。

（4）黄金储备是应对金融危机的有效手段。在复杂的国际形势中，黄金具有风险防范的作用，在一定的条件下也可能成为战略博弈工具，同时由于美元走弱趋势已不可避免，在国际金融风云变幻的未来，坚实的黄金信用基础将有助于人民币成为强势货币而奠定国家崛起的基础。我国应对国际金融危机的对策除了货币政策、资本市场对策之外，加大黄金战略储备也是一种重要和有效的手段，既可以减少我国外汇储备的损失，又可以为人民币的币值稳定提供有力支撑。

（5）黄金储备是抵御金融风险的压舱石和人民币国际化的助推剂。以美元计价的黄金价格和美元汇率呈现很大的负相关性，因此持有黄金储备可以有效地对冲美元贬值带来的储备资产价值缩水的风险；黄金是超越国家主权的货币资产，具有强大的最后清偿能力，恰恰是一国货币走向国际的基础和保障。英镑、美元在成为国际货币时，其国家黄金储备分别占到世界的50%、60%以上；欧元在创设时，欧元区国家的黄金储备合计约1×10^4t，超过了美国的黄金储备。人民币若要实现国际化，必须具有普遍接受性和价值稳定性，那么，除了国家信誉担保之外，非常重要的一点就是必须要有足够的黄金储备作为基础，提高人民币的含金量和信誉度（宋鑫，2014）。

根据世界黄金协会公布的数据，截至2023年第一季度，美国以8133.5t位居第一，占其外汇储备的79.8%；中国黄金储备的规模为2068t，在储备资产中的占比仅为2.3%。从我国目前黄金储备的实际情况来看，无论是黄金储备绝对量还是其占国家官方储备的比例都很低。从这个意义上讲，我国仍需加大黄金的勘查、生产和储备，以减少我国外汇储备的损失，同时为推动“人民币国际化”提供有力支撑，进而为中国成为世界经济强国、实现中国梦提供坚强保障。

第二节 东昆仑金矿研究现状及研究意义

一、东昆仑金矿研究现状

青海省地大物博、矿产资源丰富，由于特殊的地理位置，人烟稀少，经济欠发达，矿产资源开发在国民经济中占有较大比重和优势。随着三江、祁连等成矿省相继划入生态红线区内，东昆仑成矿带逐渐成为省内除柴达木盆地钾、锂，柴北缘成矿带金、铅锌之外的战略性铁、钴、镍、铜、金、三稀、晶质石墨和萤石等多矿种矿产品供应基地，支撑着青海省“柴达木循环经济试验区”战略的布局和实施。

金以其储量和找矿潜力作为东昆仑成矿带的优势矿种，一直以来备受地学界和青海省经济社会各界的高度关注，东昆仑金矿找矿勘查始于20世纪80年代，先期以寻找砂金为主，随着1990年青海省首例大型岩金矿床——柴北缘成矿带滩间山地区金龙沟金矿的发现，也在东昆仑成矿带拉开了依托1∶50万水系沉积物化探扫面异常找金的序幕，相继发现了岩金沟金矿、开荒北金矿、满丈岗金矿、驼路沟钴金矿、阿斯哈金矿、瓦勒尕金矿、果洛龙洼金矿、红旗沟-深水潭金矿、淡水沟金矿、百吨沟金矿、打柴沟金矿、白日其利金矿、茫崖河东金多金属矿、抗得弄舍金多金属矿等大、中、小型金矿床，逐步形成了以五龙沟金矿、沟里金矿为集中区，区域上星罗棋布的格局。矿床成因多属岩浆热液型金矿床，矿石类型主要有构造蚀变岩型、热液脉型。

针对东昆仑金矿的专项科研略晚于岩金勘查找矿，大致开始于20世纪90年代中期，先后有西安工程学院、中国地质大学、成都理工大学、中国地质科学院矿产资源研究所等多家科研院所开展过典型矿床地质特征、控矿构造解析、成岩成矿年龄、成矿规律等方面研究，初步涉及成矿系列研究。其中中国地质科学院矿产资源研究所张德全等牵头实施的“柴达木盆地南北缘成矿地质环境及找矿远景研究”项目（1996～2000年），通过研究提出了柴达木盆地南北缘显生宙造山过程具有多岛洋/裂陷槽-软碰撞-多旋回的特点，指出区内火成岩极性的横向变化和岩石圈物性结构断面明显的横向不均匀性的一致性，确立了柴北缘和东昆仑地区存在规模宏大的加里东期和晚海西（由于海西运动又称华力西运动，海西期亦即华力西期，各种文献使用不一，为了统一表述，本书均以“海西”表达）—印支期复合花岗岩带，首次提出研究区的内生金属成矿主要的成因类型，指出导致成矿系列在不同的三级构造带同时交叉并存、矿化强度差异悬殊，不同成矿系列在同一个区带的复合、叠置与改造，同一个成矿系列在时间上与构造迁移同步变异的原因；首次提出该区的绝大多数金矿床属造山型金矿床，是加里东期和晚海西—印支期复合造山的产物，西安工程学院承担的子课题“东昆仑金及多金属成矿地质背景和预测研究”，提出了在东昆仑中段寻找“五龙沟式”构造蚀变岩型金矿的找矿思路，指出该区矿床成矿系列为与加里东晚期陆-陆碰撞有关的多金属成矿系列，金矿属于构造蚀变岩型，铜、铅、锌多金属矿属于热液型。

青海省地质矿产勘查开发局主持开展了“青海省第三轮成矿远景区划研究与找矿靶区预测”（简称“三轮区划”）、“全国矿产资源潜力评价”（简称“潜力评价”）等项目，“三轮区划”以矿床实例为主线，通过矿床地质背景研究，并以成矿地质构造环境为依托，在对典型矿床充分研究基础上，从矿床的成矿作用、成矿环境和成矿时间以及空间组合关系进行了成矿系列的厘定；“潜力评价”按照成矿系列理论，划分了全省Ⅳ、Ⅴ级成矿带，建立了典型矿床成矿模式，梳理了全省成矿单元、成矿规律、成矿系列。

青海省第一地质勘查院和青海省有色地质矿产勘查局八队分别开展了都兰县五龙沟地区金矿整装勘查区、都兰县沟里地区金矿整装勘查区找矿部署研究项目，总结了矿集区成矿规律、矿体赋存富集规律、构造控矿样式、构造叠加晕特征标志，研究了成矿物质来源，并在主要矿区完成了三维地质建模，为整装勘查区工作部署和找矿突破奠定了坚实基础。

前人研究成果（李善平等，2022）表明：青海省金矿成矿时代与省内地质构造的演化趋势基本一致，金成矿与省内岩浆活动的分布规律基本一致，金成矿与侵入岩体在时代上亦显示出由北向南从加里东期→海西期→印支期→燕山期的变化特征。东昆仑地区金矿主成矿期以海西晚期—印支期为主，但亦显示出印支晚期和燕山期成矿作用同样也占有较为重要的位置，而东昆仑南坡及北巴颜喀拉山金成矿主要为印支期—燕山期。

青海省内各成矿带主成矿期的规律变化说明金成矿作用与大地构造的演化关系极为密切。岩金矿成矿作用始于震旦纪，但未形成具工业意义的矿床（王福德等，2018）；海西晚期—印支期和燕山期是青海省一个重要的构造运动转折时期，尤其在印支期达到顶峰，特提斯洋盆的扩展和闭合对省内地质构造的演化影响极大，强烈的陆内造山，造成挤压、推覆、剪切、断裂等一系列构造形迹非常发育，岩浆活动也十分频繁，复杂的构造形迹及频繁的岩浆活动和岩体侵入为金矿的形成提供了有利条件。在此阶段形成了柴北缘滩间山金矿田（海西期），东昆仑五龙沟金矿田、沟里金矿田、满丈岗金矿床、西秦岭瓦勒根金矿床、北巴颜喀拉山大场金矿田（印支期）等（李善平等，2022）。

海西期—印支早期，东昆仑地区随古特提斯洋俯冲、拼贴，碰撞造山早期受到近南北向的挤压作用，形成了一系列近东西向逆冲断裂及近北西西向的大型韧性剪切带，区内昆中和昆北断裂带发生左旋压扭性活动，并在其两侧形成了一系列的北西西-北西向线性构造（李艳军等，2017）。东昆仑成矿带两个重要的构造体制转换期对应于两个重要的金的成矿期，一个是加里东期被动陆缘转活动陆缘期，形成矿床以昆南带驼路沟喷流沉积型钴（金）矿床为代表；另一个是印支晚期从挤压造山体制向板内岩石圈拉张减薄体制转换期，形成以昆中带五龙沟热液型金多金属矿床为代表。五龙沟地区的金矿主要形成于印支晚期东昆仑造山挤压向造山后伸展构造体制转换期，大多为区域三级构造，即逆冲-走滑剪切断裂构造体系控制，白日其利、五龙沟、百吨沟及沟里地区都无一例外地表现为大型韧性剪切带及其旁侧的次一级的北西向断裂破碎带控矿；成矿物质为以深源为主的壳幔混源，成矿流体以岩浆水为主，同时有大气降水的混入，成矿流体总体显示中高温、中低盐度特征，成矿环境为相对封闭、弱还原的脆性变形域（魏俊浩等，2016）。

二、东昆仑金矿研究意义

东昆仑素有“青海金腰带”之称，已经发现并评价的有大型金矿床 4 处、中型金矿床 11 处、小型金矿床 35 处、金矿（化）点 169 个。

从成矿类型看，几个成规模的金矿床均为构造蚀变岩金矿，分布于柴南缘东昆仑内生金属、贵金属成矿带，并形成矿集区，近几年的勘查找矿工作在主力矿区外围（五龙沟、沟里金矿集区）有重大突破，显示其深部及外围金资源潜力巨大。其次，祁漫塔格成矿带发现有中高温热液型铜金矿、斑岩型金矿的成矿事实与大量的找矿线索，茫崖河东地区近年来岩金找矿有新的突破，发现的矿床（点）沿区域构造带延伸达十余千米，且为构造蚀变岩型金矿，规模已达中型，可作为进一步加大勘查力度、保障资源储备的勘查靶区；阿尔金地区近两年发现了热液脉型金矿，虽然规模较小，但是发现金矿存在的意义重大，今后应加强东昆仑金成矿背景、成矿模式、成矿规律的研究，指导找金工作部署，实现找矿突破，寻求新的金资源保障基地。

2010 年 3 月，国务院批准《青海省柴达木循环经济试验区总体规划》，试验区作为国内面积最大、资源较为丰富、唯一布局在青藏高原少数民族地区的循环经济产业试点园区，其建设发展由此上升为国家战略。

2013 年 1 月 6 日，青海省政府召开“黄金资源整合及产业发展专题会议”，提出打造环柴达木千吨黄金勘查基地、百吨黄金生产基地的要求，意在整合黄金资源，促进全省黄金产业聚集化、规模化发展，拟打造环柴达木黄金勘查、选冶、加工、旅游等全产业链循环经济体系。

目前青海省发现的六大金矿东昆仑占其三：五龙沟金矿、沟里金矿、抗得弄舍金多金属矿，且五龙沟金矿、沟里金矿处于开发受益阶段，取得了很好的经济效益和社会效益。随着矿山开发，资源消耗加剧，目前保有可开采储量急剧下降，金资源供需矛盾日益凸显，矿山资源增储及保供能力亟待提高、新的接替资源基地亟待打造。

因此，东昆仑金矿研究意义重大而紧迫，通过东昆仑金矿成矿系列研究，可以利用该研究成果，按照缺位找矿的思路，指导新一轮找矿突破战略行动岩金勘查找矿工作部署，重点解决东昆仑成矿带新区培育、深边部找矿瓶颈等问题，实现区带上新的点的突破、面上进一步拓展、已有矿区深边部找矿成果进一步扩大，为矿山增储上产，为柴达木循环经济试验区打造千吨黄金勘查基地、百吨黄金生产基地夯实基础。

第二章　区域地质背景

东昆仑 Ni、Au、Fe、Pb、Zn、Cu、Ag、W、Sn、Co、Bi、Hg、Mn、玉石、萤石、硅灰石、页岩气、重晶石、大理岩、石灰岩、石墨、硫铁矿成矿带（青海段）(Ⅲ-26)，简称东昆仑成矿带（图 2-1-1），属秦-祁-昆造山系，其位于青海省中西部，西起青海-新疆边界，经过伯喀里克、野马泉、布伦台、埃坑德勒斯特、都兰县、兴海县等，止于兴海县尕马羊曲附近，东西长约 880km，南北宽 70～190km，面积 94699km^2。东昆仑成矿带北部以昆北断裂为界与柴达木地块分开，南界以昆中断裂为界与康西瓦-修沟-磨子潭地壳对接带为邻；东昆仑地区目前尚未发现太古宙地质记录，是在古元古代结晶基底上发展、演化的造山带。

东昆仑造山带（EKOB）经历了加里东期和海西—印支期两期洋陆转化叠加，形成的动力学体系主要与原特提斯和古特提斯洋的发展演化密切相关（潘彤等，2019）。东昆仑造山带经历的两期造山事件，其一是早寒武世开始原特提斯洋洋壳向北俯冲，东昆仑增生造山作用持续到了早志留世中期（约 437Ma），大陆碰撞造山与大陆深俯冲时限为 437～421Ma；其二是东昆仑造山带从石炭纪进入古特提斯洋演化时期，特提斯洋在石炭纪打开（莫宣学等，2007），晚二叠世—中三叠世主要发生洋壳俯冲与增生造山作用，中三叠世进入岩浆活动的爆发期，幔源岩浆活动极为强烈，俯冲板片脱水累积的巨量流体也以岩浆为通道或载体就位于中上地壳的不同位置。因此，中三叠世也成为东昆仑成矿带一个重要的成矿期，矿床在不同阶段的造山挤压与伸展转换或造山期后的伸展阶段就位。

东昆仑大规模内生成矿作用发生在南华纪—泥盆纪、石炭纪—三叠纪，成矿类型主要为岩浆热液型、接触交代型、海相火山岩型等。与金相关的岩浆热液型成矿作用发生于泥盆纪和三叠纪，接触交代型矿床形成于志留纪、三叠纪，海相火山岩型矿床形成于奥陶纪和三叠纪。

第一节　构造单元特征

一、构造分区

（一）大地构造位置

根据《中国区域地质志·青海志》（祁生胜等，2019），以板块构造、活动论和大陆动力学理论为指导，针对青海省地质构造演化阶段与基本事实，以加里东期和海西—印支期两期造山为框架，划分出青海省大地构造单元。东昆仑造山带属秦（岭）-祁（连）-昆（仑）造山系的一部分（潘桂棠等，2009），呈近东西向展布于东昆仑北坡—鄂拉山一带，北部以昆北断裂为界与柴达木地块分开，南界以昆中断裂为界与康西瓦-修沟-磨子潭地壳对接带

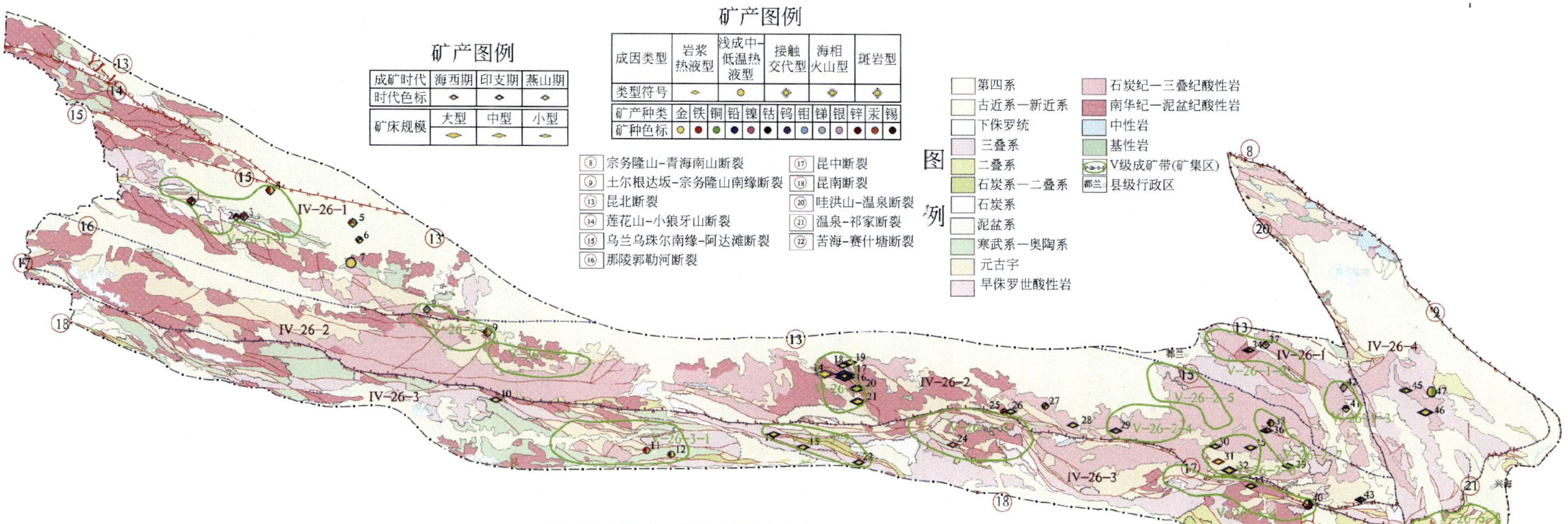

东昆仑成矿带成矿单元划分表

Ⅲ级成矿带(区) 编号	名称	Ⅳ级成矿亚带(区) 编号	名称	Ⅴ级矿带(矿集区) 编号	名称
Ⅲ-26	东昆仑Ni-Au-Fe-Pb-Zn-Cu-Ag-W-Sn-Co-Bi-Hg-Mn-玉石-萤石-硅灰石-页岩气-重晶石-大理岩-石灰岩-石墨-硫铁矿成矿带(青海段)	Ⅳ-26-1	祁漫塔格-都兰Ni-Fe-Cu-Pb-Zn-W-Sn-Co-Bi-Au-Ag-Mo-硅灰石-白云岩-石灰岩-石墨成矿亚带	Ⅴ-26-1-1	可特勒高勒-尕林格Fe-Cu-Pb-Zn-Au-Mo-Co-石灰岩矿集区
				Ⅴ-26-1-2	海寺-加羊Fe-Cu-Pb-Zn-Au-Mo-Co-石灰岩矿集区
				Ⅴ-26-1-3	鑫拓-什多龙Zn-Pb-Cu-Mo-Ag-Au-Fe-高岭土矿集区
		Ⅳ-26-2	伯喀里克-香日德Au-Cu-Pb-Zn-Fe-Ni-Ag-W-Mo-石墨-萤石玉石-煤-花岗岩成矿亚带	Ⅴ-26-2-1	夏日哈木-哈西亚图Ni-Cu-Fe-Zn-Mo-Pb-石墨-玉石-白云岩-石灰岩-煤矿集区
				Ⅴ-26-2-2	大灶火西南山-托拉海沟东玉石-石墨矿集区
				Ⅴ-26-2-3	五龙沟地区Au-Cu-Pb-Zn-Sb-萤石矿集区
				Ⅴ-26-2-4	托克妥-夏拉可特力Fe-Cu-Pb-Zn-Au-Ag-花岗岩-白云母-钾长石矿集区
				Ⅴ-26-2-5	白石崖-古布扎勒Fe-Cu-Au-Ag-Pb-Zn-Mo-W-大理岩-钾长石-花岗岩-石棉-水晶-白云母矿集区
				Ⅴ-26-2-6	阿斯哈-果洛龙洼Au-Fe-Cu-Pb-Zn-大理岩-滑石矿集区
				Ⅴ-26-2-7	哈日扎-那更康切尔Ag-Fe-Cu-Pb-Zn-Mo-W-Au-水晶矿集区
		Ⅳ-26-3	东昆仑南部Cu-Au-Co-Ni-W-Fe-Mn-V-Mo-石墨-大理岩-玉石-石灰岩-煤成矿亚带	Ⅴ-26-3-1	二道沟-驼路沟Ag-Fe-Cu-Pb-Zn-Mo-W-Au-水晶矿集区
				Ⅴ-26-3-2	大格勒沟脑-开荒北Au-Cu-Pb-U矿集区
				Ⅴ-26-3-3	小庙-清水河Fe-Au-Cu-Pb-Zn-Ag-Mn-Co-U-滑石矿集区
				Ⅴ-26-3-4	巴勒木特尔-抗得弄舍Au-Cu-Pb-Zn-Ag-Fe-Co-石墨-水晶矿集区
		Ⅳ-26-4	向前沟-满丈岗Au-Ag-Fe-Cu-Pb-Zn-花岗岩成矿亚带		
		Ⅳ-26-5	智益-铜峪沟Cu-Pb-Zn-Ag-Sn-Hg-重晶石-萤石-白云母-煤成矿亚带	Ⅴ-26-5-1	日龙沟-赛什塘Cu-Pb-Zn-Sn-Fe-Au-Ag-白云母矿集区

0 10 20km

图2-1-1 东昆仑成矿带成矿单元划分及地质矿产简图(据《中国矿产地质志·青海卷·普及本》修编)

为邻，西端延展出省，东端大体以苦海-赛什塘断裂作为与西秦岭造山带的界线。该造山带主要经历了加里东期—印支期复杂的演化过程。

（二）构造单元分区

东昆仑地区地质演化历史漫长而复杂，前后经历了前南华纪古元古代金水口岩群结晶基底形成，南华纪—泥盆纪罗迪尼亚（Rodinia）超大陆裂解、原特提斯洋形成、洋扩张、洋壳俯冲、碰撞增生造山，石炭纪—三叠纪古特提斯洋演化、洋壳俯冲、陆-陆碰撞造山，侏罗纪—白垩纪陆内演化，古近纪—第四纪青藏高原碰撞—隆升五个阶段的构造事件作用，形成了结构十分复杂的造山带。该造山带以加里东期构造变形为主，经历了加里东期祁漫塔格微洋盆形成、俯冲造山、碰撞造山和构造混杂等过程，后期叠加海西期—印支期构造变形。主体以岩浆岩为主，由十字沟蛇绿混杂岩带和岩浆弧组成。其中加里东期—印支期中酸性侵入岩特别发育，除断裂构造外，其他变形构造不发育，构造变形主要分布在十字沟蛇绿混杂岩带和东昆仑高压变质带中，以中部构造层次韧性、浅部脆韧性变形为特点，后期叠加表部脆性断裂和褶皱构造（据《中国矿产地质志·青海卷》）。东昆仑晚泥盆世—早石炭世后造山钙碱性花岗岩组合的出现限定了原特提斯秦祁昆造山作用旋回的结束（杨生德等，2013）。

依据《中国区域地质志·青海志》（祁生胜等，2019）研究成果，综合东昆仑地区与邻区地质构造发展演化历史，划分为1个二级构造单元、5个三级构造单元（图2-1-2，表2-1-1），本书引用该构造单元划分成果及构造单元特征叙述，考虑到与《中国矿产地质志·青海卷》东昆仑成矿带划分区域范围的一致性，增加叙述南邻的1个三级构造单元（Ⅱ-1-1）。

二、构造单元特征

（一）东昆仑造山带

东昆仑造山带内出露最老的地层单位为古元古代金水口岩群，由于后期侵入岩活动，构造改造及上覆地层的掩盖，呈断块状分布，主要有金水口岩群片麻岩岩组（Pt_1J_1）、大理岩岩组（Pt_1J_2）及片岩岩组（Pt_1J_3）。片麻岩岩组为斜长角闪岩、（含夕线、红柱、堇青）黑云斜长（角闪）片麻岩、镁质大理岩组合；多为石英岩、（二长、二云、黑云）石英片岩岩石构造组合。变质程度以角闪岩相为主，变形复杂，早期主要表现为固态塑性流变变形，晚期主要为弹性变形。变质温度大于650℃，压力一般为0.5GPa。原始构造古地理可能为被动陆缘火山-沉积岩系。受吕梁运动影响，发生动热变质作用，形成中高级变质杂岩，现以结晶基底的形式出现于造山带中。值得一提的是，在养畜儿岗-赛什塘地区，金水口岩群以基底残块的形式出露在苦海-赛什塘蛇绿构造混杂岩带中，与周围地质体均呈断层接触，属层状无序地层类型，变质程度为角闪岩相，变形复杂。1∶25万兴海幅区调报告中认为金水口岩群是卷入蛇绿混杂岩带中的中深变质岩块体。

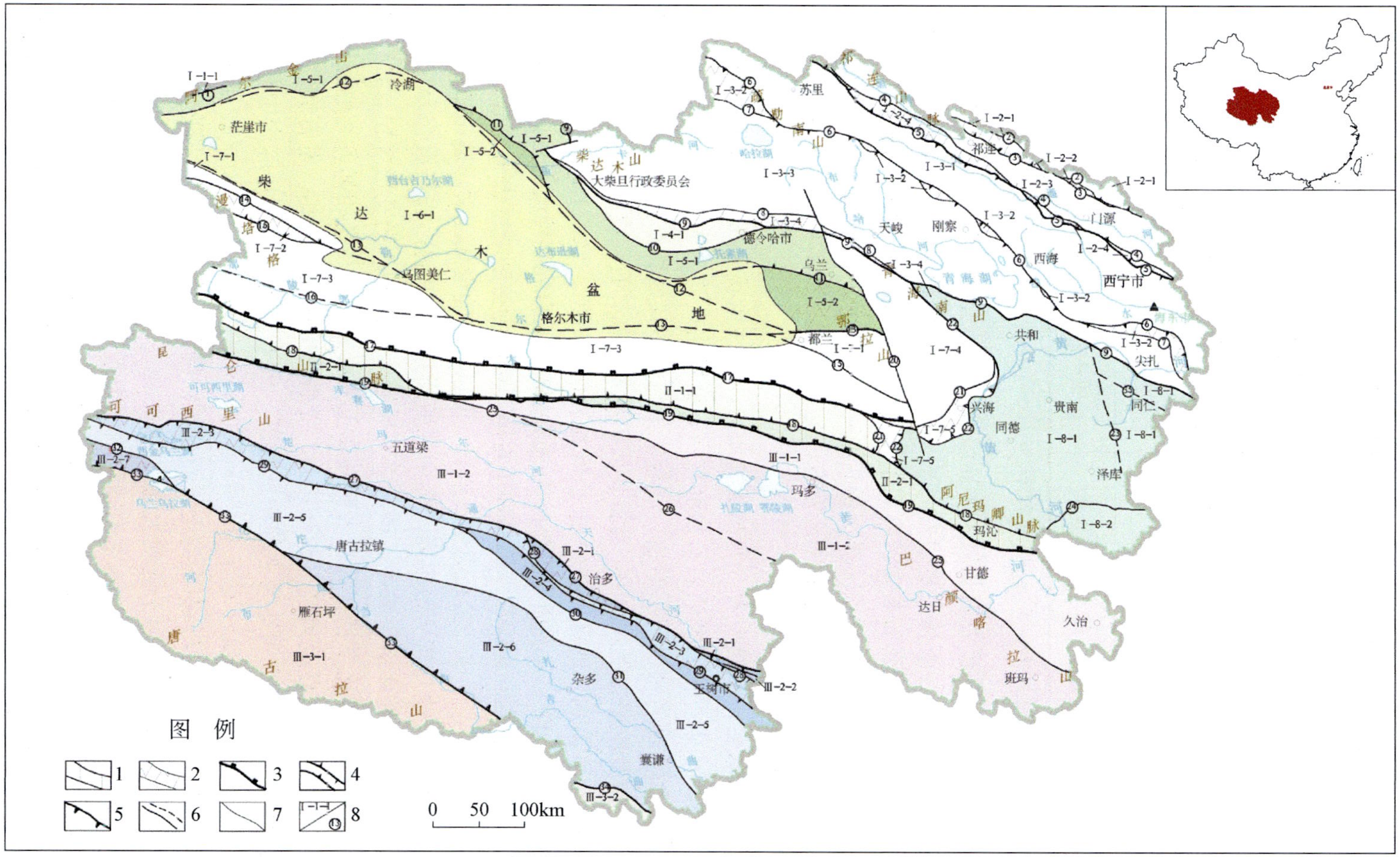

图2-1-2 青海省构造单元划分图(据祁生胜等，2019)

1.板块对接带；2.蛇绿混杂岩带；3.对接带边界断裂及俯冲方向；4.早古生代造山带边界断裂及俯冲方向(一侧有齿为单向俯冲，两侧有齿为双向俯冲)；5.晚古生代—中生代造山带边界断裂及俯冲方向；6.三级构造单元边界断裂(实线)及其他重要断裂或隐伏断裂(虚线)；7.柴达木盆地边界；8.构造单元编号及断裂编号

表 2-1-1 东昆仑构造单元划分表

一级构造单元	二级构造单元	三级构造单元
秦祁昆造山系（Ⅰ）	东昆仑造山带（Ⅰ-7）	Ⅰ-7-1 祁漫塔格-夏日哈岩浆弧（O—S）
		Ⅰ-7-2 十字沟蛇绿混杂岩带（Є—O）
		Ⅰ-7-3 昆北复合岩浆弧（Pt_3、O—S、P—T）
		Ⅰ-7-4 鄂拉山陆缘弧（T）
		Ⅰ-7-5 苦海-赛什塘蛇绿混杂岩带（C—P_2）
康西瓦-修沟-磨子潭地壳对接带（Ⅱ）	昆南俯冲增生杂岩带（Ⅱ-1）	Ⅱ-1-1 纳赤台蛇绿混杂岩带（Pt_2、Є—O）

注：据《中国区域地质志·青海志》（祁生胜等，2019）整理。

除古元古界外，东昆仑广泛发育长城系小庙组（Ch*x*），分布于造山带拉陵灶火中游—托托拉林—乌拉斯台一带，与下伏金水口岩群呈韧性剪切带接触，有中新元古界狼牙山组不整合其上。其岩石组合为一套石英岩、含石榴云母片岩、大理岩夹斜长角闪岩组合，原始构造古地理为一套基本稳定的被动陆缘沉积岩系。晋宁期产生以绿帘角闪岩相为主的变质作用，岩石普遍糜棱岩化，流动揉皱构造发育，见 A 型褶皱和鞘褶皱等构造变形。与金水口岩群一起组成造山带结晶基底。

另外，在东昆仑天台山一带发育一套高级变质岩，呈透镜状分布于东昆仑北坡的天台山、跃进山、清水泉一带。主要变质岩石为麻粒岩、变粒岩，次为大理岩。麻粒岩及变粒岩以块层状为主，而大理岩则以夹层产出。麻粒岩呈包体形式残留在古元古代金水口岩群片麻岩组中或元古宙变质深成侵入体中，特征变质矿物为紫苏辉石、透辉石、钾长石、斜长石。近年来，也报道了清水泉地区一些中-高压麻粒岩信息资料，麻粒岩峰期压力为 0.8～1.2GPa，温度为 760～880℃，其变质变形年龄为 508±8Ma。原岩为基性火山岩夹含钙质碎屑岩，变质程度为紫苏辉石带麻粒岩相，原始构造古地理可能为被动陆缘火山-沉积岩系，吕梁运动经受动热变质作用，形成一套高级变质杂岩，现以基底的形式出现于造山带中。

在醉马滩—赛什塘—沙乃亥一带出露一套中深变质杂岩（Pt_1），岩石组合为花岗质片麻岩，亦呈基底形式出现在本造山带中。该套岩石原岩为花岗岩，弱变形域岩石具有明显的变余花岗结构，岩石地球化学特征等均表明其属正变质岩。其与之相邻各类地质体均以韧脆性断层接触，新近系临夏组角度不整合其上，变质程度达角闪岩相，发育韧性剪切变形，形成一套以固态塑性流变构造为主的构造群落。沙乃亥角闪斜长片麻岩中获得锆石 U-Pb 的上交点年龄为 2330±50Ma。岩石化学特征在 Yb-Al_2O_3 图解上具大洋低 Al_2O_3 型向大陆高 Al_2O_3 型过渡的特点；在 R_1-R_2 图解上岩石分布在幔源花岗岩区和板块碰撞前消减区花岗岩。因此推断其形成环境类似于活动大陆边缘。

除上述基底地层单位外，在本造山带东段格尔木市采石沟—金水口石头肯德一带出露中元古界和新元古界青白口系，涉及地层为狼牙山组（Jx*l*）和丘吉东沟组（Qb*qj*）。狼牙山组为局限台地环境的碳酸盐岩组合；丘吉东沟组平行不整合于狼牙山组之上，为远滨-浅海相环境的泥岩、粉砂岩夹砂岩组合。此等陆表海盆地是位于大陆壳基底上的浅水海域，海底坡度可能比较平缓，发育一套区域性稳定的滨浅海沉积建造系列，岩相、厚度变化小。

主造山期可进一步划分出如下5个三级构造单元。

1. Ⅰ-7-1 祁漫塔格-夏日哈岩浆弧（O—S）

位于柴达木盆地南缘，近东西向分布在祁漫塔格北坡至夏日哈一带。西段夹持于昆北断裂和莲花石-小狼牙山断裂之间，中段多被新生界覆盖，东段基本上界于昆北断裂和阿达滩-乌兰乌珠尔断裂之间。该构造单元是一个在早古生代受控于祁漫塔格-都兰弧后洋盆的洋壳向北俯冲消减奠基于柴达木地块南缘的一个多旋回复合岩浆弧带。

加里东期岩浆弧：总体表现为岛弧型的浅海相火山-沉积组合特征。涉及的地层单位主要为奥陶纪祁漫塔格群。断续分布于本构造单元东西两段，西段主要出露在奶头山—黑柱山一带，东段主要分布在夏日哈及英特尔羊场一带。祁漫塔格群火山岩组（OQ_2）是由祁漫塔格弧后洋盆向北俯冲而形成的弧形火山高地。岩石组合为安山岩、英安岩、流纹岩、（英安质）流纹质凝灰岩夹玄武岩组合。莲花石山地区流纹岩年龄为450.3±1.2Ma/U-Pb，祁漫塔格地区玄武岩年龄为455±1.3Ma/U-Pb。SiO_2在67.77%～77.29%之间，属钙碱性系列；岩石稀土总量偏低，曲线平缓右倾，具明显的负铕异常；微量元素见明显的Ba、Nb、Ta、Sr负异常。综上所述，祁漫塔格群火山岩在野马泉地区为碱性-亚碱性系列，那陵格勒地区以钙碱性中基性火山岩为主，有由南向北逐渐向成熟岛弧过渡的趋势。侵入岩与原特提斯洋向北俯冲有关。奥陶纪侵入岩主要分布在滩北雪峰北部—骆驼峰北部和英德尔羊场一带，呈岩株状，岩体受断裂控制明显，与奥陶纪祁漫塔格群呈侵入或断层接触，与下石炭统石拐子组呈断层接触。晚志留世花岗岩组合为石英闪长岩、英云闪长岩，过铝质高钾钙碱性系列，壳源型，英德尔羊场石英闪长岩年龄为418±3.6Ma/U-Pb。晚泥盆世花岗岩组合为花岗闪长岩、二长花岗岩，为高钾-钾玄质系列，滩北雪峰花岗闪长岩年龄为370.4～372Ma/U-Pb。整体显示为后碰撞环境下的产物。

海西—印支期岩浆弧：涉及的地层单位为鄂拉山组（T_3e），具陆缘弧特征。分布于察汗乌苏一带，岩石组合为安山岩、英安岩、流纹岩组合。变质微弱，变形轻微，仅有较宽缓的轻微褶皱和掀斜，在火山岩中多处见含砾粗砂岩及凝灰质砂岩夹层，表明该火山作用有较大的喷发间断存在。在安山岩、玄武岩及部分流纹岩中见柱状节理，反映陆相喷发的特点。近年来在各火山盆地的鄂拉山组火山岩中获得了大量的高精度同位素测年数据，都兰-香日德和野马泉地区流纹岩年龄值大部分集中在223～228Ma之间，中灶火地区底部年龄值为230Ma，向上年龄值逐渐变为223～228Ma。据同位素年龄统计，火山岩形成时代主体在晚三叠世卡尼期，最早形成于拉丁期，最晚到诺利期。岩石SiO_2含量在48.75%～79.23%之间，属过铝质高钾-中钾钙碱性系列；稀土总量中等，呈现轻稀土中等富集、具弱的负Eu异常，微量元素出现了较明显的Ba、Nb、Ta、Sr、P、Ti负异常和Th、K、Zr、Hf正异常，曲线明显右倾，显示大陆边缘火山弧特征。形成与古特提斯洋向北俯冲作用有关的侵入岩。二叠纪侵入岩主要在祁漫塔格、鲁木切以及都兰县英德尔羊场三个地区较集中。其中祁漫塔格地区岩石组合为石英闪长岩、二长花岗岩、似斑状二长花岗岩，偏铝质钙碱性系列，壳幔混合源型，为与俯冲有关的TTG组合，红土岭石英闪长岩年龄值为270～284Ma/U-Pb；鲁木切地区岩石组合为石英闪长岩、二长花岗岩、闪长岩，钙碱性系列，约尔根涌石英闪长岩年龄值为252～260Ma/U-Pb。据地球化学特征分析，二叠纪侵入体为一套俯冲期花岗岩组合。三叠纪侵入岩主要在祁漫塔格北坡、鲁木切以及英德尔羊场出露，可以划分出三个岩石组合：祁漫塔格北坡（二长花岗岩、似斑状二长花岗岩）T_1；鲁木切地区（石英闪长岩、花岗闪长岩、似斑状花岗闪长岩、二长花岗岩、似斑状二长花岗岩）T_2；英德尔羊场地区（钾长花岗岩、二长花岗岩、石英闪长岩）T_3。近几年在该带中取得了大批的锆石 U-Pb 同位素测年值，年龄值在 208～255Ma 之间。岩石以偏铝质为主，部分弱过铝质花岗岩，稀土总量中等，具有弱的 Eu 负异常，微量元素出现了 Ba、Nb、Ta、Sr、P、Ti 负异常和 Zr、Hf 正异常，从地球化学特征来看，该套岩石形成于与俯冲作用有关的岛弧环境。

除上述侵入体外，该构造单元在滩北雪峰发育基性岩墙（J_1）。主要分布于滩北雪峰西南角等地，侵入于早期花岗岩、奥陶纪祁漫塔格群碎屑岩组中。滩北雪峰辉绿岩年龄为 192±0.9Ma/U-Pb。形成于陆内发展构造阶段，陆内叠覆构造期。

2. Ⅰ-7-2 十字沟蛇绿混杂岩带（€—O）

该混杂岩带北侧与祁漫塔格-夏日哈岩浆弧相邻，南侧与北昆仑岩浆弧相接，西端被阿尔金断裂所截切。该带西起且末县煤矿，向东经朝阳沟，沿阿牙克库木湖北、土房子、库木俄乌拉孜至野马泉一带，总体呈近东西向反“S”形狭长带状展布。根据岩石组合及形成环境不同，将十字沟蛇绿混杂岩划分为基性火山岩组合（€ Os^{β}）、碎屑岩组合（€ Os^{d}）、碳酸盐岩组合（€ Os^{ca}）和蛇绿岩组合。

（1）Ⅰ-7-2-1 十字沟蛇绿岩（€ —O）

主要分布于西段野马泉以西的阿达滩沟脑、十字沟、玉古萨依等地。岩石组合为蛇纹石化纯橄岩、蛇纹石化橄辉岩、辉长岩，非席状基性岩墙群，另在五道沟一带还见有枕状玄武岩和块层状玄武岩。呈大小不等、形态各异的岩块构造产出，与相近地质体均呈断层接触。蛇绿混杂岩普遍经受了后期构造改造，糜棱岩、糜棱岩化岩石发育。十字沟玄武岩年龄为 468±54Ma/Sm-Nd；小西沟辉绿岩年龄为 449±34Ma/Sm-Nd；盖依尔堆晶杂岩年龄为 466±3.3Ma/Sm-Nd。玄武岩属于中高钾的钙碱性系列，（La/Yb）平均值为 1.78，δEu 平均值为 1.31；辉长岩（La/Yb）在 1.31～3.94 之间，δEu 平均值为 1.65。结合区域构造格局总体分析，蛇绿岩形成于弧后盆地环境，形成时代为寒武纪—奥陶纪。

（2）Ⅰ-7-2-2 莲花石-尕林格火山弧（€ —O）

呈断块状分布于十字沟、莲花石、公路沟、尕林格南、拉陵灶火等地，在野马泉以东分布面积较大。涉及十字沟蛇绿混杂岩基性火山岩组合，以基性火山熔岩为主，岩性有（枕状、玻基）玄武岩、细碧岩、玄武安山岩、玄武质火山角砾岩、玄武安山质凝灰熔岩等。在凝灰岩、辉长岩、辉橄岩、玄武岩中获得等时线年龄为 466～469Ma/Sm-Nd。火山岩 SiO_2 含量在 42.53%～50.98%之间，基本属基性岩类。通过岩石组合及岩石化学特征反映，火山岩属深海裂隙喷发环境。

（3）Ⅰ-7-2-3 野马泉-拉陵灶火弧前构造高地（€ —O）

呈断块状、透镜状、长条状分布于十字沟、野马泉、那陵郭勒沟口、拉陵灶火等地，与碎屑岩组合、基性火山岩组合为断层接触。涉及十字沟蛇绿混杂岩碳酸盐岩组合，岩石组合有（条带状含藻球粒）微晶灰岩、微晶白云石灰岩、细晶灰质白云岩等，为弧前构造高地碳酸盐岩组合。

（4）Ⅰ-7-2-4 十字沟增生杂岩（€ —O）

呈断块状分布于结合带西段十字沟一带，在祁漫塔格北坡，西起莲花石，经公路沟、乌兰乌珠尔、那陵郭勒河口两侧、开木棋河口等地都有分布。本单元涉及十字沟蛇绿混杂岩碎屑岩组合，主要有长石岩屑砂岩、钙质长石（石英）砂岩、泥质粉砂岩、细砂岩、粉砂质（黏土质）板岩、绢云千枚岩等。主体是由俯冲带上盘被刮下来的物质构造迁移到俯冲带附近的浊积岩，并有一些上覆板岩、灰岩碎块，洋壳碎片混杂其中，而后在俯冲带浅部遭受强烈剪切变形，形成叠瓦状楔形体。碎屑岩组合的碎屑成分复杂，杂基和岩屑含量高，碎屑磨圆度差，厚度较大，不同粒度的碎屑岩频繁变化组成韵律层。具近源搬运，物源充足，快速堆积浊流沉积特点，为浅海-半深海俯冲增生杂岩楔环境形成的浊积扇。

除上述混杂带主体的物质组成外，岩浆弧的物质也卷入混杂带中，主要为奥陶纪、志留纪和泥盆纪三期侵入岩。奥陶纪侵入岩分布在土房子及水泉子沟脑一带，呈小型复式岩基产出，与混杂带岩石组合呈断层接触。双石峡花岗闪长岩年龄为 445.4±0.9Ma/U-Pb，为一套与俯冲有关的 GG 组合（英云闪长岩、花岗闪长岩）O_3。志留纪侵入岩分布于土房子、鲁木切西、祁漫塔格一带，其中花岗岩年龄值集中分布在两段：滩北雪峰花岗闪长岩年龄为 434～439Ma/U-Pb，土房子花岗闪长岩年龄为 419～421Ma/U-Pb。SiO_2 含量在 54.89%～73.20%之间，岩石属于钙碱性系列，稀土总量偏低，具弱的 Eu 负异常；微量元素中出现 Nd、Ta、P、Ti 几个明显的“谷”和 Ba、Zr、Hf“峰”，地球化学特征显示为岛弧环境。其中早志留世为与俯冲有关的 TTG 组合（英云闪长岩、花岗闪长岩）S_1，晚志留世为与俯冲有关的 GG 组合（二长花岗岩、花岗闪长岩）S_3。泥盆纪侵入岩分布于滩北雪峰及水泉子沟、小盆地南、土房子等地区，以复式小岩基或岩株产出，侵入于十字沟蛇绿混杂岩的碎屑岩组合中。其中花岗岩年龄集中分布在三个阶段：滩北雪峰等地二长花岗岩年龄 409～410Ma/U-Pb；斑状正长花岗岩年龄为 381～389Ma/U-Pb；滩北雪峰地区石英闪长岩、二长花岗岩年龄 359～377Ma/U-Pb。SiO_2 含量在 63.83%～77.84%，具有低 TiO_2、Na_2O，高 Al_2O_3、K_2O 的特点，总体属富钾岩石，为过偏铝质钙碱性系列。其早中泥盆世为与碰撞有关的高钾-钾玄质花岗岩组合（钾长花岗岩、二长花岗岩、花岗闪长岩、闪长岩）D_1；中泥盆世为与碰撞有关的高钾-钾玄质花岗岩组合（似斑状钾长花岗岩）D_2；晚泥盆世为与碰撞有关的高钾-钾玄质花岗岩组合（花岗闪长岩、石英闪长岩、闪长岩）D_3，整体形成于碰撞环境。另外在十字沟地区出露一套基性岩，多以岩墙形式产出，滩北雪峰辉绿岩年龄为 380～396Ma/U-Pb，地球化学显示后造山环境，为一套与后造山有关的基性岩墙群组合（辉绿玢岩、辉长岩）$D_{2\text{-}3}$。

3. Ⅰ-7-3 昆北复合岩浆弧（Pt_3、O—S、P—T）

呈近东西向展布，东西两侧界于阿达滩-乌兰乌珠尔南缘断裂与昆中断裂之间，中部位于昆北断裂与昆中断裂之间，西端延入新疆，东端被哇洪山-温泉断裂截切。这是一个岩浆弧与地块重叠的单元。以往通常称为东昆仑中间隆起带（黄汲清等，1977）、东昆仑北坡断隆（青海省地质矿产局，1991）。岩浆弧的基底主要由广泛发育的古元古代金水口岩群结晶岩系组成，变质程度以角闪岩相为主，局部为麻粒岩相。多期次不同类型侵入岩的广泛发育，是该单元的另一个主要特征，也是厘定岩浆弧的主要依据。近年来前寒武纪地质研究中一个重大的进展是在古元古代结晶岩系中解体出一些新元古代变质侵入体（陆松年等，

2002；朱云海和张克信，2000；王秉璋等，2000），从而证明该单元南缘可能存在一条与柴北缘并列的新元古代与罗迪尼亚超大陆拼合有关的花岗片麻岩带。

该岩浆弧是一个多旋回的复合岩浆弧。形成的动力学体系主要与原特提斯和古特提斯昆南洋的发展演化密切相关。加里东期是岩浆弧主要岩浆活动期，成因类型复杂，包括中晚奥陶世俯冲期岩浆杂岩，早志留世同碰撞岩浆杂岩及早泥盆世后碰撞岩浆杂岩。海西期的花岗岩，除早石炭世和晚泥盆世后造山花岗岩标志着加里东期挤压造山结束，进入一个新的岩浆构造旋回外，其余大部分是与南邻古特提斯向北俯冲相关的弧花岗岩。印支期由于古特提斯洋持续向北俯冲，仍以弧花岗岩为主，燕山期后造山花岗岩的出现，表明北昆仑岩浆弧造山带结束发展，进入以伸展垮塌为主要特征的构造岩浆旋回。

加里东期岩浆弧：总体表现为岛弧型的浅海相火山-沉积组合特征。涉及的地层单位主要为奥陶纪祁漫塔格群，与狼牙山组断层接触。祁漫塔格群火山岩组（OQ_2）岩石组合为安山岩、英安岩、流纹岩、（英安质）流纹质凝灰岩夹玄武岩组合。岩石属钙碱性系列，稀土总量偏低，曲线平缓右倾，具明显的负铕异常，微量元素见明显的 Ba、Nb、Ta、Sr 负异常。综上所述，祁漫塔格群火山岩以钙碱性中基性火山岩为主，为岛弧环境。侵入岩主要分布在克合特、玛兴大湾、五龙沟、灶火沟、英德尔羊场一带，岩体大多侵入于古元古代金水口岩群，形态很不规则，大体呈 NE 向延伸。近年来取得了一批高精度同位素资料，年龄介于 419～472Ma/U-Pb 之间。奥陶纪岩石组合为英云闪长岩、石英闪长岩、闪长岩和花岗闪长岩、石英闪长岩。SiO_2 含量在 54.89%～73.20%之间，相对富 Na、贫 K 特征，属于钙碱性系列岩石；稀土总量偏低，轻稀土富集，重稀土相对亏损，具弱负异常；微量元素中有明显的 Nd、Ta、P、Ti“谷”和 Ba、Zr、Hf“峰”。属于岛弧环境的 TTG、GG 花岗岩组合，该期侵入岩与原特提斯洋向北俯冲有关。志留纪岩石组合为钾长花岗岩、二长花岗岩、花岗闪长岩、石英闪长岩、闪长岩和黑云母花岗岩、似斑状二长花岗岩、二长花岗岩。可以分为两类：一类岩石中 SiO_2 含量在 54.04%～74.61%之间，总体上 $K_2O<Na_2O$，富钠，为准铝质花岗岩，稀土总量中等，属于陆边缘弧环境的 TGG、GG 花岗岩组合；另一类岩石中 SiO_2 含量为 61.46%～74.71%，总体 $K_2O>Na_2O$，富钾，属强过铝质花岗岩，稀土总量中等，微量元素显示 Ba、Nb、Ta、Sr、P、Ti“谷”和弱的 Th、Nd、K“峰”，为碰撞环境的花岗岩组合。从空间位置上来看，志留纪以格尔木市为界，东西两段差异性明显：西段以那陵格勒河为界，东段以昆中断裂为界，北部整体仍处于俯冲消减阶段，南部则已进入碰撞阶段。从构造形迹来看，北西-南东向构造运动控制该期构造。由此可见，志留纪侵入岩东西两段差异明显，西部较东部先进入碰撞阶段。泥盆纪侵入岩主要出露在大灶火、跃进山、喀雅克登、野马泉、诺木洪一带，岩石组合为钾长花岗岩、二长花岗岩、花岗闪长岩、似斑状花岗闪长岩和花岗闪长岩、二长花岗岩、钾长花岗岩，年龄为 362～393Ma/U-Pb，具有高 Al_2O_3、高 K_2O、低 Na_2O 的特征，属富钾岩石，为典型的强过铝和高钾-钾玄质花岗岩组合，总体为碰撞环境的强过铝花岗岩组合。

海西—印支期岩浆弧：该期主要为侵入岩，是古特提斯洋向北俯冲的产物。主要分布在卡而却卡、中灶火、克合特、那陵郭勒河南一带，岩石组合分为英云闪长岩、花岗闪长岩、闪长岩、似斑状花岗闪长岩和石英闪长岩、闪长岩及钾长花岗岩、二长花岗岩、似斑状二长花岗岩、花岗闪长岩、石英闪长岩、闪长岩三种，年龄值介于 211Ma～289Ma/U-Pb

之间，时代为二叠纪—三叠纪。岩石中 SiO_2 含量在 66.71%～73.25%之间，K_2O/Na_2O 值平均 1.35，具富 K、贫 Na 的特征，属于准铝质钙碱性系列；稀土总量偏高，轻稀土强烈富集，重稀土亏损，δEu 平均 0.38，具有强 Eu 负异常；微量元素中 Ba、Ta、Sr、P、Ti 相对亏损，其他相对富集。整体为一套与俯冲有关的 TTG、GG 花岗岩组合，其中卡而却卡-中灶火为与俯冲有关的高镁-镁闪长岩组合，具有初始弧特征。

值得注意的是，在该岩浆弧中发育一期基性-超基性杂岩组合，与夏日哈木型铜镍矿有密切关系，主要出露在跃进山、喀雅克登、夏日哈木、拉陵灶火、五龙沟一带，侵入于古元古代金水口岩群和新元古代花岗片麻岩中，以小岩株产出，不规则带状。岩石组合为超基性岩、辉长岩、辉绿玢岩，在辉长岩、闪长岩、基性岩墙、闪长玢岩脉中获得年龄介于 382～408Ma/U-Pb 之间。岩石具有高 Al_2O_3、TiO_2、MgO，低 K_2O 的特点，为亚铝质钙碱性系列；稀土总量偏低，具弱 Eu 正异常，形成于局部伸展环境下幔源岩浆侵位，区域上整体还处于挤压环境。

另外，在景忍、野马泉-小灶火、察汗乌苏等地区出露侏罗纪侵入岩，不规则椭圆状条带岩株侵入于上三叠统鄂拉山组及更老地层。岩石组合为钾长花岗岩、石英正长岩，察汗乌苏石英正长岩年龄为 199.6±4.7Ma/U-Pb、正长花岗岩年龄为 198.4±0.7Ma/U-Pb。岩石具有高硅，贫 TiO_2、MgO、MnO、P_2O_5，富 K_2O、Na_2O 的特点，典型的富钾岩石，属于偏铝-弱过铝质钙碱性-碱钙性岩系列，形成于造山后的伸展环境。

通过近几年的区调和科研工作，在昆北复合岩浆弧中发现断续出露长约 600km 的高压变质带，主要分布在苏海图、尕日当、温泉等地，呈不同大小的块状、透镜状赋存于金水口岩群中。岩石组合主要为榴辉岩、榴闪岩、角闪石榴辉石岩、纤闪石化榴辉岩，主要矿物为石榴子石、绿辉石、角闪石等。岩石中 SiO_2、Al_2O_3、MgO、K_2O 略高，MnO、TiO_2、Na_2O、CaO 接近，TFe 略低。原岩均属亚碱性玄武岩，主要产于岛弧构造环境，不排除局部可能存在洋壳物质残留。微量元素具有高 Sc、Ta，低 Sr、Ba、Cr 的特征，其中 Ta、Ti、Rb 元素呈明显的富集，与岛弧拉斑玄武岩特征相似。变质矿物组合为石榴子石+绿辉石+普通角闪石+石英组合。石榴子石矿物全部退变为普通角闪石、斜长石、绿帘石，仅保留了石榴子石假象。苏海图地区榴辉岩的形成温度 T=660～701℃，压力 P=2.0GPa 左右；榴闪岩 P=0.4～0.6GPa，T=679℃左右，数据显示从榴辉岩的形成到榴闪岩的退变代表了一个快速等温降压的过程。尕日当地区浪木日榴辉岩形成温压条件为 P=1.8～2.0GPa，T=650～750℃，为高压中温榴辉岩。峰期年龄为 411～438Ma，该年龄代表了苏海图榴辉岩的高压变质年龄。

4. Ⅰ-7-4 鄂拉山陆缘弧（T）

位于东昆仑造山带与西秦岭造山带的接合部位，围限于哇洪山-温泉断裂、苦海-赛什塘断裂及温泉-祁家断裂之间。动力学背景可能与赛什塘-兴海洋盆向北西方向俯冲消减有关。

涉及的地层单位为切吉组（P_2q）、鄂拉山组（T_3e）。中二叠世切吉组呈残留体或断片形式零星分布于哇玉滩和切吉水库等地，岩石组合为安山岩、玄武安山岩及安山质凝灰熔岩，属钙碱性系列。鄂拉山组分布于格尔木-切让-水塔拉等地，岩石组合为安山岩、英安岩、流纹岩，呈北西向展布，不整合于希里可特组之上，其分布明显受哇洪山-温泉断裂带控制。火山岩以出露面积大、沉积夹层少、熔岩组分高为主要特征。空间上自西向东有由熔岩向火山碎屑岩变化的趋势。火山岩属高钾钙碱性系列，壳源型。同位素年龄值为231±8Ma/Rb-Sr。二者均为陆缘弧环境。

在青根河、都龙—虽根尔岗、加当根一带出露一套晚三叠世侵入岩，呈不规则状、楔形带状展布，与古元古代金水口岩群呈侵入接触。岩石组合为钾长花岗岩、二长花岗岩、似斑状二长花岗岩、花岗闪长岩。青根河地区花岗闪长岩年龄为215～225Ma/U-Pb，都兰花岗闪长斑岩年龄为224～225Ma/U-Pb，形成时代为晚三叠世早期（卡尼期）。岩石显示富钾特征，属弱过铝质钙碱性系列，具有Eu负异常，微量元素曲线呈右倾的锯齿状形式，出现Ba、Nb、Ta、Sr、P、Ti负异常和Zr、Hf正异常，为一套与俯冲有关GG组合，形成于俯冲环境。

另外在满丈岗发育一套侏罗纪侵入岩，受断裂控制，与围岩走向一致，呈墙状顺层侵入早三叠世洪水川组中。岩石组合辉绿玢岩、辉长岩，满丈龙洼地区辉绿玢岩主坪年龄为195.7±0.7Ma/Ar-Ar，形成于后造山环境。

除上述外，河卡山一带出露洪水川组（T_1h）、闹仓坚沟组（$T_{1\text{-}2}n$）和希里可特组（T_2x）。洪水川组为一套滨浅海环境的砂泥岩、砾岩夹火山岩组合；闹仓坚沟组为一套陆源碎屑-碳酸盐岩组合；希里可特组为一套滨浅海相环境的砂泥岩、砾岩夹火山岩建造组合。其动力学背景与赛什塘-兴海碰撞造山带的北西向冲断荷载有关。

5. Ⅰ-7-5 苦海-赛什塘蛇绿混杂岩带（C—P_2）

为北东向的向南东方向凸出的弧形构造带，展布于苦海—赛什塘一带，由于后期哇洪山-温泉右行走滑断裂和昆中断裂的切错，其错位成明显的北东和南西两段。介于温泉-祁家断裂和苦海-赛什塘断裂之间。地球物理特征显示，重力场显示重力高和重力低，磁场为平静磁场区。本区重磁场特征与鄂拉山陆缘弧所述特征相似，没有显著变化。根据沉积环境和岩石组合的不同，将其划分为基性火山岩组合（C—P_{2K}^{β}）、碳酸盐岩组合（C—P_{2K}^{ca}）、碎屑岩组合（C—P_{2K}^{d}）、中酸性火山岩组合（C—P_{2K}^{ζ}）和蛇绿岩组合。

可进一步划分出以下4个四级构造单元和3个上叠盆地。

（1）Ⅰ-7-5-1 苦海-赛什塘蛇绿岩（C—P_2）

呈形态各异，规模不等的岩块广泛分布于雅日、加木龙、雪穷、杂额木龙、南木塘-塞日科龙洼-赛什塘等地。由全蛇纹石化纯橄岩（蛇纹岩及蛇纹片岩）、全蛇纹石化方辉橄榄岩、辉长岩、玄武岩、辉绿岩等组成。其中玄武岩、辉长岩、辉绿岩具有明显的亲缘关系。雪穷地区辉长岩年龄为360.5±8.5Ma/^{40}Ar-^{39}Ar，错扎玛辉长岩年龄为316±8Ma/^{40}Ar-^{39}Ar。在玄武岩Hf-Th-Ta判别图解中岛弧拉斑玄武岩和P-MORB（富集型洋中脊玄武岩）均有分布，表明该蛇绿岩具有IAT（岛弧拉斑玄武岩）和MORB（洋中脊玄武岩）双重性质，暗示其形成环境为与俯冲消减作用有关的弧后扩张型环境；在玄武岩Hf-Th-Nb判别图解中投点分布在岛弧拉斑玄武岩区，在玄武岩Ti-Zr-Sr判别图解中投点在岛弧拉斑玄武岩和洋底玄武岩区均有分布，显示该蛇绿岩具有岛弧拉斑玄武岩和洋中脊玄武岩双重特征。综上所述，苦海-赛什塘蛇绿岩的形成时代为石炭纪—中二叠世。岩石地球化学特征显示，苦海-赛什塘蛇绿岩形成环境为与俯冲有关的小洋盆（弧后盆地、边缘海），具有俯冲带型（SSZ型）蛇绿岩特征。

（2）Ⅰ-7-5-2 雅日-拉龙秀玛火山弧（C—P_2）

主要为苦海-赛什塘蛇绿混杂岩中的基性火山岩组合（C—P_{2K}^{β}）和中酸性火山岩组合（C—P_{2K}^{ζ}）。基性火山岩组合出露在雅日和智黑乃海两地，呈透镜状展布。岩性有玄武质凝灰熔岩、凝灰质玄武岩夹玄武质角砾熔岩。岩石化学特征显示低钛，SiO_2在42.4%～52.76%之间，总体演化趋势具拉斑玄武岩特点，少量为碱性玄武岩。火山岩形成于消减带上的扩张环境。中酸性火山岩组合分布在乎勒塘、拉龙秀玛、乌门等地。岩石组合为玄武岩、玄武安山岩、安山岩英安岩、流纹岩夹流纹质凝灰岩等。SiO_2含量变化较大，在52.98%～76.1%不等。喷发旋回由早到晚从基性变为酸性，早期火山岩$Na_2O>K_2O$，晚期$K_2O>Na_2O$。在AFM图解中为钙碱系列，具有陆缘火山弧的特点。火山岛弧的成熟度不高，可称为拉斑玄武岩岛弧，绿片岩相变质。

（3）Ⅰ-7-5-3 双龙-沙乃亥-南木塘增生杂岩（C—P_2）

涉及苦海-赛什塘蛇绿混杂岩中碎屑岩组合（C—P_{2K}^{d}）。呈断块状分布于双龙、曲龙、沙乃亥、羊曲、南木塘等地，呈彼此分离的不规则的面状、片状、透镜状构造块体产出，与围岩为断层或韧性剪切面接触。以细碎屑岩为主，包括（千枚状、泥质、钙质）粉砂质板岩、粉砂岩、（岩屑）长石石英砂岩。在苦海、沙乃亥南和羊曲等构造应力集中地区，碎屑岩组合遭受高压低绿片岩相变质作用和强烈韧性剪切动力变质变形，使碎屑岩组合产生强烈的糜棱岩化。碎屑岩组合中发育粒序层理、包卷层理、微波交错层理，保存有完整的鲍马序列。灰岩中含䗴，海绵、苔藓虫、珊瑚等浅水化石，也有牙形石、深水遗迹化石。部分地区含蛇绿岩、玄武岩、灰岩等外来岩块。诸沉积特征说明碎屑岩组合为大陆斜坡深海-半深海弧前海沟边缘环境形成的浊积岩组合。

（4）Ⅰ-7-5-4 野仓弧前构造高地（C—P_2）

涉及苦海-赛什塘蛇绿混杂岩中碳酸盐岩组合（C—P_{2K}^{ca}）。在羊曲西野仓地区较发育，呈近东西向透镜状展布，与古元古代金水口岩群、新近纪临夏组呈断层接触。岩石组合以（泥晶）粉晶灰岩为主，其次有生物碎屑灰岩、鲕粒灰岩、泥粒灰岩等。灰岩中产苔藓、海绵和菊石等化石。该组合岩石和生物特征反映为热带、亚热带浅海环境，是气候炎热干燥、高能条件下的产物。可能是弧前构造高地上的碳酸盐台地，沉积作用可能是伴随着岛弧的稳定下沉而发生的。

除混杂带主要组分外，该构造单元西南发育一套三叠纪侵入体，以不规则小型岩基、岩株状呈北东-南西向产出，侵入金水口岩群。岩石组合为石英闪长岩、花岗闪长岩、二长花岗岩、花岗斑岩，在石英闪长岩和花岗闪长岩中获得年龄值介于215～226Ma/U-Pb之间，形成于晚三叠世早期（卡尼期）。岩石总体钾、钠含量近似，属弱过铝质钙碱性系列，为俯冲环境的GG（花岗岩+花岗闪长岩，granite-granodiorite）花岗岩组合。

东昆仑造山带除主造山期构造单元外，还有上叠盆地：柴南缘断陷盆地（D_3）、碎屑岩陆表海-碳酸盐岩陆表海（C_1—P_2）以及断陷盆地（J）、压陷盆地（J—Q_1）、走滑拉分盆地（J_1—Q_1）。

黑山沟-夏日哈断陷盆地（D_1、D_3）：分布于造山带西段黑山沟及东段夏日哈等地。形成于陆内发展阶段，是秦祁昆造山系结束发展后位于造山系之上的拉张型山间盆地，盆地边缘受断裂控制。涉及的地层单位有黑山沟组（D_3h）、哈尔扎组（D_3he）和契盖苏组（D_1q）。黑山沟组为海陆交互相环境的砂泥岩夹砾岩组合；哈尔扎组为后造山环境的火山熔岩夹碎屑岩组合；契盖苏组分为两个岩石组合，下部为河流相环境的砾岩、粉砂岩、泥岩夹火山岩组合，上部为后造山环境的玄武岩、安山岩、英安岩组合。为火山-沉积断陷盆地，碎屑岩具有伸展磨拉石特征，具正粒序沉积韵律特点。

石拐子（土房子）碳酸盐岩陆表海（C_1）：呈北西西向展布于造山带西段石拐子一带，以角度不整合覆盖于祁漫塔格群之上，涉及的地层单位有石拐子组（C_1s）和大干沟组（C_1d），石拐子组为陆表海环境的陆源碎屑-灰岩组合，大干沟组为一套开阔台地环境的碳酸盐岩组合。为稳定的滨浅海相沉积建造系列，厚度、岩相（性）变化小，产滨浅海相生物化石，以高能氧化环境为主，发育正粒序沉积韵律，变形变质轻微，局部见有走滑型韧性剪切带。还有一些少量零星出露的缔敖苏组（C_2d）和打柴沟组（$P_{1\text{-}2}dc$）组成的碳酸盐岩碎屑岩陆表海。缔敖苏组为一套台地缓坡环境的碳酸盐岩组合；打柴沟组为一套台地环境的陆源碎屑-碳酸盐岩组合。

（二）昆南俯冲增生杂岩带（Ⅱ-1）

该带属青藏高原北部，乃至中国中部一条重要巨型结合带，是早古生代塔里木板块与扬子板块、晚古生代北中国板块与南中国板块之间一条重要板块对接带——康西瓦-修沟-磨子潭地壳对接带（Ⅱ）一级构造单元北部的二级构造单元。

该带呈近东西向夹持于昆中断裂与昆南断裂之间，是晋宁、加里东期两次板块裂离及俯冲碰撞过程中形成的一个近东西延伸的复合型俯冲增生杂岩带。晋宁期中新元古代有限洋盆的闭合所发生的变质-构造-岩浆事件可能是全球范围内罗迪尼亚超大陆形成在东昆仑地区的反映。加里东期可能属塔里木板块活动陆缘。带内物质组成极端复杂，构造变形十分强烈，不同类型的岩石构造组合体、构造地层体多以不同规模、形态各异的岩片以不同构造组合样式拼贴或堆垛在一起，构成一个Ⅲ级构造单元纳赤台蛇绿混杂岩带（据《中国矿产地质志・青海卷》）。

纳赤台蛇绿混杂岩带，是不同时期、不同大地构造相、不同沉积环境形成的地质体的总和，主体由纳赤台蛇绿混杂岩组成。为一套非常规地层单位，具有明显的蛇绿混杂特征。该蛇绿混杂岩带经历了裂解、聚合、俯冲、碰撞等构造作用，产生了强烈的构造搬运和构造混杂，各构造块体相互拼贴、无序叠置堆积在一起。各组分之间不具上下层序关系，相互均为断层、韧性剪切等构造界面接触。根据岩石组合的不同，并将纳赤台蛇绿混杂岩划分为基性火山岩组合（$\epsilon\ O_N^{\beta}$）、碳酸盐岩组合（$\epsilon\ O_N^{ca}$）、硅质岩组合（$\epsilon\ O_N^{si}$）、碎屑岩组合（$\epsilon\ O_N^{d}$）、中酸性火山岩组合（$\epsilon\ O_N^{\zeta}$）和蛇绿岩组合。

据该带在演化过程中形成的特定的大地构造环境可以将其进一步划分出如下四级构造单元。

（1）Ⅱ-1-1-1 没草沟-塔妥蛇绿岩（ϵ—O）

集中分布在没草沟、万保沟、诺木洪、清水泉、长石山及得力斯坦沟一带，空间上呈北西-南东向断续带状展布，呈构造岩块或透镜体散乱分布于纳赤台蛇绿岩混杂岩带中，与相邻地质体呈断层接触。蛇绿岩呈大小不等的块体产在剪切变形的复理石“基质”岩系中，主要岩石类型有二辉橄榄岩、蛇纹岩、绿泥石化辉石岩、尖晶石斜方辉石橄榄岩、辉长岩、辉石岩、辉长辉绿岩、辉绿岩、玄武岩。老道沟、塔妥、长石山、得力斯坦地区辉长岩年龄为495～537Ma/U-Pb（祁晓鹏等，2016）；哈萨山玄武岩年龄为488～501Ma/U-Pb（沈洪江等，2018）。蛇绿岩形成于寒武纪—奥陶纪。辉绿岩和玄武岩的稀土总量较高，轻稀土强烈富集，

Eu 无或弱的正铕异常，具平坦型的稀土曲线，特征类似于洋中脊拉斑玄武岩或不成熟的岛弧拉斑玄武岩；微量元素 Sr、K、Rb、Ba、Th 等活性元素轻微富集，而 Nb 到 Cr 等高场强元素略有亏损并呈平坦型，基本未发生分馏，同时 Ba、Hf、Sc 具明显的正异常，这种微量元素的分布特征兼有 MORB 和岛弧拉斑玄武岩的特征。玄武岩的稀土元素配分模式呈现从轻稀土亏损到轻稀土富集的多种形式，与洋中脊玄武岩或洋岛玄武岩的特征相似，微量元素具有板内玄武岩和洋中脊玄武岩的特征。辉绿岩主要元素特征与大洋玄武岩十分相似，稀土元素配分与洋岛玄武岩的特征相似。且辉绿岩具有板内玄武岩和洋中脊玄武岩的微量元素特征。总结前文，塔妥、乌妥、长石山蛇绿岩为 SSZ 型；没草沟-万保沟、诺木洪、得力斯坦蛇绿岩为洋中脊扩张型（MORS 型）。根据整条蛇绿岩的出露情况，结合青海构造演化特征来看，没草沟-塔妥蛇绿岩整体为 MORS 型，代表的古洋盆应属中国西部特提斯洋的组成部分，向南延伸与三江地区的原特提斯洋是相通的，部分区域出现了与俯冲有关的 SSZ 型。

（2）Ⅱ-1-1-2 沙松乌拉-黑海增生杂岩（Є—O）

主要分布于青办食宿站、沙松乌拉、黑海、温泉水库一带，涉及地层单位为沙松乌拉组（$Є_{1\text{-}2}s$）和纳赤台蛇绿混杂岩带中碎屑岩组合（$ЄO_N^d$）。沙松乌拉组受断层控制，多呈近东西条带状展布，与中元古代蓟县纪万保沟群为断层或韧性剪切接触，被三叠系不整合覆盖或被后期岩体侵入。为砂岩、千枚岩、板岩夹灰岩滨浅海陆架沙坡建造组合。沙松乌拉组碎屑岩中产孢粉，为低分异度疑源类化石组合，时代为前寒武纪晚期至早寒武世。从生物及岩性上看，具有近岸浅海沉积特征，在早古生代以来的造山过程中以外来岩块的形式成为俯冲增生杂岩相组成部分。纳赤台蛇绿混杂岩碎屑岩组合呈断块分布，断块长轴呈近东西向排列，与围岩均为断层接触。岩石组合以细碎屑岩为主，有（石英）长石岩屑砂岩、钙泥质粉砂岩、粉砂质板岩、绢云千枚岩。碎屑岩组合具水平层理、平行层理、包卷层理，可见鲍马序列，具浊积岩特征，属深海-半深海浊积扇相，古地理环境为俯冲增生杂岩楔，是由俯冲带上盘被刮下来的移到俯冲带附近的浊积岩，含有蛇绿岩碎片。后在俯冲带浅部遭受强烈的剪切变形，形成一系列向北倾斜的叠瓦状楔形体。发育逆冲型韧性剪切带，变质程度为绿片岩相。

（3）Ⅱ-1-1-3 水泥厂南-驼路沟沟脑海山（Є—O）

主要涉及纳赤台蛇绿混杂岩带中碳酸盐岩组合（$ЄO_N^{ca}$），分布在水泥厂南、石灰厂西和驼路沟沟脑等地，在苏海图河上游、诺木洪郭勒、野牛沟北也有小面积分布，主要有粉晶灰岩、硅质结晶灰岩、白云石灰岩夹泥晶灰岩、角砾状灰岩，局部夹碳质千枚岩。在石灰厂东、昆仑河西，岩性为块层状石灰岩、珊瑚礁灰岩、条带状灰岩、竹叶状灰岩。属局限台地沉积，为海山碳酸盐岩。

（4）Ⅱ-1-1-4 雪水河东-大干沟火山弧（Є—O）

主要涉及纳赤台蛇绿混杂岩带中的中酸性火山岩组合（$ЄO_N^{\zeta}$），分布在雪水河东、水泥厂东、大干沟南，呈断块分布，有灰绿色蚀变安山岩、流纹英安岩、英安质火山角砾熔岩夹安山质凝灰熔岩、流纹质熔结凝灰岩、晶屑凝灰岩，局部夹少量碎屑岩。为海相裂隙式喷发，属弧火山岩。

（5）Ⅱ-1-1-5 雪鞍山洋岛-海山（Є）

在纳赤台蛇绿混杂岩带中解体出一套早-中寒武世的洋岛玄武岩组合（$ЄO_N^{\beta+ca}$）。主要分布在雪鞍山等地，为块状玄武岩、杏仁状玄武岩夹结晶灰岩、大理岩。局部地区基性火山岩变质为绿泥片岩、绿帘绿泥片岩、绿泥阳起片岩。玄武岩年龄为 504.7±1.6Ma/U-Pb，斜长角闪岩年龄为 515.2±2.9Ma/U-Pb，时代为早-中寒武世。根据岩石组合、岩性特征，结合地球化学分析，该构造单元具洋岛玄武岩特征。形成于洋盆构造期，为原扩张洋盆内受热点制约形成的一套产物。

（6）Ⅱ-1-1-6 万保沟洋岛-海山（Pt_2^2）

呈断块状分布于雪山峰-水泥厂-下颚当等地，其中在雪山峰、水泥厂和诺木洪南三处最为发育。涉及的岩石地层单位为万保沟群温泉沟组（Pt_2^2w）和青办食宿站组（Pt_2^2qb），二者整合接触。这些岩块主要含两类不同建造：一类为碳酸盐岩，由白云岩、藻屑白云岩、结晶灰岩、硅质条带灰岩等岩块组成，含叠层石，时代为中元古代；另一类为绿色火山岩，主要由玄武岩、玄武安山岩、玄武质凝灰岩夹薄层灰岩或大理岩夹玄武岩、板岩、硅质岩等组成。锆石 SHRIMP 年龄为 1348±30Ma。该玄武岩地球化学显示主要为板内碱性玄武岩。总体反映了洋岛（或海山）的“双层型”结构，即下部为洋岛（或海山）玄武岩，上部为洋岛（或海山）碳酸盐岩。

（7）Ⅱ-1-1-7 清水泉蛇绿岩（Pt_2^2）

在早古生代纳赤台蛇绿混杂岩带中，出露一套中元古代蛇绿岩，由多个蛇绿岩残块组成，多以不规则的无根构造透镜体产出，构造改造极为强烈，彼此以构造关系相接触，且均经受了不同规模的剪切作用，蛇绿岩块体与围岩古元古代金水口岩群呈断层接触。清水泉蛇绿岩为残留于东昆中洋内的中元古代洋壳残片，与万保沟洋岛-海山是同期的产物。位于清水泉一带，延伸方向近东西，延伸长度超过 80km，出露宽度约 300m。岩石组合为蛇纹岩、辉石岩、辉长岩、角闪辉长岩、蚀变辉绿岩。清水泉辉长岩年龄为 1392±14Ma/U-Pb。从岩石学以及岩石地球化学等方面分析，各类型岩石具有同源岩浆演化特征，反映各岩类具有相同的构造环境。超镁铁质岩-镁铁质辉长岩-辉绿岩、玄武岩均表现为稀土含量总体升高的趋势，在地球化学构造判别图解均表现为与俯冲有关的弧后扩张环境。结合岩石出露特征及区域地质背景，认为清水泉蛇绿岩形成于弧后盆地扩张环境（祁生胜等，2019）。

纳赤台蛇绿混杂岩带主构造期为加里东期，早泥盆世雪水河组呈角度不整合出现，标志着进入海西—印支期造山阶段。在该带中，早石炭世哈拉郭勒组（C_1hl）、晚石炭世—早二叠世浩特洛洼组（C_2—P_1h）、早三叠世洪水川组（T_1h）、早-中三叠世闹仓坚沟组（$T_{1\text{-}2}n$）及中三叠世希里可特组（T_2x）也分布于该构造单元中，为阿尼玛卿-布青山俯冲增生杂岩带的叠加。其中哈拉郭勒组碎屑岩段为一套陆源碎屑-碳酸盐台地组合，火山岩段为一套陆缘裂谷火山岩组合。浩特洛洼组，呈断块分布于克其克孜南、浩特洛洼、拉玛托洛胡等地，可以划分出两个建造组合：碎屑岩段为一套台地陆源碎屑-碳酸盐岩组合，火山岩段为一套安山岩、英安岩、流纹岩组合。沉积相纵横向变化较大，在浩特洛洼地区主要为一套相对稳定碳酸盐台地沉积；在西端克其克孜南为一套相对活动的中酸性火山，而在东端拉玛托洛胡一带及东给措纳湖西侧相变为一套相对活动的陆源碎屑沉积。洪水川组，与下伏地质体不整合接触，为滨浅海砂泥岩-砾岩夹火山岩组合，是前陆逆冲作用强烈活动期的产物。闹仓坚沟组为台盆陆源碎屑-碳酸盐岩组合，可能是前陆逆冲作用相对平静期的产物。希里可特组为滨浅海砂泥岩、砾岩夹火山岩组合，下部可能仍属于早期复理石沉积，向上逐渐过渡为海相磨拉石沉积。

第二节 成矿地质背景

一、地层

根据《中国区域地质志·青海志》（祁生胜等，2019）中的青海省地层区划成果，东昆仑地区地层属秦祁昆地层大区，西秦岭地层区，跨越东昆仑-柴达木地层区和柴达木地层分区、东昆北地层分区、万保沟-鄂拉山地层分区、东昆南地层分区、苦海-赛什塘地层分区五个三级地层分区（表 2-2-1）。地层出露面积不大，主要有古元古代滹沱纪金水口岩群，中新元古代蓟县纪—待建纪狼牙山组，中元古代蓟县纪万保沟群、长城纪小庙组，新元古代青白口纪丘吉东沟组、祁漫塔格群，三叠系、早-中侏罗世羊曲组、第四系等，其他地层出露面积较小。与成矿有关的地层有古元古代滹沱纪金水口岩群，中元古代蓟县纪万保沟群、长城纪小庙组，新元古代青白口纪丘吉东沟组，奥陶纪祁漫塔格群，石炭系，中二叠世切吉组，早-中三叠世闹仓坚沟组，晚三叠世鄂拉山组、八宝山组，早-中侏罗世羊曲组、第四纪冲洪积层等。本节引用《中国区域地质志·青海志》（祁生胜等，2019）及《青海省五龙沟地区金矿整装勘查区找矿部署研究报告》（马永久等，2018）等成果，就相关地层分布、岩性组合、岩相建造、化石、地层时代等特征分述如下。

表 2-2-1 东昆仑地区岩石地层划分表

<table>
<tr><td colspan="3" rowspan="2">地质年代</td><td colspan="5">秦祁昆地层大区</td></tr>
<tr><td colspan="4">东昆仑-柴达木地层区</td><td>西秦岭地层区</td></tr>
<tr><td rowspan="2">代</td><td rowspan="2">纪</td><td rowspan="2">世</td><td>柴达木地层分区</td><td rowspan="2">东昆北地层分区</td><td rowspan="2">万保沟-鄂拉山地层分区</td><td rowspan="2">东昆南地层分区</td><td rowspan="2">苦海-赛什塘地层分区</td></tr>
<tr><td>柴南缘地层小区</td></tr>
<tr><td rowspan="9">新生代</td><td rowspan="3">第四纪</td><td>全新世</td><td rowspan="2">冲洪积、冰碛、风积</td><td colspan="3" rowspan="2">冲洪积</td><td rowspan="2">冲积为主</td></tr>
<tr><td>晚更新世</td></tr>
<tr><td>中更新世</td><td>七个泉组</td><td colspan="4" rowspan="7"></td></tr>
<tr><td rowspan="3">新近纪</td><td rowspan="2">上新世</td><td>狮子沟组</td></tr>
<tr><td>油砂山组</td></tr>
<tr><td>中新世</td><td rowspan="2">干柴沟组</td></tr>
<tr><td rowspan="3">古近纪</td><td>渐新世</td></tr>
<tr><td>始新世</td><td rowspan="2">路乐河组</td></tr>
<tr><td>古新世</td></tr>
</table>

续表

地质年代			秦祁昆地层大区				
			东昆仑-柴达木地层区				西秦岭地层区
中生代	白垩纪	晚世					
中生代	白垩纪	早世	犬牙沟组				
中生代	侏罗纪	晚世	红水沟组				
中生代	侏罗纪	中世	采石岭组		羊曲组	羊曲组	羊曲组
中生代	侏罗纪	中世	大煤沟组	大煤沟组	羊曲组	羊曲组	羊曲组
中生代	侏罗纪	早世	大煤沟组	大煤沟组	羊曲组	羊曲组	羊曲组
中生代	三叠纪	晚世			八宝山组		
中生代	三叠纪	晚世		鄂拉山组	鄂拉山组		
中生代	三叠纪	中世			希里克特组		
中生代	三叠纪	中世			闹仓坚沟组		
中生代	三叠纪	早世			洪水川组		
晚古生代	二叠纪	晚世		大灶火沟组	大灶火沟组		
晚古生代	二叠纪	晚世			格曲组		格曲组
晚古生代	二叠纪	中世		打柴沟组	切吉组		苦海-赛什塘蛇绿混杂岩：钙碱性火山岩组合
晚古生代	二叠纪	早世		打柴沟组	浩特洛洼组		苦海-赛什塘蛇绿混杂岩：碎屑岩组合
晚古生代	石炭纪	晚世		缔敖苏组	浩特洛洼组		苦海-赛什塘蛇绿混杂岩：碳酸盐岩组合
晚古生代	石炭纪	早世		大干沟组	哈拉郭勒组		苦海-赛什塘蛇绿混杂岩：拉斑玄武岩组合
晚古生代	石炭纪	早世		石拐子组	哈拉郭勒组		苦海-赛什塘蛇绿混杂岩：（蛇绿混杂岩）
晚古生代	泥盆纪	晚世		哈尔扎组			
晚古生代	泥盆纪	晚世		黑山沟组			
晚古生代	泥盆纪	中世					
晚古生代	泥盆纪	早世		契盖苏组	雪水河组		
早古生代	志留纪	末世					
早古生代	志留纪	晚世					
早古生代	志留纪	中世					
早古生代	志留纪	早世					

续表

<table>
<tr><td colspan="3" rowspan="2">地质年代</td><td colspan="9">秦祁昆地层大区</td></tr>
<tr><td colspan="8">东昆仑-柴达木地层区</td><td>西秦岭地层区</td></tr>
<tr><td rowspan="7">早古生代</td><td rowspan="3">奥陶纪</td><td>晚世</td><td rowspan="13"></td><td rowspan="7">十字沟蛇绿混杂岩</td><td>碎屑岩组合</td><td rowspan="3">祁漫塔格群</td><td>碳酸盐岩组</td><td rowspan="13"></td><td rowspan="5">纳赤台蛇绿混杂岩</td><td>中酸性火山岩组合</td><td rowspan="13"></td></tr>
<tr><td>中世</td><td>碳酸盐岩组合</td><td>火山岩组</td><td>碎屑岩组合
硅质岩组合</td></tr>
<tr><td>早世</td><td></td><td>碎屑岩组</td><td>碳酸盐岩组合</td></tr>
<tr><td rowspan="4">寒武纪</td><td>晚世</td><td>基性火山岩组合</td><td colspan="2" rowspan="6"></td><td>基性火山岩组合</td></tr>
<tr><td>中世</td><td></td><td>（蛇绿岩组合）</td></tr>
<tr><td>早世</td><td rowspan="2">（蛇绿岩组合）</td><td colspan="2" rowspan="2">沙松乌拉组</td></tr>
<tr><td>底世</td></tr>
<tr><td rowspan="3">新元古代</td><td>震旦纪</td><td></td><td colspan="2" rowspan="2"></td><td colspan="2" rowspan="3"></td></tr>
<tr><td>南华纪</td><td></td></tr>
<tr><td>青白口纪</td><td></td><td colspan="4">丘吉东沟组
狼牙山组</td></tr>
<tr><td rowspan="2">中元古代</td><td>蓟县纪</td><td></td><td colspan="4"></td><td>万保沟群</td><td>青办食宿站组
温泉沟组</td></tr>
<tr><td>长城纪</td><td></td><td colspan="4">小庙组</td><td colspan="2" rowspan="2"></td></tr>
<tr><td>古元古代</td><td>滹沱纪</td><td></td><td>金水口岩群</td><td colspan="3">片岩岩组
大理岩岩组
片麻岩组</td></tr>
</table>

注：根据《中国区域地质志·青海志》（祁生胜等，2019）整理。

（一）古元古代滹沱纪金水口岩群（Pt_1J）

主要分布于东昆仑山北坡，西起青新交界的祁漫塔格，东至布尔汗布达山东端，总体呈北西西-南东东向展布，绵延500多千米，是构成东昆仑东西复杂造山带的主体地层。金水口岩群由一套深变质岩组成，经受区域动力热流变质作用和混合岩化作用，达高角闪岩相，构造变形复杂多样，原始层理被强烈置换，片麻理、片理特别发育，原始层序彻底消失，岩层厚度失去实际意义。岩石类型复杂，以各类片麻岩为主，斜长角闪岩次之，并见有大理岩、变粒岩和麻粒岩。金水口岩群原始沉积应为活动陆缘浅海环境。

金水口岩群在区域上获得有较多的同位素年龄资料。1∶20 万塔鹤托坂日幅斜长角闪片岩中作 Sm-Nd 全岩等时线年龄为 1922±33Ma，黑云斜长片麻岩作锆石 U-Pb 法，年龄值为 1850Ma；1∶25 万库郎米其提幅 Nd-Sm 等时线，获 1879±6Ma 和 2322±160Ma 两组年龄值。根据上述资料分析，以及区域对比，将金水口岩群时代归属为古元古代。

根据变质岩岩性组合、变质变形特征，将其细分为片麻岩岩组、大理岩岩组、片岩岩组。

1. 片麻岩岩组

广泛出露于开木棋河、拉陵灶火、勒黑河、白日其利沟、金水口、小庙、清水河一带。由西向东岩石组合有明显的变化。在开木棋河—拉陵灶火一带，岩性为含红柱夕线堇青黑云斜长片麻岩、黑云角闪片麻岩、黑云二长片麻岩、斜长角闪岩夹镁橄榄大理岩、条带状大理岩，原岩为基性火山岩-黏土岩-镁质碳酸盐岩组合。在白日其利沟、五龙沟地区，岩性为黑云斜长片麻岩、斜长角闪岩、混合岩化黑云斜长片麻岩、混合岩夹黑云石英片岩、大理岩、石英岩及变粒岩等，未见顶底，原岩为基性火山岩-砂质泥岩-镁质碳酸盐岩组合。在金水口、清水河一带，由于受后期各时代侵入岩体破坏，呈残块状分布，主要岩性为斜长角闪岩、角闪片岩、黑云斜长片麻岩、黑云正长片麻岩、黑云片岩、透辉石大理岩、橄榄大理岩，原岩为基性火山岩-黏土岩-镁质碳酸盐岩建造。属角闪岩相中-深变质岩系，经较强烈混合岩化作用，形成条纹状、条带状混合岩。

2. 大理岩岩组

零星分布于拉陵灶火、勒黑河、金水口、跃进山一带，岩性以大理岩为主，夹黑云斜长片麻岩及黑云片岩等。在拉陵灶火一带，岩性为白云石大理岩、镁橄榄白云石大理岩及条带状大理岩、透辉石大理岩夹斜长角闪片麻岩、混合片麻岩等，混合岩化发育，为碳酸盐岩建造。在金水口—小庙一带，主要出露于大干沟、三通沟、丘吉东沟地区。主要岩性为白云石大理岩、金云橄榄大理岩、石墨大理岩、碳质大理岩夹少量黑云斜长片麻岩、蓝晶石英片岩等。该岩组在横向上岩性较为稳定，以大理岩建造为主，叠置厚度由西向东有增厚趋势。

3. 片岩岩组

分布于开木棋河、冰沟、五龙沟、金水口、清水河一带，主要由黑云片岩、石英片岩、二云绿泥片岩、绿泥片岩等组成。原岩成分为泥砂质，属浅-中变质的绿片岩相，经历极轻微的混合岩化作用。

金水口岩群是都兰县五龙沟地区红旗沟-深水潭金矿床金矿体赋存围岩之一。

（二）中元古代地层

1. 长城纪小庙组（Ch*x*）

根据岩性组合特征可分为 a、b 两个岩性段。

a 岩段：大面积出露于小庙、中支沟三道梁—打柴沟一线南侧，在水闸东沟-萤石沟、猴头沟亦有零星分布，总体产状与区域构造线一致，呈北西-南东向的带状展布，主要由角闪斜长片麻岩组成。

b 岩段：大面积出露于小庙、中支沟—三道梁—打柴沟一带，水闸东沟—萤石沟—三窝水沟一带亦有分布，总体呈北西-南东向的带状展布。上部由蛇纹石化透闪石大理岩及斜长片麻岩组成，下部为灰黑色黑云石英片岩与白色大理岩互层夹角闪斜长片麻岩。

小庙组的出露厚度大于 1380.5m。据区内 141 个微金光谱样分析结果统计，该地层平均金含量较少，但穿插于该地层中的构造蚀变带内岩石 Au 平均含量为 53×10^{-9}。小庙组是都兰县五龙沟地区红旗沟-深水潭金矿床金矿体主要赋矿地层。

2. 蓟县纪万保沟群（Pt_2^2 *W*）

万保沟群严格受区域性断裂控制，呈近东西向零星分布于东昆仑南坡，西起青海省西界附近的分水岭、雪峰山，向东经黑海、万保沟、纳赤台，沿布尔汗布达山主脊，直至冬给措纳湖北智玉一带，呈带状延伸，包括下部温泉沟组和上部青办食宿站组。

温泉沟组和青办食宿站组因断层破坏多呈断块产出。温泉沟组主要由玄武质火山岩组成，区域上岩性变化不大。岩石组合为灰绿色-浅灰绿色玄武岩、玄武安山岩、安山岩夹玄武质凝灰熔岩、钠长英安岩、浅灰色薄层灰岩、大理岩及少量板岩、硅质岩。与上覆青办食宿站组局部为整合接触。火山岩岩石化学特征显示拉斑系列，少量亚碱系列，具洋岛型特征。所含硅质岩说明火山岩形成于深水环境。在部分地区火山岩中混入较多的深灰色黑云辉石岩、辉绿辉长岩、蛇纹石化橄榄岩等蛇绿岩组分。

青办食宿站组的分布与温泉沟组大致相同，多呈断块产出，该组由碳酸盐岩组成。岩性为结晶灰岩和白云岩，或二者的过渡类型。白云岩为灰色条带状粉晶白云岩、微晶硅化白云岩、细晶粒屑藻屑白云岩夹微晶细晶灰岩、泥质板岩及石英岩；灰岩为灰-灰白色结晶灰岩、深灰色微晶粉晶灰岩、白云石化灰岩、砾状灰岩、亮晶团块状灰岩、硅质条带灰岩夹白云岩及变砂岩。总体上灰岩多出现在青办食宿站组的下部，白云岩位于该组上部。青办食宿站组白云岩具条带状、纹层状层理，反映沉积环境海水很浅，为封闭或半封闭环境，气候干热，为静水低能碳酸盐台地局限台地沉积环境。

（三）中新元古代地层

1. 蓟县纪—待建纪狼牙山组（Jx*l*）

狼牙山组分布在道班沟中游、托拉沟、五龙河上游和白日其利沟上游一带，呈北西西向长条带状展布。岩石类型主要为白云质碳酸盐岩，有浅灰-灰白色白云岩、灰质白云岩、白云质灰岩、结晶灰岩、含透辉石白云质大理岩夹千枚岩、粉砂岩、石英砂岩，局部夹赤铁矿层和硅质砾岩，属白云质灰岩-白云岩建造。狼牙山组与金水口岩群、丘吉东沟组平行不整合接触，与纳赤台蛇绿混杂岩、金水口岩群呈断层接触，多被晚二叠世和晚泥盆世侵入岩侵入。产叠层石 *Anabaria* cf. *divergens*，*Baicalia rara*，*Boxania dentata*，*Chihsienella* cf.，*Jurusania* cf.，*Kunlunia binggouensis*，*Minjaria* cf.，*Tungussia* cf.等，沉积相和沉积亚相为台地蒸发岩相。构造古地理单元为陆棚碳酸盐岩盆地。该地层含铁丰富，在后期区域变质作用和岩体侵入时的热液作用下，Fe、Mo、Pb、Zn、Ag 等成矿元素在成矿后期进一步富集，易于形成铁多金属矿。

2. 青白口纪丘吉东沟组（Qb*qj*）

丘吉东沟组呈北西向条带状断续分布于丘吉东沟、白日其利沟上游、萤石沟沟脑、五龙沟、深水潭、百吨沟到拉忍一带，为一套浅变质的滨海-半深海环境沉积的碎屑岩夹碳酸盐岩，厚度大于 350m。

岩石组合为下部灰-灰绿色变质长石石英砂岩、白云母长石石英片岩夹二云石英片岩、粉砂质板岩、千枚状钙质板岩、绿灰色凝灰质砂岩、结晶灰岩、大理岩及砾岩。上部灰色中厚层状大理岩化条带状灰岩夹灰白色中厚层状条带状白云岩，发育席状藻叠层石。该地层与下伏狼牙山组平行不整合接触，与祁漫塔格群火山岩组角度不整合及断层接触，多被晚三叠世、中二叠世和中晚志留世侵入岩侵入。沉积相和沉积亚相为潮坪相潮汐水道亚相。构造古地理单元为陆棚碎屑岩盆地。经岩石地球化学分析，该地层中 Au 元素含量高，为区内金矿的形成提供了物质来源。

该套地层区域上产叠层石化石 *Spicaphyton qiujidonggouense*；微古植物 *Trematosphaeridium* sp.，*Laminarites* sp.，*Lignum* sp.。五龙沟地区三窝水一带薄层泥晶灰岩中还含微古植物化石 *Leiosphoeridia* sp.，*Zonosphaeridium* sp.，*Nucellosphaeridium zonale* 等。根据所获叠层石、微古植物化石及 Rb-Sr 同位素等时线年龄值（676±65Ma）资料，该地层时代为青白口纪。

（四）早古生代地层

1. 底-早寒武世沙松乌拉组（$\text{Є}_{1\text{-}2}\hat{s}$）

沙松乌拉组分布于东昆仑山南坡大灶火沟、窑洞山和沙松乌拉一带。上部为浅绿灰色-灰色厚层中细粒变长石砂岩、石英长石砂岩夹钙质粉砂岩、绢云钠长千枚岩、千枚状板岩及少量不稳定变安山玄武岩、杏仁状玄武岩，偶夹结晶灰岩和片状砾岩，未见顶底，厚度大于 1339m。

该组产藻类 *Leiosphoeridium* sp.，*Prototracheites crassinus*，*Brocholaminaria nigrta*；小壳动物化石 *Palaeacmara* sp.，*Latouchella* sp.等，时代属早寒武世。

沙松乌拉组岩石组合较复杂，以中细粒碎屑岩为主，韵律层较发育，具类复理石建造特征，属半深海-浅海环境无障壁海岸相，海水为正常盐度，暖水，中性酸碱度和还原环境，干热气候带，属陆源碎屑浊积岩建造。

2. 奥陶纪祁漫塔格群（O*Q*）

主要分布在成矿带西段的祁漫塔格—拉陵灶火一带，在成矿带中段的五龙沟、清水河地区以及成矿带东段的柯柯赛一带也有小面积的出露。地层总体呈北西西-南东东向条带状展布，出露面积较小。可分为下部碎屑岩组、中部火山岩组和上部碳酸盐岩组。

（1）碎屑岩组

比较发育，主要分布在祁漫塔格地层小区东西段，多见于小狼牙山、乌兰乌珠尔南、莲花石、那陵郭勒下游、拉陵灶火、夏日哈、沙柳河等地。由一套中-细粒碎屑岩组成，岩石组合有岩屑长石砂岩、含钙质石英砂岩、长石石英杂砂岩、长石岩屑砂岩、岩屑石英砂岩夹长石石英粉砂岩、粉砂岩、粉砂质泥质板岩、千枚状板岩、细砾岩和中-基性火山岩。与上覆火山岩组为整合接触关系，属半深海斜坡沟谷-滨浅海潮坪沉积。

（2）火山岩组

在祁漫塔格群中最发育，遍布祁漫塔格地层小区东西两段。多以不连续的断块状产出，以黑柱山、小狼牙山和莲花石北较为集中。岩石组合较复杂，包括基性、中性、酸性各类火山熔岩和火山碎屑岩。在黑柱山、石泉子地区以中-酸性火山岩为主，岩性有流纹岩、英安流纹岩、英安质凝灰岩、流纹质岩屑晶屑凝灰岩、英安质凝灰熔岩夹少量杏仁橄榄玄武安山岩、橄榄玄武岩和霏细岩。在莲花石、乱石沟、小狼牙山等地以基性、中基性火山岩为主，岩性有枕状-杏仁状玄武岩、细碧岩、玄武安山岩、基性火山角砾岩、安山质凝灰岩。在东段沙柳河地区火山岩组多为零散的断块状、透镜状产出，以中性、中酸性火山岩为主，岩性为安山岩、安山质熔岩凝灰岩、英安岩、层凝灰岩等。火山岩以钙碱系列为主，局部为拉斑系列，形成于岛弧或弧后盆地环境。在五龙沟两侧以熔岩、熔岩角砾岩为主，东部石灰沟一带以凝灰岩、凝灰质板岩为主。普遍遭受低绿片岩相区域动力变质作用和接触交代变质作用，发生绿泥石化、角岩化和夕卡岩化。成矿条件较好，形成金、多金属矿化，集中分布铜、钼矿化点、铁矿点和岩金矿床。

（3）碳酸盐岩组

分布面积很小，出露极零星。仅见于东昆仑北坡那陵郭勒上游南北两侧，有的作为捕虏体赋存于后期侵入岩中，有的呈透镜状出现在北西西向区域性断裂带中。岩石组合有灰白色含石英大理岩、条带状石英大理岩、透闪石大理岩、白云石结晶灰岩、不纯灰岩夹钙质粉砂岩、粉砂质板岩，局部发生糜棱岩化和夕卡岩化。为海相沉积作用下的局限台地碳酸盐岩沉积类型。

（五）晚古生代地层

1. 早泥盆世契盖苏组（D_1q）

契盖苏组集中分布在托拉沟沟脑，在低山头一带和大干沟东出露较好，不整合覆盖于金水口岩群之上。划分为碎屑岩段（D_1q^1）和火山岩段（D_1q^2），二者为整合接触关系，火山岩段可分为上下两个部分。

（1）碎屑岩段（D_1q^1）

岩石组合：灰色块层状中砾、细砾变形砾岩夹变粉砂质泥钙质板岩，岩屑长石砂岩，白云石化粉砂质板岩，中厚层状粉砂岩及少量粗玄岩，底部为中粗粒复成分砾岩。北部不整合于金水口岩群上，南部不整合于纳赤台蛇绿混杂岩上，厚度大于476m。该组合沉积环境为断陷火山盆地湖相水下冲积扇，湖水为淡水，暖水，中性酸碱度，氧化环境，干热气候带，湖泊三角洲相砂砾岩建造。后期构造变形明显。

（2）火山岩段（D_1q^2）

火山岩段下部：分布在锯齿山一带，位于碎屑岩段之上。为黑灰-灰绿色辉石安山岩、安山岩、玄武安山岩夹橄榄玄武岩，属喷溢相。

火山岩段上部：主要出露在锯齿山东西两侧和低山头一带，在锯齿山东南与下伏玄武岩-安山岩组合为连续关系。岩石类型有浅灰-紫红-灰紫色英安岩、流纹岩夹流纹质凝灰熔岩和少量中酸性熔岩凝灰岩、霏细斑岩等，主要为喷溢相。

火山岩段自下到上由中基性到酸性岩性变化明显，自下部碎屑岩向上变为玄武岩、橄榄玄武岩、安山岩，过渡到英安岩和流纹岩。下部以熔岩为主，为喷溢相；上部为熔岩碎屑岩和火山碎屑岩，为爆溢相和爆发相。喷发强度逐渐增强，火山岩分布范围逐渐扩大，组成较完整的喷发旋回。属陆相火山喷发，氧化环境，干热气候带，火山盆地环境为破火山口相，中钾钙碱系列火山岩建造。

契盖苏组碎屑岩、火山岩普遍接受了区域低温动力变质作用，变质较浅，仅达低绿片岩相，碎屑岩产生绢云母化，火山岩普遍绿泥石化。变形较弱，以脆性变形为主，部分岩层在断裂带内产生劈理化。

区域上契盖苏组下部碎屑岩不整合于奥陶纪祁漫塔格群之上，有早石炭世石拐子组、大干沟组不整合覆盖；在小灶火、肯德可克等地碎屑岩中含植物 *Leptophloeum rhombicum*，*Sublepidodendron wushiense*，*S.mirabile*，*Lepidodendropsis* sp.，*Cyclostigma kiltorkense* 等。火山岩中获得同位素年龄值在 399.6～418Ma 之间，根据所出露的层位、构造部位和岩石组合特征，将该套地层划分为下泥盆统。

2. 晚泥盆世黑山沟组（D_3h）、哈尔扎组（D_3he）

黑山沟组和哈尔扎组分布局限，仅见于祁漫塔格东段北坡老茫崖南红柳泉、黑柱山一带，为一套海陆交互相碎屑岩夹灰岩、火山岩地层。

黑山沟组不整合在奥陶纪祁漫塔格群之上。在黑山沟一带，下部以砾岩、含砾粗砂岩为主，中上部以不同成分、不同颜色的砂-泥钙质粉砂岩、粉砂质板岩为主，间夹较多的砂质灰岩，动植物化石丰富，地层厚度 963m。由黑山沟向西至哈尔扎，地层厚度变薄，为 740m，底部砾岩厚度小，以灰色厚层粉砂岩夹生物碎屑灰岩、含生物碎屑泥钙质粉砂岩、石英砂岩为主，为海陆交互相滨浅海碎屑岩组合。

哈尔扎组分布范围小，仅在哈尔扎一带较发育，与下伏黑山沟组为连续关系，未见顶，被早石炭世石拐子组不整合覆盖，厚度 366m。岩性以中-酸性凝灰熔岩、凝灰岩为主，夹薄层粉砂质板岩、粉砂质泥质灰岩。火山岩为钙碱性系列，属大陆伸展火山-沉积断陷盆地环境。含珊瑚 *Nalivkinella profunda*，*Amplexocarinia qinghaiensis*；腕足类 *Ptychomaletoechia hsikuangshanensis* 等。

黑山沟组有丰富的动植物化石。刘广才等（1987）建立了 4 个生物组合：①*Cyrtospirifer sinensis-Tenticospirifer tenticulum* 腕足类组合；②*Leptophloeum rhombicum-Cyclostigma kiltorkense* 植物组合；③*Ptychomaletoechia shanensis- Schizophoria heishanensis* 腕足类组合；④*Gorizdronia Profunda-Amplexocarinia qinghaiense* 珊瑚组合。据古生物组合，确定黑山沟组的沉积时代为晚泥盆世弗拉斯期和法门期。哈尔扎组与黑山沟组连续沉积，下石炭统不整合其上，所含珊瑚、腕足类也为晚泥盆世常见分子。其时代为晚泥盆世无疑。

3. 早石炭世石拐子组（$C_1\hat{s}$）

石拐子组主要发育在祁漫塔格北坡，呈带状展布，自西向东出露于莲花石沟、石拐子、双石峡、四道沟、黑尖山等地，在祁漫塔格南坡、东昆仑北坡也有小面积分布。不整合于金水口岩群、祁漫塔格群和契盖苏组及较早时代侵入体之上，被上覆大干沟组整合覆盖。在西部莲花石沟厚度达 1134m，在石拐子厚度 443m。下部碎屑岩由灰-灰褐色细砾岩、含砾粗砂岩和岩屑砂岩组成，厚度 208m；上部岩性主要为深灰色生物碎屑灰岩、粉砂质生物碎屑灰岩夹生物碎屑白云岩，厚度 235m，有大干沟组底部的中-粗粒长石石英砂岩与之分界。为陆表海环境碎屑岩-碳酸盐岩建造。

石拐子组的上部灰岩中化石丰富，主要为：*Enygmophyllum dubium-Amnike phyllum*，*Humboldtia-Vesiculophyllum* 珊瑚组合及 *Marginatia burlingtonensis-Schuchertella guizhouensis* 腕足类组合。上述古生物总貌为杜内晚期。

4. 早石炭世大干沟组（C_1d）

大干沟组在东昆仑北坡断续零星分布，以祁漫塔格北坡最发育，主要见于哈是托、云居萨依、拉陵高里、大干沟等地。与下伏石拐子组和上覆缔敖苏组分别为整合及平行不整合接触关系。岩石组合以灰岩为主，下部为硅质白云岩、砂质灰岩夹长石石英砂岩，中上部全为灰岩，主要有生物碎屑灰岩、鲕粒灰岩、厚层灰岩。碎屑岩夹层有由西向东增加的趋势，局部含植物化石。为陆表海环境陆源碎屑岩-碳酸盐岩建造。

云居萨依剖面上产珊瑚 *Meniscophyllum qinghaiense*，*Siphodendron curvatum*，*Lophophyllidium* sp.；腕足类 *Striatifera recurva*，*Gigantoproductus* sp.，*Schuchertella fernglenensis* 等。在哈是托下部碎屑岩中产腕足类 *Fluctuaria undata*；植物 *Triphyllopteris collombiana*。上部灰岩产 *Eostaffella hohsienica* 蜓带；腕足类 *Gigantoproductus giganteus*，*G.edelburgensis* 等。地层时代属早石炭世晚期。

5. 早石炭世哈拉郭勒组（C_1hl）

哈拉郭勒组沿东昆仑南坡断续分布，由西向东见于巴能梗沙耶、起次日赶特乌拉、哈拉郭勒及拉玛托洛湖等地，以起次日赶特乌拉发育最全。在哈拉郭勒东支沟不整合于万保沟群之上，未见顶，剖面控制厚度 726.51m。岩石组合主要为碳酸盐岩、碎屑岩夹中酸性火山岩。碳酸盐岩约占总厚度的三分之一（218m），有生物碎屑颗粒灰岩、生物碎屑微晶灰岩、海百合茎灰岩，少量砂屑灰岩、泥灰岩和大理岩；碎屑岩主要为石英砂岩、砾岩、含砾砂岩，少量粉砂岩、板岩，约占总厚度的二分之一；火山岩多出现在中-上部，呈夹层产出，主要为英安岩和中-酸性凝灰岩。该组化石丰富，以珊瑚和腕足类为主，多产于下部灰岩中。碎屑岩以石英碎屑岩为主，砾石成分多为石英，常见平行层理、水平层理和板状交错层理，碳酸盐岩发育，并与碎屑岩呈不均互层。化石多为底栖类，说明沉积盆地远离物源区，海水较浅，处于低能环境，属陆源碎屑-碳酸盐台地沉积环境，伴有微弱的火山活动。火山岩为钙碱系列，形成于陆缘裂谷环境。

哈拉郭勒组化石丰富，主要有四射珊瑚 *Palaeomilia fraternal*，*Dibunophyllum rhodophylloides*，*Heterocaninia intermedia*，*Lophophyllum* sp.，*Kueizhouphyllum* sp.，*Aspidiophyllum* sp.，*Neokoninckophyllum* sp.；横板珊瑚 *Michelina*? *dubatolovi*；腕足类 *Gigantoproductus moderatus*，*Tolmatchoffia ribustus*，*Linoproductus elongata*，*L. cora*；软体动物、有孔虫等。其中 *Dibunophyllum rhodophylloides*，*Kueizhouphyllum* sp.，*Linoproductus elongata*，*Heterocaninia intermedia* 等都是我国南方早石炭世晚期常见的标准分子。据此，将哈拉郭勒组的沉积时代确定为维宪期。

6. 晚石炭世缔敖苏组（C_2d）

缔敖苏组在东昆仑山北坡分布较广，发育完整，主要见于打柴沟、肯德可克、云居萨依、东大干沟等地。一般厚 333～801m，西薄东厚。在祁漫塔格地区除底部有较薄的石英砂岩外，全部为生物碎屑灰岩，在布尔汗达山则为碎屑岩和碳酸盐岩互层。与下伏大干沟组为整合或平行不整合接触关系，仅限于大干沟南，呈窄长条状近东西向展布，有时超覆在前石炭纪地层之上；与上覆打柴沟组为整合接触关系。

为台地缓坡碎屑岩-碳酸盐岩建造，厚度326m。岩石组合：深灰色-灰色石英砂岩、粉砂岩、碳质页岩、黏土质页岩、石灰岩、生物灰岩夹劣质煤，底部局部有细砾岩。该地层化石极为丰富，主要有蜓、有孔虫、腕足类及珊瑚，以蜓化石最为齐全，自下而上可划分出 *Profusulinella* 带，*Fusulina-Fusulinella* 带，*Montiparus-Triticites* 带及 *Pseudoschwagerina* 带等。在东大干沟见有腕足类：*Choristites* cf. *jigulensis*，*Dielasma mapingensis* 等。化石组合属晚石炭世分子。根据所产出的层位，上、下接触关系及其化石组合分析，缔敖苏组的沉积时代为晚石炭世。

7. 晚石炭世—早二叠世浩特洛洼组（C_2—P_1*ht*）

浩特洛洼组沿东昆仑南坡零星展布，从西向东出露于红石山、东大干沟、埃肯雅玛托、阿不特哈达、冬木北山、年扎曲等地。岩性较稳定，碎屑岩、碳酸盐岩和火山岩不均互层。碎屑岩以泥质钙质粉砂岩和粉砂质板岩为主，次为石英砂岩和黏板岩，偶见煤线；碳酸盐岩主要为亮晶生物碎屑灰岩、泥晶生物碎屑灰岩，少量粒屑灰岩、粉晶灰岩；火山岩主要为英安岩，少量安山岩。火山岩属钙碱性系列，形成于陆缘弧环境。自下而上，碎屑岩粒度变细，石英砂岩见于下部，粉砂岩、板岩多见于上部；灰岩向上增多，厚度变大；火山岩仅见于上部，而且集中出现。地层厚度各地不一，在西部红石山厚度达 1480m，东部年扎曲仅 374m，一般厚度 413～864m。在埃肯雅玛托见本组与下伏哈拉郭勒组为平行不整合接触，有洪水川组不整合其上，其余多地被断层破坏，发育不全。

浩特洛洼组化石极为丰富，以蜓为主，兼有腕足类、珊瑚和双壳类。蜓化石垂直分带明显，自下而上可分为 *Profusulinella* 带、*Fusulinella-Fusulina* 带、*Montiparus-Triticites* 带和 *Pseudoschwagerina* 带。该化石组合主要出现在晚石炭世，有些分子（如 *Pseudoschwagerina*）跨入早二叠世。因此，浩特洛洼组的沉积时代属于晚石炭世—早二叠世。

8. 早-中二叠世打柴沟组（$P_{1\text{-}2}$*dc*）

打柴沟组分布在祁漫塔格北坡，呈近东西向条带状展布于茫崖镇的云居萨依和格尔木市野马泉、打柴沟、四角羊沟、牛苦头和缔敖苏等地。主要由黑色-深灰色粒屑亮晶粉晶泥晶生物灰岩、白云质灰岩和白云岩组成，夹钙质硅质粉砂岩、钙质粉砂岩。灰岩含燧石条带和燧石结核。富含蜓、苔藓虫、腕足类、珊瑚等。与下伏缔敖苏组灰白色巨层灰岩的顶层面分界。与缔敖苏组相比，打柴沟组呈明显的负地形，灰岩锤击有臭味，野外易于区别。未见顶，厚度 177～839m。为局限台地碎屑岩-碳酸盐岩组合。

打柴沟组含蜓*Eoparafusulina contracta*，*Pseudofusulina magma*，*Quasifusulina cayeuxi*；腕足类 *Kunlunia* cf. *tenuistriata*；珊瑚 *Kepingophyllum* sp.，*Meniscophyllum* sp.等。地层时代为早-中二叠世。

沉积环境为浅海，海水为正常盐度，暖水，中性酸碱度，弱还原环境，湿热气候带，为障壁海岸潮坪相，砂页岩-石灰岩建造。

9. 中二叠世切吉组（P_2*q*）

切吉组分布局限，仅见于万保沟-鄂拉山地层分区东北端，鄂拉山北缘直亥买、切吉水库、玛温根等地。岩石组合以砂板岩为主，其次为火山岩，夹少量灰岩，多被断层破坏，晚三叠世侵入岩侵入和第四系覆盖，未见顶底，剖面控制厚度 4269m。该套地层纵向变化较大，下部以火山岩为主，岩石组合有灰紫色块层蚀变安山质凝灰熔岩、杂色块层角砾状蚀变安山岩、深灰色块层玄武安山质凝灰熔岩、蚀变安山岩夹灰黄色中厚层变不等粒岩屑砂岩及少量灰白色块层砂屑粒泥灰岩。含䗴科、腕足类化石，厚度 580m。中部为砂岩、粉砂岩夹灰岩，岩石组合为灰色中厚层变细粒长石砂岩、石英砂岩、中细粒长石岩屑砂岩、长石石英砂岩、灰色中厚层变细粒复成分粉砂岩、灰-灰黄色薄层泥钙质粉砂岩、粉砂质板岩夹灰岩透镜体、灰色块层生物碎屑粒泥灰岩。灰岩中含丰富的䗴科、腕足类、珊瑚、腹足类化石。厚度 1991～2443m。上部以砂板岩为主，不夹灰岩。岩石组合为灰色中厚层-薄层石英砂岩、长石岩屑砂岩、深灰色薄层粉砂质板岩、泥钙质粉砂岩、岩屑砂岩及少量深灰色块层砾岩，厚度 1799～2486m。

切吉组水平层理发育，化石丰富，以底栖类为主，反映水动力条件较弱，处于热带-亚热带平静正常浅海环境，晚期海水退缩，水动力变强，生物匮乏。火山岩为安山质爆溢相，为钙碱系列。切吉组经受区域低温动力变质作用，达绿片岩相。处于活动大陆边缘火山弧环境。

10. 晚二叠世格曲组（P_3g）

格曲组分布在东昆仑南坡中段，西起温泉水库，东至苦海以西（95°E～100°E），跨属万保沟-鄂拉山和苦海-赛什塘两个地层分区。多为零星分布的孤零露头。在万保沟-鄂拉山地层分区格曲组不整合在浩特洛洼组之上。厚度各地不一，在又麻日可见厚度 135m，在石峡厚度 603m。下部以碎屑岩为主，上部由碳酸盐岩组成。碎屑岩底部为石英质砾岩，向上为含砾砂岩、砂岩夹板岩及薄层灰岩。厚度变化较大，砾岩不稳定，砾石圆度、球度非常好，碎屑岩构造成熟度和成分成熟度高，具底砾岩性质。上部为礁灰岩，岩石组合为古石孔藻黏结灰岩、管壳石黏结灰岩，发育栉壳构造。造礁生物以黏结生物古石孔藻、管壳石为主；造架生物有串管海绵、纤维海绵、水螅、复体四射珊瑚及苔藓虫；附礁生物有腕足类、䗴、有孔虫、单体珊瑚、海百合茎、腹足类等。格曲组为断陷盆地环境，下部碎屑岩为滨海相，上部灰岩为生物礁相。

格曲组化石丰富，在下部碎屑岩的灰岩、粉砂岩夹层中产腕足类 *Oldhamina decipiens*，*Uncinuellina timorensis*，*Martinia* sp.；上部碳酸盐岩中化石门类繁多，有腕足类 *Tylopecta* sp.，*Chianella* sp.，*Squamularia* sp.，*Martinia* cf. *rectangularis*，*Schuchertella* sp.；有孔虫 *Colaniella* sp.，*Pachyphloia* sp.；腹足类 *Meekospira* sp.；四射珊瑚 *Waagenophyllum indicum* 等。其中，四射珊瑚 *Waagenophyllum indicum*，有孔虫 *Colaniella* sp.是我国南方晚二叠世的标准化石，也是长兴期标准分子。腕足类 *Oldhamina decipiens* var. *regularis*，有孔虫 *Pachyphloia* sp.等也是晚二叠世的常见分子。因此，格曲组的沉积时代为晚二叠世。

11. 晚二叠世大灶火沟组

大灶火沟组分布面积甚小，出现在昆中断裂附近，可分西、东两处：在西部大灶火沟组分布在大灶火河源头、沙松乌拉北坡，向东延至低山头西沟，呈近东西向长条状展布。喷发不整合在志留纪花岗闪长岩体之上，有晚二叠世花岗闪长岩侵入。剖面控制厚度 1026m。岩石组合主要由中酸性火山碎屑熔岩和火山碎屑岩组成。岩性主要有英安质晶屑凝灰熔岩、英安质熔结角砾凝灰岩、安山质含火山角砾晶屑凝灰岩、英安质火山角砾岩、英安质含角砾集块岩夹英安岩、流纹岩和流纹英安岩。在低山头西沟见有火山口，火山口由内向外有集块岩、火山角砾岩、含火山角砾凝灰岩，在火山口充填次流纹英安岩。

在东部冬给措纳湖北—沟里一带，有中酸性火山岩呈断块状出露。与围岩古元古代金水口岩群、寒武纪—奥陶纪纳赤台蛇绿混杂岩等均为断层接触。岩石组合以石英安山岩、粗安岩为主，夹凝灰岩、含角砾晶屑凝灰熔岩、火山角砾岩、凝灰质变粉砂岩、凝灰质杂砂岩等，安山岩中多发育柱状节理。据中国地质大学（武汉）于2003年完成的1∶25万冬给措纳湖幅区调报告介绍，在火山岩底部有复成分砾岩，砾岩砾石中有丰富的化石。《中国区域地质志·青海志》（祁生胜等，2019）将沟里这套中酸性火山岩划归为大灶火沟组。

大灶火沟组在沙松乌拉北坡、大灶火河源头被晚二叠世花岗闪长岩侵入，喷发不整合在志留纪花岗闪长岩之上。青海省地质调查院（2012）在大灶火沟组次流纹岩中获得254.7±0.6Ma 锆石 U-Pb 同位素年龄值，在 1∶5 万万保沟幅（2002 年）英安岩中获得256.8±1.2Ma 和 254.5±0.89Ma U-Pb 同位素年龄。中国地质科学院地质力学研究所（2011）在1∶25万卡巴纽尔多幅区调报告中介绍，在相当大灶火组的凝灰岩中获得锆石U-Pb同位素年龄值为251.8±2.3Ma、256.2±4.8Ma、257.5±2.5Ma、261±3.2Ma。

（六）中生代地层

1. 早三叠世洪水川组（T_1h）

洪水川组出露于东昆仑山南坡。以碎屑岩为主，局部夹中酸性火山岩。下部为灰紫色砾岩、含砾砂岩夹长石石英砂岩、泥质粉砂岩及粉砂质泥岩；上部为灰绿色砾岩、各种凝灰岩、玄武安山岩夹变粉砂岩、砂岩等。与下伏石炭纪至二叠纪不同层位的地层不整合接触或断层接触，总厚度大于3000m。上部以碳酸盐岩的始现作为闹仓坚沟组的底界。

区域上岩性变化不大，厚度各地差异明显。由于沉积环境各地有差异，反映出沉积相的不同。阿拉克湖地区西部，为砂板岩夹薄层灰岩，鲍马层序发育，为斜坡浊积岩相，主要为浊积扇的中端扇-远端扇。冬给措纳湖地区的查哈和勒冈、宝日禾日俄等地，发育正粒序递变层理、交错层理、平行层理砂砾岩层，构成鲍马序列，为海底扇、斜坡扇扇顶相的泥石流粗碎屑堆积。鄂拉山地区，为滨浅海相碎屑岩、火山岩及火山碎屑岩。

洪水川组沉积厚度较大，岩性单调，沉积韵律发育，各区段岩类及基本层序相似，不少区段鲍马序列发育。自下而上总体反映水体不断加深。物源区为强烈隆起的近源造山带。属弧后前陆盆地冲积扇-三角洲-滨浅海-半深海复杂环境沉积。

在塔妥煤矿一带洪水川组中有双壳类 *Claraia dulanensis*，*Promyalina intermedia*，时代为早三叠世；诺木洪河上游双壳类 *Claraia*，时代为早三叠世；在万保沟一带发育丰富的双壳 *Leptochondria* sp.，*Claraia* sp.，*Schafhaeutlia* sp.，*Entolium discites* var. *microtis* 以及 *Skolithos* sp.，*Monocraterion* sp.，*Baugoaria* sp.，*Gordia* sp.，*Thalassinoides* sp.，时代为早三叠世。此外还有植物化石。

依据生物化石分析，确定洪水川组沉积时代为早三叠世。

2. 早-中三叠世闹仓坚沟组（$T_{1\text{-}2}n$）

闹仓坚沟组主要出露于成矿带南部的阿拉克湖、冬给措纳湖、歇玛昂里、桑钦贡玛等地。呈北西西向条带状，出露面积较小。下部为深灰色核形石灰岩、薄层纹层状灰岩夹碎屑岩，产遗迹化石，为浅滩相至浅海相；上部灰红色块状灰质角砾岩夹岩屑长石砂岩、微晶灰岩、砂屑灰岩，产腕足类、双壳类等化石，为浅海相。整合于洪水川组之上，厚度838m。冬给措纳湖地区下部为细砾岩夹巨砾岩、砂岩、粉砂岩，产菊石；上部以板岩为主，夹细砂岩、粉砂岩以及层状流纹岩、流纹质晶屑凝灰岩等，砂岩发育鲍马序列，交错层理，上部生物扰动构造发育，为次深海斜坡浊积扇沉积。为潮汐带沉积作用下的潮下带、潮间带和潮上带沉积类型，属于杂砂岩-碳酸盐岩建造。

在塔妥煤矿沟一带，灰岩中产双壳类 *Asoella illyrica tatuoensis*，时代为中三叠世。在洪水川北希里可特一带，灰色-灰黑色生物碎屑灰岩中产菊石 *Beyrichites-Hollandites-Balatonites* 组合带，时代为中三叠世安尼期；双壳类 *Neoschizodus-Plagiostoma* 组合带，时代为中三叠世安尼期—拉丁期。在格尔木市巴札尔巴义沙耶一带，灰岩中产菊石 *Leiophyllites* sp.；腕足类 *Septaliphoria* sp.，*Spiriferina* cf. *tsinghaiensis*，*Aulacothyris* sp.，*Spiriferina* cf.*fortis* 等，时代为中三叠世。在格尔木市加夫沙尔它土一带，灰岩中产双壳类 *Leptochondria minima*，*Eumorphotis qinghaiensis*；腕足类 *Spiriferina*；菊石 *Leiophyllites*，*Prohungarites*，*Parananites*，*Columbites* 等，时代为早三叠世晚期。在知尕拉地区，灰岩中产双壳类 *Amonotis tongrenensis*，*Entolium discites*；腕足类 *Pseudospiriferina tsinghaiensis* 等，时代为中三叠世。在冬给措纳湖和阿拉克湖一带，含中三叠世安尼期菊石动物群，包括 *Hollandites* sp.，*Japonites* sp.，*Trachyceras* sp.，*Sturia* sp.，*Neodalmatites* sp.，*Psilosturia* sp.，*Ussurites* sp.，*U. xinghaiensis*，*U.* cf. *kingi*，*U. robusfus*，*Paracrochodiceras* sp.，*Magaphyllites* sp.，*Acrochordiceras* sp.，*Proclydonautilus* sp.，*Nicomedites* sp.，*N.osmani*，*Paradanubites knsa*，*Parasageceras* sp.，*Procladiscites* cf. *crass*，*Beyrichites* cf. *affinis*，*Psilosturia mongolica*，*Leiophyllites pitamaka* 等。闹仓坚沟组从西向东不同地区沉积时代不一，万保沟以西沉积时代为早三叠世晚期—中三叠世早期。塔妥煤矿以西主要为中三叠世早期，以东为早三叠世晚期—中三叠世早期，总体时代为早三叠世晚期—中三叠世早期。

3. 中三叠世晚期希里可特组（T_2x）

希里可特组分布于东昆仑南坡万保沟-鄂拉山地区，自下而上岩性为细砾岩、含砾岩屑粗-中砂岩、细-粉砂岩、砾质岩屑砂岩，沉积构造为递变层理、平行层理、沙纹层理、水平层理等。普遍发育重力流鲍马序列，自下而上可区分为AB、ABC、CE、CDE、DE等。纵向上组成一个跳跃式的海进浊积扇体系和一个海退式的不完整的浊积扇体系。海进式浊积扇体系可划分出内扇、外扇；海退式扇体可划分出外扇、中扇。浊积内扇沉积主要发育于希里可特组下部。岩性为巨厚层-块层的细砾岩和含砾粗砂岩，两套相同序列之间常夹有薄层细、粉砂岩。由浊积水道和天然堤沉积组成了希里可特组下部的浊积内扇沉积。浊积外扇沉积见于希里可特组的中、上部。岩性为薄层的细、粉砂岩。浊积中扇沉积见于希里可特组的顶部。希里可特组未见顶，因而中扇鲍马序列极不完整。岩性主要为中厚-厚层含砾的粗砂岩，沉积构造为平行层理。上部夹安山岩，钙碱系列，具弧后前陆盆地性质。

希里可特组自下而上沉积环境由大陆斜坡浊积水道迅速演变为大陆斜坡之下深海平原沉积，然后又演变为浊积中扇沉积，反映了早、中期海平面为跳跃式海进，晚期逐渐海退。

在格尔木市加日玛地区，灰岩中产双壳类 *Entolium*，*Unionites*；菊石 *Arctohungarites* 等化石，时代为中三叠世；在玛沁县雪前多一带，砂质灰岩及钙质砂板岩中产菊石

Nicomedites，*Semiornites*；腕足类 *Qilianoconcha* 等，时代为中三叠世。希里可特组沉积时代为中三叠世。

4. 晚三叠世鄂拉山组（T_3e）

鄂拉山组主要分布于柴达木盆地东南缘、东昆仑北坡和鄂拉山地区。鄂拉山组是一套以火山碎屑岩为主夹火山熔岩及不稳定沉积碎屑岩的地层。下部以中基性火山岩为主夹碎屑岩，上部以中-中酸性火山岩为主夹碎屑岩，与下伏地层和侵入体为角度不整合接触。

鄂拉山组区域上岩性变化较大。在都兰县海寺南一带，以灰绿色流纹质火山碎屑岩为主夹英安岩。下部以片理化的安山质凝灰岩为主夹片理化英安岩；中部以流纹质凝灰岩、熔岩为主夹碎屑岩；上部以英安质熔岩为主。在格尔木市巴音郭勒呼都森一带，则为一套以灰紫色、紫红色为主的中酸性火山岩，不整合在奥陶纪祁漫塔格群之上，下部为紫色复成分砾岩、含砾不等粒岩屑砂岩夹安山质角砾熔岩；中上部以酸性火山角砾熔岩为主，夹安山质角砾熔岩，厚度大于 1007m。在格尔木市尕羊沟一带，不整合在大干沟组灰岩之上，为一套紫灰色、绿灰色等杂色中酸性凝灰岩夹中酸性凝灰熔岩，偶夹凝灰质砂砾岩，厚度大于 364m。在兴海县在日沟一带，不整合在隆务河组之上。下部以安山岩、玄武安山岩为主，局部夹薄层凝灰质砂岩；中部以流纹质熔结凝灰岩、流纹岩及流纹质凝灰岩、角砾凝灰岩为主夹流纹质沉凝灰岩、凝灰质砂岩；上部以碎屑岩为主夹生物碎屑灰岩、板岩、流纹凝灰岩、流纹凝灰角砾岩等。在都兰县哈茨谱山一带，主要为一套安山岩、杏仁状安山岩，底部以灰色砾岩不整合于斜长花岗岩岩体之上。纵观鄂拉山组下部以中基性火山岩为主，上部以中-中酸性火山岩为主，组成较完整的火山喷发旋回。火山岩为高钾钙碱性系列，属陆缘弧环境。

近年来在各火山盆地鄂拉山组获得了大量同位素年龄数据资料。大部分年龄值集中在 223～228Ma 之间，时代相当于卡尼期—诺利期。

在鄂拉山组下部火山岩的碳质板岩夹层中采有植物 *Neocalamites*（cf. *Neocalamites merianii*），*N. Carrerei*，*Equisetites* 等，时代为晚三叠世。

5. 晚三叠世八宝山组（T_3bb）

八宝山组主要集中出露于东昆仑中部的布尔汗布达山一带，呈北西西向展布。与中元古代万保沟群、寒武—奥陶纪纳赤台蛇绿混杂岩呈断层接触，被早-中侏罗世羊曲组不整合。为一套陆相火山-沉积岩组合。据其岩石组合划分为砂砾岩段（T_3bb^1）、火山岩段（T_3bb^2）及含煤碎屑岩段（T_3bb^3）。

（1）砂砾岩段（T_3bb^1）

岩石组合为灰绿色-紫红色砾岩、泥质粉砂岩、凝灰质粉砂岩、岩屑长石砂岩、含砾粗粉砂岩、顶部灰绿色酸性凝灰质熔岩。厚度 2500m。三角洲平原相，分流河道亚相。大地构造环境为火山弧火山-沉积盆地。

（2）火山岩段（T_3bb^2）

岩石组合为灰紫色-紫红色-灰绿色橄榄玄武岩、安山岩、英安岩、流纹岩、火山凝灰岩流纹质含角砾凝灰岩、角砾状火山熔岩夹紫色中薄层状长石石英砂岩及粉砂岩。火山岩盆地相，大地构造环境为火山弧火山-沉积盆地。

（3）含煤碎屑岩段（T_3bb^3）

岩石组合为灰绿色块状细粒长石岩屑杂砂岩、砾岩、含砾不等粒（岩屑）长石石英砂岩、中-粗粒长石（石英）砂岩互层夹粉砂质板岩、薄层灰岩及煤线，局部可见韵律层、波状层理、平行层理。厚度大于2090m。产植物*Glossophyllum shensiense*，*Cladophlebis* sp.，*Neocalamites* 等；孢粉 *Equisetites* cf. *multidentatus oishi*。三角洲沉积相，三角洲平原亚相。大地构造环境为火山弧火山-沉积盆地。

八宝山组沉积盆地明显受断裂控制，或南断北超，或北断南超。据东温泉幅区调报告记载，在大格勒沟上游西支沟内的八宝山组紫红-褐灰色砂岩夹薄层灰岩中采得双壳化石 *Unionites* sp.。在哈拉郭勒-八宝山组顶部砂板岩夹煤层岩段中采获较丰富的植物化石，主要有：*Glossophyllum shensiense*，*Pterophyllum* sp.，*Todites shensiensis*，*Cladophlebis* sp.，*Taeniopteris* sp.，*Thinnfeldia* sp.，以上动植物化石都是我国晚三叠世重要化石组成分子，故八宝山组沉积时代定为晚三叠世。大地构造环境为火山弧火山-沉积盆地。

6. 早-中侏罗世羊曲组（$J_{1-2}yq$）

羊曲组分布范围较广，主要在小库赛湖以北哲黑纳里—热鸽一带、柯生电站以南、阿拉克湖以北，在东昆仑成矿带西段的雪鞍山、中部的五龙沟—洪水河一带也有分布，属兴海-泽库地层分区，在东昆南地层分区也见到孤立露头。为一套含煤碎屑岩建造。下部为砾岩、砂砾岩并以含砾砂岩为主；中上部为杂色含砾砂岩、砂岩、粉砂岩、泥岩夹碳质页岩、煤线及煤层（局部夹含砾砂岩透镜），最大厚度2013m。与下伏晚三叠世八宝山组和鄂拉山组分别为平行不整合和角度不整合接触。羊曲组分布于大小不等的山间盆地，为一套河湖相沉积，地层总貌在各地均反映出纵向上构成由粗到细的沉积旋回，横向上岩性特征基本相似，厚度由西向东总的趋势变厚。上部常见有植物化石，局部层位产淡水双壳类、昆虫、叶肢介及孢粉等化石。为曲流河相-滨浅湖相沉积，属断陷盆地含煤碎屑岩建造。

羊曲组产植物化石 *Equisetites columnaris*，*Neocalamites carrerei*，*Clathropteris platyphylla*，*Cladophlebis haiburnensis*，*Elatocladus* sp.，*Coniopteris hymenophylloides*，*C. simplex*，*Cladophlebis* sp.，*C.* cf. *tatungensis*，*Podozamites lanceolatus*，*Czekanowskia rigida*，*Phoenicopsis* sp. 等；昆虫 *Ephemeropsis trisetalis*；叶肢介 *Eosestheria* cf.，*Diestheria* sp.，时代为早-中侏罗世。

（七）新生代地层

1. 渐新世—中新世干柴沟组（E_3—N_1g）

分布于大格勒沟脑到五龙沟沟脑的一带，不整合于大干沟组和缔敖苏组等地层之上，岩石组合为紫红色长石石英砂岩、岩屑石英砂岩、砂砾岩夹石膏，下部紫灰色砾岩。厚度大于124m。咸水湖沉积相，硫酸盐湖沉积亚相。构造古地理单元属压陷盆地中央带，大地构造环境为压陷盆地。

2. 上新世油砂山组（N_2y）

分布于大格勒沟脑、煤矿沟、拉忍一带，不整合于金水口岩群和缔敖苏组等地层之上，为一套河湖相碎屑岩，据其岩石组合划分为砂质泥岩段（N_2y^1）和含砾粗砂岩段（N_2y^2）。

（1）砂质泥岩段（N_2y^1）

岩石组合：以紫红色砂岩、砾岩、粉砂质泥岩、泥岩为主夹紫灰色含砾砂岩、褐红色含砾粗砂岩、夹浅蓝色粉砂岩条带。厚度大于261m。湖盆沉积相，河流沉积及滨湖沉积亚相。构造古地理单元为压陷盆地中央带，大地构造环境为压陷盆地。

（2）含砾粗砂岩段（N_2y^2）

岩石组合：下部为中厚层状砾岩；中上部为紫红色含砾粗砂岩、黄褐色中薄层状砂砾岩夹紫红色含砾泥质粉砂岩、粉砂质泥岩、中细粒砂岩。砂砾岩，发育粒序层理；中细粒砂岩发育小型斜层理。厚度大于228m。湖盆沉积相，河流沉积及滨湖沉积亚相。构造古地理单元为压陷盆地中央带，大地构造环境为压陷盆地。

据大水沟地区 1∶5 万区调资料，采获孢粉化石计有：*Polypodiaceaesporites*，*Lycopodiumsporites*，*Piceaepollenites*，*Schizaeoisporites*，*Ephedripites*（*D.*），*Ephedripites*（*E.*），*Betulaceoipollenites*，*Ulmoideipites*，*Carpinipites*，*Graminidites*，*Compositae*，*Chenopodipollis*，*Artemisiaepollenites*，*Abiespollenites*，*Pinuspollenites* 等。以上孢粉是四川、青藏、甘肃、新疆地区新近系中常见及重要分子，据化石综合分析，结合构造变形时期，油砂山组沉积时代暂定为新近纪中新世。

3. 中更新世七个泉组（Qp_1q）

七个泉组分布于柴达木盆地及其周缘，属柴达木地层分区。与下伏上新世狮子沟组呈不整合接触，其上为中-晚更新世、全新世松散堆积物所覆盖。七个泉组形成于压陷盆地，盆地边缘以河流相粗碎屑岩为主，盆地内部多变为湖泊环境的粗-细碎屑岩，夹少量泥灰岩。在东昆北一带，七个泉组不发育，仅在赛里克色周边及阿依科坦一带有小面积的分布，其岩性为灰色中厚层含砾粗砂岩、土黄色泥质粉砂岩夹中层砾岩，产介形类化石，厚度499m。

七个泉组产介形类 *Eucypris concinna*，*E. inflata*，*Schuleridea* sp.，*Qinghaicypris crassa*，*Limnocythere* sp.；腹足类 *Valvata naticina*，*V. cristata* var. *pabustris*，*Gyraulus sibiricus*，*Arrhis* cf. *cristata*，时代为早更新世。

七个泉组在库木库里盆地内，下部电子自旋共振样品（ESR）年龄为 1004.9ka，上部为 1155.6ka。在茫崖镇一带，电子自旋共振样品（ESR）年龄为 1.81Ma，属早更新世的产物。

4. 全新世冲洪积层（Qh^{pal}）

分布于东昆仑河谷台地、河漫滩及河流的砂砾石层，出露面积较大，由于沉积环境不同，其成因类型亦复杂多样，主要有冰碛、冲洪积、湖泊堆积、化学沉积和风积等。其中以冲洪积层分布最为广泛，主要组成为冲洪积成因的砾岩夹粉砂岩及砂岩。

二、岩浆岩

东昆仑成矿带岩浆活动具有活动频繁、分布广泛的特点。岩浆岩空间展布上与区域构造线方向基本一致，两端呈北西向延展，中部近东西向分布。多集中发育于昆中断裂以北，以祁漫塔格地区和鄂拉山一带分布面积最广，反映出成矿带内岩浆侵入活动北强南弱的特点。侵入岩以中酸性侵入岩为主，局部产出有基性-超基性侵入岩和蛇绿混杂岩。时间上，侵入岩主要形成于加里东期、海西期和印支期，以海西期和印支期为主。带内火山活动频繁，从元古宙到三叠纪都有火山喷发，各时期火山活动的规模、强度和所处构造位置以及火山岩特征，均有一定的差异，呈从早到晚由海相向陆相演化的喷发特点。分布较广的主要为中-新元古代变质火山岩，奥陶纪祁漫塔格群火山岩、寒武—奥陶纪纳赤台蛇绿混杂岩以及古生代火山岩。中生代火山岩主要分布于昆南断裂以南格尔木河两侧以及鄂拉山地区。

时间上以中-新元古代和奥陶纪火山岩为主。

（一）侵入岩

东昆仑成矿带内分布有青海省规模最大的侵入岩带，出露面积约为30000km^2，有奥陶纪—志留纪、二叠纪—三叠纪两次峰期，分别对应两次洋陆转化阶段。志留纪—泥盆纪除发育大量的中酸性侵入岩外，还发育规模较大的基性-超基性岩，侵入岩整体呈现出期次多、分布广、规模大、岩石类型复杂的特点。

1. 基性-超基性侵入岩

东昆仑发育两期基性-超基性岩组合，分别形成于志留纪—泥盆纪、晚三叠世—早侏罗世，形成层状基性-超基性杂岩组合、基性-超基性杂岩组合、基性岩墙群组合，岩石均与陆内伸展有关。前二者在空间分布上相伴生；晚三叠世—早侏罗世基性-超基性杂岩组合和基性岩墙群组合断续分布。

层状基性-超基性杂岩组合主要分布于夏日哈木、喀雅克登塔格及五龙沟一带，卡而却卡山一带有零星分布。杂岩体侵入于古元古代金水口岩群、中元古代长城纪小庙组及新元古代花岗质片麻岩中。局部和同期辉绿岩墙伴生，形成于伸展环境下幔源岩浆侵位；基性杂岩组合出露在昆仑河、野牛沟南侧一带，由大小不等的两个近椭圆状岩体组成，侵入于纳赤台蛇绿混杂岩碎屑岩组合，在外接触带形成宽 500～1000m 的红柱石、堇青石角岩化变质带；基性岩墙群从祁漫塔格北坡的小盆地、喀雅克登塔格、乌兰乌珠尔，中部的拉陵灶火-夏日哈木、五龙沟-察汗乌苏，到东端的兴海拉龙洼一带均有分布。岩墙沿裂隙贯入，呈近东西向分布，侵入于古元古代金水口岩群、中元古代长城纪小庙组、奥陶纪祁漫塔格群以及志留纪—早泥盆世中酸性侵入岩。岩墙宽 0.5～5m 不等，个别岩墙宽可达 10～30m，长 200～1100m 不等，由辉绿岩和辉长岩组成。与成矿相关的主要是志留纪—泥盆纪基性-超基性岩，岩体具有明显的成矿专属性，主要形成岩浆型铜镍钴矿床，如格尔木市夏日哈木镍多金属矿床、都兰县石头坑德铜镍矿床、格尔木市阿克楚克赛铜镍钴矿床等矿床。迄今为止在基性-超基性岩分布区还未发现金矿。但从五龙沟等典型矿床矿体特征看，早期的基性-超基性侵入岩提前占位对部分金矿体的空间展布形态等有一定影响。

2. 中-酸性侵入岩

中-酸性岩浆侵入活动频繁，有前震旦纪、加里东期、海西期以及印支期等多期岩体出露，从范围和时间上看，以海西期和印支期的岩体出露范围最广。

（1）元古宙变质侵入岩

出露零星，古元古代变质侵入岩分布于金水口及醉马滩—沙乃亥一带，为一套片麻状二长花岗岩、片麻状花岗闪长岩、片麻状石英闪长岩、片麻状英云闪长岩变质基底杂岩组合，形成于基底演化阶段；新元古代变质侵入体规模较小，呈不规则状、透镜状、条带状岩株产出，分布范围广泛，从昆北断裂以北的祁漫塔格、乌兰乌珠尔，昆中断裂以北的野马泉、拉陵灶火、五龙沟，那陵郭勒河断裂以南的卡而却卡，到昆南断裂的布伦台北、卡巴纽尔多、沟里均有分布，在东昆仑东段的尕日当等地见有零星出露。变质侵入体侵入于古元古代金水口岩群和中元古代长城纪小庙组中，受后期变质作用叠加和韧性变形的改造，侵入接触特征不甚明显，局部与老变质基底呈韧性剪切或断层接触。为一套强过铝质花岗岩组合，岩石类型有黑云二长花岗质片麻岩、糜棱岩化花岗质片麻岩、眼球状黑云斜长片麻岩、条纹条带状黑云斜长片麻岩。形成于碰撞环境。该期岩浆活动形成的矿产规模较小。成矿矿种主要为白云母，成矿类型为伟晶岩型，成矿时代为新元古代，目前尚未发现金矿产地。

（2）南华纪—泥盆纪侵入岩

南华纪—泥盆纪侵入岩形成与演化主要受其南部原特提斯洋的控制。根据岩体时空分布特征，主要分布于昆南断裂以北。在十字沟和纳赤台一带出露蛇绿岩组合。在柯柯沙、辉特陶可可、分水岭西、雪鞍山-窑洞山、克合特、土房子等地出露 TTG（英云闪长岩—奥长花岗岩—花岗闪长岩，tonalite-trondhjemite-granodiorite）、GG 花岗岩组合。志留纪侵入岩在那陵郭勒河断裂和昆中断裂（格尔木为界）北部主要出露志留纪 TTG、GG 花岗岩组合，在布青山南缘断裂和昆中断裂及那陵郭勒河断裂之间（格尔木为界）出露过铝质花岗岩组合、环斑花岗岩组合，夏拉尕诺-诺木洪则大面积出露泥盆纪高钾-钾玄岩质花岗岩组合、石榴子石花岗岩组合。与该期中酸性侵入岩成矿作用相关矿床以金、钨、玉石等矿产为主，成矿类型主要为岩浆热液型，其次有接触交代型、斑岩型、岩浆型等，目前发现的金矿产地有青海省都兰县哈拉郭勒金矿，为小型矿床，其余多为金矿点。

区内未见大规模石炭纪—早二叠世侵入岩出露，在红土岭-西沟、骆驼峰、乌兰乌珠尔山脊两侧及喀雅克登塔格山脊北坡等地集中分布有早二叠世侵入岩，平面形态呈带状、似椭圆状，以岩株、小型岩基产出，北西向展布。侵入于古元古代金水口岩群、十字沟蛇绿混杂岩碎屑岩组合和奥陶纪祁漫塔格群，侵入界线清楚。中二叠世中灶火一带的高镁闪长岩组合拉开了俯冲花岗岩的序幕，晚二叠世东昆仑出露了大量的 TTG、GG 花岗岩组合，有：①分布于沙松乌拉—中灶火、格尔木山口及克合特一带的 TTG 花岗岩组合。多以岩基形式产出，局部出露小岩株，平面形态多为长条状、不规则状，呈东西向、北西向、北东向展布，与区域构造线方向基本一致。侵入于古元古代金水口岩群、中新元古代蓟县纪—待建纪狼牙山组、早石炭世大干沟组及早期侵入体。围岩多遭受了强烈的角岩化、混合岩化、绿帘石化。岩体由辉长岩、石英闪长岩、英云闪长岩、花岗闪长岩、二长花岗岩、正长花岗岩组成。②分布于卡而却卡和大灶火沟一带的中-晚二叠世闪长岩组合。岩体规模小，平面形态为长条状，呈近东西向、北东向展布。被早三叠世花岗闪长岩超动侵入，局部侵入于古元古代金水口岩群及中元古代长城纪小庙组，内接触带有小的棱角状石英片麻包体，外接触带见明显的烘烤蚀变边，围岩具强烈的角岩化、混合岩化、绿帘石化。岩石由石英闪长岩和闪长岩组成。③分布于沙松乌拉—中灶火、格尔木山口及克合特一带的晚二叠世 TTG 组合。多以岩基形式产出，局部出露小岩株，平面形态多为长条状、不规则状，呈东西向、北西向、北东向展布，与区域构造线方向基本一致。侵入于古元古代金水口岩群、中新元古代蓟县纪—待建纪狼牙山组、早石炭世大干沟组及早期侵入体。超动侵入于早泥盆世正长花岗岩；被三叠纪花岗岩超动侵入；局部被晚三叠世鄂拉山组角度不整合。围岩多遭受了强烈的角岩化、混合岩化、绿帘石化。岩体由辉长岩、石英闪长岩、英云闪长岩、花岗闪长岩、二长花岗岩、正长花岗岩组成。④分布于豹子沟、楚拉克及五龙沟、伊克高勒一带的晚二叠世 GG 花岗岩组合，岩体侵入于古元古代金水口岩群、中元古代长城纪小庙组及早期侵入体内，主要由斑状二长花岗岩、二长花岗岩、花岗闪长岩等组成。在该阶段带内形成的金属矿床规模不大，主要矿种为铀、铜、金，成矿类型主要为伟晶岩型、岩浆热液型、接触交代型等；非金属矿主要为玉石、蛇纹岩、辉绿岩、水晶和白云母等，成矿类型主要为接触交代型和岩浆型。在该期非金属矿成矿占据主要的地位。

（3）三叠纪侵入岩

三叠纪岩浆侵入活动是区内最重要的地质发展时期，它奠定了该区的基本构造格局，也是金与铜多金属矿产的主要成矿期。晚古生代—早中生代发育的双岩浆弧是在同一动力学机制下不同阶段形成的造山岩浆弧，即陆缘的钙碱性岩浆弧和陆内的高钾钙碱性岩浆弧。三叠纪侵入岩有闪长岩、花岗闪长岩、二长花岗岩，呈北西向展布，侵位最新地层为石炭系。三叠纪与中酸性侵入岩有关的成矿作用显著，与之有关的矿产分布甚广，金属矿产在该带占据十分重要的位置，东昆仑地区金铜铁铅锌矿是青海省近年来最大的找矿成果之一，它是与三叠纪花岗岩成矿作用的综合产物，也构成了一个完整的成矿系列。据精确的同位素研究，其成矿时代为中-晚三叠世。成矿类型主要有斑岩型、接触交代型、岩浆热液型、伟晶岩型等。与三叠纪中酸性侵入岩浆活动有关的成矿矿种体现了一定的岩浆成矿专属性、类型较复杂，闪长质岩体主要形成 Fe、Pb、Zn、Au、Ag 等矿产，花岗质岩体主要形成 Cu、Mo、W、Sn 等矿产，碱长花岗质岩体和伟晶岩形成三稀矿产，斑岩型主要形成 Cu、Mo 矿产。自岩体向外接触带通常具有矿种分带，常出现 Fe、W、Sn、Mo-Cu、Au-Pb、Zn、Ag 的分带现象（张爱奎等，2017）；非金属矿产以石榴子石、高岭土、水晶、萤石、玉石、花岗岩、钾长石、白云母、冰洲石等为主。岩浆热液型的都兰县五龙沟地区红旗沟-深水潭金矿床、都兰县岩金沟金矿床、兴海县满丈岗金矿床、都兰县那更康切尔银矿床、都兰县无名沟-百吨沟金矿床、都兰县果洛龙洼金矿床、都兰县托克妥铜金银矿床等金矿床多与该期岩浆侵入活动有关。岩浆矿床的成岩成矿是一个统一的持续发展过程，在岩浆活动的每个阶段，都可能有成矿作用。对基性、超基性侵入岩来说，主要成矿阶段是在岩浆冷凝的末期；中-酸性侵入岩的成矿过程则贯穿始终，主要有两个作用，一是提供基本成矿物质来源，二是提供热源，驱动热水溶液对流，给热液成矿提供条件，常与斑岩型矿床、热液脉型矿床和接触交代型矿床等不同类型矿床具有密切的时空及成因联系。总之，岩浆活动对各类矿床的形成存在着明显的控制作用。

（二）火山岩

东昆仑成矿带从元古宙到新生代不同程度发育火山岩，有海相，亦有陆相。该带与火山有关的矿产亦占有重要的位置，海相、陆相火山岩都有成矿事实，总体以海相为主，海相火山岩成矿主要集中在早古生代，陆相火山岩成矿主要集中在晚三叠世。带内已发现火山岩型金属矿产主要有铁、铜、铅、锌、金、银、钴、钼等。

1. 中元古代—新元古代火山岩

中元古代—新元古代火山岩分布较为局限，主要发育在昆南构造岩浆岩带的蓟县纪万保沟群温泉沟组中，以喷溢相的基性火山熔岩为主，岩石类型有玄武岩类、玄武安山岩等，近东西向分布在寒武—奥陶纪纳赤台蛇绿混杂岩带中，南北两侧严格受区域性断裂控制，西起青海省西界附近的分水岭、雪峰山，向东经黑海、万保沟、纳赤台，沿布尔汗布达山主脊、清水泉、沟里，直至冬给措纳湖北部的智玉一带，在 650 余千米的构造带上呈条带状断续出露。显示为与大洋有关的洋岛拉斑玄武岩组合。目前在该套火山岩内暂未发现与金矿有关的成矿事件。

2. 寒武—奥陶纪火山岩

寒武纪火山活动皆为海相，火山岩主要赋存于早古生代十字沟蛇绿混杂岩带和纳赤台蛇绿混杂岩带内，详见后文蛇绿岩部分。

东昆仑地区是青海省奥陶纪火山岩最为发育的构造带之一，在祁漫塔格、野马泉、卡而却卡以及都兰夏日哈—沙柳河一带出露较为集中。成层有序出露的火山岩主要是奥陶纪祁漫塔格群。火山岩主要产出在该群的中部火山岩组，与下部碎屑岩组和上部碳酸盐岩组均为整合接触。火山岩组集中分布于柴达木盆地西南缘的祁漫塔格火山盆地、那陵郭勒河断裂以北的野马泉火山盆地和该断裂南侧的卡而却卡火山盆地，三个盆地之间均有深大断裂相隔互不相连，岩石组合各异。另外，在东昆仑北坡东部五龙沟、都兰夏日哈—沙柳河一带也有零星残块出露。火山岩岩石组合主体为玄武岩、玄武安山岩类基性-中基性岩，中酸性岩类在祁漫塔格火山盆地内相对含量大且集中分布，野马泉和卡而却卡火山盆地基性岩上部出现少量酸性火山岩。岩石化学类型有差异，尤其是野马泉火山盆地中基性岩存在碱性和亚碱性两种系列。总体而言，基性火山岩和中酸性火山岩均具有典型的岛弧火山岩的岩石地球化学特征。其中北部祁漫塔格火山盆地火山岩具成熟岛弧的特点，南部卡而却卡火山盆地钙碱性中基性岩岛弧特征也很明显。结合野马泉火山盆地下部碱性系列火山岩和类似科马提岩类玄武岩的出现，以及出现的大量深海硅质岩，推测其形成于岛弧局部裂开的弧间或弧后盆地，而上部出现的钙碱性中酸性火山岩，可能为成熟岛弧的产物。都兰县五龙沟地区红旗沟-深水潭金矿床与该套岩石有一定成生关系。

3. 石炭—二叠纪火山岩

石炭—二叠纪阶段是古特提洋洋陆俯冲转换的另一鼎盛期，该阶段均大量产出基性-酸性火山岩；陆缘裂谷、洋岛、洋内弧、岛弧、弧后拉张、陆缘弧等环境的火山岩组合均有发育。泥盆纪火山岩主要赋存于东昆北构造岩浆岩带契盖苏组和哈尔扎组、昆南构造岩浆岩带雪水河组中；石炭—二叠纪火山岩则赋存于昆南构造岩浆岩带哈拉郭勒组和浩特洛洼组、东昆北构造岩浆岩带切吉组和大灶火沟组中。另外还分布在石炭纪—中二叠世苦海-赛什塘蛇绿混杂岩带火山岩中。

早泥盆世契盖苏组陆相火山岩在东昆北岩浆弧中广泛分布，西起祁漫塔格、野马泉，经中灶火向东至大干沟一带均有不同程度发育。区域上可分为两个断续分布的火山盆地，即大干沟-锯齿山和中灶火-野马泉火山盆地。是一套以中酸性熔岩、火山碎屑岩为主的流纹岩-英安岩-安山岩组合。形成于碰撞环境。总体构成北西西向分布的长条状火山喷发带。两个火山盆地中契盖苏组呈角度不整合覆盖在古元古代金水口岩群、长城纪小庙组及奥陶纪祁漫塔格群之上，被上石炭统角度不整合覆盖，并有中泥盆世—晚三叠世花岗岩侵入。大干沟-锯齿山火山盆地位于昆中断裂以北、格尔木市东南的锯齿山—低头山—大干沟一带，是一套以火山岩为主的陆相沉积-喷发建造，底部为复成分砾岩、中粗粒砂岩，之上为安山岩、玄武岩，向上逐渐过渡为英安岩、酸性火山角砾熔岩、层凝灰岩，顶部出现灰紫色块层状流纹岩夹火山角砾岩、凝灰岩及少量碎屑岩夹层；中灶火-野马泉火山盆地可分为两个次级火山洼地，西部沿肯德阿勒大湾、野马泉、尕林格及尕努大门构成一个规模巨大呈东西向条带状分布的火山洼地，东部在中灶火、苏海图北构成一椭圆状的火山洼地，二者断续分布在柴达木盆地南缘。火山岩层下部出现厚度不大的复成分砾岩、粗粒砂砾岩夹不稳定中基性火山岩层，上部火山岩以灰紫色安山质火山角砾岩、英安质凝灰岩、凝灰熔岩、杏仁状安山岩、英安岩为主，夹流纹岩及少量灰紫色砂岩，属裂隙-中心式喷发。

晚泥盆世哈尔扎组为一套浅海相火山岩，分布范围小，主要出露于红柳泉东部及南部，与下伏晚泥盆世黑山沟组为连续沉积（整合）关系，与上部早石炭世大干沟组、石拐子组呈不整合或断层接触，岩石类型较复杂，主要为一套中酸性凝灰岩、集块岩、砾岩、英安岩、流纹岩、霏细岩夹复成分砾岩、粉砂岩、板岩的岩石组合。应形成于陆内局限伸展盆地。

早泥盆世雪水河组不甚发育，主要出露于昆中断裂以南的昆仑河两侧、水泥厂、雪水河、石灰厂和海德乌拉北坡等地，呈断续条带状分布。普遍不整合于蓟县纪万保沟群和寒武—奥陶纪纳赤台蛇绿混杂岩带之上，局部被石炭系、三叠系角度不整合覆盖，并有晚三叠世花岗岩侵入；后期断层破坏严重。岩石类型主要为酸性火山熔岩+酸性火山碎屑岩，主要有英安岩、流纹岩、英安质晶屑凝灰岩、流纹质凝灰岩、流纹质含角砾熔结凝灰岩等岩性。属高钾-钾玄岩系列岩石。

中二叠世切吉组分布面积较小，零散分布于哇洪山-温泉断裂以东的鄂拉山北坡，玛温根山一带出露面积最大。西南部大多被晚三叠世鄂拉山组覆盖，并被晚三叠世和侏罗纪岩体侵入；北东部多被共和盆地边缘第四系覆盖。火山岩以夹层或岩段形态赋存于碎屑岩夹灰岩层系中；岩性变化不大，为一套中酸性的熔岩、火山碎屑岩；构造环境为消减带岛弧。

晚二叠世大灶火沟组主要分布在东昆北构造岩浆岩带中西段沙松乌拉山北坡，格尔木河以西的昆中断裂北侧；在昆南构造岩浆岩带东段开荒北及沟里等地也有条带状断块出露。沙松乌拉山北坡多被晚二叠世—三叠纪花岗岩侵吞，局部喷发不整合在志留纪花岗岩上；开荒北一带与其他地质体呈断层接触。大灶火沟组由中酸性火山熔岩和火山碎屑岩组成，岩石类型以溢流相流纹岩、英安岩为主，次为爆发相英安质、流纹质火山碎屑岩，并见火山通道相次流纹英安岩，是在俯冲背景陆缘弧环境形成的火山岩。

4. 三叠纪火山岩

东昆仑地区早-中三叠世为海相火山岩呈夹层状分布，晚三叠世大规模陆相喷发并成带分布，是青海省规模最人的陆相火山岩之一。

晚三叠世鄂拉山组火山岩分布于哇洪山-温泉断裂东侧鄂拉山岩浆岩亚带和西侧的昆北岩浆岩亚带东段和西段，是东昆仑造山带分布最广的一期火山岩，属陆相中心式喷发，喷发强度大，分布面积广。火山岩的岩相、岩性和厚度变化较大，为一套在陆缘弧环境下形成的高钾钙碱性系列英安岩-流纹岩组合。成层性较差。火山岩分布在五个不连续的火山盆地中，从东向西依次为鄂拉山盆地、都兰-香日德盆地、中灶火-拉陵灶火盆地、祁漫塔格-乌兰乌珠儿盆地、卡而却卡盆地，其分布范围与晚三叠世早期的花岗岩基本一致。

早三叠世洪水川组主要分布于纳赤台构造岩浆岩亚带中，西起黑海，向东经水泥厂、雪水河、埃坑得勒斯特、沟里、尕日当至醉马滩等地，东部鄂拉山岩浆亚带东南缘也有出露。由于断层切割，区域上洪水川组常以不连续的条带状断块出露。与下伏石炭—二叠系及寒武—奥陶纪蛇绿混杂岩多呈不整合接触或断层接触，上部与闹仓坚沟组整合接触。洪水川组以浊积碎屑岩为主，火山岩以夹层或透镜体形式赋存其中。火山岩岩性在区域上变化不大，主要为中酸性火山碎屑岩和火山熔岩，局部见基性火山熔岩、火山碎屑岩，属海相火山岩喷发环境，是在俯冲背景下弧后前陆盆地内形成的弧火山岩。玛多县抗得弄舍金铅锌矿床就产出于该套地层内。

中三叠世希里可特组在纳赤台构造岩浆岩亚带和鄂拉山构造岩浆岩亚带中都有分布，是以浊积碎屑岩为主的地层，火山岩含量很少，皆以夹层形式产出，各地出露厚度不大，以酸性火山碎屑岩为主，局部有安山岩等熔岩类，与早三叠世洪水川组火山岩形成环境基本一致。

晚三叠世八宝山组分布于昆南俯冲增生杂岩带（纳赤台构造岩浆岩亚带）中，角度不整合于前晚三叠世地层之上，为一套陆相-海陆交互相沉积碎屑岩夹火山岩的地层，火山岩呈夹层产出。自西向东相对集中出露于海德乌拉、埃肯迭特、八宝山一带，尤以海德乌拉一带火山岩出露厚度最大。岩石类型以基性和酸性熔岩为主，次为火山碎屑岩，主要有玄武岩、英安岩、流纹岩、粗面岩、流纹质晶屑玻屑凝灰岩和凝灰角砾岩等。形成环境具有岛弧和板内双重属性，是玄武质和长英质岩浆同时喷发形成的双峰式陆相火山岩，其中酸性端元具有 A 型花岗岩的特点，标志着东昆仑造山带印支期造山增生事件的结束。

（三）蛇绿岩

东昆仑是蛇绿岩分布最广、岩石组合最为复杂的成矿带，出露有至少三期 4 条蛇绿岩带，分别为中元古代清水泉蛇绿岩，加里东期十字沟蛇绿岩、纳赤台蛇绿岩，海西—印支期苦海-赛什塘蛇绿岩带。其中，清水泉蛇绿岩形成于弧后盆地扩张环境，具有 SSZ 型蛇绿岩特征；十字沟蛇绿岩侵位于弧前和弧后盆地，属于与俯冲有关的蛇绿岩大类，亦具有 SSZ 型蛇绿岩特征；纳赤台蛇绿岩是典型的与俯冲作用无关的洋中脊型蛇绿岩；其北部的塔妥、乌妥、长石山等地的 SSZ 型蛇绿岩，是纳赤台主大洋（昆中洋）向北俯冲的一系列弧后扩张盆地；苦海-赛什塘蛇绿岩具有岛弧拉斑玄武岩和洋中脊玄武岩双重特征，属与俯冲有关的 SSZ 型。

1. 中元古代清水泉蛇绿岩

清水泉蛇绿岩在空间上位于纳赤台蛇绿混杂岩带内，是中元古代的洋壳残片，因后期构造拼贴就位于此，是青海省内最古老的一期蛇绿岩，分布于塔妥煤矿以北清水泉一带，延伸方向近东西，过加鲁河后转向南西西，延伸长度超过 80km，出露宽度约 300m，整体沿东昆中缝合带北侧断续带状展布。该带由多个蛇绿岩残块组成，多以不规则的无根构造透镜体产出，构造改造极为强烈，彼此以构造关系相接触，且均经受了不同规模的剪切作用，蛇绿岩块体与围岩古元古代金水口岩群呈断层接触。岩石组合主要为变质橄榄岩、镁铁质-超镁铁质堆晶岩、辉绿岩岩墙群、拉斑玄武岩等。

清水泉蛇绿岩代表了青海省最早一期陆块的裂解事件。洋壳形成于距今 13 亿年左右，相当于中元古代晚期，裂解基底为古元古代金水口岩群及中元古代长城纪小庙岩组，裂解形成了有限的小洋盆，同时期或稍后形成了万保沟群洋岛-海山建造。清水泉小洋盆于约 9 亿年前的早晋宁运动闭合，沿柯柯沙-清水泉超岩片北侧和克合特-黑山超岩片发生的角闪岩相左旋斜冲型韧性剪切变形，反映了向北的斜向仰冲运动，与之配套的有万保沟群洋岛-

海山建造和大量的 Pt_3 碰撞型花岗岩，具体表现为昆中断裂以北卡而却卡-洪水川与碰撞有关的强过铝花岗岩组合。

2. 加里东期十字沟蛇绿岩

十字沟蛇绿岩分布于东昆仑祁漫塔格山中西部的十字沟、公路沟一带，整体呈北西-南东向带状断续展布，严格受莲花石-小狼牙山、阿达滩-乌兰乌珠尔南缘断裂控制。十字沟蛇绿岩呈大小不等的构造岩块、透镜体或断层岩块无规则分布在十字沟蛇绿混杂岩带中，岩石组合齐全，主要有变质橄榄岩、镁铁质辉长岩、辉绿岩墙、枕状、块状玄武岩、硅质岩等，形成于弧后扩张环境下的新生洋壳，形成时代可能为寒武—奥陶纪。

晚寒武世—奥陶纪（468±54Ma、449±34Ma、442±16Ma），十字沟小洋盆陆续扩张形成的同时或稍后，十字沟小洋盆洋壳开始向北俯冲。在十字沟混杂带北侧（祁漫塔格主脊断裂以北），发育祁漫塔格群火山岩组，为钙碱性岛弧火山岩，在岛弧火山岩带的南侧发育一套变质浅海相浊积岩建造，据岩石组合及微量元素特征分析，形成的构造环境为大陆岛弧沉积盆地。晚奥陶世—晚志留世（445～419Ma），伴随有中酸性弧岩浆的侵入，形成了晚奥陶世（445Ma）土房子与俯冲有关的 GG 组合、早志留世（434Ma、439Ma）土房子-鲁木与俯冲有关的 TTG 组合、晚志留世（419Ma、421Ma）十字沟与俯冲有关的 GG 组合。早泥盆世（409Ma、410Ma），在滩北雪峰东沟、第三条沟、水泉子沟、小盆地南一带发育与碰撞有关的高钾-钾玄质花岗岩组合。该碰撞型花岗岩的出现，反映了在早泥盆世弧陆碰撞十字沟小洋盆完全闭合。洋陆转换作用基本完成，开始进入陆内造山阶段或后造山阶段。之后早泥盆世契盖苏组陆相磨拉石沉积和陆相火山岩堆积角度不整合覆盖，代表祁漫塔格一带该期造山运动结束。

3. 加里东期纳赤台蛇绿岩

纳赤台蛇绿岩集中分布在没草沟-万保沟、诺木洪、塔妥、乌妥、长石山及得力斯坦沟一带，空间上呈北西-南东向断续带状展布，呈构造岩块或透镜体散乱分布于纳赤台蛇绿岩混杂岩带中。由超镁铁质岩、镁铁质岩、基性火山熔岩（枕状玄武岩、块状玄武岩）、基性岩墙和含放射虫硅质岩等组成，岩石组合出露较为齐全。

寒武纪—奥陶纪（537～481Ma），整个纳赤台（东昆仑）处于裂解鼎盛大洋盆形成期，洋盆中开始出现洋壳物质，没草沟-万保沟、诺木洪、得力斯坦 MORS 型蛇绿岩和塔妥、乌妥、长石山 SSZ 型蛇绿岩是该时期的物质表现。在辉特陶可可一带出现中晚寒武世（515Ma、504Ma）洋岛-海山建造。在此期间整个东昆仑处于洋盆扩张期，可能局部存在俯冲。如在辉特陶可可一带发育的晚寒武世（493Ma）与俯冲有关的花岗岩组合、柯柯沙一带中寒武世（509～515Ma）与俯冲有关的 TTG 组合、分水岭西-辉特陶可可南与俯冲有关的 TTG 组合（476～486Ma）；尕日当与俯冲有关的花岗岩组合（482Ma）。中奥陶世（O_2）整个纳赤台大洋（昆中洋）开始向北大规模俯冲，一直持续到志留纪末期（S_4），在纳赤台混杂带北侧（昆中断裂以北）发育有大量的 O_2—S_4 岩浆弧，即所谓的昆北岩浆弧。克合特与俯冲有关的 TTG 组合（472Ma）、克合特与俯冲有关的 GG 组合（454Ma）、玛兴大湾与俯冲有关的花岗岩组合（430Ma）、克合特与俯冲有关的 TTG 组合（423Ma）、中灶火-五龙沟与俯冲有关的 TTG 组合（418～422Ma）、沙松乌拉-乌拉斯太与俯冲有关的 GG 组合（419Ma、425Ma）、玛兴大湾与俯冲有关的 TTG 组合（416Ma）。在中奥陶世—早志留世俯冲期，东昆仑西—中段夏拉尕诺、灶火沟一带在早志留世已进入弧陆碰撞阶段，形成夏拉尕诺与碰撞有关的环斑花岗岩组合（440～430Ma）、灶火沟与碰撞有关的石榴子石花岗岩组合（439Ma），代表纳赤台（东昆中）洋盆西段在早志留世已经闭合。早泥盆世纳赤台大洋（东昆中）东-中段进入弧陆碰撞期，发育了一系列早-中泥盆世（D_{1-2}）碰撞型花岗岩：中灶火-金水口与碰撞有关的强过铝（石榴子石）花岗岩组合（396～411Ma）、小灶火与碰撞有关的高钾-钾玄质花岗岩组合（402～411Ma）、诺木洪与碰撞有关的高钾-钾玄质花岗岩组合（390Ma）。这些碰撞型花岗岩的出现表明，在早泥盆世纳赤台（昆中）洋盆东-中段已经闭合，至此整个纳赤台洋盆（昆中洋）彻底闭合。之后早泥盆世雪水河组角度不整合覆盖，表明东昆仑地区洋陆转换结束。

4. 海西-印支期苦海-赛什塘蛇绿岩

东昆仑、西秦岭造山带东西向交接于苦海至共和一带，由此形成了昆秦接合部极其复杂的地质构造格局。该蛇绿岩带位于两造山带的结合处，区域上总体为北东向南东凸出的弧形构造带，展布于赛什塘—苦海一带，由于后期哇洪山-温泉右行走滑断裂和昆中右行走滑断裂的切错，其错位成明显的北东和南西两段。北东段和南西段界定于温泉-祁家断裂和苦海-赛什塘断裂之间。围蛇绿岩与围岩均以韧性界面接触。岩石组合在空间上为彼此分离的超基性、基性岩、基性火山熔岩，多呈规模不一的构造岩块或岩片，断续分布在苦海-赛什塘蛇绿混杂岩带中，围岩（混杂岩块或基质）均遭受绿片岩相变质。其中苦海西侧加木龙一带，岩石类型以变质橄榄岩为主，含有少量辉长岩；苦海南东雪穷及苦海北西错扎玛一带，岩石类型主要为辉长岩、层状辉长岩，少量玄武岩；杂额木龙、南木塘-塞日科龙洼-赛什塘，岩石类型主要为玄武岩、玄武安山岩，少量辉绿岩、辉长辉绿岩。

晚石炭—中二叠世苦海-赛什塘小洋盆处于扩张期，洋盆中开始出现洋壳物质。雪穷、错扎玛弧后扩张型蛇绿岩则是该时期的物质表现。从蛇绿岩组分中的辉长岩中获得360.5±8.5Ma、316±8Ma、316±8Ma 年龄，与扩张洋盆形成时期相吻合。扩张洋盆与典型大洋相比，明显具有发育不完全或发育“残缺”的特点，主要为辉长岩，蛇纹石化橄榄岩，基性熔岩零星发育，缺乏基性岩墙群及深海放射虫硅质岩建造，配套不甚完整，基性熔岩稀土元素均具有类似于岛弧玄武岩（IAB）特征，说明区内加木龙-错扎玛-雅日扩张洋盆并非一个发育较为完整的大洋，而是一个发育规模有限的不成熟有限小洋盆。中二叠世（泥砂质基质中获得两组全岩 Rb-Sr 等时线年龄值，分别为 274.84±9.027Ma、269±11.76Ma，为中二叠世，是蛇绿岩的俯冲就位年龄）弧后扩张小洋盆开始闭合，苦海-赛什塘小洋盆 B 型洋壳向西北俯冲，柴达木陆块东南缘活动陆缘中俯冲型花岗岩侵入，形成中二叠世—三叠纪陆缘火山-岩浆弧，纳木龙组合石英闪长岩（267Ma）就是该期事件岩浆侵入活动的直接表现。俯冲带中形成大量岛弧火山岩，弧前斜坡-海沟浊积岩及弧内盆地碎屑岩沉积。该俯冲期一直持续到晚三叠世，在青根河、察汗诺一带发育的与俯冲有关 TTG 岩浆弧和晚三叠世鄂拉山组（228～223Ma）陆缘弧均是该期俯冲事件的直接表现。晚三叠世苦海-赛什塘小洋盆闭合，最后早-中侏罗世羊曲组角度不整合覆盖，代表洋陆转换完成，进入陆内造山伸展期。

三、变质岩

东昆仑成矿带内区域变质作用及其形成的变质岩十分发育。变质岩广泛出露，具有不同变质成因、不同变质期次、不同变质程度的变质岩石复合体的特点。从太古宙到晚三叠世，地层均有不同程度的变质作用发生，变质作用类型以区域变质作用和动力变质作用为主，局部叠加高压-超高压变质作用，变质相从角闪岩相到绿片岩相均有。

（一）区域变质作用

1. 区域动力热流变质作用

区域动力热流变质作用主要形成金水口岩群和小庙岩组。其中，金水口岩群为一套中深变质的片麻岩、片岩、大理岩夹角闪质岩。原岩为泥质、泥砂质岩-碳酸盐岩-中基性火山岩组合。主要岩石有长英质片麻岩、石英片岩、角闪斜长片麻岩、角闪（片）岩、大理岩及少量变粒岩等，混合岩化作用显著。

小庙岩组断续出露在诺木洪河、洪水河、清水河一带，原岩以含泥石英质砂岩为主夹灰岩及中基性火山岩。其岩石组合以石英岩、石英片岩为主夹大理岩、片麻岩和少量斜长角闪片岩等，后期混合岩化作用和韧性动力变质作用普遍。

2. 区域低温动力变质作用

区域低温动力变质作用可划分为绿片岩相变质作用（中低压型）和亚绿片岩相变质作用两大类。其中绿片岩相变质作用可进一步分为绢云母-绿泥石组合绿片岩相变质作用、黑云母级绿片岩相变质作用和绿泥石-黑云母组合绿片岩相变质作用三类，绢云母-绿泥石组合绿片岩相变质单位有新元古代丘吉东沟组、寒武—奥陶纪地层、泥盆—三叠纪地层、苦海-赛什塘混杂岩；黑云母级绿片岩相变质单位有万保沟群、沙松乌拉组、纳赤台蛇绿混杂岩；绿泥石-黑云母组合绿片岩相变质单位有狼牙山组、祁漫塔格群、十字沟蛇绿混杂岩。亚绿片岩相变质作用主要见于东昆仑北西段巴音郭勒呼都森等地晚三叠世鄂拉山组火山碎屑岩中。

（二）动力变质作用

动力变质岩发育于脆性断裂带及韧性剪切带中，东昆仑地区历经多次构造变动，韧、脆性断裂体系发育，原岩受到不同性质应力的影响，形成了各种类型的动力变质岩。

1. 脆性动力变质岩

碎裂岩分布在脆性断裂内和一些韧性剪切带的外缘。东昆仑地区脆性断裂遍布，以北西西向断裂为主，次为近东西向和北北西向，北西西向断裂切割其他方向断裂。变质作用以碎裂作用为主，形成的变质岩石有构造角砾岩、碎裂岩、碎斑岩、碎粒岩和超碎岩（断层泥）等。

2. 韧性剪切带

根据动力变质岩的变质变形特征，东昆仑地区划分出多个逆冲走滑构造变质带，形成一系列逆冲型韧性剪切带。

（1）东昆仑北逆冲走滑构造变质带

呈北西西向或近东西向展布于滩北雪峰—格尔木—香日德一带。以那陵郭勒断裂为其北界，与祁漫塔格-夏日哈岩浆弧毗邻，主体空间位置与十字沟蛇绿混杂岩带和昆北复合岩浆弧北相当。青海省内长度约 655km，南北宽约 10～35km。带内糜棱岩及糜棱岩化岩石发育，尤以碎屑岩质糜棱岩、火山碎屑质糜棱岩、花岗质糜棱岩、长英质糜棱岩为最，绢云母方解石质糜棱岩、构造片麻岩、初糜棱岩少见。多为S型糜棱岩，L型糜棱岩少见。

（2）东昆仑中逆冲走滑构造变质带

该构造变质带呈近东西向展布于东昆仑主脊一带，西起于塔鹤托坂日南坡，向东经大干沟、伊克高勒、智玉、青根河至鄂拉山，被哇洪山-温泉断裂切割。长度635km、宽度2.5～30km不等。走向北西西-南东东，断层面总体向北倾，倾角40°～60°。主断裂常被北西、北东向断裂切割。构造变质带内常见碎裂岩、压碎岩、角砾岩、断层泥、糜棱岩化岩石、初糜棱岩及糜棱岩。劈理、片理、节理均有发育。石英脉及中酸性岩脉贯入，局部发育绿泥石化、绢云母化、钠长石化、绿帘石化等蚀变。断裂带两侧糜棱岩系及挤压片理发育，出现S-C组构、旋转碎斑等显微组构，多指向左行斜冲，动力变质岩宽度一般为500～1000m。

（3）东昆仑南逆冲走滑构造变质带

呈北西西向展布于布喀达坂—东西大滩—布青山一带，青海省内出露长约1150km，宽约10～31km。带内岩石组合主要有花岗质糜棱岩、糜棱岩化片麻岩、糜棱岩化花岗岩、千糜岩、云母片岩、云母石英片岩及含绿泥石绿帘石角闪片岩等。糜棱岩走向与整体剪切带走向基本一致。北侧的面理一般向北倾斜，南侧的面理一般向南倾斜，倾角较陡，一般大于70°。在整个剪切带内，拉伸线理产状比较稳定，呈近水平状产出，反映了走滑剪切性质。

（4）鄂拉山右行走滑构造变质带

该构造变质带呈北北西向展布于奥陇—哈莉哈德山—温泉一带，大体与鄂拉山陆缘弧空间位置重合。延伸长度约215km，宽度约5km。主要岩石类型为糜棱岩化黑云石英片岩、糜棱岩化绢云石英片岩、糜棱岩化灰岩、糜棱岩，岩石类型有绢云长英质糜棱岩、含生屑灰岩糜棱岩、钙质糜棱岩等。岩石表现为细粒化和重结晶化。可见条纹条带结构、碎斑结构、S-C组构及不对称剪切褶皱构造等。旋转碎斑一般为长英质矿物，基质围绕碎斑形成流动状构造，石英基本为动态重结晶产物和亚颗粒。

（三）接触交代变质作用

东昆仑地区岩浆岩极为发育，接触交代变质岩主要发育于三叠纪中-酸性侵入岩与其接触的碳酸盐岩的外接触带上，主要涉及金水口岩群、祁漫塔格群、纳赤台蛇绿混杂岩、狼牙山组、丘吉东沟组、大干沟组中变质碳酸盐岩。野外露头多呈扁豆、囊状、脉状、似层状产出，一般宽度在20～100m范围之间。岩石类型主要为一套钙质夕卡岩类，原岩为大理岩或结晶灰岩。夕卡岩多形成在大理岩与岩体接触部位。岩石由于热接触变质而多发生颜色的改变，大理岩多为灰白-白色，热接触后颜色加深或变色为灰色-灰绿色、绿色。形成的岩石类型有透闪夕卡岩、硅灰透辉夕卡岩、矿化硅化钙铝榴石透辉夕卡岩、绿帘石化含石榴透闪夕卡岩、中-细粒石榴夕卡岩等。岩石呈粒状变晶结构、纤状粒状变晶结构，块状构造为主，部分斑杂构造。主要变质矿物有方柱石、透闪石、透辉石、钙铝榴石、白云石、方解石、石英、绿泥石、绿帘石等。

四、断裂构造

东昆仑成矿带内断裂构造十分发育，一般均密集成带分布。按其走向延伸大致可分为北西向、北西西向、近南北向和北东向四组，其中以北西西向断裂构造最为发育。北西西向断裂构造按其切割深度和地质意义可分为深断裂和壳断裂两大类。北西西向深断裂系统为区域主断裂带，控制了地质构造和地层分区，而且对岩浆活动及矿产的分布也起着控制作用，多具有切割深、延伸长和多期次活动的特点，对区域地质发展起着控制作用，具有构造分区界线意义。北西西向壳型断裂是深断裂系统的次级派生断裂，其性质、规模、分布、时代、组合特征与主断裂系统存在一致性和从属性。北西、北东向断裂通常以小断裂的形式出现，形成时间晚，常切割北西西向断裂。

与东昆仑成矿带相关的区域性断裂共有 9 条（图 2-1-1），其中一级断裂 1 条（F17）；二级断裂 3 条（F13、F18、F22）；三级断裂 4 条（F14、F15、F20、F21）；重要断裂 1 条（F16）。断裂特征分述如下。

1. 昆中断裂（F17）

为区域一级断裂，沿东昆仑山主脊呈近东西向延伸，西始于博卡雷克塔格北坡，向东经大干沟、清水泉、青根河至鄂拉山，被哇洪山-温泉断裂切割后延入甘肃，青海省内长达 760km 以上。该断裂为超岩石圈深大断裂，具有切割深度大、活动期长的特征，连续性好。断层走向北西西-南东东，断层面总体向北倾，倾角一般 40°～60°，局部地段达 70°或近于直立。沿断层走向岩石强烈破碎，形成宽 20～300m 的挤压断层破碎带，局部断层破碎带宽达 1～2km。

该断裂具有明显的多期活动特征，断层切割最老地层有蓟县纪万保沟群，最新地层有渐新世—中新世干柴沟组。根据断裂南侧发育中元古代万保沟群，而北侧缺失，说明新元古代前断裂产生，古元古代基底破裂解体，并控制着中元古代万保沟群的沉积与分布。初期可能为张性断层，后来在海西运动中褶皱回返转化为压性逆断层。并经历了印支、燕山构造运动的改造、复活及再次活动，总体为早期韧性、晚期脆性的复合断裂。

2. 昆北断裂（F13）

为成矿带北界断裂，向西延入新疆，向东经野马泉-格尔木-都兰，东延被哇洪山-温泉断裂截切，断裂大部因大面积第四系覆盖呈隐伏状态，走向北西西，呈向南微凸的弧形，青海省内断续长 800km，断层带宽 10～50m 不等。断裂规模较大，构造破碎带宽 100～200m。断裂北东侧地层出露较齐全，有古元古代达肯大坂岩群、奥陶纪滩间山群、泥盆纪牦牛山组、石炭系及以后各时代地层，南西侧则出露古元古代金水口岩群、中元古代长城纪小庙组、石炭系和上三叠统、新近系，地层缺失较多。北东侧出露侵入体时代较老，以加里东期侵入体为主，少量海西—印支期侵入体；南西侧侵入体时代较新，以海西—印支期侵入体为主，少量侏罗纪侵入体。北侧变质变形较强，南侧较弱，两侧的构造线的走向略有不同，南西侧为东西向，而北东侧为北西西向。

断裂主断面倾向多变，以南倾为主，倾角 40°～70°不等，东西两段断裂标志明显，深部南倾延伸至莫霍面，为岩石圈断裂。昆北断裂形成于加里东期，控制着奥陶纪地层的形成与分布，之后又经历了多期活动，以派生次级构造活动方式和控制地质体特征分析为压扭性逆冲断层，具右行走滑特征及多期次活动特征，现今仍在活动。

3. 昆南断裂（F18）

断裂位于东昆仑造山带南缘，西端在新疆境内的郭扎错一带与阿尔金断裂相交，向东经鲸鱼湖、布喀达坂峰南坡进入青海境内，经西大滩、阿拉克湖、玛积雪山，至玛沁以东地区，青海境内长约 800km。该断裂带西段呈近东西向，经布青山后转向南东。大地电磁测深反映该断裂深度从地表直抵软流圈，是一条总体向北陡倾的岩石圈或超岩石圈断裂。

昆南断裂表现为一规模巨大的韧性剪切带，在西段的太阳湖一带剪切带出露最宽达 8km，表现为逆冲-左行平移特征（王秉璋，2011）。获得剪切带中千糜岩和绢云千枚岩中的同构造新生绢云母 $^{40}Ar/^{39}Ar$ 坪年龄分别为 237.30±0.25Ma 和 234.50±0.42Ma，显示昆南韧性剪切带的主活动期时间为中三叠世晚期。中、新生代以来，受印度-欧亚大陆碰撞的影响，昆南断裂表现为强烈推覆和左旋走滑（许志琴等，2011），形成了东、西大滩的直线型谷地和一系列新生代红层盆地。

4. 苦海-赛什塘断裂（F22）

该断裂呈扭曲的“3”字形，北起橡皮山北，经甘地、羊曲东、唐乃亥西，最南端止于长水。为东昆仑古生代造山带与西秦岭造山带分界断裂，也作为鄂拉山陆缘弧、苦海-赛什塘结合带与泽库复合型前陆盆地的三级构造分区界线。由于断裂较为弯曲，整体走向为北东向，南段大部分被第四系所覆盖处于隐伏状态，断层性质无法判断。断层切割地层主要有金水口岩群、临夏组，以及泥盆纪、三叠纪酸性侵入岩。为苦海-赛什塘结合带的南东边界。

5. 莲花石-小狼牙山南缘断裂（F14）

为祁漫塔格-夏日哈岩浆弧与十字沟蛇绿混杂岩带的分界断裂，断层西端从新疆境内引入，东端被阿达滩-乌兰乌珠尔南缘断裂截断。走向北西-南东向，倾向北东，为一逆断层。青海省内出露长度约 127km。

6. 阿达滩-乌兰乌珠尔南缘断裂（F15）

系十字沟蛇绿混杂岩带与昆北复合岩浆弧的主边界断裂，西起青海-新疆边界，向东大部分被第四系覆盖处于隐伏状态，东端被哇洪山-温泉断裂截切，走向近东西，青海省内断续长 340km，主断面以北东倾为主，倾角 40°～70°不等。布格重力值线密集或梯度带特征清晰，深部南倾延伸至莫霍面，为岩石圈断裂。

该断裂为一多期活动的复合断裂，前期是一条脆韧性剪切带，剪切带出露宽达 1km。断裂切割最老地层为奥陶纪祁漫塔格群，最新地层为早-中二叠世打柴沟组。沿断层有晚三叠世正长花岗岩、二长花岗岩、花岗闪长岩等侵入。断层在加里东期至喜马拉雅期存在多次构造活动。加里东期该断裂为祁漫塔格微洋盆裂谷的南界，寒武—奥陶纪蛇绿混杂岩组合及奥陶—志留纪岛弧型火山岩建造主要分布于该断裂以北及断裂带上；海西期的花岗岩建造主要分布于断裂带以北，表明该期断裂北侧的岩浆活动仍强于南侧；印支期断裂南北两侧的构造活动强度发生逆转，北侧构造活动变弱，未见岩浆活动迹象，断裂南侧岩浆活动强烈，形成卡尔塔阿拉南山岩浆弧带，发育大套鄂拉山组中酸性火山岩建造及花岗岩建造；燕山期断裂两侧的构造活动仍延续印支期的特点，南强北弱，南侧有大量正长花岗岩侵入，而北侧很少有燕山期建造出露。喜马拉雅期沿该断裂为主的断裂带发生走滑拉分，形成复合拉分盆地，盆地内沉积了第四纪湖积、冰碛、冰水堆积物和冲洪积堆积物。

7. 哇洪山-温泉断裂（F20）

该断裂北起阿吾夏尔，经哈莉哈德山，南止于长水。走向北北西-南南东，长约 275km，是一条挤压逆冲兼右行走滑的断裂，截切八条近东西走向的边界断裂，北段为鄂拉山陆缘弧与滩间山岩浆弧、柴北缘早古生代结合带的边界，南段为鄂拉山陆缘弧与祁漫塔格-夏日哈岩浆弧、昆北复合岩浆弧的边界。沿断裂带广泛发育成带分布的基性岩和断续分布的超基性岩，普遍具较强的片理化、糜棱岩化，部分岩石呈粉末状碎裂岩产出。断裂带两侧出露地质体差异明显，南西侧从古元古界到新生界均有出露。北东侧仅出露少量古元古界、寒武—奥陶系、三叠系。沿断裂带广泛发育直线状排列的断层三角面、断层泥、断层泉、断层角砾岩、断层擦痕及构造透镜体等构造形迹。带内混合岩化比较发育，石英脉体、花岗岩脉体也较发育，并可见褐铁矿化、铜矿化线索。

该断裂带主体构造线走向为北西、北北西向，有少量小规模的近南北向和近东西向断裂，将地质体切割成菱形断块状，断裂走向 140°～320°，倾向南西，倾角较陡（45°～70°），其性质为南西盘上冲的逆冲断裂。断裂形成于加里东期，具多期活动特征，断裂穿切第四纪冲洪积层表明其现今仍在活动，属继承性多期活动的右行压扭性复活断裂。断面产状为 110°∠70°，沿断裂带发育 100～170m 的断层破碎带，由土黄色-褐黄色-红褐色等杂色断层泥及砂岩、火山岩等构造透镜体构成。综上，该断裂是一条以右行走滑为主兼压性逆冲的断裂。影响深度大，属壳型断裂，形成于早古生代末期，海西期至印支中期活动性增强，印支晚期—喜马拉雅期，进入陆内造山阶段，活动强度十分剧烈，与一系列大体同步走向，变形机制基本雷同的断裂一起组成一个个北北西向具右行滑移的鄂拉山走滑构造带。控制了印支期中酸性岩浆岩的侵位和区域晚三叠世火山沉积盆地的分布。该断裂带有小震群分布，为一活动性构造。

8. 温泉-祁家断裂（F21）

呈北东向弧形展布，作为河卡山前陆逆冲断褶前锋带，主要由七条逆冲断层构成一个背冲式断裂组。在尼玛龙洼一直亥买龙洼一带，断裂断面倾向北西，倾角 55°～76°左右，沿断裂常发育 3～100m 不等的断层破碎带及密集劈理带，带内次级断层及同斜褶皱极为发育，地层破碎，岩层产状变化较大，该处断裂具左行斜冲性质。祁家龙洼一带，断面东倾，倾角 45°～70°不等，具 5～10m 宽的破碎带，主要发育碎裂岩，并且见有倾伏背斜，枢纽产状为 140°∠27°，显示右行逆冲性质，局部断层在断面之上发育一系列反向断层，岩层中发育一系列小型剪切褶皱，显示下滑特征，可能系主断层在快速逆冲后，应力松弛回落过程中形成正断层变形组合。该前锋断裂带形成于中-晚三叠世陆内收缩盆-山转换阶段前陆冲断时期，这期事件使大部分前陆盆地褶皱成山，在局部形成残余海湾。

9. 那陵格勒河断裂（F16）

呈北西西向展布于那陵郭勒河一带，除东段露于地表外，其余地段均被第四系覆盖，总长约 145km，为半隐伏断裂。该断裂规模大，切割深，活动期长。断裂在东段表现为断面、性质多变，总体断面北倾，倾角 45°～65°，属逆断层，沿断裂岩石破碎，形成十米至数百米宽的挤压破碎带，碎裂岩、断层泥比较常见。断裂切割最老地层为古元古代金水口岩群，并控制着祁漫塔格群沉积分布，由此判断该断层大约形成于加里东中晚期。初为张性断层，大约在晚泥盆世早期褶皱回返转化为压性逆断层。沿着断裂带两侧发育韧性剪切带，韧性剪切变形形迹群特征显示右行平移的特点。那陵格勒韧性剪切变质作用程度为绿片岩相，即中浅部构造层次。

第三节　地球物理特征

一、航磁异常特征

东昆仑地区的航磁异常以串珠状、带状呈北西西向、北西向及东西向展布，总体走向为北西向呈明显带状大致沿东昆仑山脉展布，异常强度 100nT 左右，展布方向与区域构造线基本一致，区内航磁异常及矿床、矿（化）点严格受昆中、昆南、昆北三大断裂及蛇绿混杂岩带、岩浆弧带控制。93°30′E 以西磁场显示为南高北低的磁场变化带的负磁场区，北部负异常区进入柴达木盆地，该负磁异常是第四纪沉积盆地的反映；中南部正磁异常是祁漫塔格地区岩浆岩带的反映。93°30′E 以东至都兰，磁场显示为南北高中间低的磁场变化带，两侧正磁异常带为中酸性岩体引起，异常强度达 150nT，中间负异常为山前沉积盆地的反映，成矿带东部异常分布范围与鄂拉山火山盆地范围大体一致，磁异常强度较弱，异常主要由晚三叠世鄂拉山组火山岩和中酸性侵入岩等引起。

祁漫塔格地区处于南高北低的磁场变换带的负磁场一侧，其中分布相当数量的弱而小的局部小异常，这主要反映了在整个的弱磁性地层中一些局部的火山岩和中酸性小岩体，有的可能反映了磁铁矿体的存在；目前发现的多个铁多金属矿床均分布在航磁异常的正异常与负异常过渡带上，该区成矿类型主要为夕卡岩型，航磁异常正负过渡带正好反映了该区中酸性岩体与成矿地层的接触带。都兰地区为一总体磁场强度和面积均属中等的多个磁异常分布区的西半部，单个异常走向复杂，变化较大，它们反映了一些具有磁性的中酸性岩体的存在。省内航磁测量飞行高度大，有明显反映的仅有中型以上的磁铁矿床。尕林格铁矿床上的航磁异常是大范围宽缓磁异常边部的次级缓异常。通过正演计算表明，当飞行高度 h=1000m 时，异常强度 190nT；当 h=2000m 时，异常强度为 60nT。尕林格铁矿曾做过两次航空磁测，飞行距离高度不一，h=1000m 时，有明显异常，北翼陡，出现负峰，幅值 110nT；h=2400m 时，剖面曲线趋于平缓，但异常仍明显，幅值 30～40nT。肯德可克铁矿、野马泉铁矿、白石崖铁矿均有反映。

昆仑山北坡岩浆弧，造山期有花岗岩类岩体侵入；造山期后接受了晚泥盆世、石炭纪、早二叠世、晚三叠世、侏罗纪、古近纪—新近纪和第四纪的沉积，主要是受到了海西期闪长岩类和花岗岩类侵入活动的影响，并由此形成以花岗岩类岩石为主的岩基带。该区磁场为一强磁异常带，但东西两端又有差异，西段异常密集，规模亦大，东段异常较为零星，该区异常均属花岗闪长岩所引起。其西段是两段平行的呈北西走向的异常带，该带由诸多串珠状局部异常构成，异常带连续性好；中段是一条强异常带，极大值达 350nT，北侧伴有负异常带，负峰值为-150nT，异常走向近东西向，长约 190km，异常应属于海西期中酸性岩基引起；东段为异常边缘的弱异常区。

昆仑山南坡雪山峰-布尔汗布达山造山亚带，磁场显示有正有负，正异常呈椭圆状，长轴方向为北西西向，异常强度较高，极大值达 250nT，规模相对较大，它主要由两种地质因素引起，一种是中酸性侵入岩体；另一种是夹中基性火山岩的地层。

鄂拉山陆缘弧背景场为负磁场，场值在–25～–10nT，中间为一条强磁性异常带，该带由五六个规模较大的局部异常组成，总体走向为北西向，东段异常走向近于南北向。各局部异常首尾衔接组成不规则的异常带，为中酸性岩体所引起（杨生德等，2013b）。

二、重力异常特征

据青海省重力异常图，沿东昆仑和布尔汗布达山以北，西起新疆-青海交界，东至都兰巴隆，布格重力异常总体为一条重力高异常带，布格重力异常强度自南向北从$-480\times10^{-5}m/s^2$递增至$-395\times10^{-5}m/s^2$，由$-395\times10^{-5}m/s^2$递减到$-430\times10^{-5}m/s^2$，东段鄂拉山地区为全封闭的重力低异常。总体上由两个相对重力低值区（带）和一个相对重力高带构成，即：一是柴达木盆地南缘相对重力低值带，该带西起茫崖，东至夏日哈西北97°50′E附近，异常圈闭为-15×10^{-5}～$-10\times10^{-5}m/s^2$，总体走向，94°E以西为北西向，94°E以东为近东西向，异常带一般宽约30～40km，显示了柴达木盆地新生代沉积厚度北小南大的特点；二是鄂拉山相对重力低值区，该重力低值区总体呈边长约为130km的平行四边形，该重力低中部大河坝至乌兰方向存在一相对重力高，将该重力低分为南北两部分，北部重力低为共和新生代盆地，其走向自东向西，由东西向转为北北西向，南部重力低为都兰造山亚带（I_2^5），走向为北西向，最大异常圈闭约$-20\times10^{-5}m/s^2$；三是茫崖南-格尔木南-香日德-河南县相对重力高带，该带总体展布，94°E以西为北西向，98°E以东为北西西向，该带总体较为完整和规则，带宽约50km，异常圈闭约$20\times10^{-5}m/s^2$。

东昆仑重力梯级带横穿全省中部，它处于秦祁昆晚加里东造山系与巴颜喀拉晚印支造山带之间。西段（大致在92°E以西）梯级带走向为北西向，且向西实际上已逐渐同阿尔金-祁连梯级汇合。该段梯级带宽度大，约为120km，最大梯度为每千米$1.2\times10^{-5}m/s^2$。该带向东逐渐转为北西西向，带宽变窄，梯度加大，其最大梯度值在纳赤台附近，为每千米$2.0\times10^{-5}m/s^2$。该带向东延至97°20′E附近分为两支：南支转为北西-南东向东延；北支转向北东，经都兰至茶卡盐湖，而后转为北西西向，至共和县又大致转为北东。

剩余重力异常以重力高异常为主，构成串珠状排列东西走向的重力高异常带，Δg极大值达$20\times10^{-5}m/s^2$，东段鄂拉山地区有多个形态不规则的重力低异常，Δg极小值达$-14\times10^{-5}m/s^2$。重力异常总体上与该成矿带成矿具有密切的关系，该成矿带上的各类矿床、矿（化）点均在重力异常上或围绕重力异常边缘分布，重力异常及矿床、矿（化）点均受昆中断裂（F17）和昆南断裂（F18）控制，因此，重力异常对此成矿带的宏观反映比较明显，即可作为划分成矿带的宏观标志（杨生德等，2013b）。

三、物性特征

（一）密度特征

1. 地层密度特征

根据《青海省区域物性研究报告》，东昆仑地区新生代古近纪—新近纪地层平均密度值为2.43g/cm³；中生代侏罗纪地层平均密度值为2.57g/cm³、三叠纪地层平均密度值为2.64g/cm³；晚古生代二叠纪地层平均密度值为2.64g/cm³、石炭纪地层平均密度值为2.68g/cm³；新元古代青白口纪低绿片岩相地层平均密度值为2.71g/cm³；中元古代长城纪小庙组平均密度值为 2.76g/cm³、蓟县纪地层平均密度值为 2.83g/cm³；古元古代金水口岩群平均密度值为 2.86g/cm³。由此看出，地层由新到老，地层密度值由小变大的趋势特别明显，各地层之间具有 0.1～0.5g/cm³ 左右的密度差（表 2-3-1）。

表 2-3-1　东昆仑地区地层物性参数一览表

地质年代	岩性	物性参数							
		密度/(g/cm³)	标本块数	磁化率 κ/(4π×10⁻⁶SI)	剩余磁化强度 Jr/(10⁻³A/m)	标本块数	电阻率 ρ/(Ω·m)	标本块数	极化率 η/%	标本块数
E—N	砂岩、砾岩、泥岩	2.43	97	7	1	84	381	35	1.2	37
J	砂岩	2.57	89	6	1	76	330	20	1.3	56
T	砂岩、砾岩、灰岩、板岩	2.64	107	10	1	52	537	45	1.7	100
P	砂岩、泥岩、灰岩	2.64	54	19	2	30	788	26	1.7	54
C	砂岩、灰岩、凝灰岩、安山岩、片麻岩、片岩	2.68	215	48	8	113	4690	76	2.1	186
Qb	砾岩、灰岩、白云岩、混合岩、片岩、大理岩	2.83	369	13	3	248	7370	66	2.1	85
Jx	绿泥片岩	2.71	30	27	3	18	1220	11	0.8	14
Chc	砂岩、灰岩、片岩、石英岩、板岩、千枚岩	2.76	65	17	2	64	7850	45	2.2	49
Pt_1	混合岩、片麻岩、角闪岩、千枚岩片岩、大理岩	2.86	564	30	3	459	5120	261	2.6	392

资料来源：根据《青海省区域物性研究报告》整理。

2. 各类岩（矿）石密度特征

（1）沉积岩类密度特征

从表 2-3-2 数据特征可以看出，灰岩、砾岩、石英砂岩等沉积岩类的密度值在 2.52～2.71g/cm³ 之间，存在 0.01～0.19g/cm³ 的密度差，不同时代灰岩、砾岩、石英砂岩平均密度值为 2.67g/cm³、2.67g/cm³、2.66g/cm³，差值很小，各岩性间不会引起明显的重力异常。

表 2-3-2　东昆仑地区沉积岩类、变质岩类物性特征一览表

岩类	岩性	地质时代	地区	采样地	标本块数	密度值/(g/cm³)	平均密度值/(g/cm³)	磁化率 κ/(4π×10⁻⁶SI)	剩余磁化强度 Jr/(10⁻³A/m)	电阻率 ρ/(Ω·m)	极化率 η/%	备注
沉积岩	灰岩	T	东昆仑	格尔木、水泥厂、纳赤台	60	2.67	2.67	5	1	1.0×10³	1.4	磁性 19 块、电性 13 块
		P	东昆仑	纳赤台、埃坑德勒斯特	37	2.68					1.4	

续表

岩类	岩性	地质时代	地区	采样地	标本块数	密度值 /(g/cm³)	平均密度值 /(g/cm³)	磁化率 κ/(4π×10⁻⁶SI)	剩余磁化强度 Jr /(10⁻³A/m)	电阻率 ρ/(Ω·m)	极化率 η/%	备注
沉积岩	灰岩	C	东昆仑	埃坑德勒斯特、纳赤台、格尔木	74	2.67		2	1	1.25×10^4	1.4	磁性12块、电性68块
		D	东昆仑	纳赤台幅	7	2.65					1.4	
	砾岩	T	东昆仑	格尔木、纳赤台	30	2.66	2.67	10	1			磁性5块
		P	东昆仑	纳赤台、埃坑德勒斯特幅	15	2.69						
	石英砂岩	N	东昆仑	埃坑德勒斯特幅	25	2.52	2.66	10	2	1.18×10^2	2.2	磁性15块、电性6块
		T	东昆仑	格尔木、埃坑德勒斯特幅	354	2.66		68	5	3.27×10^3	2.2	磁性15块
		P	东昆仑	水泥厂、纳赤台	61	2.68		15	1	2.56×10^3	1.8	磁性10块
		C	东昆仑	昆仑山口-纳赤台	83	2.64		2	1	1.98×10^3	2.1	磁性10块
		D	东昆仑	格尔木、纳赤台幅	12	2.71					1.9	
		O	东昆仑	水泥厂、纳赤台	31	2.68		29	1	1.59×10^3	1.5	磁性17块
变质岩	大理岩	C	东昆仑	埃坑德勒斯特	2	2.86	2.78					
		Pt_1	东昆仑		3	2.78						
		Jx	东昆仑	格尔木	8	2.78					2	
		Pt_1	东昆仑		4	2.74					2	
	板岩	C	东昆仑	西大滩	9	2.78	2.76	32	1	9.46×10^3	3.3	
		C	东昆仑	小南川	5	2.73		1073	25	2.4×10^4	2.1	
		C	东昆仑	埃肯得勒斯特	2	2.86						
		Pt_1	东昆仑		3	2.78						
	千枚岩	T—P	东昆仑	纳赤台	5	2.69	2.75				1.1	
		P	东昆仑		7	2.79					18	
	硅质岩	P	东昆仑	埃肯得勒斯特	4	2.67	2.67					
	黑云母变粒岩	Pt_1	东昆仑	格尔木	2	2.65	2.65	15	1	2.44×10^3	0.7	

续表

岩类	岩性	地质时代	地区	采样地	标本块数	密度值/(g/cm³)	平均密度值/(g/cm³)	磁化率 $\kappa/(4\pi\times10^{-6}SI)$	剩余磁化强度 $Jr/(10^{-3}A/m)$	电阻率 $\rho/(\Omega\cdot m)$	极化率 η/%	备注
变质岩	麻粒岩	Pt_1	东昆仑	格尔木	3	2.99	2.99				4	
	绿泥片岩	Pt_1	东昆仑	小南川、纳赤台	12	2.68	2.68	48	26	8.35×10^3	2.1	
	黑云石英片岩	€—O	东昆仑	小南川	6	2.74	2.74	30	1	6.07×10^3	2.5	
	混合岩	Pt_1	东昆仑	格尔木	11	2.68	2.66				2.6	
		Pt_1	东昆仑	埃坑德勒斯特	6	2.62					2.8	
	片麻岩	Pt_1	东昆仑	埃坑得勒斯特	8	2.72	2.75				2.7	
		Pt_1	东昆仑	阿拉克湖	6	2.80					3.1	

资料来源：①磁性、电性参数均根据《青海省区域物性研究报告》整理；②密度特征根据《青海省区域物性研究报告》《青海省东昆仑东段 1∶20 万区域重力调查报告》《青海东部 1∶100 万区域重力调查报告》整理。

（2）各变质岩类密度特征

通过对表 2-3-2 所列数据特征分析研究，可以看出多数变质岩具有中等偏高的密度值（2.71～2.99g/cm³）。麻粒岩密度值最高 2.99g/cm³；大理岩、板岩次之，平均密度值为 2.76～2.78g/cm³；再次为片麻岩、黑云石英片岩、千枚岩，平均密度值为 2.74～2.75g/cm³；而混合岩、绿泥片岩、黑云母变粒岩、硅质岩等相对较低，但也具有中等密度（2.62～2.68g/cm³）。

（3）火山岩密度特征

从表 2-3-3 所列数据分析看出，流纹岩密度平均值 2.63g/cm³，安山岩密度平均值 2.69g/cm³，玄武岩密度平均值 2.82g/cm³。由此看出，火山岩的密度值随着火山岩由中酸性到中基性变化逐渐增大。

表 2-3-3　东昆仑地区火山岩类物性特征一览表

岩类	岩性	地区	采样地	时代	标本块数	密度值/(g/cm³)	平均密度值/(g/cm³)	磁化率 $\kappa/(4\pi\times10^{-6}SI)$	剩余磁化强度 $Jr/(10^{-3}A/m)$	电阻率 $\rho/(\Omega\cdot m)$	极化率 η/%	备注 $Q(Jr/Ji)$
火山岩	流纹岩	东昆仑	格尔木幅	D	20	2.63	2.63	30	20		2.3	1.3
	安山岩	东昆仑	埃坑德勒斯特幅	P	2	2.82	2.69				1.5	
		东昆仑	埃坑德勒斯特幅	C	7	2.78					3.7	
			格尔木幅	C	4	2.74		570	190		3.5	0.63

续表

岩类	岩性	地区	采样地	时代	标本块数	密度值/(g/cm³)	平均密度值/(g/cm³)	磁化率 κ/(4π×10^{-6}SI)	剩余磁化强度 Jr/(10^{-3}A/m)	电阻率 ρ/(Ω·m)	极化率 η/%	备注 $Q(Jr/Ji)$
火山岩	安山岩	东昆仑	格尔木幅	D	2	2.14	2.69	1330	160		3	0.23
	玄武岩	东昆仑	埃坑德勒斯特幅	T	4	2.64	2.82				2	
			埃坑德勒斯特幅	P	4	2.92					2.1	
			埃坑德勒斯特、纳赤台幅	C	11	2.85					1.9	

资料来源：①磁性、电性参数均根据《青海省区域物性研究报告》整理；②密度特征根据《青海省区域物性研究报告》《青海省东昆仑东段 1∶20 万区域重力调查报告》整理；③Q 为柯氏比，Ji 为感应磁化强度。

（4）侵入岩的密度特征

从表 2-3-4 所列数据分析，可以看出酸性侵入岩体的密度值总体表现为中等偏低（2.62g/cm³）。元古宙晚期的中粒花岗岩（γPt_3）密度值为 2.69g/cm³，最高；燕山期花岗岩（γJ）密度值为 2.62g/cm³；印支期花岗岩（γT）密度值为 2.61g/cm³；海西期的花岗岩（γPz_2）密度值为 2.66g/cm³。各期岩体之间的密度差异较小，不会引起明显的重力异常。

表 2-3-4　东昆仑地区中-酸性侵入岩物性特征一览表

侵入期	岩性	地区	采样地	标本块数	密度值/(g/cm³)		密度值/(g/cm³)	磁化率 κ/(4π×10^{-6}SI)		剩余磁化强度 Jr/(10^{-3}A/m)		备注
					变化范围	平均值		变化范围	平均值	变化范围	平均值	
燕山期	花岗岩	东昆仑	尔次德沟	43	2.56～2.65	2.62	2.62	0～654	22	0～53	2	
印支期	二长花岗岩	东昆仑	都兰	245	2.56～2.70	2.61	2.61	2.0～38	2		1	磁性标本 144 块
	花岗岩	东昆仑	都兰	55	2.55～2.63	2.59			无磁性		无磁性	
	花岗岩	东昆仑	小南川	11	2.58～2.62	2.60		126～425	289	6～35	16	
	花岗闪长岩	东昆仑	都兰	55				6.0～14	4		1	
	闪长岩	东昆仑	都兰	76				8～940	102	1～1460	25	

续表

侵入期	岩性	地区	采样地	标本块数	密度值/(g/cm³)		密度值/(g/cm³)	磁化率κ/(4π×10^{-6}SI)		剩余磁化强度 *Jr*/(10^{-3}A/m)		备注
					变化范围	平均值		变化范围	平均值	变化范围	平均值	
海西期	花岗岩	东昆仑	水泥厂	10	2.59～2.63	2.61	2.66	6.0～12	9	0～2	1	
	英云闪长岩	东昆仑	水泥厂	11	2.66～2.75	2.71		24～8970	406	2～405	62	
			西大滩	31	2.62～2.7	2.66		15～23	19	0～23	1	
	细粒角闪闪长岩	东昆仑	水泥厂	22				40～65	53	1.0～19	4	
元古宙晚期	中粒花岗岩	东昆仑	水泥厂	23	2.66～2.70	2.69	2.69	105～1430	983	2～103	31	

资料来源：①磁性参数根据《青海省区域物性研究报告》整理；②密度特征根据《青海省区域物性研究报告》《青海省东昆仑东段1∶20万区域重力调查报告》整理。

（5）矿石的密度特征

从表2-3-5统计数据可以看出，各类矿石均具有高密度特征，密度值都在2.37～4.95g/cm³之间，矿石密度大小与矿石中金属矿物含量及其组构特征密切相关，一般致密块状矿石密度最大，其下依次为：稠密浸染状矿石→中稠浸染状矿石→稀疏浸染状矿石，密度最低为各类矿化（或含矿）围岩，其次夕卡岩化围岩密度值较高。矿石与各类岩石（围岩）之间存在明显的密度差异，可引起较明显的重力异常。

表2-3-5　青海省矿石密度值统计表

岩矿石名称	标本块数	密度值/（g/cm³）		资料来源
		变化范围	平均值	
块状磁铁矿	51	3.76～4.95	4.42	尕林格（M512）铁矿区
稠密浸染致密块状磁铁矿	147	4.17～4.65	4.41	尕林格（M512）铁矿区
稠密浸染状块状磁黄铁矿	14	3.97～4.45	4.27	
稠密-块状磁黄铁矿	14	3.09～4.82	3.95	
块状铅锌矿	2	3.13～4.50	3.78	
稠密浸染状磁铁矿	37	3.10～4.45	3.75	1980年度物探成果报告
中稠浸染状磁铁矿	193	3.28～4.14	3.71	1979年重力工作成果报告
中稠浸染状磁黄铁矿	32	2.82～4.50	3.63	
稀疏浸染状磁铁矿	138	2.87～3.68	3.28	
浸染状方铅矿、闪锌矿	6	2.97～3.66	3.2	
稀疏浸染状磁黄铁矿	20	2.83～3.29	3.06	
含矿夕卡岩	43	2.94～3.95	3.6	

续表

岩矿石名称	标本块数	密度值/（g/cm³）		资料来源
		变化范围	平均值	
含黄铁矿闪长岩	37	2.54～3.02	2.69	
含铁矿化硅质岩	6	3.05～3.26	3.17	
含铁矿化透辉石岩	5	2.87～3.44	3.17	
硅质岩（含矿）	3	3.10～3.26	3.2	
黄铁矿化中基性火山熔岩	7	2.37～3.20	2.86	
磁铁矿化透辉石角岩	49	2.82～3.18	3	

注：根据《青海省区域物性研究报告》整理。

（二）磁物性特征

1. 地层磁性特征

据表 2-3-1，东昆仑地区石炭纪地层磁性最强，磁化率为 $48\times4\pi\times10^{-6}$SI、剩余磁化强度 8×10^{-3}A/m，古元古代地层磁性次之，磁化率为 $30\times4\pi\times10^{-6}$SI、剩余磁化强度 3×10^{-3}A/m，其余地层表现为弱磁性。石炭纪、古元古代地层磁性强度与青海省地层磁性平均值变化基本一致，略低于全省平均值，但最高及次高的情形一致。石炭纪地层磁性最强的原因可能是地层中有安山岩和片麻岩，这些岩石具有较强的磁性，且不均匀。古元古代地层磁性较强，是由于地层中主要有深变质的片麻岩、斜长片麻岩、角闪岩、斜长角闪岩、火山岩等，这些岩石往往具有很强的磁性。三叠纪、侏罗纪、古近纪—新近纪地层磁性最弱，这是由于这些地层主要是由一些沉积岩和浅变质的岩石组成，这些岩石往往表现为弱磁性或无磁性。

2. 各类岩（矿石）磁性特征

（1）沉积岩类磁性特征

从表 2-3-2 中数据特征可以看出，灰岩、砾岩、石英砂岩等沉积岩类除三叠纪石英砂岩外磁性均较弱，故沉积岩类不会引起磁异常。

（2）各变质岩类磁性特征

通过对表 2-3-2、表 2-3-6 所列数据特征分析研究，可以看出古元古代金水口岩群的角闪岩及接触交代变质的夕卡岩磁性最强，磁化率分别为 $13043.31\times4\pi\times10^{-6}$SI、$18000\times4\pi\times10^{-6}$SI，剩余磁化强度达 1120.10×10^{-3}A/m、1275.00×10^{-3}A/m，其次为小庙组片麻岩、金水口岩群片麻岩，小庙组黑云石英片岩和万保沟群绿泥石英片岩具有中等磁性；其他变质岩类具有弱磁性或不具有磁性。

（3）火山岩磁性特征

通过表 2-3-3、表 2-3-7 所列数据可以看出，安山岩和玄武岩普遍具有较强磁性，但磁性分布不均匀，有些磁化率大于 $500\times4\pi\times10^{-6}$SI，有些仅有几十个数量级；流纹岩磁性较弱。不同时代不同地区的安山岩、玄武岩具有较大磁性差异，但总体表现为玄武岩磁性高于安山岩，这可能是不同火山岩中铁镁质矿物及磁性副矿物含量差异造成的。

表 2-3-6 五龙沟地区变质岩类磁物性测定结果统计表

时代	岩石名称	块数	磁化率 $\kappa/(4\pi\times10^{-6}SI)$			剩余磁化强度 $Jr/(10^{-3}A/m)$		
			最大值	最小值	常见值	最大值	最小值	常见值
D_1	黑云石英片岩	8	140.41	22.06	84.23	122.35	24.88	49.51
Pt_3	千枚岩	8	172.88	13.42	71.38	71.95	7.02	32.40
Pt_2W	大理岩	10	48.17	19.93	28.05	5.69	1.56	4.87
	绿泥石英片岩	30	323.28	15.37	76.64	71.70	8.07	25.37
Ch*x*	黑云斜长片麻岩	30	522.47	15.93	169.85	96.11	4.33	41.55
	角闪斜长片麻岩	32	206.88	10.91	68.61	46.50	4.25	22.29
	黑云石英片岩	30	376.16	17.75	102.05	65.23	3.85	31.49
Pt_1J	角闪岩	8	33924.53	2295.93	13043.31	2071.18	205.93	1120.10
	黑云斜长片麻岩	48	482.31	9.40	107.37	161.87	3.65	24.77
	斜长角闪岩	32	176.38	10.03	64.89	28.26	6.57	17.08
	条带状大理岩	8	73.83	20.45	39.84	43.56	10.34	23.96
	条带状黑云片麻岩	30	482.31	19.59	196.08	108.28	5.73	36.35
	夕卡岩	30	19950.32	8011.00	18000	2235.17	560.50	1275.00

注：据《青海省五龙沟地区金矿整装勘查区找矿部署研究报告》整理。

表 2-3-7 五龙沟地区火山岩类磁物性测定结果统计表

时代	岩石名称	块数	磁化率 $\kappa/(4\pi\times10^{-6}SI)$			剩余磁化强度 $Jr/(10^{-3}A/m)$		
			最大值	最小值	常见值	最大值	最小值	常见值
T_3bb	凝灰岩	16	251.32	21.56	136.07	95.36	22.39	45.42
	杏仁状玄武岩	7	500.90	356.41	423.02	146.40	29.08	87.66
$T_{1\text{-}2}h$	凝灰岩	8	244.90	37.09	113.61	99.80	5.37	51.18
D_1	凝灰岩	8	274.86	58.84	155.00	24.86	5.19	16.10
	杏仁状安山岩	8	146.66	27.08	93.08	137.76	7.46	31.71
Pt_2W	凝灰岩	8	437.67	89.44	217.81	28.55	3.93	14.19
	杏仁状安山岩	30	469.08	11.24	225.80	193.73	7.40	27.55
	安山岩	30	245.44	3.91	92.91	46.84	3.34	21.80
	玄武岩	56	315.58	8.62	99.34	204.41	2.49	23.04
Jx*1*	玄武岩	8	534.04	177.41	285.08	62.96	6.34	26.54

注：据《青海省五龙沟地区金矿整装勘查区找矿部署研究报告》整理。

（4）侵入岩的磁性特征

从表 2-3-4 中所列数据可以看出东昆仑地区不同地段、不同期或同期侵入的中-酸性岩磁性有较大差异，总体表现为中性侵入岩磁性高于酸性侵入岩，大多数酸性岩均表现为无磁性或弱磁性。但个别地区，不同期的中-酸性岩表现为中强磁性，磁性分布也不均匀。如柴达木水泥厂海西期的英云闪长岩（$\gamma\delta o$ D）磁化率可高达 8970×4π×10^{-6}SI，而新元古代晚期的中粒花岗岩（γPt_3）磁化率为 1430×4π×10^{-6}SI；柴达木尔次德沟燕山期花岗岩（γJ）和柴达木小南川印支期花岗岩（γT）的磁化率分别为 654×4π×10^{-6}SI 和 425×4π×10^{-6}SI。上述花岗岩分布地区，可引起不同强度的磁异常。在磁异常解释时要注意根据磁异常的分布特征，研究异常区的地层、构造和岩体的分布情况，结合物性特征做出合理的地质解释。

（5）矿石的磁性特征

从表 2-3-8 中所统计数据可以看出，矿石的磁性以磁铁矿石磁性为最强，磁化率可达几万，赤铁矿、镜铁矿磁性较弱，磁化率一般均小于 1000×4π×10^{-6}SI。故在重磁异常解释中，尽可能多地收集异常区岩（矿石）密度和磁性资料，深入研究地层、构造、岩浆岩的分布情况，深入研究矿床成矿规律，在进行成矿预测时，重磁异常联合解释，对重磁异常进行先定性后定量解释，判别矿与非矿异常，对找矿有意义的异常，进行半定量和定量解释。

表 2-3-8　铁矿石磁性特征简表

工业类型	矿石类型	磁化率 κ/（4π×10^{-6}SI）	剩余磁化强度 Jr/（10^{-3}A/m）	备注
热液型铁矿	磁铁矿石	240000～270000	1590000	本类铁矿围岩时代较新，以三叠纪居多，规模小，工业价值不大
	赤铁矿石 镜铁矿石	＜1000		
岩浆型铁矿	磁铁矿石	38500		仅见于达日，推测铁矿赋存于这周围出露的辉长岩体中，辉长岩 κ=1510×4π×10^{-6}SI，Q=8.4
火山岩型铁矿	磁铁矿石	130000～230000		赋存于 P_1^a、P_1^b 海相火山岩中
	含阳起石磁铁矿石	434000		磁铁矿化安山岩及部分绿帘石化安山岩，磁性强。κ=6070～15400×4π×10^{-6}SI，Q=1.5～9.4
	赤铁矿石	350～400		围岩为安山岩闪长岩，为弱磁 κ＜500×4π×10^{-6}SI，Q=0.8～5.2
沉积变质型铁矿	磁铁矿石	115000～150000		赋存于元古宙变质地层中
				围岩具中等磁性（κ＜28000×4π×10^{-6}SI），磁铁矿化后成强磁性

注：根据《青海省区域物性研究报告》整理。

（三）电性特征

1. 地层的电性特征

从表 2-3-1 可以看出，新生代地层电阻率 381Ω·m、极化率 1.2%；中生代侏罗纪地层电阻率 330Ω·m、极化率 1.3%，三叠纪地层电阻率 537Ω·m、极化率 1.7%；古生代二叠纪地层电阻率 788Ω·m、极化率 1.7%，石炭纪地层电阻率 4690Ω·m、极化率 2.1%；新元古代青白口纪地层电阻率 1220Ω·m、极化率 0.8%，长城纪地层电阻率 7850Ω·m、极化率 2.2%，蓟县纪地层电阻率 7370Ω·m、极化率 2.1%，古元古代金水口岩群地层电阻率 5120Ω·m、极化率 2.6%。由此看出，地层由新到老，地层电阻率值和极化率值总体上具有由小变大的趋势。

2. 各类岩（矿）石电性特征

（1）沉积岩类电性特征

从表 2-3-2 可以看出，沉积岩类，如灰岩、石英砂岩等，电阻率和极化率分别为：灰岩电阻率 1.0×10^{3}～12.5×10^{4}Ω·m，极化率 1.4%，石英砂岩电阻率 1.18×10^{2}～3.27×10^{3}Ω·m，极化率 1.5%～2.2%。各岩性之间电性差异不甚明显。其中，灰岩电阻率值略显偏高。

（2）变质岩电性特征

表 2-3-2 数据反映，各类变质岩电阻率 2.44×10^{3}～2.4×10^{4}Ω·m，极化率多集中在 2%～4%，基本在正常值范围之内，个别岩性极化率偏高，如千枚岩，达 18%，可能与局部富含碳质有关。变质岩，随变质程度的增高，电阻率也随之增大。不同地域，电阻率也有很大的差异。

（3）火山岩类电性特征

从表 2-3-3 可以看出，火山岩类极化率 1.5%～3.7%，相对于沉积岩类有所偏高，这可能与火山岩中所含金属硫化物有关。

（4）中酸性侵入岩电性特征

从表 2-3-9 可以看出，各期各类侵入岩电阻率和极化率之间差异不甚明显，总体上电阻率在 1.4×10^{3}～5.9×10^{3}Ω·m 之间变化，极化率在 1.8%～4.1%之间变化。其中印支期、燕山期的中酸性岩体极化率平均值相对偏高，可达 4%左右。

表 2-3-9　东昆仑地区中酸性侵入岩电性参数一览表

侵入期	岩性	采样地	标本块数	电阻率 ρ/（Ω·m）	极化率 η/%
燕山期	闪长岩	都兰	30	4.6×10^{3}	3.8（n=10）
印支期	花岗闪长岩	都兰	32	5.9×10^{3}（n=12）	4.1
海西期	石英闪长岩脉	格尔木南	4	3.7×10^{3}	3.5
	细粒角闪闪长岩	水泥厂	22	1.4×10^{3}	2
	闪长玢岩	水泥厂	12	2.4×10^{3}	1.8

注：根据《青海省区域物性研究报告》整理，表中 n 表示该参数实际测定标本块数。

（5）五龙沟矿集区各岩性电物性特征

五龙沟矿集区各矿区先后开展了 1∶1 万激电中梯工作，测定积累了大量电物性参数（表 2-3-10）。其中，含铜黄铁矿矿（化）石具有较低电阻率（686～1766Ω·m）、较高极化率（1.87%～4.26%）特征；铅锌矿石具有最低电阻率（117～650Ω·m）、最高极化率（2.94%～11.70%）特征；磁铁矿石具有较低电阻率（197～1020Ω·m）、中等极化率（0.82%～1.98%）特征；区内其余岩性均属高电阻率、低极化特征。矿石与围岩在电性上差异明显。

表 2-3-10　五龙沟矿集区岩矿石电性特征一览表

岩矿石名称	标本块数	电阻率 ρ/（Ω·m）			极化率 η/%		
		平均值	极大值	极小值	平均值	极大值	极小值
含铜黄铁矿矿（化）石	25	1155	1766	686	3.45	4.26	1.87
碎裂花岗岩	6	3753	3877	3470	1.22	1.37	1.02
花岗岩	36	2582	4013	1535	1.08	1.84	0.04
夕卡岩	30	1960	2701	1331	2.60	4.02	1.66
磁铁矿石	30	603	1020	197	1.33	1.98	0.82
铅锌矿石	31	352	650	117	6.88	11.70	2.94
玄武岩	6	2525	2773	2332	1.82	1.94	1.77
火山碎屑岩	6	1899	2143	1651	1.44	1.58	1.28
绢云母片岩	6	1681	1880	1494	0.75	0.84	0.61
斜长片麻岩	6	1961	2175	1690	0.65	0.78	0.52
褐铁矿化（铁帽）	24	646	935	403	1.70	2.10	1.26
强蚀变玄武岩	6	1780	1937	1637	1.71	1.86	1.62

注：据《青海省五龙沟地区金矿整装勘查区找矿部署研究报告》整理。

第四节　地球化学特征

自 20 世纪 80 年代开展化探工作以来，青海省地质矿产勘查开发局属青海省地球化学勘查技术研究院、青海省地球物理勘查技术研究院、青海省区调综合地质大队等单位相继承担了 1∶20 万～1∶50 万区域化探扫面工作，基本覆盖了东昆仑地区。通过工作圈定了一批 Au、Cu、Pb、Zn、Cr、Co、Ni、Ag、Mo 等元素为主的系列综合异常。本次研究收集相关资料总结如下。

一、元素异常带

（一）异常带划分

在地球化学区基础上，依据异常区域展布趋势及其集群属性，青海省共划分出 5 个地球化学省 15 个地球化学区（带）。5 个地球化学省分别是 Ⅰ 阿尔金-祁连地球化学省、Ⅱ 昆仑地球化学省、秦岭-大别地球化学省、Ⅲ巴颜喀拉-松潘地球化学省、Ⅳ喀喇昆仑-三江地球化学省（图 2-4-1，表 2-4-1）。

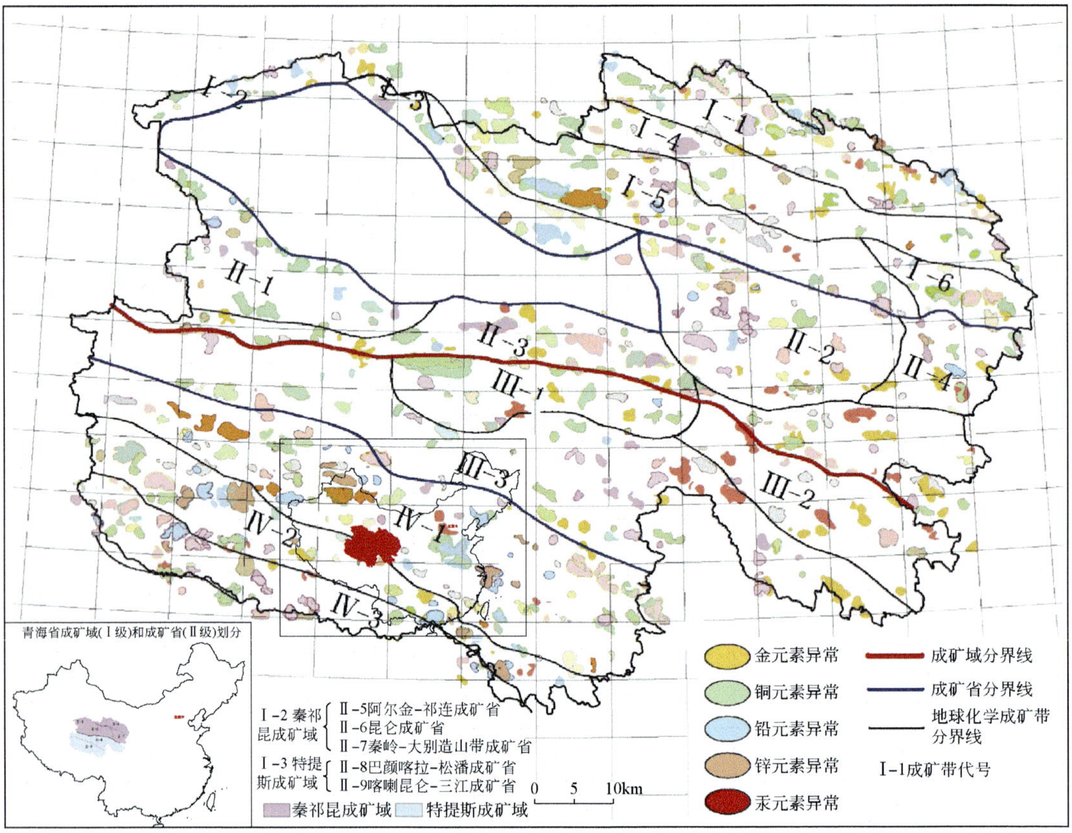

图 2-4-1　青海省地球化学异常分区图（杨生德等，2013b）

表 2-4-1　青海成矿单元、地球化学分区对应表

成矿单元			地球化学分区		
Ⅰ级成矿域	Ⅱ级成矿省	Ⅲ级成矿带（区）	地球化学域	地球化学省	地球化学区（带）
Ⅰ-2 秦祁昆成矿域	Ⅱ-5 阿尔金-祁连（造山带）成矿省	Ⅲ-19	秦祁昆地球化学域	Ⅰ阿尔金-祁连地球化学省	Ⅰ-2
		Ⅲ-20			Ⅰ-1
		Ⅲ-21			Ⅰ-1
		Ⅲ-22			Ⅰ-4
		Ⅲ-23			Ⅰ-5、Ⅰ-6
	Ⅱ-6 昆仑（造山带）成矿省	Ⅲ-24			Ⅰ-2、Ⅰ-3
		Ⅲ-25		Ⅱ昆仑地球化学省	Ⅱ-1、Ⅱ-2、Ⅱ-3
		Ⅲ-26			
	Ⅱ-7 秦岭-大别造山带成矿省	Ⅲ-28		秦岭-大别地球化学省	Ⅱ-4、Ⅱ-5

续表

<table>
<tr><th colspan="3">成矿单元</th><th colspan="3">地球化学分区</th></tr>
<tr><td rowspan="7">Ⅰ-3 特提斯成矿域</td><td rowspan="3">Ⅱ-8 巴颜喀拉-松潘成矿省</td><td>Ⅲ-29</td><td rowspan="7">特提斯地球化学域</td><td rowspan="3">Ⅲ巴颜喀拉-松潘地球化学省</td><td>Ⅲ-1、Ⅲ-2、Ⅲ-3</td></tr>
<tr><td>Ⅲ-30</td><td>Ⅲ-1、Ⅲ-2</td></tr>
<tr><td>Ⅲ-31</td><td>Ⅲ-3</td></tr>
<tr><td rowspan="4">Ⅱ-9 喀剌昆仑-三江成矿省</td><td>Ⅲ-32</td><td rowspan="4">Ⅳ喀喇昆仑-三江地球化学省</td><td>Ⅳ-1</td></tr>
<tr><td>Ⅲ-33</td><td>Ⅳ-1</td></tr>
<tr><td>Ⅲ-36</td><td>Ⅳ-2</td></tr>
<tr><td>Ⅲ-35</td><td>Ⅳ-3</td></tr>
</table>

（二）异常带特征

根据青海省地球化学异常分区图，本次研究区属东昆仑 Cu、Au、Bi、As、Sb、Sn、Y、W、Pb、Cd 异常区（Ⅱ），本区内以富 W、Sn、Au、Mo、Sr、Nb、Na_2O，贫 As、B、Hg 为特征，其他元素均呈现背景特征，这些特点与东昆仑中酸性岩浆岩相一致。主要成矿元素有 Au、Cu、Sb、W；其他元素变化幅度均较小，总体富集可能性很小，局部有富集的可能。

1. 祁漫塔格地区 Cu、Pb、Zn、Ni、Sn、Bi、Sb、Y 异常亚区（Ⅱ-1）

异常集群属性特征受印支期中酸性岩浆活动影响明显，围绕印支期岩浆活动域有较明显的域性组分分带现象。有 28 个异常，可分为祁漫塔格 Cu、Bi、Sn、Pb、Y 异常集群和塔鹤托板日-向阳沟 Cu（Co、As、La）异常次带。祁漫塔格 Cu、Bi、Sn、Pb、Y 异常集群主要受乌兰乌珠尔花岗岩基及其南北两个断裂束和蛇绿岩带联合控制；塔鹤托板日-向阳沟 Cu（Co、As、La）异常次带，与海西期岩基-岩株规模的花岗闪长岩和二长花岗岩侵入古元古代金水口岩群和早古生代寒武—奥陶纪纳赤台蛇绿混杂岩有关。该亚区是青海省重要的黑色金属、有色金属产区，以产出肯德可克铁多金属矿床、卡而却卡铜矿床、夏日哈木镍矿而闻名。

2. 都兰-鄂拉山地区 Bi、W（Sn）、Ni、Cd（Pb）、Au（Ag）、Cu、（As、Hg、Sb）异常亚区（Ⅱ-2）

北西起自尕海、南东止于冬哲黑南（河南县），西起自下颚当、东止于冬哲黑南，构成一个北西发散、南东收敛的三角区。北西端的都兰-什多龙地区长英质岩浆侵入活动强烈，其余部分岩浆活动适度或较弱。整个亚区有 34 个异常，作为主元素出现频数较大的有 Bi（6）、W（6）、Cd（4）、Au（4）、Cu（3）、Ag（2）、Sn（2）、Sb（2）、As（2）、Pb（2）、Hg（2）、Ni（2）。该亚区是青海省著名的有色金属、贵金属产区，主要有沙柳河南区钨锡铅锌矿床、什多龙铅锌银矿床、哈龙休玛钼钨矿床、哈日扎铅锌矿床、苦海汞矿床、铜峪沟铜矿床、赛什塘铜矿床等有色金属矿产及那更康切尔银矿床、果洛龙洼金矿床、满丈岗金矿床、显龙沟金锑矿床等贵金属矿产。矿床集中产出，与异常对应关系良好。

3. 东昆仑 Au、Sb、As、La、Cu、Ni、Pb、Sn、Y 异常亚带（Ⅱ-3）

蘑菇峰至布青山，昆南断裂以北，30 个异常呈狭长带状近东西向展布。依据与控制带状因素有关联的异常簇群属性差异，从西到东可分为三段。

蘑菇峰至库赛湖段：8 个异常，以 Sn、As、Sb 为主，出现 Be、W、Cu，长英质岩浆侵入和低温热液活动影响痕迹明显。黑山至驼路沟段：5 个异常，以 Au 为主，有 Cu、Mo、Cd、Sb；Au、Cu（Co）已有矿床级成矿事实。磁铁山至布青山段：17 个异常，作为主元素，出现频数较大的有 Au（3）、La（3）、Y（2）、As（2）、Sb（2），Ni、Cu、Ti、Cr、Cd、U、Ba、Hg 都有一次出现。从它们的指示功能看，金（Au、As、Sb）有最大成矿潜力，稀土（La、Y、U）次之，尕牙合一带有蛇绿岩残片分布（Ni、Cr、Ti 异常）。稀土异常应是长英质岩浆活动的贡献；而对其他元素异常，尽管东昆仑是出露规模最大、时代跨度最大的中酸性岩浆岩带，也很难看出长英质岩浆活动具有重大影响，因为最具标志性的 Sn、W、Bi 异常未能占据主元素位置。该亚带以产出金而著称，金矿主要集中于五龙沟金矿集区，此外有开荒北金矿床、洪水河口金矿床等。

二、元素异常背景

1∶20 万化探扫面覆盖了整个矿带，矿带地球化学特征的讨论基于矿带内 15458 个化探样品 40 个元素（氧化物）的分析测试数据。表 2-4-2 是矿带内 40 个元素（氧化物）的统计特征值表，以其与青海省内其他矿带的统计特征值相比较，本地区的地球化学具有如下特点。

表 2-4-2　青海省东昆仑（造山带）（Ⅲ-26）成矿带 40 个元素（氧化物）基本地球化学特征值表

元素（氧化物）	X_1	S_1	CV_1	X_2	S_2	CV_2	X_s	X_1/X_s	N_h
Ag	0.064	0.0590	0.9219	0.057	0.0160	0.2807	0.060	1.067	456
As	13.687	17.3950	1.2709	11.083	3.9430	0.3558	12.353	1.108	724
Au	1.389	5.0060	3.6040	1.164	0.4460	0.3832	1.151	1.207	466
B	44.032	23.7460	0.5393	41.469	16.4250	0.3961	45.207	0.974	285
Ba	541.523	203.9800	0.3767	526.734	114.8050	0.2180	482.910	1.121	202
Be	2.135	0.5200	0.2436	2.107	0.4670	0.2216	1.895	1.127	136
Bi	0.373	0.6260	1.6783	0.266	0.1070	0.4023	0.245	1.522	870
Cd	0.179	0.2720	1.5196	0.145	0.0430	0.2966	0.133	1.346	732
Co	9.393	3.9100	0.4163	8.996	2.9030	0.3227	9.603	0.978	256
Cr	48.207	35.5150	0.7367	41.850	16.6100	0.3969	44.080	1.094	545
Cu	21.085	16.6590	0.7901	18.491	6.7840	0.3669	18.686	1.128	505
F	518.323	188.0320	0.3628	496.362	135.5910	0.2732	459.881	1.127	304
Hg	0.015	0.0630	4.2000	0.011	0.0030	0.2727	0.013	1.154	586
La	34.569	11.0630	0.3200	33.470	8.3500	0.2495	31.569	1.095	249
Li	29.031	7.9110	0.2725	28.466	6.5430	0.2299	29.612	0.980	173
Mn	572.416	182.3610	0.3186	555.098	141.3250	0.2546	558.807	1.024	255

续表

元素（氧化物）	X_1	S_1	CV_1	X_2	S_2	CV_2	X_s	X_1/X_s	N_h
Mo	0.790	0.4670	0.5911	0.714	0.2720	0.3810	0.594	1.330	476
Nb	11.867	3.9790	0.3353	11.547	3.2280	0.2796	11.309	1.049	206
Ni	19.708	10.6880	0.5423	18.355	6.9580	0.3791	20.349	0.968	325
P	490.905	144.2970	0.2939	484.079	128.3940	0.2652	469.335	1.046	116
Pb	22.958	20.5150	0.8936	20.940	5.3370	0.2549	19.714	1.165	405
Sb	0.898	2.8220	3.1425	0.707	0.2810	0.3975	0.666	1.348	574
Sn	3.122	2.6690	0.8549	2.750	0.8860	0.3222	2.392	1.305	502
Sr	229.126	77.8370	0.3397	224.076	65.0150	0.2901	182.853	1.253	153
Th	10.407	4.3350	0.4165	10.086	3.6560	0.3625	9.282	1.121	192
Ti	3184.869	987.1010	0.3099	3123.137	849.6060	0.2720	3006.266	1.059	151
U	2.212	0.7000	0.3165	2.143	0.5550	0.2590	1.929	1.147	251
V	63.222	21.8560	0.3457	60.745	16.3880	0.2698	61.565	1.027	304
W	1.865	1.7320	0.9287	1.584	0.6060	0.3826	1.399	1.333	544
Y	21.785	6.0590	0.2781	21.262	4.7910	0.2253	19.909	1.094	210
Zn	60.230	31.1700	0.5175	57.219	13.1100	0.2291	54.917	1.097	315
Zr	152.285	52.8230	0.3469	147.805	42.8290	0.2898	160.897	0.946	214
Al_2O_3	11.672	1.7460	0.1496	11.659	1.7250	0.1480	10.406	1.122	19
CaO	5.841	4.2730	0.7316	5.166	2.3270	0.4504	4.624	1.263	429
Fe_2O_3	3.809	1.0820	0.2841	3.721	0.9170	0.2464	3.690	1.032	216
K_2O	2.347	0.5760	0.2454	2.326	0.5430	0.2334	2.120	1.107	105
MgO	1.657	0.9840	0.5938	1.545	0.6450	0.4175	1.455	1.139	296
Na_2O	1.990	0.4960	0.2492	1.980	0.4770	0.2409	1.536	1.296	48
SiO_2	64.937	7.9140	0.1219	64.937	7.9140	0.1219	64.457	1.007	
Rb	111.587	38.1210	0.3416	109.871	35.0880	0.3194	94.353	1.183	92

注：X_1为丰度估计值；S_1为标准离差；CV_1为标准化方差；X_2为背景估计值；S_2为剔除高值点后的离差；CV_2为高值迭代剔除后标准化方差；X_s为青海省水系沉积物中各该元素均值；N_h为剔除高点值数。Ag、Au、Cd、Hg数量级为10^{-9}，氧化物数量级为10^{-2}，其余为10^{-6}。

（一）元素丰度特征

矿带内Bi、Sb、Cd、W、Mo、Sn、Na_2O、CaO、Sr、Au、Rb、Pb、Hg、U、MgO、Cu、F、Be、Al_2O_3、Ba、Th、As等呈高含量、高背景分布，Li、Co、B、Ni在矿带内呈低背景低含量分布。矿带内Sn的平均含量高居青海省首位，呈高背景、高含量分布的元素较多，呈低含量低背景分布的元素比较少。以此与青海省内其他三级矿带相比较，本区元素地球化学有如下特点。

第二位：Be、Bi、Al_2O_3、Na_2O；

第三位：U、W、Rb；

第四位：Cd、Mo、Pb、Th、Y；

第五位：Ag、F、La、Sr、CaO、K_2O。

（二）元素的离散特征

以变异系数 CV_1 来衡量元素含量变化的大小，矿带内有关元素的变异系数是 $CV_1>1.0$ 的有 Hg、Au、Sb、Bi、Cd、As，CV_1=0.5～1.0 的有 Bi、W、Ag、Pb、Sn、Cu、Cr、CaO、MgO、Mo、Ni、B、Zn，CV_1=0.3～0.5 的有 Th、Co、Ba、F、Zr、V、Rb、Sr、Nb、La、Mn、U、Ti。高背景、高含量或低含量低背景的元素在其变异系数达到显著变化程度时，其成矿可能性都是较大的。

40 个元素（氧化物）在青海省Ⅲ级带中的排序如下。

第二位：Cd、Hg；

第三位：Au、Sb、Sn（成型金矿床、锑矿床、夕卡岩型铁钨锡矿床）；

第四位：B、Th、Y；

第五位：As、Cu、La、Pb、Zn、Zr（成型铜矿床、铅锌矿床）；

标准化方差双指标（CV_1、CV_1/CV_2）元素有：Au、Hg、Sb、Pb、Ag、Bi、As、Cd、Cu、Zn、Sn、Co、La，属本区的潜力矿种，应该给予重视（图 2-4-2）。

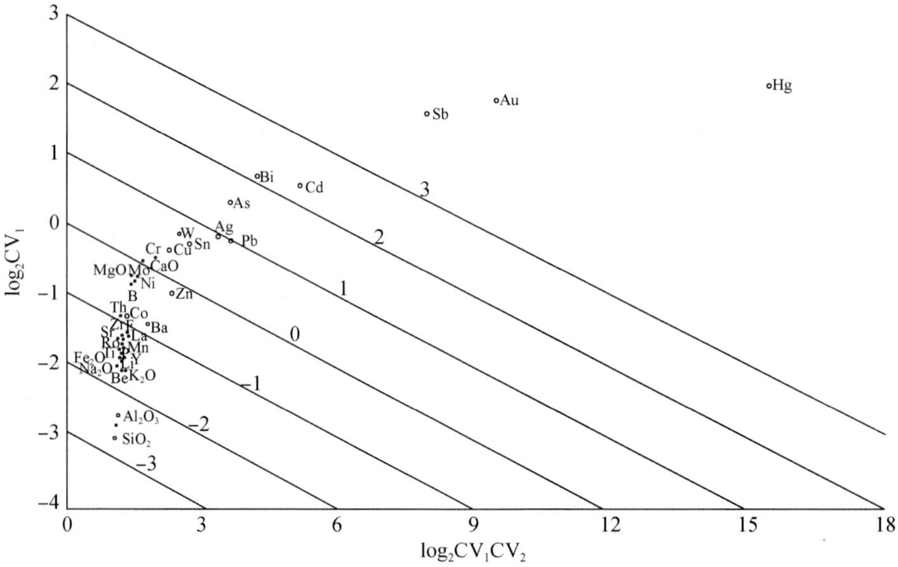

图 2-4-2　青海省东昆仑成矿带（Ⅲ-26）40 个元素（氧化物）标准化方差散点分布图

1. 剔除高值点数（Nh）

矿带内有较多的元素具有高含量点，但不存在高端含量剔除点。剔除点在 500 点以上的元素（氧化物）有：Bi、Cd、As、Hg、Sb、Cr、W、Cu、Sn，剔除点在 200 点以上的元素（氧化物）有 Mo、Au、Ag、CaO、Pb、Ni、Zn、F、V、MgO、B、Co、Mn、U、La、Fe_2O_3、Zr、Y。

本带的样品容量 9213，剔除高值点数见表 2-4-3。

表 2-4-3　主要元素（氧化物）剔除高值点数（Nh）

元素	Bi	Cd	As	Hg	Sb	Cr	W	Cu	Sn	Mo	Au	Ag	CaO	Pb	Ni	Zn
Nh	870	732	724	586	574	545	544	505	502	476	466	456	429	405	325	315

2. 元素组合特征

依据 40 个元素（氧化物）R 型聚类分析（图 2-4-3），在相关系数 $\gamma=0.17$ 时，可分解成七个簇群。

第Ⅰ族包含 Ag、Pb、As、Cd、Zn、Bi、W、Mo、Ba，反映若干矿化因子；

第Ⅱ族包含 B、Co、V、Fe_2O_3、Ti、Cr、Ni、Cu、Mn，暗示基性-超基性及矿化因子；

第Ⅴ族包含 Be、Rb、K_2O、La、Th、Nb、Y、Zr、P、Sn、SiO_2、Al_2O_3、Na_2O、F、Li、U，暗示中酸性侵入岩、稀有稀土；

第Ⅶ族包含 Sr、CaO、MgO，暗示碳酸盐岩；

第Ⅲ族包含 Sb，第Ⅳ族包含 Hg，第Ⅵ族包含 Au，分别为独立因子。

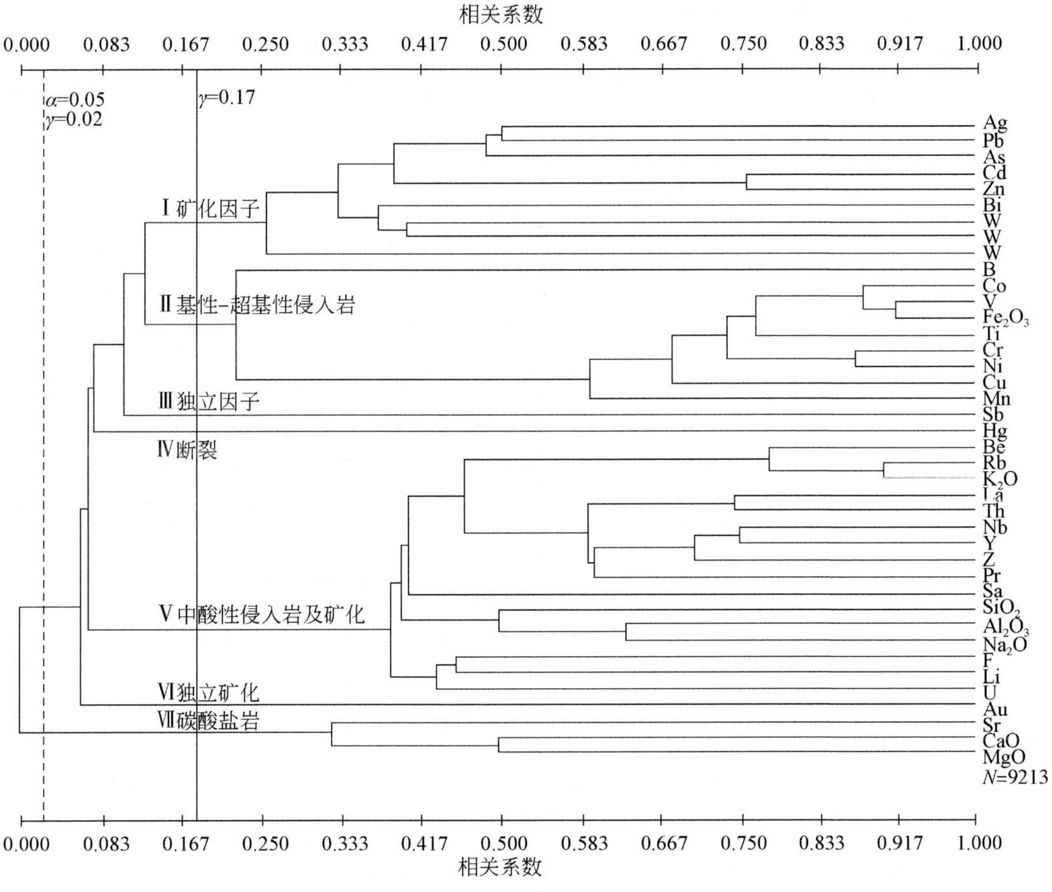

图 2-4-3　青海省东昆仑（造山带）成矿带 40 个元素（氧化物）R 型聚类分析

综上所述：

（1）昆中构造单元上主要出露金水口岩群变质岩，是东昆仑造山带的基底，具有成矿元素相对低值区的特点。由此可见，本区前寒武古陆形成（造山带基底）构造旋回对主要成矿元素的区域富集贡献不大，构造单元中 Au 在局部地段的高含量，是得益于加里东期和海西晚期—印支期造山作用。由此尚可推论，研究区成矿元素的富集，主要与加里东期和海西晚期—印支期构造旋回有关。

（2）昆南三级构造单元中 Cu、Zn、Au、As、Sb 等成矿元素的高背景，显然与其早古生代或晚古生代的裂解有关，洋盆环境下，代表洋壳的火山-沉积岩系（如昆南带中的万保沟群、纳赤台蛇绿混杂岩等）是这些元素高值点的主要因素，即这些元素来自洋壳或上地幔。

（3）昆北带的高 Sn、REE 背景，主要得益于海西晚期—印支期造山花岗岩浆作用，尤其是印支期内造山花岗岩和陆相火山岩 Sn 的高含量，是引起高 Sn 背景的主要原因，REE 元素异常引起原因尚不明朗。

三、地球化学特征

东昆仑成矿带综合异常特征参考并利用 “青海省矿产资源潜力评价地球化学资料应用研究” 项目成果，共圈定 1∶20 万综合异常 74 处，其中以 Au 为主元素或伴生元素的甲 1 类异常 4 处、甲 2 类异常 4 处、乙类异常 11 处、丙类异常 2 处（表 2-4-4），对进一步找矿潜力较大的 Au 综合异常介绍如下。

表 2-4-4　东昆仑成矿带 1∶20 万水系沉积物测量综合异常特征表

序号	编号及分类	主元素	伴生元素	序号	编号及分类	主元素	伴生元素
1	$AS^{259}_{甲1}$	Cr	Ni-Nb-Be-V-Cu-U-Co	12	$AS^{95}_{乙3}$	Ba-Pb	Cr-Ni-Cu-Ag-V-Co
2	$AS^{260}_{乙3}$	Cd	Au-Mo-Ag-Pb-Zr-Y	13	$AS^{131}_{乙1}$	Bi-Pb	Mo-Ag-U-Cd-Cu-As-Sn
3	$AS^{261}_{丙}$	Au	Zr-P-Y-U-Mn	14	$AS^{132}_{甲1}$	Sn	Cd-Mo-Bi-W-Ag-Cu
4	$AS^{270}_{甲1}$	Hg	Ag-As-Bi-Cu-Sb	15	$AS^{108}_{甲1}$	Sn-Cu	La-Be-Pb-W-As-Nb
5	$AS^{271}_{甲2}$	Cu-Sn	Ag-Bi-As-Cd-Cr	16	$AS^{142}_{乙2}$	W	F-Bi-Y-B-Sn-U-Pb
6	$AS^{272}_{甲2}$	Cu-As	Sn-Cd-Ag-Au	17	$AS^{143}_{甲1}$	Cu	Hg-Mo-Th-Co-Ag-Sn-La
7	$AS^{273}_{乙3}$	Hg-Sb	Cu-Li-Mo-Co-V-F	18	$AS^{144}_{丙}$	As	B-Cu-Sn-Rb-Mo-W-Cd
8	$AS^{73}_{丙}$	Bi	Sn-Be-Th-W-Rb	19	$AS^{145}_{乙3}$	Y	Zr-P-Sn-Nb-La-B-F
9	$AS^{92}_{丙}$	Cu	B-Mn-V-Nb-Cr-Fe_2O_3-Ni	20	$AS^{146}_{甲2}$	Y	U-Cu-Mo-F-Zr-Rb-W
10	$AS^{93}_{乙3}$	Cu-Au	B-Pb-Hg-Cd-As-Cr	21	$AS^{147}_{甲1}$	Sb	Cd-Hg-Rb
11	$AS^{94}_{乙1}$	Cu	Cd-Cr-Ni-Sb-Rb-B-Sr	22	$AS^{148}_{甲1}$	Cu	Cr-Sn-Y-Th-Co-Pb-F

续表

序号	编号及分类	主元素	伴生元素	序号	编号及分类	主元素	伴生元素
23	$AS^{201}_{\text{乙}3}$	As	Cd-Mn-Ag-Pb	49	$AS^{182}_{\text{乙}3}$	Cu	W-Au-V-Sn-Th-Zr-Ti
24	$AS^{202}_{\text{甲}1}$	W-Bi	Nb-Ag-Sn-Cu-Cd-Pb	50	$AS^{183}_{\text{丙}}$	Li	Hg-Bi-F-B
25	$AS^{203}_{\text{乙}2}$	Cd	Bi-As-U-Pb-Au-Sn-Zn	51	$AS^{184}_{\text{乙}3}$	Hg	Bi-W-Pb-Zn-Sn-Au
26	$AS^{204}_{\text{乙}2}$	Sb	As-Hg-Au-B-Cd-Ag-Cu	52	$AS^{185}_{\text{甲}1}$	Bi-W	Ag-Mo-As-Pb
27	$AS^{215}_{\text{丙}}$	Sb	Cu-Fe_2O_3	53	$AS^{186}_{\text{乙}3}$	Bi	W-Ag-Nb-Mo-B
28	$AS^{216}_{\text{乙}2}$	Au	P-Cu-W-Th-Sn-As-Sb	54	$AS^{187}_{\text{乙}3}$	As	Mo-Ba-Sn-Sr
29	$AS^{217}_{\text{乙}3}$	Cu	U-V-Cr-La-Ni-Ti-Sn	55	$AS^{191}_{\text{乙}3}$	Cu	Ti-V-Co-Ni-Fe_2O_3
30	$AS^{218}_{\text{甲}1}$	Mo-Cd	U-Cu-Ba-Sb-Sn-As	56	$AS^{192}_{\text{丙}}$	Y	Mo-Sn-Zr-Nb-La-F
31	$AS^{219}_{\text{甲}2}$	Au	Ba-Cu	57	$AS^{194}_{\text{乙}3}$	Au	Ba-Ag-Cr
32	$AS^{220}_{\text{乙}3}$	Ba	Bi-Mo-Sn-W-U	58	$AS^{195}_{\text{乙}3}$	As	Mo-W-V-Au-U-Cd-Mn
33	$AS^{221}_{\text{甲}2}$	As	Cu-Au-Sb-Ag-Ba-Mo-Cd	59	$AS^{196}_{\text{丙}}$	La	U-W-Mo-Ag-Th
34	$AS^{222}_{\text{丙}}$	Sb	Zr-B-Au-Mo	60	$AS^{197}_{\text{甲}1}$	Y-La	U-Sn-Mo-Cu-F-Th
35	$AS^{223}_{\text{乙}2}$	U-La	Sn-Pb-Th-Be-F-Mo	61	$AS^{198}_{\text{甲}1}$	Au	As-Sn-U-Sb-Pb-Mo-B
36	$AS^{224}_{\text{丙}}$	As	Sn-Hg-Cu-Bi-Cd-Sr	62	$AS^{199}_{\text{丙}}$	Cd	Ag-Pb-Zn
37	$AS^{225}_{\text{甲}1}$	W	Au-Bi-Sn-P-Cu-Mo-Zr	63	$AS^{200}_{\text{甲}1}$	Bi	Hg-As-Mo-Sb-Cu
38	$AS^{226}_{\text{乙}3}$	Mo	W-Sb-Cr-As-P-Ni-Li	64	$AS^{233}_{\text{甲}1}$	Cu-Sb	V-Zn-Fe_2O_3 -P-Ni-Co
39	$AS^{227}_{\text{乙}3}$	W	Pt-I-Zr-Nb-Cr-Co-As	65	$AS^{234}_{\text{丙}}$	B	Li-Be-V-Cr-F-Rb-U
40	$AS^{232}_{\text{丙}}$	Ag	Mo-Sr	66	$AS^{235}_{\text{甲}2}$	Au	As-Cu-Ni-Cr-V-Co-Fe_2O_3
41	$AS^{159}_{\text{甲}1}$	Cu	Au-Cd-Co-As-Cr-Ni-V	67	$AS^{238}_{\text{乙}3}$	Sb	Hg-B-Ag-Cu
42	$AS^{160}_{\text{乙}3}$	Cu	Cr-Ni-Co-As-Sn-Cd-V	68	$AS^{239}_{\text{乙}3}$	La	Th-Y-Zr-W-Sn-U-Pb
43	$AS^{161}_{\text{丙}}$	Cu	P-Co-Cd-Ti-Fe_2O_3-Zn-V	69	$AS^{240}_{\text{乙}2}$	Y-Ti	Nb-V-Cu-Be- Fe_2O_3-Sn
44	$AS^{173}_{\text{甲}1}$	Sn-Bi	W-As-Cd-F-Cu-Li	70	$AS^{241}_{\text{甲}1}$	Ni	Cu-Cr
45	$AS^{174}_{\text{丙}}$	Zr	Ti-Cr-Nb- Fe_2O_3 -V	71	$AS^{242}_{\text{甲}1}$	Ag	Mo-W-Cd-Pb-Bi-Th
46	$AS^{175}_{\text{丙}}$	Mo	W-As-Hg	72	$AS^{243}_{\text{乙}3}$	W	Mn-Zr-Cr-P-Ni-Nb-Bi
47	$AS^{176}_{\text{甲}1}$	Pb	Sn-Ag-Li-Bi-Zn-B	73	$AS^{244}_{\text{乙}3}$	Au	Sr-W-Ni-Ba-Cu-Cr-Co
48	$AS^{177}_{\text{乙}2}$	Au-Pb	Sn-Cr-Li-Be-Nb	74	$AS^{250}_{\text{甲}1}$	W-Au	As-Sb

1. 五龙沟 Au-As-Sn-U-Sb-Pb-Mo-B 综合异常

（1）地理地质概况

该异常位于都兰县诺木洪乡五龙沟地区石灰沟下游东侧岩金沟口北。大地构造位置属东昆仑北坡断隆。异常区出露地层主要为古元古代金水口岩群（片麻岩、斜长角闪岩、混合岩、大理岩）、中元古代长城纪小庙组（石英片岩、石英岩、大理岩夹混合岩、变粒岩）、新元古代青白口纪丘吉东沟组（绿泥钠长片岩、白云岩、板岩、变砂岩夹硅质岩）。异常区北部还被第四纪洪积物覆盖，南部有古近纪—新近纪油砂山组（碎屑岩、含油砂岩夹泥岩、泥灰岩）。区内侵入岩为加里东期的二长花岗岩、印支期的钾长花岗岩、花岗闪长岩。区内古元古代金水口岩群和中元古代长城纪小庙组接触部位存在韧性剪切带，附近存在多处金矿（床）点，还有金锑矿点、铅锌矿点。

（2）异常概述

不规则面状异常，组分复杂，结构有序。北中部以 Au、As、Sb 异常为主；中南部以 Sn、U、Mo、W、Y 异常为主。北中部异常，呈直径北西向的半拱圆形。落位地质环境，主要是古元古代金水口岩群和前兴凯期二长花岗岩、花岗闪长岩；“拱基”部分是北西向展布的印支期二长花岗岩体，其南接触带围岩是长城纪小庙组变质岩；印支期岩体及其接触带已有南部异常组合的特征。已发现的金矿床和多数矿点都在北中部异常之内。南部异常，呈东西向带状，因其与北中部异常的“拱基”部分形态结构和组分特征都受印支期二长花岗岩侵入影响又有 Sn 异常联合包容而称为中南部异常。其落位地质环境是花岗岩及与其接触的金水口岩群和加里东早期二长花岗岩。这里还有 F、B、Be 和局部 Pb、Zn 异常（表 2-4-5）。

表 2-4-5　五龙沟 Au-As-Sn-U-Sb-Pb-Mo-B 综合异常参数表

元素	异常量	异常点数	异常下限	峰值	平均值	面积/km^2	衬度	相对异常量	浓幅分位
Au	653.84	22	2.53	10.62	4.70	352	1.86	10.49	大于 1/4
As	662.96	22	22.55	98.46	42.47	352	1.88	10.64	大于 1/4
Sn	570.07	27	3.23	7.54	4.26	432	1.32	9.15	大于 1/8
U	421.97	22	2.85	5.12	3.41	352	1.20	6.77	大于 1/8
Sb	407.11	18	1.28	3.33	1.81	288	1.41	6.53	接近 1/6
Pb	314.54	16	24.81	42.66	30.48	256	1.23	5.05	
Mo	294.93	14	1.26	2.26	1.65	224	1.32	4.73	等于 1/6
B	247.88	13	53.09	77.62	63.27	208	1.19	3.98	
W	233.13	12	2.22	3.31	2.69	192	1.21	3.74	
F	224.11	11	863.73	1673.08	1099.85	176	1.27	3.60	大于 1/6
Y	239.23	12	28.98	50.53	36.10	192	1.25	3.84	接近 1/4
Cd	196.60	11	0.23	0.30	0.26	176	1.12	3.16	

注：Au 元素含量数量级为 10^{-9}，其余元素为 10^{-6}。

（3）异常解释及潜力评价

该异常区矿点（床）等出现部位为岩体内部或岩体与地层接触部位，成矿类型一般为岩浆热液型。区域内 20 万异常和 5 万异常的吻合，异常元素含量高，异常区内有多处矿床（矿点、矿化点）的支持，表现出巨大的找矿潜力。后期重点工作区域为岩体与区域内金水口岩群、长城纪小庙组接触部位，还有韧性剪切带部位。

2. 旦却合北 W-Au-Bi-Sn-P-Cu-Mo-Zr 综合异常

（1）地理地质概况

该异常位于都兰香日德东南约 52km 处即三岔口东，附近有便道可通，属香日德镇管辖。大地构造位置属东昆仑北坡断隆。异常区出露地层为古元古代金水口岩群（片麻岩、斜长角闪岩、混合岩、大理岩）。区内侵入岩出露面积巨大，有加里东期的英云闪长岩，海西期的二长花岗岩、花岗闪长岩，印支期的二长花岗岩、花岗闪长岩以及燕山期的二长花岗岩。区内有两条近平行的东西向断裂穿过切割岩体。

（2）异常概述

综合异常的大部分被大面积 W 异常所笼罩；但 W 异常主要在复合岩基内，没有够规模的浓集中心。Au 异常低缓，很少与其他标型元素套合。值得关注的是异常的南东缘，岩基与金水口岩群的内外接触带。这里有以 Cu、P 异常为主的北西西异常带和以 Au、Sn、Cr 为主的异常带的展布与交合。交合部在巴力格-妥力海铁矿点及其南西区段。北东向异常带，以 Au、Sn（Ag）异常把瓦勒尕金矿套在该带东段南东缘。以 Cu、P 为主的北西西带有两个多元素套合中心。北西端，有 Cr、Ni、V、Cd，部分地与 Au 叠合。南东端，有 Mo、B、Cr，但其与 Au 套合较少分布在围岩中，其中有一个二长花岗岩枝。元素 W、Au 含量很高，具有三级浓度分带，其他元素 Bi、P、Mo 含量较高，具有二级浓度分带。在 Au 异常面内有金矿床的存在（表 2-4-6）。

表 2-4-6　旦却合北 W-Au-Bi-Sn-P-Cu-Mo-Zr 综合异常参数表

元素	异常量	异常点数	异常下限	峰值	平均值	面积/km^2	衬度	相对异常量	浓幅分位
W	964.09	35	3.31	18.11	5.70	560	1.72	22.82	大于 1/4
Au	293.17	13	1.98	5.29	2.79	208	1.41	6.94	大于 1/6
Bi	316.82	14	0.54	1.63	0.76	224	1.41	7.50	大于 1/6
Sn	280.94	15	3.20	5.37	3.75	240	1.17	6.65	
P	259.45	12	787.12	1995.02	1063.65	192	1.35	6.14	大于 1/4
Cu	211.88	12	28.46	37.79	31.40	192	1.10	5.01	等于 1/8
Mo	209.36	9	1.48	4.75	2.15	144	1.45	4.95	大于 1/4
Zr	204.70	11	228.32	442.37	265.56	176	1.16	4.84	大于 1/6

注：Au 元素含量数量级为 10^{-9}，其余元素为 10^{-6}。

（3）异常解释及潜力评价

异常由落位区域的岩体热液作用产生，异常强度高，面积大，且 5 万异常能够给予较好的支持，区域内已有 Au-Cu 的成矿事实，表现出巨大的找矿潜力。异常区西部海西期花岗闪长岩岩体与中元古代万保沟群（上部碳酸盐岩、下部中基性火山岩）接触部位出现很好的 Cr-Ni-Cu-Pb-Zn-Au-Ag-Mo 多元素组合异常，元素 Cr-Ni-Ag-Ag 具有很高的含量，其中 Au 元素具有多处异常浓集中心，成矿地质环境有利，具有较大的找矿潜力，应予以重视。

3. 开荒东 Au-As-Cu-Ni-Cr-V-Co-Fe_2O_3 综合异常

（1）地理地质概况：该异常位于都兰县宗家乡开荒北东约 8.5km，属都兰县宗家乡管辖。大地构造位置属柴达木南缘台缘褶带。异常区出露地层主要为晚石炭世—早二叠世浩特洛洼组（灰岩、砂板岩夹中酸性火山岩）、早-中三叠世闹仓坚沟组（灰岩夹砂岩、凝灰岩）、晚三叠世八宝山组（碎屑岩夹安山岩及煤层）和古近系—新近系（碎屑岩夹泥岩、菱铁矿）、第四纪湖积物覆盖。异常区见小面积的海西期辉长岩体出露。区内两条北西向的断裂构造为闹仓坚沟组与其他地层的分界线。

（2）异常概述：主元素 Au 异常呈不规则面状，与原始 As、Cu 套合较好，主体落位于石炭纪、二叠纪和古近纪—新近纪地层中，异常面包含两条断裂带和区内的所有金矿床（点），金矿点主要落位于晚石炭世—早二叠世浩特洛洼组与早-中三叠世闹仓坚沟组断裂接触部位。Cr、Ni、V、Fe、Cu、Co 元素异常套合良好，异常浓集中心落位于闹仓坚沟组与古近系—新近系接触部位。异常主元素 Au 含量很高，具有三级浓度分带，异常面积也较大，浓幅分位值大，其他元素含量均较低（表 2-4-7）。

表 2-4-7　开荒东 Au-As-Cu-Ni-Cr-V-Co-Fe_2O_3 综合异常参数表

元素（氧化物）	异常量	异常点数	异常下限	峰值	平均值	面积/km^2	衬度	相对异常量	浓幅分位
Au	508.20	19	2.38	12.48	3.98	304	1.67	16.21	大于 1/4
As	330.74	13	21.02	65.42	33.43	208	1.59	10.55	大于 1/6
Cu	289.64	16	30.08	44.18	34.04	256	1.13	9.24	接近 1/6
Ni	223.06	11	37.72	62.28	47.80	176	1.27	7.11	大于 1/6
Cr	219.47	10	72.88	138.22	99.97	160	1.37	7.00	
V	190.81	11	91.25	121.19	98.93	176	1.08	6.09	
Co	170.82	10	12.89	16.26	13.76	160	1.07	5.45	
Fe_2O_3	158.58	9	5.26	7.52	5.80	144	1.10	5.06	大于 1/4
Rb	144.79	8	91.93	113.29	103.99	128	1.13	4.62	

注：Au 元素含量数量级为 10^{-9}，其余元素为 10^{-6}。

（3）异常解释及潜力评价

金异常的出现为矿致异常，异常出露区域为昆中断裂与昆南断裂之间，受区域变质和动力变质作用影响，岩石在构造带内发生较强变形、变质，蚀变以硅化为主，所以异常由变质作用可能还含有变质热液作用的叠加产生。

Cr、Ni、V、Fe、Cu 异常落位于绿岩带，基性岩发育，异常由基性岩的成矿作用以及后期的沉积变质改造作用叠加而形成。

该异常元素套合结构有序，异常元素含量高，落位地质环境十分有利，5 万异常和矿点的支持，表明该异常区具有巨大的找矿潜力。

4. 骆驼峰北 Cu-Au-Cd-Co-As-Cr-Ni-V 综合异常

（1）地质概况

该异常位于格尔木市乌图美仁乡西 110km 之球路噢窝头沟口。大地构造位置属祁漫塔格断褶带与东昆仑北坡断隆交界处附近。异常区出露地层有古元古代金水口岩群（片麻岩、斜长角闪岩、混合岩、大理岩）和寒武—奥陶纪祁漫塔格群（中基性火山岩、千枚岩、结晶灰岩、砂岩），泥盆纪牦牛山组（上部中基-中酸性火山岩，下部碎屑岩）。区内出露侵入岩有海西期花岗闪长岩和印支期花岗闪长岩。区内断裂构造不发育。

（2）异常特征概述

异常规模较大，组分复杂；近椭圆形，套合结构比较有序。Cu 异常面积最大，构成异常基本形态；As、Cd、Mo 异常套合，弧形带状占据南部和东部。Au 异常呈东西向宽带状叠在整个异常的北部，部分压叠 As、Cd；Au 异常中段，有一个近似同心圆的 Cr、Co、Fe_2O_3、V 异常叠跨其上，中心在五七沟脑铁矿点北。异常的南西、南和东部，处在花岗闪长岩、二长花岗岩岩体的群围之中；地层是金水口岩群和祁漫塔格群；祁漫塔格群北部已知的铁矿床、矿点分布在异常的南部和东端；Au、Cu 等多元素异常叠合的区段尚无发现。主元素 Cu 含量很高，具有三级浓度分带。其他元素 Au、Co、Cr、Ni 含量较高，具有二级浓度分带（图 2-4-4，表 2-4-8）。

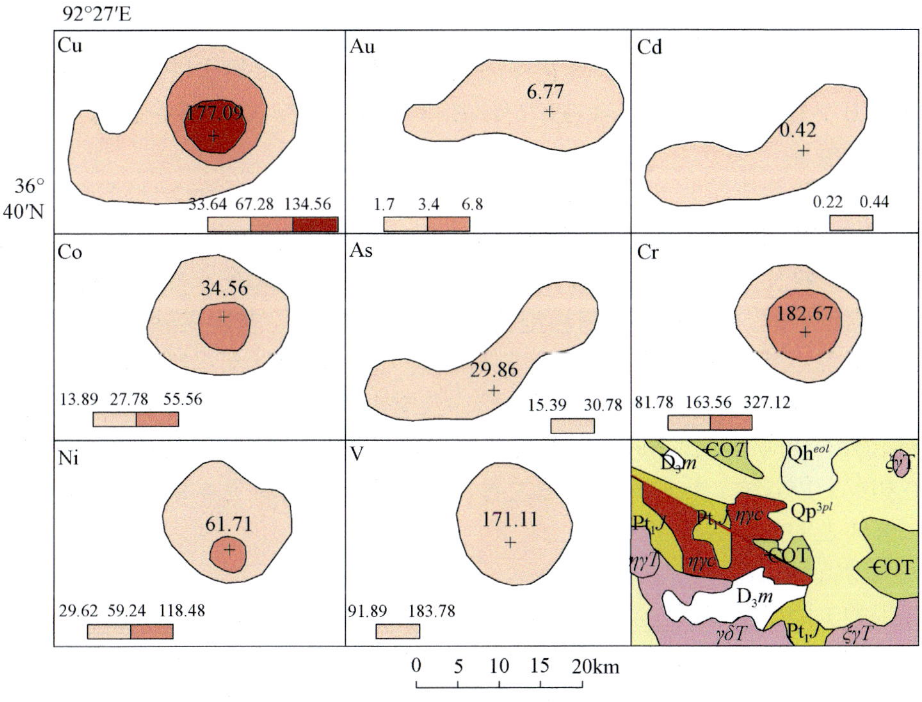

图 2-4-4 骆驼峰北 Cu-Au-Cd-Co-As-Cr-Ni-V 综合异常剖析图

表 2-4-8 骆驼峰北 Cu-Au-Cd-Co-As-Cr-Ni-V（Zn-Fe_2O_3-Ag）综合异常参数表

元素（氧化物）	异常量	异常点数	异常下限	峰值	平均值	面积/km^2	衬度	相对异常量	浓幅分位
Cu	903.83	25	33.64	177.09	76.02	400	2.26	17.82	大于 1/4
Au	351.44	13	1.70	6.77	2.87	208	1.69	6.93	接近 1/4
Cd	348.35	17	0.22	0.42	0.28	272	1.28	6.87	大于 1/8
Co	352.84	13	13.89	34.56	23.56	208	1.70	6.96	大于 1/4
As	271.20	12	15.39	29.86	21.75	192	1.41	5.35	大于 1/8
Cr	240.77	10	81.78	182.67	123.06	160	1.50	4.75	大于 1/8
Ni	250.09	11	29.62	61.71	42.08	176	1.42	4.93	大于 1/6
V	240.82	10	91.89	171.11	138.31	160	1.51	4.75	大于 1/6
Zn	222.74	12	78.78	122.14	91.39	192	1.16	4.39	大于 1/8
Fe_2O_3	175.20	9	5.55	7.95	6.76	144	1.22	3.45	大于 1/4
Ag	169.74	10	0.07	0.08	0.08	160	1.06	3.35	

注：Au 元素含量数量级为 10^{-9}，其余元素为 10^{-6}。

（3）异常解释及潜力评价

从已知铁矿点提供的成矿信息和异常的落位地质环境分析，该异常的形成与海西期的花岗闪长岩岩浆热液作用有关，相应的成矿类型为夕卡岩型、喷流沉积型。异常元素套合非常好，异常元素含量高，强度大，区域内有铁矿点、钴矿点、中型金矿床的出现，显示出较好的找矿潜力。茫崖河东金矿床、茫崖河东钴矿点、石壁山钴矿点均位于该异常中心部位，后期工作围绕印支期、海西期花岗闪长岩岩体和其北部祁漫塔格群展开找矿工作。

5. 磁铁山 Y-La-U-Sn-Mo-Cu-F-Th（Ba-Be-Cr-Nb-Ni-Zr-Au）综合异常

（1）地质概况

该异常位于格尔木市东南直距 40km，由青藏公路格尔木市南水文站附近岔口向东至矿区约 22km。大地构造位置属东昆仑北坡断隆中段。异常区出露地层主要为古元古代金水口岩群（片麻岩、斜长角闪岩、混合岩、大理岩）、中元古代长城纪小庙组（石英片岩、石英岩、大理岩夹混合岩、变粒岩）、蓟县纪狼牙山组（白云岩、灰岩夹砂岩、板岩）、泥盆纪牦牛山组（上部中基-中酸性火山岩，下部碎屑岩）、三叠纪洪水川组（碎屑岩夹中酸性火山岩）、闹仓坚沟组（灰岩夹砂岩、凝灰岩）、八宝山组（碎屑岩夹安山岩及煤层）和古近纪—新近纪的干柴沟组（含油砂岩、砾岩、泥灰岩、页岩）。区内侵入岩主要为印支期的钾长花岗岩和英云闪长岩。区内断裂构造发育，有北西向大型断裂 4 条穿过异常区，主要作为地层、岩体之间的分界线出现。

（2）异常特征概述

以稀土为主的异常规模大，组分、形态复杂。东西-北西西向展布的复合面状异常，落位于以印支期二长花岗岩为主的侵入岩及其被侵入的围岩中。围岩主要是蓟县纪狼牙山组白云岩、灰岩夹砂岩、板岩，局部有古元古代金水口岩群、长城纪小庙组含大理岩变质岩。异常北部，以 Y、La、Sn 为主的多元素异常叠合带，东西向展布，主要分布在二长花岗岩和英云闪长岩及其围岩中，其中西段有较大规模的 Mo、U 异常叠合。北西西向展布的南部异常带以 Cu 为主，中西段叠合了 U、Mo、Pb、Au、Ag、Bi 等元素异常。受断裂带控制，已知的矿床、矿点、矿化点都在该异常带及其与北带异常的叠合部分（表 2-4-9）。在蓟县纪狼牙山组和其南部的八宝山组中，出现了很好的 Cr、Ni、V、Ti、Fe、Co、Cu、Au、Mo、Zn 多元素 1∶5 万水系异常。其中 Cr 元素异常平均值 182.34×10^{-6}，异常峰值 1398.05×10^{-6}，具有三级浓度分带。Ni 元素异常平均值 104.61×10^{-6}，异常峰值 864.96×10^{-6}，具有三级浓度分带。Cu 元素异常下限取值 50×10^{-6}，异常平均值 70.65×10^{-6}，异常峰值 149.89×10^{-6}，具有二级浓度分带，区域内有铜矿化点的支持。Au 的异常平均值为 6.51×10^{-9}，异常峰值为 22.83×10^{-9}，具有三级浓度分带，且有金矿点的支持。在泥盆纪牦牛山组中出现了较好的 1∶5 万 Ti、Cr、Ni、Mo、Bi、Sn、Cd、Pb、Zn 组合异常。异常区北部靠近岩体的蓟县纪狼牙山组中出现了套合很好的 Cu、Mo、Cd、Hg、Sb、As、Au、Ag 多元素异常。

表 2-4-9 磁铁山 Y-La-U-Sn-Mo-Cu-F-Th 综合异常参数表

元素	异常量	异常点数	异常下限	峰值	平均值	面积/km^2	衬度	相对异常量	浓幅分位
Y	1043.37	49	29.89	61.41	39.78	784	1.33	5.84	大于 1/4
La	892.91	38	47.07	113.42	69.13	608		5.00	大于 1/4
U	1363.45	69	2.62	4.79	3.24	1104	1.24	7.63	大于 1/8
Sn	1279.11	60	2.93	6.43	3.91	960	1.33	7.16	接近 1/8
Mo	1191.09	55	1.28	2.98	1.74	880	1.35	6.66	大于 1/6
Cu	938.83	45	25.93	54.30	33.82	720	1.30	5.25	大于 1/6
F	859.04	41	789.89	1625.38	1034.37	656	1.31	4.81	大于 1/6
Th	825.42	43	11.79	20.42	14.15	688	1.20	4.62	
Ba	770.80	35	691.60	1491.62	951.93	560	1.38	4.31	大于 1/6
Be	727.29	40	2.44	3.71	2.77	640	1.14	4.07	大于 1/8
Cr	728.86	34	76.71	196.39	102.78	544	1.34	4.08	大于 1/8
Nb	633.43	32	20.01	32.81	24.75	512	1.24	3.54	大于 1/6
Ni	639.22	29	32.43	79.35	44.68	464	1.38	3.58	大于 1/4
Zr	546.09	24	230.27	482.84	327.47	384	1.42	3.06	等于 1/4
Au	515.44	22	2.91	7.52	4.27	352	1.46	2.88	大于 1/4

注：Au 元素含量数量级为 10^{-9}，其余元素为 10^{-6}。

（3）异常解释及潜力评价

该区域成矿作用复杂，有以基性-超基性岩浆作用形成的 Cr、Ni、V、Ti、Fe 异常，也有热液作用形成的 Cu、Mo、Pb、Zn、Hg、Sb、As、Au、Ag 异常。区内于异常中发现了格尔木市尕牙合东沟铬镍矿点（伴生钴）、尕牙合钴锰、钴镍矿点、白日其利铁矿点（伴生镍），异常元素含量高，异常面积大，这些都显示出巨大的找矿潜力。

四、自然重砂特征

根据潜力评价资料统计，区内及其附近共划分出 3 个异常区（带），以萤石、稀有、放射性、稀土、钨、锡、铜、铋、铅等为主（图 2-4-5，表 2-4-10），其中以自然金元素为主要重砂矿物的异常有 5 处，以钨锡为主要重砂矿物的异常有 7 处，与研究区主攻矿种类型较为吻合，具有一定的指导找矿和借鉴意义。

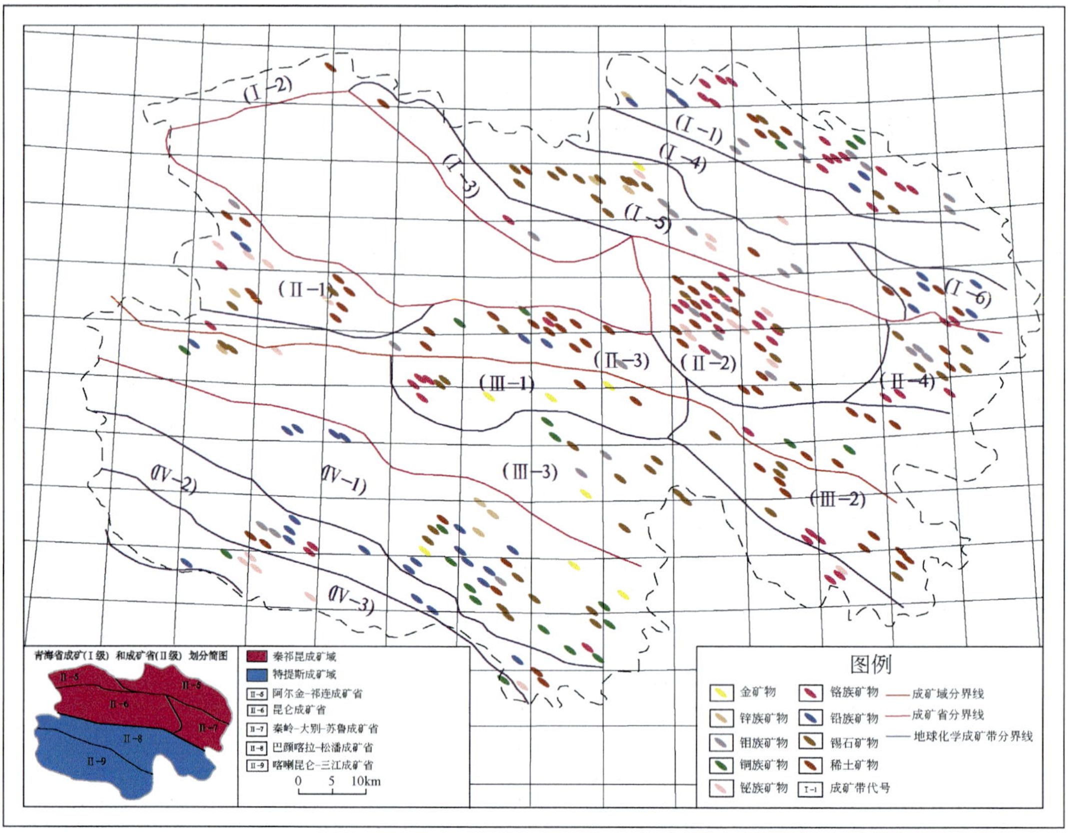

图 2-4-5　青海省自然重砂综合异常分区图（杨生德等，2013b）

表 2-4-10　东昆仑成矿带重砂异常与成矿带关系表

异常区	异常带	Ⅲ级成矿带
Ⅱ东昆仑异常区	Ⅱ-1 祁漫塔格地区萤石、锡、铋、铅、铜、稀土异常区	东昆仑（造山带）Fe-Pb-Zn-Cu-Co-Au-W-Sn-石棉成矿带（Pt，€，D，C，P，Q）
	Ⅱ-2 都兰-鄂拉山地区稀土、钨、铋、钼、铅、铜、金异常区	东昆仑（造山带）Fe-Pb-Zn-Cu-Co-Au-W-Sn-石棉成矿带（Pt，€，D，C，P，Q） 西秦岭 Pb-Zn-Cu（Fe）Au-Hg-Sb 成矿带
	Ⅱ-3 东昆仑锡、铋、钨、萤石、稀土、稀有、放射性、铜、铅异常区	东昆仑（造山带）Fe-Pb-Zn-Cu-Co-Au-W-Sn-石棉成矿带（Pt，€，D，C，P，Q）

（一）祁漫塔格地区萤石、锡、铋、铅、铜、稀土异常区

异常集群属性特征受印支期中酸性岩浆活动影响明显，围绕印支期岩浆活动域有较明显的全域性组分分带现象。从北到南，大致分为三个亚区。

1. 滩北雪峰-乌兰乌珠尔钨萤石锡铋铅（金铜重晶石）矿物异常亚区

该亚区在乌兰乌珠印支期二长花岗岩岩基北侧，受接触构造及其北侧滩北雪峰-乌兰乌珠尔断裂束、绿岩套和含碳酸盐建造联合控制。根据地球化学推断地质构造显示，乌兰乌珠尔矿床形成与岩基边缘的小侵入体有关，其侵入时代可能是燕山期（$\gamma\pi J_3$）。北西向展布。重砂异常有QZ_{III}^{103}稀土砷钨铅金铋、QZ_{III}^{104}钨钼萤石锡铅金、QZ_{II}^{112}锡放射稀有萤石铋钼锰、QZ_{II}^{123}钨萤石放射稀有锡钼金砷（含铜矿点）、QZ_{III}^{125}钼铋萤石锡铅金、QZ_{II}^{124}重晶石铅铋、QZ_{II}^{126}放射稀有钨钼铋萤石、QZ_{I}^{144}萤石锡铅锰钼稀土铋钨铜（含乌兰乌珠尔铜锡矿床）等异常。

2. 冰沟-小灶火河西锡铋钨铜砷钼钍稀土（锰铅萤石铁稀有放射）矿物异常亚区

受控于祁漫塔格缝合带，其西段明显受到岩基南缘海西—印支期岩株-岩枝规模的长英质岩浆侵入活动等多因素复合控制。绿岩套和含碳酸盐建造的配合，成就了许多以夕卡岩型为主的铁多金属矿床。该带呈北西西-南东东方向展布。西段主要异常有QZ_{I}^{149}锰萤石锡铋铅钼钨重晶石稀土（含铅锌矿点）、QZ_{II}^{150}锡萤石铋锰钨砷铅重晶石、QZ_{I}^{156}铅铋钼锰锡钨钒铅矿（含虎头崖铜铅锌、铁矿床，3 个铅锌矿点，还有铁、铜矿点）、QZ_{II}^{161}萤石锡铋锰钨重晶石铅（含铁矿点）、QZ_{II}^{164}铁铋钼放射稀有稀土钨铅磷灰石、QZ_{I}^{165}铋铅钼铁稀土金（含野马泉铁铅锌和钴金铋矿床）；东段的尕林格—拉陵灶火一带，异常带不够连续，尕林格有QZ_{II}^{171}萤石铋铁钨钼锡锰铅（含铜矿点），布伦台有QZ_{II}^{173}铋放射稀有钨萤石钒铅矿铁锡钼铅等两个异常，骆驼峰有QZ_{II}^{177}钼钨铁铋铅小异常；拉陵灶火地区有一个异常簇群，主要有QZ_{II}^{183}砷铋萤石钨铅稀土锡（含两个铁矿点）、QZ_{II}^{184}铋铁钨稀土、QZ_{II}^{185}铜铋铅钼钨萤石、QZ_{II}^{186}铋砷铁钼铅铜、QZ_{II}^{205}铜砷铋钨铁钼稀土锡金、QZ_{III}^{216}铋稀土铁砷钨钼萤石锰铅锡等异常形成，与印支—燕山期长英质岩浆入侵古元古代金水口岩群有关。整个带有几十个异常。随着岩浆活动的减弱，砷、金矿物异常出现的概率增大；古元古代金水口岩群增多的地方，出现了钒铅矿矿物异常。

3. 莫斯图河东-托拉海河沟脑锡铋金钒铅（钨铁重晶石）异常亚区

受表生和控矿地质多重因素影响，该亚区重砂单矿物异常多很弱小，能够形成综合异常簇群的地段不多，而且是分布在有中酸性岩浆侵入活动的区段。

雪山峰异常簇群。这里有海西期岩基-岩株规模的花岗闪长岩和二长花岗岩侵入古元古代金水口岩群和寒武—奥陶纪纳赤台蛇绿混杂岩。在侵入体及其接触带的异常有QZ_{II}^{200}锡萤石铁钨磷灰石金砷、QZ_{II}^{214}萤石锡钨；其外围有西部的QZ_{II}^{196}萤石铁金辰砂、QZ_{II}^{197}萤石金铁锡钨辰砂砷、QZ_{II}^{198}金辰砂萤石铁、QZ_{II}^{199}金铁重晶石和南东部的QZ_{III}^{224}锡砷钨萤石铅、QZ_{III}^{225}锡钨钒铅矿铅钼萤石等异常；其他异常还有拉陵灶火河上游的QZ_{III}^{226}铋重晶石锰砷萤石金钨、QZ_{II}^{215}锡铋铁稀土钨砷重晶石锰金萤石异常，与印支期花岗闪长岩侵入金水口岩群以及断裂构造有关。

（二）Ⅱ-2 都兰–鄂拉山地区稀土、钨、铋、钼、铅、铜、金异常区

北西起自尕海、南东止于（河南县）冬哲黑南，西起自下颚当、东止于冬哲黑南，构成一个北西发散、南东收敛的三角区。北西端的都兰–什多龙地区长英质岩浆侵入活动强烈，其余部分为岩浆活动适度或较弱。大致可分为三个亚区。

1. 都兰–什多龙核心区稀土、放射稀有、锡、铋、钨、钼、铅异常亚区

中酸性花岗岩类占有统治地位，主要是印支期长英质岩浆侵入石炭纪地层、前石炭纪地层和海西期花岗岩类。这里，已发现的矿床多为夕卡岩型。

从异常集群属性上看，似乎存在以钼矿物为主的“核”，主要由QZ_{I}^{220}钼铋放射稀有钨锡铁铅金砷铜（含柯柯赛沟口北山西夕卡岩型小型铁矿床）、QZ_{II}^{272}钼铋铁锰放射稀有钨铅、QZ_{I}^{273}铋钼铁锡铅金（含什多龙夕卡岩型中型铅锌银矿床）等异常标定。“核”外有众多异常环抱，主要有QZ_{I}^{209}锡放射稀有铋稀土钼铅（含小卧龙夕卡岩型小型铁钨锡矿床）、QZ_{I}^{208}稀土锡铬铅钨萤石磷灰石（含沙柳河南区夕卡岩型中型钨锡铅锌矿床）、QZ_{I}^{192}锡稀土铬放射稀有铋钨钼铅萤石磷灰石铜锰（含哈利哈德山夕卡岩型小型锰矿床，铬、铅矿点）、QZ_{II}^{247}铋锡放射稀有钨铁砷钼稀土，QZ_{II}^{271}稀土放射稀有铁钼砷铜铅钨铋、QZ_{III}^{269}放射稀有铁钨铋锡、QZ_{II}^{299}钨铋铁钼铜、QZ_{II}^{267}锡铋辰砂、QZ_{II}^{217}锰铋钨铅钼铜金砷磷灰石等异常。

2. 鄂拉山–铜峪沟–智玉铋、锡、铜、铅、铁、锰、砷、辰砂、金、放射稀有异常亚区

除少数地段外，岩浆侵入活动较弱。除邻近核心区的乌兰、都兰地区有较老时代地层外，多为三叠系。自北绕东而南，环北侧，代表性异常有QZ_{II}^{174}萤石铋磷灰石锡钼铁、QZ_{II}^{175}萤石磷灰石铅钨铋重晶石铁等。厚大的环东南侧，有QZ_{II}^{249}铋铁钨钼锡砷金（含铜矿点）、QZ_{II}^{300}铋锰锡铅金铁（边缘有满丈岗金矿床）、QZ_{I}^{337}锡铋萤石稀土铁铅钨铜钼放射稀有金辰砂锑（含索拉沟中型银铅锌矿床，银、铜矿点）、QZ_{II}^{365}锡铅钨金铜（边缘有日龙沟火山沉积型中型锡铅锌矿床，金矿点）、QZ_{I}^{366}锡锌钨铜金（含铜峪沟火山沉积–夕卡岩型大型铜矿床）、QZ_{I}^{383}锡磷灰石萤石砷钨金锰（含尕科合大型砷银铜矿床，金砷银矿点）、QZ_{I}^{382}磷灰石萤石重晶石锡铜铁砷锰金（含赛什塘火山沉积–夕卡岩型中型铜矿床）等异常。环南侧不完整，主要有QZ_{II}^{364}钼锡铁锰金铜铅铋（边缘有铜、金矿点）、QZ_{III}^{345}铁铜铬放射稀有锡等异常。

3. 外围辰砂、萤石、金、锰、钨异常亚区

异常分布的结构松散。西段的苦海地区，有一金汞小簇群，主要有QZ_{II}^{362}金铁（边缘有砂金矿点）、QZ_{II}^{378}辰砂铁重晶石、QZ_{I}^{379}辰砂锰砷（含苦海大型汞矿床）等异常。唐乃亥有一个QZ_{II}^{349}钨锡铅铋金异常（含金矿点），有一花岗岩岩枝。禾日地区有一小的异常簇群，与印支期二长花岗岩和花岗闪长岩小岩株有关，那里有QZ_{II}^{395}铋锡稀土钨铁锰辰砂、QZ_{II}^{396}钨铋金锰、QZ_{I}^{397}钨铁锡铋金（含夺确壳金矿床、矿点）、QZ_{II}^{398}铋铁钨金、QZ_{III}^{399}辰砂锰异常。

（三）东昆仑锡、铋、钨、萤石、稀土、稀有、放射性、铜、铅异常区

异常带近东西向展布，有 3 个集群。

1. 蘑菇峰-大雪峰以锡矿物为主的异常集群

有燕山期花岗闪长岩小岩株侵入晚三叠世粉砂岩夹页岩地层。主要有QZ_{II}^{286}锡钨铁砷磷灰石金、QZ_{II}^{306}锡铅铁稀土金钨、QZ_{II}^{328}重晶石金砷辰砂铁钨、QZ_{II}^{329}锡稀土钨铁重晶石锌等4个异常。

2. 昆仑河-雪水河铋钨铜矿物为主的异常集群

主要在昆北和昆南断裂之间。有大量的海西晚期—印支期和少量加里东期、燕山期中酸性岩体侵入。被侵入地层主要有元古宙万保沟群、寒武—奥陶纪纳赤台蛇绿混杂岩，河东主要是晚泥盆世牦牛山组（火山岩）。印支期断裂束发育。

格尔木河以西，昆仑河流域，主要有QZ_{II}^{308}铋铅铁铜金、QZ_{II}^{310}铋钨萤石金稀土磷灰石、QZ_{II}^{289}萤石钨稀土锰钼砷铋、QZ_{II}^{313}稀土钨锰铋、QZ_{II}^{255}钼铋铅、QZ_{II}^{290}锰钨铜重晶石（边缘有金矿床）、QZ_{II}^{291}铜铋重晶石锰铁等异常。格尔木河以东、雪水河以北主要有QZ_{II}^{256}铜铋萤石钼铅磷灰石、QZ_{II}^{257}铜萤石钼铅、QZ_{II}^{292}重晶石锰铜等异常。

3. 大格勒沟-哈图稀土锡铋钨铜（金）异常集群

这是该异常区中最大的异常集群。该区段昆中断裂以北，长英质岩浆侵入活动强烈。前兴凯期、加里东期、海西期、印支期都有侵入；保留面积最大的是印支期和前兴凯期侵入岩体；被侵入地层是古元古代金水口岩群和长城纪小庙组。昆中断裂以南，其西段侵入活动微弱，东部的埃坑德勒斯特至布尔汗布达山一带，已没有前兴凯期活动迹象，局部见燕山期小岩体；被侵入地层主要是万保沟群和纳赤台蛇绿混杂岩。

大水沟-大格勒沟段，有QZ_{III}^{228}稀土铋、QZ_{II}^{229}稀土铜铋、QZ_{III}^{258}锡稀土放射稀有萤石钨、QZ_{III}^{259}锡稀土萤石钼铅4个异常形成的簇群。五龙沟有4个异常形成的簇群，其中QZ_{I}^{232}铜萤石锡稀土铅铁金（含五龙沟等3个金矿床、4个金矿点，以及铅锌、铜、铁等矿点）异常规模很大。五龙沟以东至哈图，有十几个异常，规模较大，主要有QZ_{II}^{231}稀土钨铋铁铜砷、QZ_{II}^{234}稀土钨铋磷灰石、QZ_{II}^{235}铋铁稀土钨铜金磷灰石、QZ_{II}^{236}稀土钨萤石铋铜磷灰石铅砷金、QZ_{II}^{239}锡放射稀有萤石钨稀土重晶石砷铋钼铜、QZ_{II}^{266}铋放射稀有钨稀土铜钼金、QZ_{II}^{296}萤石锡砷铋金铅、QZ_{II}^{317}萤石稀土铬钼锰重晶石铋铅钼铜等异常。

重砂异常区域分布规律总结为：

（1）铬矿物普遍分布在构造缝合带或陆内裂谷的绿岩带、绿岩残片上。

（2）铁磁性矿物异常主要出现在较老的变质岩区域；对变质岩区域，金红石族和磷灰石也有较高的跟随度。

（3）锡、钨、铋、稀土、放射性、稀有和萤石矿物异常，多与中酸性花岗岩侵入有关，显示出重砂锡族钨族矿物异常分布与中酸性侵入体关系密切。例如，鄂拉山地区日龙沟似层状锡铅锌矿床（中型，类夕卡岩型），都兰地区的沙柳河钨锡铅锌矿床（中型，夕卡岩型）、一些与小规模出露或隐伏的中酸性侵入体有关的锡钨异常簇群暗示新的矿产地可能存在。

（4）以辰砂为主的异常多出现在沉积岩区的断裂构造活动带，如玛多-河南-班玛辰砂、锡、钨、铜、稀土、重晶石异常区，辰砂异常具有统治地位。局部沿缝合带两侧的深断裂带（如昆南断裂）分布。远温热液性质明显，往往也暗示锑金成矿带的存在。显出辰砂异常与中新生代仍在活动的深断裂带关系密切。有些中新生代仍在活动的断裂带分布是较老缝合带（如北祁连、阿尼玛卿）的两侧的边缘断裂，这里伴有辰砂异常。最主要的辰砂异常分布在青海南东部的果洛地区，呈现北西方向收敛、南东方向发散的北、中、南三个辰砂异常带。北带主要受中铁断裂带控制，相继发现了一批汞锑矿床，有些含金。中带受阿尼玛卿绿岩带边缘断裂控制。南带受昆仑山口-甘德断裂带控制，辰砂异常带中已经发现了一些锑金矿。

第五节　区域金矿产特征

一、矿产特征

东昆仑成矿带隶属于秦祁昆成矿域→昆仑成矿省，位于青海省中部，是青海省最重要的成矿带，经历了前南华纪、加里东期和海西—印支期等不同时期构造体制的转换和多旋回构造阶段演化。

东昆仑晚古生代—早中生代构造岩浆演化分为俯冲阶段（277～240Ma）、同碰撞阶段（240～230Ma）和后碰撞阶段（230～200Ma），壳幔岩浆混合作用贯穿于古特提斯构造演化全过程（陈国超等，2020）。相伴发生了约240Ma同碰撞期中酸性岩浆活动、约228Ma后碰撞镁铁质岩浆活动等重大构造-岩浆事件；与构造-岩浆活动相对应，发生了两次大规模成矿事件（约240Ma、约228Ma），形成以大场、五龙沟、抗得弄舍、沟里、托克妥等为代表的一系列重要的矿床。其中，昆南的抗得弄舍金铅锌矿床是喷流沉积叠加改造成矿作用的产物；昆中的五龙沟金矿床是多期次成矿叠加的产物，岩浆热液型金矿集中于220～237Ma，金主成矿期与区内的韧性剪切带和脆性断裂的活动时代相吻合。夕卡岩型矿化主要发生在约240Ma；昆中的托克妥斑岩型铜金（钼）矿床是板块俯冲阶段的典型产物，形成于232Ma，是板块俯冲流体交代的产物；昆北的斑岩-夕卡岩型多金属矿床成矿作用连续，以中-晚三叠世为主。东昆仑古特提斯成矿带不但具有密集成带、分布集中、多种类型和多期次叠加成矿的特点，而且大规模成矿事件与造山过程中同碰撞和后碰撞构造体制转换期相吻合；而岩浆底侵和壳幔岩浆的混合是造山带成矿作用的驱动机制（夏锐，2017）。

东昆仑成矿带矿产资源种类较丰富，目前青海省近25%的矿产地集中产于本带，尤其是中生代铁、铜、铅、锌、金、银矿的主要富集带。已发现的矿产有铁、锰、钒、铬、铜、铅、锌、镍、钴、铋、钨、锡、钼、金（砂金）、银、锑、汞、铀、煤、页岩气、石墨、玉石等共计49类矿种。

该成矿带优势矿产已探获的资源储量为：成矿带内已知矿产地有634处（含矿点、矿化点）。与金有关的包括独立金矿床、金共伴生多金属矿床共50个、矿点72处、矿化点97处（图2-1-1，表2-5-1）。其中独立大型金矿床3处，中型金矿床4处，小型矿床12处；以共伴生金资源量为准，大型共生金多金属矿1处，中型共生金多金属矿5处，小型共生金多金属矿8处，中型伴生金多金属矿2处，小型伴生金多金属矿15处。

表 2-5-1　东昆仑成矿带重要、主要金矿产地一览表

矿产地编号	矿产地名称	成矿时代	矿床类型	矿床规模	主矿种	金平均品位/10^{-6}	成矿单元	构造单元	勘查程度	利用情况
1	格尔木市肯德可克铁铅锌矿床	T	接触交代型	铁：中型 共生铅：小型 共生锌：中型 共生钴：小型 共生铋：小型 共生金：中型 共生硫：小型	铁铅锌	2.76	Ⅳ-26-1	Ⅰ-7-3	详查	开采
2	格尔木市四角羊沟西铅锌矿床	T	接触交代型	锌：小型 共生铅：小型 伴生铜：小型 伴生金：小型 伴生银：小型	铅锌	0.13	Ⅳ-26-1	Ⅰ-7-3	详查	未开采
3	格尔木市四角羊-牛苦头锌铁铅矿床	T	接触交代型	锌：大型 共生铅：中型 共生铜：中型 共生铁：中型 伴生钴：小型 伴生锡：中型 伴生金：中型 伴生银：中型 伴生镉：大型 伴生硫：大型	锌铁铅	0.21～0.26	Ⅳ-26-1	Ⅰ-7-3	勘探	未开采
4	格尔木市尕林格矿区铁多金属矿床	T	接触交代型	铁：大型 共生铜：小型 共生铅：小型 共生锌：小型 共生钴：中型 共生金：中型 共生硫铁矿：中型	铁	2.88	Ⅳ-26-1	Ⅰ-7-3	详查	未开采
5	格尔木市它温查汉西铁铅锌矿床*	T	接触交代型	铁：中型 共生铜：小型 共生锌：小型 共生金：中型	铁铜金	2.76	Ⅳ-26-1	Ⅰ-7-3	普查	未开采
6	格尔木市那陵郭勒河西铜铅锌矿床（M1～M3）	T	接触交代型	铜：小型 共生铅：小型 共生锌：小型 共生铁：小型 伴生金：小型 伴生银：小型	铜铅锌	1.64	Ⅳ-26-1	Ⅰ-7-3	普查	未开采
7	格尔木市茫崖河东金多金属矿床	D	浅成中-低温热液型	金：中型 共生铅：小型 共生锌：小型	金铅锌	2.40	Ⅳ-26-1	Ⅰ-7-3	普查	未开采

续表

矿产地编号	矿产地名称	成矿时代	矿床类型	矿床规模	主矿种	金平均品位/10^{-6}	成矿单元	构造单元	勘查程度	利用情况
8	格尔木市拉陵灶火中游铜钼矿床	T	接触交代型	铜：小型 共生锌：小型 共生铁：小型 共生钼：小型 共生金：小型 伴生银：小型	钼铜	3.88	Ⅳ-26-1	Ⅰ-7-3	普查	未开采
9	格尔木市哈西亚图铁金多金属矿床	T	接触交代型	铁：中型 共生铜：小型 共生铅：小型 共生锌：小型 共生金：中型	铁	4.1	Ⅳ-26-2	Ⅰ-7-3	详查	未开采
10	格尔木市大灶火沟-黑刺沟金矿床	T	岩浆热液型	小型	金	1.98	Ⅳ-26-3	Ⅱ-1-1	普查	未开采
11	格尔木市菜园子沟西铁金矿床	O	海相火山岩型	铁：小型 共生金：小型	铁金	2.1	Ⅳ-26-3	Ⅱ-1-1	普查	未开采
12	格尔木市驼路沟钴（金）矿床	O	海相火山岩型	钴：中型 伴生金：小型	钴金	0.52	Ⅳ-26-3	Ⅱ-1-1	普查	未开采
13	格尔木市大格勒沟脑金矿床*	T	岩浆热液型	小型	金	4.55	Ⅳ-26-3	Ⅱ-1-1	普查	未开采
14	都兰县打柴沟金矿床	S	岩浆热液型	大型	金	4.64	Ⅳ-26-2	Ⅰ-7-3	普查	未开采
15	格尔木市红石山南金矿床*	T	岩浆热液型	小型	金	4.59	Ⅳ-26-3	Ⅱ-1-1	普查	未开采
16	都兰县红旗沟-深水潭金矿床	T	岩浆热液型	大型	金	3.38	Ⅳ-26-2	Ⅰ-7-3	勘探	开采
17	都兰县五龙沟金矿床（岩金沟、淡水沟、红旗沟 X 号带）	T	岩浆热液型	大型	金	11.14	Ⅳ-26-2	Ⅰ-7-3	详查	开采
18	都兰县黑风口金矿床	T	岩浆热液型	小型	金	2.88	Ⅳ-26-2	Ⅰ-7-3	详查	未开采
19	都兰县沙丘沟金矿床	T	岩浆热液型	金：小型 共生锑：小型 共生铅：小型 共生锌：小型	金	2.59	Ⅳ-26-2	Ⅰ-7-3	预查	未开采
20	都兰县无名沟-百吨沟金矿床	T	岩浆热液型	中型	金	3.59	Ⅳ-26-2	Ⅰ-7-3	普查	未开采
21	都兰县哈西哇金多金属矿床	T	岩浆热液型	中型	金	5.27	Ⅳ-26-2	Ⅰ-7-3	普查	停采
22	都兰县开荒北金矿床	T	岩浆热液型	小型	金	5.6	Ⅳ-26-3	Ⅱ-1-1	详查	未开采
23	都兰县诺木洪郭勒金银矿床	T	岩浆热液型	金：小型 银：小型	银金	8.03	Ⅳ-26-3	Ⅱ-1-1	普查	未开采

续表

矿产地编号	矿产地名称	成矿时代	矿床类型	矿床规模	主矿种	金平均品位/10^{-6}	成矿单元	构造单元	勘查程度	利用情况
24	都兰县哈拉郭勒金矿床*	O	岩浆热液型	小型	金	7.4	Ⅳ-26-3	Ⅱ-1-1	预查	未开采
25	都兰县洪水河铁铜锌金矿床	T	接触交代型	铁：小型 共生铜：小型 共生铅：小型 共生锌：小型 共生金：小型 共生银：小型	铁铜金锌	21.9	Ⅳ-26-2	Ⅰ-7-3	详查	未开采
26	都兰县洪水河口金矿床*	T	岩浆热液型	小型	金	3.79	Ⅳ-26-2	Ⅰ-7-3	普查	未开采
27	都兰县清水河铜矿床	T	接触交代型	铅：小型 共生铜：小型 共生锌：小型 伴生金：小型	铜	0.73	Ⅳ-26-3	Ⅱ-1-1	普查	未开采
28	都兰县巴隆金矿床	T	岩浆热液型	小型	金	9.16	Ⅳ-26-2	Ⅰ-7-3	详查	停采
29	都兰县托克妥铜金银矿床	T	岩浆热液型	铜：小型 伴生金：小型 伴生银：小型	铜金银	0.23	Ⅳ-26-2	Ⅰ-7-3	详查	未开采
30	都兰县阿斯哈金矿床	T	岩浆热液型	小型	金	7.06	Ⅳ-26-2	Ⅰ-7-3	普查	未开采
31	都兰县按纳格金矿床	D—T	岩浆热液型	小型	金	7.10	Ⅳ-26-2	Ⅰ-7-3	普查	未开采
32	都兰县果洛龙洼金矿床	D—T	岩浆热液型	中型	金	8.30	Ⅳ-26-2	Ⅰ-7-3	详查	开采
33	都兰县德龙金矿床	T	岩浆热液型	小型	金	3.42	Ⅳ-26-3	Ⅱ-1-1	普查	未开采
34	都兰县哈茨谱山北铅锌矿床	T	岩浆热液型	铅：小型 共生铜：小型 共生锌：小型 共生金：小型 共伴生银：中型	铅锌	3.28	Ⅳ-26-1	Ⅰ-7-1	详查	未开采
35	都兰县瓦勒尕金矿床	T	岩浆热液型	小型	金	11.61	Ⅳ-26-2	Ⅰ-7-3	详查	未开采
36	都兰县哈日扎地区多金属矿床*	T	岩浆热液型	铅：中型 锌：小型 共生铜：小型 共生锡：小型 共生金：小型 共生银：小型	铅锌	3.07	Ⅳ-26-2	Ⅰ-7-3	详查	未开采
37	都兰县可可寺多沟铁铅锌矿床	T	接触交代型	铁：小型 共生铜：小型 伴生金：小型 伴生银：小型	铁	0.12	Ⅳ-26-1	Ⅰ-7-1	详查	未开采

续表

矿产地编号	矿产地名称	成矿时代	矿床类型	矿床规模	主矿种	金平均品位/10^{-6}	成矿单元	构造单元	勘查程度	利用情况
38	都兰县胜利铁铜锌矿床	T	接触交代型	铁：小型 共生铜：小型 共生锌：小型 伴生金：小型	铁铜锌	0.11	Ⅳ-26-2	Ⅰ-7-3	普查	未开采
39	都兰县那更康切尔沟银矿床	T	岩浆热液型	银：大型 伴生金：小型	银	0.34	Ⅳ-26-2	Ⅰ-7-3	普查	未开采
40	玛多县抗得弄舍金铅锌矿床	T	海相火山岩型	金：大型 共生银：中型 伴生铜：小型 伴生铅：中型 伴生锌：大型	金锌铅	2.62 （伴生 0.28）	Ⅳ-26-3	Ⅱ-1-1	详查	未开采
41	兴海县什多龙铅锌银矿床	T	接触交代型	锌：中型 共生铅：小型 共生铜：小型 伴生金：小型 伴生银：中型	铅锌银	0.72	Ⅳ-26-1	Ⅰ-7-1	勘探	停采
42	共和县扎龙加当根铜金银矿床*	T	斑岩型	铜：小型 伴生金：小型 伴生银：小型	铜金银	0.248	Ⅳ-26-1	Ⅰ-7-1	预查	未开采
43	玛多县错扎玛铅锌矿床	T	岩浆热液型	锌：小型 共生铅：小型 伴生铜：小型 伴生金：小型 伴生银：小型	铅锌	0.36	Ⅳ-26-2	Ⅰ-7-3	预查	未开采
44	兴海县苦海汞矿床	T	浅成中-低温热液型	汞：大型 伴生金：小型	汞	0.11	Ⅳ-26-5	Ⅰ-7-5	普查	未开采
45	共和县都贡玛铜矿床	T	岩浆热液型	铜：小型 伴生金：小型	铜	0.24	Ⅳ-26-4	Ⅰ-7-4	普查	未开采
46	兴海县满丈岗金矿床	T	岩浆热液型	中型	金	4.57	Ⅳ-26-4	Ⅰ-7-4	详查	未开采
47	共和县泽很错铜金矿床*	T	浅成中-低温热液型	铜：小型 共生金：小型	铜金	1.33	Ⅳ-26-4	Ⅰ-7-4	预查	未开采
48	兴海县日龙沟锡铅锌铜矿床	P	海相火山岩型	锡：中型 共生铜：小型 共生锌：小型 伴生铋：小型 伴生镉：小型 伴生金：小型 伴生银：小型	锡铅锌	0.25	Ⅳ-26-5	Ⅰ-7-5	详查	未开采

续表

矿产地编号	矿产地名称	成矿时代	矿床类型	矿床规模	主矿种	金平均品位/10^{-6}	成矿单元	构造单元	勘查程度	利用情况
49	兴海县铜峪沟铜矿床	P	海相火山岩型	铜：中型 共生铅：小型 共生锌：小型 共生银：小型 伴生金：小型 伴生锗：小型 伴生硒：小型 伴生镉：小型 伴生镓：小型 伴生锡：小型 伴生硫铁矿：小型	铜铅锌	0.23	Ⅳ-26-5	Ⅰ-7-5	勘探	未开采
50	兴海县赛什塘铜矿床	P	海相火山岩型	铜：中型 铅：小型 锌：小型 铁：中型 伴生金：中型 伴生银：中型 伴生镓：小型 伴生镉：中型 伴生锗：中型 伴生硫：大型 伴生砷：中型	铜	0.315	Ⅳ-26-5	Ⅰ-7-5	勘探	开采
51	茫崖镇东沟金铜矿点	O	浅成中-低温热液型	矿点	金铜	1.70	Ⅳ-26-1	Ⅰ-7-1		
52	茫崖镇十字沟西岔金矿点	T	岩浆热液型	矿点	金	1.02	Ⅳ-26-1	Ⅰ-7-2		
53	格尔木市野马泉金矿点	S	接触交代型（夕卡岩型）	矿点	金	0.5	Ⅳ-26-1	Ⅰ-7-3		
54	格尔木市稳流河下游北金铜铅锌矿点		浅成中-低温热液型	矿点	金		Ⅳ-26-3	Ⅱ-1-1		
55	格尔木市细细特郭勒金矿点	O	浅成中-低温热液型	矿点	金		Ⅳ-26-2	Ⅰ-7-3		
56	格尔木市大灶火沟东金锑矿点	O	浅成中-低温热液型	矿点	金		Ⅳ-26-3	Ⅱ-1-1		
57	格尔木市窑洞山金矿点	O	浅成中-低温热液型	矿点	金		Ⅳ-26-3	Ⅱ-1-1		
58	格尔木市窑洞山东金矿点	O	浅成中-低温热液型	矿点	金		Ⅳ-26-3	Ⅱ-1-1		
59	格尔木市黑刺沟地区金矿点	O	浅成中-低温热液型	矿点	金		Ⅳ-26-3	Ⅱ-1-1		

续表

矿产地编号	矿产地名称	成矿时代	矿床类型	矿床规模	主矿种	金平均品位/10^{-6}	成矿单元	构造单元	勘查程度	利用情况
60	格尔木市小红山北金矿点	T	浅成中-低温热液型	矿点	金		Ⅳ-26-3	Ⅱ-1-1		
61	格尔木市纳赤台金矿点	€	浅成中-低温热液型	矿点	金	6.57	Ⅳ-26-3	Ⅱ-1-1		
62	格尔木市菜园子沟东金多金属矿点	S	浅成中-低温热液型	矿点	金		Ⅳ-26-3	Ⅱ-1-1		
63	格尔木市小干沟金矿点	T	浅成中-低温热液型	矿点	金	8.08	Ⅳ-26-3	Ⅱ-1-1		
64	格尔木市南沟金矿点	Pt	浅成中-低温热液型	矿点	金		Ⅳ-26-3	Ⅱ-1-1		
65	格尔木市南沟东金矿点	T	浅成中-低温热液型	矿点	金		Ⅳ-26-3	Ⅱ-1-1		
66	格尔木市黑刺沟沟脑金矿点	T	浅成中-低温热液型	矿点	金	0.84	Ⅳ-26-3	Ⅱ-2-1		
67	格尔木市雪水沟金矿点		浅成中-低温热液型	矿点	金		Ⅳ-26-3	Ⅱ-1-1		
68	格尔木市白日其利沟 AS44-2 金矿点	Pt	浅成中-低温热液型	矿点	金	0.52	Ⅳ-26-2	Ⅰ-7-3		
69	格尔木市大格勒沟脑西支沟金铜矿点	O	浅成中-低温热液型	矿点	金		Ⅳ-26-3	Ⅱ-1-1		
70	格尔木市大格勒沟脑东支沟（AS12C1 异常）金矿点	T	浅成中-低温热液型	矿点	金	2.93	Ⅳ-26-3	Ⅱ-1-1		
71	格尔木市大水沟沟口金矿点	T	浅成中-低温热液型	矿点	金	2.11	Ⅳ-26-2	Ⅰ-7-3		
72	格尔木市大格勒沟西金矿点	Ch	浅成中-低温热液型	矿点	金		Ⅳ-26-2	Ⅰ-7-3		
73	格尔木市布尔汗布达山南坡金矿点	Pt	浅成中-低温热液型	矿点	金		Ⅳ-26-3	Ⅱ-1-1		
74	格尔木市大格勒沟金铜矿点	T	接触交代型（夕卡岩型）	矿点	金		Ⅳ-26-3	Ⅱ-1-1		
75	都兰县大格勒东金矿点	Pt	浅成中-低温热液型	矿点	金		Ⅳ-26-3	Ⅱ-1-1		
76	格尔木市大格勒沟东支沟 APⅡ-2 土壤异常金矿点	C	浅成中-低温热液型	矿点	金	3.7	Ⅳ-26-3	Ⅱ-1-1		
77	都兰县三道梁金矿点	Pt	浅成中-低温热液型	矿点	金	5.34	Ⅳ-26-2	Ⅰ-7-3		
78	都兰县红石山南 AS20 异常金矿点	€	浅成中-低温热液型	矿点	金	4.59	Ⅳ-26-2	Ⅱ-1-1		
79	都兰县青龙山金矿点	Pt	浅成中-低温热液型	矿点	金		Ⅳ-26-2	Ⅰ-7-3		

续表

矿产地编号	矿产地名称	成矿时代	矿床类型	矿床规模	主矿种	金平均品位/10^{-6}	成矿单元	构造单元	勘查程度	利用情况
80	都兰县小垭口金矿点	T	浅成中-低温热液型	矿点	金	1.81	Ⅳ-26-2	Ⅰ-7-3		
81	都兰县黄铁矿沟金矿点	T	浅成中-低温热液型	矿点	金	3.18	Ⅳ-26-2	Ⅰ-7-3		
82	都兰县中支沟金矿点	T	浅成中-低温热液型	矿点	金	3.7	Ⅳ-26-2	Ⅰ-7-3		
83	都兰县五龙沟地区淡水沟西金矿点	D	接触交代型（夕卡岩型）	矿点	金		Ⅳ-26-2	Ⅰ-7-3		
84	都兰县五龙沟东金矿点	Pt	浅成中-低温热液型	矿点	金	2.64	Ⅳ-26-2	Ⅰ-7-3		
85	都兰县戈壁滩金矿点	Pt	浅成中-低温热液型	矿点	金	7.88	Ⅳ-26-2	Ⅰ-7-3		
86	都兰县石灰沟金矿点	Ch	浅成中-低温热液型	矿点	金	3.62	Ⅳ-26-2	Ⅰ-7-3		
87	都兰县五龙沟东南支沟上游金矿点	€	浅成中-低温热液型	矿点	金	7.5	Ⅳ-26-2	Ⅰ-7-3		
88	都兰县苦水泉金矿点	Ch	浅成中-低温热液型	矿点	金	12.7	Ⅳ-26-2	Ⅰ-7-3		
89	都兰县休闲沟金矿点	T	岩浆热液型	矿点	金	1.71	Ⅳ-26-3	Ⅱ-1-1		
90	都兰县杨树沟金矿点	P	浅成中-低温热液型	矿点	金	1.33	Ⅳ-26-2	Ⅰ-7-3		
91	都兰县诺木洪沟金矿点	Ch	浅成中-低温热液型	矿点	金		Ⅳ-26-2	Ⅰ-7-3		
92	都兰县巴隆瑙木浑金矿点	Pt	浅成中-低温热液型	矿点	金	3.69	Ⅳ-26-2	Ⅰ-7-3		
93	都兰县瑙木浑沟口金矿点	T	浅成中-低温热液型	矿点	金		Ⅳ-26-2	Ⅰ-7-3		
94	都兰县巴隆金矿东矿点	T	浅成中-低温热液型	矿点	金	18.91	Ⅳ-26-2	Ⅱ-1-1		
95	都兰县波洛尕熊金矿点	D	浅成中-低温热液型	矿点	金		Ⅳ-26-2	Ⅰ-7-3		
96	都兰县夏拉可特力金矿点	T	接触交代型（夕卡岩型）	矿点	金		Ⅳ-26-2	Ⅰ-7-3		
97	都兰县南戈滩金矿点	€	浅成中-低温热液型	矿点	金	2.11	Ⅳ-26-2	Ⅰ-5-2		
98	都兰县大高山地区金矿点	Pt	浅成中-低温热液型	矿点	金		Ⅳ-26-2	Ⅰ-7-3		
99	都兰县也日更地区金矿点	J	浅成中-低温热液型	矿点	金		Ⅳ-26-3	Ⅱ-1-1		

续表

矿产地编号	矿产地名称	成矿时代	矿床类型	矿床规模	主矿种	金平均品位/10^{-6}	成矿单元	构造单元	勘查程度	利用情况
100	都兰县阿斯哈掌地区金多金属矿点	Pt	浅成中-低温热液型	矿点	金		Ⅳ-26-2	Ⅰ-7-3		
101	都兰县枪口南多金属矿点	P	岩浆热液型	矿点	金		Ⅳ-26-2	Ⅰ-7-3		
102	都兰县色日金矿点	T	浅成中-低温热液型	矿点	金		Ⅳ-26-2	Ⅰ-7-3		
103	都兰县哈玛禾地区金矿点	P	浅成中-低温热液型	矿点	金		Ⅳ-26-3	Ⅱ-1-1		
104	都兰县达热尔地区金银矿点	Pt	浅成中-低温热液型	矿点	金		Ⅳ-26-3	Ⅱ-1-1		
105	都兰县达热尔金银矿点	P	浅成中-低温热液型	矿点	金		Ⅳ-26-2	Ⅰ-7-3		
106	都兰县到木提斯科里金矿点	Pt	浅成中-低温热液型	矿点	金		Ⅳ-26-3	Ⅱ-1-1		
107	都兰县拉浪麦金钨矿点	Pt	浅成中-低温热液型	矿点	金		Ⅳ-26-2	Ⅰ-7-3		
108	都兰县叶陇沟金矿点	P	浅成中-低温热液型	矿点	金		Ⅳ-26-2	Ⅰ-7-3		
109	都兰县胜利铁矿	Pt	浅成中-低温热液型	矿点	金	0.11	Ⅳ-26-3	Ⅱ-1-1		
110	都兰县尕之麻地区金银矿点	Pt	浅成中-低温热液型	矿点	金		Ⅳ-26-2	Ⅰ-7-3		
111	都兰县鑫拓金矿点	Pt	浅成中-低温热液型	矿点	金		Ⅳ-26-1	Ⅰ-7-1		
112	玛多县查卡曲—陇通M2矿点(查卡曲上游)	T	浅成中-低温热液型	矿点	金	0.26	Ⅳ-26-5	Ⅰ-7-5		
113	玛多县查卡曲—陇通M3矿点(上乎若金上游支沟)	T	浅成中-低温热液型	矿点	金	0.2	Ⅳ-26-5	Ⅱ-1-1		
114	玛多县查卡曲—陇通M4矿点(陇通沟脑)	T	浅成中-低温热液型	矿点	金		Ⅳ-26-5	Ⅰ-7-5		
115	玛多县查长曲—陇通M1金矿点(陇通沟口)	T	浅成中-低温热液型	矿点	金		Ⅳ-26-5	Ⅰ-7-5		
116	玛多县苦海南多协龙金矿点	P	浅成中-低温热液型	矿点	金		Ⅳ-26-5	Ⅰ-7-5		
117	都兰县约尔根金矿点	Pt	浅成中-低温热液型	矿点	金		Ⅳ-26-2	Ⅰ-7-3		
118	兴海县山曲贡玛—西岭秋喝金矿点	T	浅成中-低温热液型	矿点	金		Ⅳ-26-5	Ⅰ-7-5		

续表

矿产地编号	矿产地名称	成矿时代	矿床类型	矿床规模	主矿种	金平均品位/10^{-6}	成矿单元	构造单元	勘查程度	利用情况
119	共和县果仁蒙地区金矿点	€	浅成中-低温热液型	矿点	金	9.01	Ⅳ-26-4	Ⅰ-7-4		
120	兴海县西岭秋喝—小山曲贡玛（Ⅱ）金矿点	T	浅成中-低温热液型	矿点	金	2.05	Ⅳ-26-5	Ⅰ-7-5		
121	共和县牦牛沟金铜矿点	P	接触交代型（夕卡岩型）	矿点	金		Ⅳ-26-4	Ⅰ-7-4		
122	共和县阿尕泽金铜矿点	€	浅成中-低温热液型	矿点	金	3.34	Ⅳ-26-4	Ⅰ-7-4		
123	茫崖镇莲花石沟金矿化点	Pt	浅成中-低温热液型	矿化点	金	2.61	Ⅳ-26-1	Ⅰ-7-2		
124	茫崖小盆地南金矿化点	€	岩浆热液型	矿化点	金		Ⅳ-26-1	Ⅰ-7-2		
125	茫崖镇十字沟金矿化点	Pt	浅成中-低温热液型	矿化点	金	0.88	Ⅳ-26-1	Ⅰ-7-2		
126	格尔木市拓琨曲中下游南金铜矿化点	Pt	浅成中-低温热液型	矿化点	金	0.22	Ⅳ-26-3	Ⅱ-1-1		
127	格尔木市拓琨曲上游金铜矿化点	C	浅成中-低温热液型	矿化点	金	0.72	Ⅳ-26-3	Ⅱ-1-1		
128	格尔木市阿勒坦郭勒上游西金矿化点	T	浅成中-低温热液型	矿化点	金	0.5	Ⅳ-26-2	Ⅰ-7-3		
129	格尔木市雪峰沟金铜矿化点	€	浅成中-低温热液型	矿化点	金	0.2	Ⅳ-26-3	Ⅱ-1-1		
130	格尔木市阿其音浩尔嘎东金矿化点	O	浅成中-低温热液型	矿化点	金		Ⅳ-26-2	Ⅰ-7-3		
131	格尔木市圆包山东金铜矿化点	T	浅成中-低温热液型	矿化点	金		Ⅳ-26-3	Ⅱ-1-1		
132	格尔木市它血诺沟金铜矿化点	€	岩浆热液型	矿化点	金		Ⅳ-26-1	Ⅰ-7-3		
133	格尔木市雪鞍山北金矿化点	O	浅成中-低温热液型	矿化点	金		Ⅳ-26-3	Ⅱ-1-1		
134	格尔木市尖山北金矿化点	€	浅成中-低温热液型	矿化点	金	1.51	Ⅳ-26-3	Ⅱ-1-1		
135	格尔木市小雪山地区金锑矿化点	T	浅成中-低温热液型	矿化点	金		Ⅳ-26-3	Ⅱ-1-1		
136	格尔木市苏海图河上游金矿化点	O	浅成中-低温热液型	矿化点	金		Ⅳ-26-3	Ⅱ-1-1		
137	格尔木市雪山河金矿化点	Pt	浅成中-低温热液型	矿化点	金		Ⅳ-26-1	Ⅰ-7-3		
138	格尔木市加祖它士东金矿化点	O	浅成中-低温热液型	矿化点	金		Ⅳ-26-3	Ⅱ-1-1		

续表

矿产地编号	矿产地名称	成矿时代	矿床类型	矿床规模	主矿种	金平均品位/10^{-6}	成矿单元	构造单元	勘查程度	利用情况
139	格尔木市加日马沟脑金铜矿化点	T	岩浆热液型	矿化点	金		Ⅳ-26-3	Ⅱ-1-1		
140	格尔木市大灶火沟AuⅠ金矿化点	T	浅成中-低温热液型	矿化点	金	0.55	Ⅳ-26-3	Ⅱ-1-1		
141	格尔木市大灶火沟Au Ⅲ金矿化点	O	浅成中-低温热液型	矿化点	金	0.68	Ⅳ-26-3	Ⅱ-1-1		
142	格尔木市大灶火沟Au Ⅱ金矿化点	T	浅成中-低温热液型	矿化点	金	13.22	Ⅳ-26-3	Ⅱ-1-1		
143	格尔木市皮草沟南金矿化点	€	岩浆热液型	矿化点	金		Ⅳ-26-3	Ⅱ-1-1		
144	格尔木市万保沟西支沟西金矿化点	C	浅成中-低温热液型	矿化点	金	0.78	Ⅳ-26-3	Ⅱ-1-1		
145	格尔木市万保沟脑金矿化点	€	浅成中-低温热液型	矿化点	金		Ⅳ-26-3	Ⅱ-1-1		
146	格尔木市万保沟西支沟东金矿化点	Pt	浅成中-低温热液型	矿化点	金	0.89	Ⅳ-26-3	Ⅱ-1-1		
147	格尔木市纳赤台地区AS4异常金铜矿化点	Pt	浅成中-低温热液型	矿化点	金	1.2	Ⅳ-26-3	Ⅱ-1-1		
148	格尔木市万保沟东支沟金矿化点	Pt	浅成中-低温热液型	矿化点	金	0.92	Ⅳ-26-3	Ⅱ-1-1		
149	格尔木万保沟金矿化点	J	浅成中-低温热液型	矿化点	金	1.75	Ⅳ-26-3	Ⅱ-1-1		
150	格尔木市纳赤台地区AS6-1异常金矿化点	T	浅成中-低温热液型	矿化点	金	3.4	Ⅳ-26-3	Ⅱ-1-1		
151	格尔木市纳赤台东北金矿化点	Pt	浅成中-低温热液型	矿化点	金	1.58	Ⅳ-26-3	Ⅱ-1-1		
152	格尔木市南沟西金矿点	O	浅成中-低温热液型	矿化点	金		Ⅳ-26-3	Ⅱ-1-1		
153	格尔木市南沟西金钴矿化点	T	浅成中-低温热液型	矿化点	金		Ⅳ-26-3	Ⅱ-1-1		
154	格尔木市煤矿沟金矿化点	C	浅成中-低温热液型	矿化点	金	1.46	Ⅳ-26-3	Ⅱ-1-1		
155	格尔木市红土沟AS69-3-1异常金矿化点	T	浅成中-低温热液型	矿化点	金	0.89	Ⅳ-26-3	Ⅱ-1-1		
156	格尔木市红土沟AS69-4-2异常金矿化点	T	浅成中-低温热液型	矿化点	金	0.63	Ⅳ-26-3	Ⅱ-1-1		
157	格尔木市红土沟AS69-4-3异常金矿化点	T	浅成中-低温热液型	矿化点	金	0.1	Ⅳ-26-3	Ⅱ-1-1		

续表

矿产地编号	矿产地名称	成矿时代	矿床类型	矿床规模	主矿种	金平均品位/10^{-6}	成矿单元	构造单元	勘查程度	利用情况
158	格尔木市卧龙沟金矿化点	P	浅成中-低温热液型	矿化点	金		Ⅳ-26-2	Ⅰ-7-3		
159	格尔木市龙泉沟金矿化点	P	浅成中-低温热液型	矿化点	金	0.96	Ⅳ-26-2	Ⅰ-7-3		
160	格尔木市长龙沟金矿化点	Pt	浅成中-低温热液型	矿化点	金	0.55	Ⅳ-26-2	Ⅰ-7-3		
161	格尔木市大格勒沟金矿化点	T	浅成中-低温热液型	矿化点	金		Ⅳ-26-3	Ⅱ-1-1		
162	格尔木市大格勒河东支沟沟口西侧金矿化点	T	浅成中-低温热液型	矿化点	金	0.36	Ⅳ-26-3	Ⅱ-1-1		
163	格尔木市红石山南AS17C1异常金矿化点	T	浅成中-低温热液型	矿化点	金	0.16	Ⅳ-26-3	Ⅱ-1-1		
164	都兰县三色沟金矿化点	S	岩浆热液型	矿化点	金		Ⅳ-26-2	Ⅰ-7-3		
165	都兰县五龙沟西猴头沟金矿化点	J	浅成中-低温热液型	矿化点	金	2.34	Ⅳ-26-2	Ⅰ-7-3		
166	都兰县水闸西沟金矿化点	Pt	浅成中-低温热液型	矿化点	金	2.26	Ⅳ-26-2	Ⅰ-7-3		
167	都兰县五龙沟口西金铜铅锌矿化点	Pt	浅成中-低温热液型	矿化点	金	1.38	Ⅳ-26-2	Ⅰ-7-3		
168	都兰县五龙沟西猴头沟脑金矿化点	Ch	浅成中-低温热液型	矿化点	金	2	Ⅳ-26-2	Ⅰ-7-3		
169	都兰县断壕沟金矿化点	Ch	浅成中-低温热液型	矿化点	金	2.35	Ⅳ-26-2	Ⅰ-7-3		
170	都兰县五龙沟主沟西侧金锑矿化点	Ch	浅成中-低温热液型	矿化点	金	4.09	Ⅳ-26-2	Ⅰ-7-3		
171	都兰县石灰沟下游东金铜铅锌矿化点	Pt	浅成中-低温热液型	矿化点	金		Ⅳ-26-2	Ⅰ-7-3		
172	都兰县沙丘沟口西金矿化点	Pt	浅成中-低温热液型	矿化点	金	2.52	Ⅳ-26-2	Ⅰ-7-3		
173	都兰县五龙沟南支沟上游北侧金矿化点	Ch	浅成中-低温热液型	矿化点	金	1.2	Ⅳ-26-2	Ⅰ-7-3		
174	都兰县无名沟沟口金矿化点	T	浅成中-低温热液型	矿化点	金		Ⅳ-26-2	Ⅰ-7-3		
175	都兰县鲁尼郭勒东金矿化点	Pt	岩浆热液型	矿化点	金	1	Ⅳ-26-3	Ⅱ-1-1		
176	都兰县中间山沟金矿化点	Pt	浅成中-低温热液型	矿化点	金	1.25	Ⅳ-26-2	Ⅰ-7-3		
177	都兰县金水口南金铜矿化点	Pt	浅成中-低温热液型	矿化点	金	2.82	Ⅳ-26-2	Ⅰ-7-3		

续表

矿产地编号	矿产地名称	成矿时代	矿床类型	矿床规模	主矿种	金平均品位/10^{-6}	成矿单元	构造单元	勘查程度	利用情况
178	都兰县黑熊沟东金矿化点	T	浅成中-低温热液型	矿化点	金		Ⅳ-26-2	Ⅰ-7-3		
179	都兰县小庙沟金矿化点	€	浅成中-低温热液型	矿化点	金	0.49	Ⅳ-26-3	Ⅱ-1-1		
180	都兰县跃进山金钴矿化点	Ch	浅成中-低温热液型	矿化点	金	1.38	Ⅳ-26-2	Ⅰ-7-3		
181	都兰县哈拉郭勒金矿化点	Pt	浅成中-低温热液型	矿化点	金	3.13	Ⅳ-26-3	Ⅱ-1-1		
182	都兰县洪水河口金矿化点	J	浅成中-低温热液型	矿化点	金		Ⅳ-26-2	Ⅰ-7-3		
183	都兰县埃驴改沟南金铜铁矿化点	T	接触交代型（夕卡岩型）	矿化点	金		Ⅳ-26-3	Ⅱ-1-1		
184	都兰县三岔沟金矿化点	C	浅成中-低温热液型	矿化点	金	0.5	Ⅳ-26-2	Ⅰ-7-3		
185	都兰县蝮蛇沟金矿化点	Pt	浅成中-低温热液型	矿化点	金	0.08	Ⅳ-26-2	Ⅰ-7-3		
186	都兰县科尔西金矿化点	T	岩浆热液型	矿化点	金		Ⅳ-26-2	Ⅰ-7-3		
187	都兰县布鲁克地区金铅锌矿化点	T	浅成中-低温热液型	矿化点	金		Ⅳ-26-2	Ⅰ-7-3		
188	都兰县尕熊沟金矿化点	Pt	浅成中-低温热液型	矿化点	金	0.14	Ⅳ-26-3	Ⅱ-1-1		
189	都兰县浩来图金铅锌矿化点	T	岩浆热液型	矿化点	金		Ⅳ-26-2	Ⅰ-7-3		
190	都兰县向阳村镍矿化点	S	岩浆热液型	矿化点	金		Ⅳ-26-3	Ⅱ-1-1		
191	都兰县古尔班鄂金矿化点	P	浅成中-低温热液型	矿化点	金		Ⅳ-26-3	Ⅱ-1-1		
192	都兰县哈图金铜矿化点	Pt	浅成中-低温热液型	矿化点	金	0.13	Ⅳ-26-3	Ⅱ-1-1		
193	都兰县火嚼龙潭南金矿化点	Pt	浅成中-低温热液型	矿化点	金		Ⅳ-26-2	Ⅰ-7-3		
194	都兰县斜龙沟下游金矿化点	€	浅成中-低温热液型	矿化点	金	0.28	Ⅳ-26-1	Ⅰ-7-1		
195	都兰县斜龙沟上游东支沟金矿化点	€	浅成中-低温热液型	矿化点	金	0.3	Ⅳ-26-1	Ⅰ-7-1		
196	都兰县英德尔金矿化点	Pt	接触交代型（夕卡岩型）	矿化点	金	1.18	Ⅳ-26-1	Ⅰ-7-1		
197	都兰县园以金矿化点	T	浅成中-低温热液型	矿化点	金		Ⅳ-26-2	Ⅰ-7-3		

续表

矿产地编号	矿产地名称	成矿时代	矿床类型	矿床规模	主矿种	金平均品位/10^{-6}	成矿单元	构造单元	勘查程度	利用情况
198	都兰县加合龙金铅铜矿化点	S	浅成中-低温热液型	矿化点	金		Ⅳ-26-2	Ⅰ-7-3		
199	都兰县达里吉格塘金矿化点	Pt	浅成中-低温热液型	矿化点	金	1.02	Ⅳ-26-2	Ⅱ-1-1		
200	都兰县哈拉撒金矿化点	C	浅成中-低温热液型	矿化点	金	0.66	Ⅳ-26-5	Ⅱ-1-1		
201	都兰县拉窝金矿化点	T	浅成中-低温热液型	矿化点	金		Ⅳ-26-2	Ⅰ-7-3		
202	都兰县都龙呀哆金铜铅锌矿化点	Pt	浅成中-低温热液型	矿化点	金	0.93	Ⅳ-26-1	Ⅰ-7-1		
203	共和县巴硬格莉沟金矿（化）点	T	浅成中-低温热液型	矿化点	金		Ⅳ-26-4	Ⅰ-7-4		
204	都兰县马里木吾卡金矿化点	Pt	浅成中-低温热液型	矿化点	金		Ⅳ-26-1	Ⅰ-7-1		
205	兴海县索妥曲HS28乙2异常金矿化点	T	浅成中-低温热液型	矿化点	金	0.14	Ⅳ-26-1	Ⅰ-7-4		
206	兴海县索拨曲沟脑金矿化点	T	浅成中-低温热液型	矿化点	金	0.06	Ⅳ-26-1	Ⅰ-7-4		
207	共和县莫莉沟金矿化点		接触交代型（矽卡岩型）	矿化点	金	1	Ⅳ-26-4	Ⅰ-7-4		
208	兴海县塔吾让金矿沟金矿化点	T	岩浆热液型	矿化点	金	0.64	Ⅳ-26-5	Ⅰ-7-5		
209	兴海县鄂拉山口铅锌银（铜）矿点H2异常区H2-3金矿化点	T	浅成中-低温热液型	矿化点	金	0.03	Ⅳ-26-5	Ⅰ-7-4		
210	兴海县塔吾让金矿化点南四支沟	T	浅成中-低温热液型	矿化点	金	0.33	Ⅳ-26-5	Ⅰ-7-5		
211	兴海县鄂拉山口乎卢毫贡玛金矿化点	T	浅成中-低温热液型	矿化点	金	4.5	Ⅳ-26-5	Ⅰ-7-4		
212	兴海县果洛恰当金矿化点	T	浅成中-低温热液型	矿化点	金	0.23	Ⅳ-26-5	Ⅰ-7-4		
213	兴海县西岭秋褐安果龙洼金矿化点	C	岩浆热液型	矿化点	金	0.4	Ⅳ-26-5	Ⅰ-8-1		
214	共和县小勒阿沟脑金矿（化）点	€	接触交代型（夕卡岩型）	矿化点	金	0.34	Ⅳ-26-4	Ⅰ-7-4		
215	兴海县德勒钦地区（AP25北）金矿化点	Pt	浅成中-低温热液型	矿化点	金	0.5	Ⅳ-26-5	Ⅰ-8-1		
216	兴海县德勒钦地区（AP23）金矿化点	Pt	浅成中-低温热液型	矿化点	金	0.67	Ⅳ-26-5	Ⅰ-8-1		

续表

矿产地编号	矿产地名称	成矿时代	矿床类型	矿床规模	主矿种	金平均品位/10^{-6}	成矿单元	构造单元	勘查程度	利用情况
217	兴海县日干山金铜（西矿区）矿化点	T	浅成中-低温热液型	矿化点	金	9.74	Ⅳ-26-5	Ⅰ-7-4		
218	兴海县赛宗寺金矿化点	T	浅成中-低温热液型	矿化点	金	0.2	Ⅳ-26-5	Ⅰ-7-5		
219	兴海县切吉（宁切乡卡）金矿化点	T	浅成中-低温热液型	矿化点	金	3.74	Ⅳ-26-4	Ⅰ-7-4		

*为《截至二〇一九年底青海省矿产资源储量简表》中未统计资源/储量矿床。

二、金矿床类型

根据区内矿床类型特征和成矿地质背景，东昆仑成矿带内重要、主要金矿床类型有 5 类：岩浆热液型、接触交代型、海相火山岩型、浅成中-低温热液型，以及斑岩型。其中，以岩浆热液型金矿床为主（27 处，占成矿带金矿床的 54%），次为接触交代型伴生金多金属矿床（13 处，占成矿带金矿床的 26%）、海相火山岩型共生矿床（6 处，占成矿带金矿床的 12%），浅成中-低温热液型及斑岩型矿床分别为 3 处、1 处。统计显示所有独立金矿床均为岩浆热液型矿床（19 处，占成矿带金矿床的 38%），且大、中型矿床占比大（占同类型金矿床的 36.8%）（表 2-5-2）。

表 2-5-2 东昆仑成矿带矿床类型划分表

二级矿床分类	三级矿床分类	主要矿种	矿产地总数/处	占成矿带矿产地百分比/%	矿床数量/处			矿床类型重要程度	典型（代表）矿床
					（超）大型	中型	小型		
岩浆作用矿床	斑岩型矿床	铜、钼、钨、锡、金、银	1	0.442	—	—	1	主要类型	共和县扎龙加当根铜金银矿床
岩浆作用矿床	接触交代型（夕卡岩型）矿床	铜、铅锌、铁、钨、锡、钼、金、银、硅灰石、石榴子石、玉石	22	9.735	—	5	8	重要类型	格尔木市肯德可克铁铅锌矿床 格尔木市哈西亚图铁金多金属矿床 格尔木市它温查汉西铁多金属矿床
岩浆作用矿床	岩浆热液型矿床	铜、铅锌、钒、钼、钨、钴、镍、铁、金、银、锑、萤石、水晶、硫铁矿	41	18.142	3	4	20	重要类型	都兰县红旗沟-深水潭金矿床 都兰县岩金沟金矿床 都兰县果洛龙洼金矿床 都兰县阿斯哈金矿床
岩浆作用矿床	海相火山岩型矿床	铜、铅锌、锡、铁、钴、金	6	2.655	1	1	4	重要类型	玛多县抗得弄舍金多金属矿床
含矿流体作用矿床	浅成中-低温热液型矿床	铜、铅锌、铁、金、锑、银、铀、重稀土、砷、石棉、滑石、冰洲石、蛇纹岩	149	65.929	—	1	2	主要类型	格尔木市茫崖河东金多金属矿床
沉积作用矿床	砂矿型矿床	砂金	7	3.097	—	—	—	次要类型	兴海县金矿沟砂金矿床

1. 岩浆热液型矿床

东昆仑造山带岩浆活动强烈，分布广泛，时代上从前晋宁期到燕山期都有发育。复杂的岩浆活动对各类成矿物质的提供、萃取、活化、迁移、富集起着极为重要的作用，从而形成丰富多样的该类型的矿产，从已知矿产分布情况看，该类型的矿床多分布于东昆仑成矿带的中-东段，该类矿床多与带内的中酸性侵入岩有关，自奥陶纪起，至三叠纪达到成矿顶峰，产出的金相关矿产地 41 处，小型及以上规模矿床 27 处，成矿率 65.9%，是东昆仑成矿带内大、中型金矿成矿最重要的类型。

代表性矿床有都兰县红旗沟-深水潭金矿床、都兰县岩金沟金矿床、都兰县果洛龙洼金矿床、都兰县阿斯哈金矿床、兴海县满丈岗金矿床等。

2. 接触交代型矿床

该类型矿床是东昆仑成矿带内金多金属矿床的重要成矿类型之一，其矿质与流体来源复杂，成矿时代与岩浆侵入时代基本一致，这种类型矿床中常见的有铁、铜、铅、锌、钨、钼、金等金属矿产。该成矿带共计有接触交代型金矿产地 22 处，其中与金相关的小型及以上规模矿床 13 处，金成矿率 59.1%。该类矿床多产于中酸性-中基性侵入岩与碳酸盐岩的接触带内，密集分布于东昆仑广大区域内，与岩浆热液型矿床一致，成矿时代以印支期为主体，另有少量为加里东期或海西期。

代表性矿床有格尔木市肯德可克铁铅锌矿床、格尔木市四角羊-牛苦头锌铁铅矿床、格尔木市尕林格铁矿床、格尔木市它温查汉西铁多金属矿床、格尔木市哈西亚图铁金多金属矿床等。

3. 海相火山岩型矿床

该类型矿床是东昆仑成矿带内多金属矿床的重要成矿类型之一，带内共有该类型矿产地 6 处，小型及以上规模矿床 6 处，产出有一系列铜、铅锌、铁、金、银、钴等金属矿产，此类矿床在祁漫塔格地区主要赋存于纳赤台蛇绿混杂岩的火山碎屑岩中，此外石炭纪和二叠纪海相火山岩也控制了热水喷流沉积型矿床的产出。

代表性矿床有玛多县抗得弄舍金多金属矿床、兴海县铜峪沟铜矿床、兴海县赛什塘铜矿床等。

4. 浅成中-低温热液型矿床

带内共产出有该类矿产地 149 处，小型及以上规模矿床仅 3 处，成矿率 2%。主要矿种为铜、金、砷、银、蛇纹岩，并产出有滑石、石棉、冰洲石等非金属矿产。该类型矿床与区内的岩浆侵入活动有一定关系，矿产地多分布于北西或东西向构造密集地段，成矿时代以海西—印支期为主。

代表性矿床有格尔木市茫崖河东金多金属矿床、共和县泽很错铜金矿床等。

5. 斑岩型

带内共发现该类矿产地 1 处，小型及以上规模矿床 1 处。该类型矿床与印支期中酸性岩浆侵入活动关系密切。主成矿时代为三叠纪。主要矿种为钼、铜、钨、锌等金属矿产。

代表性矿床有共和县扎龙加当根铜金银矿床等。

除以上重要、主要成矿类型外，带内还产出有与第四纪冲洪积有关的砂矿型砂金，代表性矿床为兴海县金矿沟砂金矿床。

第三章 典型矿床

东昆仑成矿带是青海省最为重要的稀贵金属成矿带，是岩金勘查的重要远景区带之一，目前已发现的岩金矿床成矿作用多样、类型较为齐全，典型矿床的研究对区带找金具有现实的借鉴、指导意义，下面将按照东昆仑成矿带不同构造单元、不同成矿作用形成的典型金矿床进行总结。

第一节 五龙沟矿集区都兰县红旗沟-深水潭金矿床

矿集区位于青海东昆仑中段北坡，近南北向展布，南北长约 33km，东西宽约 20km，面积约 692km^2，行政区划隶属青海省都兰县诺木洪乡管辖。构造单元隶属昆北复合岩浆弧中段，处于伯喀里克-香日德成矿亚带上（图 3-1-1）。矿集区都兰县红旗沟-深水潭金矿床、都兰县岩金沟矿床相邻产出，东距都兰县城约 276km，西至格尔木市区约 117km；沿 109 国道 2640km 路标处，向南沿便道行驶约 15～20km 可到达矿区，交通便利。自 20 世纪 90 年代经查证化探异常发现岩金沟、红旗沟金矿以来，作为青海省重点金矿勘查区，通过持续勘查找矿，陆续发现并评价 3 处大型、2 处中型金矿床，有 3 家企业开采金矿。

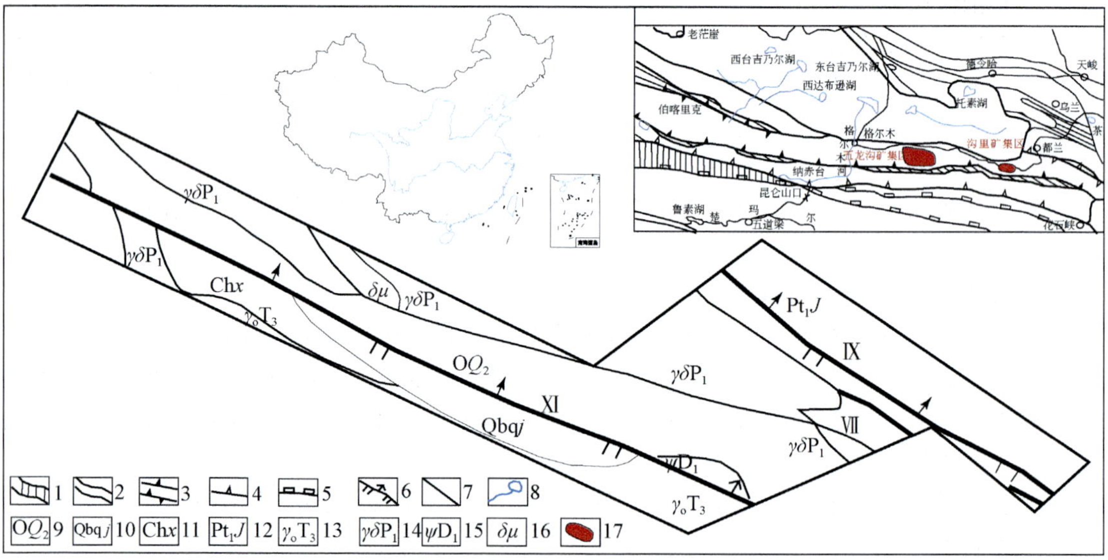

图 3-1-1 红旗沟-深水潭金矿区地质图

1. 主缝合带；2. 次缝合带；3. 新元古代—早古生代结合带；4. 晚古生代—早中生代缝合带；5. A 型俯冲带；6. 实测逆断层；7. 地质界线；8. 水系；9. 奥陶纪祁漫塔格火山岩组；10. 新元古代青白口纪丘吉东沟组；11. 中元古代长城纪小庙组；12. 古元古代金水口岩群；13. 晚三叠世斜长花岗岩；14. 早二叠世花岗闪长岩；15. 早泥盆世辉石岩；16. 闪长玢岩脉；17. 矿集区

一、矿区地质

（一）地层

矿区属秦祁昆地层大区→东昆仑-柴达木地层区→东昆北地层分区，区内出露地层主要为元古宇，呈北西-南东向与区内构造线方向基本一致。自北东而南西，依次为古元古代金水口岩群（Pt_1J）→中元古代长城纪小庙组（Ch*x*）→新元古代青白口纪丘吉东沟组（Qb*qj*）→早古生代奥陶纪祁漫塔格群火山岩组（OQ_2）。

矿区地层以古元古代金水口岩群（Pt_1J）、青白口纪丘吉东沟组（Qb*qj*）和奥陶纪祁漫塔格群火山岩组（OQ_2）为主，长城纪小庙组（Ch*x*）次之。

1. 古元古代金水口岩群（Pt_1J）

出露于红旗沟-深水潭金矿红旗沟矿段及岩金沟金矿区，为一套中深变质的有层无序变质岩系，走向北西-南东，倾向北东。该套地层被其北侧的片麻状英云闪长岩所吞蚀；南侧晚三叠世二长花岗岩、花岗斑岩呈侵入接触。与早古生代奥陶纪祁漫塔格群火山岩组（OQ_2）呈断层接触。

金水口岩群主要岩石类型为黑云斜长角闪片麻岩、混合岩化黑云斜长片麻岩、中深变质的黑云斜长片麻岩、斜长石英片岩、黑云斜长角闪片岩以及斜长角闪片岩夹大理岩透镜体等（图 3-1-2）。地层总体产状为倾向 30°～40°，倾角 30°～70°，走向为北西。该套地层是岩金沟Ⅲ号蚀变带金矿体的直接赋矿层位，主要岩石学特征如下。

（1）黑云斜长角闪片麻岩：岩石呈黑色中细粒粒状，具有鳞片粒状变晶结构和片状构造，其主要矿物有斜长石（45%）、普通角闪石（40%）、石英（10%）、黑云母（5%）。

（2）黑云斜长片麻岩：岩石呈灰黑-深灰色中细粒粒状、鳞片状和柱状，具有变晶结构和片麻状构造，其主要矿物为斜长石（40%）、石英（±40%）、黑云母（10%）、微斜长石（5%），少量其他矿物（5%）。

（3）混合岩化黑云斜长片麻岩：岩石呈灰白色中细粒粒状，发育鳞片粒状变晶结构，具有块状构造和条带状构造。其基体为中粒黑云斜长片麻岩，脉体主要由钾长石和石英组成。

（4）斜长石英片岩：岩石呈灰色，发育粒状变晶结构的片状构造，主要矿物为石英（50%）、斜长石（30%），及少量的斜黝帘石、角闪石、方解石和榍石。

（5）大理岩：岩石为灰白色，呈夹层状或透镜体状产出的中细粒状变晶结构的块状构造，主要矿物为方解石、白云石和少量石英。

2. 中元古代长城纪小庙组（Ch*x*）

在区内出露较少，在水闸东沟Ⅺ号断裂构造南侧有小面积出露，总体走向北西-南东向，倾向北北东。该套地层与其北侧上伏的青白口纪丘吉东沟组（Qb*qj*）、祁漫塔格群火山岩组（OQ_2）呈断层及不整合接触，其南侧被晚三叠世的斜长花岗岩体所吞蚀。

3. 早古生代奥陶纪祁漫塔格群火山岩组（OQ_2）

主要分布于红旗沟至水闸东沟一带，走向北西-南东，倾向北-北东。与上伏祁漫塔格群火山岩组（OQ_2）呈整合接触，被周边早泥盆世中酸性侵入岩所蚕食，在水闸东沟一带与长城纪小庙组（Chx）呈断层接触。红旗沟-深水潭矿区金矿体主要赋存于该套地层的断裂带中。

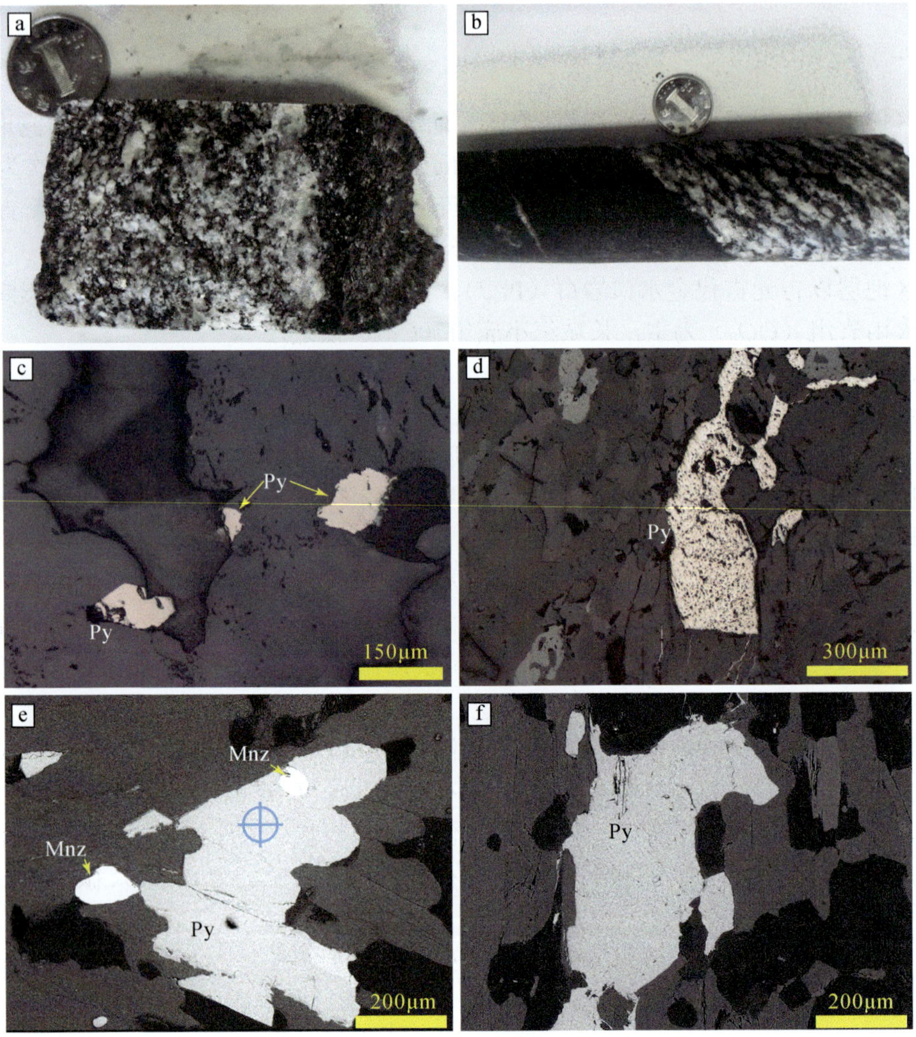

图 3-1-2　矿区内片麻岩和基性脉岩

Py. 黄铁矿；Mnz. 独居石

4. 祁漫塔格群火山岩组（O*Q*$_2$）

位处萤石沟-红旗沟区域性大断裂延伸区，受后期多期次构造活动的破坏和南、北、西三侧岩浆侵入活动影响，地层连续性较差，部分被分割为条块状。该套地层中石英片岩类岩石与岩浆岩接触带为断裂构造发育区，是本区金成矿的重要区段。

（二）构造

矿集区大小断裂构造达十余条，主要有北西向、北北西向、近南北向和北西西向 4 组，且与成矿关系密切的主要有Ⅲ、Ⅳ、Ⅶ、Ⅸ、Ⅺ、Ⅻ等六条（图 3-1-3），呈近平行的带状分布。其中Ⅲ、Ⅳ号断裂构造分布于岩金沟矿区，Ⅶ、Ⅸ号断裂构造分布于红旗沟-深水潭金矿红旗沟矿段，XI号断裂构造自北西向南东依次通过红旗沟-深水潭金矿水闸东沟-黄龙沟-黑石沟矿段、无名沟-百吨沟金矿、哈西哇金多金属矿床，沿XII号断裂构造分布有打柴沟金矿床、五龙沟西金矿点、中支沟金矿点等。

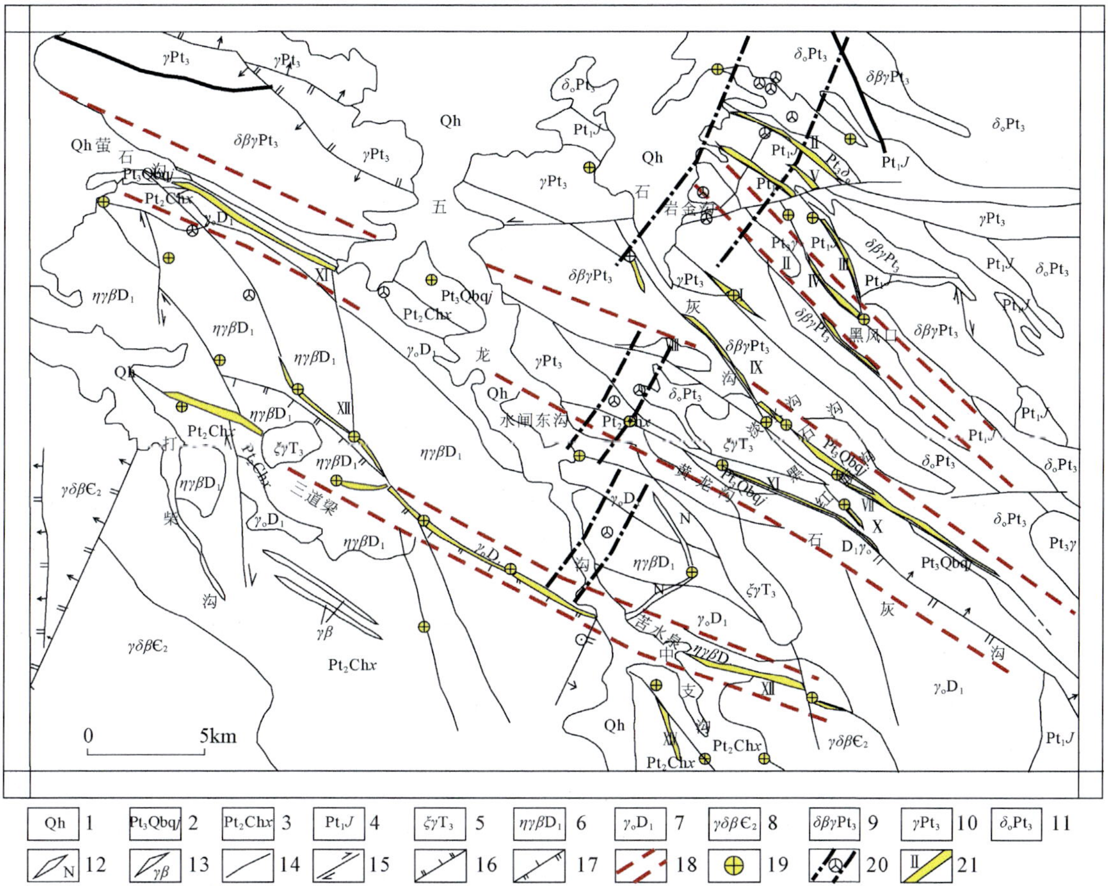

图 3-1-3 矿集区内构造分布示意图

1. 第四纪全新统冲洪积物；2. 新元古代青白口纪丘吉东沟组；3. 中元古代长城纪小庙组；4. 古元古代金水口岩群；5. 晚三叠世钾长花岗岩；6. 早泥盆世黑云母二长花岗岩；7. 早泥盆世蚀变斜长花岗岩；8. 中寒武世黑云花岗闪长岩；9. 新元古代黑云母花岗闪长岩；10. 新元古代含暗色包体花岗岩；11. 新元古代石英闪长岩；12. 基性岩脉；13. 黑云母花岗岩脉；14. 地质界线；15. 实测平移断层；16. 实（推）测正断层；17. 实（推）测逆断层；18. 韧性剪切带；19. 金矿床（点）；20. 多金属矿点；21. 含金蚀变带及编号

1. XI号断裂构造

为区内主干断裂。由萤石沟-水闸东沟-黑石沟沿五龙沟花岗岩体与青白口系接触带分布，矿区内延展长度大于 6km。其组成形式主要为断裂破碎蚀变带，断裂破碎蚀变带由断层泥、构造角砾岩、构造挤压透镜体、糜棱岩、碎裂岩组成。断层面光滑、陡直，擦痕及线状构造发育，具左行走滑的特征。断层两侧岩石多破碎、蚀变。断裂带总体走向 295°，主断裂面倾向北至北北东，倾角 60°～75°，局部近于直立。其平面形态多呈分支复合的辫状条带及网脉状条带。

2. Ⅶ、Ⅸ号断裂构造

展布于淡水沟—红旗沟—三窝水沟一线，沿青白口纪丘吉东沟组黑云母石英片岩与南北闪长岩、斜长花岗岩接触带产出。Ⅶ号断裂位于南西侧，Ⅸ号断裂位于北东侧，总体上呈平行带状排列，是淡水沟、红旗沟金矿区的主控矿断裂构造。

3. Ⅲ、Ⅳ号断裂构造

分布于岩金沟一带呈北西-南东向近平行展布，南起黑风口，北西至八路沟。二者为叠加于岩金沟脆韧性剪切带的脆性断裂构造，控制着岩金沟矿区断裂构造的基本格架，断裂构造在成矿前后均有发育，具有继承性和多期次活动的特点。地貌上为明显的负地形，断裂长 10km，宽大于 100m，倾向北东，倾角 68°～76°。断裂沿走向与地层片理、片麻理的展布近于一致，表现为一狭长的变形、退变质、细粒岩化、糜棱岩化带。

（三）岩浆岩

区内主要有新元古代、泥盆纪及三叠纪不同时代不同规模的岩浆侵入活动，以中-酸性岩浆侵入为主，形态不规则，以岩株、岩墙等形式产出。同时也发育有少量中基性侵入岩，岩浆岩总体呈北西-南东向展布，与区域构造线方向一致。岩性主要为花岗岩、花岗闪长岩、碱性长石花岗岩（图 3-1-4）、闪长岩、斜长花岗岩、英云闪长岩、二长花岗岩、钾长花岗岩等。表现出多期次、多类型的岩浆侵入活动特征，为石灰沟-五龙沟-大格勒沟岩浆构造带东段组成部分，以三叠纪岩浆活动最为发育。

晚三叠世侵入岩，矿区内主要出露有肉红色中粒钾长花岗岩和浅灰色中细粒花岗闪长岩、斜长花岗岩。钾长花岗岩呈带状岩株分布于水闸东沟—黄龙沟一带青白口纪祁漫塔格群火山岩组北东侧，与祁漫塔格群火山岩组呈侵入接触。中细粒花岗闪长岩沿Ⅺ号断裂构造两侧呈浑圆状、不规则状小岩株产出，集中分布于水闸东沟一带。斜长花岗岩主要出露于红旗沟-深水潭金矿区Ⅸ、Ⅹ和Ⅺ号断裂构造（为突出其蚀变及含矿性，以下称“含矿断裂破碎蚀变带”）及其两侧，沿断裂构造发育糜棱岩化、碎裂岩化，该岩体也是构成断裂破碎蚀变带的蚀变岩石之一，形成的Ⅺ号含矿断裂破碎蚀变带，是区内重要的含矿带。矿区部分矿体就产于糜棱岩化、碎裂岩化斜长花岗岩中。

除侵入岩外，区内脉岩也较发育，主要有超基性岩脉、辉长岩脉、闪长岩脉、闪长玢岩脉、花岗岩脉及石英脉，多沿断裂构造及裂隙带分布。

二、矿床地质

（一）矿体特征

该矿床由南东至北西可划为红旗沟、黑石沟、黄龙沟、水闸东沟 4 个矿段（陈建林等，2015）。区内的Ⅶ、Ⅸ、Ⅹ、Ⅺ四条含矿断裂破碎蚀变带中累计圈定金矿体 173 条，其中Ⅺ号含矿带水闸东沟-黑石沟矿段圈定金矿体 119 条，Ⅶ、Ⅸ含矿断裂破碎蚀变带红旗沟矿段圈定金矿体 53 条，Ⅹ号含矿断裂破碎蚀变带圈定金矿体 1 条。

图 3-1-4 花岗质岩石手标本及镜下照片

a、b. 花岗岩；c、d. 花岗闪长岩；e、f. 碱性长石花岗岩。Pl. 斜长石；Qtz. 石英；Bt. 黑云母；Or. 正长石；Ab. 钠长石

1. 红旗沟矿段矿体特征

红旗沟矿段共圈定矿体 53 条，主矿体为 QM4、QM5。

QM4 矿体：该矿体赋存于Ⅸ号含矿断裂破碎蚀变带红旗沟区段 11-0 勘探线间，呈条带状，具波状弯曲的特点，产状与断裂破碎蚀变带基本一致，严格受控于Ⅸ号含矿断裂破碎蚀变带内。矿体长 600m，矿体控制最大斜深 528m，矿体在东西两端倾角较缓，中部略陡，向深部矿体有变薄的趋势。

矿体厚度 0.44～5.28m，厚度变化系数 71.92%，平均品位 7.43×10^{-6}，最高品位 39.0×10^{-6}，品位变化系数 187.23%。矿体倾向 3°～360°，倾角 40°～74°。

含矿岩性为碎裂岩、碎裂蚀变斜长花岗岩、黄铁矿化碎裂状石英片岩、黄铁矿化硅化碎裂状黑云石英片岩、黄铁矿化碎裂状黑云斜长片麻岩，含矿岩石多具糜棱岩化现象。矿体顶、底板为灰褐色黑云斜长片麻岩、黑云石英片岩，偶见斜长花岗岩。

主要矿化为黄铁矿化，蚀变有绢云母化、硅化、高岭土化。

QM5 矿体：该矿体赋存于红旗沟区段Ⅶ、Ⅸ号含矿断裂破碎蚀变带交汇部以西的Ⅸ号含矿断裂破碎蚀变带内，分布于 15-4 勘探线间，矿体地表控制长度 234m，矿体深部控制长度 510m。该矿体在 0 勘探线以西出露于地表，0 勘探线以东则呈隐伏状，在 2 勘探线深部与 QM6 相会合。矿体形态呈条带状，沿走向具波状弯曲特征，沿倾向具尖灭再现现象，矿体总体上向深部厚度变薄、品位变贫。

矿体厚度 0.82～7.28m，厚度变化系数 79.15%，平均品位 6.37×10^{-6}，最高品位 34.8×10^{-6}，品位变化系数 129.20%。矿体倾向 3°～350°，倾角 40°～68°。

含矿岩性为黄铁矿化硅化绢云石英片岩、糜棱岩、碎裂岩和少量碎裂蚀变斜长花岗岩。矿体顶、底板为灰褐色黑云斜长片麻岩或黑云石英片岩。

主要矿化为黄铁矿化、褐铁矿化，蚀变有绢云母化、硅化、高岭土化。

各矿体特征见表 3-1-1。

表 3-1-1 红旗沟矿段主要矿体特征表

矿段	矿体编号	矿体规模/m			厚度变化系数/%	产状/（°）		平均品位/10^{-6}	品位变化系数/%
		长度	平均厚度	斜深		倾向	倾角		
红旗沟	QM1	154	1.24	40	30.36	30～42	50～60	1.51	31.79
	QM2	180	1.71	46～230	66.78	11～40	11～50	6.44	96.27
	QM3	320	2.54	57～444	81.95	8～40	30～72	4.77	97.27
	QM4	600	1.92	40～528	71.92	3～360	40～74	7.43	187.23
	QM5	510	2.52	23～193	79.15	3～350	40～68	6.37	129.20
	QM6	160	1.41	19～71	26.60	22～45	44～66	4.57	54.49
	QM7	210	4.04	40～255	84.05	3～310	6～56	5.57	193.62
	QM8	60	2.45	107	16.56	30～320	18	3.29	81.46
	QM9	160	1.95	18～76	75.42	6～40	45～81	1.69	12.43
	QM10	305	1.77	60～255	65.10	3～358	40～66	4.41	94.27

2. 黄龙沟矿段矿体特征

黄龙沟矿段受控于Ⅺ号含矿断裂破碎蚀变带，共圈定金矿体 80 条，主矿体 LM8 特征叙述如下，其余各主要矿体特征见表 3-1-2。

LM8 矿体：该矿体赋存于Ⅺ号含矿断裂破碎蚀变带黄龙沟区段的 39-0 勘探线间，沿Ⅺ号含矿断裂破碎蚀变带南北两断裂间的碎裂岩、糜棱岩带展布。

该矿体目前为区内最大的一条金矿体，矿体长 760m，控制最大斜深 718m，矿体厚度 0.84～5.13m，矿体形态为不规则的板状，部分勘探线由多条近于平行展布的分支矿体构成，矿体具有膨大狭缩、分支复合的复杂特征，往往在一个工程中形成厚大矿体，而在相邻的工程中会变薄或分成多个分支，从而显示出其成矿来源的一致性及矿体就位于脆性断裂所形成的碎裂岩中的特性。该矿体由地表向深部矿体厚度有由薄变厚再变薄的特征，品位总体有下降的趋势。

表 3-1-2 黄龙沟矿段矿体特征表

矿段	矿体编号	矿体规模/m			厚度变化系数/%	产状/（°）		平均品位/10^{-6}	品位变化系数/%
		长度	平均厚度	斜深		倾向	倾角		
黄龙沟	LM1	132	6.71	40	60.63	25～260	70～84	2.37	52.74
	LM2	160	1.57	38～102	51.00	23～30	70～75	1.93	56.99
	LM3	80	0.97	78	3.20	30	75	17.59	131.15
	LM4	160	1.66	51～74	24.04	21～30	70～75	3.64	67.03
	LM5	100	0.94	31～58	35.6	23	70	2.07	71.98
	LM6	80	0.90	80	1.11	28	73	1.53	38.56
	LM7	80	1.42	47～110	27.04	23～28	70～73	1.58	36.71
	LM8	760	11.08	68～718	75.95	9～33	64～83	4.49	116.70
	LM9	80	1.29	102～130	59.37	20～25	68～71	2.01	58.21
	LM10	80	1.80	82	2.22	5～20	70～71	2.97	42.76
	LM11	520	5.23	9～380	75.53	10～205	60～85	3.27	77.98
	LM12	100	2.27	58～115	81.92	10～25	71～75	2.13	35.68
	LM13	80	1.42	1～62	33.80	10～21	71～75	1.33	31.58
	LM14	80	1.36	130	38.75	10	68～75	1.30	15.38
	LM15	140	0.90	69～77	3.91	15～16	68～73	2.14	70.09
	LM16	160	0.90	73～80	3.91	15～16	68～73	1.26	4.76
	LM17	40	0.90	56	2.79	15	68～70	1.48	8.78
	LM18	300	5.55	80～307	73.37	10～210	66～85	3.56	80.34
	LM19	60	1.51	246	29.91	15～20	68	1.84	61.41
	LM20	60	3.76	118	53.19	20	68	2.13	34.27
	LM21	80	3.38	66～113	53.71	20～25	66～72	2.04	44.61
	LM22	80	8.76	264	58.45	20～30	71	3.39	65.49
	LM23	220	2.58	49～174	60.48	15～40	69～75	2.89	90.31
	LM24	80	4.59	127	16.25	30～32	71～75	2.76	71.01
	LM25	40	3.02	133	12.30	30～32	71	3.98	80.90
	LM26	40	2.43	305	82.80	20～30	58～85	2.04	55.39
	LM27	40	2.92	125	0.17	25	70～72	9.88	90.08
	LM28	100	2.34	19～60	17.95	15～20	70～74	2.29	58.08
	LM29	160	3.89	64～140	60.05	20～30	68～75	8.38	190.90
	LM30	100	2.60	4～80	63.85	10～355	74～85	1.82	28.02

矿体厚度变化系数 75.95%，平均品位 4.49×10⁻⁶，最高品位 58.7×10⁻⁶，品位变化系数 116.70%。矿体倾向 9°～33°，倾角 64°～83°。

含矿岩性以碎裂岩（碎裂蚀变斜长花岗岩）、糜棱岩（糜棱岩化斜长花岗岩）为主，另有少量硅化凝灰质板岩（主要位于 33-37 勘探线间和 19 勘探线处矿体的北侧）、硅质板岩（主要位于 33-29 勘探线的 3595m 中段以上矿体的北侧）和碎裂状蚀变闪长岩（主要位于矿体的极深部位）。矿体顶、底板的组成由含矿断裂破碎蚀变带所穿切的岩石决定，主要有斜长花岗岩和灰黑色黑云石英片岩、凝灰质板岩、硅质板岩等。

主要矿化为黄铁矿化、褐铁矿化、毒砂矿化及少量铅锌矿化；蚀变有绿泥石化、硅化、高岭土化、绢云母化等。

3. 黑石沟矿段矿体特征

黑石沟矿段共圈定矿体 15 条，主矿体为 SM2 矿体，该矿体赋存于Ⅺ号含矿断裂破碎蚀变带北东端黑石沟段 44-70 勘探线间，矿体长 600m，矿体控制最大斜深 150m（图 3-1-5，表 3-1-3）。

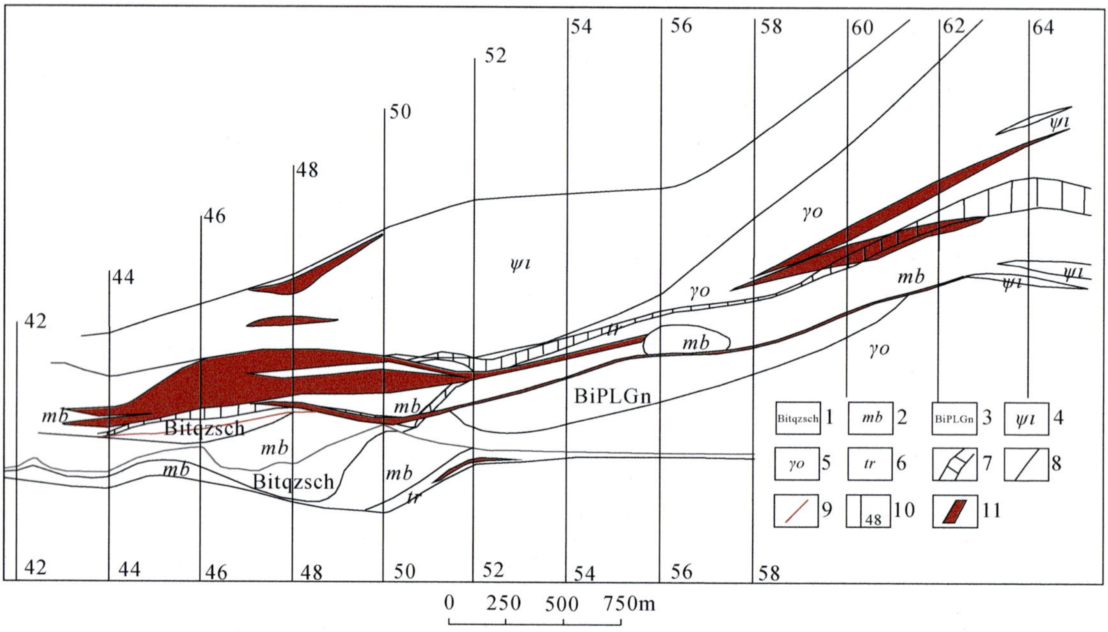

图 3-1-5 黑石沟Ⅺ号带 3490 中段矿体分布示意图

1. 黑云石英片岩；2. 大理岩；3. 黑云斜长片麻岩；4. 辉石岩；5. 斜长花岗岩；6. 碎裂岩；7. 断层泥；8. 地质界线；9. 断层；10. 勘探线位置及编号；11. 金矿体

矿体呈条带状或脉状基本沿蚀变斜长花岗岩或大理岩与片理化蚀变辉石岩间的断裂接触带分布，其西段插入蚀变斜长花岗岩中。矿体具波状弯曲、分支复合、尖灭再现的特点，深部沿走向连续性较差，并于 64 勘探线尖灭。

矿体厚度 0.85～18.16m，厚度变化系数 80.29%，平均品位 3.13×10⁻⁶，最高品位 13.5×10⁻⁶，品位变化系数 81.79%。矿体倾向 350°～5°，倾角 45°～86°。

含矿岩性为黄褐色碎裂状褐铁矿化绢云石英片岩、含碳质蚀变大理岩、含碳质糜棱岩、碎裂岩。矿体顶、底板围岩为深灰绿色片理化辉石岩、大理岩、碎裂岩、碎裂岩化斜长花岗岩。

主要矿化有：黄铁矿化、褐铁矿化，少量铅锌矿化、毒砂矿化。

主要蚀变有：碳酸盐化、高岭土化、绢云母化。

各矿体特征见表 3-1-3。

表 3-1-3　黑石沟矿段矿体特征表

矿段	矿体编号	矿体规模/m			厚度变化系数/%	产状/（°）		平均品位/10^{-6}	品位变化系数/%
		长度	平均厚度	斜深		倾向	倾角		
黑石沟	SM1	260	1.39	18～98	37.48	33～65	57-68	4.58	49.13
	SM2	600	6.08	26～150	80.29	5～350	45～86	3.13	81.79
	SM2-1	240	2.71	60～315	32.92	25～50	55～66	6.29	148.17
	SM3	140	3.10	6～9	88.50	30～35	68～74	13.31	72.35
	SM4	80	3.87	43～80	76.37	25～358	58～70	6.63	88.08
	SM5	60	1.57	134	75.40	5～40	55～68	1.78	27.53
	SM6	160	1.34	26～80	48.55	5～12	76～84	2.37	51.05

4. 水闸东沟矿段矿体特征

水闸东沟矿段共圈定矿体 24 条，其主矿体为 ZM5。

ZM5 矿体赋存于水闸东沟矿段 77-83 勘探线间，位于 ZM2、ZM3 矿体之间，与两矿体平行排列，矿体相间 5～10m，矿体长 760m，矿体最大控制斜深 496m。

矿体呈条带状，沿走向有分支、膨大狭缩和尖灭再现现象，沿倾向具舒缓的波状弯曲，总体上矿体厚度有变薄的趋势。

矿体厚度 0.81～32.71m，厚度变化系数 85.99%，平均品位 4.47×10^{-6}，最高品位 49.5×10^{-6}，品位变化系数 114.09%。矿体总体倾向 10°～52°，倾角 50°～83°。

该矿体中存在特高品位金矿体区块，分布在 91-89 勘探线间，相邻勘探线高品位金矿体区块可基本对应。

含矿岩性主要为黄铁矿化碎裂蚀变斜长花岗岩和相应的碎裂岩、糜棱岩化岩石及部分黄铁矿化碎裂状黑云石英片岩、硅化碎裂状凝灰质板岩。矿体顶板为凝灰质板岩，底板为斜长花岗岩、黑云石英片岩。

主要矿化有：黄铁矿化、毒砂矿化、褐铁矿化、黄钾铁矾化等。

主要蚀变有：硅化、绢云母化、高岭土化。

其余各主要矿体特征见表 3-1-4。

（二）矿石特征

矿石主要为构造蚀变岩型，按其岩石类型可划分为糜棱岩金矿石、角砾岩金矿石、碎裂岩金矿石、构造片岩金矿石（黄铁矿化绢云石英片岩）、蚀变斜长花岗岩金矿石、黄铁矿化硅化大理岩金矿石、蚀变辉石岩型金矿石、硅化凝灰质板岩金矿石。以糜棱岩金矿石为主、蚀变斜长花岗岩金矿石和碎裂岩金矿石次之，其他类型金矿石均较少，矿体与围岩为过渡关系。

表 3-1-4　水闸东沟矿段矿体特征表

矿段	矿体编号	矿体规模/m			厚度变化系数/%	产状/（°）		平均品位/10^{-6}	品位变化系数/%
		长度	平均厚度	斜深		倾向	倾角		
水闸东沟	ZM1	80	1.52	10～16	45.39	34～35	66～72	3.40	35.88
	ZM2	560	3.95	37～430	85.87	10～35	66～83	9.02	325.39
	ZM3	320	4.60	35～412	52.14	23	72～74	3.03	111.55
	ZM4-1	120	1.85	63～170	65.13	26～33	75～81	3.10	61.94
	ZM4-2	260	3.93	70～415	50.58	28～35	71～77	3.38	78.99
	ZM5	760	7.99	160～496	85.99	10～52	50～83	4.47	114.09
	ZM6	60	6.20	220	22.65	30～52	70～76	3.70	113.51
	ZM7	40	1.66	46	46.22	10～32	68～70	2.31	65.37
	ZM8	40	1.52	42	15.24	10～32	68～70	2.59	58.30

矿石中金属矿物主要是黄铁矿和毒砂，其他金属硫化物和次生氧化物含量很少。金矿石属少硫化物微细粒浸染型金矿石，自然金在矿石中嵌布粒度极其细小（小于 0.005mm），大都呈显微、超显微分散状态包裹于毒砂和黄铁矿中。

矿石中的贵金属矿物为银金矿和自然金，是唯一的有用组分。一般金属矿物主要为黄铁矿、毒砂，见少量黄铜矿、方铅矿、闪锌矿、磁黄铁矿，次生铜矿物及金属氧化物为少量的斑铜矿、褐铁矿等，脉石矿物主要为石英、长石、辉石、角闪石、绿泥石、云母、锆石及少量的碳酸盐和微量的有机碳等。

（三）围岩蚀变

矿区赋矿岩石为碎裂岩、绢云石英片岩、断层角砾岩、大理岩及糜棱岩、碎裂岩化蚀变斜长花岗岩等，这些岩石既为赋矿岩石，又构成矿体的顶、底板，有时夹在矿体中间成为夹石。

矿区围岩蚀变类型有硅化、绢云母化、高岭土化及碳酸盐化等，其地表以绢云母化、高岭土化为主，深部则以硅化为主。

黄铁矿化是本矿区最主要的矿化蚀变类型，是最重要的找矿标志和矿化强弱的判别标志。

硅化在本矿区较发育，表现形式有两种，即充填石英细脉、网脉式和渗透扩散交代式。石英细脉、网脉呈透镜状、串珠状或弯曲脉状，顺构造裂隙、片理、片麻理方向产出，脉体两侧围岩多发生烘烤褪色蚀变现象；而石英脉旁多发育交代式硅化，形成硅化的浅色蚀变岩。硅化强度大，石英细脉及网脉发育，金的矿化强度就大。因此硅化强度、石英细脉及网脉发育程度是金矿化强弱的明显标志。

硅化、绢云母化、高岭土化主要沿断裂构造带线性分布，呈脉状、团块状产出，并伴有黄铁矿、辉锑矿、毒砂等金属矿化。蚀变岩石与两侧围岩在断裂面上、下盘 0.3m 至数十米范围内呈渐变过渡关系。

三、矿床成因及成矿规律

（一）成矿机制

1. 成矿物理化学条件

魏俊浩等（2016）对红旗沟-深水潭金矿床 5 个流体包裹体片进行了详细的观察与测试，获得了 68 个原生流体包裹体的测试数据，显微镜下用于岩相学研究和测温的流体包裹体，全部寄主于石英中。

1）流体包裹体类型

红旗沟-深水潭金矿床脉石矿物中流体包裹体以原生包裹体为主，次生包裹体和假次生包裹体次之。原生包裹体多呈椭圆形孤立分布，以气液两相包裹体为主，含 CO_2 三相包裹体次之，另有少量富（纯）CO_2 包裹体和极少量含子矿物包裹体。次生、假次生包裹体呈线状分布（图 3-1-6），呈椭圆形或不规则形，以气液两相包裹体为主，含 CO_2 三相包裹体次之。后文描述和显微测试的对象均为原生包裹体，其各相态类型的包裹体特征描述如下。

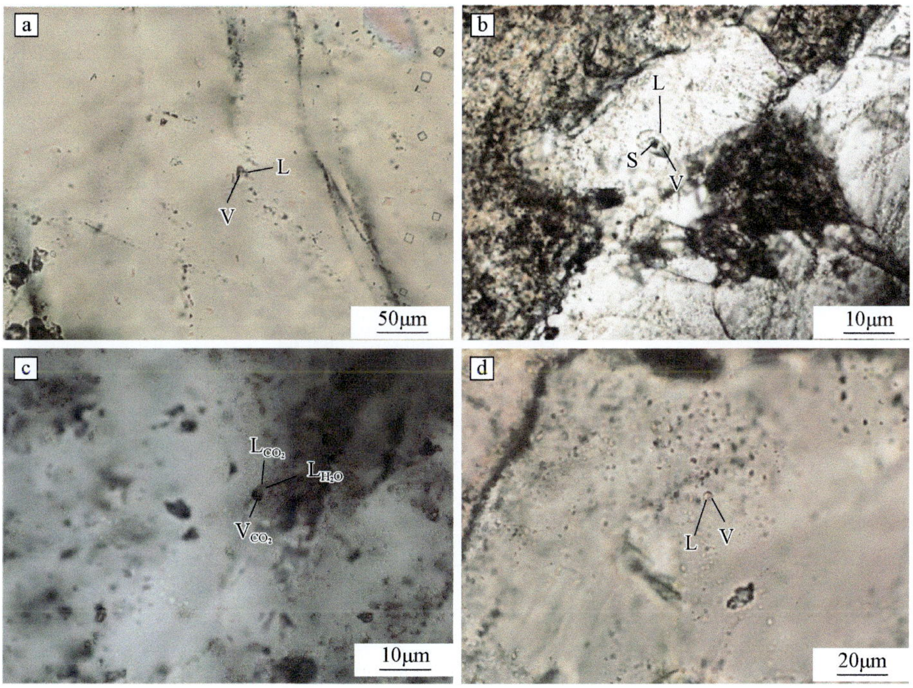

图 3-1-6 红旗沟-深水潭金矿床流体包裹体显微照片（魏俊浩等，2016）

V. 气相；L. 液相；L_{CO_2}. 液相 CO_2；V_{CO_2}. 气相 CO_2；L_{H_2O}. 液相 H_2O；S. 石盐子晶

气液两相包裹体：呈椭圆形或不规则形（图 3-1-6a、d），大小 1～8μm，独立或随意分布，表现为原生包裹体成因。气液体积比约为 40%，气泡一般为无色，加热时均一到液相。

含（富）CO_2三相包裹体：呈椭圆形或不规则形。大小 1～8μm 不等。室温下呈 2～3 相（图 3-1-6c），即 $L_{H_2O}+L_{CO_2}\pm V_{CO_2}$，一般随机分布为孤立状，也可见沿生长条带或生长晶纹分布，为原生包裹体，部分可见沿愈合微裂隙分布，属假次生包裹体。

含子晶包裹体：呈椭圆形或不规则形，大小 2～8μm，气液体积比约为 50%。子晶呈透明的立方体形（图 3-1-6b），推测多数可能为石盐晶体。测温过程中的相变特点为加热过程中，子晶先消失，气泡后消失。该类型包裹体只在其中的 1 个测温片中出现，分布于石英中。

2）流体包裹体均一温度

对测温片测温结果见表 3-1-5，该矿床的均一温度直方图如图 3-1-7 所示。

表 3-1-5　红旗沟-深水潭金矿床流体包裹体显微测温结果表

样品编号	主矿物	测定总数	包裹体类型	$T_{m_{CO_2}}$/℃	$T_{m_{clath}}$/℃	$T_{h_{CO_2}}$/℃	T_h/℃	$T_{m_{ice}}$
NCM9-1	石英	11	气液两相包裹体				207～337	-10.7～-1.2
		4	含 CO_2 三相包裹体	-58.8～-57.9	1.2～6.9	24.6～26.7	260～378	
NCM23-2	石英	17	气液两相包裹体				195～384	-7.2～-4.3
		3	含 CO_2 三相包裹体	-59.6～-57	3.4～6.3	24～25.7	245～364	
SCM89-1	石英	12	气液两相包裹体				283～384.6	-5.2～-2.8
NCM2-1	石英	13	气液两相包裹体				175～362	-5.7～-0.7
NCM2-2	石英	8	气液两相包裹体				261.7～340	-6.7～-1.9

注：$T_{m_{CO_2}}$二氧化碳三相点；$T_{m_{clath}}$笼形化合物的熔化温度；$T_{h_{CO_2}}$二氧化碳单一相温度；T_h均一相温度；$T_{m_{ice}}$冰的熔化温度。

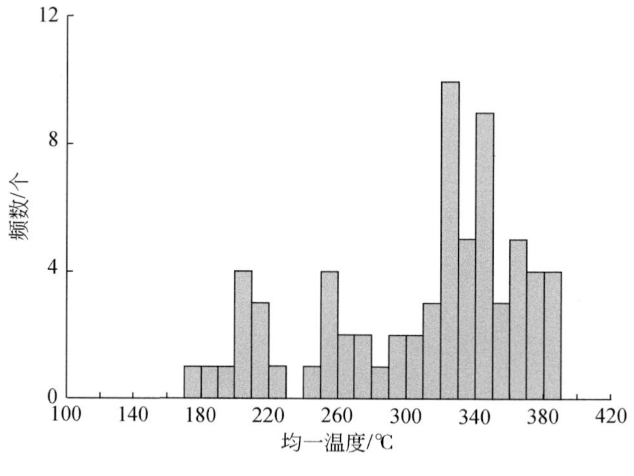

图 3-1-7　红旗沟-深水潭金矿床流体包裹体均一温度直方图（魏俊浩等，2016）

据图 3-1-7 可知红旗沟-深水潭金矿床中流体包裹体的均一温度为 170～384.6℃，主要集中在 240～380℃温度区间，平均为 312.3℃，属中高温热液矿床。

3）包裹体的盐度、密度、成矿温度、压力及深度估算

（1）盐度

对气液两相包裹体，盐度是根据 NaCl-H_2O 溶液冷冻冰点下降与 NaCl 含量之间的关系计算得到并以溶液中相当的 NaCl 质量分数来表示的，计算公式采用 Hall 和 Bodnar 的盐度计算方程 w（%NaCl）=0.00+1.78T_m−0.0442T_m^2+0.000557T_m^3（T_m 为冰点摄氏温度的绝对值）。

对于含（富）CO_2 三相包裹体，盐度计算公式是通过笼合物的熔化温度 t 换算得到的，计算公式为 w（%NaCl）=15.52022−1.02342×t−0.05286×T^2，其中 T 为均一温度，应用范围为+10℃≥t≥−9.6℃（表 3-1-6）。

表 3-1-6 红旗沟-深水潭金矿床流体包裹体的盐度

样品编号	主矿物	流体包裹体类型	盐度/%NaCl
NCM9-1	石英	气液两相包裹体	2.07～14.67
		含 CO_2 三相包裹体	5.84～14.22
NCM23-2	石英	气液两相包裹体	6.88～10.73
		含 CO_2 三相包裹体	6.97～11.42
SCM89-1	石英	气液两相包裹体	4.65～8.14
NCM2-1	石英	气液两相包裹体	1.22～8.81
NCM2-2	石英	气液两相包裹体	3.23～10.10

气液两相包裹体的冰点温度为−10.7～−0.7℃，盐度变化范围为 3.39%～16.71%NaCl。含（富）CO_2 三相包裹体的固态 CO_2 的熔化温度（$T_{m_{CO_2}}$）范围为−59.6～−57℃，比纯 CO_2 的三相点（−56.6℃）略低，表明包裹体中含碳相亦不是纯的 CO_2，而是有少量的 CH_4 等成分存在。笼形化合物的熔化温度（$T_{m_{clath}}$）变化于 1.2～6.9℃，计算得到该类型包裹体水溶液相的盐度为 5.84%～14.22%NaCl，均值为 8.27%NaCl。

综上可知，红旗沟-深水潭金矿床流体包裹体的盐度范围为 1.22%～14.67%NaCl，因此五龙沟矿集区金矿床成矿流体性质为具中低盐度的 CO_2-H_2O-NaCl 热液。

（2）密度

根据实验的测温数据和前面所计算出的盐度数据，可计算流体的密度，红旗沟-深水潭金矿床中气液两相包裹体占大多数，因此估算其成矿流体的密度和压力时将成矿流体近似看作 H_2O-NaCl 体系，计算的对象为不同盐度的气液两相溶液包裹体。

对于气液两相溶液包裹体，流体的密度由均一温度和盐度决定。根据测得的流体包裹体均一温度和盐度数据，在饱和水蒸气 NaCl-H_2O 体系密度图（图 3-1-8）上投点，得到气液两相溶液包裹体的密度为 0.65～0.96g/cm^3。

（3）成矿温度

西安工程学院资源系（1997）曾运用流体包裹体，对该矿床成矿温度、成矿压力及深度、pH 和 Eh 进行了研究，田承盛等（2009）利用其数据进行了进一步分析和总结。

石英包裹体均一温度为 250～330℃，平均 287℃。

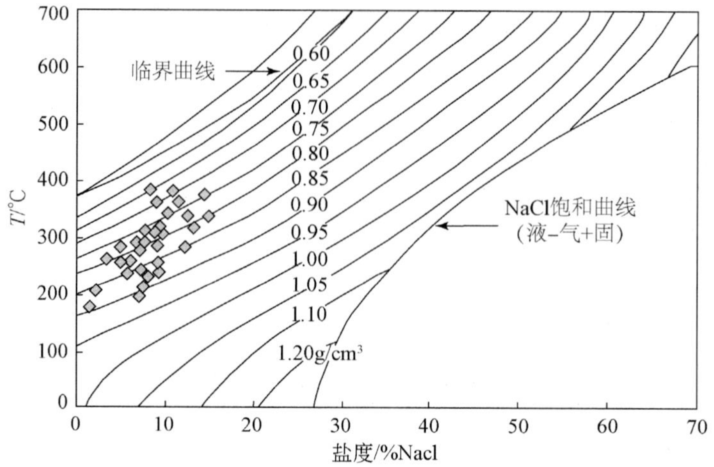

图 3-1-8　深水潭金矿床气液两相流体包裹体 NaCl-H_2O 体系密度图

田承盛等（2009）利用矿物硫同位素求得的硫化物形成温度下限为 405℃；同时，西安工程学院根据金矿石中共生标型矿物组特征，认为金矿化温度不高于 491±12℃。可见，五龙沟地区金矿成矿溶液的温度应变化于 405～490℃。由此判断，成矿热液可能是快速侵位的高温构造-岩浆-成矿热液，温度应在 405～490℃。

（4）成矿压力及深度

西安工程学院资源系（1997）曾通过包裹体气相成分测定求得的成矿压力，推断五龙沟地区金矿成矿压力在±350MPa，成矿深度在±2km，成矿发生于脆性变形域，即成矿主要发生在脆性变形阶段。

（5）pH 和 Eh

西安工程学院资源系（1997）曾用酸度计实测包裹体水的方法确定成矿流体的 pH，并计算成矿流体的 Eh。酸度计实测的 pH 变化于 2.59～6.08，绝大多数变化于 4.09～6.08。其中，石英 5.08～6.08，平均 5.73；萤石 5.39；方铅矿 5.22～5.52，平均 5.37；黄铁矿 4.09～4.62，平均 4.36；辉锑矿 2.59～5.10。这表明不同阶段成矿流体的 pH 有所差异，但总体属于弱酸性，具有随演化趋酸特点。

所测得的矿物包裹体的 Eh 为−0.766～−0.523V，表明成矿发生于弱还原环境。

由上述判断，成矿作用发生于弱还原、弱酸性环境，且有逐渐变酸的趋势。

综上所述，五龙沟地区金矿成矿物理化学条件为：①金矿成矿热液可能是快速侵位的岩浆热液。②金矿成矿发生于脆性变形域，即成矿主要发生在脆性变形阶段。③成矿作用发生于弱还原、弱酸性环境，且有逐渐变酸的趋势。④五龙沟金地区金矿床的盐度范围为 1.2%～14.67%NaCl，流体密度为 0.65～0.96g/cm^3，表明具有低盐度、低密度的特征。

2. 成矿流体及物质来源

1）氢氧同位素特征

通过氢氧同位素研究能很好地获取成矿流体来源的信息。五龙沟地区金矿床及相邻区域金矿床氢氧同位素测试资料详见表 3-1-7。可以看出，五龙沟地区金矿床 $\delta^{18}O_{H_2O}$ 值变化于 2.13‰～9.02‰之间，均值为 5.97‰；δD_{H_2O} 变化于−109.3‰～−35.8‰之间，均值为

–83.47‰。综上可见，五龙沟地区金矿床成矿流体具有δD_{H_2O}值变化范围较大，但绝大部分分布在岩浆水范围内，$\delta^{18}O_{H_2O}$值变化范围较小的特征。

表 3-1-7　五龙沟矿集区及邻区金矿氢氧同位素组成统计表

矿床	样品编号	样品	取样位置	t/℃	δD_{H_2O}/‰	$\delta^{18}O_{V\text{-}SMOW}$/‰	$\delta^{18}O_{H_2O}$/‰	资料来源
五龙沟	PD601ESR-2	石英	红旗沟	513	−55.79	11.66	9.02	①
	HQ-SHY-04	石英	红旗沟验证剖面	513	−35.8	6.5	3.86	
	HQ-SHY-05	石英	红旗沟验证剖面	513	−49.02	9.56	6.92	
	WK63	黄铁矿	Ⅶ矿带隐爆角砾岩	—	−91.28	—	—	
	WK53	黄铁矿	Ⅰ矿带石英闪长玢岩	—	−84.98	—	—	
	WK8994	硫化物	东支沟多金属矿床	—	−65.59	—	—	
	WK84	辉锑矿	ⅢPD3-3 坑道矿脉	—	−57.32	—	—	
	WK58	辉锑矿	Ⅶ矿带采场	—	−75.24	—	—	
	WK84	石英	辉锑矿石英脉	560	−57.32	8.23	6.18	②
	WK7	石英	Ⅲ-1 长石石英脉	—	—	5.65	—	
	WK66	石英	中支沟石英脉	560	—	5.72	—	
	WK55	石英	Ⅰ矿带石英网脉	—	—	3.01	—	
	WK19	石英	Ⅲ-2 辉锑矿石英脉	—	—	12.53	—	
	Shg-1	石英	Ⅲ矿带黄铁绢英岩化蚀变花岗岩	250	−101	11.5	2.13	③
	Shg-5	石英	Ⅲ矿带黄铁绢英岩化蚀变岩矿石	250	−87	13.6	4.23	
	Sh-5-3	石英	Ⅱ矿带烟灰色石英脉矿石	300	−85	9.6	2.25	
	Sh-21	石英	Ⅰ矿带黄铁绢英化蚀变岩矿石	300	−99	10.2	2.85	
	PD3555	石英	五龙沟Ⅺ号带	312.3	−104.8	13.9	7.44	④
	NCM23-2	石英	五龙沟Ⅺ号带	321.02	−103.1	13.6	7.43	
	NCM1-2	石英	五龙沟Ⅺ号带	280.15	−81.5	14.9	7.26	
	NCM2-2	石英	五龙沟Ⅺ号带	317.96	−84.8	15.1	8.81	
	NCM15	石英	五龙沟Ⅺ号带	312.3	−92.8	15	8.54	
	HSS-5-2	石英	黑石沟	312.3	−93.3	10.3	3.84	
	HSS-5-8	石英	黑石沟	312.3	−88.7	11.2	4.74	
	YJG-1	石英	岩金沟	312.3	−88.5	11.7	5.24	
	YJG005	石英	岩金沟	312.3	−109.3	12.8	6.34	
	YJG002-3	石英	岩金沟	312.3	−96	12.3	5.84	

续表

矿床	样品编号	样品	取样位置	t/℃	δD_{H_2O}/‰	$\delta^{18}O_{V\text{-}SMOW}$/‰	$\delta^{18}O_{H_2O}$/‰	资料来源
开荒北	Kh-4	石英	碳酸盐-石英脉	250	−71	17.1	8.03	⑤
	Kh-5	石英	多金属硫化物石英脉矿石	190	−93	17.0	4.50	
	Shzg-4	石英	多金属硫化物石英脉矿石	190	−95	16.8	4.30	
	KHB44-2	石英		300	−66	15.2	8.22	
	CKK3	石英		200	−89	16.7	4.87	
东大滩	Ddt-31	石英	辉锑矿-石英脉矿石	160	−100	17.1	2.33	
	Ddt-45	石英	多金属硫化物石英脉矿石	240	−80	16.7	7.14	
	Ddt-61	石英	早期石英脉	280	−75	16.7	8.95	
大场	Dc-2	石英	辉锑矿-石英脉矿石	180	−104	18.6	5.37	⑥
	Dc-3	石英	矿化碎裂砂岩	200	−106	19.7	7.83	
	Dc-5	石英	石英脉	260	−72	17.4	8.79	

资料来源：①田承盛等，2009；②西安工程学院资源系，1997；③刘增铁等，2005（分馏方程 $1000\ln\alpha_{石英-水}=3.38\times10^{-6}T^{-2}-3.40$，$\alpha$ 为分馏系数，$\delta^{18}O_{水}$计算时的温度取值主要根据流体包裹体均一测温）；④魏俊浩等，2016；⑤丰成友，2002；⑥夏锐等，2013。

在 $\delta^{18}O_{H_2O}$-δD 关系图（图 3-1-9）上，五龙沟与区域上大场、开荒北、东大滩金锑矿具有相似特征，有一部分点投入岩浆水区，另一部分投入岩浆水和大气降水线之间，位于岩浆水区下方偏左，略偏移大气降水线，表明矿床的成矿流体主要来源于岩浆水，同时显示另有少量大气降水的混入；五龙沟地区金矿主要位于岩浆水区域及岩浆水与大气降水之间，既在岩浆水中，又有靠近大气降水线的趋势，表明成矿流体以岩浆水为主，同时相对较多大气降水混入，可能还有少量变质水的混入。

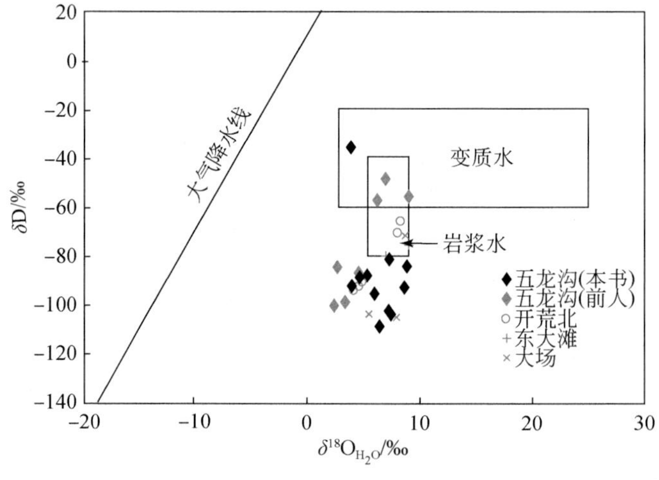

图 3-1-9　五龙沟地区金矿床及相邻区域金矿床的氢氧同位素组成投影图

综上，认为五龙沟地区金矿床成矿流体主要来源于岩浆水，并混有大气降水。

2）硫同位素特征

硫同位素组成的研究可以帮助判断成矿物质的来源。五龙沟地区金矿床中金元素主要以超显微自然金状态赋存于硫化物中，其中黄铁矿是主要的载金矿物，黄铜矿、方铅矿、闪锌矿、毒砂、辉锑矿是矿区内主要的矿石矿物。由于未出现氧化态的重晶石等硫酸盐矿物，五龙沟地区金矿床中的硫化物的 $\delta^{34}S$ 值大致相当于热液总硫的同位素组成。

整理前人（田承盛，2012；西安工程学院资源系，1997；王铜，2015；魏俊浩等，2016）对五龙沟地区金矿床硫同位素的研究资料，如表 3-1-8 数据显示。

表 3-1-8 五龙沟地区金矿床硫同位素（$\delta^{34}S$）组成 （单位：‰）

取样位置	样品编号	分析矿物	$\delta^{34}S$	变化范围	平均值	资料来源
五龙沟Ⅻ号矿带 3 号洞金矿石	WLG06-04	黄铁矿	-1.44	-1.44～10.2	4.63	①
五龙沟Ⅻ号矿带 2 号洞金矿石	WLG06-02	黄铁矿	1.09			
Ⅲ-3 矿体金矿石	WK28	黄铁矿	4.51			②
ⅢPD3-2 坑内 CM-1 含金黄铁矿矿石	WK30	黄铁矿	4.53			②
Ⅲ-2 矿体 PD1 中金矿石	WK727475	黄铁矿	3.26			②
Ⅲ-3 矿体金矿石	WK3233	黄铁矿	5.32			②
东支沟多金属矿矿石	WK93	黄铁矿	2.65			②
东支沟多金属矿矿石	WK94	黄铁矿	2.65			②
Ⅰ矿带 TC34 探槽中矿化隐爆角砾岩	WK51	黄铁矿	6.86			②
东支沟口矿化闪长玢岩	WK86	黄铁矿	4.74			②
Ⅶ矿带隐爆角砾岩	WK63	黄铁矿	6.78			②
红旗沟	W10-1	黄铁矿	5.2			③
红旗沟	W34-1	黄铁矿	10			③
黑风口	W40-3	黄铁矿	6.1			③
五龙沟Ⅺ号带	NCM0-1	黄铁矿	4.1			④
五龙沟Ⅺ号带	ZK13901	黄铁矿	9.3			
五龙沟Ⅺ号带	NCM15	黄铁矿	3.8			
五龙沟Ⅺ号带	HSZK7202NO.36	黄铁矿	4.4			
岩金沟	YJG002-2	黄铁矿	0.8			
岩金沟	YJG002-4	黄铁矿	0.6			
岩金沟	YJG002-6	黄铁矿	6.5			
淡水沟	DSG-1	黄铁矿	10.2			
萤石沟Ⅺ矿带北北西分支方铅矿矿石	YSG06-04	方铅矿	2.77	1.1～4.8	3.55	①
东支沟多金属矿矿石	WK92	方铅矿	1.1			②
Ⅰ矿带 TC34 探槽中方铅矿矿石	WK54	方铅矿	3.83			②
黑风口	W40-3	方铅矿	4			③
黑石沟	HSS-5	方铅矿	4.8			④
黑石沟	HSS-6	方铅矿	4.8			

续表

取样位置	样品编号	分析矿物	$\delta^{34}S$	变化范围	平均值	资料来源
东支沟多金属矿矿石	WK90	毒砂	3.88	3.88～6.9	5.39	②
红旗沟	W02	毒砂	6.9			③
ⅢPD3-2 坑内辉锑矿矿脉	WK84	辉锑矿	4.08	−2.22～5.85	2.03	②
Ⅶ矿带淡水沟采场辉锑矿脉	WK58	辉锑矿	5.85			②
Ⅲ-1 号矿体辉锑矿脉	WK14	辉锑矿	1.33			②
岩金沟 M1 矿体辉锑矿矿石	YJG07-2	辉锑矿	−2.22			①
岩金沟	W42-4	辉锑矿	1.1			③
东支沟多金属矿矿石	WK89	闪锌矿	2.36	2.36～5.5	3.93	②
黑风口	W40-3	闪锌矿	5.5			③
五龙沟（黑石山）铜、铅矿石	黑石山 CuPb	黄铜矿	−2.07	−2.07	−2.07	①

资料来源：①田承盛，2012；②西安工程学院资源系，1997；③王铜，2015；④魏俊浩等，2016。

（1）整体上矿区内 $\delta^{34}S$ 值变化于−2.22‰～10.2‰之间，跨度为 12.42‰，平均值为3.95‰。

（2）其中黄铁矿 $\delta^{34}S$ 值介于−1.44‰～10.2‰之间，跨度为 11.64‰，平均值为 4.63‰；毒砂所测 $\delta^{34}S$ 值为 3.88‰～6.9‰，说明了硫同位素组成与黄铁矿基本相同，偏重于“重硫型”；方铅矿 $\delta^{34}S$ 值介于 1.1‰～4.8‰之间，跨度为 3.7‰，平均值为 3.55‰；辉锑矿 $\delta^{34}S$ 值介于−2.22‰～5.85‰之间，跨度为 8.07‰，平均值为 2.03‰。

（3）五种矿物的 $\delta^{34}S$ 值较为接近，显示出硫同位素均一化程度较高，说明成矿流体中硫主要来源于岩浆，并且具深源特征，可能来源于地幔或与地幔相关的岩浆。

将表 3-1-8 中硫同位素数据做成 $\delta^{34}S$ 值组成直方图（图 3-1-10），可以看出：$\delta^{34}S$ 值变化范围不大，塔式效应明显，主要集中于 2‰～8‰之间，分布范围大致为 0～8‰，峰值为3‰～6‰，平均值为 2.95‰，比较接近岩浆硫。

将五龙沟地区金矿床与其他天然含硫物质硫同位素进行比较，如图 3-1-11 所示，显示硫同位素组成值的分布范围变化不大，接近陨石硫范围，同时有其他来源的硫混入。个别样品 $\delta^{34}S$ 值为负，表明在岩浆热液成矿时可能有变质岩（或沉积岩）硫的加入。

综上所述，认为五龙沟地区金矿床成矿流体中硫具有深源性，主要为幔源硫来源，还混入部分壳源硫。

3）铅同位素特征

根据收集的前人对五龙沟矿区以及区域上铅同位素测试，整理后如表 3-1-9 所示，将这些数据投影到铅同位素演化模式图（图 3-1-12）上，以期对五龙沟地区金矿床铅同位素来源提供一定的指示意义。

由表 3-1-9 可知，五龙沟地区金矿床矿石硫化物铅的 $^{206}Pb/^{204}Pb$ 值变化范围为 17.563～18.983，极值差为 1.42，平均值为 18.4258；$^{207}Pb/^{204}Pb$ 值变化范围为 15.533～15.758，极值差为 0.225，平均值为 15.6421；$^{208}Pb/^{204}Pb$ 值变化范围为 37.329～39.244，极值差为 1.915，平均值为 38.4951。铅同位素数据分布集中，反映了五龙沟地区金矿床在成矿物质来源上的一致性。花岗闪长岩体的 $^{206}Pb/^{204}Pb$ 值变化范围为 18.427～18.78，极值差为 0.353，平均值为 18.5849；$^{207}Pb/^{204}Pb$ 值变化范围为 15.617～15.73，极值差为 0.113，平均值为 15.6609；$^{208}Pb/^{204}Pb$ 值变化范围为 38.269～38.904，极值差为 0.635，平均值为 38.5927。可知，花岗闪长岩体中铅与矿石中铅同位素值具有一致性特征。

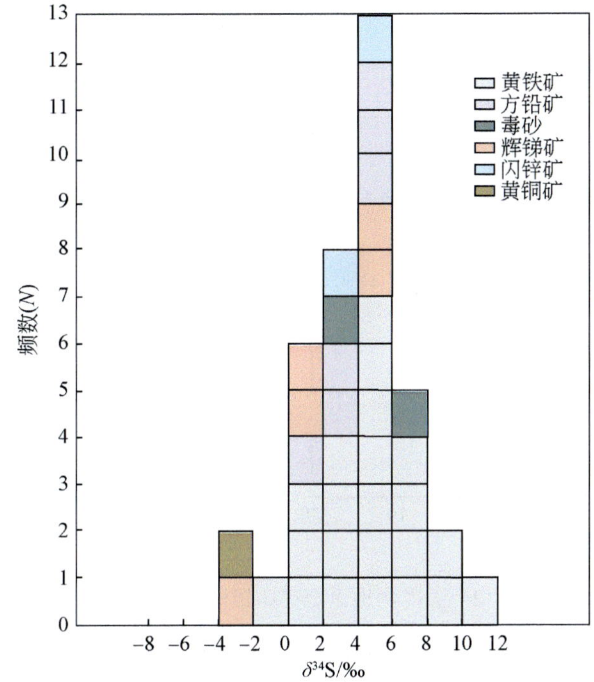

图 3-1-10 五龙沟地区金矿床硫同位素 $\delta^{34}S$ 值组成直方图

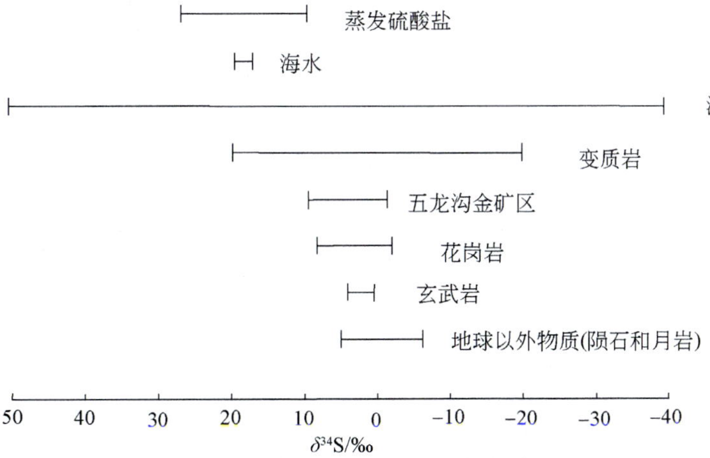

图 3-1-11 五龙沟地区金矿床与其他天然含硫物质硫同位素对比图（底图据 Hoefs，1976）

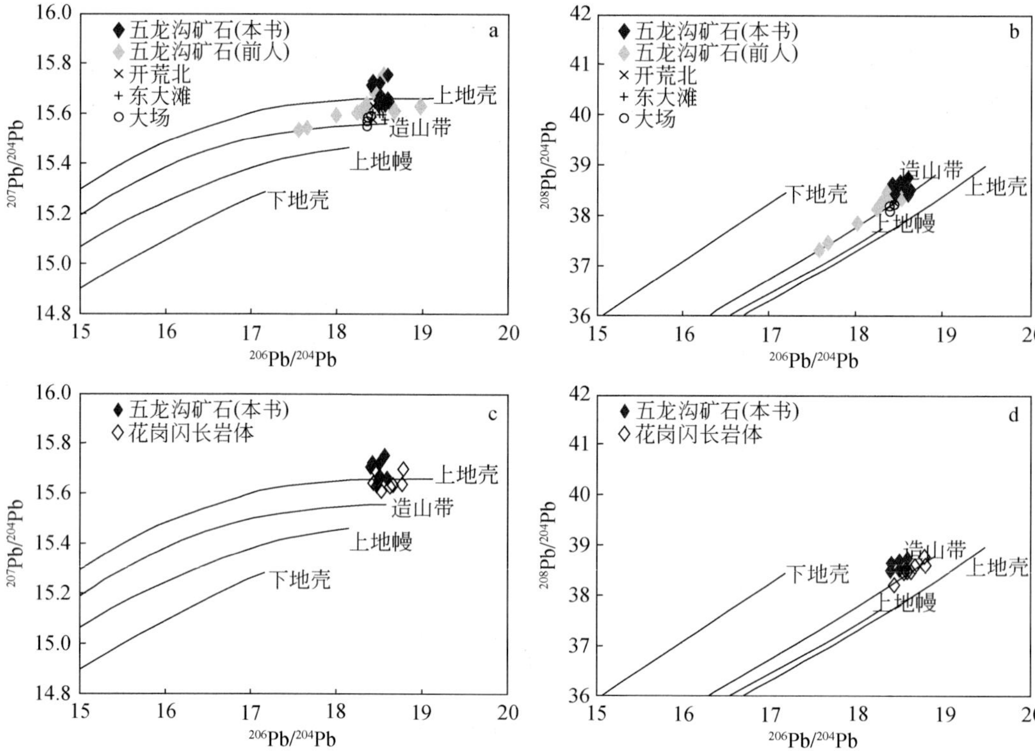

图 3-1-12 五龙沟地区金矿床铅同位素演化模式图

表 3-1-9 五龙沟地区金矿床铅同位素组成特征表

矿床	样品编号	样品	铅同位素分析结果			资料来源
			$^{206}Pb/^{204}Pb$	$^{207}Pb/^{204}Pb$	$^{208}Pb/^{204}Pb$	
五龙沟地区金矿床	WLG06-04	黄铁矿	18.4567	15.6491	38.5752	①
	黑石山	黄铜矿	18.3735	15.6236	38.4933	
	YJG07-2	辉锑矿	18.5302	15.6618	38.6091	
	YSG06-04	方铅矿	18.2494	15.6021	38.1832	
	WLG06-02	黄铁矿	18.3778	15.6376	38.4683	②
	WK91（石灰沟）	方铅矿矿石	18.3634	15.6056	38.2968	
	WK92（石灰沟）	方铅矿矿石	18.3764	15.5897	38.539	
	W10-1	黄铁矿	18.456	15.649	38.651	③
	W02	毒砂	18.983	15.627	39.244	
	W34-1	黄铁矿	18.558	15.758	38.828	
	W40-3	黄铁矿	18.586	15.754	38.894	
	W40-3	方铅矿	18.47	15.616	38.431	
	W40-3	闪锌矿	18.456	15.593	38.37	

续表

矿床	样品编号	样品	铅同位素分析结果			资料来源
			$^{206}Pb/^{204}Pb$	$^{207}Pb/^{204}Pb$	$^{208}Pb/^{204}Pb$	
五龙沟地区金矿床	W42-4	辉锑矿	18.288	15.609	38.37	③
	W66-1	黄铁矿	18.51	15.626	38.487	
	W66-3-1	黄铁矿	18.473	15.612	38.467	
	W66-3-1	毒砂	18.45	15.605	38.438	
	W66-3-2	毒砂	18.507	15.644	38.636	
	W66-1	黄铁矿	18.48	15.622	38.518	
	W66-3	黄铁矿	18.507	15.63	38.597	
	W66-4	黄铁矿	18.426	15.603	38.387	
	W66-5	黄铁矿	17.563	15.533	37.329	
	W70-4	黄铁矿	17.654	15.546	37.473	
	W76-2	毒砂	18.434	15.65	38.556	
	W77-2	毒砂	18.46	15.677	38.618	
	W77-3	毒砂	17.999	15.592	37.938	
	W79-7	磁黄铁矿	18.512	15.657	38.595	
	W84-2	辉锑矿	18.515	15.64	38.551	
	W84-4	黄铁矿	18.593	15.645	38.561	
	W86-2	黄铜矿	18.34	15.591	38.321	③
	W91-2	黄铜矿	18.38	15.631	38.479	
	W91-1	辉锑矿	18.52	15.629	38.46	
	YJG002-2	黄铁矿	18.559	15.639	38.584	④
	YJG002-4	黄铁矿	18.596	15.65	38.605	
	YJG002-6	黄铁矿	18.577	15.744	38.843	
	DSG-1	黄铁矿	18.508	15.641	38.576	
	NCM0-1	黄铁矿	18.495	15.717	38.737	
	ZK13901	黄铁矿	18.545	15.652	38.611	
	NCM15	黄铁矿	18.414	15.715	38.686	
	HSZK7202NO.36	黄铁矿	18.506	15.674	38.63	
	HSS-5	方铅矿	18.413	15.705	38.556	
	HSS-6	方铅矿	18.425	15.722	38.604	
花岗闪长岩体	HSS-5	长石	18.635	15.629	38.517	
	WYG-2	长石	18.78	15.699	38.692	
	WYG-9	长石	18.582	15.652	38.525	

续表

矿床	样品编号	样品	铅同位素分析结果			资料来源
			$^{206}Pb/^{204}Pb$	$^{207}Pb/^{204}Pb$	$^{208}Pb/^{204}Pb$	
花岗闪长岩体	WHFG-1	长石	18.773	15.64	38.904	④
	WHFG-7	长石	18.462	15.699	38.426	
	WD-2	全岩	18.555	15.663	38.653	
	WD-6	全岩	18.535	15.617	38.554	
	WYME-2	包体全岩	18.437	15.643	38.269	
	WYME-4	包体全岩	18.427	15.73	38.736	
	WYME-6	包体全岩	18.663	15.637	38.651	
开荒北金矿	Bj-1	全岩	18.5350	15.6523	38.7101	⑤
	Shzg-4	黄铁矿	18.4122	15.6278	38.4708	
	Kx-200	黄铁矿	18.4312	15.5776	38.3528	
	Dqg-1	黄铁矿	18.4526	15.6380	38.5278	
	Dqg-2	方铅矿	18.4229	15.63862	38.5008	
东大滩金锑矿	Ddt-1	辉锑矿	18.5167	15.5990	38.5844	
	Ddt-16	辉锑矿	18.57464	15.57996	38.4574	
	Ddt-29	黄铁矿	18.5321	15.6196	38.6244	
	Ddt-44	黄铁矿	18.5513	15.5972	38.5552	
	Ddt-45	毒砂	18.4324	15.6068	38.4506	
大场金矿	Dc-11	黄铁矿	18.3380	15.5671	38.2309	
	Dc-21	黄铁矿	18.37949	15.5921	38.3183	
	DCD-5	黄铁矿	18.3381	15.5555	38.1796	
	DCD-6	黄铁矿	18.3544	15.5852	38.2782	

资料来源：①田承盛，2012；②西安工程学院资源系，1997；③王铜，2015；④魏俊浩等，2016；⑤胡荣国，2008。

图 3-1-12 显示五龙沟地区金矿矿石铅同位素投影集中于造山带曲线与上地壳曲线之间，表明金矿床铅少部分来源于地壳，大部分具有深源性且来源复杂。图 3-1-12b 显示矿石铅同位素投影位于地幔曲线上侧靠近造山带曲线，分布较为集中，表明五龙沟地区金矿床铅的来源与深部地幔有关，在成矿过程中可能受到了壳源铅的混染。

从图 3-1-12 可以看出，五龙沟与区域上开荒北、大场、东大滩金矿的铅同位素组成极为相似，集中分布在造山带铅演化线上下两侧，变化较小，反映出区域上矿石中的铅主要来源于地幔，部分来源于地壳，为浅部地壳和深部地幔提供的混合铅；铅比值较高，可能反映出该区造山带内洋壳俯冲过程中放射性成因铅的积累，与该区成矿构造背景俯冲造山、印支晚期的壳-幔相互作用，幔源岩浆底侵活动有密切联系相照应，这也与五龙沟地区金矿床岩石地球化学特征相吻合。

图 3-1-12c、d 显示花岗闪长岩的铅与矿石的铅同位素组成极为相近，其投影点范围具

有一致性，均落在造山带两侧，表明两者具有相似的铅同位素来源和密切的成因关系，同时反映五龙沟地区金矿床的形成与该期花岗闪长岩（240Ma 左右）岩浆活动具有密切关系，并在野外地质调查中发现五龙沟地区金矿床与印支期花岗闪长岩有密切的时空和成因联系，也印证了该观点，突出强调了该期岩浆活动的重要性。

综上所述，五龙沟地区金矿床矿石铅同位素投影集中分布在造山带铅演化线上下两侧，变化较小，反映出矿石中硫化物的铅主要来源于地幔，部分来源于地壳，表明该区铅来源复杂，为浅部地壳和深部地幔提供的混合铅。矿石铅和花岗闪长岩铅组成相近，反映该期岩浆活动与金矿形成过程密切相关。

4）微量元素特征

微量元素以其独特的地球化学习性和地球化学行为，被人们广泛用于各种地质作用的示踪及其特点的研究。

刘增铁等（2005）对石灰沟矿床中不同矿体的单矿物微量元素进行了测试，从测试结果（表 3-1-10）来看，无论黄铁矿、方铅矿、辉锑矿、毒砂，还是闪锌矿、磁黄铁矿，除该矿物的主要组成元素含量高（如方铅矿中 Pb 高、闪锌矿中 Zn 高、毒砂中 As 高、辉锑矿中 Sb 高）的因素外，其他微量元素变化类似，可能反映出它们具有相同或相似来源。

表 3-1-10 红旗沟-深水潭金矿床金矿石单矿物微量元素含量表

样号	矿物	元素含量								
		Ag	Cu	Pb	Zn	Bi	Hg	Au	As	Sb
WK7275	黄铁矿	4.2	245	110	140	1.9	808	6000	1.97	0.01
WK51	黄铁矿	4.0	110	5300	110	23.9	1113	1000	0.18	0.01
63	黄铁矿	3.6	90	635	315	34.9	1981	802.9	0.14	0.11
80	黄铁矿	11	35	905	160	60	2286	26000	2.86	0.20
94	黄铁矿	23	1720	14200	9300	5.0	1143	1000	1.79	0.36
85-1	黄铁矿		492		235	18.7	853		0.60	5.19
85-2	黄铁矿	51	140	10500	65	4.5	640	3000	1.00	0.75
90	毒砂	8.7	345	9800	10100	15.5	2834	4000	10	0.67
58	辉锑矿	95	729	819	700	11.2	1326	3000	0.32	58.34
14	辉锑矿	18	580	2300	85	0.91	549	41.0	0.39	68.92
84	辉锑矿	20	520	2500	225	20.9	1524	68.0	0.51	59.67
91	方铅矿	882	11000	747300	13300	1.37	1600	40.0	0.15	0.45
92	方铅矿	885	265	800700	8700	31.8	625	9.0	0.10	0.09
54	方铅矿	1562	300	785300	130	51.7	914	17.0	0.24	0.13
89	闪锌矿	23	1390	6000	508300	7.1	1839	40.0	0.29	1.65
56	磁黄铁矿	23	3080	890	160	378	5334	17.0	0.02	0.16

注：Au、Ag、Hg 元素含量数量级为 10^{-9}，其余元素为 10^{-6}。

田承盛等（2009）对区内不同地质体的微量元素进行了对比研究，采用 ICP-MS 测试样共 15 件，包括作为成矿通道区的（脆性）断层角砾岩和断层泥，赋矿直接围岩的角闪斜长构造片麻岩、含石榴黑云斜长构造片麻岩、石英黑云母构造片麻岩等韧性变形构造岩，具有不同程度金矿化的构造角砾岩型矿石（DSG01）、绢云石英片糜岩型矿石（XPD1）、黄铁矿化绢云石英片糜岩型矿石（PD2）、绢云绿泥石化长石石英片糜岩型矿化岩石（SHGD3），闪长岩和帘石化闪长岩，蚀变辉石岩等。

通过比较研究发现：①研究区存在多期不具直接成因联系的热液活动。②导致区内岩浆岩蚀变的热液与金矿成矿热液具有不同微量元素特征。金矿成矿溶液活性很强，富 Cu、Pb、Zn；相对富 S 或硫逸度（f_{S_2}）高，强烈富铁族元素，深源特征明显；富 Cs、Rb、Li 以及 Ta、Nb 等亲岩浆热液组分，具有亲岩浆特点。引起闪长岩蚀变的热液富 Pb、Cu、Zn、Se、Sr、V 等元素，而贫 Ba、Y、Nb、U、Th 等元素。引起辉绿岩蚀变的热液，极贫 Cr、Ni、Co、V 等铁族元素，Th、U 也显著贫乏，而极富 Sr、Ba、Rb 等大离子亲石元素，同时 Cu、Pb、Zn 等亲铜元素也相对富集，可能属于与形成辉绿岩同源的岩浆期后热液。③金矿成矿溶液，在通道区已开始分异，分离成富 Cr、Ni、Pb、Zn、Cu、Li 热液和富 Au 热液两种热液，其中 Cu、Pb、Zn 在通道区已开始淀积。④金成矿溶液与形成含 Au 细晶岩的岩浆存在亲缘关系，均与偏基性岩浆熔离分异或早期批次熔融有关。⑤在不同类型的金矿石、矿化岩中，多数微量元素富集、贫化规律不明显，与赋矿岩石类型差异和金成矿溶液的叠加程度有关。

（二）成矿时代

前人对东昆仑地区花岗质岩石和各典型金矿床的成岩成矿年龄进行了大量的研究，所用方法不一，精度不一，测得结果较为多样。因此本书收集相关数据进行五龙沟矿集区、沟里矿集区典型金矿床成岩-成矿时代探讨（表 3-1-11）。

表 3-1-11　东昆仑地区花岗质岩石和金矿年龄统计表

编号	描述	位置	岩石类型	方法	年龄/Ma	参考文献
1	五龙沟矿集区的花岗质岩石	五龙沟	石英闪长岩	锆石 U-Pb	211	国显正等，2018
2		五龙沟	闪长岩	锆石 U-Pb	241	国显正等，2018
3		黄龙沟	闪长玢岩	锆石 U-Pb	241	Xin et al.，2019
4		五龙沟	辉绿岩	锆石 U-Pb	242	程龙等，2019
5		月亮湾	花岗岩	锆石 U-Pb	244	栗亚芝等，2015
6		五龙沟	花岗闪长岩	锆石 U-Pb	244	国显正等，2018
7		五龙沟	花岗岩	锆石 U-Pb	244	Ding et al.，2014
8		水闸东沟	深成基性岩	锆石 U-Pb	248	Xin et al.，2019
9		五龙沟	花岗闪长岩	锆石 U-Pb	260	罗明非等，2015
10		深水潭	花岗岩	锆石 U-Pb	390	Hu et al.，2016
11		五龙沟	花岗闪长岩 s	锆石 U-Pb	403	张亮等，2021

续表

编号	描述	位置	岩石类型	方法	年龄/Ma	参考文献
12	五龙沟矿集区的花岗质岩石	黄龙沟	二长花岗岩	锆石 U-Pb	417	陆露等，2013
13		淡水沟	二长花岗岩	锆石 U-Pb	418	Chen et al.，2020b
14		深水潭	正长花岗岩	锆石 U-Pb	418	Chen et al.，2020b
15		黄龙沟	二长花岗岩	锆石 U-Pb	419	陆露等，2013
16		深水潭	二长花岗岩	锆石 U-Pb	419	陆露等，2013
17		猴头沟	二长花岗岩	锆石 U-Pb	419	严威等，2016
18		五龙沟	花岗岩	锆石 U-Pb	420	王艺龙等，2018
19		五龙沟	花岗岩	锆石 U-Pb	425	Xin et al.，2018
20		五龙沟	二长岩	锆石 U-Pb	426	张亮等，2021
21		五龙沟	正长花岗岩	锆石 U-Pb	430	张亮等，2021
22		五龙沟	二长花岗岩	锆石 U-Pb	438	Zhang et al.，2021
23		百吨沟	闪长岩	锆石 U-Pb	218	Xin et al.，2019
24		石洞沟	花岗岩	锆石 U-Pb	418	Ding et al.，2018
25	五龙沟矿集区的金矿床	红旗沟	金矿床	锆石（FT）	223	Yuan et al.，2013
26		岩金沟	金矿床	锆石（FT）	235	Yuan et al.，2013
27		岩金沟	金矿床	绢云母 Ar-Ar	236.5±0.5	张德全等，2005
28		水闸东沟	金矿床	黄铁矿 Rb-Sr	238.2±4.6	魏俊浩等，2016
29		岩金沟	金矿床	石英 Rb-Sr	237	陈柏林等，2019
30		岩金沟	金矿床	锆石（FT）	235±8.9	田承盛等，2009
31		黄龙沟	金矿床	黄铁矿铅模式	233	田承盛等，2009
32		黑石山采场	金矿床	黄铜矿铅模式	219	田承盛等，2009
33		黄龙沟	金矿床	黑云母 Ar-Ar	242.72±1.69	寇林林等，2010
34	东昆仑花岗质岩石	玛尼特	花岗闪长岩	锆石 U-Pb	213	李积清等，2019
35		香日德-宝龙	超基性包体	锆石 U-Pb	222	Xia et al.，2014
36		沟里	花岗闪长岩	锆石 U-Pb	225	Li et al.，2014
37		西藏大沟	花岗闪长岩	锆石 U-Pb	225	Li et al.，2018
38		肯德可克	英安凝灰岩	锆石 U-Pb	227	潘晓萍等，2013
39		肯德可克	二长花岗岩	锆石 U-Pb	229	肖晔等，2013
40		肯德可克	二长花岗岩	锆石 U-Pb	230	奚仁刚等，2010
41		哈日扎	花岗闪长岩	锆石 U-Pb	235	Xin et al.，2019
42		瑙木浑	石英闪长岩	锆石 U-Pb	235	李金超等，2017
43		沟里	石英闪长岩	锆石 U-Pb	238	Li et al.，2014
44		哈日扎	石英闪长岩	锆石 U-Pb	239	国显正等，2016
45		抗得弄舍	流纹凝灰岩	锆石 U-Pb	243	Liang et al.，2019

续表

编号	描述	位置	岩石类型	方法	年龄/Ma	参考文献
46	东昆仑花岗质岩石	都兰	花岗闪长岩	锆石 U-Pb	244	王威等，2015
47		沟里	花岗闪长岩	锆石 U-Pb	249	陈加杰等，2016
48		夏日哈木	闪长玢岩	锆石 U-Pb	382	张亮等，2021
49		香日德-宝龙	角闪橄榄岩	锆石 U-Pb	393	Xiong et al.，2014
50		夏日哈木	正长花岗岩	锆石 U-Pb	394	张亮等，2021
51		喀雅克登塔格	二长花岗岩	锆石 U-Pb	394	张亮等，2021
52		喀雅克登塔格	花岗闪长岩	锆石 U-Pb	397	张亮等，2021
53		南塘（沟里）	正长花岗岩	锆石 U-Pb	403	Chen et al.，2020b
54		喀雅克登塔格	斑状二长花岗岩	锆石 U-Pb	421	张亮等，2021
55		喀雅克登塔格	石英二长岩	锆石 U-Pb	424	张亮等，2021
56	东昆仑其他地区金矿床	沟里	金矿床	白云母 Ar-Ar	203	肖晔等，2014
57		哈日扎	铅锌矿	锆石 U-Pb	223	Fan et al.，2021
58		瑙木浑	金矿床	云母 Ar-Ar	227	李金超等，2017
59		驼路沟	金铜矿	黄铁矿 Re-Os	429	Feng et al.，2019

总结前人所测数据分布特征及该区域的构造活动特征，海西期韧性活动阶段区内受南北挤压应力左行逆冲变形，到印支晚期右行脆性断裂复合，形成次级断裂组合，这为含矿热液上涌、迁移提供了动力和空间，从而为该区矿体就位奠定了基础。晚加里东期洋陆碰撞造山形成含金的大型剪切带和局部金矿化，区内三条北西向剪切带控制了所有金异常的展布，在印支期的陆内俯冲作用则导致了该金矿床的最终形成和定位。由于热液期为主成矿期，故而本书认为五龙沟地区金矿成矿期为早中生代印支期243～210Ma。

（三）控矿因素

1. 地层与金成矿关系

水系沉积物测量统计结果显示，各地层除中元古代长城纪小庙组的含金背景值较低（平均仅 1.614×10^{-9}）外，古元古代金水口岩群、新元古代青白口纪丘吉东沟组、早古生代奥陶纪祁漫塔格群均呈现高背景，以祁漫塔格群火山岩组含金最高，平均值达 14.735×10^{-9}。区内各地层岩石含金丰度值较高，对金成矿物质具有一定的补充作用，丘吉东沟组分布于Ⅺ号含矿断裂破碎蚀变带沿线，金水口岩群分布于红旗沟金矿区，含金较高的地层是提供金成矿物质来源之一。

2. 侵入岩与金成矿关系

区内岩浆活动十分发育，以中酸性岩浆活动为主导，与金成矿关系密切，其主要表现有以下两个方面：

一是从区内部分侵入岩岩石金含量统计看（张延林等，2010），晚三叠世侵入岩（1503件），金平均含量 3.885×10^{-9}；晚志留世侵入岩（1059件），金平均含量 19.544×10^{-9}；早志留世侵入岩（445 件），金平均含量为 3.493×10^{-9}，均呈现高背景。这说明具金高丰度值的岩浆侵入体是区内金成矿的物质来源之一，为本区提供了来源于地壳深处的丰富的矿质来源。

二是根据魏俊浩等（2016）科研资料，氢氧同位素特征显示成矿流体主要来源于岩浆水，硫同位素特征显示成矿流体中硫主要来源于岩浆，铅同位素特征显示矿石铅和花岗闪长岩铅组成相近，反映该期岩浆活动与金矿形成过程密切相关。从金矿体及含矿构造带展布规律上可以看出，金矿（化）体多分布于岩体边部或与地层接触带及附近。其中Ⅺ号含矿断裂破碎蚀变带中金矿体表现尤为显著，部分金矿体直接产于岩体或岩脉一侧，而Ⅶ、Ⅸ号含矿断裂破碎蚀变带及金矿体产出位置虽与岩体有一定距离（50～200m 不等），但含矿断裂破碎蚀变带内及附近分布有较多的脉岩，从侵入活动的时空关系看，岩浆活动有加里东晚期及印支晚期，具多期次特征，长时间、多期次的岩浆活动为金成矿提供了持续的热动力条件和流体，促进了金的活化迁移、富集，形成含金岩（脉）体、含金石英细脉等。

3. 构造与金成矿关系

五龙沟金矿田严格受本区三大韧脆性剪切带的控制，而红旗沟-深水潭金矿区位于三大脆韧剪切带之一的萤石沟-红旗沟脆韧性剪切带的中东段，所有的金矿体均严格限定于Ⅶ、Ⅸ、Ⅹ、Ⅺ四条断裂构造内。

五龙沟地区经历了长时间、多期次的构造活动，早期的剪切作用使围岩金矿质得以活化转移，提供矿质来源。早古生代造山在该区形成大型左行韧性剪切带，成为后期成矿主要控矿构造，晚古生代—早中生代复合造山在此基础上叠加了右行脆韧性剪切带，形成了主要含矿构造，至晚三叠世后碰撞伸展阶段，含矿热液沿构造侵位成矿。在不同力学性质构造中，出现了不同方向的侧伏规律。

4. 蚀变与金成矿关系

金富集表现出相应的热液蚀变现象，矿区内岩石蚀变沿断裂构造带呈线性分布，蚀变集中、强度高的地段往往显示金成矿定位地段。从蚀变类型看，区内主要表现有硅化、绢云母化、黄铁矿化、毒砂矿化、碳酸盐化及绿泥石化等，其中以硅化、绢云母化、黄铁矿化、毒砂矿化与金矿化关系密切。当金成矿物质随着含有一定量的金属硫化物热液沿断裂通道上升运移到沉淀，在这一过程中热液对断裂构造带内及附近岩石进行了交代改造，形成蚀变岩石。其中金属矿化，即黄铁矿化、毒砂矿化显得尤为重要，它们与金成矿物质具有同源同期的共生关系，特别是黄铁矿和毒砂在各处的分布势态及多少与金成矿关系十分密切。区内的资料均表明各矿床金矿含矿岩性未能脱离黄铁矿化，而砷矿化及锑矿化往往出现于金的富矿地段。

（四）成矿模式

结合东昆仑成矿地质背景与前人资料（魏俊浩等，2016），在成矿物质来源、运移和沉淀富集特征分析的基础上，其成矿模式可概括如下（图 3-1-13）：印支期是东昆仑地区构造演化及成矿的重要时期。红旗沟-深水潭金矿床位于昆北复合岩浆弧，夹于昆北断裂和昆中断裂之间，地层主要为金水口岩群变质岩系，岩浆活动强烈。海西—印支早期，东昆仑地区随古特提斯洋俯冲、拼贴，碰撞造山早期受到近南北向的挤压作用，形成了一系列近东西向逆冲断裂及近北西西向的大型韧性剪切带，区内昆中和昆北断裂带发生左旋压扭性活

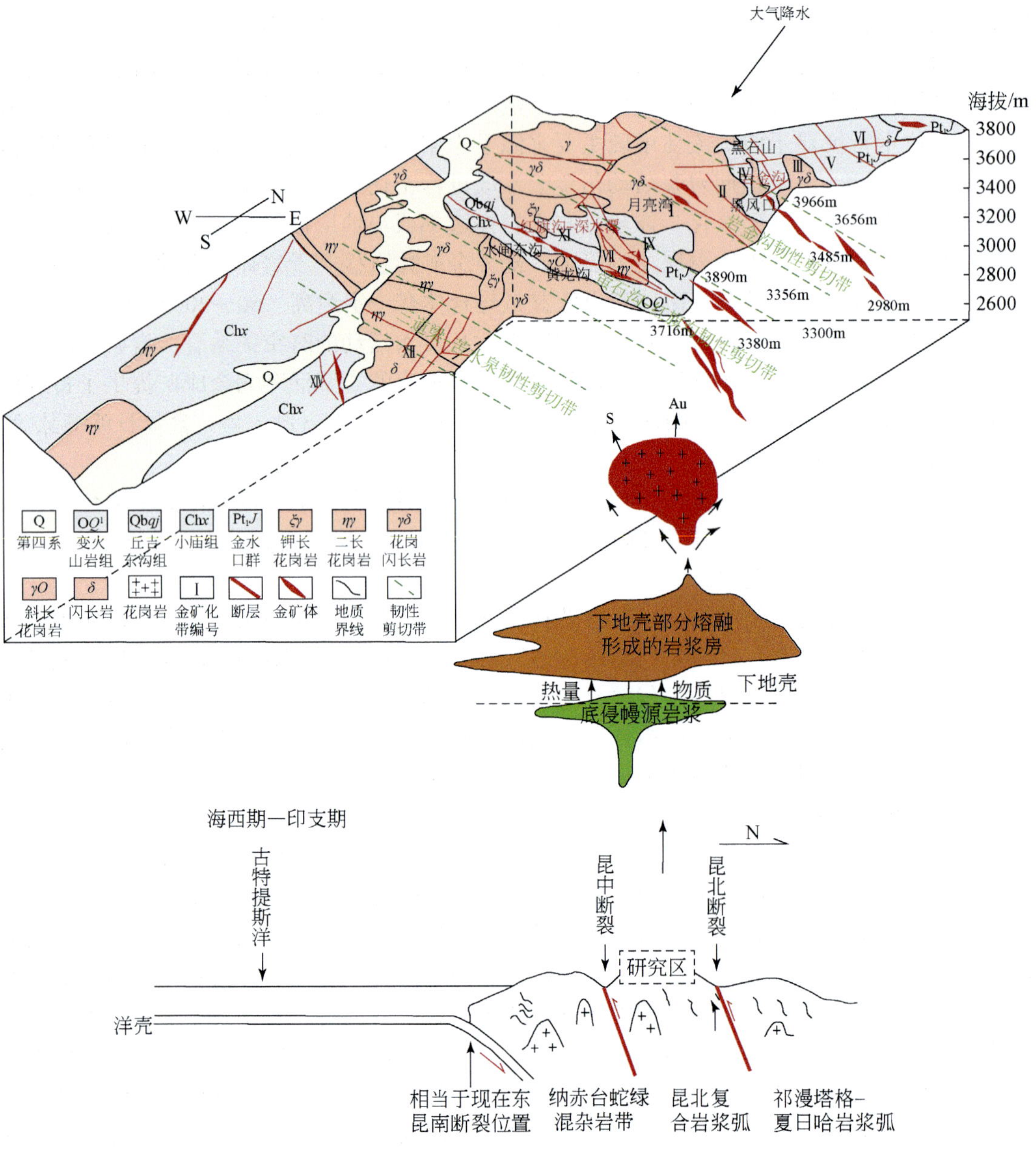

图 3-1-13　五龙沟金矿成矿模式图

动，并在其两侧形成了一系列的北西西-北西向线性构造。强烈挤压剪切的断裂破碎带形成强应变构造带，其切割深度较大，构造-岩浆活动导致广泛的深熔作用发生，熔融岩浆携带流体、成矿物质沿断裂上升侵位，在此过程中进行水-岩交换，萃取大量的成矿物质，由于此时正处于板块强烈碰撞的挤压环境，韧性剪切带构造紧闭，不利于流体灌入和成矿，但却奠定了区内北西-北西西向展布的构造格架，为后期成矿流体的灌入和沉淀提供了有利条件。印支晚期该区造山过程进入晚期，构造体制转换，由挤压转为伸展，地壳强烈抬升、加厚，岩石圈拆沉、减薄，幔源岩浆底侵、壳-幔混合作用强烈。构造体制的转变，对岩浆的形成和侵位以及成矿作用具有重要意义。在减压熔融机制和深部热源供给的共同作用下，地幔物质及下地壳物质发生部分熔融形成中酸性岩浆房，同时岩浆携带成矿流体及成矿物质发生迁移。在地壳浅部，五龙沟矿区构造应力场由挤压向伸展转换，构造性质也由韧性逐渐过渡为脆性，成矿物质在上升侵位、迁移过程中由于温压等物理化学条件的改变使得其在韧性剪切带-脆性断裂中沉淀成矿，后期大气降水的加入使得成矿流体具有岩浆水和掺杂有大气降水的特征。

第二节 五龙沟矿集区都兰县岩金沟金矿床

一、矿区地质

都兰县岩金沟金矿床位于五龙沟矿集区的北东侧，与都兰县红旗沟-深水潭金矿区位相邻，地质背景相同，矿区地质特征与本章第一节红旗沟-深水潭金矿床相应内容相同，此节不再赘述。

二、矿床地质

（一）矿体特征

岩金沟金矿床的矿体规模、形态在延长及延伸上都有较大的变化，延长短则几十米，最长也可达到近 600m，一般在 150～400m 之间，延深变化范围在 5～420m 之间，延长与延深比为 1.1～1.3，矿体主要赋存在Ⅲ、Ⅳ号含矿断裂破碎蚀变带中（图 3-2-1），二者产状基本一致，走向北西，倾向北东，倾角较陡（50°～70°），Au 品位变化也较大，一般为 1×10^{-6}～10×10^{-6}，单样最高品位可达 184.37×10^{-6}。矿区内共圈出 20 条金矿体（表 3-2-1）。

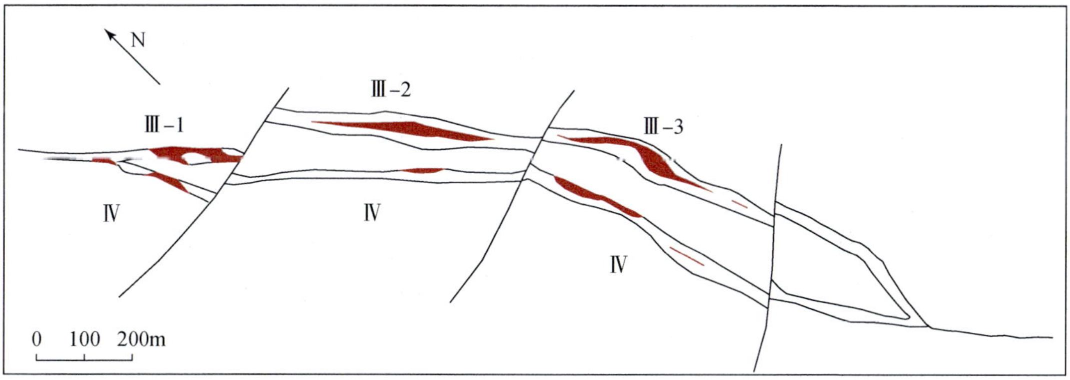

图 3-2-1 岩金沟金矿床Ⅲ、Ⅳ号矿体平面图

Ⅲ号含矿断裂破碎蚀变带，出露于矿区内中部，产于北西向断裂构造中，黑云母花岗闪长岩与混合岩化黑云斜长片麻岩接触带外侧。走向总体呈北西-南东向，倾向北东，倾角 45°～75°。长度大于 3km，宽 5～40m，呈狭长带状，局部发生弯曲而呈弓形。破碎带内岩

石破碎，蚀变强烈，其性质为压扭性，见有构造透镜体，破碎岩块粉末状岩粒及断层泥。普遍发育褐铁矿化、黏土化、绢云母化、黄铁矿化。矿体长度、厚度、品位、规模及产状变化较大，现将三条主要矿体（1-1，2-1，3-1）特征简述如下，其他见表 3-2-1。

表 3-2-1　岩金沟金矿床矿体特征简表

矿体编号	矿体规模/m					厚度变化系数/%	矿体产状/（°）			矿体品位/10^{-6}			品位变化系数/%
	长度	延深	厚度				走向	倾向	倾角	最低	最高	平均	
			最小	最大	平均								
1-1	160	40	0.91	9.5	2.82	81	120～122	30～40	40～60	0.40	21.35	7.09	30
1-2	20	5			0.74		125～130	30～40	40～55	1.16	2.58	1.94	
1-3	40	10	0.84	1.42	0.75		135	45	60	1.023	1.78	1.4	
1-4	20	5			0.65		140	50	50	1.07	4.86	3.17	
1-5	20	5			0.46		130	40	50		1.24	1.24	
1-7	40	10	3.84	5.04	2.84		120～122	30～32	46～55		4.73	4.73	
1-8	120	30	0.97	2.1	1.07		115～122	25～32	40～60	1.11	2.4	1.85	
2-1	295	420	0.43	11.17	2.74	98	122～130	32～62	40～60	3.06	161.8	13.5	129
2-2	80	4..8		2.31	1.5		140	50	55	1.38	4.84	1.55	
2-3	36	9		2.41	1.36		130	40	5		1.65	1.65	
2-4	20	5		1.68	1.37		125	35	60	1.08	1.14	2.48	
2-5	80	40		3.0	1.64		140	50	50	1.03	1.88	1.21	
3-1	580	134	0.73	17.07	3.41	106	110～150	20～60	40～65	2.00	84.37	8.8	97
3-2	30	7.5			1.27		130	40	55	6.00	15.00	10.25	
3-3	65	16.3			1.42		140	50	50	0.70	6.00	2.35	
3-5	20	5			0.87		135	45	55	1.00	3.00	2.00	
3-6	20	5		0.9	0.45		150	60	50		5.00	5.00	
3-7	158	42	0.6	1.52	0.78		116	26	55	1.25	11.94	3.04	
3-8	20	5			0.7		130	40	50		2.69	2.69	
3-9	20	5			1.67		140	50	55	0.62	3.78	1.83	

（1）1-1 号矿体

呈脉状产出，走向北西-南东，倾向 30°～40°，倾角 40°～60°，其南端出现分支，矿体长约 160m，厚 0.91～9.5m，平均厚度 2.82m，矿体品位为 0.40×10^{-6}～21.35×10^{-6}，平均 7.09×10^{-6}，该矿体为III号带较大的矿体。

（2）2-1 号矿体

呈脉状产出，走向北西-南东向，倾向 32°～62°，倾角 40°～60°。矿体长 295m，厚度 0.43～11.17m，平均厚 2.74m，厚度变化系数 98%，表明厚度不稳定。矿石品位多为 3.06×10^{-6}～42×10^{-6}，最高达 161.8×10^{-6}，平均 13.5×10^{-6}，品位变化系数 129%。

（3）3-1 号矿体

呈脉状产出，是测区内最大的矿体，走向北西-南东向，倾向 20°～60°，倾角 40°～65°，具膨缩分支复合现象。矿体长 580m，厚度 0.73～17.07m，厚度不稳定，平均厚 3.41m，变化系数 106%，Au 品位 2.00×10^{-6}～84.37×10^{-6}，平均品位 8.8×10^{-6}，品位变化系数 97%。

（二）矿石特征

岩金沟金矿床的矿石主要为破碎蚀变岩型矿石和细脉浸染状矿石。

1. 破碎蚀变岩型矿石

该类矿石呈灰黑色，较为破碎，黄铁矿和毒砂等硫化物均匀分布于矿石之中。可以明显看出矿石受到过强烈的挤压作用而具有定向性构造，硫化物也具有定向性地分布于破碎的蚀变岩中。

2. 细脉浸染状矿石

可见石英硫化物脉体，黄铁矿和毒砂为主的石英-硫化物呈浸染状或细脉网脉状分布于矿石之中，发育硅化、黄铁矿化、绢云母化的蚀变，矿体并未见强烈的破碎现象，表明该类型矿石受挤压作用不明显。

岩金沟金矿床的主要金属矿物为黄铁矿、黄铜矿、闪锌矿、毒砂、辉钼矿、磁黄铁矿、金红石；次要矿物有胶黄铁矿、白铁矿、方铅矿、辉铜矿、黝铜矿、细硫砷铅矿、斜硫砷铅矿、硫铜锑矿、硫砷铜矿、假象赤铁矿、磁铁矿、赤铁矿、黑钨矿、针铁矿、纤铁矿；非金属矿物主要有石英、绢云母、白云母、绿泥石、方解石等。蚀变主要有硅化、碳酸盐化、绢云母化、绿泥石化和白云母化。矿石结构主要包括他形-自形粒状结构、固溶体分离结构、交代结构、环带结构、包含结构等。

（三）围岩蚀变

岩金沟金矿床围岩蚀变较为发育，主要蚀变类型有硅化、黄铁矿化、绢云母化、毒砂矿化、碳酸盐化及绿泥石化等，其中以硅化、绢云母化、黄铁矿化、毒砂矿化与金矿化关系最为密切。绢云母化从矿化中心部位向两侧逐渐变弱。硅化常发育在蚀变带的中心部位。早期硅化石英呈次圆状，波状消光十分明显，有定向拉长和重结晶现象。晚期硅化形成细粒石英，通常伴有多金属硫化物。碳酸盐化，以方解石为主，伴有少量石英。

三、矿床成因及成矿规律

（一）黄铁矿分类及成矿阶段

通过野外观察、扫描电镜观察和能谱分析，根据矿物共生组合、脉体穿切关系及黄铁矿光学特征，将岩金沟金矿床分为四个成矿阶段。第一阶段（含黄铁矿石英脉）、第二阶段（毒砂+黄铁矿+石英阶段）、第三阶段（石英+铜多金属硫化物阶段）、第四阶段（方解石+少量黄铁矿阶段）。第二和三阶段是金成矿的主要阶段。第三阶段较为复杂，其特征为发育两个世代黄铁矿：Py1（凹凸不平-半自形）和 Py2（光滑-自形）。在其周围的片麻岩和基性岩脉中也有少量的黄铁矿（图 3-1-2）。我们在图 3-2-2 中总结了不同岩性和成矿阶段的矿物组合。

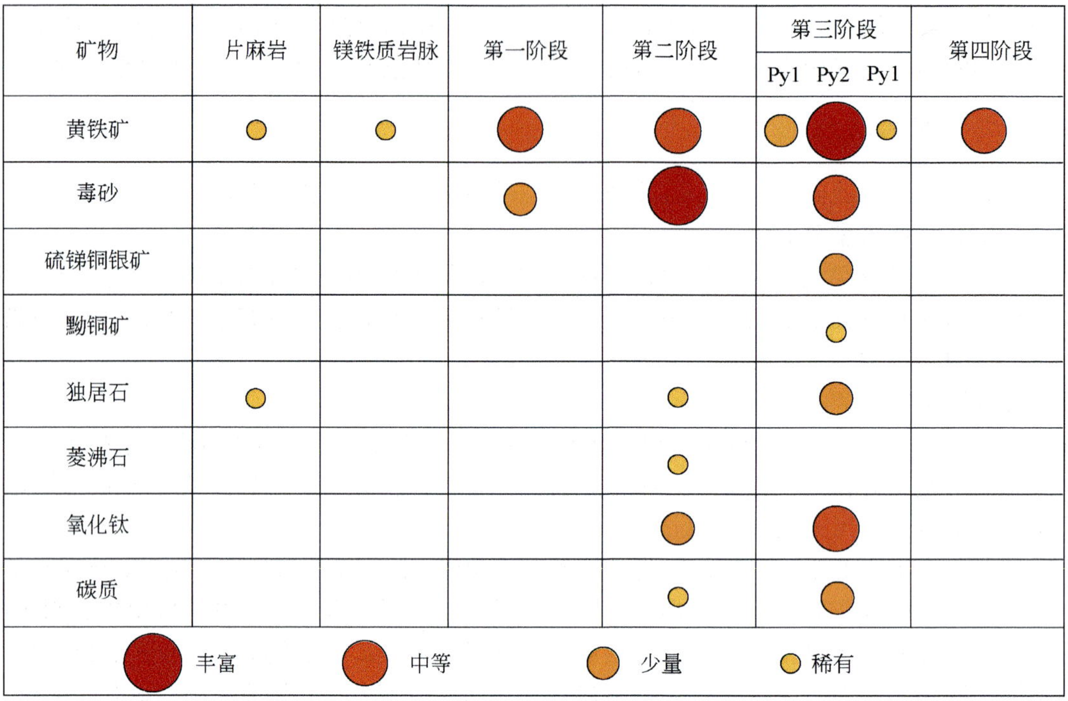

图 3-2-2　岩金沟金矿床不同岩性及成矿阶段矿物组合图

第一阶段为含黄铁矿石英脉阶段（图 3-2-3），主要金属矿物为黄铁矿和极少量毒砂，黄铁矿大多为自形晶，少量半自形晶，颗粒大小 150～400μm，毒砂颗粒非常小（50～120μm），呈自形-半自形包裹体的形式存在于黄铁矿中，少量毒砂以离散颗粒形式出现在黄铁矿附近，可以反映早期阶段成矿环境比较开放和稳定。

第二阶段为毒砂+黄铁矿+石英阶段（图 3-2-4），矿化形式为标准的破碎蚀变岩型矿石，黄铁矿和毒砂的含量在这一阶段急剧增加，这两种矿物都表现出明显的定向性，并被挤压压碎，尽管保留了一些晶形良好的颗粒。毒砂是这一阶段的主要矿物，其含量远远超过其他矿物，并且该阶段常伴有一些氧化钛矿物和一些副矿物菱沸石，可以反映该阶段的成矿环境为一个挤压的背景。

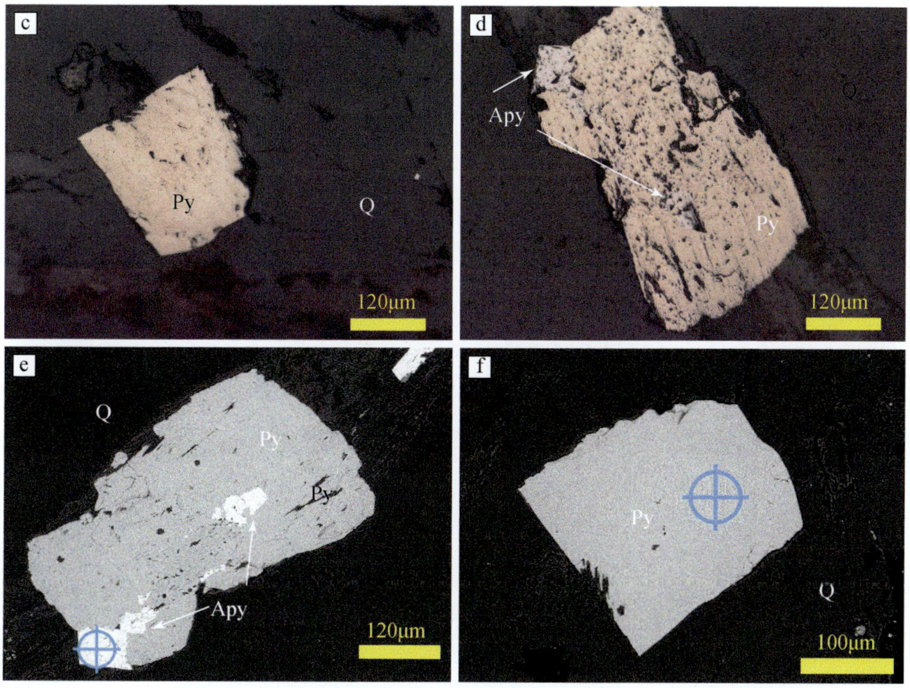

图 3-2-3 岩金沟金矿床第一阶段矿石及黄铁矿特征

a、b. 岩石手标本；c、d. 显微镜反射光照片；e、f. 背散射电子成像。Py. 黄铁矿；Apy. 毒砂；Q. 石英

第三阶段为石英+铜多金属硫化物(黄铁矿、硫锑铜银矿、毒砂、黝铜矿等)阶段(图 3-2-5)，这一阶段的矿化形式也是典型的碎裂蚀变岩类型，主要金属矿物为黄铁矿、毒砂和多金属铜硫化物，该阶段的毒砂含量较上一阶段明显减少，特征是存在两个世代的黄铁矿 Py1 和

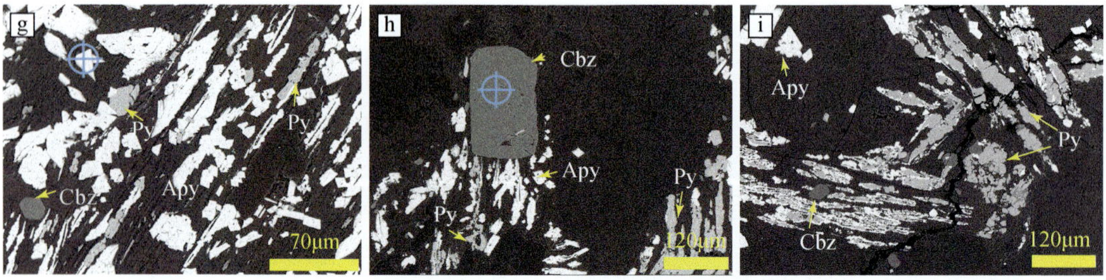

图 3-2-4　岩金沟金矿床第二阶段矿石及黄铁矿特征

a～c. 岩石手标本；d～f. 显微镜反射光照片；g～i. 背散射电子成像。Py. 黄铁矿；Apy. 毒砂；Cbz. 菱沸石；To. 氧化钛矿物

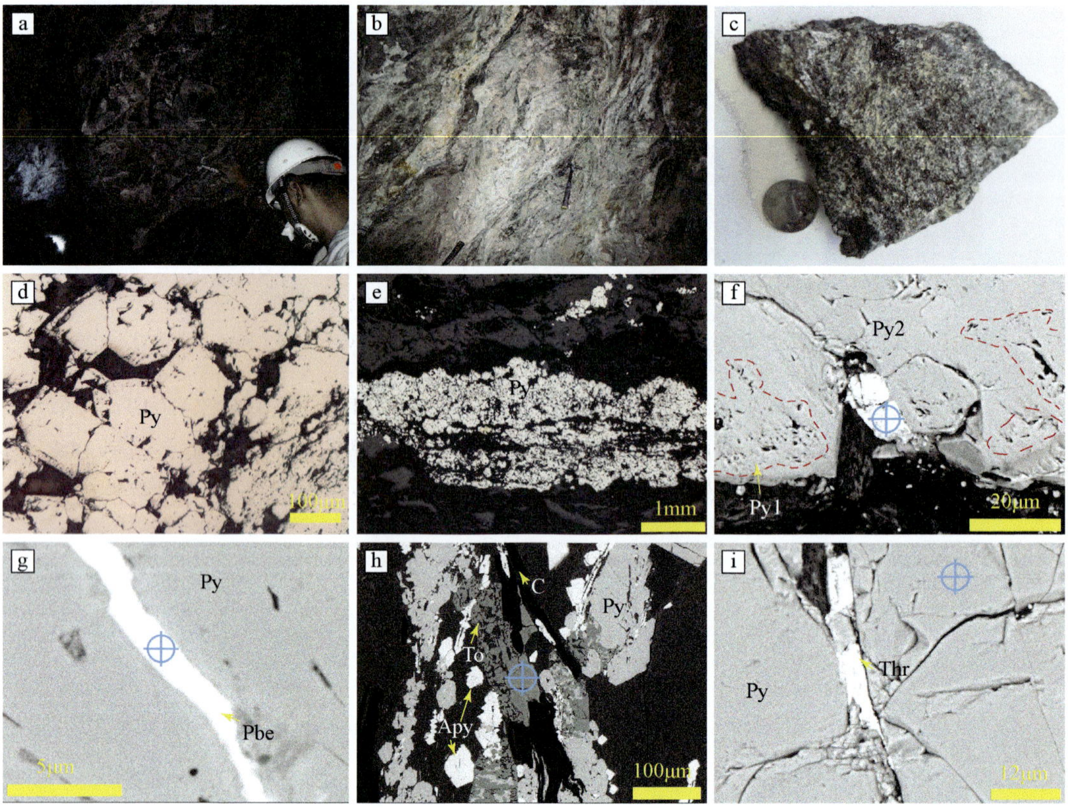

图 3-2-5　岩金沟金矿床第三阶段矿石及黄铁矿特征

a～c. 岩石手标本；d～f. 显微镜反射光照片；g～i. 背散射电子成像。Py. 黄铁矿；Apy. 毒砂；To. 氧化钛矿物；Thr. 黝铜矿；Pbe. 硫锑铜银矿；C. 碳质；Py1 和 Py2 为第三阶段两个世代的黄铁矿

Py2，黄铁矿常呈脉状分布，在显微镜反射光和背散射电子成像中，Py1 表面粗糙，有许多空洞和斑点，而 Py2 表面非常光滑，具有良好的晶体形状和结晶度。两个世代的黄铁矿有明显的生长接触关系，Py1 生长在 Py2 内部，从两种矿物的接触关系可以判断，Py1 的形成早于 Py2。Py1 生长在 Py2 外面，且晶体形态良好，这可以反映出黄铁矿在同一成矿阶段的三次生长。该阶段还有一个重要特点是含有大量的铜多金属硫化物，以硫锑铜银矿为

主，还有少量黝铜矿，常成包体在 Py2 中或者在黄铁矿裂隙中。该阶段还有大量热液独居石、金红石和锆石等可以用于定年的副矿物，且都与黄铁矿有密切关系。该阶段的成矿环境为一个热液活动强烈、反复动荡的环境。

第四阶段为方解石+少量黄铁矿阶段，碳酸盐矿物中有较为自形的黄铁矿（图 3-2-6），晶粒较大（＞500μm），几乎不见毒砂。

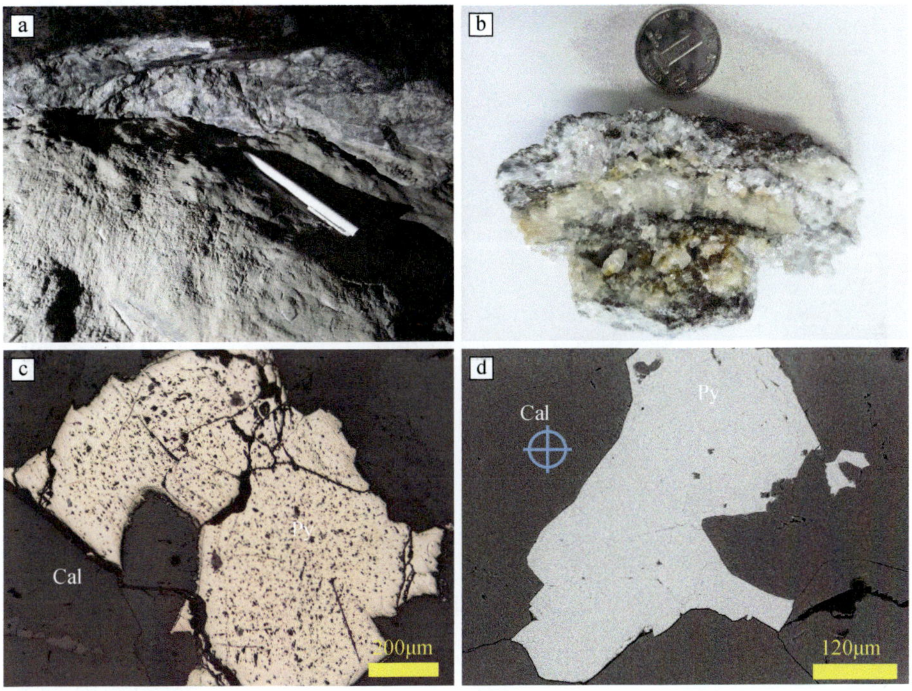

图 3-2-6 岩金沟金矿床第四阶段矿石及黄铁矿特征

a、b. 岩石手标本；c. 显微镜反射光照片；d. 背散射电子成像。Py. 黄铁矿；Cal. 方解石

岩金沟金矿床的赋矿围岩以片麻岩为主，主要矿物为石英、斜长石、角闪石及白云母。这些岩石还含有少量自形-半自形的黄铁矿、独居石、锆石等矿物。基性岩脉穿切了片麻岩和花岗质岩石，其中也含有少量自形-半自形的黄铁矿。

（二）精细成矿过程

1. 黄铁矿微量元素和硫同位素特征

使用 LA-ICP-MS 对黄铁矿进行原位的微量元素和扫面分析。对岩金沟金矿床不同成矿阶段以及不同岩石中的黄铁矿微量元素和硫同位素值均表现出一定的差异，第三阶段两个世代的黄铁矿同样表现出不同的微量元素特征。

（1）微量元素扫面

两个世代黄铁矿之间的关系如图 3-2-7 所示，其中 Py1 早于 Py2，在显微镜反射光和背散射电子成像图像中都可以清楚地区分出来。图 3-2-7c 中黄铁矿颗粒对应的扫面结果如图 3-2-8 所示，其中 Fe、S 均匀分布在整个矿物中（图 3-2-8a、b）。Py1 中 Au 和 As 含量低，Co 和 Ni 含量高，Py2 中 Au 和 As 含量高，Co 和 Ni 含量低。Py2 有生长带（图 3-2-8d）。两个世代的黄铁矿均表现出 Pb、Sb、Cr 和 Cu、Ag、Pb、Sb、Au、As 呈负相关的特征。第二个颗粒研究结果如图 3-2-9 和图 3-2-10 所示，其中 Py1 围绕 Py2 生长。所分析的颗粒

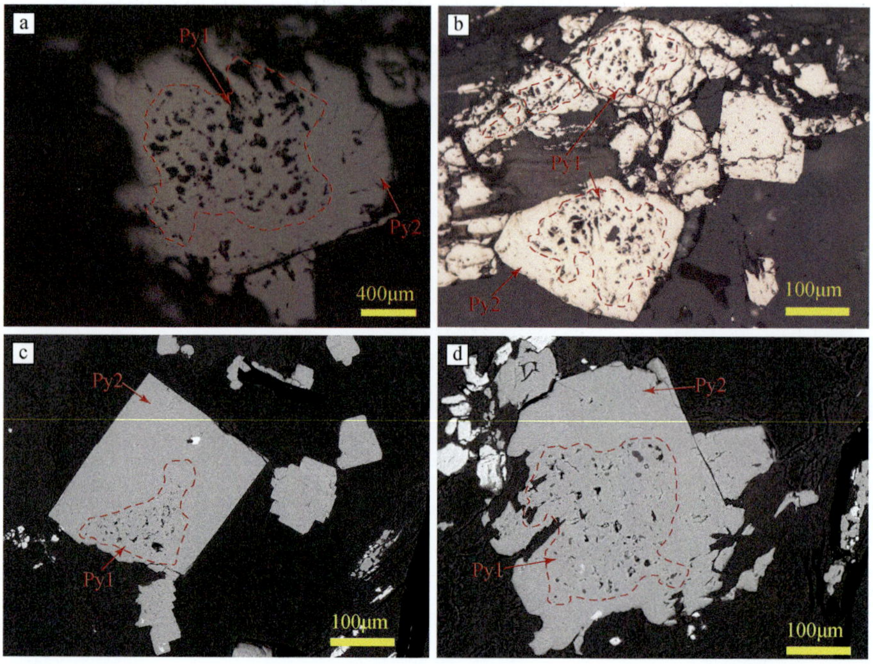

图 3-2-7　岩金沟金矿床第三阶段两个世代的黄铁矿 Py1 和 Py2

a、b. 显微镜反射光照片；c、d. 背散射电子成像

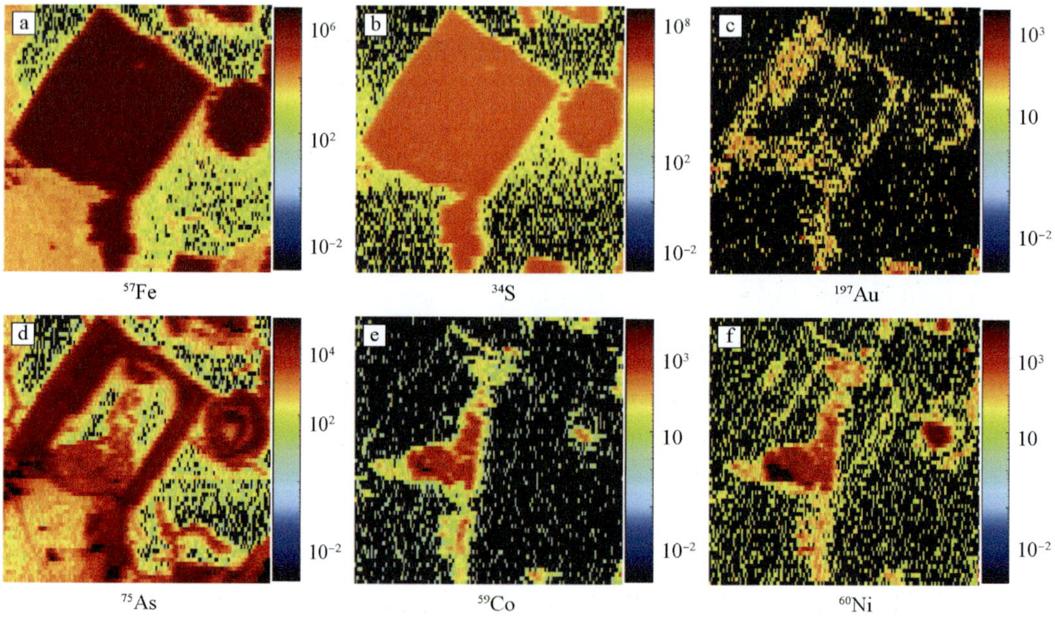

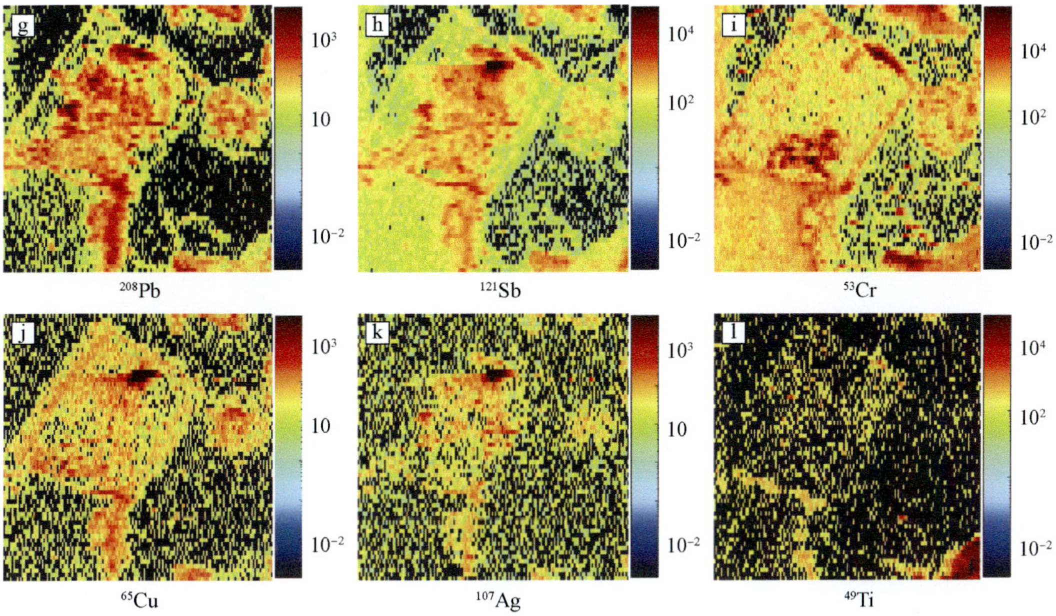

图 3-2-8 岩金沟金矿床第三阶段两个世代黄铁矿 Py1 和 Py2 第一个颗粒 LA-ICP-MS 扫面结果

色柱代表含量，单位为 ppm（$1ppm=10^{-6}$）

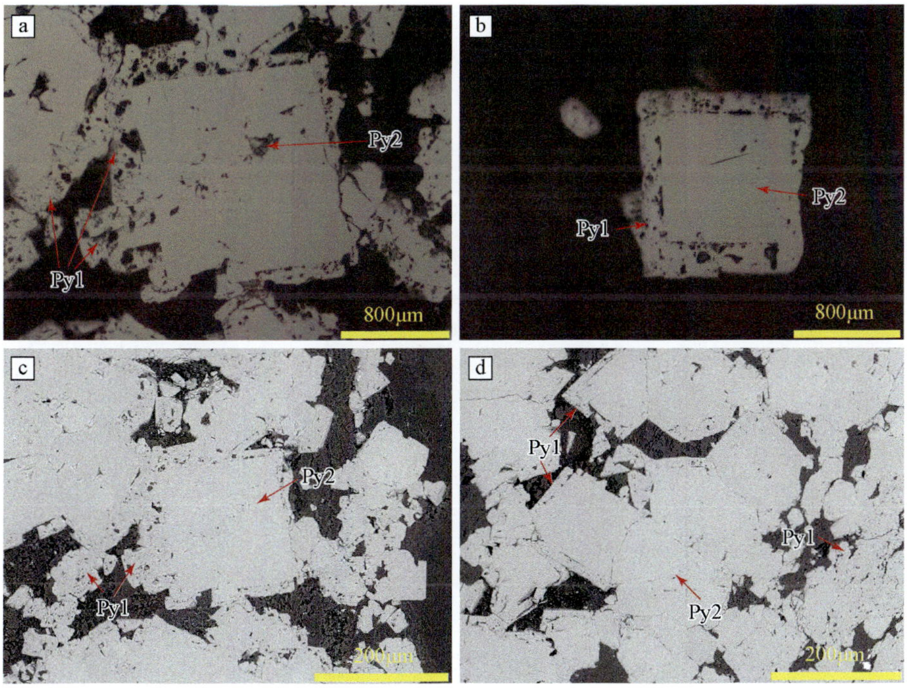

图 3-2-9 岩金沟金矿床第三阶段两个世代黄铁矿的第二个颗粒反映 Py1 生长于 Py2 边缘

在显微镜反射光下见图 3-2-9a，在背散射电子成像（BSE）下见图 3-2-9c，扫面结果见图 3-2-10。该颗粒的扫面结果与上一个黄铁矿颗粒的结果一致。Py2 中 Au 和 As 的含量较高，Co 和 Ni 的含量较低。Py1 中 Au 和 As 在 Py2 附近的含量较低，而 Co 和 Ni 含量较高。Py1 和 Py2 中的其他元素（Co、Ni、Pb、Sb、Cr、Cu、Zn、Ti）也表现出类似的特征。

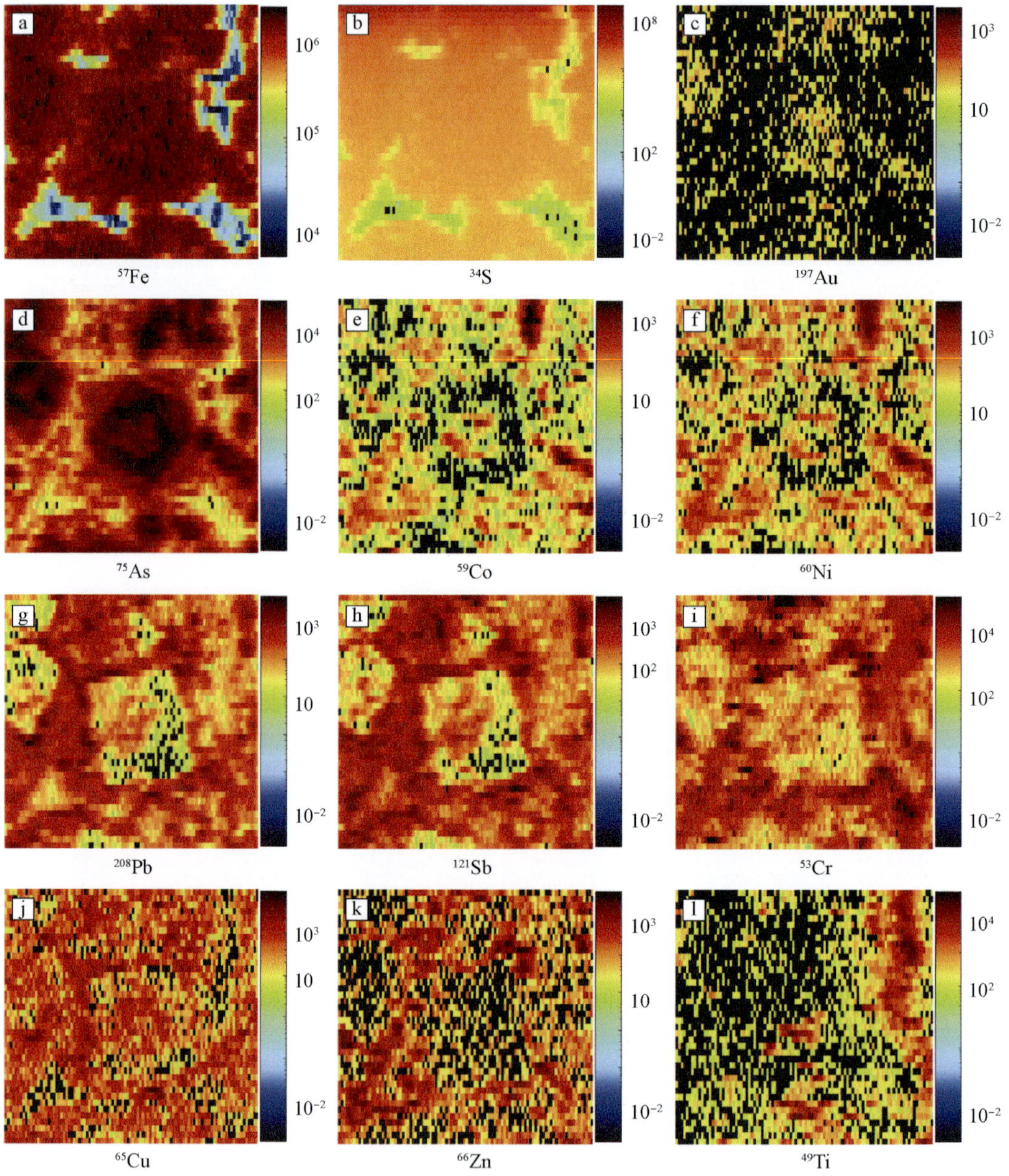

图 3-2-10　岩金沟金矿床第三阶段两个世代黄铁矿 Py1 和 Py2 第二个颗粒 LA-ICP-MS 扫面结果

色柱代表含量，单位为 ppm

（2）单点原位微量元素分析

7 种黄铁矿的微量元素含量特征如图 3-2-11 所示（数据见 Wu et al.，2021）。黄铁矿是最重要的含金矿物，不同类型黄铁矿中金的含量差异显著。片麻岩和基性岩的含金量分别为 0.019～0.14ppm（平均 0.07ppm）和 0.019～0.097ppm（平均 0.049ppm）。第一阶段、第二阶段、第三阶段 Py1、第三阶段 Py2 和第四阶段的含金量分别为 0.23～1.83ppm（平均 0.79ppm）、1.90～25.23ppm（平均 6.30ppm）、0.50～2.28ppm（平均 1.09ppm）、0.18～5.95ppm（平均 1.60ppm）和 0.02～0.40ppm（平均 0.04ppm）。片麻岩和基性岩脉中 As、Co 和 Ni 含量具有相似的结果，片麻岩中 As、Co 和 Ni 含量分别为 0.39～1.61ppm（平均 1.06ppm）、387.22～471.83ppm（平均 426.07ppm）和 432.09～749.37ppm（平均 615.69ppm），基性岩脉中 As、Co 和 Ni 含量分别为 0.49～2.42ppm（平均 1.20ppm）、314.04～1384.53ppm（平均 854.14ppm）和 149.50～656.48ppm（平均 335.54ppm）。

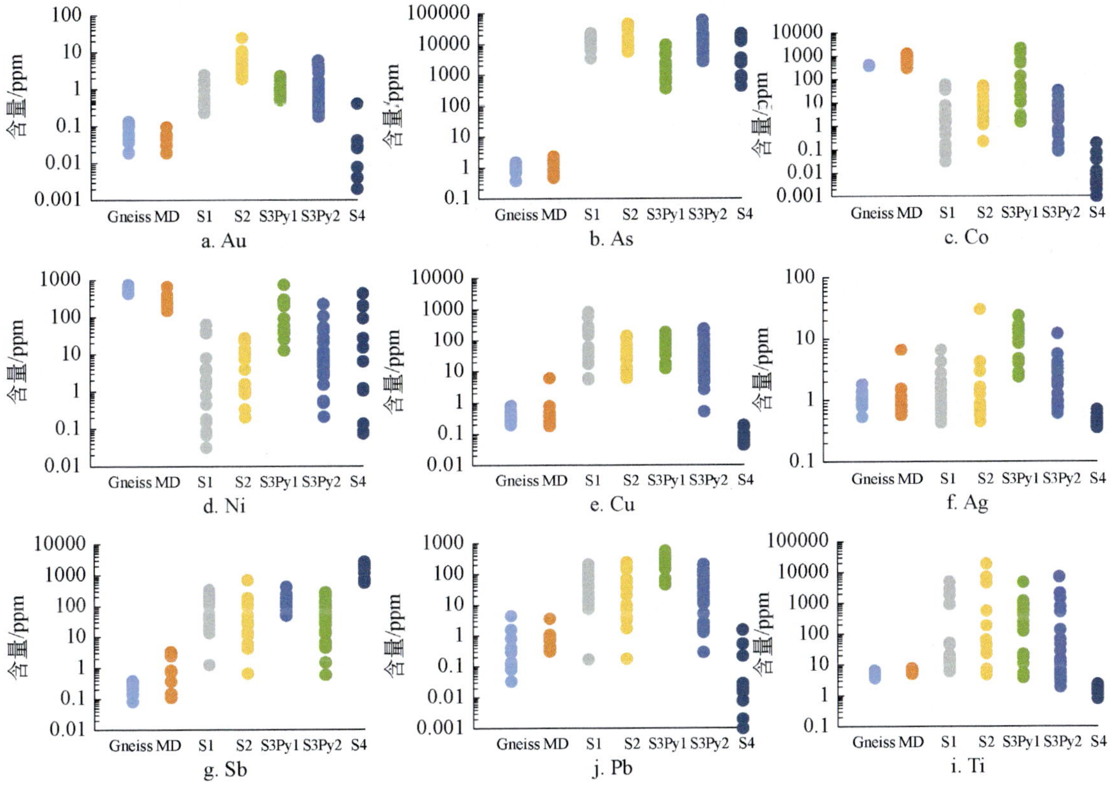

图 3-2-11　岩金沟金矿床黄铁矿微量元素含量变化图解

S1、S2、S3、S4 分别代表第一阶段、第二阶段、第三阶段、第四阶段；Gneiss 为片麻岩；MD 为基性岩

第一阶段显示 As、Co 和 Ni 的含量分别为 3529.77～24975.8ppm（平均 14039.7ppm）、0.032～64.24ppm（平均 9.47ppm）和 0.42～102ppm（平均 27.13ppm）。第一阶段的 Cu、Ag、Sb、Pb 和 Ti 含量分别为 5.60～1716.27ppm（平均 324.91ppm）、0.47～6.69ppm（平均 1.89ppm）、1.27～340.86ppm（平均 104.48ppm）、0.17～211.05ppm（平均 59.30ppm）和 6.18～9979.44ppm（平均 1148.65ppm）。

第二阶段的As、Co和Ni的含量分别为5719.66～47597.8ppm（平均17985.4ppm）、0.15～56.45ppm（平均14.67ppm）和0.335～27.69ppm（平均9.35ppm）。第二阶段的Cu、Ag、Sb、Pb和Ti含量分别为6.22～156.31ppm（平均35.92ppm）、0.64～18.09ppm（平均3.49ppm）、0.67～706.01ppm（平均98.82ppm）、0.18～242.75ppm（53.93ppm）和4.97～19288.5ppm（平均2095.31ppm）。

第三阶段的Py1和Py2呈现出相反的微量元素特征。Py1的As、Co和Ni含量分别为364.30～9822.60ppm（平均3729.99ppm）、1.55～2260.52ppm（平均808.48ppm）和12.43～734.46ppm（平均199.29ppm）。Py2中As、Co、Ni的含量分别为2736.06～55058.32ppm（平均16332.77ppm）、0.09～43.66ppm（平均6.45ppm）和0.55～220.64ppm（平均30.53ppm），Cu、Ag、Sb、Pb和Ti的含量分别为12.71～187.29ppm（平均71.79ppm）、2.39～24.08ppm（平均10.16ppm）、48.81～426.69ppm（平均141.45ppm）、46.29～574.61ppm（平均231.08ppm）、3.88～4837.26ppm（平均688.73ppm）。而Py1的Cu、Ag、Sb、Pb和Ti的含量分别为0.52～203.08ppm（平均36.04ppm）、0.59～12.26ppm（平均2.20ppm）、0.59～277.69ppm（平均66.39ppm）、0.29～207.88ppm（平均37.94ppm）和1.94～6132.96ppm（平均447.56ppm）。

第四阶段的As、Co和Ni含量分别为436.54～22552.3ppm（平均10323.55ppm）、0.001～0.19ppm（平均0.028ppm）和0.074～420.99ppm（平均73.39ppm），Cu、Ag、Sb、Pb、Ti含量为0.044～0.19ppm（平均0.09ppm）、0.36～0.69ppm（平均0.46ppm）、560.56～2642.69ppm（平均1703.94ppm）、0.001～1.53ppm（平均0.18ppm）和0.81～2.37ppm（平均1.64ppm）。

（3）原位硫同位素组成

黄铁矿的硫同位素特征如图3-2-12所示（数据见Wu et al.，2021）。第一阶段和第二阶段$\delta^{34}S$值相近，分别为-0.97‰～0.8‰和-0.63‰～1.78‰。第三阶段Py1和Py2的$\delta^{34}S$值分别为-0.5‰～8.33‰和0.57‰～6.49‰。第四阶段$\delta^{34}S$值较为特别，为-42.42‰～-29.42‰。片麻岩和基性岩的$\delta^{34}S$值不同，分别为12.57‰～13.76‰和3.66‰～5.46‰。

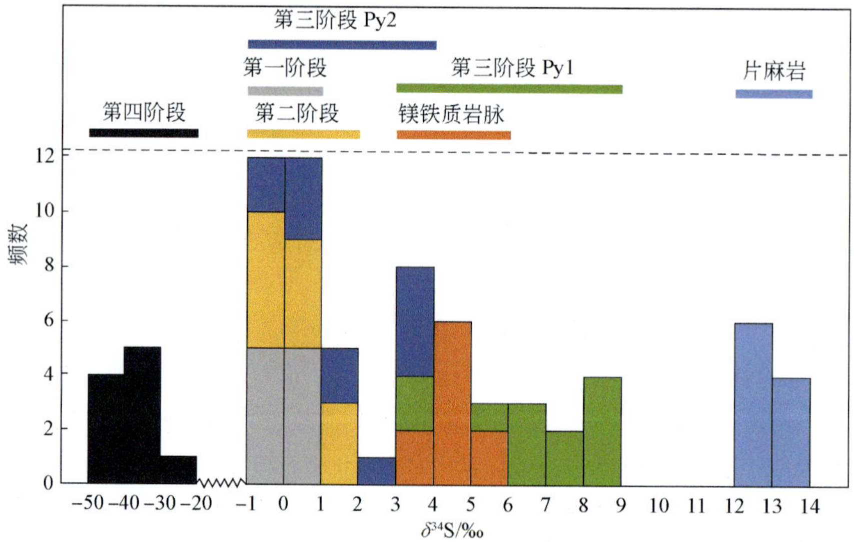

图3-2-12　岩金沟金矿床黄铁矿、片麻岩和镁铁质岩脉的硫同位素特征图

2. 黄铁矿结构和组成的演化

（1）矿物共生组合及演化

岩金沟金矿床四个成矿阶段表现出不同的矿物共生组合和结构特征。黄铁矿产出于每一个成矿阶段，毒砂通常与黄铁矿密切相关伴生。毒砂的含量与金含量成正比，因此，第二阶段是金的主成矿阶段，其次是第三阶段和第一阶段，而第四阶段几乎没有金矿化。从矿石特征上看，早期第一阶段为含黄铁矿石英脉阶段（图 3-2-3）。主要成矿期（图 3-2-4）为破碎蚀变岩型成矿期（第二阶段），构造变形强烈，导致矿体破碎，矿物定向。第三阶段矿石也为破碎蚀变型矿石（图 3-2-5），处于开放动荡的环境，黄铁矿有两种类型（Py1 和 Py2，图 3-2-7，图 3-2-9）。第四阶段几乎全为方解石脉，各类矿化均较少（图 3-2-6）。通过矿物共生组合、结构以及穿切关系，四个成矿阶段可以被清晰地区分，从早至晚的成矿演化过程也完整地呈现出来。黄铁矿的含量从早至晚呈现出由少增多再减少的趋势，其晶形也从最早的自形晶变为半自形定向结构，再到最后的自形晶。毒砂的含量从最开始的很低到第二阶段突然升高，之后再次降低。通常来讲，毒砂含量多的阶段金品位更高，如第二阶段，大量的破碎且定向的毒砂伴生了较高的金含量。第三阶段，铜多金属硫化物开始出现，主要是硫锑铜银矿、黝铜矿等，还有少量黄铜矿。最重要的是，这个阶段两个世代的黄铁矿 Py1 和 Py2 具有明显的生长关系，Py1 先形成，Py2 环绕 Py1 的边缘生长，奇怪的是，在结晶完好的 Py2 外围边缘会再次生长出 Py1。另外，钛的氧化物如金红石可常在该阶段发现。这些特征反映了第三阶段处于一个开放、动荡且反复的成矿环境。我们的观察和研究结果表明，岩金沟金矿床从早阶段处于一个稳定平和的环境，到进入一个强烈挤压的环境，金开始大量沉淀，之后开放且动荡的环境使金属几乎完成沉淀，最后再趋于稳定。

（2）微量元素的关系及演化

砷（As^-）可以在黄铁矿四面体中非化学计量取代 S_2^{2-}，导致黄铁矿结构变形（Simon et al.，1999a；Reich et al.，2013）。结构畸变会导致其他微量元素掺入黄铁矿的结构中，As 与其他微量元素呈正相关关系，如 Au^+（Li et al.，2021）。我们对几个具有代表性的黄铁矿进行的扫面结果也证实了不同元素的相关性（图 3-2-8，图 3-2-10）。Au 与 As 具有明显的正相关关系，而与 Co 和 Ni 具有明显的负相关关系，扫面结果与单点测试结果较为一致。结合两个黄铁矿的扫面结果、显微镜和扫描电镜的观察结果，推断第三阶段重复动荡的环境导致了 Py1 到 Py2，再到 Py1 的形成顺序，同时围绕黄铁矿的氧化钛矿物表明当时的成矿环境为一个开放体系。

不仅是第三阶段，单点分析结果和扫面结果在各个阶段也表现出良好的一致性。如图 3-2-11 所示，Au 含量在第一阶段为中等，第二阶段陡然升高，到了第三阶段呈现出下降的趋势，其中第三阶段 Py2 的金含量明显高于 Py1，而第四阶段的 Au 含量达到了最低值，As 含量在图中的变化趋势与 Au 基本一致，不同的点在于第四阶段 As 的含量仍然很高，这可能反映了整个岩金沟区域处于富 As 的背景，因此这对 Au 矿化十分有利。片麻岩和镁铁质岩脉中的 Au 和 As 的含量较低，而 Co 和 Ni 含量较高。其中 Co 和 Ni 的含量与贫 Au、贫 As 的第三阶段 Py1 有些相似。第四阶段则表现出与其他阶段都不同的特点，Au、As、Co、Cu、Ag、Pb 和 Ti 的含量都很低，而只有 Sb 的含量较高。

Fe 和 S，As 和 S，As 和 Au 以及 Co 和 Ni 的二元协变图解可以反映不同岩石和不同成矿阶段黄铁矿的特征（Li et al.，2018，2021；Sun et al.，2020），我们通过对比成矿阶段的黄铁矿与围岩和镁铁质岩脉中的黄铁矿的线性变化规律来讨论它们是否有成因联系。如图 3-2-13a～c，片麻岩中的黄铁矿具有较平稳的线性趋势，而镁铁质岩脉中的黄铁矿则没有任何线性规律。从 Fe-S 图解（图 3-2-14）中可以看出，第二阶段和第三阶段的 Py2 呈现出缓倾斜的趋势，这两个阶段的黄铁矿标志着金的主要形成，而第一阶段和第三阶段的 Py1 具有较为陡的倾斜趋势。从 As-S 图解（图 3-2-14）中观察到，第二阶段和第三阶段的 Py2 具有较大的斜率，而第一阶段和第三阶段的 Py1 具有相对平缓的趋势。Au 和 As 图解中展示了第二阶段和镁铁质脉岩中的黄铁矿具有相似的线性规律，暗示了第二阶段的 Au 矿化可能有深部来源物质的混入。不同类型黄铁矿表现出不同的特征和明显的规律性，揭示了不同类型黄铁矿之间的差异和成矿阶段演化的过程。

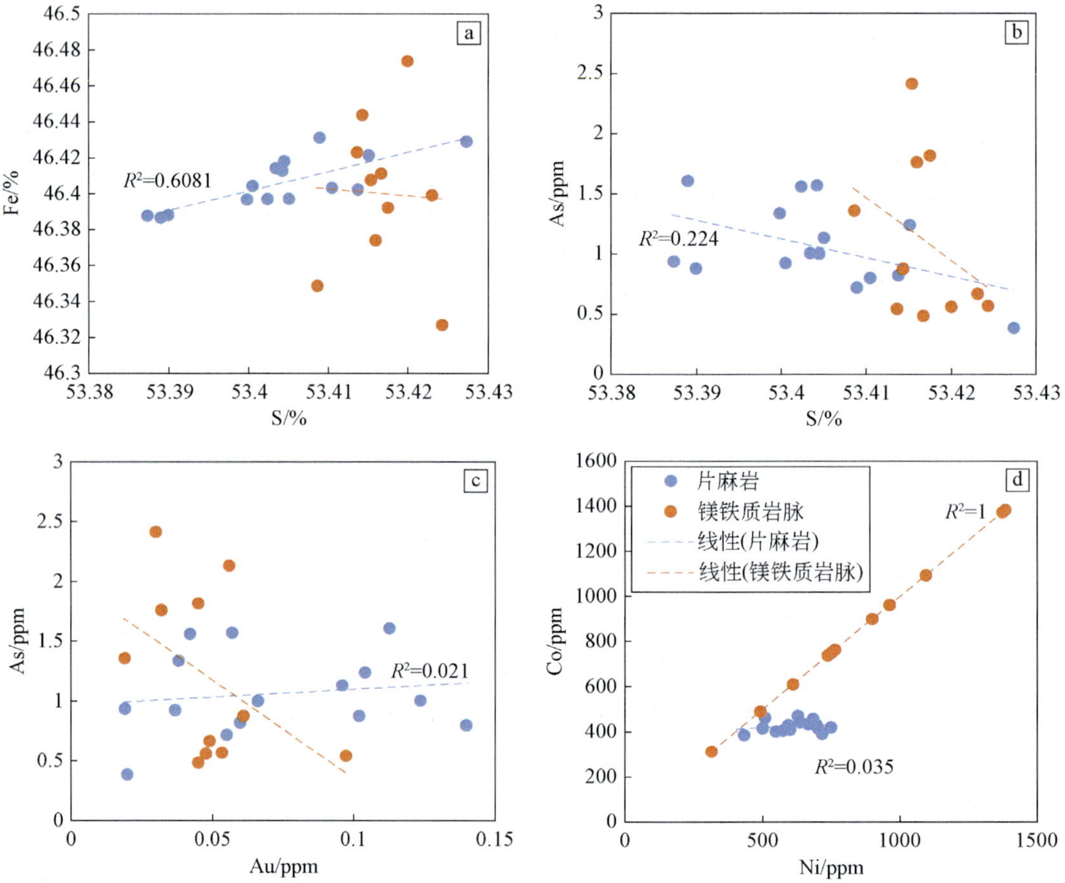

图 3-2-13　岩金沟金矿床片麻岩和镁铁质岩脉中的黄铁矿元素协变图解

a. Fe-S 图解；b. As-S 图解；c. As-Au 图解；d. Co-Ni 图解

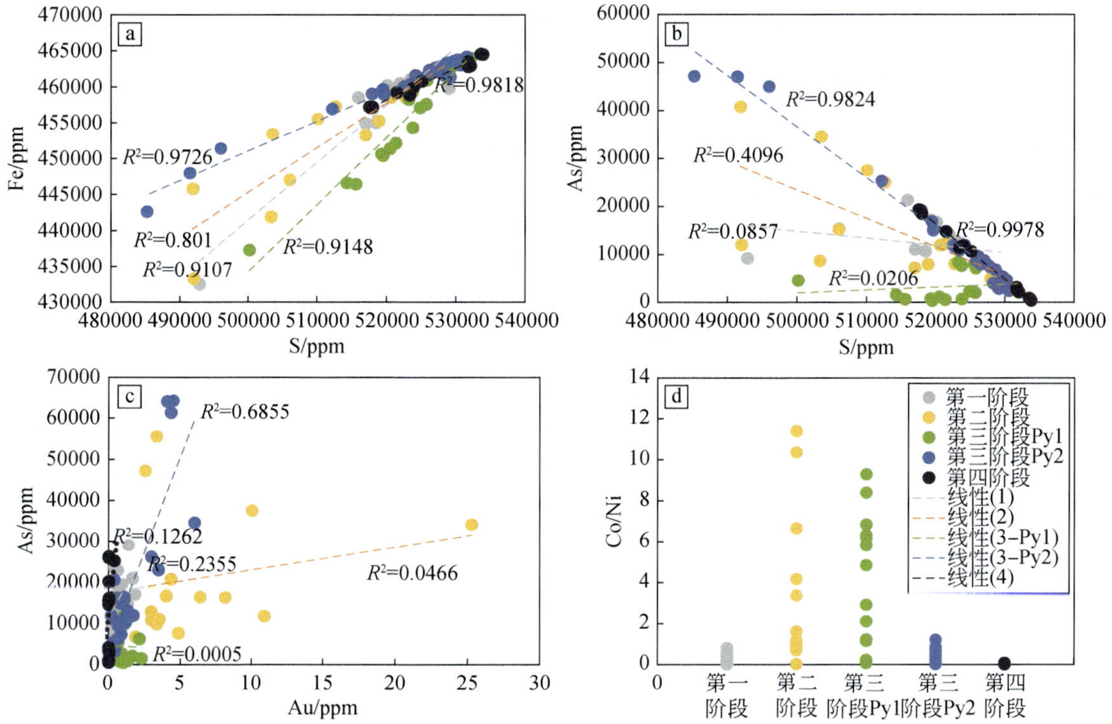

图 3-2-14 岩金沟金矿床各阶段黄铁矿元素协变图解

a. Fe-S 图解；b. As-S 图解；c. As-Au 图解；d. Co-Ni 图解

3. 不同类型黄铁矿的成因及演化

不同微量元素的比值通常用来确定黄铁矿的来源，并可进一步指示成矿阶段的演化和矿床的成因。黄铁矿的 Co/Ni 值对环境的变化十分敏感，因此可以用来评价热液金矿床的来源（Campbell and Ethier，1984；Large et al.，2009）。通常来说，岩浆热液型黄铁矿具有较高的 Co/Ni 值（>1），而沉积成岩型黄铁矿具有较低的 Co/Ni 值（<1）（Bajwah et al.，1987；Reich et al.，2016）。黄铁矿中的 Au 和 As 的相关性也可以用来辨别造山型金矿、岩浆热液型金矿或卡林型金矿（Cline，2001；Reich et al.，2005）。造山型金矿床中黄铁矿的 Au/As 通常比较低（0.004，Deditius et al.，2014），但这在卡林型或岩浆热液型金矿床中通常较高（Reich et al.，2005；Sun et al.，2020）。另外，Te/Au 值通常可以反映黄铁矿的起源，由于与岩浆系统有关的流体可以携带丰富的 Te，较高的 Te 丰度通常表明流体与岩浆有关（Pudack et al.，2009；Bi et al.，2011）。一般情况下，岩浆成因的黄铁矿具有较高的 Te/Au 值（>1），而变质成因的黄铁矿具有较低的 Te/Au 值（<1）（Belousov et al.，2016）。黄铁矿的 $\delta^{34}S$ 值常作为成矿物质来源的示踪剂，用于探讨成矿演化过程（Ohmoto，1972；Peterson and Mavrogenes，2014；Rye and Ohmoto，1974）。不同的硫源具有特殊的 $\delta^{34}S$ 值范围：①岩浆来源（-3‰～7‰，Ohmoto，1986；Ohmoto and Goldhaber，1997；0±5‰，Seal，2006）；②沉积岩还原硫（<0，Rollinson，1993），以及海水硫（20‰，Rollinson，1993）。造山型金矿的成矿物质和流体通常被认为来源于变质流体或者围岩，有时候也会与侵入岩相关（Goldfarb et al.，2001；Groves et al.，2020；Mernagh et al.，2007）。然而，世界上主要的

造山型金矿的 $\delta^{34}S$ 值变化范围为 0～10‰（Goldfarb et al.，2005），这很难仅通过硫同位素组成来讨论矿床的演化和成矿物质的来源。因此，我们结合黄铁矿微量元素和硫同位素共同讨论岩金沟金矿床的成因和各阶段的演化过程。

第一阶段的黄铁矿具有较低 Co/Ni 值（＜1，0.002～0.83）和 Au/As 值（图 3-2-14d）。Te/Au 值大部分＜1（0.29～0.98，图 3-2-15e、f），只有极少量值＞1（1.09～7.92）。这些特征表明第一阶段的黄铁矿起源于深部变质流体，几乎不受岩浆热液的影响。

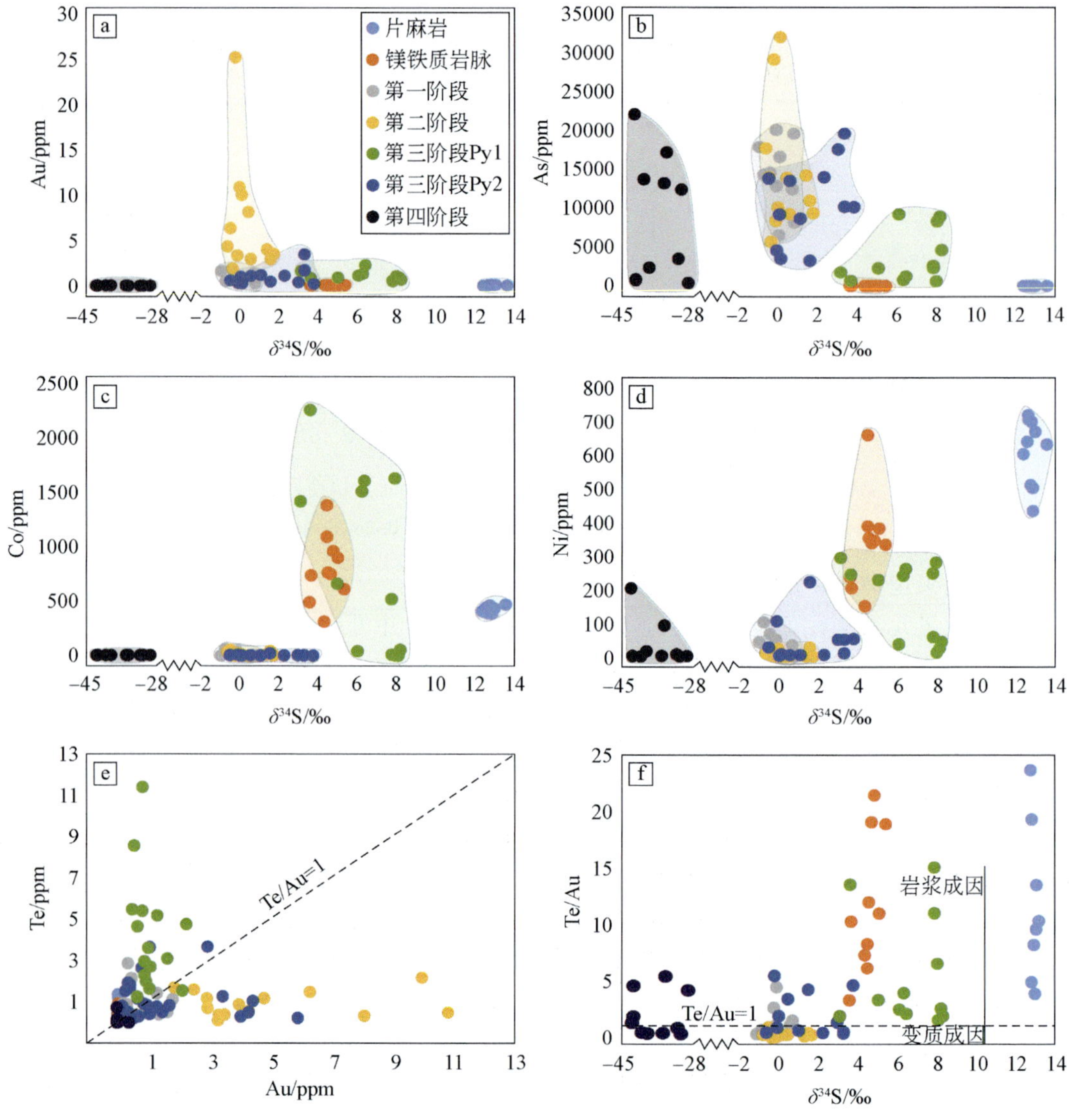

图 3-2-15　岩金沟金矿床黄铁矿微量元素和硫同位素协变图解

a. Au-$\delta^{34}S$ 图解；b. As-$\delta^{34}S$ 图解；c. Co-$\delta^{34}S$ 图解；d. Ni-$\delta^{34}S$ 图解；e. Te-Au 图解；f. Te/Au-$\delta^{34}S$ 图解

第二阶段的黄铁矿中 Au 和 As 的含量均较多，是主要成金阶段。该阶段黄铁矿表现出较广范围的 Au/As 值（图 3-2-14）和 Co/Ni 值（0.009～10.39，图 3-2-14d）。因为该阶段

Au 含量较高，几乎所有的 Te/Au 值都小于 1（0.01～0.9，图 3-2-15e、f）。这些特征表明第二阶段的黄铁矿可能来源于岩浆热液流体和深部变质流体的共同作用。

扫描电镜和扫面的结果表明第三阶段发育强烈和反复的热液流体活动，是最为复杂的成矿阶段。第三阶段黄铁矿的 Py1 表现出较广范围且较高的 Co/Ni 值（0.06～9.31）。几乎所有的 Te/Au 值都大于 1（0.73～15.04，图 3-2-15e、f），且 Au/As 值几乎都高于其他阶段的黄铁矿。然而，第三阶段黄铁矿的 Py2 表现出相反的特征，它们往往具有较低的 Co/Ni 值（0.01～1.21，图 3-2-14d）和 Au/As 值（图 3-2-14c）。该世代的黄铁矿 Te/Au 值几乎都小于 1（0.08～0.87，图 3-2-15），只有小部分表现出大于 1 的特征（1.05～5.54，图 3-2-15）。第三阶段 Py1 和 Py2 的 $\delta^{34}S$ 分别为-0.5‰～8.33‰和 0.57‰～6.49‰。Py1 的微量元素和 S 同位素特征与镁铁质岩脉较为相似（图 3-2-15），表明两者之间的成因联系。以上特征表明第三阶段的 Py1 为岩浆热液成因且很大程度上受片麻岩和镁铁质岩脉的影响，而 Py2 则主要来源于深部变质流体，仅受岩浆热液的轻微影响。

第四阶段的黄铁矿表现出较为独特的微量元素和 S 同位素特征（图 3-2-15）。Co/Ni 值和 Au/As 值均较低，且大部分 Te/Au 值都小于 1（图 3-2-15）。该阶段黄铁矿还表现出极负的 $\delta^{34}S$（-42.42‰～-29.42‰）。这些特征指示了第四阶段的黄铁矿起源于其他远源深部的变质流体，而与其他阶段均不同。

第三节 沟里矿集区都兰县果洛龙洼金矿床

矿集区位于都兰县以南阿斯哈—果洛龙洼一带，呈北西-南东向近等轴状展布，东西长约 28km，南北宽约 19～22km，面积约 637km^2。大地构造单元属昆北复合岩浆弧东段，成矿带处于伯喀里克-香日德成矿亚带中。截至 2018 年底，矿集区内查明的金属矿产主要为金，包括 1 处中型、4 处小型金矿床（图 3-3-1；Chen et al.，2020a）。代表性矿产地有都兰县果洛龙洼金矿床、都兰县阿斯哈金矿床、都兰县按纳格金矿床、都兰县瓦勒尕金矿床等。

沟里矿集区金矿床依据赋矿围岩、控矿构造、矿化类型和蚀变特征，沟里地区金矿床主要分为两类。第一类以果洛龙洼、德龙和按纳格金矿为代表，赋存在古元古代金水口岩群和寒武—奥陶纪纳赤台蛇绿混杂岩中，赋矿围岩为变质岩（丁清峰等，2013；陶斤金，2014），控矿构造为东西向脆韧性剪切带；第二类以瓦勒尕和阿斯哈金矿为代表，赋存在晚三叠世花岗闪长岩中，锆石年龄集中在 231～244Ma（李金超等，2014；Liang et al.，2021），控矿构造为北西或北东向脆性断裂。两类金矿化均以石英脉型为主，蚀变岩型次之。

一、矿区地质

（一）地层

区内出露地层除新生界第四系外，主要为古元古代金水口岩群和寒武—奥陶纪纳赤台蛇绿混杂岩。古元古代金水口岩群由一套中-高级变质岩组成，地层岩性组合以黑云斜长片

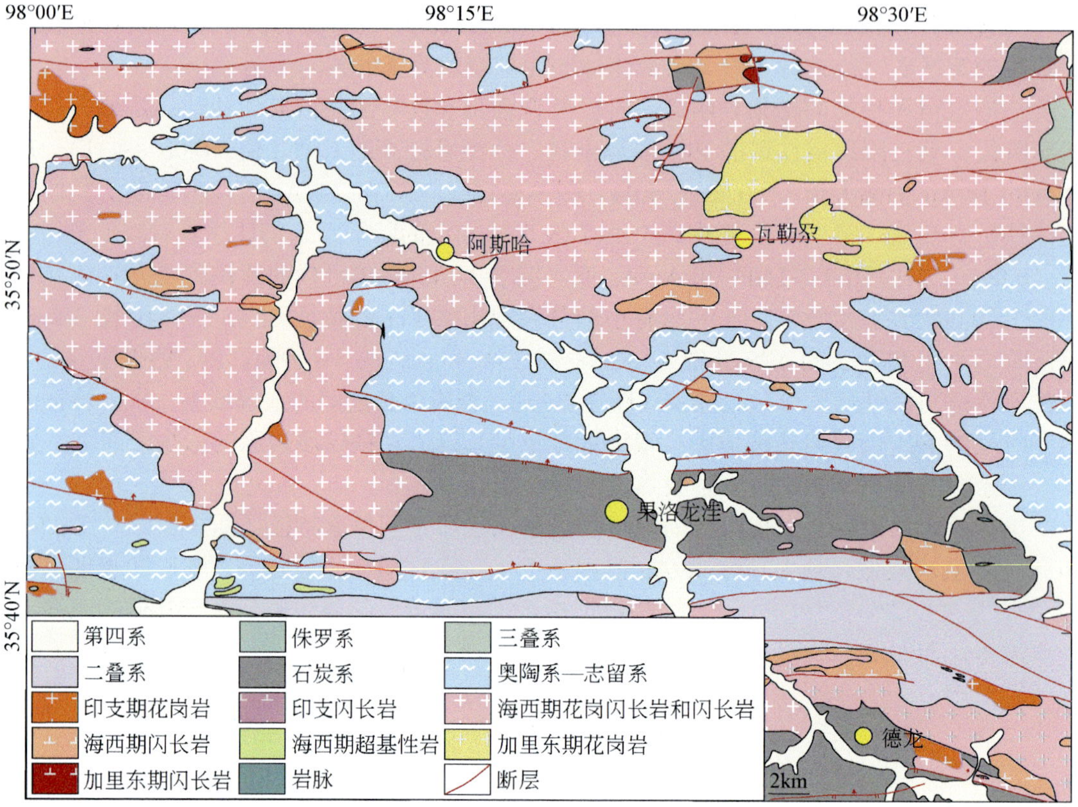

图 3-3-1　沟里矿集区地质简图（修改自加鲁河幅地质图）

麻岩夹斜长角闪片岩、斜长角闪片麻岩与大理岩互层、斜长角闪片麻岩、混合岩化片麻岩为主。黑云斜长片麻岩夹斜长角闪片岩，局部夹黑云（二云）母石英片岩，颜色以浅灰色为主，中-粗粒鳞片粒状变晶结构，片麻状构造，主要造岩矿物为斜长石、石英、黑云母，其次为白云母、铁铝榴石和角闪石。大理岩呈透镜状、带状产出，颜色为灰色至灰白色，中-粗粒粒状变晶结构，块状构造，主要造岩矿物为方解石、白云石，其次为石英、蛇纹石、透闪石等。斜长角闪片麻岩，颜色为灰色，中-粗粒鳞片粒状变晶结构，片麻状构造，主要造岩矿物为斜长石、石英、角闪石、黑云母，偶含铁铝榴石。混合岩化片麻岩，颜色为浅灰色或浅肉红色，粗粒鳞片粒状变晶结构和似斑状变晶结构，条带状构造和眼球状构造，主要造岩矿物为斜长石、石英、钾长石、黑云母，其次为白云母和铁铝榴石。受后期岩浆活动影响，在局部地段出露了条带状和眼球状混合岩，岩石中常可见透镜体，透镜体主要为变质基性脉岩。以上岩性组合之间界线模糊，通常某一区域以其中一种岩性组合为主，同时夹有少量其他的岩性组合。金水口岩群与下伏灰色花岗闪长岩呈侵入接触关系，与上覆的小庙组呈断层接触关系。

纳赤台蛇绿混杂岩为一套绿片岩相中浅变质岩，包括变质沉积岩和变质火山岩。其中变质沉积岩主要岩石类型包括二云石英片岩、绢云母石英片岩、绿泥石石英片岩、千枚岩、变砂岩，偶见少量大理岩或者石英岩。变质火山岩岩性主要包括绿帘绿泥钠长片岩、角闪片岩和斜长角闪片岩、变凝灰质千枚岩。纳赤台蛇绿混杂岩与上覆志留—泥盆系呈整合接触，与下伏寒武系接触关系不明。

（二）构造

区内主体构造为东西向、近东西向断裂及不同等级的次级断裂。主干断裂控制地层及岩体的展布。

区内的断裂构造以压性或压扭性、张性断裂为主。断裂构造从其展布方向可以分为北西向、北北东-近南北向和北西西-近东西向断裂，具多期活动的特点。

北西向断裂主要分布在矿区的中部，断裂性质以压性或压扭性、张性为主，倾向 60°～70°，倾角 55°～85°，长 1400～3000m。大致呈平行排列，横贯全区，断裂带沿走向宽窄不一，具有左行剪切活动特征，带内发育断层角砾岩、断层泥，可见硅化和黄铁矿化，是矿区主控矿断裂，沿断裂带局部见有花岗闪长岩、闪长岩侵入。

北北东-近南北向断裂主要分布于矿区的东部，规模较小，倾向 275°～330°，倾角 70°～88°，左行构造，长 600～2400m。矿区主要的控矿、容矿断裂，围岩为浅灰色中粗粒闪长岩。

近东西向断裂主要分布于矿区的西部和北部。倾向南，倾角 45°，左行，晚期断裂，发育铜矿化，切穿了早期的主矿脉。

（三）岩浆岩

区内岩浆活动频繁而强烈，岩浆岩广泛分布，岩石类型复杂多样，以海西—印支期侵入体最为发育，岩石类型以花岗岩类为主，如花岗闪长岩、花岗岩、斜长花岗岩、石英闪长岩、黑云母花岗岩和花岗斑岩等。与金水口岩群呈断层接触或侵入接触，具有明显的混合岩化现象，由于接触部位受动力变质作用影响，局部呈片麻状构造。断裂比较发育的地段，岩石多呈压性破碎构造，有多种围岩蚀变。其中肉红色花岗岩及其派生脉岩常分布于断裂构造附近。

区内分布最广的花岗闪长岩为灰白色中粗粒花岗结构。造岩矿物主要为斜长石（40%～50%）、钾长石（10%～15%）、石英（15%～25%）、黑云母（10%～12%）、角闪石（2%～5%）及少量磷灰石、锆石、不透明矿物。

区内脉岩也比较发育，主要有花岗岩脉、闪长岩脉、伟晶岩脉及煌斑岩脉等，产于断裂带或附近的张性裂隙中。脉宽一般 0.5～10m，长几米至几百米不等。

二、矿床地质

（一）矿体特征

果洛龙洼金矿床位于沟里矿集区的中部，是该区域最大的金矿床。矿床周围的岩石单位包括北部的古元古代金水口岩群片岩，中部的纳赤台蛇绿混杂岩变质岩，南部的泥盆纪—志留纪砾岩和石炭纪—中二叠世的沉积-火山岩，以及奥陶纪—志留纪和三叠纪的岩浆岩（图 3-3-1）。

果洛龙洼金矿床的矿体主要为石英-硫化物脉。在矿床中已经确定了六个金矿体（Ⅰ～Ⅵ），主要赋存在纳赤台蛇绿混杂岩变质片岩中（图 3-3-2）。Chen 等（2020a）报道了纳赤台蛇绿混杂岩的变质年龄约为 479Ma，并提出沉积岩和火山岩的原岩形成不晚于 479Ma。这些矿体通常呈东西走向的透镜状石英-硫化物脉，受东西走向推覆断层的控制，该推覆断层形成于志留纪—泥盆纪（Wang et al.，2003）。这些石英-硫化物脉向南倾斜（45°～75°），倾向 170°～180°，长度变化大，为 40～1340m，厚度为 0.5～2.0m。矿体中的平均金品位为 6.8×10^{-6}，单样最高金品位可达 274.0×10^{-6}，其中可见明金。

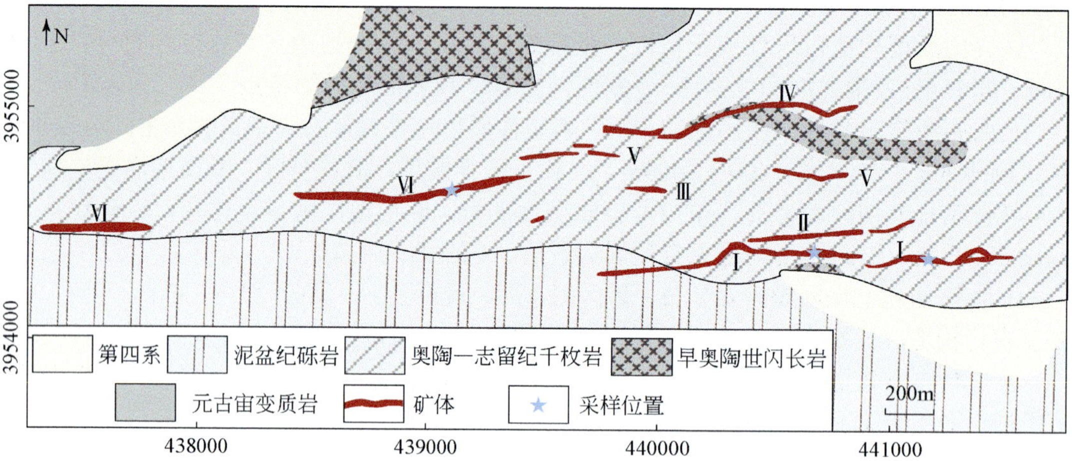

图 3-3-2 果洛龙洼金矿床矿脉分布图

（二）矿石特征

矿石为含金石英脉，以块状构造为主，局部存在网状构造和浸染构造。主要的矿石矿物包括黄铁矿、黄铜矿、方铅矿和闪锌矿，脉石矿物包括石英、绢云母、方解石和菱铁矿等（图 3-3-3）。

图 3-3-3　果洛龙洼金矿不同矿化阶段矿体、矿石及矿物组合特征

a、e、f. 围岩千枚岩中的成矿前浸染状黄铁矿和黄铁矿细脉，被第一阶段乳白色石英脉切割；b、g、j. 第一阶段的黄铁矿-乳白色石英脉，含围岩叠层和细粒黄铁矿，被晚阶段脉切割；c、h、k. 第二阶段的石英-黄铁矿脉，有大量的粗粒黄铁矿簇；d、i、l. 第三阶段的方解石-石英-黄铁矿-黄铜矿-闪锌矿-方铅矿矿脉。Qtz. 石英；Cal. 方解石；Py. 黄铁矿；Ccp. 黄铜矿；Sp. 闪锌矿；Gn. 方铅矿

（三）围岩蚀变

主要蚀变包括硅化、绢云母化、黄铁矿化和碳酸盐化，与强烈的片理构造有关。含金石英-硫化物脉通常包裹着蚀变岩的透镜状碎屑或叠层状蚀变岩（图 3-3-3b、f、g），指示矿化过程中的渐进性剪切（Davis and Hippertt，1998）。

三、矿床成因及成矿规律

（一）成矿阶段划分

基于矿脉穿插关系、矿物组合以及其中矿物结构，果洛龙洼金矿床成矿阶段划分为成矿前（阶段 0）和成矿阶段（阶段Ⅰ、Ⅱ、Ⅲ）（图 3-3-3，图 3-3-4）。成矿前（阶段 0）的特征是黄铁矿呈细脉状或弥散状分布在纳赤台蛇绿混杂岩片岩中（图 3-3-3a、f）。大部分黄铁矿细脉与片岩的层理或片理呈近平行关系（图 3-3-3e），并显示了剪切变形的迹象。阶段Ⅰ的特征是粗粒状乳白色石英脉，含少量分散的粗粒黄铁矿，矿化较弱。这些阶段Ⅰ脉体通常包含片状的围岩碎屑，其中含有细粒黄铁矿和较少的黄铜矿（图 3-3-3b、g、j）。部分围岩碎屑表现出发育良好的变形片理，并含有成矿前的黄铁矿细脉（图 3-3-3f）。乳白色石英脉被第二阶段（阶段Ⅱ）的块状石英-黄铁矿脉和第三阶段（阶段Ⅲ）的方解石-石英-硫化物脉交叉切割（图 3-3-3b、d）。与阶段Ⅰ相比，阶段Ⅱ石英脉中的矿物组合包含更多的黄铁矿，通常以粗粒状和块状的聚集体形式出现（图 3-3-3c、h、k），与方解石、石英以及较少的黄铜矿共生，阶段Ⅱ石英脉通常呈脆性和多孔性。阶段Ⅲ石英脉由粗粒状石英、方解石、黄铁矿、黄铜矿、闪锌矿和方铅矿组成（图 3-3-3i、l）。这一阶段的黄铁矿颗粒显示出与黄铜矿、闪锌矿和方铅矿的密切共生关系（图 3-3-3i）。矿化阶段的划分与陈加杰（2018）和 Chen 等（2020a）的前期研究结果相当一致。高品位的金矿化与阶段Ⅱ和阶段Ⅲ的石英脉相关。金颗粒通常沿着晶粒边界、裂缝内分布或包裹在石英和黄铁矿中（图 3-3-5）。最强烈的金沉淀集中在阶段Ⅲ，不规则的金颗粒显示出与方铅矿、闪锌矿和黄铜矿的密切同生关系（图 3-3-5d、e）。

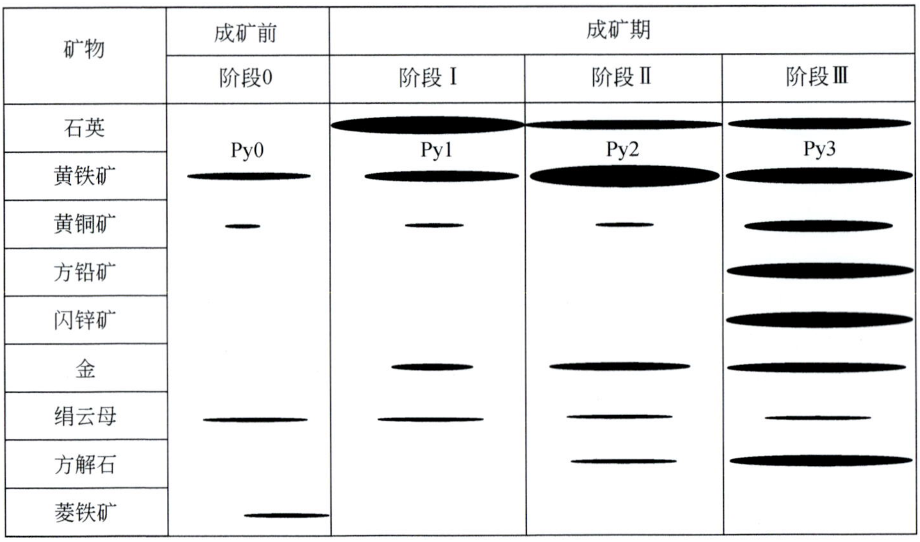

图 3-3-4　果洛龙洼金矿阶段划分及矿物组合特征

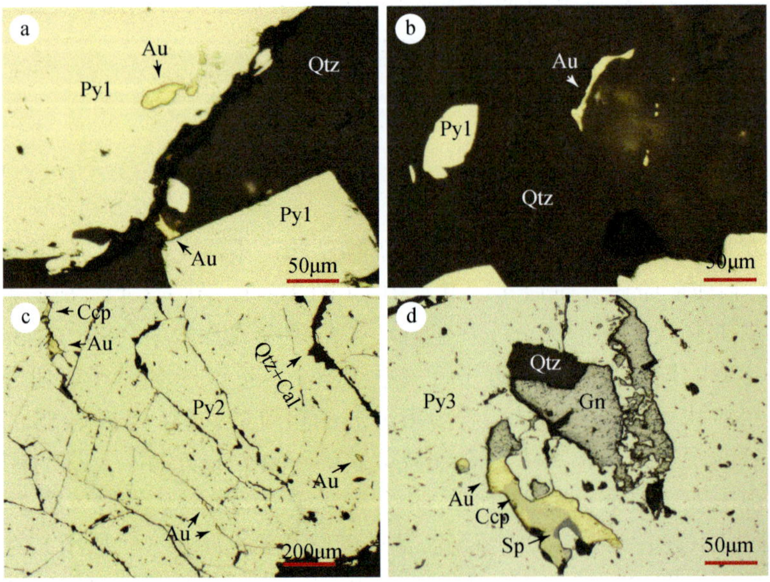

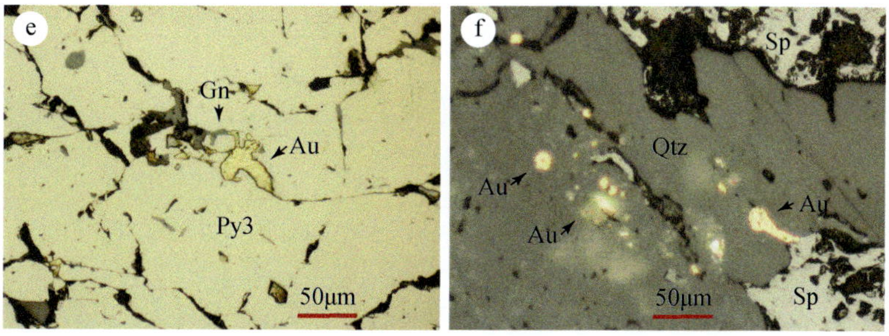

图 3-3-5　果洛龙洼金矿金赋存状态

a、b. 在 Py1 和阶段Ⅰ石英脉中；c. 在 Py2 内以包裹体和裂隙充填的形式出现；d、e. 在阶段Ⅲ与方铅矿、闪锌矿和黄铜矿密切共生；f. 在阶段Ⅲ石英中。Qtz. 石英；Cal. 方解石；Py. 黄铁矿；Ccp. 黄铜矿；Sp. 闪锌矿；Gn. 方铅矿；Au. 自然金

（二）精细成矿过程

1. 黄铁矿分类与结构

在果洛龙洼金矿床石英硫化物脉中，黄铁矿是金的主要载体，但金只存在于特定类型的黄铁矿中。因此，对不同类型的黄铁矿进行分类和区分是至关重要的。根据岩相特征、背散射电子成像（BSE）观察和在贫矿围岩与高品位矿体中的黄铁矿的地球化学分析，我们在果洛龙洼金矿床中确认了四种黄铁矿类型。以下是按形成顺序描述的各个黄铁矿类型的主要结构特征。

第一代黄铁矿（Py0）主要分布在围岩片岩中（图 3-3-3a、e、f），以分散的单颗粒/聚集体或小细脉的形式存在。分散的 Py0 颗粒呈自形-半自形状，含有丰富的、随机分布的硅酸盐-碳酸盐包裹体（图 3-3-6a、d），以及较少的黄铜矿微米级包裹体。一些 Py0 颗粒由富含包裹体的核和薄的、不含包裹体的边组成（图 3-3-6d）。Py0 细脉排列在围岩片岩的变形理中（图 3-3-3e），或者在变质过程中形成的石英脉碎块周围发育。在这些细脉中，粗大的 Py0 立方体颗粒被分解成小碎块，并在边部保留了分解结构，这些碎块间隙被菱铁矿胶结（图 3-3-6b、e）。

第二代黄铁矿（Py1），几乎没有或很少含矿物包裹体，可以根据其发育特征进一步分为两种。第一个亚型（Py1a）以在早期 Py0 之上形成厚边为特征（图 3-3-6g、h），Py0 含有大量包裹体并被溶蚀。第二个亚型（Py1b）通常以单颗粒或沿阶段Ⅰ石英脉中的不规则叠层存在（图 3-3-6c、f）。Py1a 颗粒出现在片岩中的黄铁矿细脉中（图 3-3-6h）。围岩片岩，以及黄铁矿细脉（Py0+Py1a），被叠层化或被阶段Ⅰ乳白色石英脉切穿（图 3-3-3e～g），这表明 Py1a 的沉淀早于或几乎同时于阶段Ⅰ乳白石英。Py1 通常呈自形细粒。在阶段Ⅰ中，Py1 相对于石英的体积比例较低。在 BSE 中，Py1 颗粒没有检测到环带（图 3-3-6f～h），表明其成分相对均匀。

第三代黄铁矿，阶段Ⅱ的黄铁矿（Py2），其颗粒比 Py0 和 Py1 更粗，呈自形-半自形状集合体，并含有少量黄铜矿包裹体（图 3-3-6i、j）。Py2 要么限于石英-黄铁矿脉中作为黄铁矿簇，要么毗邻石英脉形成块状黄铁矿脉。在石英-黄铁矿脉中，相对于石英，Py2 的体积比例很高。Py2 的 BSE 图像显示出明显的成分变化，与 Py1 有所不同（图 3-3-6j）。Py2

中普遍发育裂缝，常由自然金、黄铜矿、方解石和石英胶结（图 3-3-6i、j）。

图 3-3-6　果洛龙洼金矿四种类型黄铁矿特征

a、d. 浸染状 Py0，含有大量的硅酸盐-碳酸盐包裹体；b、e. 黄铁矿细脉中 Py0；c、f～g. h. Py1，包括生长在 Py0 上的 Py1a 和自形独立的 Py1b；i、j. 他形 Py2 具有不规则 BSE 成分分带；k、l. Py3 由富含包裹体的核（Py3c）和无包裹体的边（Py3r）组成。Py. 黄铁矿；Ccp. 黄铜矿；Sp. 闪锌矿；Gn. 方铅矿；Au. 自然金；Sd. 菱铁矿

第四代黄铁矿，Py3，存在于阶段III，与黄铜矿、闪锌矿、方铅矿、石英和方解石共存（图 3-3-6l），具有明显富含包裹体的核，称为 Py3c，含有丰富的黄铜矿、方铅矿、闪锌矿和金包裹体，被呈自形、不含包裹体的边 Py3r 所包围（图 3-3-6k、l）。Py3 以各种形态存在，包括紧密的自形-半自形团簇、孤立的不规则粗晶，以及自形的细颗粒。自然金以包裹体和裂缝充填于 Py3 内，并与方解石、黄铜矿和闪锌矿密切共生（图 3-3-5d、e）。

2. 黄铁矿硫同位素组成

通过 LA-MC-ICP-MS 测得的四种黄铁矿的 S 同位素组成见图 3-3-7（数据见 Li et al.，2021）。数据显示 Py0 的 S 同位素与 Py1～Py3 的存在明显差异。Py0 的 $\delta^{34}S$ 值呈负值，范围广泛，在−11.6‰～−4.0‰，其中 2/3 的数据在−11.6‰～−10.6‰之间（图 3-3-7），另外 1/3 的数据范围在−8.9‰～−4.0‰。另外三种黄铁矿的 S 同位素组成呈正值范围，0.5‰～5.6‰不等。具体来说，每种黄铁矿的 $\delta^{34}S$ 值范围略有不同。Py1 的 $\delta^{34}S$ 值最高，范围 1.6‰～5.6‰，平均 3.6‰。Py1a 亚型的 $\delta^{34}S$ 值在 1.6‰～4.5‰之间（平均 3.3‰），而 Py1b 的范围在 3.5‰～5.6‰（平均 4.9‰）。相比之下，Py2 和 Py3 的 $\delta^{34}S$ 值范围较低，分别为 1.5‰～3.2‰（平均 2.2‰）和 0.5‰～3.6‰（平均 2.4‰）（图 3-3-7）。

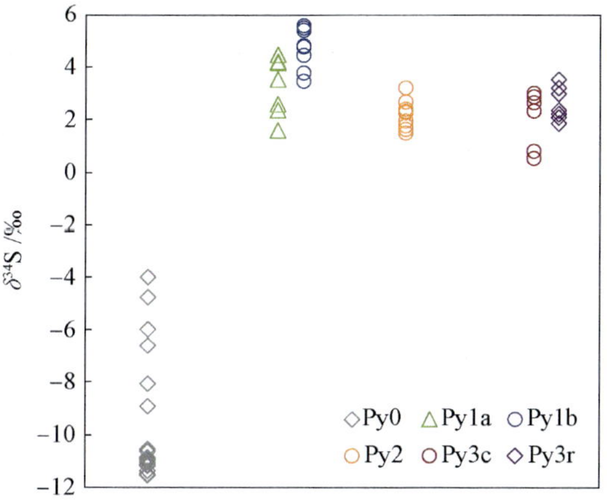

图 3-3-7 果洛龙洼金矿不同类型黄铁矿硫同位素

在单个黄铁矿颗粒的尺度上，一些 Py0 颗粒的 $\delta^{34}S$ 值显示出从核（如−10.9‰）到薄边（如−4.8‰）递增的趋势。对于那些由 Py0 核和 Py1a 边组成的颗粒，Py0 核的 $\delta^{34}S$ 值为−6.6‰，而 Py1a 边的 $\delta^{34}S$ 值为 4.3‰。在显示核−边结构的 Py3 颗粒中，硫同位素的颗粒尺度变化也是显著的。在样品 19GW03 中，Py3c 核的 $\delta^{34}S$ 值为 2.4‰～3.0‰，而 Py3r 边的 $\delta^{34}S$ 值稍高，为 3.0‰～3.6‰（图 3-3-7）。在样品 19GW18 中，Py3c 富含包裹体核的两个数据点显示低的 $\delta^{34}S$ 值，为 0.5‰和 0.8‰，而 Py3r 边显示 $\delta^{34}S$ 值为 1.9‰～3.0‰（图 3-3-7）。

3. 黄铁矿微量元素组成

通过 LA-ICP-MS 分析的四种黄铁矿的微量元素在图 3-3-8 中展示（数据见 Li et al.，2021）。数据的评估集中在黄铁矿样本中，含量显著的微量元素有 Co、Ni、Cu、Zn、As、Ag、Sb、Au、Pb 和 Bi。在果洛龙洼金矿床所有黄铁矿类型中，富含包裹体的 Py0 颗粒记录了最高的 Co（11.3～350.5ppm，中位数 107.8ppm）和 Ni（15.9～1442.8ppm，中位数 423.6ppm）含量，但其他微量元素的含量较低。Py0 颗粒具有较低的 Co/Ni 值（0.03～1.4，平均 0.4；图 3-3-9c）。值得注意的是，Py0 中金含量普遍低，通常低于检出限。

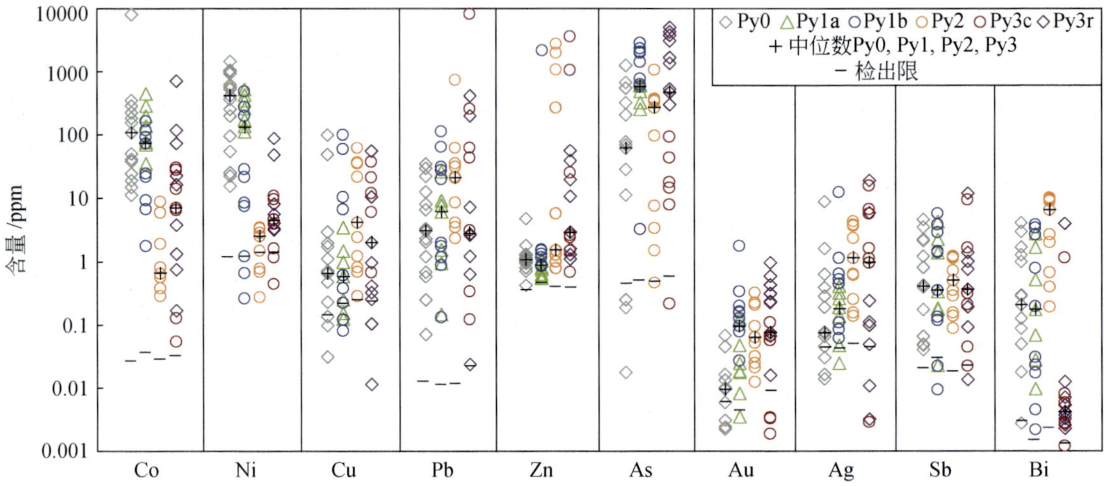

图 3-3-8　果洛龙洼金矿不同类型黄铁矿微量元素组成

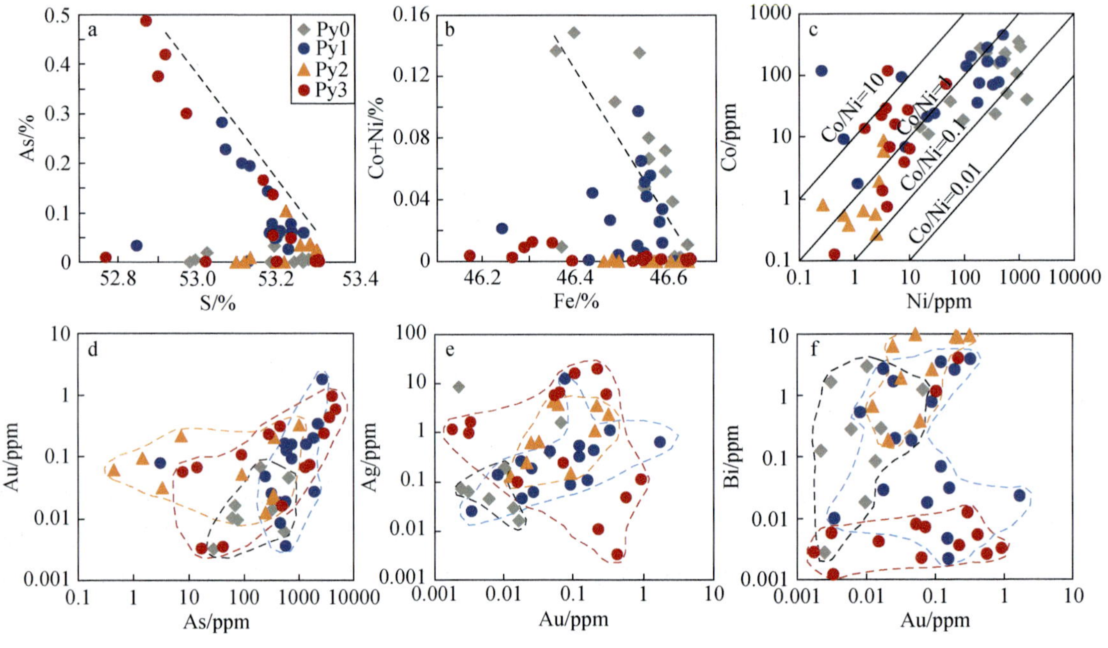

图 3-3-9　果洛龙洼金矿不同类型黄铁矿主、微量元素二元图

Py1 中 Co（1.8～448.8ppm，中位数 76.2ppm）和 Ni（0.3～522.6ppm，中位数 136.4ppm）含量变化较大，普遍高于 Py2 和 Py3。值得注意的是，Py1 中 Co 和 Ni 含量相对较高的颗粒主要是早期包裹 Py0 颗粒的 Py1a 亚型。Py1 的 Co/Ni 值范围为 0.2～13.8（平均 2.3；图 3-3-9c），其中一个异常值显示 444.2 的值。Py1 中的 Cu、Pb、Zn、Sb 和 Bi 的含量较低（图 3-3-8），类似于 Py0，除了因黄铜矿和闪锌矿的微包裹体导致一个高 Cu（58.8ppm）和 Zn（2080.2ppm）含量的数据点。砷在 Py1 中富集，范围从 257.6～2819.4ppm，中位数为 618.3ppm，其中一个异常值为 3.2ppm。As 含量的变化与 Au 含量有系统的耦合关系（图 3-3-9d）。

与 Py0 相比，Py1 颗粒的 Ag（0.0～12.2ppm，中位数 0.2ppm）和 Au（0.004～1.76ppm，中位数 0.09ppm）含量稍微升高。

Py2 颗粒富含 Cu（0.3～60.8ppm，中位数 4.1ppm），Zn（0.8～2678.6ppm，中位数 5.7ppm），As（0.5～1041.2ppm，中位数 261.2ppm），Ag（0.1～4.27ppm，中位数 1.1ppm），Sb（0.08～1.2ppm，中位数 0.5ppm），Au（0.02～0.3ppm，中位数 0.06ppm），Pb（3.4～62.2ppm，含一个异常值 722.1ppm，中位数 21.1ppm）和 Bi（0.2～10.0ppm，中位数 6.3ppm），但 Co（0.0～9.0ppm，中位数 0.7ppm）和 Ni（0.0～3.5ppm，中位数 2.5ppm）的含量较低，Co/Ni 值在 0.1～3.0 之间（平均 1.2；图 3-3-9c）。具体而言，Py2 中 Bi 的含量达到所有数据中的最高值。一些极高的 Zn 值（1039.9～2678.6ppm）和一个异常的 Pb 值（722.1ppm）可能归因于闪锌矿和方铅矿的微包裹体。Py2 中的 Au 含量与 Py1 相似，高于 Py0。

与 Py2 相比，Py3 中大多数微量元素的含量更高且变化较大，除了 Bi（图 3-3-8）。例如，Py3 颗粒的 Co 和 Ni 含量范围为 0.1～118.7ppm（中位数 6.9ppm，含一个异常值 712.3ppm），Ni 的范围为 0.0～90.7ppm（中位数 4.2ppm），高于 Py2 但仍低于 Py0 和 Py1。Py3 的 Co/Ni 值范围广泛，为 0.2～28.5（平均 4.7；图 3-3-9c）。Py3 中的 Cu（0.0～54.8ppm，中位数 2.0ppm）、Zn（0.7～56.6ppm，中位数 3.0ppm，含两个异常值 1050.8ppm 和 3575.6ppm）、As（0.0～4859.6ppm，中位数 474.8ppm）、Ag（0.0～19.2ppm，中位数 0.97ppm）、Sb（0.01～11.7ppm，中位数 0.4ppm）、Au（0.0～0.9ppm，中位数 0.07ppm）和 Pb（0.0～419.3ppm，含一个异常值 8536.4ppm）的含量达到所有类型中的最高水平。然而，Py3 中 Bi 的含量最低（图 3-3-9f），范围为 0.0～4.0ppm（中位数 0.004ppm）。Py3 中 As 和 Au 的含量显示正相关（图 3-3-9d）。值得注意的是，Py3r 中的 Co、Ni、As 和 Au 的含量明显高于相应的 Py3c，而其他元素在核和边之间含量几乎一致（图 3-3-8）。Py3c 中的异常高值 Zn（1050.8ppm 和 3575.6ppm）和 Pb（8536.4ppm）归因于闪锌矿和方铅矿的包裹体，与岩相学观察一致。

4. 黄铁矿微量元素扫面

采用 LA-ICP-MS 扫面研究了微量元素在黄铁矿单颗粒尺度上的分布。图 3-3-10 展示了一个具有 Py0 核和 Py1a 边的代表性颗粒。微量元素的分布指示了核和边之间的接触边界相当不规则。Py0 核具有适中的 Co、Ni 和 As 含量，而这些元素在 Py1a 边中较高，并显示出振荡环带（图 3-3-10）。局部异常的 Cu 含量指示 Py0 核中存在一些黄铜矿的微包裹体。相对于 Py0 核，Py1a 边在整个颗粒中基本不含 Pb、Zn、Sb、Bi 和 Se。此外，Py1a 边中除了 As 含量较高的区域，其他区域 Au 和 Ag 的含量低（图 3-3-10）。

同样，选取代表性的 Py3 颗粒进行了微量元素扫面，该颗粒具有 Py3c 核和 Py3r 边（图 3-3-11）。Py3c 核显示了高含量的 Cu、Pb、Zn、Au、Ag、Sb 和 Bi，并且这些元素变化一致，是含有黄铜矿、方铅矿、闪锌矿和金的微包裹体所致。相反，Py3r 边中 Cu、Pb、Zn、Ag、Sb 和 Bi 的含量较低，但 Co、Ni、As 和 Se 的含量较高。除了自然金颗粒外，Py3r 中 Au 的含量略高于 Py3c（图 3-3-11）。

5. 黄铁矿微量元素特征综合评估

许多研究表明，黄铁矿能够有效地将各种微量金属以固溶体和纳米颗粒的形式纳入其结构中，因此黄铁矿可以作为金属捕集器，监测热液流体组成的变化（Reich et al.，2005，

2013；Large et al.，2009；Deditius et al.，2014；Tardani et al.，2017）。在果洛龙洼金矿床的不同世代的黄铁矿和单个黄铁矿颗粒中存在明显的 Co、Ni、Cu、Pb、Zn、As、Au、Ag、Sb 和 Bi 的变化（图 3-3-8～图 3-3-11）。以下重点讨论这些变化的潜在决定因素。As-S、（Co+Ni）-Fe、Co-Ni、Au-As、Ag-Au 和 Bi-Au 的元素相关性展示在图 3-3-9 中。

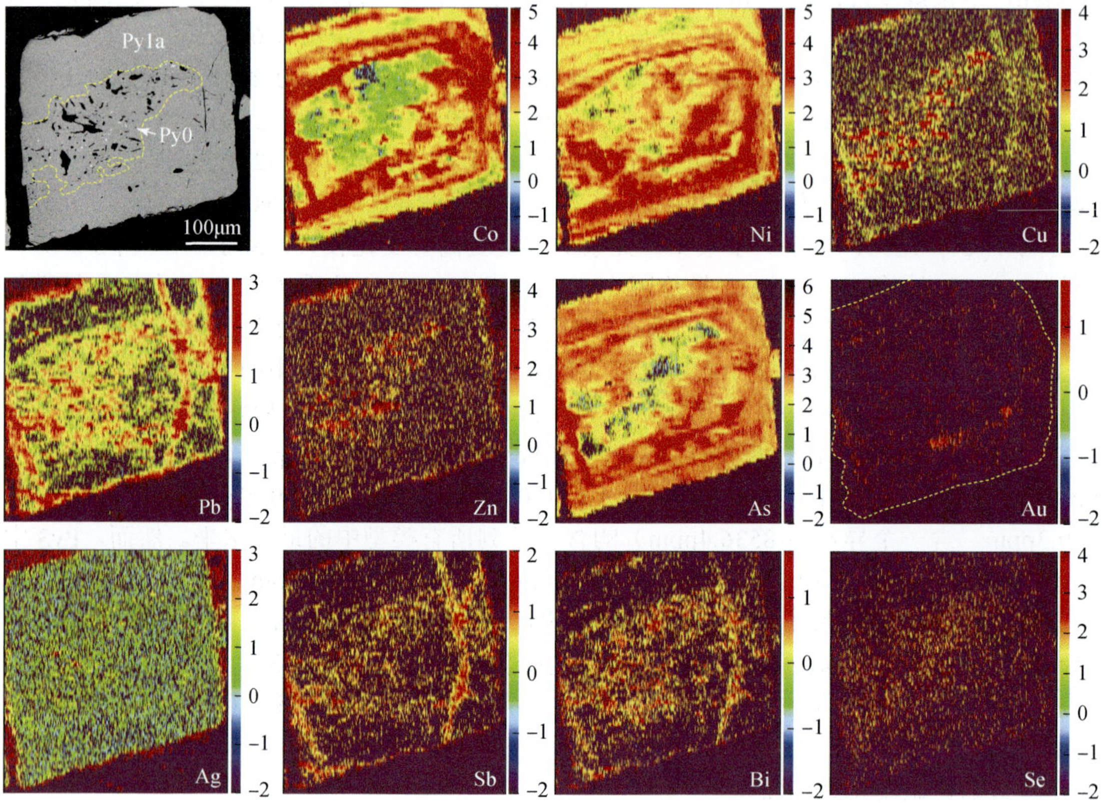

图 3-3-10　果洛龙洼金矿黄铁矿（Py0+Py1a）微量元素扫面

含量单位为 ppm（对数 10^n，n 为刻度）

Co 和 Ni 都可以在黄铁矿的八面体位点上与 Fe 进行化学置换，因为 Co^{2+}和 Ni^{2+}的离子半径与 Fe^{2+}相似（Abraitis et al.，2004；Reich et al.，2013）。这种置换得到了此处报道的 Py0 和 Py1 的 Co 和 Ni 含量的支持，它们与 Fe 呈负相关（图 3-3-9b）。黄铁矿中的 Co/Ni 值对环境变化很敏感，并且已广泛用于区分热液矿床的起源（Bralia et al.，1979；Campbell and Ethier，1984；Bajwah et al.，1987；Large et al.，2009）。通常，沉积成因黄铁矿表现出高 Ni 含量和 Co/Ni 值<1，而具有 Co/Ni 值在 1～10 之间的是岩浆-热液黄铁矿（Bajwah et al.，1987；Reich et al.，2016）。Py0 的 Co/Ni 值低且集中在 0.03～1.4 之间（图 3-3-9c），高 Ni 和 Co 含量，指示其为沉积成因，其弥散状分布在寒武—奥陶纪纳赤台蛇绿混杂岩中也指示沉积成因。关于 Py0 沉积成因的更多证据来自负的 $\delta^{34}S$ 值（−11.6‰～−4.0‰；图 3-3-7）。Py0 中高的 Co 和 Ni 含量可能与原生沉积环境中 Co 和 Ni 的高含量有关，反映了这些金属在缺氧环境沉积和成岩过程中被富含有机质的沉积物生物过程富集（Coveney，2000；Large et al.，2009），同时还与这些金属直接置换黄铁矿晶格中的 Fe^{2+}有关。

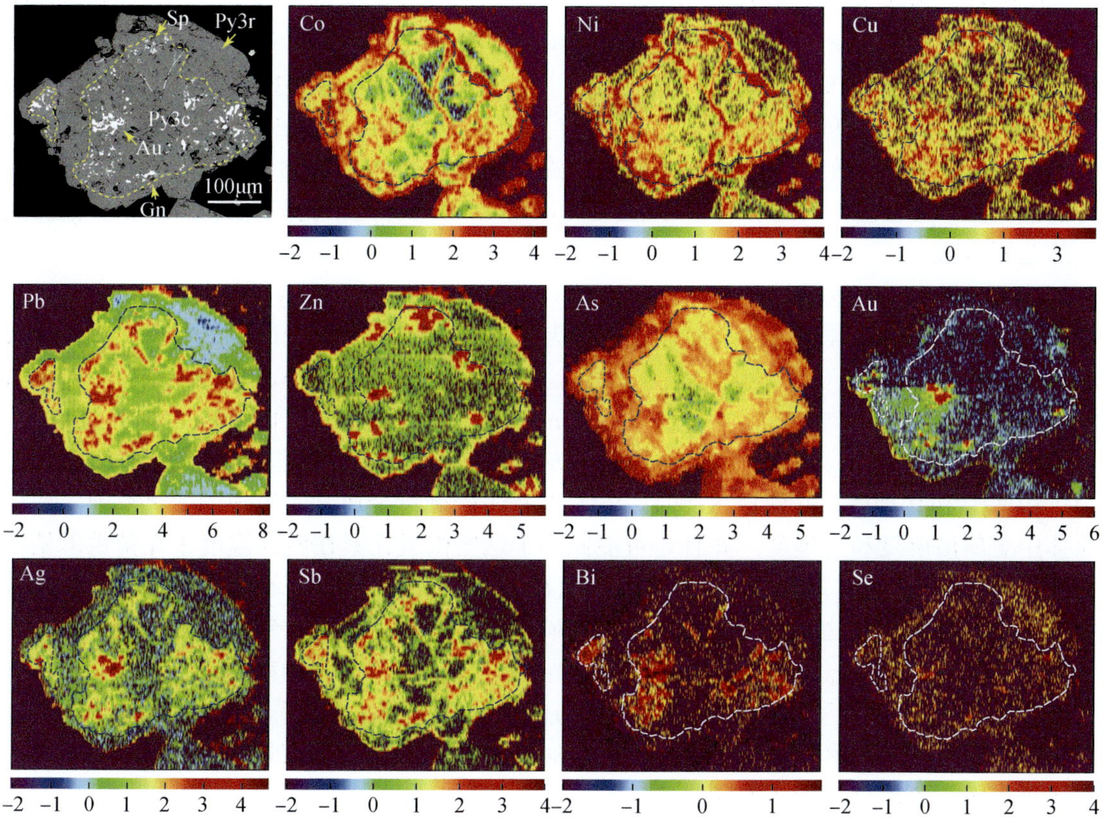

图 3-3-11 果洛龙洼金矿黄铁矿（Py3）微量元素扫面

含量单位为 ppm（对数 10^n，n 为刻度）

Py1a 亚型也含有相当的 Co 和 Ni 含量，有些情况下甚至高于单个颗粒中的 Py0（图 3-3-10）。这些高 Co 和 Ni 含量可能是 Co 和 Ni 从较早的 Py0 中重新活化-富集而来。例如，当 Py1a 通过溶解—再沉淀反应替代 Py0，形成 Py0 的生长边（图 3-3-10），这个 Py1a 不同程度地继承了较早形成的沉积成因 Py0 中的高 Co 和 Ni 含量。相反，Py1b 亚型显示相对较低的 Co 和 Ni，显示热液黄铁矿特征。因此，Py1 宽的 Co/Ni 值范围（0.2～13.8）表明其具有岩浆热液起源，但受到沉积成因 Py0 的影响。由于微包裹体的存在，一个数据点显示 Co/Ni 值异常高（444.2）。

来自石英-黄铁矿脉的热液 Py2 颗粒表现出极低的 Co 和 Ni 含量以及低的 Co/Ni 值（0.1～3.0）。Py3 的 Co/Ni 值范围（主要在 0.5～8.5 之间）同样表明其岩浆-热液起源（图 3-3-9c）。从 Py1a 经 Py1b 到 Py2，Co 和 Ni 的含量降低，表明了一期热液流体演化的趋势；然而，这些金属含量在 Py3c 到 Py3r 再次增加，表明了新一期的成矿流体。

砷在果洛龙洼的三代热液黄铁矿（Py1 到 Py3）中是含量最高的微量元素（图 3-3-8），并且在所有热液黄铁矿中通常比沉积成因的 Py0 要高。砷（As^{-}）能够非化学计量地置换黄铁矿的四面体位点上的 S^{2-}，导致黄铁矿结构的畸变（Simon et al.，1999a，1999b；Abraitis et al.，2004；Reich et al.，2005，2013）。结构畸变可能允许其他微量元素（如 Au^+）纳入黄铁矿结构，导致 As 和其他微量元素之间的正相关。As 对 S 的置换以及 Au 进入黄铁矿结构得到了 LA-ICP-MS 单点微量元素数据和扫面的支持，它们显示了 As 和 S 之间的负相关以及 As 和 Au 之间的正相关，特别是对于 Py1 和 Py3r（图 3-3-9a、c，图 3-3-10，图 3-3-11）。As 和 Au 之间的正相关表明，不可见金以 Au^+的形式存在于 Py1 和 Py3r 黄铁矿结构中，而不是以离散或团簇的纳米颗粒形式存在（图 3-3-10，图 3-3-11；Li et al.，2018）。与热液成因 Py1～Py3 相比，沉积-成因的 Py0 中由于两种元素含量低，在 As-Au 相关图上的范围有限。

其他微量金属，包括 Cu、Pb、Zn、Au 和 Ag，在 Py0、Py1a、Py1b、Py2、Py3c 和 Py3r 之间也显示出明显差异。这些金属在沉积成因的 Py0 颗粒中含量较低，甚至在单个热液成因 Py1a 颗粒中也较低（图 3-3-8，图 3-3-10）。相反，热液成因 Py1b、Py2 和 Py3r 富含 Cu、Pb、Zn、Au、Ag。尽管 Py3c 中 Cu、Pb、Zn、Au 和 Ag 的含量较低（图 3-3-8），Py3c 中大量的黄铜矿、方铅矿、闪锌矿和金的包裹体表明了成矿流体富集这些金属元素（图 3-3-11）。与沉积成因 Py0 相比，热液成因 Py1、Py2 和 Py3 的微量金属元素组成的变化反映了成矿流体中金属溶解度和富集度，并且还可能归因于这些微量元素在较高温度下在黄铁矿结构中置换 Fe^{2+}和 S_2^{2-}的能力。此外，一些微量元素（如 Cu、Pb 和 Zn）在部分数据中显示出极端的变化，我们将这些异常高值归因于黄铁矿中的微矿物包裹体，包括黄铜矿、方铅矿、闪锌矿和金。尽管 Ag、Bi、Sb 和 Au 在图 3-3-9e、f 中显示出弱的或不存在相关性，但这些元素在 Py3c 的微量元素扫面图中显示出与矿物包裹体相对应的系统性变化（图 3-3-11）。在 Py3r 中，Se 与 As 和 Au 呈正相关，表明 Se 可能与 As 具有类似的角色，置换和增强 Au 在黄铁矿中的溶解度（图 3-3-11）。

6. 黄铁矿成因和成矿流体演化

形态学特征、矿物结构、矿物生成和化学成分限定了果洛龙洼金矿床的不同世代黄铁矿生成演化序列以及它们与石英脉的关系（图 3-3-12），包括了寒武—奥陶纪纳赤台蛇绿混杂岩围岩中的成矿前 Py0，低品位的黄铁矿-石英脉中的 Py1（Py1a 和 Py1b），高品位的石英-黄铁矿脉中的 Py2，以及切穿低品位黄铁矿-石英脉的后期高品位方解石-石英-硫化物脉中的 Py3（Py3c 和 Py3r）。

四代黄铁矿的结构和化学差异表明了不同的地球化学环境（沉积-成岩和热液）和热液流体组分的变化，可能涉及多期成矿活动。含有硅酸盐-碳酸盐包裹体的沉积成因 Py0 颗粒主要弥散在围岩页岩中，富含 Co 和 Ni，但其他金属含量较低，这些颗粒先于热液成矿阶段形成。它们的化学成分和硫同位素反映了沉积或成岩硫化物的形成特征。这种具有高度负的 $\delta^{34}S$ 值的沉积-成岩黄铁矿在中国中央造山带的古生代沉积岩中被报道（Chen et al.，2015）。Py0 颗粒的形成，以及负的 $\delta^{34}S$ 值（−11.6‰～−4.0‰），可能是由于以下机制之一或多种机制：①在缺氧海相沉积物中的微生物硫酸盐还原（MSR）（Fallick et al.，2001）；②埋藏成岩期间高温下的热化学硫酸盐还原（TSR）（Painter et al.，1999）；③硫歧化反应（Fry et al.，1988）。生成的硫化氢与 Fe 反应，通过形成一系列铁硫化物前体相，最终沉淀生成黄铁矿（Raiswell and Berner，1985）。

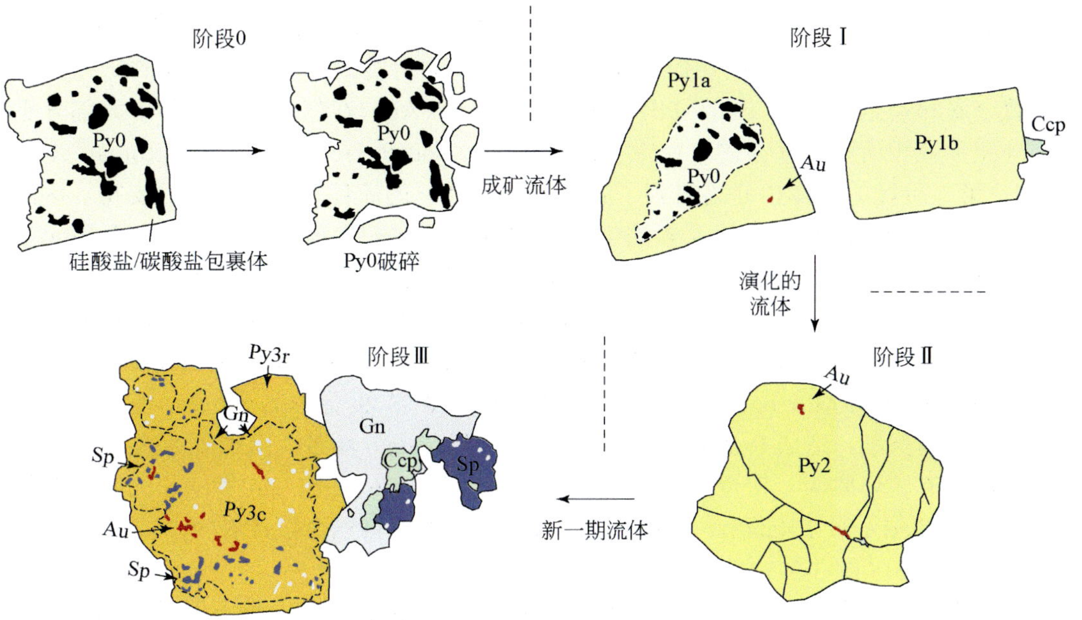

图 3-3-12 果洛龙洼金矿不同类型黄铁矿成因示意图

Py. 黄铁矿；Ccp. 黄铜矿；Sp. 闪锌矿；Gn. 黄铜矿；Au. 自然金

Py0 细脉沿着围岩的变形理出现（图 3-3-3e），并且细脉中自形的 Py0 颗粒显示破碎结构（图 3-3-6b、e），表明 Py0 颗粒在剪切变形过程中被聚集形成细脉。在 Py0 细脉形成之后，阶段Ⅰ成矿流体进入，沉淀了大量的乳白色石英，伴随较少的 Py1 颗粒，包含 Py0 的围岩被石英脉切穿并发生叠层化（图 3-3-3f、g），显示出同时发生的剪切变形的证据。因此，大多数与石英脉相邻或在叠层中的 Py0 细脉被阶段Ⅰ热液事件叠加，形成 Py0 的生长边 Py1a。在热液叠加后的黄铁矿细脉中，Py0 核通常呈不规则形状或港湾状，并与 Py1a 形成清晰的边界（图 3-3-6g、h，图 3-3-10），表明在矿化流体中通过部分溶解-再沉淀过程，Py0 被 Py1a 替代。在破碎和溶解过程中，早期沉积成因 Py0 颗粒中的微量元素（尤其是 Co 和 Ni，可能还有 As 和少量 Au）被释放，导致 Py1a 中相对较高的 Co、Ni 和 As 含量（图 3-3-10）。Py1a 的硫同位素（$\delta^{34}S$=1.6‰～4.5‰）也受到 Py0 的影响，与 Py1b（$\delta^{34}S$=3.5‰～5.6‰）相比，范围较低（图 3-3-7）。

阶段Ⅰ成矿流体的化学特征由 Py1b 颗粒的化学性质反映，这些颗粒稀疏地弥散在石英脉中，或以不规则叠层形式出现，没有受 Py0 的影响。根据 Py1b 的微量元素含量和硫同位素，初始的成矿流体含有相对较低含量的 Co 和 Ni，适中的 Cu、Pb、Zn、Sb 和 Bi，但具显著高含量的 As、Au 和 Ag，以及相对较高的 $\delta^{34}S$ 值。均匀的 BSE 图像表明 Py1 颗粒在阶段Ⅰ中处于一个稳定的沉淀环境（图 3-3-6f、h）。在早期成矿阶段，石英脉中沉淀了少量自然金颗粒或其本身作为 Py1 颗粒的包裹体（图 3-3-5a、b），可能是在相对稳定的条件下成矿流体减压/冷却引起的饱和而发生沉淀。

与随后阶段（阶段Ⅱ）Py2 相比，早期阶段 Py1 显示了显著的结构和成分差异。与 Py1 相比，Py2 颗粒具有较高的 Cu、Pb、Zn、Ag 和 Bi 含量，稍低的 Au 和 As 含量，以

及较低的 $\delta^{34}S$ 值（1.5‰～3.2‰）。Py2 的 BSE 图像显示出不规则的成分分带（图 3-3-6j）。这些化学成分变化可以归因于由成矿流体的压力波动引发的相分离。先前的研究提出，大多数金属和类金属元素（Cu、Pb、Zn、As、Au 和 Ag）在气液分离过程中大部分更趋向于分配到液相而不是共存的气相中（Kouzmanov and Pokrovski，2012；Román et al.，2019）。第二阶段的流体相分离得到了陈加杰（2018）的流体包裹体研究的支持。因此，流体相分离将增加液相中金属元素的含量，并触发黄铁矿的沉淀，形成富含金属元素的 Py2。在相分离过程中，H_2、CH_4 和 H_2S 等还原性气体会优先分配到气相中，导致 S^{6+}/S^{2-} 的增加，因此在残余流体中相对氧化（Drummond and Ohmoto，1985）。在这种情况下，所产生的黄铁矿将具有较低的 $\delta^{34}S$ 值（McKibben and Eldridge，1990；Hodkiewicz et al.，2009；Peterson and Mavrogenes，2014），即 Py2 的 $\delta^{34}S$ 低于 Py1。此外，压力波动还将促使强烈流体扰动，造成 Py2 的 BSE 图像上显示复杂成分环带。由于脱 H_2S 和 Py2 的大量沉淀，成矿流体脱硫，使金-硫络合物不稳定，但对 Cu、Pb、Zn 和 Ag 的氯络合物的影响有限（Reed and Palandri，2006），从而引发了大量自然金沉淀在 Py2 裂隙中或形成 Py2 中的包裹体（图 3-3-5c）。

第三阶段的矿物组合与前两个阶段显著不同，很可能指示着一期不同成分的热液流体（图 3-3-12）。Chen 等（2020a）对果洛龙洼金矿床中石英-黄铁矿脉（Py2，第二阶段）和多金属石英-硫化物脉（Py3，第三阶段）的黄铁矿进行了 Re-Os 测年，分别得到 374±15Ma 和 354±7Ma 的年龄，被解释为记录了两期金矿化事件。因此，Py3 的化学成分（图 3-3-8），以及与其共生的金、黄铜矿、闪锌矿和方铅矿，代表了新一期富含 Cu、Pb、Zn、As、Au、Ag 的含矿流体。此外，Py3 中极低的铋含量（图 3-3-8，图 3-3-9f），与其他黄铁矿类型明显不同，支持第三阶段的含矿流体贫铋。Py3 颗粒具有呈他形的富集包裹体的核（Py3c）和清晰的立方体外形的边（Py3r），其中含有黄铜矿、方铅矿、闪锌矿和金的包裹体（图 3-3-6l，图 3-3-11）。这种结构特征类似于 Román 等（2019）所描述的黄铁矿，他们解释了富集包裹体的黄铁矿区域的形成是由于流体剧烈沸腾（相分离）期间金属络合物的突然失稳和快速沉淀，而自形的边是在较慢的结晶动力学和更稳定的物理化学条件下形成的。同样的解释也适用于果洛龙洼金矿床中 Py3 的核-边结构。由于第三阶段的含矿流体是富含 Cu、Pb、Zn、As、Au 和 Ag 的，所以在 Py3 结晶过程中，可能会出现过饱和。剧烈的相分离将有效地解稳 Au-HS 和（Cu-Pb-Zn-Ag）-Cl 络合物，同时形成 Py3c 中大量的金、黄铜矿、方铅矿和闪锌矿的包裹体（Peterson and Mavrogenes，2014）。随后的缓慢冷却或减压将进一步使 Au-HS 和金属-Cl 络合物失稳，沉淀出 Py3r，以及共生的黄铜矿、闪锌矿和方铅矿（图 3-3-3l）。由于后期 Cu、Pb 和 Zn 以矿物相沉淀，这些金属及其伴生的 Ag、Sb 和 Bi 在 Py3r 中的含量较低（图 3-3-11）。而 Py3r 中 Co、Ni、As 和 Se 的正相关和相对较高的含量归因于这些元素在流体中的富集但不饱和，以及它们在高温条件下对 Fe^{2+}和 S_2^{2-}在黄铁矿结构中的强烈置换能力（图 3-3-11；Abraitis et al.，2004；del Real et al.，2020）。元素的这种耦合行为促进了 Au 与 As 更多地共同置换到 Py3r 的结构中（图 3-3-11）。这种推断的机制与 Py3 的硫同位素一致，在剧烈的相分离期间形成的富集包裹体的 Py3c 核具有相对较低的 $\delta^{34}S$ 值，介于 0.5‰～3.0‰之间（如 McKibben and Eldridge，1990；Hodkiewicz et al.，2009），而在较稳定的条件下形成的干净的 Py3r 边显示稍高的 $\delta^{34}S$ 值，介于 1.9‰～3.6‰之间（图 3-3-7）。

（三）成矿流体和物质来源

1. 硫的来源

硫化物矿物中的硫同位素比值（$\delta^{34}S$）提供了解释硫来源的线索（Seal，2006；Peterson and Mavrogenes，2014；Chen et al.，2015）。浸染状分布在纳赤台蛇绿混杂岩中的 Py0 显示负的 $\delta^{34}S$ 值（−11.6‰～−4.0‰），与沉积成因起源一致。果洛龙洼金矿床中 Py0 与随后的热液成因的 Py1～Py3 之间硫同位素组成的巨大差异（0.5‰～5.6‰；图 3-3-7）表明，成矿流体中的硫不太可能完全来自寄主岩石发生的区域变质作用。上文提到并讨论了 Py0 溶解对成矿的贡献是局部的，并且对成矿流体的硫同位素组成的影响有限。与先前报道的黄铁矿单颗粒全岩样品的 $\delta^{34}S$ 结果相比（−6.0‰～5.2‰；陈加杰，2018），本书中的原位分析将热液成因的 Py1～Py3 的 $\delta^{34}S$ 值限定在较窄的范围内（0.5‰～5.6‰）。这些正的 $\delta^{34}S$ 值与岩浆来源硫一致（0±5‰；Ohmoto and Rye，1979；Seal，2006）。具体而言，Py1 的 $\delta^{34}S$ 值（1.6‰～5.6‰）与中性到酸性岩浆岩（安山岩和花岗岩）的平均 $\delta^{34}S$ 值相匹配，它们的平均 $\delta^{34}S$ 值分别为 2.6‰±2.3‰和 1.0‰±6.1‰（Luhr and Logan，2002；Seal，2006）。尽管 Py2（1.5‰～3.2‰）和 Py3（0.5‰～3.6‰）的 $\delta^{34}S$ 值在岩浆硫的范围内，但它们显示出比 Py1 稍低且范围更窄的值，我们将其归因于在流体相分离过程中液体和气体之间的硫同位素分馏。

2. 成矿流体来源

黄铁矿中流体包裹体的 He 和 Ar 同位素分析结果列于表 3-3-1 中。来自围岩中的两个 Py0 样品具有较低的 ^4He 含量，分别为 2.06×10^{-7}ccSTP/g 和 8.16×10^{-7}ccSTP/g，低的 $^3He/^4He$ 值分别为 0.03Ra 和 0.06Ra（其中 Ra 是空气的 $^3He/^4He$ 值=1.39×10^{-6}）。这两个 Py0 样品的 ^{40}Ar 含量分别为 7.47×10^{-7}ccSTP/g 和 1.05×10^{-7}ccSTP/g，$^{40}Ar/^{36}Ar$ 值分别为 597 和 940，$^{40}Ar^*$（$^{40}Ar^*$是现今的放射性 ^{40}Ar，进行了大气贡献校正，假定所有 ^{36}Ar 源于大气，且大气 $^{40}Ar/^{36}Ar$ 为 295.5；Burnard et al.，1999）分别为 3.74×10^{-7}ccSTP/g 和 0.71×10^{-7}ccSTP/g，计算得到的 $^{40}Ar/^4He$ 值为 1.8 和 0.1，$^3He/^{36}Ar$ 值为 0.06×10^{-4}～6.23×10^{-4}。

表 3-3-1 果洛龙洼金矿不同类型黄铁矿 He 和 Ar 同位素组成

编号	类型	$^4He/(10^{-7}$ ccSTP/g)	$^3He/^4He$ (Ra)	σ	$^{40}Ar/(10^{-7}$ ccSTP/g)	$^{40}Ar^*/(10^{-7}$ ccSTP/g)	$^{40}Ar/^{36}Ar$	σ	$^{40}Ar^*/^4He$	$^3He/^{36}Ar/10^{-4}$
19GW14	Py0	2.06	0.03	0.01	7.47	3.74	597	8	1.82	0.06
19GW44	Py0	8.16	0.06	0.01	1.05	0.71	940	6	0.09	6.23
19GW19	Py1	32.24	0.04	0.01	13.19	7.58	701	9	0.24	0.85
19GW29	Py2	21.47	0.13	0.01	10.44	6.03	706	9	0.28	2.72
19GW36	Py2	25.79	0.11	0.01	9.78	6.02	775	5	0.23	3.20
19GW03	Py3	50.96	0.08	0.01	84.28	72.21	2081	27	1.42	1.42
19GW06	Py3	12.05	0.18	0.01	7.67	4.00	623	8	0.33	2.44
19GW18	Py3	15.66	0.40	0.03	16.39	11.18	936	12	0.71	4.92

来自矿体的六个样品（包括一个 Py1、两个 Py2 和三个 Py3）具有较高的 ^4He 含量，

范围为 12.05×10^{-7}～50.96×10^{-7}ccSTP/g，低的 $^{3}He/^{4}He$ 值为 0.04Ra～0.40Ra（平均 0.16Ra）。^{40}Ar 含量变化为 7.67×10^{-7}～84.28×10^{-7}ccSTP/g，$^{40}Ar^{*}$ 在 4.00×10^{-7}～72.21×10^{-7}ccSTP/g 之间。$^{40}Ar/^{36}Ar$ 值在 623～2081 范围内，平均为 970，高于空气比值但远低于典型 MORB 地幔的比值（30000～40000；Kendrick and Burnard，2013）。$^{40}Ar^{*}/^{4}He$ 在 0.23～1.42 之间（平均 0.535），$^{3}He/^{36}Ar$ 值范围为 0.85×10^{-4} 到 4.92×10^{-4}。值得注意的是，由于包裹 Py0 的关系，Py1 的结果不可避免地受到 Py0 的影响。

氦和氩同位素组成，在排除了惰性气体的损失/扩散、空气污染和原位惰性气体产生的影响后，也可用于确定捕获在黄铁矿中的成矿流体的来源（Burnard et al.，1999；Tan et al.，2018）。先前的研究表明，惰性气体扩散损失对 He-Ar 同位素比的影响几乎可以忽略不计（Burnard et al.，1999；Tan et al.，2018）。计算得到的 $^{3}He/^{36}Ar$ 值（0.06×10^{-4}～6.23×10^{-4}）远高于大气水（5×10^{-8}），表明流体中的氦主要是非大气来源的。通过多步压碎提取可有效避免流体包裹体中的 U-Th 和 K 的放射性衰变产生的原位惰性气体（He et al.，2011）。

Py0 的 $^{3}He/^{4}He$ 值（0.03Ra～0.06 Ra）是典型的大陆地壳中的放射性氦（0.01Ra～0.05Ra；Burnard et al.，1999），而 Py1～Py3 的值（0.04Ra～0.40Ra）高于大陆地壳但显著低于地幔（6Ra～9Ra；Burnard et al.，1999）。在 ^{3}He-^{4}He 图上（图 3-3-13a），Py1～Py3 的样品位于地壳和地幔线之间，并且靠近地壳线，表明它们是两个储层之间混合来源的。根据地壳-地幔的二元混合模型［$He_{mantle}(\%)=(R_S-R_C)/(R_M-R_C)\times100$］（其中 R_M=7.5、R_C=0.03 和 R_S=0.04～0.4 分别表示地幔、地壳和样品的 $^{3}He/^{4}He$ 值），本书估计得到的地幔来源的氦比例低于 5%。

在 $^{3}He/^{4}He$-$^{40}Ar/^{36}Ar$ 图上（图 3-3-13b），Py1～Py3 的样品位于饱和大气水和地壳端员之间，但远离地幔流体的区域。Py1～Py3 的 $^{40}Ar/^{36}Ar$ 值（623～2081）在地壳 $^{40}Ar/^{36}Ar$ 的范围内（299～100000；Kendrick and Burnard，2013），但高于大气值（295.5；Burnard et al.，1999），且远低于地幔源流体的值（主要为 30000～40000；Kendrick and Burnard，2013），显示出地壳亲和性。此外，大多数 $^{40}Ar^{*}/^{4}He$ 值集中在 0.2～0.3，与平均地壳（0.2；Torgersen et al.，1989）一致，表明是地壳的来源。两个 Py3 样品的 $^{40}Ar^{*}/^{4}He$ 值略高，分别为 0.71 和 1.42，与高放射性 ^{40}Ar 相关（表 3-3-1），这可能归因于通过流体/围岩相互作用引入更多地壳放射性 ^{40}Ar。Py3 的 $^{40}Ar^{*}/^{4}He$ 值较高的另一种解释是在沸腾过程中 He/Ar 的分馏。由于 Ar 在含水流体中的溶解度比 He 高，在沸腾过程中剩余液相中的 Ar/He 可能会增大（Burnard et al.，1999），与 Py3 的结构和化学组分所示的剧烈相分离一致。Py1～Py3 的 $^{40}Ar^{*}/^{4}He$ 值远高于饱和大气水（0.01；Burnard et al.，1999），表明大气成分的贡献几乎可以忽略不计。

果洛龙洼金矿床的惰性气体分析表明，含矿流体主要来自地壳源，有少量的地幔成分。同时，热液成因的 Py1～Py3 的 S 同位素组成暗示了岩浆硫来源。综合这两方面的证据表明，成矿流体是从地壳源的酸性岩浆中析出的，可能还有较少的地幔源基性岩浆的贡献。在通过地壳迁移的过程中，成矿流体很可能与围岩发生相互作用，提取氦和氩，并获得更具放射性的氦和氩同位素特征。前人研究的 H-O 同位素数据也支持成矿流体具有岩浆起源（肖晔等，2014）。果洛龙洼金矿床热液黄铁矿（Py1～Py3）中普遍较低的 Co 和 Ni 含量通常被解释为与酸性岩浆热液的亲缘性指示物（Bajwah et al.，1987；Large et al.，2009；Reich et al.，2016）。这一解释也与东昆仑造山带广泛分布古生代闪长岩和花岗岩侵入体相一致（466～390Ma；Dong et al.，2018），稍早于 Chen 等（2020a）报道的 374～354 Ma 的黄铁矿 Re-Os 年龄。三叠纪含有基性岩浆包体的花岗岩体，指示通过地壳部分熔融形成，继承有部分地幔同位素特征（257～200Ma；Shao et al.，2017；Dong et al.，2018；Zhao et al.，2020），与肖晔等（2014）报道的果洛龙洼金矿床的绢云母/白云岩 Ar-Ar 年龄相近，约为 203Ma。此外，本书揭示的多个成矿阶段，以及 Chen 等（2020a）报道的 Py2 和 Py3 的 Re-Os 年龄相差 20Ma，可能暗示着多个矿化事件，与沟里矿集区的多期岩浆活动有关。

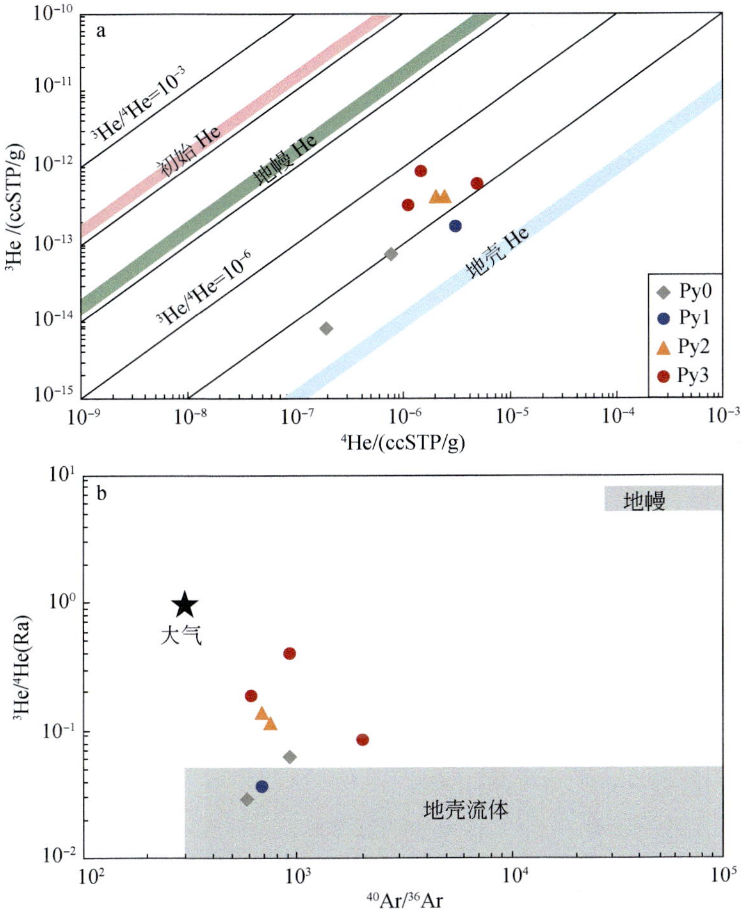

图 3-3-13　果洛龙洼金矿黄铁矿 He-Ar 同位素组成

第四节　沟里矿集区都兰县阿斯哈金矿床

一、矿区地质

都兰县阿斯哈金矿位于东昆仑造山带昆北复合岩浆弧东段，产于伯喀里克-香日德成矿亚带的沟里矿集区（图 3-3-1），地质背景与都兰县果洛龙洼金矿一致，其矿区地质内容与本章第三节都兰县果洛龙洼金矿床相应内容相同，不再赘述。

二、矿床地质

（一）矿体特征

矿区由 10 多条高品位含金石英脉组成，在构造上受北西向、近东西向和北北西向断裂控制，围岩为三叠纪花岗闪长岩（图 3-4-1）。其中金矿化较好的为Ⅱ号矿脉和Ⅶ号矿脉。Ⅱ号矿脉矿体走向为北西-南东向，倾向 60°～75°，倾角 72°～85°，长 2km，厚度 0.2～4m 不等；Ⅶ号矿脉矿体走向为北东-南西向，倾向 275°～280°，倾角 70°～88°。富铜矿脉矿体走向近东西，倾向南，倾角 45°，截切早期富金矿脉。

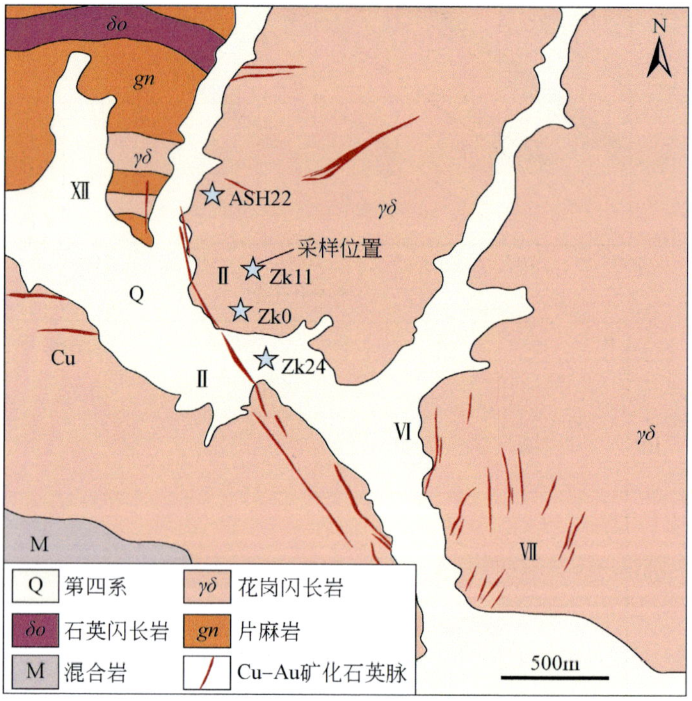

图 3-4-1　沟里矿集区阿斯哈金矿床矿脉分布图

（二）矿石特征

矿石主要赋存在含金石英脉中，以块状构造为主，局部存在网状构造和浸染状构造。矿石矿物包括黄铁矿、黄铜矿、毒砂、闪锌矿和银金矿，含少量自然金、磁黄铁矿、辉铋矿和黝铜矿（图 3-4-2，图 3-4-3）。脉石矿物为石英、斜长石、钾长石、方解石和绢云母等，含少量菱铁矿、绿泥石、金红石、独居石和磷灰石。矿脉中发现少量浸染状白钨矿（紫外光下呈淡蓝色和黄色荧光）和辉钼矿。矿石的主要载金矿物为黄铁矿和毒砂，其次为黄铜矿和石英，极少数存在于其他脉石矿物中（图 3-4-3）。金主要以自然金或银金矿的包体形式被包裹在黄铁矿和毒砂中（图 3-4-4）。

图 3-4-2 阿斯哈金矿不同矿化阶段类型及矿物组合特征

a. 金-石英-黄铁矿脉被金-石英-多金属硫化物脉切割；b. 石英-黄铁矿-黄铜矿脉；c. 最晚阶段的碳酸盐岩脉；d. 钻孔中新鲜的花岗斑岩；e. 金-石英-黄铁矿脉（成矿阶段Ⅰ）；f. 金-石英-多金属硫化物脉（成矿阶段Ⅱ）；g. 石英-黄铁矿-黄铜矿脉（成矿阶段Ⅲ）；h. 方解石脉（成矿阶段Ⅳ）

（三）围岩蚀变

热液蚀变紧邻含金石英脉分布，由远及近依次为钾化、绢云母化、硅化和黄铁绢英岩化蚀变。在探矿钻孔中，发现了隐伏的花岗斑岩体，其紧邻矿脉侵位在闪长岩中。斑晶主要为石英、钾长石和黑云母。斑岩体局部发生了绢云母化和黄铁绢英岩化自交代蚀变。

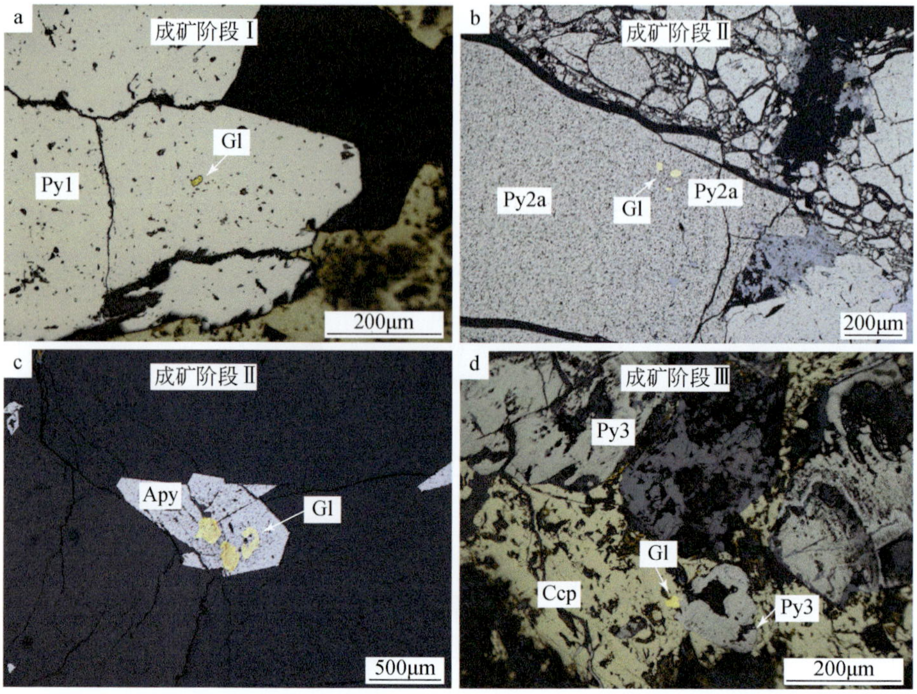

图 3-4-3　阿斯哈金矿样品镜下照片（反射光）

a. 包体金沉淀在成矿阶段Ⅰ的黄铁矿中；b. 成矿阶段Ⅱ的黄铁矿中包含包体金；c. 包体金沉淀在成矿阶段Ⅱ的毒砂颗粒中；d. 包体金沉淀在成矿阶段Ⅲ的黄铜矿中。Py. 黄铁矿；Ccp. 黄铜矿；Gl. 金；Apy. 毒砂

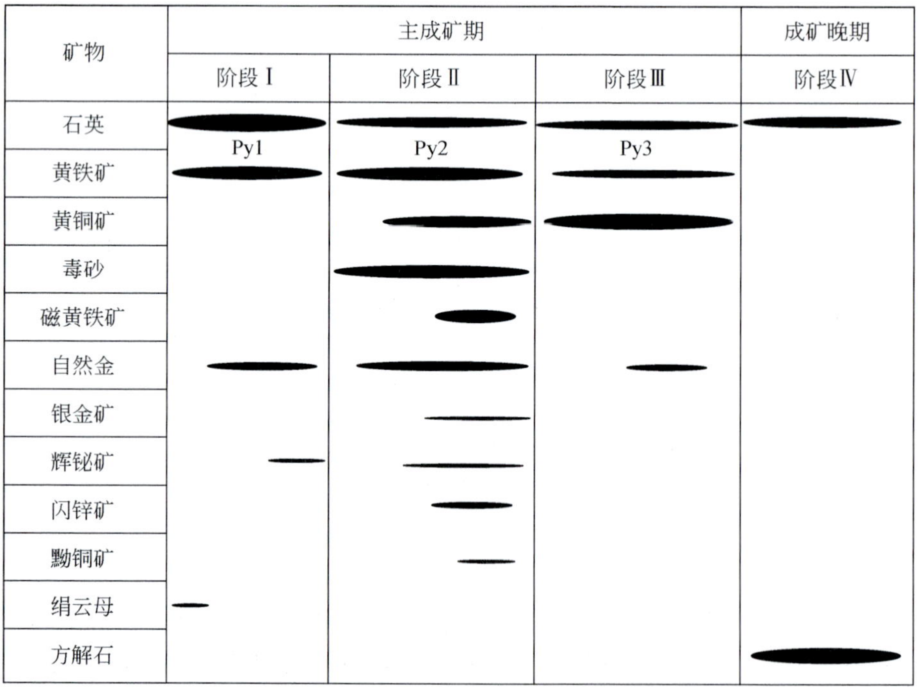

图 3-4-4　阿斯哈金矿床矿物共生序列图（线段粗细代表矿物相对丰度）

三、矿床成因及成矿规律

（一）黄铁矿分类及成矿阶段

根据矿脉穿切关系和详细的显微观察，识别出成矿前的贫矿石英沉淀阶段和成矿期的四个阶段。从成矿早阶段到晚阶段，即为金-石英-黄铁矿沉淀阶段、金-石英-多金属硫化物沉淀阶段、金-石英-黄铁矿-黄铜矿沉淀阶段、方解石沉淀阶段（图 3-4-2，图 3-4-4）。成矿阶段Ⅰ到成矿阶段Ⅲ均为金矿化阶段，其中成矿阶段Ⅱ为主矿化期。

成矿前的贫矿石英沉淀阶段由乳白色石英（60%～80%）和少量绢云母（25%～35%）组成。成矿阶段Ⅰ以沉淀自然金、石英（30%～50%）和黄铁矿（Py1，45%～65%）为特征（图 3-4-2a、e）。这一阶段的黄铁矿以自形-半自形颗粒出现。银金矿或自然金在黄铁矿中以包裹体或裂隙充填物的形式出现（图 3-4-3a）。成矿阶段Ⅱ以沉淀石英（25%～40%）、多金属硫化物（40%～60%）［黄铁矿（Py2）、黄铜矿、毒砂、磁黄铁矿和闪锌矿］为特征（图 3-4-2a、f），并含有少量的自然金、银金矿和黝铜矿。这一阶段的黄铁矿具有粗粒-细粒和半自形-他形的结构，BSE 图像中具有核边结构。在这个阶段中，黄铁矿中包裹了少量大小不等的毒砂颗粒。自然金以包裹体形式赋存于黄铁矿和毒砂颗粒中，或充填于黄铁矿颗粒间隙中（图 3-4-3b、c）。成矿阶段Ⅲ以沉淀自然金、石英（20%～30%）、黄铁矿（Py3，15%～25%）和黄铜矿（40%～60%）为特征（图 3-4-2b、g）。该阶段黄铁矿以鲕粒结构为特征，并沿着石英晶簇边缘发生了沉淀。自然金以包裹体形式存在于黄铜矿中（图 3-4-3d）。沿黄铁矿-黄铜矿细脉的两侧或与黄铜矿颗粒接触的地方沉淀了热液独居石。成矿阶段Ⅳ以沉淀石英（30%～45%）和方解石（45%～60%）为特征（图 3-4-2c、h），这些脉体平行层理或切割早阶段矿脉，代表着热液活动的最后阶段。在该阶段，独居石颗粒被包裹在方解石脉中。

（二）精细矿化过程

1. 黄铁矿结构、微量元素和硫同位素特征

使用扫描电子显微镜精细观察黄铁矿结构，通过 LA-ICP-MS 对黄铁矿进行原位的微量元素和扫面分析。借助 LA-（MC）ICP-MS 对黄铁矿微量元素单点分析附近进行原位的硫同位素分析。

（1）黄铁矿的结构和世代关系

依据镜下显微结构、矿物组合特征及穿插关系特征，结合野外矿脉观察，在阿斯哈金矿床中共识别出四种类型的黄铁矿，且主要分布在花岗斑岩（Py-r）、石英-黄铁矿脉（成矿阶段Ⅰ，Py1）、石英-多金属硫化物脉（成矿阶段Ⅱ，Py2）和石英-黄铁矿-黄铜矿脉（成矿阶段Ⅲ，Py3）中。Py-r 为自形细粒结构，与黑云母、磷灰石共生，BSE 图像显示元素组成均匀。Py1 的特征是具有自形至半自形的中粗粒结构（图 3-4-5b～d），并且在 BSE 图像中表现出均匀的元素组成（图 3-4-5d）。在 Py1 集合体中，可见微裂缝被黄铜矿填充（图 3-4-5b），并且包含可见金包体（图 3-4-5c）。Py1 通常从围岩中捕获黑云母矿物（图 3-4-5b）。Py1 通常被自形和半自形毒砂包裹，这表明 Py1 的形成早于毒砂（图 3-4-5b、d）。

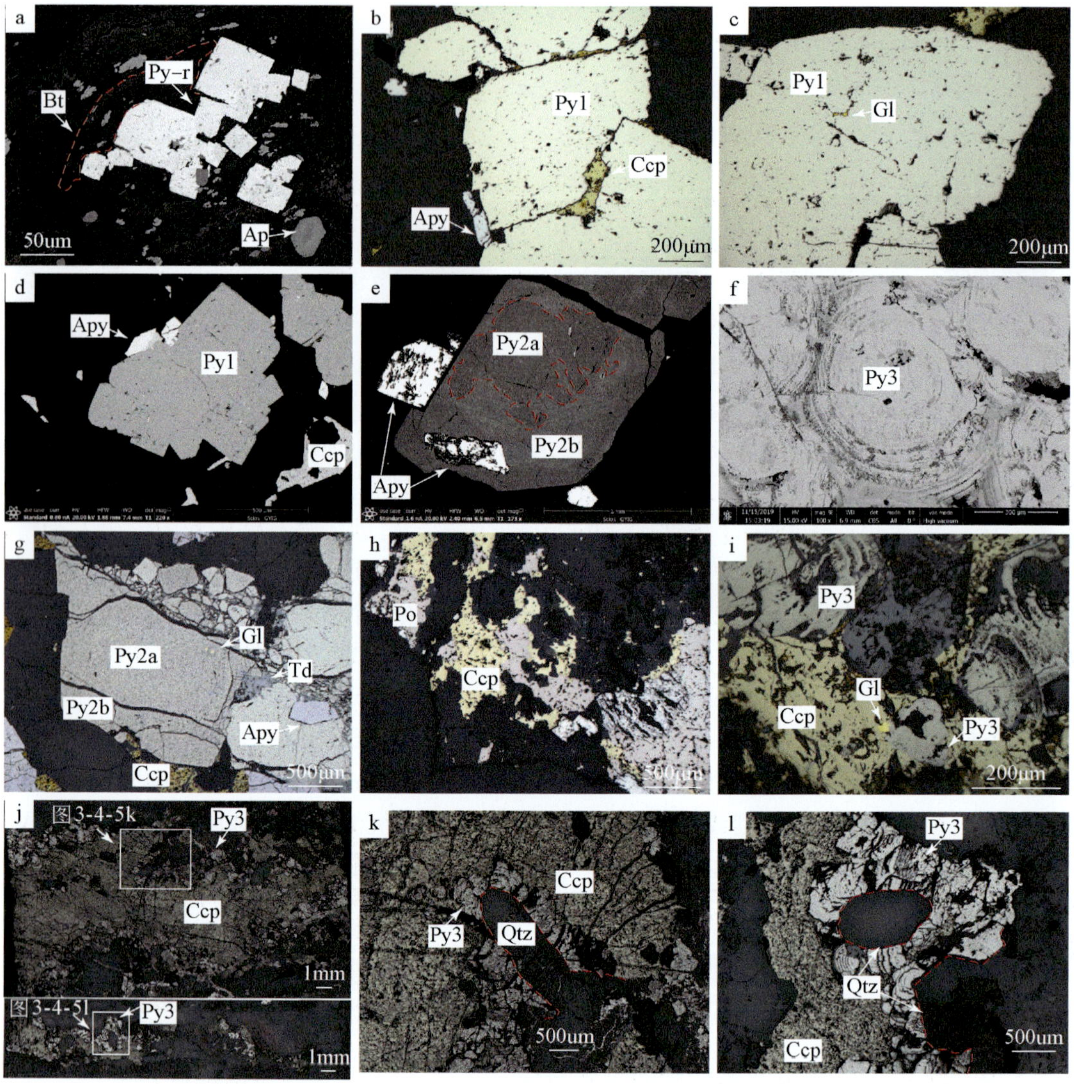

图 3-4-5 阿斯哈不同世代黄铁矿的反射光和背散射显微照片

a. 花岗斑岩中细粒自形黄铁矿的 BSE 图像；b. Py1 集合体裂隙中充填 Ccp；c. 包体金出现在半自形 Py1 中（成矿阶段Ⅰ）；d. 自形 Py1 在 BSE 图像中成分均一，Apy 镶嵌在边缘；e. Py2 在 BSE 中具有明显的核边缘结构，在 Py2b 的内部和边缘存在 Apy 晶体；f. 鲕状 Py3，BSE 图像；g. Py2a 和 Py2b 分界处分布金包体和 As-Co-Sb-Ag-Cu-Bi-Pb 矿物包裹体（成矿阶段Ⅱ）；h. 在反射光下 Po 与 Ccp 的共生关系；i. 黄铜矿中的包裹体金（成矿阶段Ⅲ）；j. 鲕状 Py3 分布于黄铜矿细脉的边缘；k、l. Py3 生长在石英晶簇的外缘，黄铜矿生长在 Py3 的外缘。Ap. 磷灰石；Py. 黄铁矿；Ccp. 黄铜矿；Gl. 金；Apy. 毒砂；Po. 磁黄铁矿；Td. 黝铜矿；Qtz. 石英

Py2 通常为粗至细粒，呈半自形（图 3-4-5e、g），与粗粒黄铜矿、毒砂、磁黄铁矿和闪锌矿共生（图 3-4-5e、g、h）。与成分均一的 Py1 相比，Py2 具有独特的核边结构，包含 BSE 暗核（称为 Py2a）和 BSE 亮边（称为 Py2b）（图 3-4-5a、e）。在某些情况下，核与边之间的边界处溶蚀结构非常发育（图 3-4-5g）。边界附近出现大量细粒辉铋矿和银金矿包裹体（图 3-4-5a、b、g）。与 Py1 相似，Py2a 在 BSE 图像中元素组成均匀，而 Py2b 显示振荡或不规则的环带特征（图 3-4-5a、b、e）。Py2b 通常含有丰富的 Au-Ag-As-Sb-Bi-Cu-Pb 矿

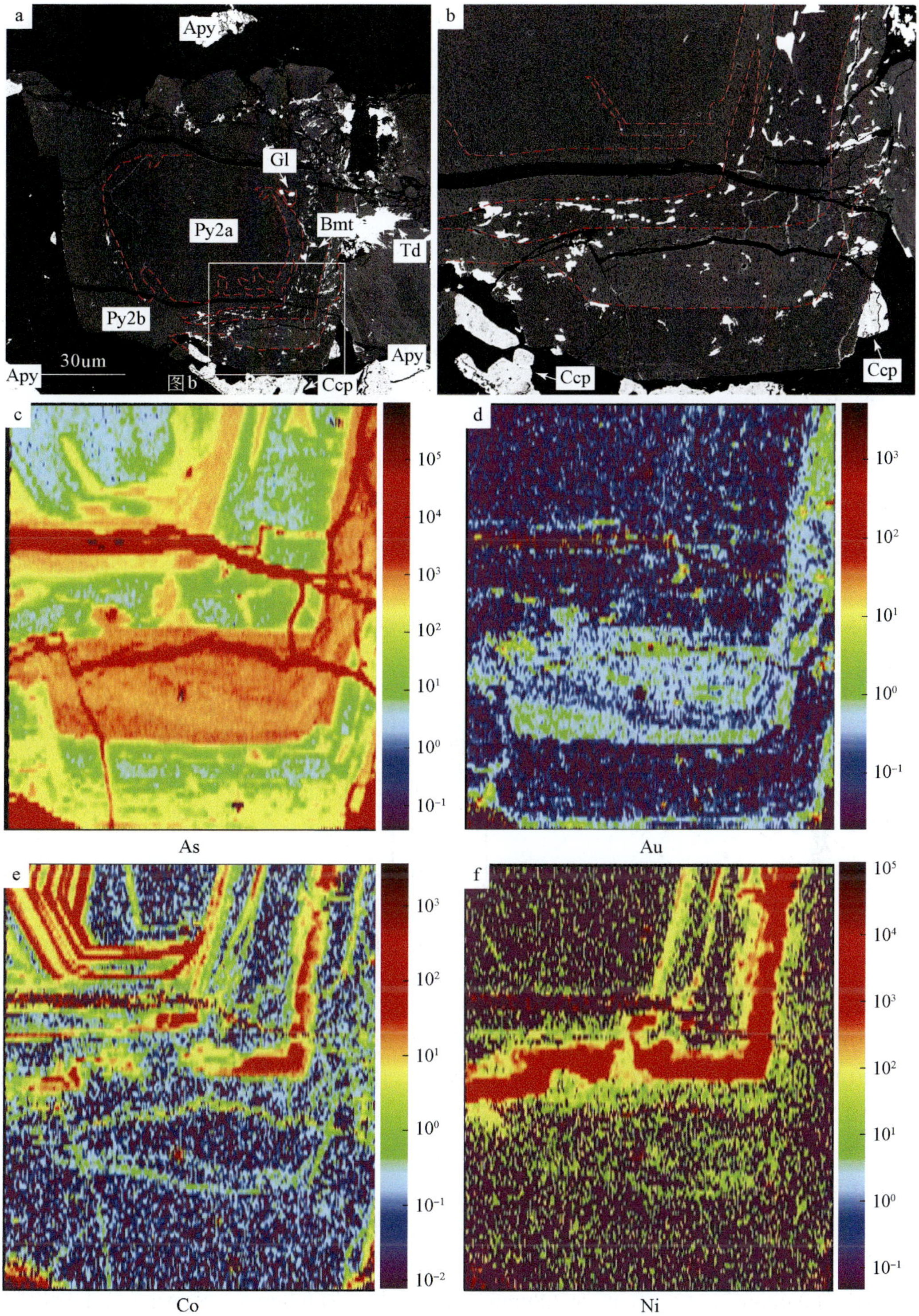

图 3-4-6 具有核（Py2a）和边（Py2b）结构的 Py2 LA-ICP-MS 扫面图

a、b. 黄铁矿的 BSE 图像；c～f. 分别为 LA-ICP-MS 扫面显示 As、Au、Co 和 Ni 成分变化。Py. 黄铁矿；Ccp. 黄铜矿；Gl. 金；Apy. 毒砂；Bmt. 铋铁矿；Td. 黝铜矿

物包裹体，如辉铋矿、黄铜矿、自然金、银金矿、毒砂和砷黝铜矿（图 3-4-5e、g，图 3-4-6a、b）。

Py3 以鲕状结构为特征，以集合体的形式沉淀在石英-黄铜矿（成矿阶段Ⅲ）细脉的边缘（图 3-4-5j）。Py3 局部生长在自形半自形石英晶簇的边缘（图 3-4-5k、l）。从石英-黄铜矿细脉边缘到中心，依次结晶石英晶簇、Py3 黄铁矿和黄铜矿（图 3-4-5k、l）。黄铜矿（成矿阶段Ⅲ）中沉淀了银金矿包裹体。Py3 在 BSE 图像中显示出均一的成分特征（图 3-4-5f）。

（2）黄铁矿微量元素扫面

选取一颗具有代表性的 Py2 晶体完成了主、微量元素分布扫面。样品中含有丰富的可见金包体和富含 Bi、Sb 和 Pb 的包裹体（图 3-4-6a、b），沿着 Py2a 和 Py2b 之间的溶蚀边界聚集或充填微裂隙。扫面结果表明，该颗粒黄铁矿具有非常清晰的 As、Au、Ni 和 Co 环带（图 3-4-6c～f）。As 和 Au 环带主要出现在 Py2b（BSE 亮边）中，Ni 和 Co 带主要出现在 Py2a（BSE 暗核）中。

（3）单点原位微量元素分析

在不同世代黄铁矿上完成了 71 个点的分析，微量元素的组成变化如图 3-4-7 所示（数据见 Liang et al.，2021）。在设计剥蚀点时，需要特别注意的是避开矿物包裹体（如自然金、黄铜矿和毒砂），但是隐伏在表面以下的一些包裹体是无法避开的，因此会出现极少数的异常值。

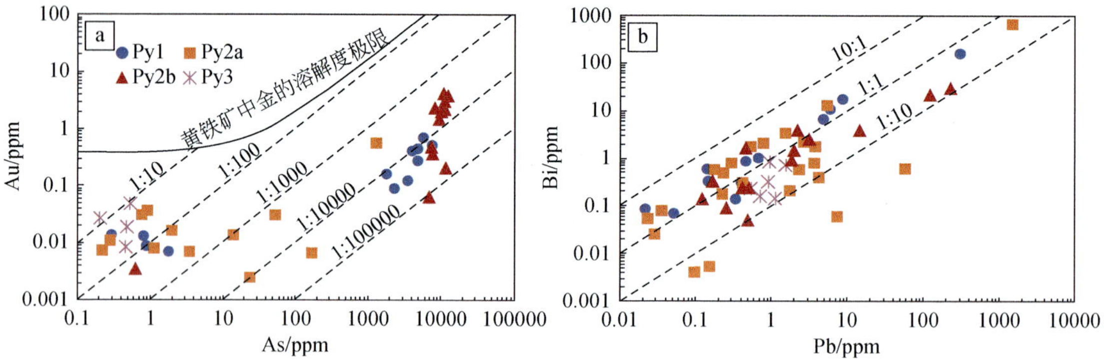

图 3-4-7 黄铁矿中 LA-ICP-MS 微量元素的变化范围

a. Au-As；b. Bi-Pb

Py1 中微量元素的中值绝对含量总体上略低于 Py2b。Py1 中 Au 和 As 含量较高，中值分别为 0.1ppm 和 2090ppm。然而，其他元素如 Sb（中值为 0.2ppm）、Cu（中值为 0.5ppm）、Pb（中值为 0.4ppm）和 Bi（中值为 0.5ppm）相对较低。Mo、W、Zn、Ag 含量均低于检出限。Co 和 Ni 的含量也很低，中值分别为 2.0ppm 和 0.5ppm，但在黑云母矿物包裹体附近中值达到 502ppm 和 317ppm。

Py2 的核（Py2a）和边（Py2b）具有明显差异的微量元素含量特征。Py2a 富含 Co（中值为 43.1ppm）和 Ni（中值为 50.9ppm），但亏损 Cu（中值为 4.2ppm）、Pb（中值为 0.7ppm）、Zn（中值为 0.6ppm）、As（中值为 2.8ppm）、Ag（中值为 0.8ppm）和 Au（低于检出限）。值得注意的是，在所有世代的黄铁矿中 Py2b 的金含量最高，中值为 0.5ppm。同时还富含 As（中值为 7894ppm）和 Cu（中值为 7.4ppm），而亏损 Co（中值为 11.4ppm）和 Ni（中值为 2.9ppm)。

Py3 的特点是富集 Co(中值为 1319ppm)、Ni(中值为 1783ppm)、Mo(中值为 47.4ppm)和 W(中值为 35.8ppm),但是亏损 As(中值为 0.4ppm)和 Au(低于检出限)。与上一世代黄铁矿相比,Py3 的 Co、Ni、W、Mo 含量较高,而 As、Au 含量较低。

所有世代黄铁矿中的 Au 和 As 都低于砷黄铁矿中金的溶解度极限(图 3-4-8,Reich et al.,2005)。Py1 与 Py2b 的 Au、As 含量呈显著正相关,且 Py2b 的 Au、As 比值较高。然而,Py1、Py2 和 Py3 显示出显著不同的 Bi/Pb 值(图 3-4-8)。根据微量元素的变化特征,可以发现从早阶段的 Py1 到晚阶段的 Py3 经历了多期脉动的流体活动。具体表现为成矿阶段Ⅱ黄铁矿的核(Py2b)与 Py1 具有类似的微量元素的特征,边(Py2a)和 Py3 具有类似的微量元素特征。

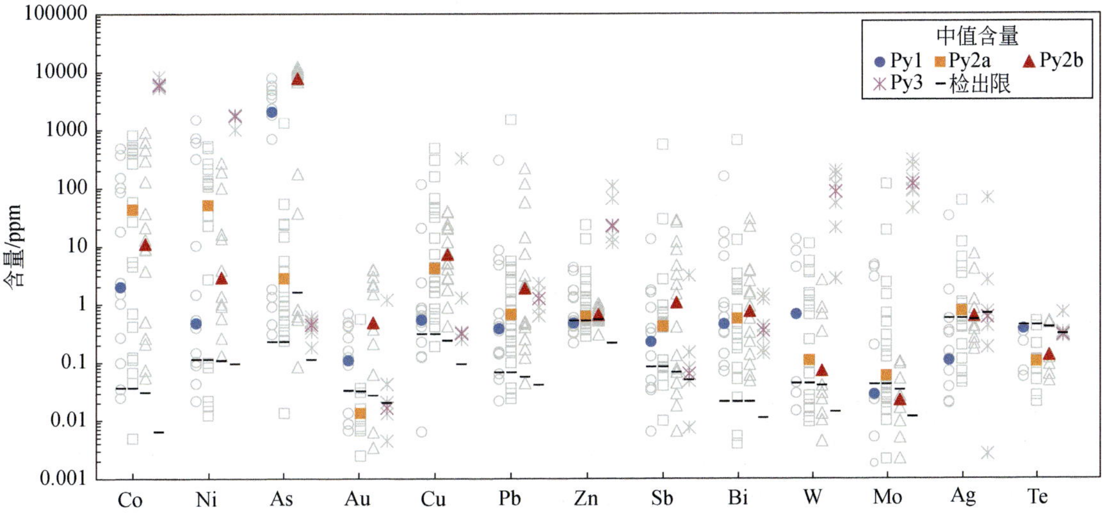

图 3-4-8 不同世代黄铁矿中微量元素的散点图

彩色图形代表不同世代黄铁矿的中值,黑色短线段代表检出限均值

(4)原位硫同位素组成

在斑岩中的黄铁矿(Py-r)表面共分析了 11 个点(图 3-4-9a,数据见 Liang et al.,2021)。Py-r 的 $\delta^{34}S$ 值在 4.2‰~5.6‰(平均值 4.7‰)。

在不同矿化阶段的黄铁矿上共分析了 46 个点(Py1,N=10;Py2a,N=15;Py2b,N=15;Py3,N=6;图 3-4-9a)。Py1 的 $\delta^{34}S$ 值范围为 6.4‰~8.9‰(平均值 7.4‰);Py2a 的 $\delta^{34}S$ 值范围为 5.5‰~6.6‰(平均值 6.1‰)。Py2b 的 $\delta^{34}S$ 值范围为 6.2‰~7.4‰(平均值 6.8‰)。Py3 的 $\delta^{34}S$ 值范围为 4.8‰~6.3‰(平均值 5.7‰)。从 Py2 的核到边,$\delta^{34}S$ 值先增大后略有减小(图 3-4-9d)。鲕状 Py3 的 $\delta^{34}S$ 值也从核心到边缘逐渐增大(图 3-4-9d)。此外,在靠近硫同位素分析点的位置进行了 LA-ICP-MS 微量元素分析。这些数据被投在 As 含量与 $\delta^{34}S$ 值的关系图中,富 Au 的 Py2b 显示出 As 含量与 $\delta^{34}S$ 值良好的正相关性,而 Py2a 未显示出相关性。结果表明,Py2b 具有高 $\delta^{34}S$ 值和高 As 含量的特点,而 Py2a 则相反(图 3-4-9c)。

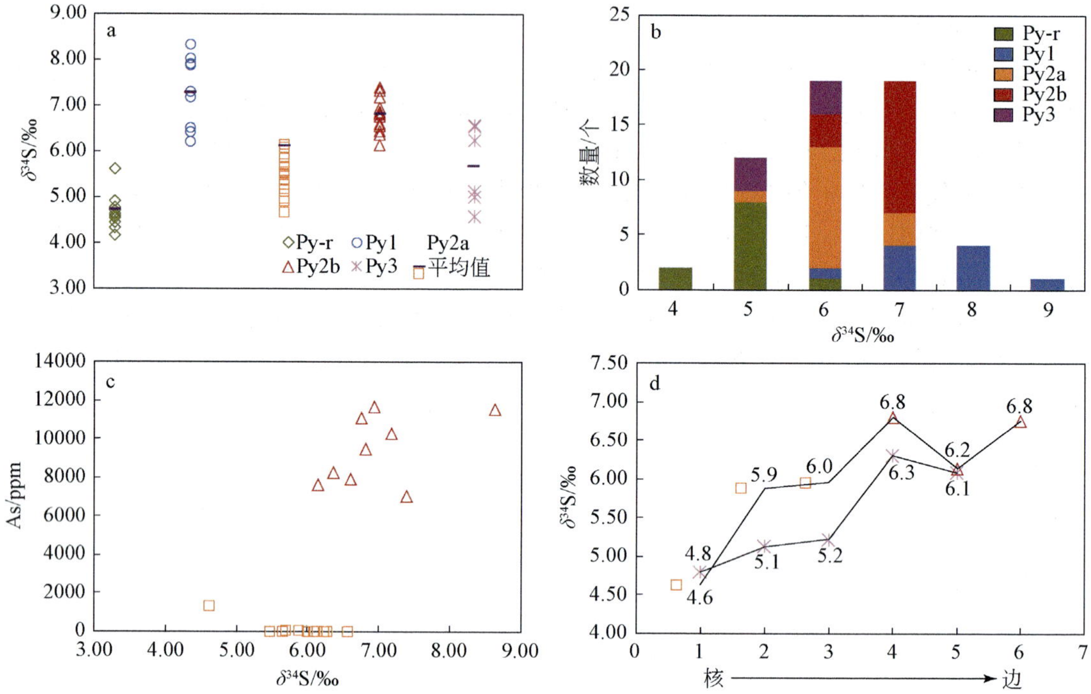

图 3-4-9　黄铁矿 $\delta^{34}S$ 特征图解

a. 不同世代黄铁矿中 $\delta^{34}S$ 值的变化范围；b. 同类型黄铁矿的 $\delta^{34}S$ 值；c. As 含量（ppm）和 $\delta^{34}S$ 值在图中呈正态分布；d. 黄铁矿晶体中从核到边的 $\delta^{34}S$ 值

2. 多阶段成矿流体特征

黄铁矿的微量元素特征可以反映不同的流体特征，特别是 Co、Ni 及其比值对流体性质有很好的制约作用。Carstens（1941）认为沉积黄铁矿的 Co 含量小于 100ppm，Co/Ni 值小于 1，而热液黄铁矿的 Co 含量一般大于 400ppm，Co/Ni 值大于 1。Co 和 Ni 的浓度在很大程度上受来源控制（Large et al.，2014）。在与基性岩侵入有关的矿床和基性岩变质脱气形成的矿床中，黄铁矿中的 Co 和 Ni 含量都很高（Koglin et al.，2010；Zhao et al.，2011；Wang et al.，2014；Reich et al.，2016）。黄铁矿中 Co、Ni 含量高，一般认为与基性源区高温岩浆热液系统有关。同时，基性岩浆来源的黄铁矿 Co/Ni 值普遍高于沉积环境中黄铁矿（Loftus-Hills and Solomon，1967；Bralia et al.，1979；Mookherjee and Philip，1979；Bajwah et al.，1987；Meyer et al.，1990；Large et al.，2009；Koglin et al.，2010；李金超等，2014；Reich et al.，2016）。同沉积黄铁矿通常 Co/Ni 值小于 1（Barbour，1961；Price，1972；Clark et al.，2004），而热液成因黄铁矿 Co/Ni 值通常大于 1。黄铁矿中的镍含量也可以提供流体来源信息，尽管这些成分可以受围岩/流体相互作用影响（Zhao et al.，2011）。超镁铁质岩石含有较高的 Ni（2200±500ppm）（Palme and Jones，2003），如 MORB 镁铁质岩石含有约 150ppm Ni（Hofmann，1988），而长英质岩石通常含有非常低的 Ni（＜50ppm）（Rudnick and Gao，2003）。

Py1 的岩相学和微量元素特征表明，成矿阶段 I 流体富含 As 和 Au，亏损 Co、Ni、W 和 Mo。此外，Co/Ni 值大于 1，Ni 含量小于 50ppm，表明 Py1 可能来自酸性岩浆热液流体

（Barbour，1961；Price，1972；Rudnick and Gao，2003；Clark et al.，2004）。这种观点也得到了相同世代黄铁矿 $\delta^{34}S$ 值支持，即 Py1 的 $\delta^{34}S$ 平均值为 7.4‰，而斑岩体中 Py-r 的 $\delta^{34}S$ 平均值为 4.7‰，上述岩浆通过演化可以获得 Py1 的 $\delta^{34}S$ 值。Py1 的 Co 和 Ni 含量相对较低，中值分别为 2.0ppm 和 0.5ppm，但在黑云母矿物包裹体附近可达到 502ppm 和 317ppm，说明 Py1 成矿流体可能在上升过程中混染了来自基性围岩的包体，而在矿区内也有学者发现了基性火山岩的存在（Chen et al.，2013），这与我们的分析相吻合。

Co 和 Ni 是典型的幔源元素，尤其是基性岩浆（Loftus-Hills and Solomon，1967；Raja Pbour et al.，2017）。在 400℃的温度下，黄铁矿中可含有高达 9%的 Co，在更高温度（＞700℃）下，FeS_2-CoS_2 之间可形成完整的固溶体（Clark et al.，2004）。相对较高的温度有利于 Co 和 Ni 取代 Fe，而低温有利于 As 取代 S（Migdisov et al.，2011；Deditius et al.，2014）。在 LA-ICP-MS 微量元素扫面上，Py2a 显示出清晰规则的 Co 和 Ni 的振荡环带。Py2a 中 Co 和 Ni 的单点含量呈现两个端元值，且分布极不均匀。单点分析的最高含量与扫面中环带最高部分显示的值一致。前人的研究表明，振荡环带或显微尺度微量元素化学变化可能是由流体组成、热液系统的压力或温度的外部变化，以及矿物生长速率的变化引起（Barker and Cox，2011；Reich et al.，2013；Peterson and Mavrogenes，2014；Fougerouse et al.，2016；Li et al.，2018）。结合其在 BSE 图像上所显示的化学成分的均匀性可知，黄铁矿的生长速率应该是 Co 和 Ni 的振荡环带沉淀的关键因素。根据该阶段流体特征分析，特别是该世代黄铁矿中 Co 和 Ni 的生长带、微量元素浓度特征，可知成矿阶段Ⅱ流体在上升流过程中也可能从基性岩石中淋滤一些化学成分，而且在沉淀过程中优先进入 Py2a。Py2a 较低的 $\delta^{34}S$ 值，也说明有来自围岩轻硫同位素的混入。

Py2b 沉淀在了成矿阶段Ⅱ流体较晚阶段，Au 和 As 的含量高于 Py1，金矿化在该阶段达到峰值。其证据是 Py2b 中的不可见金含量明显增加，而且该阶段黄铁矿和毒砂中的包裹体金的数量也显著增多。Py2b 与毒砂和黄铜矿共生。大颗粒的半自形毒砂颗粒常被包裹在 Py2b 中。在 BSE 图像中，Py2b 比 Py2a 明显亮，其 As 和 Au 含量也较高，但 Co 和 Ni 含量低于 Py2a，而且 Py2b 的 Co/Ni 值远大于 1。这表明 Py2b 可能来自与 Py1 类似的酸性岩浆热液流体（Barbour，1961；Price，1972；Rudnick and Gao，2003；Clark et al.，2004）。Py2b 的 $\delta^{34}S$ 值与 Py1 相近，平均值为 6.8‰，略高于 Py2a，且变化范围很窄。在 As 和 $\delta^{34}S$ 的比值图中，Py2b 相比 Py2a 具有高硫同位素和高砷含量的特点，表现出微弱的正相关关系。第二阶段成矿流体物质组成与第一阶段成矿流体物质组成相似，但是在上升的过程中有更多的基性围岩物质加入。

成矿阶段Ⅱ晚期形成 Py2b 的流体可能与先前存在的 Py2a 发生了反应，从 Py2a 中萃取部分微量元素，并在其边缘产生一些溶蚀孔隙。在 Py2a 和 Py2b 的接触处发育多金属矿物包裹体（如 Au、As 和 Bi），可能是流体沿裂缝和孔隙网络置换早期黄铁矿所形成（Voute et al.，2019），而减压过程可以很容易地实现流体的快速进入（Weatherley and Henley，2013）。同时，显著的减压会进一步导致 H_2O-CO_2-NaCl 流体的相分离（Wilkinson and Johnston，1996；Velásquez et al.，2014），表现为在成矿阶段Ⅱ含矿石英脉中 CO_2-H_2O 和 H_2O-NaCl 流体包裹体共存（李碧乐等，2012）。因此，具有核边结构的黄铁矿的形成可能受减压作用的控制。此外，在相分离过程中，As 将在流体中富集（Libbey and William-Jones，2016；

Simmons et al.，2016），这有助于 As 和 Au 在 Py2b（Deditius et al.，2014；Kusebauch et al.，2019；Xing et al.，2019）和毒砂中耦合沉积（Pokrovski et al.，2002）。Py2b 中的富砷环带倾向于向核部延伸，类似于砷从核到边的迁移通道。Py2 的这种现象也可能是由溶解-再沉淀反应引起的，溶解再沉淀反应受母体和产物相在流体中的相对溶解度动态控制（Putnis，2002）。相应的结构和化学特征进一步表明，Py2b 和 Py2a 很可能是在显著减压和流体相分离的情况下生成的。在成矿阶段Ⅱ，Py2b 比 Py2a 沉淀晚，成矿流体富集 As、Au、Ni 和 Co。

Py3 的 Ni 含量中值为 1784ppm，最高值为 1883ppm，Co/Ni 值中值为 0.7，最大值为 1.7，表明其可能主要来自酸性岩浆，但混合了大量高 Ni 含量（16～1073ppm，）和低 Co/Ni 值（0.03～1.4）的基性火山沉积成分。此外，Py3 的 $\delta^{34}S$ 值范围窄，平均值为 5.7‰，与 Py2a 相似，说明其可能来自相近的硫来源。成矿阶段Ⅲ流体中沉淀的 Py3 应该是与上一代黄铁矿相近的物质来源演化而来，但火山基性组分的混合比例显著增加，也有少量沉积组分的加入。在成矿阶段Ⅲ，Py3 沿着石英晶簇较早发生了沉淀，含自然金包裹体的黄铜矿沿着 Py3 较晚发生了沉淀。与前一成矿阶段相比，该阶段成矿流体富含 Co、Ni、Cu、Au、W 和 Mo。

3. 多阶段物质来源

阿斯哈含金石英脉中不同世代黄铁矿的 $\delta^{34}S$ 值变化范围很窄（4.8‰～8.9‰），呈规律性波动，略高于 Py-r 的 $\delta^{34}S$ 值（4.2‰～5.6‰），说明它们硫的来源可能是相近的。富含金的 Py1 和 Py2b 的 $\delta^{34}S$ 值一致。贫金 Py2a 和 Py3 的 $\delta^{34}S$ 值也具有类似性。贫金黄铁矿的 $\delta^{34}S$ 值略小于富金黄铁矿。Py1～Py3 具有相似的硫源，这种较窄的 $\delta^{34}S$ 值波动可能是流体在上升过程中加入了不同比例不同组分的围岩所致（如基性火山岩和沉积围岩）。然而，在不同成矿阶段，有许多因素会导致硫同位素分馏，包括初始流体的同位素组成、温度、pH、f_{O_2} 和流体中沉积的含硫矿物量（Zheng and Hoefs，1993；Hu et al.，2020）。因此，为了分析成矿流体的来源，有必要分析硫同位素分馏的成因。

Py1（$\delta^{34}S$ 平均值为 7.4‰）的 $\delta^{34}S$ 富集程度高于 Py2a（$\delta^{34}S$ 平均值为 6.1‰），但 $\delta^{34}S$ 值与 Py2b 相近（$\delta^{34}S$ 平均值为 6.8‰）。在这两个成矿阶段，没有明显的证据表明氧逸度的变化影响硫同位素的变化。其他一些因素（如温度）并不显著，因为成矿阶段Ⅰ和成矿阶段Ⅱ之间的温度变化不是那么剧烈（大约＜50℃）（李碧乐等，2012）。缺少氧化物（如赤铁矿）和硫酸盐矿物，阿斯哈金矿磁黄铁矿+黄铁矿+黄铜矿±（闪锌矿+方铅矿）的硫化物组合表明，硫主要以还原硫（H_2S^0）的形式存在于热液流体中（Ohmoto and Rye，1979；Ohmoto and Goldhaber，1997；Hu et al.，2020）。当温度从 350℃下降到 300℃时，只会导致“Δ Py-H_2S”增加＜0.5‰（Ohmoto and Rye，1979）。阿斯哈金矿床的 $\delta^{34}S$ 值变化范围很窄，与东昆仑成矿带其他金矿，如大厂（−10.8‰～6.5‰，张德全等，2005）和五龙沟金矿（−1.6‰～7.9‰，Ding et al.，2016；Zhang et al.，2017），差异较大。Py1 的硫同位素值范围完全可以通过岩浆熔体-流体分馏（花岗斑岩硫同位素平均值为 4.7‰）获得，而且这些同位素还表现出正态分布的特征，与大多数岩浆热液矿床中硫化物的 $\delta^{34}S$ 值相近（Hoefs，2009）。因此，我们认为成矿阶段Ⅰ流体中的硫演化自花岗斑岩岩浆热液。

Py2a 和 Py2b 的 $\delta^{34}S$ 平均值分别为 6.1‰和 6.8‰。在这一成矿阶段，热液体系中析出了大量的硫化物，如磁黄铁矿、闪锌矿、黄铜矿和方铅矿。在矿物组合中发现极少方铅矿颗粒。这些硫化物和 H_2S^0 之间的同位素分馏系数为负值或为零，尤其是方铅矿和闪锌矿，300℃时的同位素分馏系数分别为-3.8 和 0（Ohmoto，1972）。黄铁矿-磁黄铁矿缓冲区表明为相对还原环境（Ohmoto，1972；Hu et al.，2020）。因此，氧逸度不是成矿阶段Ⅱ硫同位素变化的主导因素。较小的变化范围（从核部到边缘）应为两个相近组成的岩浆热液混合或岩浆热液演化过程的结果。我们认为，从核部到边缘逐渐增大的 $\delta^{34}S$ 值，记录了水岩反应逐渐增强的过程（Peng et al.，2021）。前人对阿斯哈金矿床的流体包裹体研究表明，在金矿化阶段存在流体不混溶现象（李碧乐等，2012）。这也与阿斯哈金矿黄铁矿的微观结构和微量元素研究相一致。相分离导致挥发性物质从流体中逸出，形成从高密度成矿流体相分离的低密度“蒸气”相（Pichavant et al.，1982；Drummond and Ohmoto，1985；Diamond，1990）。对于硫同位素体系，该过程属于质量分馏过程，轻的 ^{32}S 进入气相，重的 ^{34}S 留在残余流体中，导致 $\delta^{34}S$ 值增加。这可以解释 Py2a 到 Py2b 中硫同位素的变化，但不是主导因素。成矿阶段Ⅱ成矿流体的硫源应与成矿阶段Ⅰ成矿流体的硫源一致，但是成矿阶段Ⅱ成矿流体在上升流过程中从围岩中淋滤较多的较轻硫同位素，与成矿阶段Ⅰ成矿流体有细微差别。

Py3 在成矿阶段Ⅲ成矿流体中沉淀较早，具有独特的鲕状结构，沿着石英晶簇边缘生长，外围生长着细脉状黄铜矿。这种特殊的生长环境表明，Py3 的鲕粒结构应该是热液流体形成的，这与热水沉积微生物作用形成的鲕粒结构明显不同（Xia and Li，1999；Zhang et al.，2004）。Py3 的 $\delta^{34}S$ 值（平均值为 5.7‰）与 Py2a 相近（平均值 6.1‰）。结合微量元素和显微结构特征，认为成矿阶段Ⅲ成矿流体的硫来源与成矿阶段Ⅱ成矿流体相近，但成矿阶段Ⅲ成矿流体在上升过程中混合了较多的围岩轻硫同位素（-11.6‰～-4.0‰）。

总体来说，Py1、Py2 和 Py3 之间的硫同位素组成变化很窄，指示多期脉动热液活动可能来自相同的源区。成矿流体与围岩（包括纳赤台群碳质变质沉积岩）发生了广泛的流体-岩石相互作用（即钾长石蚀变、绢云母化和硅化），通常会导致氧逸度降低。还原条件会造成 $\delta^{34}S$ 值增大（Ohmoto，1972；Seal，2006）。一定程度上，Py2 的 $\delta^{34}S$ 值（从 4.8‰～6.8‰）和 Py3 的 $\delta^{34}S$ 值（从 4.6‰～6.1‰）都是从核到边逐渐增加。$\delta^{34}S$ 值的增加可能与流体-岩石相互作用程度的提高和还原作用的增强密切相关（Peng et al.，2021）。此外，同位素组成的连续和逐渐变化意味着物理化学条件没有发生剧烈变化。但各阶段微量元素（As、Co、Ni）含量变化较大，可能是混染了火山岩或沉积岩的结果。

（三）成岩-成矿时代

以往的东昆仑造山带（EKOB）金矿化地质年代学研究采用的是蚀变矿物的间接定年方法（如果洛龙洼金矿中绢云母/白云母的 $^{40}Ar/^{39}Ar$ 年龄为 203±2Ma；肖晔等，2014）和硫化物矿物的直接定年方法（如果洛龙洼和安纳格金矿中黄铁矿和黄铜矿的 Re-Os 年龄分别为 354～375Ma 和 349～383Ma；Chen et al.，2020a）。独居石原位 U-Pb 测年结果为阿斯哈金矿化提供了准确的年龄（227.1±6.5Ma），与同矿区果洛龙洼金矿的金矿化年龄（203±2Ma；肖晔等，2014），以及邻区的许多其他金矿床，如五龙沟（绢云母 $^{40}Ar/^{39}Ar$，237±1Ma；Zhang et al.，2005），水闸东沟（绢云母 $^{40}Ar/^{39}Ar$，237～231Ma；Zhang et al.，

2017）和大厂（绢云母 $^{40}Ar/^{39}Ar$，217±3Ma；Zhang et al.，2005）的矿化年龄基本一致。不同方法获得的上述年龄数据可能代表不同的成矿事件。果洛龙洼金矿硫化物的 Re-Os 年龄应对应于晚泥盆世—早石炭世成矿期，而 $^{40}Ar/^{39}Ar$ 年龄应对应于晚泥盆世—早石炭世成矿期。果洛龙洼金矿中绢云母和阿斯哈脉型金矿中独居石 U-Pb 年龄代表了晚三叠世的热液成矿事件。这些数据还表明，这些金矿床大多形成于与原特提斯洋和古特提斯洋演化有关的碰撞和碰撞后背景（Chen et al.，2020a）。昆中带晚三叠世的构造体制是以软流圈幔源岩浆的上涌为主，在 240～220Ma 期间底侵于昆中弧地壳之下，并伴随着大量花岗质侵入体的形成（Dong et al.，2018）。通过对新近发现的阿斯哈金矿床花岗斑岩进行研究，花岗斑岩与矿体在空间上有密切的关系，部分斑岩体发生绢云母化。蚀变斑岩中有浸染状黄铁矿和石英细脉。新鲜斑岩的锆石 U-Pb 定年结果为约 228Ma（Liang et al.，2021），与阿斯哈金矿的成矿年龄一致（图 3-4-10a、b）。观察证实，富黄铁矿花岗岩中的金含量明显高于无黄铁矿的花岗岩。结合阿斯哈侵入岩的年代学和蚀变特征，表明花岗斑岩在该侵入岩型金矿床中起主导作用，成矿流体来自后碰撞背景下的下地壳再活化。

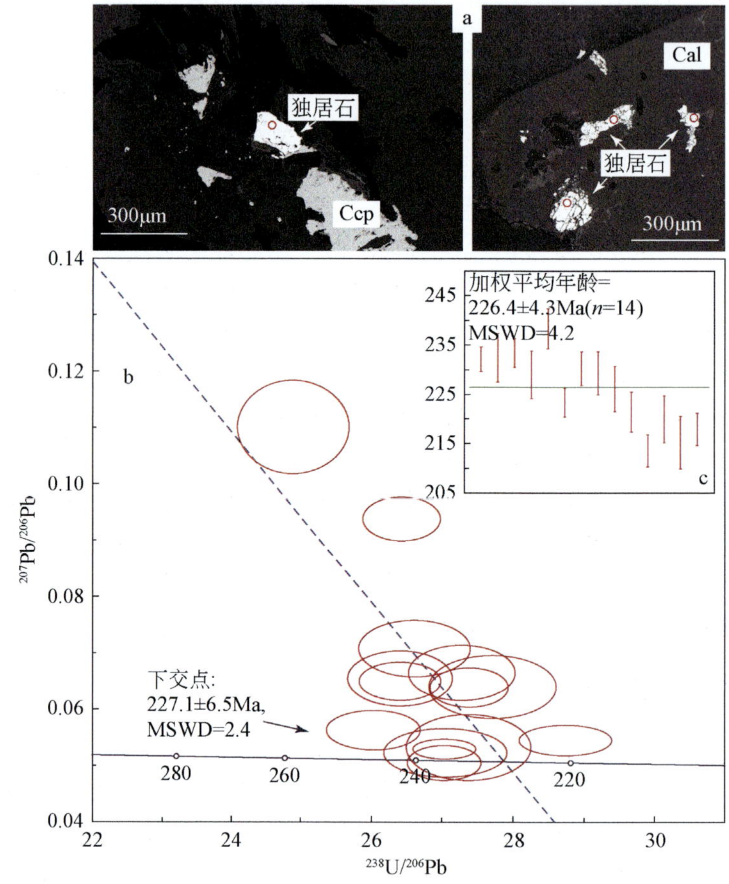

图 3-4-10　热液独居石 U-Pb 定年

a. 独居石背散射电子成像；b、c. 独居石 U-Pb 反谐和年龄和加权平均年龄。Ccp. 黄铜矿；Cal.方解石

（四）多阶段成矿过程模式

在阿斯哈金矿床中，金主要以不可见金和包裹体金两种形式赋存。富砷黄铁矿（Py1、Py2b）中不可见金的含量与砷呈正相关，贫砷黄铁矿（Py2a、Py3）中金含量较低或无。富砷硫化物在吸附 Au^+方面起着关键作用（Fleet and Mumin 1997；Simon et al.，1999b）。砷在金沉淀的过程中具有重要意义：①硫化物的出现表明黄铁矿结晶过程中受热液中 H_2S 控制。因此，金以硫化氢络合物形式运输［$Au(HS)^0$ 或 $Au(HS)^{2-}$；Williams-Jones et al.，2009］。②黄铁矿晶格中 As^{3-}取代 S_2^{2-}，导致 Au^+离子进入 Fe^{2+}位或晶格缺陷（Simon et al.，1999a，1999b）。③As 可以促进黄铁矿表面电化学反应（Maddox et al.，1998）。然而，所有的机制都与 As 改变黄铁矿的表面性质一致，使其更易与金结合。

总硫的减少是金沉淀的有效机制（Hu et al.，2020）。阿斯哈金矿床在成矿阶段Ⅰ—Ⅲ普遍发育硫化作用，其中成矿阶段Ⅱ硫化作用最强。Py2b 和毒砂中沉淀了大量的包体金。与成矿阶段Ⅱ相比，成矿阶段Ⅰ和成矿阶段Ⅲ沉淀了少量的包体金，硫化作用较弱。流体不混溶也可导致成矿阶段Ⅱ的金沉淀，在此过程中 H_2S 可能已进入气相（Naden and Shepherd，1989）。因此，阿斯哈金矿床中不可见金与砷密切相关，包体金与硫化作用和流体不混溶性密切相关。

根据不同世代黄铁矿的微量元素、硫同位素组成和显微结构特征，结合花岗斑岩侵位时代，阿斯哈金矿床岩浆热液流体分为三个阶段（图 3-4-11）。每一阶段的成矿流体都混入不同比例的基性火山岩和沉积岩成分。阿斯哈金矿成矿流体的金含量呈正态分布，各阶段均有包体金沉淀。第一阶段成矿流体主要沉淀了 Py1，该流体流经围岩时捕获了少量的黑云母包裹体，导致部分 Py1 中包含黑云母包裹体。第二阶段，含较多从围岩中淋滤的组分的成矿流体沉淀 Py2a 和 Py2b，并在 Py2b 中沉淀包体金，为金矿化高峰期。第三阶段，含大量淋滤围岩组分的成矿流体沉淀了 Py3，自然金以包裹体形式沉淀在黄铜矿中，为铜矿化高峰期。

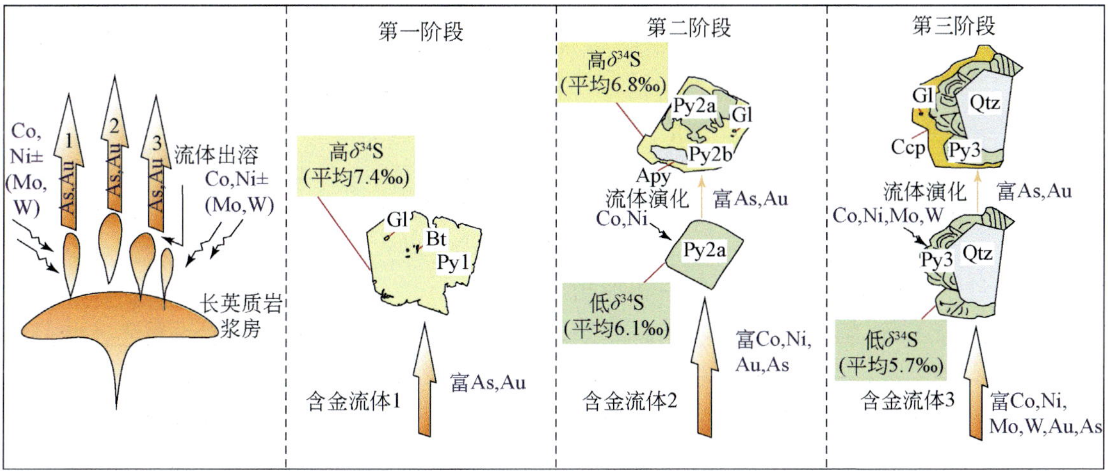

图 3-4-11　阿斯哈金矿床多阶段流体演化示意图

第五节　格尔木市茫崖河东金多金属矿床

该矿床位于东昆仑山脉北支祁漫塔格山南东段，行政区划隶属青海省海西州格尔木市乌图美仁乡管辖。矿床大地构造位置处于东昆仑造山带-昆北复合岩浆弧（Pt_3、O—S、P—T）（祁生胜等，2019）。成矿带属东昆仑 Ni、Au、Fe、Pb、Zn、Cu、Ag、W、Sn、Co、Bi、Hg、Mn、玉石、萤石、硅灰石、页岩气、重晶石、大理岩、石灰岩、石墨、硫铁矿成矿带（青海段），祁漫塔格-都兰 Ni、Fe、Cu、Pb、Zn、W、Sn、Co、Bi、Au、Ag、Mo、硅灰石、白云岩、石灰岩、石墨成矿亚带（图 3-5-1a）。自格尔木市沿格-茫公路向西行驶 200km，然后沿便道向南行驶 35km 即可到达茫崖河东金矿床所在位置，交通条件较为便利。该矿床目前工作程度仅达到普查，后续勘查、开发因毗邻那陵格勒河三级电站，水电供应具有天然优势。

一、矿区地质

（一）地层

茫崖河东金多金属矿区及其外围出露地层主要有：奥陶纪祁漫塔格群、早石炭世大干沟组以及第四纪地层。

1. 奥陶纪祁漫塔格群（O*Q*）

总体呈北西-南东向展布，岩性组合特征由下至上可分为：下部碎屑岩组（OQ_1）、中部火山岩组（OQ_2）和上部碳酸盐岩组（OQ_3）（图 3-5-1b）。

（1）下部碎屑岩组（OQ_1）

主要出露于矿区北部和中部，总体呈北西向展布，倾向总体南倾，局部受构造作用影响倾向北东，倾角 47°～78°，与火山岩组呈整合接触（图 3-5-2a）。地层出露宽度约 3～5km，厚度约 2247m，出露面积约 26km^2，占全区面积的 39.5%。主要岩性为长石石英变砂岩、硅质板岩、千枚岩、石英片岩、灰色硅质岩等。组成碎屑岩组的岩性除硅质岩外，其余岩性抗风化能力均较弱，宏观上表现为大面积第四纪风成沙及风成黄土覆盖，呈土黄色丘陵（图 3-5-2a、b）。主要岩性特征如下。

硅质板岩（sl）：出露于矿区东部及北部，为区内碎屑岩组出露主要岩性，厚度约 1752m，呈深灰色，隐晶质结构、板状构造。岩石主要由石英（65%～75%）和胶结物、铁质粉末等组成。岩石中多发育有黄铁矿金属矿物，呈细脉状、星点状。局部构造作用影响，存在灰黑色碳析出，呈粉末状分布于岩石裂隙面。

石英片岩（sch）：主要出露于矿区北部，区内东部见有薄层夹层，呈浅灰色，变晶结构，片状构造。岩石主要由石英（55%～75%）、长石（10%～15%）、白云母（2%～3%）、绢云母（1%～2%）及少量胶结物组成。该岩层主要产出于断裂带附近，规模较小，厚度 3～50m。

千枚岩（ph）：主要出露于矿区西北角，呈灰白色、浅灰色，具有明显的丝绢光泽，粒状鳞片变晶结构、千枚状构造。岩石主要由绢云母（20%～35%）、绿泥石（10%～25%）、

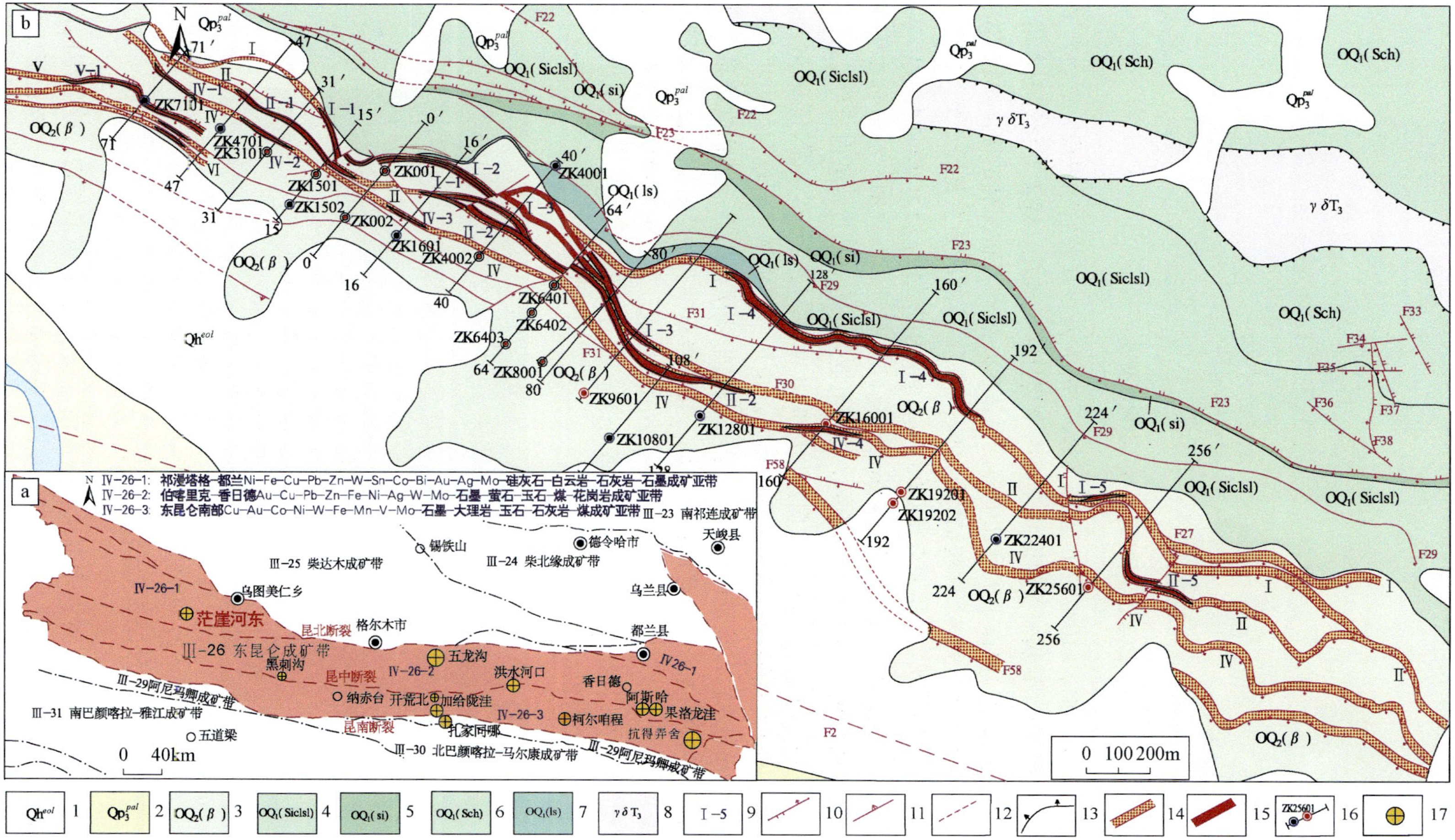

图3-5-1 茫崖河东金多金属矿区地质简图

1. 第四纪风积物；2. 第四纪冲洪积砾石、砂土；3. 奥陶纪祁漫塔格群火山岩组强蚀变玄武岩；4. 奥陶纪祁漫塔格群碎屑岩组硅质黏土质板岩；5. 奥陶纪祁漫塔格群碎屑岩组硅质岩；6. 奥陶纪祁漫塔格群碎屑岩组绢云石英片岩；7. 奥陶纪祁漫塔格群碎屑岩组结晶灰岩；8. 印支期花岗闪长岩；9. 金矿体编号；10. 逆断层；11. 性质不明断层；12. 推测断层；13. 侵入接触界线；14. 含金构造蚀变带；15. 金矿体；16. 钻孔及编号；17. 金矿床

图 3-5-2　碎屑岩组与火山岩组景观

长石（5%～15%）、石英（5%～10%）、白云母（3%～5%）及少量胶结物组成。该岩性多以夹层产出，厚度 5～20m，受热液作用影响，区内该岩性多具硅化、绿泥石化蚀变作用。

长石石英变砂岩（mss）：出露于矿区北中部，呈灰色，细粒粒状变晶结构，块状构造（图 3-5-3a）。岩石主要由碎屑（70%）和胶结物（30%）组成。碎屑成分主要为石英（45%～50%），呈不规则粒状，等轴粒状，粒径大小在 0.05～0.2mm 的细粒级，均匀分布；长石（5%）成分为斜长石，大小与石英相当，全都发生了绢云母化，分布于岩石局部；绿帘石含量在 25%～30%，呈他形显微粒状，粒径大小 0.05mm，与石英混杂分布，以及少量白云母（2%），胶结物为黏土质，现已大多重结晶为鳞片状黑云母和绢云母，不均匀分布在碎屑颗粒之间，这些碎屑在胶结物中多互不接触，属基底式胶结类型。少量金属矿物呈不规则细粒状不均匀分布于岩石中。岩石的原岩可能是钙质砂岩类岩石，发生变质作用后，矿物重结晶，呈细粒粒状变晶结构，块状构造，矿物有角岩化特征。其中岩石中有次生的热液矿物条带，约占岩石的 20%～25%。成分以绿泥石为主，呈细小的鳞片状，其次有隐晶状长英质，绿帘石呈亚微粒状和细小的纤片状透闪石，条带宽窄不等，平行走向分布。矿物共生组合为石英+长石+绿帘石，绿片岩相。

a. 细粒绿帘石化长石石英变砂岩（薄片，正交）　　b. 碎裂状碳化硅质岩（薄片，正交）

图 3-5-3　偏光显微镜下碎屑岩特征

灰色硅质岩（si）：出露于矿区西南部，呈深灰色，变余隐晶-微晶结构，碎裂结构，块状、条带状构造。镜下碎裂、碳化及黄铁矿化发育（图 3-5-3b），灰色硅质岩碎粒形状不规则，长轴定向分布。黑色碳化的碎粉物条带，呈隐晶状，其中分布有绢云母条纹（浅黄色），二者是定向分布。硅质岩碎块中散布有褐铁矿（黑色）。岩石原岩是硅质岩，由隐晶-微晶状硅质矿物组成，后期受构造应力作用，发生脆性变形，主要表现为硅质矿物的破碎细粒化和碳化，呈碎裂结构块状、条带状构造。

原岩矿物约占60%，成分为硅质矿物，呈隐晶-微晶状，致密分布。破碎后呈大小不等的碎粒状，碎粒形状不规则，大小在0.1～3mm不等，碎粒长轴定向排列，分布不均匀，碎粒之间分布的是碎粉物。碎粉物约占岩石的40%，发生碳化，呈黑色隐晶状，条带状定向排列，分布于硅质岩碎粒之间。在碎粉物条带中还分布有鳞片状绢云母，呈细脉状聚集分布，为后期热液活动形成。有很少的褐铁矿，呈他形粒状，四边形状，其次黄铁矿化发育，多分布于硅质岩中。

（2）中部火山岩组（OQ_2）

主要出露于矿区中北部，总体呈条带状展布，长约7.0km，宽约450m，走向100°～108°，地表为正地形出露，该地段主要岩性为灰、灰绿色蚀变安山质玄武岩、安山岩，偶夹灰白色厚层条带状大理岩，分述如下。

蚀变安山质玄武岩（β）：地表呈灰、灰绿色，粗玄结构，呈变余填间结构，块状构造（图3-5-4a、b）。岩石主要由斜长石、纤闪石组成。镜下斜长石，呈细小的板条状，杂乱分布，分布均匀。其间分布有细小的纤闪石和绿帘石（图3-5-4b色暗者），并伴有次生绿泥石脉。其中斜长石含量在35%～40%，成分为中粒长石，呈细小的板条状，粒径大小在0.01mm×0.1mm～0.1mm×0.7mm，有些发生了绿帘石化，有些未次变。杂乱分布，其间分布有纤闪石，填间结构，纤闪石含量约在30%～50%，呈细小的纤维状，束状子集合体，散布于斜长石之间，杂质岩中的辉石、角闪石呈暗色矿物蚀变形成，原矿物已无残角，均匀散布于板条状斜长石之间。绿帘石约占15%～20%，呈显微粒状，粒径小于0.05mm，均匀散布，可能是部分斜长石和暗色矿物蚀变形成。岩石中次生脉体发育，有石英碳酸盐脉和绿泥石脉，纵横交错切割岩石分布。

安山岩（α）：地表呈灰、灰绿色，呈变余斑状结构，基质呈变余交织结构，块状构造。基质矿物约占岩石的95%，成分主要有斜长石，其次有绿帘石、纤闪石，有部分次生蚀变矿物，成分有硅酸盐和硅质物。斜长石呈细小的板条状，呈大致的定向排列，构成交织结构。绿帘石呈显微粒状，粒径小于0.1mm，均匀散布。纤闪石呈细小的纤柱状，为暗色矿物所变，均匀散布。次生碳酸盐呈不规则粒状，粒径大小在0.1～0.5mm，交代了部分斜长石和暗色矿物，呈点状散布。硅质物呈微晶粒状，粒径小于0.05mm，交代了部分基质矿物和斜长石斑晶。斑晶矿物很少，约占5%，成分为斜长石，为中长石，呈半自形板状，粒径大小在0.5～2mm，杂乱散布。有些发生了硅化，被次生硅质物交代，斜长石呈交代残面状，杂乱散布。

研究认为，祁漫塔格群火山岩为弧后盆地的产物，俯冲岩石圈板片在一定深度脱水，诱发上部楔形地幔重熔，并发生熔体交代，形成正常富钠、低钾、低钛的岛弧拉斑玄武岩（王秉璋等，2012）。火山岩组普遍经历了变质、变形作用（图3-5-4c、d）。

（3）上部碳酸盐岩组（OQ_3）

出露于矿区南部，总体呈近东西向展布，长约13km，宽3～260m，该地层主要岩性为灰白色条带状大理岩、结晶灰岩、透辉石大理岩、蛇纹石化大理岩等。

图 3-5-4 火山岩岩心及镜下特征

a. 强蚀变安山质玄武岩（ZK25602 钻探工程内）；b. 强蚀变安山质玄武岩（正交光）；c、d. 含矿岩石构造片理化蚀变安山质玄武岩经历变质、变形作用

灰白色条带状大理岩（mb）：呈灰白色，粒状变晶结构，条带状构造。岩石主要由碳酸盐矿物方解石组成，约占 85%，其次为少量的铁质粉末、黏土矿物、石英，约占 15%。岩石中发育垂直层理的挠曲，并发育其派生左型雁行式张节理，沿节理裂隙有后期石英方解石脉充填（图 3-5-5a）。

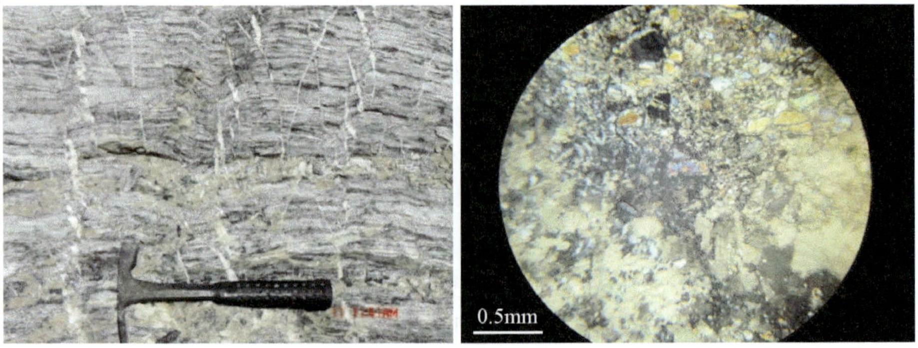

a. 大理岩中沿裂隙充填的方解石脉　　b. 偏光显微镜下含橄榄石蛇纹石大理岩

图 3-5-5 大理岩宏观及显微镜下特征

结晶灰岩（ls）：呈灰色，粒状结构，层状构造。岩石主要由方解石组成，其次含少量黏土矿物和金属矿物。方解石约占 95%，经重结晶呈半自形粒状不均匀分布在岩石中。黏土矿物约占 4%，呈隐晶质集合体状不均匀分布。金属矿物约占 1%，呈零星分布。

透辉石大理岩（mb）：呈灰白色，粒状变晶结构，块状构造。岩石主要由方解石组成，其次含少量透辉石及铁质。方解石约占 80%，均匀分布于岩石中，聚片双晶及解理发育。透辉石约占 19%，呈粒状、短柱状分布。铁质约占 1%，呈粉末状不均匀分布于岩石中。

蛇纹石化大理岩（mb）：地表呈浅绿色，条带状展布，主要分布于大理岩与侵入岩接触带附近，岩石的原岩为含白云石条带状岩，发生变质作用后，方解石重结晶，白云石条带变成了蛇纹石和橄榄石，呈细粒纤状，粒状变晶结构（图 3-5-5b），块状构造。其中方解石含量在 75%以上，呈不规则粒状，粒径大小为 0.2～1mm 的细粒级。大小混杂，均匀分布。蛇纹石含量在 15%～20%，成分为纤蛇纹石，呈细小的纤维状，多呈大小不等的集合体状散布于大理岩中，为原岩中的白云石所变，也可能是岩石发生蛇纹石化形成，或是热液蚀变，故岩石中有一条蛇纹石脉。橄榄石含量很少，约占 3%～5%，呈等轴粒状，粒径大小约在 0.05～0.2mm，边部发生蛇纹石化，在岩石中呈大致的条带状与蛇纹石分布在一起，手标本上呈黄绿色条带，可能是原岩中的白云石条带新变。

2. 早石炭世大干沟组（C_1dg）

早石炭世大干沟组仅在矿区北东部分布，主体位于矿区外，该地层根据其岩性组合特征分为下部碎屑岩段（C_1dg_1）和上部碳酸盐岩段（C_1dg_2）。区内仅有 0.36km^2 上部碳酸盐岩段（C_1dg_2）出露，地层除南部有 0.09km^2 晚三叠世正长花岗岩出露外，周边均为大面积第四系分布。

碳酸盐岩段（C_1dg_2）：由深灰色、灰色、浅灰-灰白色厚层状-块层状泥晶生物屑灰岩、含生物屑白云质灰岩、灰质白云岩、大理岩夹少量钙质石英砂岩、粉砂岩、千枚状板岩及不稳定的砂砾岩组成。

3. 第四纪地层（Q）

第四纪沉积物主要分布于矿区北侧，沿主要河流、冲沟也有零星分布。由于沉积环境不同，成因类型多样。主要有冲洪积和风积等成因类型。根据沉积时代分为晚更新世冲洪积物（Qp_3^{pal}）和全新世冲积物（Qh^{al}）及风成沙风成黄土（Qh^{eol}）。

晚更新世冲洪积物（Qp_3^{pal}）：由灰褐色砂砾石层、砾石、亚砂土、亚黏土及粉砂组成。洪积物大面积分布在山前和沟谷边缘，组成洪积扇、洪积裙和山前平原。

（二）构造

由于受区域深大断裂构造影响，茫崖河东片区内断裂构造发育，主要为北西向深大断裂、北西向次级断裂，其次为北东向断裂、近东西向断裂（图 3-5-1b）。

1. 北西向次级断裂

该组断裂呈北西向展布，延伸长约 1.3～6.8km。断面南西倾，主要分布于祁漫塔格群碎屑岩组内。沿断裂岩石多破碎，形成挤压破碎带或张性碎裂岩，带内碎裂岩、断层泥、挤压扁豆体比比皆是。局部可见由强烈牵引及挤压形成的扭曲构造。断裂整体地貌主要为负地形，多被全新统风积砂覆盖，在断裂旁侧的次级断裂矿化蚀变发育。该组断裂是矿区内的主要含矿构造 F27（Ⅰ），位于矿区北西部，长约 4.7km，宽约 5～15m。倾向南西向，倾角 63°～67°，穿切火山岩组蚀变安山质玄武岩，部分为蚀变安山质玄武岩与碎屑岩组硅质黏土质板岩的接触带，构造中间有少量第四系覆盖，根据地形对其进行了推测。该断层被四条北东向断层 F49、F50、F60、F61 穿切错动。该断裂与区内成矿关系密切，Ⅰ-1、Ⅰ-2、ⅠK-2 金矿（化）体、Ⅰ-3 金铅锌、Ⅰ-4、Ⅰ-5 金矿体受其控制（图 3-5-2a，图 3-5-6a）。F28（Ⅳ）位于矿区北西部，长约 5.05km，宽约 5～15m。倾向南西向，倾角 60°～70°，穿切火山岩组蚀变安山质玄武岩。该断层被四条北东向断层 F49、F50、F60、F61 进行了穿切错动。该断裂与区内金矿化关系密切，Ⅳ-1、Ⅳ-2、Ⅳ-3、Ⅳ-4 金矿体受其控制。F30（Ⅱ）位于矿区北西部，长约 4.97km，宽约 5～12m。倾向南西向，倾角 48°～68°，穿切火山岩组蚀变安山质玄武岩，构造中间有少量第四纪覆盖，根据地形对其进行了推测。该断层被四条北东向断层 F49、F50、F60、F61 穿切错动。该断裂与区内成矿关系密切，Ⅱ-1、Ⅱ-2 金矿（化）体，Ⅱ-3 铅锌矿体、Ⅱ-5 金矿体受其控制（图 3-5-6b）。

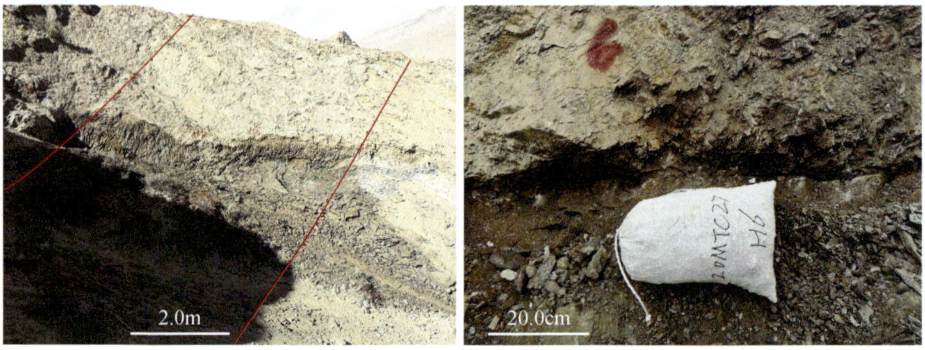

a. Ⅰ号含金构造蚀变带　　b. Ⅱ号含金构造蚀变带

图 3-5-6　Ⅰ、Ⅱ号含金构造蚀变带地表特征

2. 北东向断裂

主要分布于矿区东部，规模较小，长 0.31～1.1km，该断裂组多为高精度磁法推测后经地面查实的断裂，初步推测该断裂组为晚期挤压性次级断裂，对早期北西向断裂破坏作用明显。F49、F50、F51、F61 位于评价区北西部，长 200～290m，宽约 1～3m。倾向南东向，倾角 65°，穿切火山岩组蚀变安山质玄武岩。北西向断层 F27、F28、F30、F31 被该断层穿切错动。F59 倾向北西，倾角 60°～68°，穿切区内主要含金构造蚀变带Ⅰ、Ⅱ、Ⅳ带。F61 位于评价区中部，长约 0.31km，宽约 0.8～1.3m。倾向北西向，倾角 65°～78°，穿切区内主要含金构造蚀变带Ⅰ、Ⅱ、Ⅳ带。

3. 近东西向断裂

矿区西南部，主要穿切祁漫塔格群和印支期侵入岩，其中 F19 为南部磁铁矿控矿构造，为祁漫塔格群与印支期侵入岩接触界线，夕卡岩及磁铁矿赋存于接触外带，断裂对夕卡岩分布控制作用明显。总体走向 84°，倾向南，一般 58°～78°。F52 位于矿区北西部，长约 1.2km，宽约 2～5m。倾向南西向，倾角 65°～70°，穿切火山岩组蚀变安山质玄武岩。该断裂与区内成矿关系密切，Ⅴ-1 金矿（化）体受其控制。F53 位于评价区北西部，长约 1.1km，宽约 2～3m。倾向南西向，倾角 65°～70°，穿切火山岩组蚀变安山质玄武岩。该断裂与区内成矿关系密切，V-1、Vk-1 金矿（化）体受其控制。F62 位于评价区中部，长约 0.23km，宽约 0.6～1.2m。倾向近南向，倾角 65°，穿切区内碎屑岩组长石石英变砂岩。F63 位于评价区中部，长约 0.49km，宽约 1.0～4.0m。倾向近南向，倾角 63°～67°，穿切区内碎屑岩组长石石英变砂岩。

（三）岩浆岩

1. 侵入岩

矿区侵入岩主要为中酸性花岗岩类（图 3-5-1），岩体总体呈北西西向展布，与区域构造线方向一致，受构造控制明显。

1）晚志留世侵入岩

主要为灰白色花岗闪长岩体（$\gamma\delta S_3$），该岩体主要分布在矿区南侧，地表露头较好，长约 3.8km，宽约 450m，出露面积约 1.89km^2。岩体呈北西西向展布，走向 300°，呈不规则带状分布，岩株状产出，岩性为灰白色花岗闪长岩（$\gamma\delta S_3$）。岩体南部有晚三叠世二长花岗岩侵入该岩体，该岩体侵入于祁漫塔格群碎屑岩组与碳酸岩组中。

岩石呈灰白-灰色，中细粒半自形粒状结构（图 3-5-7a），块状构造。矿物组分为：斜长石 75%左右，成分是 An≈30～40 的中长石，呈半自形板状，粒径大小在 1～5mm 的中细粒级，未发生蚀变，聚片双晶清楚，少数具环带状构造，杂乱分布。暗色矿物约占 20%，成分以黑云母为主，其次有角闪石，黑云母呈板状，片径在 0.5～2mm，多色性为 N_g=褐色，N_p=浅黄色，角闪石呈粒柱状，大小在 0.5～2mm，或 1mm×3mm，多色性为 N_g=绿色，N_p=浅黄绿色，二者杂乱分布或混杂分布，有些黑云母在角闪石退变形成，分布于角闪石晶体的边部。石英很少，约占 5%，呈他形粒状，粒径大小在 0.2～1mm，散布于斜长石之间的空隙中。

2）晚三叠世侵入岩

矿区晚三叠世侵入岩有：浅红色-肉红色细粒二长花岗岩（$\eta\gamma T_3$）、浅肉红色-肉红色中细粒正长花岗岩（$\xi\gamma T_3$）、灰白色似斑状花岗闪长岩（$\pi\gamma\delta T_3$）。

（1）灰白色似斑状花岗闪长岩（$\pi\gamma\delta T_3$）

出露于矿区北部，出露面积不大，约 1.03km^2，呈近东西向带状展布，与围岩祁漫塔格群碎屑岩组侵入关系接触。岩石呈灰白色，中细粒半自形粒状结构，块状构造。斜长石含量 35%～45%，呈半自形板状晶，聚片双晶发育，粒径一般在 0.5～3mm。钾长石含量 10%～15%，呈他形-半自形晶，不规则板状晶，格状双晶发育，粒径一般在 1～2mm。石英含量 26%～30%，他形粒状均匀分布于矿物间隙中，粒径 2～3mm。黑云母约 5%。该岩体与地层接触面可见黄铁矿，晶形完整。

（2）浅红色-肉红色细粒二长花岗岩（$\eta\gamma T_3$）

主要出露于矿区南部，为矿区内主要岩体，出露面积约 5.4km^2，侵入于奥陶纪祁漫塔格群碎屑岩组、碳酸盐岩组中，接触带夕卡岩发育，对比区域成矿热液条件，该岩体与区内矿化体关系密切，与晚志留世花岗闪长岩呈侵入接触关系。

岩石具绿帘石化、绢云母化，局部高岭土化。岩性总体呈浅肉红色，他形-半自形粒状结构，中粒花岗结构，块状构造，岩石矿物成分为：斜长石含量 25%～47%，呈半自形板状晶，聚片双晶发育，粒径一般在 0.5～2mm，主要为更长石。钾长石含量 25%～36%，呈他形-半自形晶，不规则板状晶，粒径一般在 2～4mm，为条纹长石。石英含量 18%～25%，粒径 2～3mm，黑云母含量 5%～8%。副矿物为磷灰石、锆石等。

镜下特征为：呈中粒花岗结构，块状构造。矿物有柱状电气石、条纹长石、他形粒状石英，聚片双晶更长石包裹于石英和斜长石内（图 3-5-7b）。

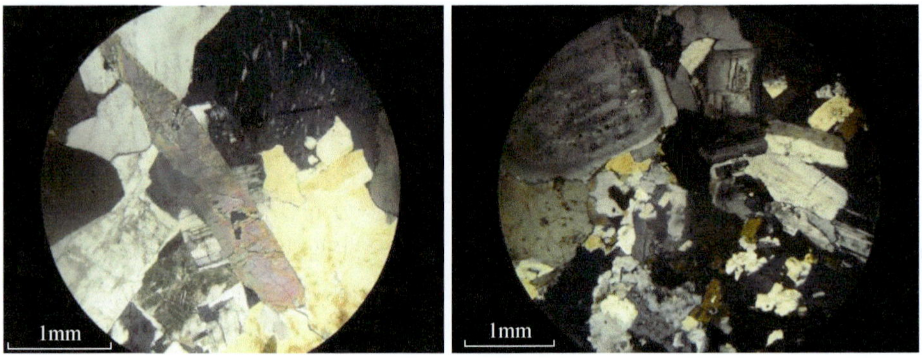

a. 花岗闪长岩　　b. 二长花岗岩

图 3-5-7　不同时代花岗岩偏光显微镜下特征

（3）浅肉红色-肉红色中细粒正长花岗岩（$\xi\gamma T_3$）

出露于矿区东北部，区域上该岩体分布广泛，但在矿区出露面积较小，仅约 0.7km^2，呈北西向带状展布，与围岩石炭纪大干沟组及祁漫塔格群碎屑岩组呈侵入关系接触，在矿区北部与石炭纪大干沟组接触带形成那东夕卡岩型铁矿床。

岩石呈肉红色（图 3-5-8a），中粗粒花岗结构，块状构造。钾长石 55%～60%，成分主要是正长石，条纹长石极少，粒径一般在 0.5～2mm；斜长石 15%～20%，成分主要是更长石，粒径一般在 0.5～2mm；石英 20%左右，呈他形粒状，粒径一般在 0.5～2mm；黑云母＜3%。

镜下特征为（图 3-5-8b）：呈中粗粒花岗结构，块状构造。视域中结晶粗大者是钾长石，有正长石和条纹长石，晶体中有斜长石嵌晶，左侧白色者是石英，呈他形粒状，黑云母呈板状。岩石具有绢云母化、次闪石化、绿泥石化和黑云母化等。

a. 正长花岗岩野外露头　　b. 正长花岗岩偏光显微镜下特征

图 3-5-8　正长花岗岩宏观及微观特征

2. 喷出岩

主要为祁漫塔格群火山岩组（OQ_2），主要分布于矿区北西部，出露面积约 3km^2，为一套蚀变基性熔岩，初步推断为裂隙式喷发形成，主要成分为蚀变安山质玄武岩，岩石呈深灰色-深灰绿色，（变余）斑状结构，基质具间粒结构、显微球粒结构；（变余）交织结构、（变余）嵌晶含长结构，平行条带构造。斑晶为斜长石、辉石，含量变化较大（5%～20%），其中辉石已变质成阳起石或透闪石等次闪石类矿物。粒度在 0.4～4mm 不等。基质由斜长石、绿帘石、阳起石及绿泥石组成，可见眼球状构造，辉石假象呈透镜状的残斑，糜棱岩化的基质绕其分布，并出现分异现象，暗色矿物和浅色矿物分别集聚呈条带状出现。

3. 脉岩

区内脉岩种类较少，主要分布于南部侵入岩体中，沿断裂、节理等裂隙产出，长轴多呈北西向、北西西向及北东向。常见脉岩有：闪长岩脉（δ）、花岗（斑）岩脉（γ）、正长花岗岩脉（$\xi\gamma$）、石英脉（q）等。

二、矿床地质

（一）矿体特征

矿区共圈定 4 条含金断裂破碎蚀变带、14 条金矿体（李少南等，2024）。其中有Ⅰ-1、Ⅰ-3、Ⅰ-4、Ⅱ-1、Ⅱ-2、Ⅱ-5 等 6 条规模最大的金矿体以及Ⅰ-2、Ⅰ-5、Ⅰ-6、Ⅱ-4、Ⅳ-1～Ⅳ-3、Ⅴ-1 等 8 条零星金矿体，初步估算潜在金金属量达到中型规模。矿床平均品位 2.14×10^{-6}。现将各条金矿体特征叙述如下。

Ⅰ-1 金矿体：该矿体位于Ⅰ号含金构造蚀变带北西，由 5 条槽探工程和 3 个钻探工程控制。矿体金品位 1.10×10^{-6}～3.11×10^{-6}，品位变化系数 49.98%，真厚度 0.86～6.12m，厚度变化系数 79.49%。矿体倾向 216°～262°，倾角 40°～65°。矿体地表长 440m，该矿体在 0 勘探线斜深已达 255m，深部延伸稳定。含矿岩性为构造角砾岩，碎裂状结构，角砾状构造，赋矿围岩为蚀变安山质玄武岩。含矿岩石褐铁矿化（黄铁矿化）、高岭土化、硅化较强，局部具毒砂矿化。

Ⅰ-2 金矿体：该矿体位于Ⅰ号含金构造蚀变带北西，由 1 条槽探工程、1 个钻探工程控制。地表金品位 2.85×10^{-6}，真厚度 1.23m，矿体倾向 241°，倾角 72°，深部孔内具 0.30×10^{-6} 真厚度 1.60m 的金显示。矿体地表长度 160m，斜深 78m。含矿岩性为构造角砾岩，碎裂状结构，角砾状构造，推测原岩为蚀变安山质玄武岩。含矿岩石褐铁矿化、高岭土化，略具硅化、黄铁矿化等。矿体顶、底板岩性均为蚀变安山质玄武岩。

Ⅰ-3 金矿体：该矿体位于Ⅰ号含金构造蚀变带中部，由 8 条槽探工程、6 个钻探工程控制。矿体金品位 1.14×10^{-6}～7.47×10^{-6}，真厚度 0.83～4.06m，厚度变化系数 51.45%，品位变化系数 74.90%。倾向 214°～249°，倾角 53°～75°。矿体地表长 745m，32-80 勘探线地表呈南北两条分支带展布。地表控制间距 93～262m。深部在 40 勘探线（图 3-5-9a）、64 勘探线、80 勘探线钻孔中均延伸稳定，64 勘探线控制斜深最大达 330m。含矿岩性为构造角砾岩、糜棱岩，岩石具较强的褐铁矿化（黄铁矿化）、黄钾铁矾化、高岭土化、硅化，局部具毒砂矿化。其中Ⅰ-3 于 64 勘探线地表 19MTC21 探槽工程中伴生铅锌，铅品位

6.65%、锌品位 0.34%，真厚度 0.99m，倾向 214°～249°，倾角 53°～75°。矿体地表长 200m。含矿岩性为构造角砾岩，岩石具强烈的褐铁矿化、黄钾铁矾化、高岭土化，以及较强的硅化。

Ⅰ-4 金矿体：位于Ⅰ号含金构造蚀变带南东 110-232 勘探线。其中Ⅰ-4 金矿体位于 110-192 勘探线，由 10 条槽探和 5 个钻探工程控制。矿体长 1120m，斜深 288m。金平均品位 1.05×10^{-6}～26.4×10^{-6}，金最高品位达 47.4×10^{-6}，其中部分工程中金品位达 26.4×10^{-6}、23.6×10^{-6}。矿体真厚度 0.83～9.34m，厚度变化系数 105.92%，品位变化系数 131.22%。地表工程控制间距 90～180m。含矿岩性为构造角砾岩、构造片理化蚀变安山质玄武岩，岩石具较强的褐铁矿化、黄钾铁矾化、高岭土化、硅化、碳酸盐化，略具黄铁矿化、绢云母化。

Ⅰ-5 金矿体：位于Ⅰ号含金构造蚀变带南东 232-260 勘探线，由 3 条槽探工程控制。矿体金平均品位 1.63×10^{-6}，真厚度 3.60m。矿体倾向 155°，倾角 60°。地表工程控制间距 95～250m，矿体长 177m。含矿岩性为构造角砾岩，碎裂状结构，角砾状构造，赋矿围岩为蚀变安山质玄武岩。含矿岩石褐铁矿化、硅化较强，略具黄铁矿化、黄钾铁矾化。

Ⅰ-6 金盲矿体：位于Ⅰ号含金构造蚀变带南东 192 线处，由 1 个钻探工程控制。矿体金平均品位 2.73×10^{-6}，真厚度 0.94m。矿体倾向 235°，倾角 50°。含矿岩性为构造角砾岩，碎裂状结构，角砾状构造，赋矿围岩为蚀变安山质玄武岩。含矿岩石褐铁矿化、硅化较强，略具黄铁矿化、黄钾铁矾化。

Ⅱ-1 金矿体：位于Ⅱ号带北西，由 4 条槽探 2 个钻探控制。矿体长 320m，真厚度 1.07～1.92m，品位 1.17×10^{-6}～22.3×10^{-6}，矿体在 15 线前排钻孔中品位达 22.3×10^{-6}，真厚度 1.07m；矿体斜深 276m。含矿岩性为构造角砾岩，碎裂状结构，角砾状构造，推测原岩为蚀变安山质玄武岩。含矿岩石具较强的褐铁矿化、硅化、高岭土化。厚度变化系数 20.55%，品位变化系数 131.69%。

Ⅱ-2 金矿体：位于Ⅱ号带南东，由 11 条槽探 8 个钻探控制。矿体倾向 168°～250°，倾角 55°～72°。矿体长 1.3km，属普查内最长的金矿体。真厚度 0.81～7.44m，平均品位在 1.20×10^{-6}～5.83×10^{-6}之间。Ⅱ-2 在 20 勘探线地表有变厚变富的趋势，在 40 勘探线品位最高，达 5.83×10^{-6}，在 76-86 勘探线附近为膨大部位；8-16 勘探线、24-44 勘探线、116-124 勘探线、256-320 勘探线地表呈南北两条分支带展布。Ⅱ-2 金矿体在 64 勘探线、40 勘探线、80 勘探线钻孔中均延伸稳定，其中 64 勘探线控制斜深最大达 390m，64 勘探线被北东向构造穿切。三个孔内矿体真厚度 0.82～7.79m，金平均品位 0.89×10^{-6}～1.75×10^{-6}；厚度变化系数 82.87%，品位变化系数 68.51%。在 108 勘探线 ZK10801 钻孔中见带不见矿。含矿岩性为构造角砾岩、糜棱岩，推测原岩为蚀变安山质玄武岩。含矿岩石具较强的褐铁矿化、硅化、高岭土化、硅化、黄铁矿化等。

Ⅱ-4 金盲矿体：位于Ⅱ号含金构造蚀变带 192 勘探线上盘，由 2 个钻孔工程控制，控制斜深 200m，矿体倾向 225°，倾角 63°，金平均品位 1.70×10^{-6}，真厚度 1.82，含矿岩性为碎裂状蚀变安山质玄武岩，粗玄结构，块状构造、碎裂状构造。含矿岩石具较强的褐铁矿化，略具硅化。

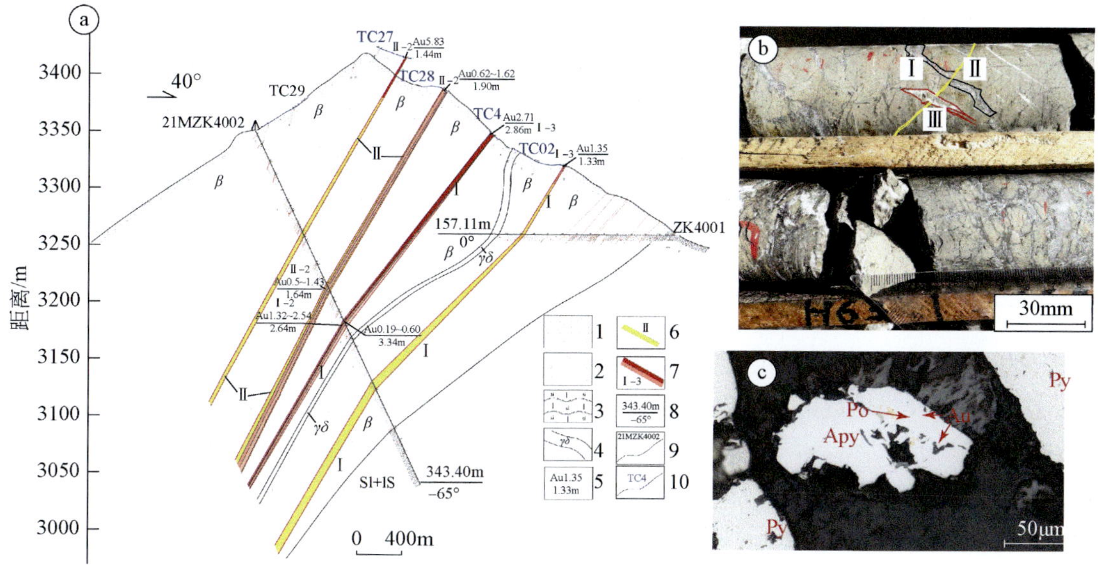

图 3-5-9 茫崖河东金矿区 40 勘探线剖面图及金矿石宏观、微观特征

a. 40 勘探线剖面图；b. 金矿石岩心照片；c. 金矿石显微镜反射光照片。1. 第四系冲洪积砾石、砂土；2. 强蚀变玄武岩（β）；3. 硅质黏土质板岩（Sl）；4. 花岗闪长岩（$\gamma\delta$）；5. 矿体品位（10^{-6}）、矿体厚度；6. 含金构造蚀变带；7. 金矿体及编号；8. 钻孔孔深/钻孔倾角；9. 钻孔位置及编号；10. 槽探位置及编号。Apy. 毒砂；Au. 自然金；Po. 磁黄铁矿；Py. 黄铁矿

Ⅱ-5 金矿体：位于Ⅱ号含金构造蚀变带 256 勘探线南东侧，由 1 条槽探 3 个钻孔控制，矿体倾向 157°～228°，倾角 41°～65°，矿体长 240m，金平均品位 1.58×10^{-6}～2.34×10^{-6}，真厚度 0.8～2.16m。矿体斜深 380m，矿体厚度变化系数 13.11%，品位变化系数 40.47%。含矿岩性为碎裂状蚀变安山质玄武岩，粗玄结构，块状构造、碎裂状构造。该矿体从地表到深部规模有变大的趋势。含矿岩石具较强的褐铁矿化，黄铁矿化，略具硅化。

Ⅳ-1 金矿体：位于Ⅳ号含金构造蚀变带北西，由 2 条槽探工程及 1 个钻探工程控制。地表金品位 2.51×10^{-6}，真厚度 2.36m，矿体倾向 240°，倾角 71°。矿体工程控制间距 74～270m，矿体地表长度 120m，71 勘探线见带不见矿，斜深 95m。含矿岩性为构造角砾岩，碎裂状结构，角砾状构造，推测原岩为蚀变安山质玄武岩。含矿岩石褐铁矿化、高岭土化、硅化较强。矿体顶、底板岩性均为蚀变安山质玄武岩。

Ⅳ-2 金矿体：位于Ⅳ号含金构造蚀变带北西，由 3 条槽探工程及 1 个钻探工程控制。地表工程控制间距 116～134m，金品位 1.45×10^{-6}，真厚度 1.10m，31 勘探线带内金品位最高 0.45×10^{-6}，矿体倾向 216°～220°，倾角 65°～72°。矿（化）体地表长度 188m。含矿岩性为构造角砾岩，碎裂状结构，角砾状构造，推测原岩为蚀变安山质玄武岩。含矿岩石褐铁矿化、高岭土化、硅化较强。矿体顶、底板岩性均为蚀变安山质玄武岩。

Ⅳ-3 金矿体：位于Ⅳ号含金构造蚀变带南东，由 2 条槽探工程及 1 个钻探工程控制。地表工程控制间距 145m，金品位 1.23×10^{-6}，真厚度 3.26m，矿体倾向 217°，倾角 80°～85°。矿体地表长度 160m。16 勘探线深部钻孔中蚀变带延伸稳定，带内具品位 0.49×10^{-6}，真厚度 0.81m 的金矿化显示。含矿岩性为构造角砾岩，碎裂状结构，角砾状构造，推测原岩为蚀变安山质玄武岩。含矿岩石褐铁矿化、高岭土化、硅化较强，略具碳酸盐化、黄钾

铁矾化。矿体顶、底板岩性均为蚀变安山质玄武岩。

Ⅴ-1 金矿体：位于Ⅴ号含金构造蚀变带中部，由 4 条槽探工程控制。地表工程控制间距 55～150m，矿体长度 473m。金品位 0.93×10^{-6}～1.70×10^{-6}，真厚度 0.80～1.76m，矿体厚度变化系数 32.09%，品位变化系数 43.14%。矿体倾向 200°～210°，倾角 60°～75°。含矿岩性为构造角砾岩、构造片理化蚀变安山质玄武岩。含矿岩石褐铁矿化、高岭土化、硅化较强，局部略具碳酸盐化，偶见孔雀石化。矿体顶、底板岩性均为蚀变安山质玄武岩。

（二）矿石特征

金矿石具隐晶质-鳞片粒状变晶结构、碎裂化结构、微粒半自形柱粒状结构，板状构造、块状构造、千枚状构造；详细的镜下鉴定及 TESCAN 集成矿物分析仪（TIMA）矿物定量分析表明，矿石矿物以黄铁矿、毒砂、磁黄铁矿为主，其次为闪锌矿、黄铜矿、自然金；脉石矿物为石英、方解石、绿泥石、白云石、黑云母、白云母、钠长石、阳起石、绢云母等（图 3-5-10）（李少南等，2025）。

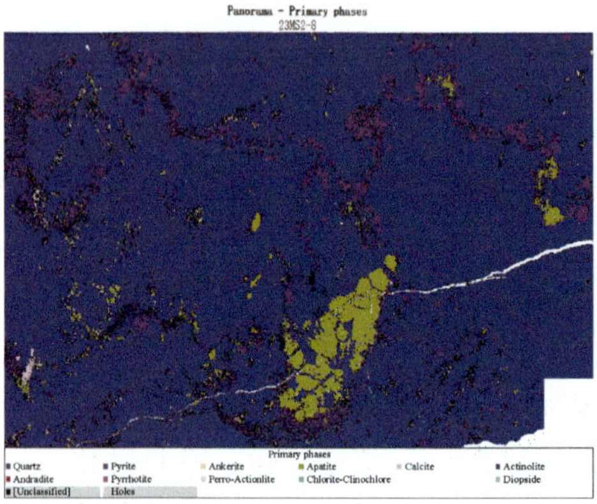

Primary phases	23MS2-8 - TESCAN_Liberation analysis(2) #1	
Actinolite	阳起石	0.28
Ferro-Actinolite	铁阳起石	0.03
Diopside	透辉石	0.02
Chlorite - Clinochlore	绿泥石-斜绿泥石	0.02
Calcite	方解石	0.36
Ankerite	铁白云石	0.75
Andradite	钙铁矿	0.09
Apatite	磷灰石	0.47
Zircon	锆石	0.01
Pyrite	黄铁矿	4.87
Pyrrhotite	磁黄铁矿	0.07
Quartz	石英	88.88
The rest	其他	0.02
Total	总计	95.86

图 3-5-10　金矿石 TIMA 矿物定量分析矿石矿物、脉石矿物分布特征

金属矿物主要有褐铁矿（含量一般小于 1%）、黄铁矿（含量一般 1%左右）、毒砂（含量 0.5%～1%）、磁黄铁矿（含量 1%～3%）等。

褐铁矿：呈隐晶质粉末状集合体，可见红褐色内反射，主要为铁质矿物（黄铁矿）次生氧化产物，已完全交代铁质矿物（黄铁矿、钛铁矿、磁黄铁矿），只残留铁质矿物的假象，依铁质矿物假象，呈分散状、浸染状、细脉状、星点状分布于脉石矿物颗粒间或岩石裂隙中；部分可见交代残留的黄铁矿颗粒。

黄铁矿：呈四边形、三角形、五边形、网脉状、半自形粒状、他形粒状，亮黄白色反射色，显均质性，粒度细小，大多在 0.01～0.85mm 范围产出，个别颗粒小于 0.01mm，呈针点状出现，颗粒新鲜。绝大多数黄铁矿颗粒后期被褐铁矿全部交代，只残留完整的自形晶的假象，个别颗粒可见残留少量黄铁矿微小颗粒，形成交代残留结构，星散状、星点状、浸染状分布于脉石矿物中，其间夹杂有自形的毒砂颗粒。

毒砂：呈自形的菱形、正方形、长方形、三角形，矛头状、板条状、半自形粒状，自形程度较高，亮白色微带奶油色，可见强的非均质性，淡蓝绿-淡玫瑰棕色，粒度大小不均匀，大约在 0.01～0.75mm，颗粒新鲜，个别颗粒呈针尖状分布，部分颗粒发生破碎，形成压碎结构，集中呈脉状、团块状分布；部分未见蚀变，星点状分布于脉石矿物中。少量毒砂颗粒被褐铁矿自边缘不完全交代。

磁黄铁矿：呈他形粒状，乳黄色微带粉褐色，可见强的非均质性，浅蓝灰-褐黄灰-略红棕色，粒度细小，大约在 0.01～0.60mm 范围产出，部分颗粒小于 0.01mm，呈针尖状分布，颗粒新鲜，未见蚀变，星点状、星散状、分散状、浸染状、团块状及脉状分布于脉石矿物颗粒间隙或岩石裂隙中。部分磁铁矿边缘有轻微的褐铁矿蚀变，局部可见有黄铁矿伴生。

黄铜矿：呈半自形粒状亮黄色反射色，显均质性，粒度非常微小，粒度在 0.02～0.03mm 之间产出，少数小于 0.01mm，呈针点状出现，颗粒显现，未见蚀变，星点状分布于脉石矿物中，和磁黄铁矿伴生，个别颗粒包含于磁黄铁矿颗粒中分布。

（三）围岩蚀变

金矿（化）体的围岩岩性主要为构造角砾岩、蚀变安山质玄武岩、碎裂状蚀变安山质玄武岩、构造片理化蚀变安山质玄武岩等。围岩蚀变主要有褐铁矿化（黄铁矿化）、高岭土化、硅化、碳酸盐化等。矿体与围岩间的矿化一般是渐变的，由矿体向顶、底板围岩其品位逐渐降低，以至过渡到无矿地段，无矿地段硅化、褐铁矿化（黄铁矿化）或金属硫化物普遍偏弱。

（四）地球化学特征

研究区及周边开展的 1∶2.5 万地球化学测量工作采集 4371 件样品。Au 元素含量平均丰度值：测区为 2.02×10^{-9}，大于青海省的 1.35×10^{-9}（青海省三轮区划水系沉积物统计样本容量 73778 件）。区内奥陶纪祁漫塔格群火山岩组（OQ_2）中 Au 元素的变异系数达 12.12（马忠英等，2023）。

2019～2023 年普查工作中采集的光谱样品测试成果显示，祁漫塔格群火山岩组内 Au 元素丰度 6.14×10^{-9}，普遍高于祁漫塔格群碎屑岩组 Au 元素丰度 1.29×10^{-9}～2.64×10^{-9}，与构造作用有关的片理化蚀变安山质玄武岩（9.83×10^{-9}）、碎裂状蚀变安山质玄武岩（100.36×10^{-9}）、构造角砾岩（45.25×10^{-9}）、较完整的蚀变安山质玄武岩金元素富集更明显，区内发育的各类侵入岩体、脉体 Au 元素丰度 0.57×10^{-9}～3.35×10^{-9}，普遍偏低，说明区内祁漫塔格群火山岩组为金的初始矿源层（李少南等，2024）。

三、矿床成因及成矿规律

（一）黄铁矿分类及成矿阶段

在茫崖河东金矿床中，依据矿物之间穿插交代关系（图 3-5-9b，图 3-5-11，图 3-5-12），将成矿过程划分为：成矿早期绢英岩化阶段（Ⅰ）、碳酸盐-绿泥石-硫化物-自然金阶段（Ⅱ）、成矿晚期方解石-黄铁矿脉阶段（III）（李少南等，2025）。

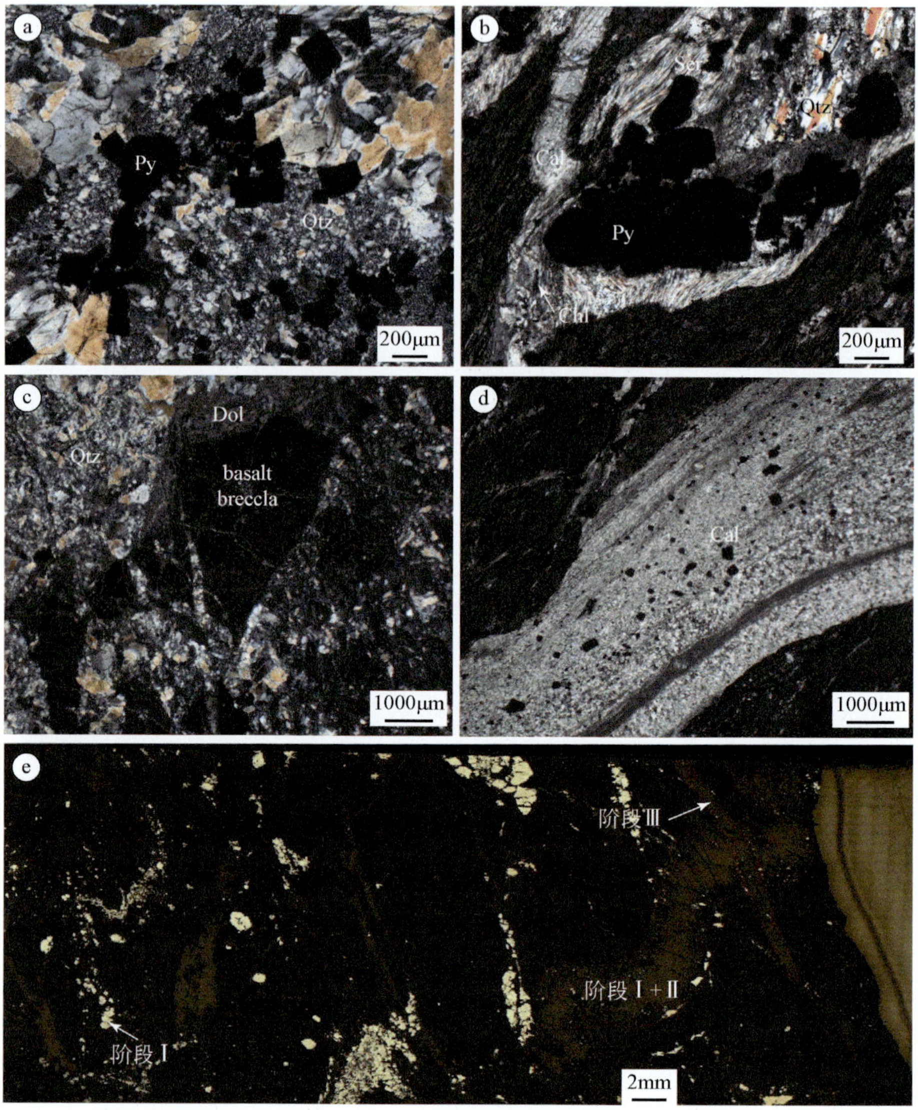

图 3-5-11　金矿石不同成矿阶段矿物镜下分布特征

a. 阶段Ⅰ石英（Qtz）-黄铁矿脉（Py）；b. 阶段Ⅰ硅化（Qtz）、绢云母化（Ser）叠加阶段Ⅱ碳酸盐化（Cal）、绿泥石化（Chl）；c. 阶段Ⅱ白云石化（Dol）及玄武岩角砾（basalt breccla）；d. 阶段Ⅲ方解石（Cal）-黄铁矿脉（Py）；e. 金矿石 23MS2-2 镜下成矿三阶段相互关系

黄铁矿以分散或细脉的形式存在于矿石和围岩中。从黄铁矿的产状、结构和矿物共生等方面考虑，黄铁矿的主要类型有：成矿早期绢英岩化阶段（Ⅰ）的黄铁矿 Py1 在围岩中多呈浸染状；碳酸盐-绿泥石-硫化物-自然金阶段（Ⅱ）的黄铁矿 Py2 集合体多呈脉状；成矿晚期方解石-黄铁矿脉阶段（Ⅲ）黄铁矿 Py3 集合体多呈脉状。

（二）成矿时代

矿石中与硫化物紧密伴生的热液磷灰石 LA-ICP-MS U-Pb 定年 ^{207}Pb 校正后的下交点年龄见图 3-5-13（李少南等，2025），即矿床形成于早泥盆世。

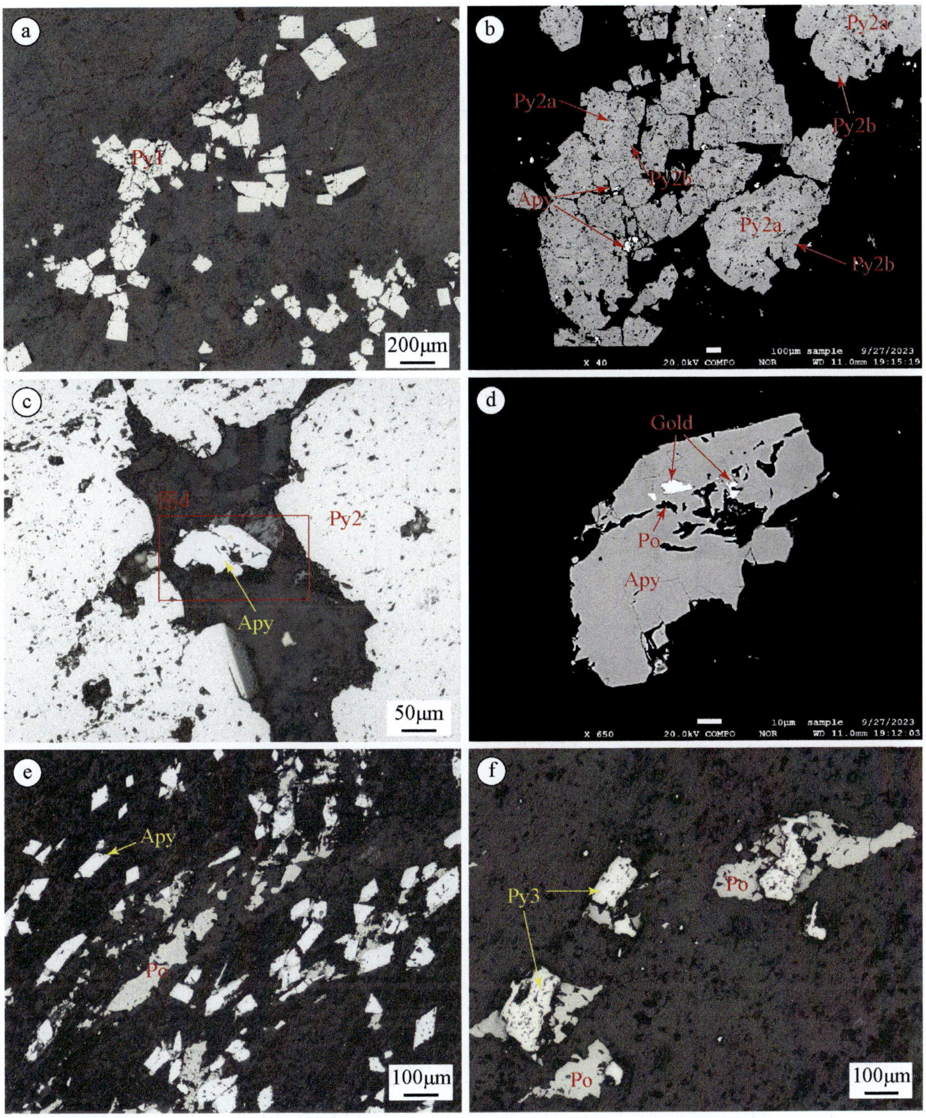

图 3-5-12 金矿石不同成矿阶段金属矿物镜下分布特征

a. 阶段Ⅰ黄铁矿（Py1）呈自形-半自形粒状，表面干净，无分带；b. 阶段Ⅰ、Ⅱ，黄铁矿（Py1、Py2）呈粗粒集合体，具有贫As核部，富As、Au、Co的边部，多麻点，毒砂（Apy）沿黄铁矿裂隙分布；c、d. 黄铁矿裂隙中含毒砂，毒砂被自然金（Gold）、磁黄铁矿（Po）交代；e. 阶段Ⅰ毒砂被磁黄铁矿交代；f. 阶段Ⅲ黄铁矿被磁黄铁矿交代

（三）成矿模式

东昆仑造山带的形成经历了原-古特提斯多阶段的增生-碰撞造山过程，原特提斯洋盆消失后代表碰撞造山作用发生的超高压变质作用峰期变质年龄为430～410Ma（Meng et al.，2013；Song et al.，2018），茫崖河东金矿石中与硫化物紧密伴生的热液磷灰石LA-ICP-MS U-Pb定年结果（^{207}Pb校正后的下交点年龄406±13Ma），对应的区域晚志留世—早泥盆世构造岩浆阶段岩浆活动较弱，均为强过铝质高钾钙碱性组合，该阶段为陆-陆碰撞阶段（王

秉璋等，2012）。造山型金矿床主要指在变质地体中受构造控制的脉状后生金矿床，在时间和空间上与板块俯冲增生或碰撞造山作用有关（Goldfarb et al.，2005；Groves et al.，2020）。造山作用为区域规模的成矿流体活动创造了有利的变形、变质和岩浆作用条件，不同的造山环境有不同的流体产生-运移的驱动机制，控制了金成矿省/巨型成矿带（王京彬等，2024）。变质流体成因模式认为造山型金矿床形成于造山事件中的进变质过程，随着岩石圈演化，不同矿床的物质来源不尽相同，但含金流体均由地壳岩石自绿片岩相向角闪岩相的进变质脱水产生，该过程中黄铁矿向磁黄铁矿转变释放了大量的 Au（Phillips and Powell，2009）。

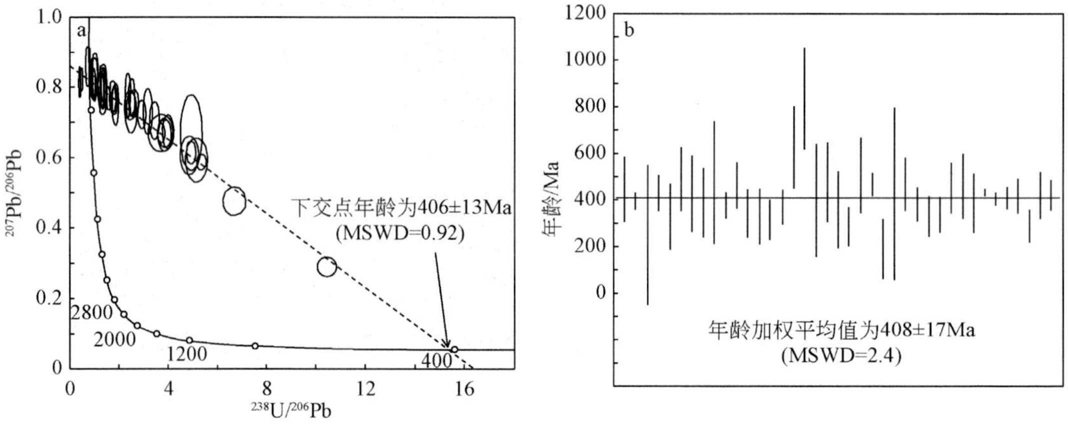

图 3-5-13　热液磷灰石 U-Pb 定年结果

数据点误差为 2σ

因此茫崖河东金成矿与东昆仑印支期大规模岩浆活动无关，初步认为茫崖河东金矿可能与原特提斯洋盆消失后代表碰撞造山作用过程中的区域变质-变形作用背景有关，成矿物质来源于祁漫塔格群火山组。电子探针成分及 BSE 图像分析显示，除以自然金形式产出外，Au 含量在成矿早阶段富 As 的黄铁矿核部相对较高（0.02%～0.06%，n=8），而黄铁矿边部几乎不含 Au。金矿化是由绿片岩相到角闪岩相的进变质作用释放的富金流体所致，即黄铁矿、毒砂向磁黄铁矿转变过程释放了 Au，多阶段溶解-再沉淀过程是金富集成矿的主要机制。

第六节　玛多县抗得弄舍金多金属矿床

矿区位于青海省玛多县花石峡镇北东约 60km 的抗得弄舍一带，行政区划隶属青海省玛多县黑海乡管辖。大地构造位置处于昆南俯冲增生杂岩带之纳赤台蛇绿混杂岩带（Ⅱ-1-1），成矿区带属东昆仑南部成矿亚带之巴勒木特尔-抗得弄舍矿集区（图 3-6-1）。

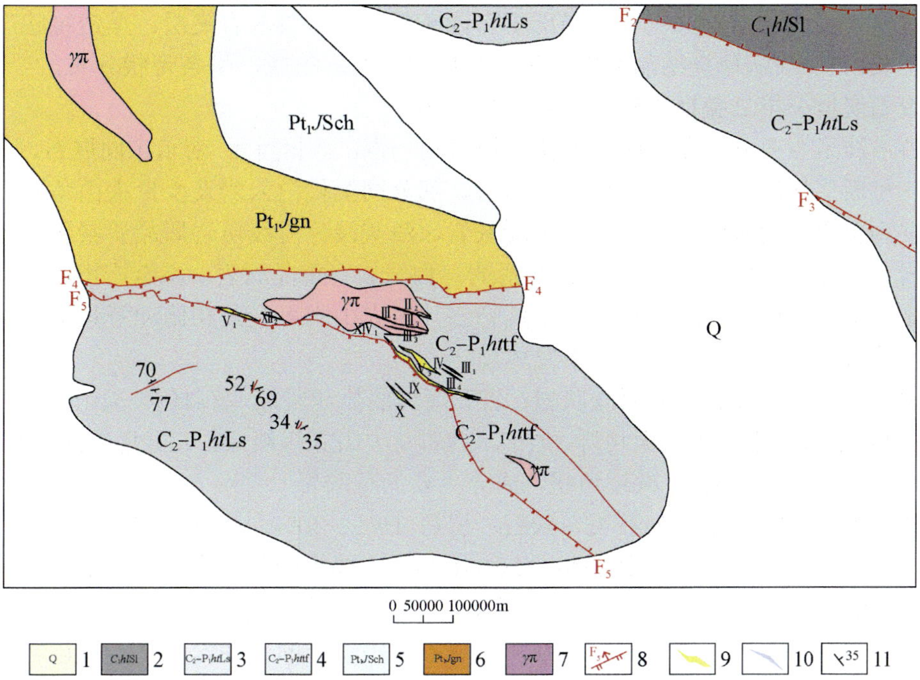

图 3-6-1 抗得弄舍金多金属矿区地质简图

1. 第四系；2. 早石炭世哈拉郭勒组碳质板岩；3. 晚石炭世—早二叠世浩特洛洼组流纹质凝灰岩；4. 晚石炭世—早二叠世浩特洛洼组灰岩；5. 古元古代金水口岩群绿泥绢云片岩；6. 古元古代金水口岩群片麻岩；7. 花岗斑岩；8. 断裂构造及编号；9. 金矿体；10. 铅锌矿体；11. 产状（°）

一、矿区地质

（一）地层

矿区出露古元古代金水口岩群（Pt_1J）、早石炭世哈拉郭勒组（C_1hl）、晚石炭世—早二叠世浩特洛洼组（C_2—P_1ht）和第四系（Q）。

1. 古元古代金水口岩群（Pt_1J）

古元古代金水口岩群主要分布于矿区北部，少量呈构造推覆岩块形式覆于矿区晚石炭世—早二叠世浩特洛洼组之上，与上下地层主要呈断层接触；金水口岩群可分为片麻岩组和片岩岩组，其中片麻岩组主要出露浅灰绿色斜长片麻岩，中细粒状结构、片麻状构造，主要由斜长石、石英及少量钾长石黑云母组成。该岩石经过多期次变质变形作用叠加，形成岩石类型复杂多样，构造形迹复杂多样。片岩岩组主要岩性为浅灰绿色绿泥石绢云母片岩、斜长角闪片岩和云母石英片岩等，地层总体上呈北西西向展布，倾向北，表现为向北倾的单斜构造，倾角一般 46°～58°。

2. 早石炭世哈拉郭勒组（C_1hl）

哈拉郭勒组主要出露在矿区以北和东部，呈北西西-南东东向展布，上下受断层控制，与其他地层呈断层接触。哈拉郭勒组分为上岩性段（C_1hl^2）和下岩性段（C_1hl^1），下岩性段岩性主要为浅灰色角砾状灰岩，局部见有浅灰色流纹质凝灰岩夹层，呈透镜状产出；上岩性段主要由灰-深灰色重结晶灰岩、生物碎屑泥粒灰岩组成，呈条带状分布。

3. 晚石炭世—早二叠世浩特洛洼组（C_2—P_1*ht*）

浩特洛洼组主要分布在矿区南部拉玛托洛湖一带，呈北西西-南东东向展布，上下与其他地层均呈断层接触。主要由中酸性火山岩、部分同沉积白云岩及少量火山角砾岩组成。岩性主要为含火山角砾流纹质岩屑晶屑凝灰岩、浅灰绿色流纹质岩屑晶屑凝灰岩、浅绿灰色霏细岩、灰-浅灰色沉凝灰岩、火山角砾岩、白云岩、重晶石岩。结合产出状态、微量和稀土元素特征以及区域大地构造背景，浩特洛洼组火山岩可能是在俯冲背景下弧后前陆盆地内形成的弧火山岩，属海相火山喷发环境。

含火山角砾流纹质岩屑晶屑凝灰岩：岩石新鲜面显浅灰绿-灰白色，火山角砾结构、凝灰结构、块状构造，主要由火山角砾、岩屑、晶屑及火山尘等组成。火山角砾约15%～30%，角砾大小不一，一般呈棱角-次棱角状，成分主要为凝灰岩、霏细岩，部分蚀变岩、石英岩等；晶屑10%～30%，主要为石英、长石；岩屑10%～30%，成分有霏细岩碎屑、石英岩碎屑，还有凝灰岩碎屑；火山尘20%～50%不等，主要为隐晶状火山尘，部分已变成细小的绢云母。该岩石在靠近F5断裂附近有较多的重晶石石英脉分布，脉中常见方铅矿化、黄铁矿化等，随重晶石脉的增多矿化增强，形成本区铅锌矿的主要含矿围岩。该岩石绿帘石化、绢云母化及星点状黄铁矿化较普遍。

流纹质岩屑晶屑凝灰岩：浅灰-浅灰绿色，矿物细小，变余凝灰结构、块状构造。岩石主要由晶屑、岩屑、填隙物及少量后期次生重晶石脉、石英脉等组成。岩屑约20%～30%，呈不规则粒状、棱角状，主要为霏细岩、流纹质凝灰岩；晶屑约10%～30%，以石英为主，次为长石、云母片等；填隙物约占60%，可见少量隐晶质石英和绢云母，呈集合体状充填于碎屑之间。另外，岩石中有较多的重晶石石英脉分布，脉中常见方铅矿化、黄铁矿化等，随重晶石脉的增多矿化增强，形成矿（化）体。蚀变主要呈绢云母化、绿帘石化，并普遍可见少量星点状黄铁矿化。

霏细岩：岩石新鲜面为浅灰绿-浅灰色，霏细结构（少量变余斑状结构）、块状构造。岩石主要由霏细质矿物组成，含量60%～95%，部分岩石含少量石英长石斑晶。也有部分岩石中发育少量次生热液矿物（石英碳酸岩脉、重晶石脉及方铅矿闪锌矿脉等），脉体纵横交错分布。

沉凝灰岩：浅灰-青灰-深灰色，凝灰结构、块状构造。主要由火山角砾、岩屑、晶屑及火山尘等组成。火山角砾含量不均，一般5%～15%，角砾大小不一，一般呈棱角-次棱角状，杂乱分布，成分复杂主要为凝灰岩、霏细岩，部分蚀变岩、石英岩等，有部分沉凝灰岩不含角砾；晶屑一般10%～30%，主要为石英、长石；岩屑一般10%～30%，成分有霏细岩碎屑、石英岩碎屑，还有凝灰岩碎屑；火山尘20%～50%不等，主要为隐晶状火山尘，部分已变成细小的绢云母。

火山角砾岩：灰色，火山碎屑熔岩结构，块状构造。火山角砾50%（中酸性熔岩），粒径2～25mm之间，次棱角-次圆状，火山碎屑35%；岩屑10%，部分晶屑7%、玻屑15%、浆屑3%，粒径大于2mm；胶结物14%，另含有1%黄铁矿，呈星点状散布。火山角砾岩主要分布在08-12勘探线之间。

白云岩：浅灰白色，粉晶结构、块状构造。主要由白云石组成，含量 65%～99%，白云石矿物细小，呈不规则状，局部有重结晶现象；另外含少量褐铁矿（1%～10%）沿岩石裂纹分布于白云石晶体之间。但矿区部分白云岩的构造裂隙中充填交代有 0.5～5cm 不等的方铅矿闪锌矿脉，也形成了矿区部分含矿围岩。

重晶石岩：为区内金及多金属矿的赋矿岩层，呈夹层分布于灰岩中。浅灰-浅黄灰色，具绿色色调，细晶结构、糜棱结构、碎裂结构，纹层状构造，单层厚 5～25mm，硬度弱于小刀，滴酸不起泡。主要矿物成分为重晶石。该岩层呈东西向展布，倾向北，倾角 80°～85°，厚度约为 10～30m。

特洛洼组灰岩为矿区主要的含矿围岩，受构造活动影响，在其与上盘岩层接触带附近具有规模不等的构造裂隙，并且大部分裂隙经热液充填形成较好的重晶石型多金属矿化体。

4. 第四纪地层（Q）

一般分布在沟谷，为残坡积、冲积砾石、砂、黏土和腐殖层。矿区第四系覆盖面积较广，厚度较大。

（二）构造

矿区北西向、北西西向断裂构造发育，且大致平行排列，为区域性断裂，在本区的通过部分，断裂性质多为推覆逆冲断裂，对区内地层分布、岩浆活动及矿产的形成和分布具有明显的控制作用。

F4 断裂分布于矿区中部，出露长度约 6.5km，断裂总体走向为近东西向。此断裂在矿区覆盖厚，断层特征不明显，根据部分钻探工程判断其倾向北、倾角较陡。矿区西端负地形明显，并在断裂北约 50m 见有一条宽 5～10m 的孔雀石矿化带，判断该断裂跟矿化关系密切，有待进一步查明。

矿区北部 F3、F4 断裂之间的金水口岩群片麻岩岩组（Pt_1Jgn）为推覆体，从矿区区域构造总体的方向推测其可能是由北向南推覆。

F5 为矿区与矿床关系最为密切的断裂构造，出露长度大于 2.0km，矿区西端被覆盖但负地形明显，断裂总体走向为 310°～330°，倾向北，倾角 65°～85°。该断裂为一层间断裂，严格控制着矿区矿体的产出及其分布，其产状与矿体产状基本一致，该断裂为矿区一个典型的找矿标志，发现并查明其东西走向上的产出情况为该区找矿工作的基础。由大量的钻孔资料整理可知，该断裂在深部的延深和产出较复杂，形成了一条由多条断裂组成的断裂带，局部呈现出平行排列特征；另外，该断裂带内大部分构造裂隙中均充填有热液活动形成的重晶石型多金属矿化脉（体），由此推断，该断裂活动时间要早于成矿期，该断裂有可能与该区地层同期形成，是一组层间同生断裂。

此外，矿区内各地层中小构造普遍发育，以岩石张性裂隙为主，多被石英、方解石及金属矿脉等充填。矿区流纹质凝灰岩中一些层间小断裂很常见，并且大部分层间小断裂中充填有金属硫化物矿脉，形成了矿区主要的铅锌矿石，在断裂密集发育地段矿化也较富集。

（三）岩浆岩

1. 喷出岩

区内火山岩分布广泛，喷出时代为早二叠世，早二叠世火山岩呈夹层赋存于晚石炭世—早二叠世浩特洛洼组之中，以中酸性岩为主，属海相火山喷发环境。浩特洛洼组火山岩出露于矿区的恰当地段，长轴方向呈不规则状向北西延伸。南北均被北西向逆冲断层所“挟持”，东西两侧均被第四系所掩盖。其与金水口岩群呈断层接触，岩石组合由一套单纯的火山碎屑岩组成，并严格地受断层控制。平面上呈不规则状-条带状展布，为裂隙式喷发类型。

据初步研究，认为浩特洛洼组火山岩对区内矿产的形成具重要的控制作用，其在火山喷发过程中从深部带出了成矿金属元素，提供了矿质来源，为该区后期成矿奠定了基础。

2. 侵入岩

矿区侵入岩主要为花岗斑岩。侵入于矿区流纹质凝灰岩中，出露地表的走向长约 600m、宽约 100m，处于矿化带北部边缘，部分铅锌矿体从其边部或从中穿过，但其矿化主要是沿构造裂隙产出，并非斑岩体自身含矿，而且斑岩脉中的构造裂隙一般规模很小、矿化较弱。另外，在局部凝灰岩中出现了花岗斑岩角砾，呈棱角状，粒径一般 0.5～3cm，推断该斑岩脉侵入时期也较早，很可能早于成矿期。

花岗斑岩呈浅肉红色、紫褐色，中粗粒斑状结构，岩石由斑晶和基质组成，斑晶约占岩石的 5%～10%，为石英和长石斑晶，斑状结构、致密块状构造，主要矿物为石英（30%～50%）和长石（一般为斜长石，含量 10%～25%，肉红色的为钾长石，一般含量 5%～15%）。基质矿物约占岩石的 85%～90%，成分是石英和钾长石，二者混杂，均匀分布。花岗斑岩主要分布在矿区 0-29 勘探线之间。

二、矿床地质

（一）矿体特征

该矿床以金、铅锌为主，伴生有银、铜、重晶石等有用组分，矿体赋存于浩特洛洼组的层间断裂带以及断裂附近构造裂隙中，赋矿岩石主要为重晶石岩、硅化重晶石化流纹质凝灰岩，另外，流纹质凝灰岩及部分霏细岩、白云岩和花岗斑岩的岩石构造裂隙中常具有矿化。矿化带内具重晶石化、硅化、黄铁矿化、绢云母化、碳酸盐化等蚀变，矿化带东西两端被厚层第四系覆盖。

矿区内共圈出矿体 36 条，分为重晶石型金多金属矿体和流纹质凝灰岩型铅锌矿体。矿体形态呈似层状、透镜状、脉状等，呈侧列式或雁行式排列，在纵、横向上均有尖灭再现、分支复合、膨大收缩现象；矿体走向 280°～298°，倾向上总体向北陡倾，倾向北东，倾角 42°～88°。

金多金属主矿体为Ⅴ3、Ⅴ1、Ⅵ1、Ⅶ2 等，特征分述如下（其余矿体见表 3-6-1）。

表 3-6-1 抗得弄舍矿区矿体特征一览表

序号	矿体编号	矿体分布		控矿工程数	主要赋矿岩性	矿体形态	产状/（°）		矿体规模/m			备注
		勘探线	标高/m				倾向	倾角	长度	倾斜延深	厚度	
1	Ⅰ1	00	4360	1个钻孔控制	含火山角砾凝灰岩	脉状	16	70	80	80	4.72	盲矿体
2	Ⅰ2	00	4336	1个钻孔控制	含火山角砾凝灰岩	脉状	16	70	80	90	6.28	盲矿体
3	Ⅱ1	11	4402	1个钻孔控制	花岗斑岩	脉状	18	63	65	80	11.28	盲矿体
4	Ⅱ2	03-04	4296～4430	6个钻孔控制	花岗斑岩、含火山角砾凝灰岩、凝灰岩	透镜体、似层状	16～50	45～66	262	50～205	2.46～23.78	盲矿体
5	Ⅲ1	11-08	4143～4473	27 个钻孔控制	构造角砾岩、花岗斑岩、凝灰岩、重晶石化凝灰岩、含火山角砾凝灰岩	透镜体、似层状	14～46	50～80	505	50～374	1.29～16.84	盲矿体
6	Ⅲ2	03-04	4269～4448	10 个钻孔控制	花岗斑岩、含火山角砾凝灰岩、凝灰岩	脉状	22～50	48～85	240	75～140	1.23～9.44	盲矿体
7	Ⅲ3	07-08	4203～4470	31 个钻孔控制	白云岩、花岗斑岩、含火山角砾凝灰岩、凝灰岩、重晶石化凝灰岩、构造角砾岩	脉状	14～50	60～80	338	36～382	1.14～14.1	盲矿体
8	Ⅳ	11-16	3779～4488	1 个槽探工程、52 个钻孔控制	重晶石化凝灰岩、凝灰岩、硅化凝灰岩、霏细岩、花岗斑岩、含火山角砾凝灰岩、重晶石化含火山角砾凝灰岩、沉凝灰岩	透镜体、似层状	17～43	68～85	495	60～755	1.65～62.65	复合分支矿体
9	Ⅴ1	35-21	3806～4510	1 个槽探工程、25 个钻孔控制	矿化重晶石岩、重晶石化凝灰岩、含火山角砾凝灰岩、沉凝灰岩、凝灰岩、灰岩、构造角砾岩、花岗斑岩	透镜体、似层状	7～27	43～89	160	80～722	1.8～35.23	复合分支矿体
10	Ⅴ2	21	4338	1个钻孔控制	含火山角砾凝灰岩、花岗斑岩	脉状	19	67	80	80	3.59	盲矿体
11	Ⅴ3	07-12	3738～4509	2 个槽探工程、65 个钻孔控制	矿化重晶石、重晶石化晶屑岩屑凝灰岩、凝灰岩、破碎带、硅化凝灰岩、沉凝灰岩、重晶石化霏细岩、重晶石化白云岩、霏细岩、含火山角砾凝灰岩、构造角砾岩	似层状	19～43	64～85	495	80～795	1.8～70.74	复合分支矿体
12	Ⅴ4	00-03	3846～4197	7个钻孔控制	灰岩、流纹质凝灰岩、重晶石化凝灰岩、含火山角砾凝灰岩、构造角砾岩	脉状	29～33	70～80	165	135～420	1.78～16.25	盲矿体
13	Ⅴ5	00-03	3783～4098	4个钻孔控制	含火山角砾凝灰岩、重晶石化凝灰岩、沉凝灰岩、凝灰岩	脉状	16～31	76～85	126	80～312	4.52～7.79	盲矿体
14	Ⅴ6	03-04	3743～4124	9个钻孔控制	重晶石化凝灰岩、凝灰岩、灰岩、构造角砾岩、含火山角砾凝灰岩、沉凝灰岩	脉状	21	80～85	243	80～385	2.67～14.12	盲矿体（复合-分支）
15	Ⅵ1	03-12	3719～4222	16 个钻孔控制	重晶石化凝灰岩、含火山角砾凝灰岩、硅化灰岩、灰岩、凝灰岩	脉状	15～22	65～85	400	80～440	1.3～18.7	盲矿体

续表

序号	矿体编号	矿体分布		控矿工程数	主要赋矿岩性	矿体形态	产状/（°）		矿体规模/m			备注
		勘探线	标高/m				倾向	倾角	长度	倾斜延深	厚度	
16	Ⅵ2	03	4043～4125	2个钻孔控制	晶屑岩屑凝灰岩、灰岩	似层状	18～29	75	400	160	1.0～1.8	盲矿体
17	Ⅵ3	08	4068～4120	2个钻孔控制	构造角砾岩、含火山角砾凝灰岩、凝灰岩	似层状、透镜体	20	70	80	105	2.86～4.52	盲矿体
18	Ⅶ1	03	4080	1个钻孔控制	含火山角砾凝灰岩、凝灰岩、重晶石化凝灰岩	透镜体	17	70	80	70	7.72	盲矿体
19	Ⅶ2	04	3724～3883	3个钻孔控制	重晶石化凝灰岩、凝灰岩	似层状、透镜体		86	80	240	2.34～21.8	盲矿体
20	Ⅶ3	00	3782～3815	1个钻孔控制	重晶石化凝灰岩	透镜体		75	80	80	7.3～15.12	盲矿体
21	Ⅷ1	08	3600～3930	5个钻孔控制	含火山角砾凝灰岩、凝灰岩、重晶石化凝灰岩	似层状、透镜体		65	80	80～445	1.3～12.3	盲矿体
22	Ⅷ2	08	3717～3851	3个钻孔控制	构造角砾岩、重晶石化凝灰岩、凝灰岩	透镜体		70	80	78～100	2.64～6.15	盲矿体
23	Ⅸ	00	4530	1个槽探工程控制	灰岩	透镜体		85	80	35	2.49	（膨大狭缩）
24	Ⅹ	00	4534	1个槽探工程控制	灰岩	透镜体	43	85	80	40	11.5	（膨大狭缩）
25	Ⅺ	35	4213～4363	3个钻孔控制	含火山角砾凝灰岩、凝灰岩	似层状	44	86	40	195	1.24～4.00	盲矿体
26	Ⅻ1	29-25	4292～4303	2个钻孔控制	花岗斑岩	透镜体	15	65	80	80	1.42～3.69	盲矿体
27	Ⅻ2	29-21	4264～4485	5个钻孔控制	花岗斑岩、凝灰岩	透镜体、似层状	13～22	68	140	80～160	2.44～6.30	盲矿体
28	Ⅻ3	21-17	4251～4368	3个钻孔控制	花岗斑岩、含角砾凝灰岩	透镜体、似层状	18	60	80	80～160	1.9～3.22	盲矿体
29	Ⅻ4	21-17	4277～4384	3个钻孔控制	花岗斑岩、含角砾凝灰岩	透镜体、似层状	18	75	80	80～145	2.06～5.19	盲矿体
30	ⅩⅢ1	21	4430	1个钻孔控制	凝灰岩	透镜体	19	75	80	60	1.8	盲矿体
31	ⅩⅢ2	21	4419	1个钻孔控制	凝灰岩	透镜体	19	75	80	65	2.06	盲矿体
32	ⅩⅢ3	21	4410	1个钻孔控制	凝灰岩	透镜体	19	75	80	80	1.49	盲矿体
33	ⅩⅢ4	21	4396	1个钻孔控制	含火山角砾流纹质凝灰岩	透镜体	19	75	80	77	6.35	盲矿体
34	ⅩⅢ5	21	4374	1个钻孔控制	含火山角砾凝灰岩	透镜体	13	75	80	79	2.0	盲矿体
35	ⅩⅣ1	11-07	4487～4503	1个槽探工程、2个钻孔控制	硅化沉凝灰岩、花岗斑岩	透镜体		68	80	60～80	3.53～6.9	
36	ⅩⅣ2	11-07	4458～4469	2个钻孔控制	花岗斑岩、沉凝灰岩	透镜体		68～70	80	60～80	1.76～2.52	盲矿体

1. V3 矿体

V3 矿体为金多金属矿体，分布于矿区东部的 07-12 勘探线之间，地表由 TC00-01、TC01-01 控制，深部由 65 个钻孔控制，位于 F5 断裂带及其上盘。

该矿体受 F5 层间断裂构造带控制，呈似层状、透镜状产出；矿体呈北西西向-近东西向分布，产状 19°～43°∠70°～85°；矿体走向长 495m，真厚度一般在 1.8～62.82m，最大 70.74m，倾斜延深 80～795m。其中金矿体真厚度一般在 5.25～28.21m，最大 47.49m，平均厚度 15.0m，金矿体厚度变化系数 76.62%，属稳定类型。

该矿体的工业金矿体 Au 平均品位为 4.36×10^{-6}，单样最高为 64.8×10^{-6}（取样孔为 116.0×10^{-6}），低品位金矿体 Au 平均品位为 1.50×10^{-6}，Pb 平均品位 0.38%～1.12%，最高为 21.04%，Zn 平均品位 0.73%～1.91%，最高为 35.4%；其中 Au 品位变化系数为 203.79%，属于较均匀-不均匀；Pb 、Zn 的变化系数分别为 143.08%和 181.7%，属于较均匀。

由于构造形态的影响，矿体膨大狭缩特征明显，另外，向深部出现多组断裂，矿体也随之出现了分支现象，整体厚度具有一定变化，矿体形态较复杂。矿体整体在走向、倾向上呈分支复合的特征。其中在 08 勘探线矿体厚度最大达 70.74m，倾斜延深最大达 795m，矿体下盘以金矿为主，上盘以铅锌矿为主；按其与 F5 断层的相对位置，靠近 F5 断层处以金矿为主，远离 F5 断层以铅锌矿为主。

矿体控制标高 3738～4509m，其中标高 4120～4509m 为金多金属矿，以金为主，3738～4120m 标高之间为铅锌矿体，未出现金矿。工业金矿体富矿段分布在 3-2 勘探线 4100～4380m 内及 8-12 勘探线 4136～4400m 内。

金多金属矿赋矿岩性主要为矿化重晶石岩、重晶石化的流纹质凝灰岩及少量重晶石化白云质灰岩，岩石局部较破碎，矿化主要随硅化和重晶石化出现。铅锌赋矿岩性主要为重晶石化的流纹质凝灰岩、流纹质凝灰岩及构造角砾岩等，其中共伴生的铅锌矿石以原生矿为主，浅部以氧化矿、混合矿石类型产出。其中氧化矿赋存标高 4315～4509m，延深 80～225m，混合矿赋存标高 4209～4315m，延深 13～90m，原生矿赋存标高 3705～4209 m，延深 70～570m。

该矿体获得金矿矿石量 730.69 万 t，占整个矿区矿石量的 17.82%，占金矿总矿石量的 59.95%。

2. V1 矿体

V1 矿体为金多金属矿体，分布于矿区西部的 35-21 勘探线之间，地表由 TC3301 探槽控制，深部由 25 个钻孔控制，位于 F5 断裂的上盘。

该矿体的产出部位与 V3 矿体一致，也严格受 F5 层间断裂构造控制，呈似层状、透镜状、脉状，矿体具有局部膨大狭缩及分支现象，由于受构造形态影响，在 4400m 标高附近矿化较弱甚至尖灭再现。矿体产状 7°～27°∠43°～89°，走向长 160m，厚度 1.8～31.38m，最大值 35.23m，延深 80～722m。其中主矿种金矿真厚度一般在 3.34～21.96m，最大值 30.10m，平均厚度 12.24m，金矿体厚度变化系数 73.37%，属稳定类型。

该矿体的工业金矿体 Au 平均品位为 4.02×10^{-6}，单样最高为 19.55×10^{-6}，低品位金矿体 Au 平均品位为 1.55×10^{-6} ，Pb 平均品位 0.43%～0.91%，最高为 5.46%，Zn 平均品位 0.98%～2.29%，最高为 36.05%；其中矿体 Au 的品位变化系数为 74.85%，属于均匀类型；

Pb、Zn 的变化系数分别为 124.08%、179.85%，属于较均匀类型。

该矿体赋矿岩性主要为矿化重晶石、重晶石化流纹质凝灰岩，矿石类型主要为重晶石型金多金属矿石，矿体呈似层状的复合-分支状，控制标高 3806～4510m，工业金矿富矿段主要分布在 35-31 勘探线 4232～4413m 和 33 勘探线 3806～4090m 内。

共伴生的铅锌矿以氧化矿和原生矿两种矿石类型产出，其中氧化矿赋存标高 4299～4510m，延深 19～114m，原生矿赋存标高 3771～4299m，延深 33～608m。

该矿体获得金矿矿石量 194.73 万 t，占整个矿区总矿石量的 4.74%，占金矿矿石量的 15.98%。

3. Ⅵ1 矿体

Ⅵ1 矿体为金多金属矿体，分布于矿区东部的 03-12 勘探线之间，为一条隐伏矿体，由 16 个钻孔控制，位于 F5 断裂下盘。

该矿体严格受断裂控制，整体呈北西向透镜体、似层状，矿体产状 15°～22°∠65°～85°，走向长 400m，单工程控制的真厚度 1.30～18.73m，最厚 23.45m，倾斜延深 80～440m；其中主矿种金矿真厚度一般在 3.45～11.55m，最大 23.45m，平均厚度 10.01m，金矿体厚度变化系数 67.67%，属稳定类型。

该矿体的工业金矿体 Au 平均品位为 5.04×10^{-6}，单样最高为 41.63×10^{-6}，低品位金矿体 Au 平均品位为 1.69×10^{-6}，Pb 平均品位 0.52%～3.08%，最高为 7.8%，Zn 平均品位 0.7%～3.96%，最高为 15.79%；其中 Au 矿体的品位变化系数为 80.07%，属于均匀类型；Pb、Zn 的变化系数分别为 180.9%和 152.12%，属于较均匀类型。

按其与断层的相对位置，靠近 F5 断层处为金矿，远离 F5 断层为铅锌矿。矿体上盘为铅锌矿，下盘为金矿，控制标高 3719～4222m。沿其走向自东向西由低品位铅锌矿和低品位金矿逐渐过渡为工业金矿体。铅锌矿石类型以原生矿为主。工业金富矿段主要分布在 0-3 勘探线 3895～4166m 内。

赋矿岩性主要为矿化重晶石、重晶石化流纹质凝灰岩、含火山角砾流纹质凝灰岩、硅化灰岩。

该矿体获得金矿矿石量 185.23 万 t，占整个矿区总矿石量的 4.5%，占金矿矿石量的 15.20%。

4. Ⅶ2 矿体

Ⅶ2 矿体为金多金属矿体，分布于矿区东部的 04 勘探线深部，由 3 个钻孔控制，为矿区最下盘的金矿体。

矿体控制标高 3724～3883m，走向长 80m，倾角 86°，单工程控制的真厚度一般在 2.34～26.54m，延深 240m，其中金矿体真厚度 21.8～26.54m，平均厚度 24.17m，金矿体厚度变化系数很小（24.17%），属稳定类型。

该矿体的工业金矿体 Au 平均品位为 4.15×10^{-6}，单样最高为 16.95×10^{-6}，低品位金矿体 Au 平均品位为 1.58×10^{-6}，Pb 平均品位 0.38%，Zn 平均品位 0.36%；其中 Au 矿体的品位变化系数为 64.49%，属于均匀类型；Pb、Zn 的变化系数分别为 28.63%和 52.16%，属于均匀类型。

赋矿岩性主要为重晶石化流纹质凝灰岩、流纹质凝灰岩、含火山角砾流纹质凝灰岩。

矿体以工业品位金矿为主，矿体上盘发育有少量的银矿，下盘发育有低品位铅锌矿，低品位金矿呈透镜体夹在工业品位金矿体中。由于矿体埋深较深，矿石类型以原生矿为主。

该矿体获得金矿矿石量 26.67 万 t，Au 金属量 1.01t。

5. Ⅳ矿体

Ⅳ矿体为铅锌多金属矿体，分布于矿区东部的 3-12 勘探线之间，地表由 TC0201 控制，深部由 52 个钻孔控制。

该矿体形态复杂，呈透镜状、脉状、树枝状，位于Ⅴ3 矿体上盘、Ⅲ矿体下盘，矿石类型上相当于金多金属矿向铅锌矿的过渡带，该矿体一般为铅锌伴生金、银矿化，局部达到共生。矿体在 4 勘探线和 0 勘探线上规模较大，膨大狭缩呈大透镜体状，分支复合现象普遍，局部也具有尖灭再现特征，在 0-4 勘探线之间厚度较大，向东西两段延伸尖灭，矿体上盘为铅锌矿，下盘为金矿。走向上波状起伏明显、倾角变化大，产状 17°～43°∠68°～85°；走向长 495m，单工程控制的真厚度 1.65～62.25m，最厚 81.93m，平均厚度 20.06m，倾斜延深 60～755m；铅锌矿体厚度变化系数为 103.6%，属较稳定-不稳定类型。

该矿体的工业铅锌矿体 Pb 平均品位 1.10%，最高为 14.25%，Zn 平均品位 2.11%，最高为 31.72%；低品位铅锌矿体 Pb 平均品位 0.62%，Zn 平均品位 1.11%；Pb、Zn 的变化系数分别为 123.47%和 136.19%，属于较均匀类型。

赋矿岩性为重晶石化流纹质凝灰岩、流纹质凝灰岩、花岗斑岩、霏细岩、硅化流纹质凝灰岩、含火山角砾流纹质凝灰岩、重晶石化含火山角砾流纹质凝灰岩，矿化岩石普遍具有硅化、重晶石化及黄铁矿化，岩石构造裂隙发育，矿化一般充填于裂隙中，构造裂隙越发育矿化越富集。

矿体倾向上呈现出分支-复合-分支的透镜体、似层状，控制标高 3779～4488m。铅锌矿石以氧化矿和原生矿两种矿石类型产出，其中氧化矿赋存标高 4322～4493m，延深 60～240m，混合矿赋存标高 4226～4322m，倾斜延深 30～110m，原生矿赋存标高 3742～4226m，延深 15～515m。

该矿体获得铅锌矿矿石量 1070.80 万 t，占整个矿区铅锌总矿石量的 26.1%；该矿体伴生 Au 金属量 2.053t。

（二）矿石特征

矿区分为重晶石型金多金属矿石和流纹质凝灰岩型铅锌矿石两种主要矿石类型。金多金属矿石平均品位 Au 为 2.75×10^{-6}，共（伴）生 Pb+Zn 为 1.65%，共（伴）生 Ag 为 47.79×10^{-6}，伴生 Cu 为 0.12%，伴生 $BaSO_4$ 为 35.0%。该类矿石产于灰岩和凝灰岩的层间（断裂构造）接触面及其附近，远离灰岩重晶石化、金矿化减弱。以下仅就重晶石型金多金属矿石进行叙述。

1. 矿石岩性

抗得弄舍金矿赋矿岩性主要为含石英重晶石岩（图 3-6-2a），矿物组成以重晶石为主，多呈层纹状、似层状、透镜状及少量脉状分布，少量石英位于重晶石粒间或充填于裂隙间（图 3-6-3）。其次为少量重晶石化凝灰岩（图 3-6-2b），具斑状结构、块状构造。斑晶以石英为主，有的具熔蚀现象，呈港湾状。基质多由粒径 0.01～0.06mm 的细粒石英、长石组成，局部脱玻化重结晶作用明显，形成球粒结构。

图 3-6-2　抗得弄舍重晶石型矿石

a. 层纹状重晶石型金多金属矿石；b. 重晶石化流纹质凝灰岩型金多金属矿石

图 3-6-3　含石英重晶石脉（正交偏光）

1. 重晶石；2. 石英

2. 矿石物质组成

矿石中金矿物主要为银金矿，其次为自然金，偶见金银矿；银矿物主要为辉铜银矿、硫锑铜银矿、硫砷铜银矿及辉银矿，其次为汞银矿、自然银、角银矿及碘银矿；铅矿物主要为白铅矿及方铅矿，其次可见砷铅矿、铅矾及铅硬锰矿；锌矿物主要为菱锌矿及闪锌矿，其次可见异极矿；铜矿物主要为黝铜矿，其次为铜蓝、黄铜矿、辉铜矿、蓝辉铜矿及斑铜矿，还可见蓝铜矿及孔雀石；其他矿物主要为重晶石，其次为褐铁矿、黄铁矿，另外可见金红石、臭葱石、水绿矾等。脉石矿物主要为石英，其次为白云母、黑云母、白云石、方解石、正长石及斜长石，另有少量透闪石、黄钾铁矾、高岭石、明矾石、磷铝锶石、磷灰石等。

3. 矿石组构

（1）矿石结构

他形-半自形粒状结构：矿石中闪锌矿、方铅矿、黄铁矿等主要呈此结构（图 3-6-4a）。

包含结构：较粗粒闪锌矿、方铅矿中包裹细粒黄铜矿、黄铁矿；银金矿包裹于闪锌矿、黄铜矿等形成此结构（图 3-6-4b）。

交代结构：矿石中黄铁矿被褐铁矿交代，斑铜矿交代黄铜矿，银的氧化物沿闪锌矿边缘交代其等形成此结构（图 3-6-4c）。

斑状结构：矿石中赋矿岩性的主要结构特征（图 3-6-4d）。

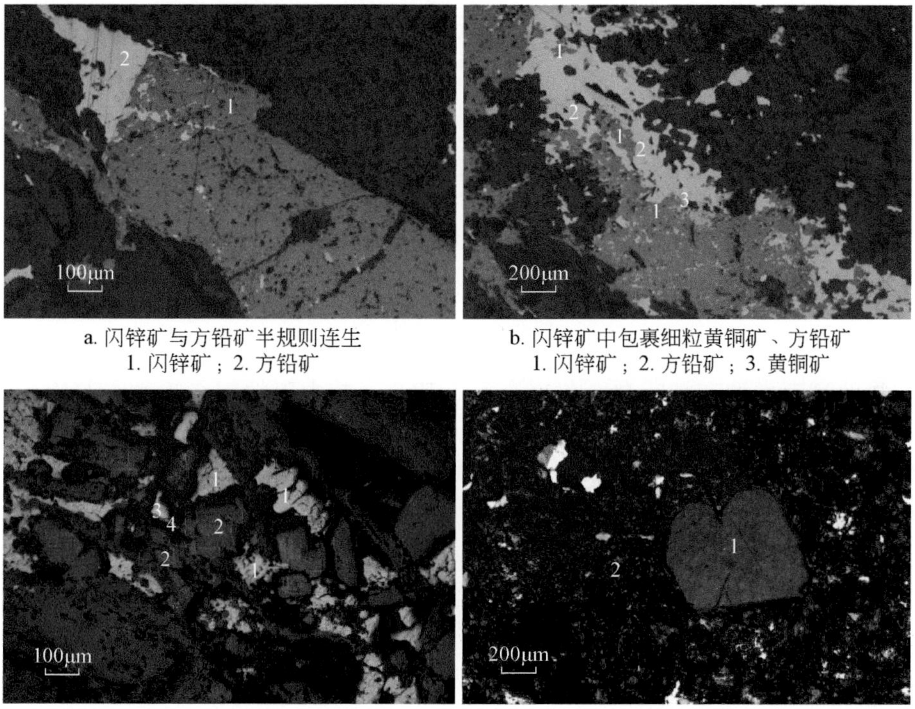

a. 闪锌矿与方铅矿半规则连生
1. 闪锌矿；2. 方铅矿

b. 闪锌矿中包裹细粒黄铜矿、方铅矿
1. 闪锌矿；2. 方铅矿；3. 黄铜矿

c. 白铅矿、菱锌矿及银的氧化物紧密伴生
1. 白铅矿；2. 菱锌矿；3. 闪锌矿；4. 银的氧化物

d. 流纹岩
1. 石英斑晶；2. 长石、石英基质

图3-6-4 矿石结构

（2）矿石构造

星散状构造：矿石中少量闪锌矿、方铅矿、黄铜矿、褐铁矿等呈此构造。

浸染状构造：矿石中闪锌矿、方铅矿、黄铁矿等金属矿物的主要构造特征（图 3-6-5a）。

脉状构造：矿石中部分方铅矿、褐铁矿、重晶石等呈脉状分布（图 3-6-5b）。

4. 金矿物赋存状态

矿石中金矿物组成以银金矿为主，其次为自然金，银金矿占金矿物相对含量的 96.82%，自然金占金矿物相对含量的 3.18%。电镜能谱分析结果显示，银金矿含金 70.98%～82.30%，含银 15.95%～25.83%，成色为 725.8‰～834.9‰；自然金含金 96.45%，金成色为 964.5‰。

矿石中金矿物形态以次圆-浑圆状为主，占 39.39%；其次为角粒状和不规则状，分别占 33.33%和 19.70%；还有椭圆状、长角粒状、尖角粒状和条状，各占 1.52%，矿石中金矿物的延展率介于 1.00～5.00 之间。

镜下观察得出，金矿石中金矿物的粒度统计结果介于 0.001mm×0.001mm～0.031mm×

0.110mm 之间，矿物以细粒明金为主，占 82.29%；其次为微粒金，占 17.71%，总体上金矿物粒度较细，浮选会影响金的回收率。

a. 闪锌矿中包裹细粒黄铜矿、方铅矿、黄铁矿等
1. 黄铁矿；2. 方铅矿；3. 黄铜矿

b. 闪锌矿、黄铁矿、黝铜矿紧密连生
1. 闪锌矿；2. 黝铜矿；3. 黄铁矿

图 3-6-5　矿石构造

金矿物的赋存类型有粒间金、包裹金和裂隙金，其中以粒间金为主，其次为包裹金，裂隙金相对较少。

粒间金是矿石中金矿物的主要存在类型，约占 85.14%。赋存在脉石粒间的约占 26.89%，赋存在硫化矿（黄铁矿、黄铜矿、方铅矿、闪锌矿和黝铜矿）及硫化矿与脉石粒间的约占 58.25%。粒间金金矿物易于解离。包裹金约占 10.16%，金矿物主要呈次圆状、角粒状及浑圆状等包裹于脉石矿物（主要为重晶石和石英）中，占 6.71%；其次呈角粒状和浑圆状包裹于闪锌矿和黄铜矿中，可单独或与黄铜矿连生于方铅矿和闪锌矿中，约占 3%；个别包裹于褐铁矿中，约占 0.45%。包裹金金矿物不易解离。矿石中裂隙金相对较少，占 4.7%，呈角粒状和不规则状分布于岩石裂隙中。这种类型的金矿物也容易解离。

矿石中贵金属矿物为银金矿、自然金和自然银。金属矿物主要有黄铁矿、闪锌矿、方铅矿、黄铜矿、黝铜矿和斑铜矿等；次生矿物有白铅矿、铅矾、褐铁矿和菱锌矿等。

金矿石中有益组分主要为 Au，其他综合回收元素有 Pb、Zn、Ag、Cu 和 Ba。

金矿物以银金矿为主，含少量自然金。

矿石中金矿物的赋存状态以粒间金为主，其次为包裹金，裂隙金相对较少。金矿物以细粒明金为主，占 82.29%，其次是微粒金，占 17.71%，金的粒度相对较细，与脉石关系密切，解离较难，浮选很难有效回收该矿石中的金，采用氰化与浮选相结合的方法回收金将会达到很好的效果（卢财，2014）。

（三）围岩、夹石及蚀变特征

1. 围岩和夹石

矿区各矿体均赋存在晚石炭世—早二叠世浩特洛洼组（C_2—P_1ht）中，矿体受层间断裂构造控制明显，V 金铅锌主矿体与围岩之间界线总体较为清楚，在局部地段界线不清，矿体的顶底板为石炭系浩特洛洼组，主要由石英重晶石岩、构造蚀变碎裂岩、硅化蚀变霏细岩和石英斑岩、层间构造裂隙等构成含矿岩系。矿石与夹石和围岩的岩石类型基本一致，岩石构造裂隙越发育，硅化、重晶石化越发育，蚀变破碎程度越强，矿化越好；反之矿化越差。

2. 蚀变特征

抗得弄舍金铅锌矿区主要的热液蚀变有重晶石化、硅化、绿帘石化、黄铁矿化、碳酸盐化。

重晶石化：与矿化有密切联系。其粒度不等，最大可达 6mm，可呈长的板条状，含量一般为 30%～40%，蚀变强烈时可达 50%～70%。

硅化：主要有两种类型，一种呈细脉-网脉状石英脉；另一类则为凝灰岩中基质成分发生隐晶质重结晶。

绿帘石化：在矿区矿石中及近矿围岩中普遍发育，可有两期，早期绿帘石化呈深黄绿色，并呈角砾状发育于流纹质凝灰角砾岩中，含量一般 20%左右；较晚期绿帘石化为浅黄绿色，主要发育在凝灰质角砾岩胶结物中，呈细粒至粗粒，粒度最大可达 5mm 左右。

碳酸盐化：属热液活动晚期矿物，可呈细脉状或自形-半自形粒状发育，方解石细脉产状常呈近水平发育，粒度大小不等，可在 0.5～7mm 之间，含量一般 5%～15%。

黄铁矿化：是主要的矿化蚀变之一。一般呈细粒浸染状或细脉状，其颗粒细小，一般 0.01～0.5mm，可呈自形、半自形或他形浸染状、星点状分布，也有呈细脉状分布，脉状黄铁矿化常沿近垂向裂隙发育。

以上蚀变现象中，与矿化密切相关的蚀变有硅化、重晶石化、黄铁矿化和绿帘石化，目前根据野外原始编录和分析测试结果可以看出，硅化与重晶石化对矿化具有特定的指示意义。

（四）矿床成因及找矿标志

1. 矿床成因初步认识

本区地处东昆仑南部成矿亚带巴勒木特尔-抗得弄舍矿集区。晚古生代，都兰-鄂拉山古陆块发生陆缘裂陷活动，形成受断裂构造圈闭的陆缘活动沉积盆地，形成碎屑岩、火山岩和碳酸盐岩组合的建造，同生断裂发育。

抗得弄舍金多金属矿区综合研究程度较低，根据矿区构造环境、矿体赋存特征、矿石结构构造特点，以及硫、铅同位素特征、成矿元素相关分析等，初步认为抗得弄舍金多金属矿床为同生断裂热液充填改造型矿床。主要有以下几方面认识。

1）地层对成矿作用的影响

抗得弄舍金多金属矿床赋矿地层为晚石炭世—早二叠世浩特洛洼组，矿体赋存部位为火山岩和灰岩的接触带及其附近，具有明显地层控矿特性。金铅锌矿体赋矿围岩主要为重晶石岩、蚀变碎裂岩、硅化霏细岩和灰岩。区内金铅锌矿体处于灰岩和火山碎屑岩的接触带，重晶石化和硅化蚀变的强度随远离接触带明显减弱，矿化类型也由金铅锌矿体过渡为铅锌矿体，表明灰岩-火山岩所代表的硅钙面在一定程度上可能对矿化的分带现象起着重要的控制作用。

2）构造与成矿的关系

从矿体产出位置来分析看，区内已知矿化体主要赋存于下二叠统火山岩和上石炭统灰岩之间的F5层间断裂带及其附近，矿体产状随构造而变化，宏观上来看，矿体分布严格受构造活动控制，断裂构造是矿区主要的控矿因素。

抗得弄舍矿区内呈北西西-南东东向展布的单斜构造，断裂构造发育，且以北西-北西西向断裂为主，断裂构造的多期活动和性质变化明显，早期表现为张性断裂。这些断裂为矿体形成提供了有利的低压成矿部位，或者为后期岩浆热液的侵入提供有利的空间，有利于含矿热液在上侵过程中与地层发生交代等作用而成矿。断裂构造为成矿物质的运移和沉淀提供了导矿和容矿空间。

层间的滑脱构造不仅为成矿热液创造有利的沉淀部位，而且为成矿热液提供与地层交代反应的空间。而从钻孔显示的情况来看，成矿后的一些构造活动往往对矿体起到一定破坏作用，但规模较小，影响不大。

3）热液活动成矿作用

抗得弄舍矿区的硫化物的硫同位素中方铅矿 $\delta^{34}S$ 的变化范围为 5.4‰～9.4‰，平均值为 7.68‰；闪锌矿中的 $\delta^{34}S$ 的变化范围为 10.08‰～12.3‰，平均值为 11.68‰，以富 ^{34}S 为特征，说明在海底喷流沉积成岩过程中就形成了混染海水硫的铅锌矿物元素，早期矿源层基本形成。另外，对抗得弄舍方铅矿的铅同位素组成进行 $\Delta\beta$、$\Delta\gamma$ 计算表明，数据都落在地幔铅源区，说明抗得弄舍的铅主要来自地幔，与海相火山沉积成因的成矿机理一致。

火山喷发后为深部热液活动提供了大量的热源，使火山岩中大量矿质元素活化、迁移，在岩石构造裂隙部位发生广泛的充填交代作用，使矿化富集成矿。区内矿化普遍与硅化、重晶石化等关系密切，这也说明该区热液活动较强且持续时间也较长。因此，热液活动是矿区主要成矿作用。

4）热液叠加改造金矿化认识

初步研究认为重晶石型金矿化主要为晚期热液叠加改造成矿，主要依据有以下几方面：

（1）与 Au 有关的 AuPb 矿体产于流纹质凝灰岩下盘的灰岩中，或产于灰岩与凝灰岩的接触面上及其附近（AuPbZnAg 矿体），反映了晚期含金热液在运移过程可能受到了流纹质凝灰岩屏蔽层的界面阻挡作用。

（2）矿化蚀变岩中 Au、Ag、Pb、Zn 等主要成矿元素的相关分析表明，Pb-Zn 元素相关性好，可认为是热水沉积成矿作用的结果；但 Au 与 Pb、Zn 的关系较复杂。Au-Pb 关系在部分金品位较高的样品中较密切，而 Au-Zn 相关性很差，说明 Au 的矿化作用较复杂，不完全是海底喷流作用的产物，而与热液叠加改造有关。

（3）重晶石硫同位素组成与矿床硫化物的同位素组成比较，相对差值 $\Delta\delta^{34}S$ 大约为 20‰，也可推断抗得弄舍多金属矿床的重晶石硫与海底热液作用有关。

（4）热液重晶石的流体包裹体研究表明，其均一温度较低，变化范围在 101～190℃之间，与流纹质凝灰岩中闪锌矿-方铅矿硫同位素分馏平衡温度 163～245.6℃差别较大。虽然不清楚热液重晶石与金矿化的确切时间关系，但仍可说明存在晚期加热的（地下）热水对 Au 活化迁移的作用。

2. 矿体赋存富集规律

矿体主要产于F5层间逆冲断裂及其附近，分布在37-16勘探线之间约0.4km^{2}范围内，就目前工程控制情况看，主要矿体出露标高3700～4500m，部分小矿（化）体产在3600m标高及以下。

矿体矿石类型自矿区南部灰岩向北具有金铅锌→铅锌矿的分带，由浅到深具有金铅锌→铅锌矿的过渡。金铅锌矿体一般为重晶石型金多金属矿石类型，矿体主要产于灰岩和流纹质凝灰岩的断裂接触界面及其附近，其产出与张性构造裂隙关系密切，在规模相对较大的构造裂隙中充填形成的重晶石型金铅锌矿往往品位高，矿石类型单一、完整。目前已知的金矿化含量与重晶石含量基本呈正相关性；铅锌矿体产于金矿体上盘（以北），主要赋存于流纹质凝灰岩、花岗斑岩及部分白云岩的构造裂隙中，构造裂隙发育部位矿化更为富集。

3. 找矿标志

从矿区已知矿（化）体的发现过程及找矿中积累经验，区内找矿标志有以下几个方面。

岩性标志：区内已发现矿体均赋存于晚石炭世—早二叠世浩特洛洼组，该地层为区内找矿的首要目标层位。

构造标志：区域性昆中断裂以南，浩特洛洼组中的层间断裂破碎带以及断裂附近的岩石构造裂隙为矿区主要控矿构造，流纹质凝灰岩与灰岩的接触部位以及其附近的构造破碎带岩石裂隙是找矿的重要部位。

围岩蚀变标志：硅化、重晶石化、蚀变破碎带，岩石构造裂隙发育分布地段是寻找矿体的直接标志。

地球化学标志：已知现有的矿体是通过对1∶5万水系沉积物综合异常及1∶2.5万的岩屑异常进行检查而发现的，因此各类化探异常是本区找矿的主要信息。

地球物理标志：矿区经1∶1万激电剖面检查，D3号激电异常与部分矿体分布地段吻合，D1号激电异常经初步验证，基本确定了含矿层位延伸和分布。因此，物探激电异常是本区的找矿标志之一。

第七节 格尔木市哈西亚图铁金多金属矿床

矿床位于东昆仑中、西段结合部位北坡，行政区划隶属格尔木市乌图美仁乡管辖。构造单元隶属昆北复合岩浆弧，处于伯喀里克-香日德成矿亚带上。格茫公路从矿区北部通过，矿区北距格尔木市乌图美仁乡约40km，有便道通行，交通尚属便利。矿区西侧为夏日哈木大型镍矿，有1家企业开矿。

一、矿区地质

（一）地层

矿区属秦祁昆地层大区→东昆仑-柴达木地层区→东昆北地层分区，区内出露地层主要为古元古代金水口岩群（Pt_1J），次为第四纪地层（图3-7-1）。

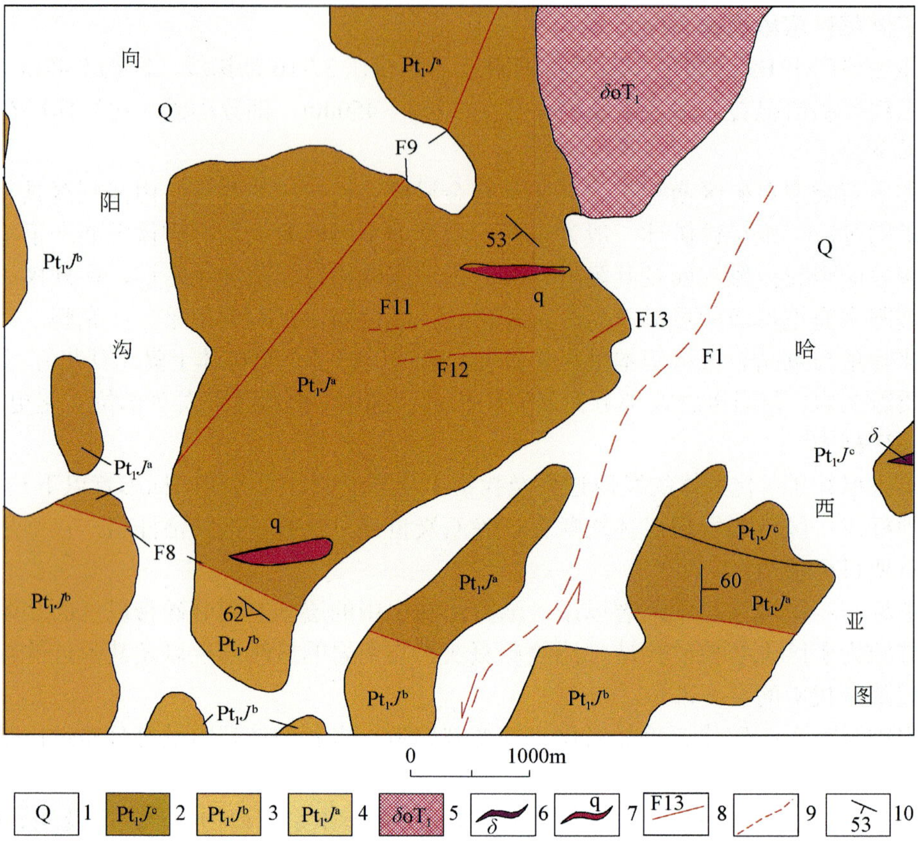

1. 第四系冲洪积物；2. 古元古代金水口岩群片岩岩组；3. 古元古代金水口岩群大理岩岩组；4. 古元古代金水口岩群片麻岩岩组；5. 早三叠世石英闪长岩；6. 闪长岩脉；7. 石英脉；8. 断层破碎带及编号；9. 推测断层；10. 地层产状（°）

图 3-7-1　哈西亚图铁金多金属矿区地质简图

1. 古元古代金水口岩群（Pt_1J）

该套地层属浅海-滨海相碎屑岩-碳酸盐岩建造，原岩主要为正常沉积的砂岩、杂砂岩、长石砂岩、碳酸盐岩夹泥质岩、石英砂岩及基性火山岩，经中高级区域变质作用，形成一套代表低压中温环境的中深区域变质岩系，分为片麻岩岩组、大理岩岩组、片岩岩组三个岩组，其中片麻岩岩组在矿区内分布最广。

（1）片麻岩岩组（Pt_1J^a）

主要分布于矿区及其南侧、西侧，为一套中深变质的杂岩岩系，其分布受构造作用控制。矿区内出露的主要岩性有：斜长片麻岩、大理岩、夕卡岩，大理岩与片麻岩呈互层产出，地层产状 225°∠55°。

斜长片麻岩：岩石主要矿物成分为斜长石（55%）、石英（35%），暗色矿物为细粒状绿帘石，副矿物为磁铁矿（10%）等。斜长石呈他形粒状变晶结构，部分具半自形双晶，见有钠长石简单双晶，亦见聚片双晶为细密状。石英呈分形粒状变晶结构，由单晶或多晶组成。绿帘石呈细粒集合体状。变质矿物组合为：斜长石+石英+绿帘石，变质程度相当于绿片岩相。局部地段岩石具混合岩化或成混合岩，矿物成分变化不大。

大理岩：岩石主要矿物成分为碳酸盐矿物——方解石、白云石，其次有少量粉砂碎屑（石英、云母）、铁质等。方解石呈细粒状，大面积分布，一般在 0.01mm 以下，混有泥铁质，透明度差。白云石呈粒状变晶结构，半自形粒状，其结晶粒度较粗，后期重结晶形成团块状，方解石呈脉状分布。地层倾向 180°～200°，倾角 50°～70°。

夕卡岩：主要分为透闪石-阳起石夕卡岩、透辉石夕卡岩、石榴子石夕卡岩、绿帘石夕卡岩。夕卡岩为主要含矿岩性，透闪石-阳起石夕卡岩、透辉石夕卡岩主要含磁铁矿，石榴子石夕卡岩、绿帘石夕卡岩主要含铅锌铜等多金属矿。

透闪石-阳起石夕卡岩：主要矿物成分为透闪-阳起石、方解石、绿泥石等。透闪-阳起石呈细针状、纤维状、放射状晶体，呈脉状、团块状穿插于金属矿物颗粒间。

（2）大理岩岩组（Pt_1J^b）

主要分布于矿区南侧，上部为镁橄榄透辉白云石大理岩与条痕状、条带状混合岩、混合片麻岩、混合岩化黑云斜长片麻岩互层，夹斜长角闪岩；下部主要为条带状、条痕状（或眼球状）混合片麻岩、混合岩与混合岩化黑云（角闪）斜长片麻岩互层，夹斜长角闪岩、变粒岩及少量大理岩、石英岩。地层产状 220°∠30°～70°，与下伏金水口岩群片麻岩岩组为整合接触、断层接触。

（3）片岩岩组（Pt_1J^c）

主要分布于向阳沟中游，由 F1、F2 两条断层分割成三角形，总体呈北西向分布。岩性主要为条痕状、条带状（局部为眼球状）混合岩与黑云斜长片麻岩互层，夹较多变粒岩、长石石英岩，中部夹大量黑云片岩，顶部为白色厚层状大理岩夹斜长角闪岩。地层产状 230°∠30°～75°，与大理岩岩组为整合接触。

2. 第四纪地层（Q）

分布于矿区北部及东部，为上更新统（Qp_3^{pal}）冲积、洪积砂砾层。

（二）构造

矿区内地层呈单斜构造产出，倾向南。区域构造以断裂为主，发育有：北西-北西西向断裂、北东-北东东向断裂、近东西向断裂三组。其中与矿区关系密切的有北西-北西西向的 F8 断裂和北东向的 F1、F9 断裂。矿区内尚发育多条北东东向次级断裂，由于风尘沙覆盖较厚，构造较难识别，仅在工程中揭露显示构造破碎特征，与金成矿关系密切，编号为 F11、F12、F13（图 3-7-1）。

1. F1 断裂破碎带

位于向阳沟上游一带，但其北东延伸方向应延至矿区附近，穿过 C10-C11 磁异常区。走向 45°，倾向南东，倾角 45°～70°，为一左行平移断层，兼有斜冲，沿断裂负地形发育，形成宽约 5～80m 的断裂破碎带，具较强铁质渲染。带内碎裂花岗岩、糜棱岩、断层泥发育，绿泥石化、钾长石化常见，局部见挤压片理、构造透镜体。断面平直，局部见近于水平的断层擦痕，擦痕角 20°左右，另见细粒花岗岩脉及方解石脉沿断裂贯入。

2. F8 断裂破碎带

沿矿区南侧产出，为金水口岩群片麻岩岩组、大理岩岩组的分界。走向 285°，倾向南，倾角多变，一般 65°～80°，与金水口岩群的构造线方向一致，为一压性高角度逆断层，该断层形成宽约100～130m的断裂破碎带。带内碎裂岩化、钾长石化、绿泥石化较发育，并见挤压片理和构造扁豆体。沿断裂发育伟晶岩脉、细晶岩脉、石英脉，脉体大多破碎。

3. F11断裂破碎带

地表出露长730m，宽15m，走向85°，产状近直立，钻孔中均未揭露到。破碎带原岩为夕卡岩，可见石榴子石、透辉石等矿物。岩石较破碎，具高岭土化、赤铁矿化、褐铁矿化，在TC701探槽附近铁帽现象明显，在TC101、TC301探槽中破碎带附近具磁铁矿化、金矿化，金品位最高可达1×10^{-6}以上，在TC501探槽中破碎带附近岩石具铜铅矿化，F11断裂为矿区的控矿构造。

4. F12断裂破碎带

由探槽TC202控制，地表出露长大于200m，宽50m，走向85°，产状近直立，钻孔中均未揭露到。破碎带原岩为夕卡岩、片麻岩，岩石较破碎，具高岭土化、褐铁矿化。破碎带规模较大，整个破碎带含矿性较差，局部经后期热液蚀变较强地段，金含量明显偏高，达0.64×10^{-6}，说明F12断裂与金成矿有关，是寻找金矿的重要线索。

5. F13断裂破碎带

由探槽控制，地表出露长大于200m，宽10m，走向75°，产状近直立。破碎带原岩较难辨认，岩石较破碎，具褐铁矿化、高岭土化。破碎带两侧蚀变范围较宽，表现为红褐色褐铁矿化，破碎带北侧可见石英闪长岩体出露，破碎带的形成与岩体有关，F13与F11、F12比较，破碎带本身含矿性较差。

矿区各类岩石中，尤其夕卡岩中的节理裂隙十分发育，以北北西向（330°～340°）和近东西向（70°～80°）两组最为发育，其倾角均小于40°。北北西向的压性裂隙与区域主构造方向一致，近东西向的剪切裂隙与矿区成矿构造方向一致。裂隙中常见有方解石细脉充填。

（三）岩浆岩

矿区及其外围岩浆以侵入活动为主，多呈岩株分散出露，其分布受北西向构造控制。总体分为海西期和印支—燕山期，以海西期为主。

矿区内岩浆侵入活动较弱，仅有印支—燕山期花岗闪长岩、花岗岩，主要呈小岩枝或岩脉侵入于金水口岩群片麻岩岩组（Pt_1J^a），岩石具绿泥石化、绿帘石化。与大理岩接触部位发生接触交代变质作用，形成两条北东东向的夕卡岩带，哈西亚图铁金多金属矿即产于夕卡岩带中。

灰白色中细粒花岗岩，总体呈北东向展布，与地层走向斜交。地表岩石呈灰色，钻孔中岩石多呈肉红色，中粗粒结构，块状构造，主要矿物成分为：斜长石、钾长石、石英、云母、黄铁矿等。小孤山铁矿点就产于该岩体与围岩的接触带上。

（四）变质作用

矿区变质作用发育，主要为区域变质作用、接触变质作用、动力变质作用。

区内与成矿有关的变质岩为夕卡岩，哈西亚图铁金多金属矿床赋存于夕卡岩带内，矿种有铁、金、锌铅、铜等。

夕卡岩的岩石类型与矿石类型关系密切，透辉石夕卡岩、阳起石夕卡岩与磁铁矿关系密切，绿帘石夕卡岩、透辉石绿帘石夕卡岩与锌铅矿关系密切。金矿一般产于夕卡岩中，但与岩石类型关系不大。

二、矿床地质

（一）矿体特征

C11 磁异常区内共圈定矿体 54 条，通过 9 条勘探线 51 个钻孔控制，均为隐伏矿体，矿体编号为 M1～M54。C11 磁异常区 15-8 勘探线主要矿体联合剖面见图 3-7-2。

54 条矿体均产于夕卡岩中（代岩等，2013），以铁矿体为主，次有铁锌、铁金、锌、铅锌、金矿体、铜矿体。C11 异常区矿体走向长 80～1400m，厚度 1.01～10.84m，延深达 70～600m，矿床平均品位 TFe①为 36.77%，矿体平均品位 Zn 为 1.89%，Cu 为 0.45%，Pb 为 1.64%，Au 为 4.11×10^{-6}。现就主要共伴生金矿体特征进行详细叙述，其余矿体主要特征见表 3-7-1。

M1 矿体：为矿区内比较主要的铁矿体，由 5 条勘探线 15 个钻孔控制，呈似层状产出，倾向 180°，倾角 20°～70°，整体产状变化较大，在 11 勘探线处矿体产状最陡。矿体长 1000m，厚度 1.50～12.09m，平均厚度 4.55m，厚度变化系数 81.65%，延深 420m。赋矿围岩为透辉石夕卡岩、石榴子石夕卡岩、绿帘石夕卡岩，围岩夕卡岩化强烈。矿体厚度沿走向呈现两侧薄中间厚的现象，中间沿倾向延深最小。矿体平均品位 TFe 为 39.40%，品位变化系数为 36.06%。铁矿由西向东 TFe 品位有变贫的趋势，但变化不大；多金属矿只在 7 勘探线的顶底部出现，顶部与金矿共生，底部与铁矿共生；金矿在 7 勘探线、0 勘探线顶部出现，金平均品位为 2.32×10^{-6}，伴生金品位由自西向东逐渐变高。

M4 矿体：由 7 条勘探线 21 个钻孔控制，呈似层状产出，倾向 180°，倾角 33°～65°，整体产状变化较大，在 3 勘探线处矿体产状变陡。矿体长 1400m，厚度 1.56～29.00m，平均厚度 9.98m，厚度变化系数 90.12%，延深 400m。赋矿围岩为透辉石夕卡岩、石榴子石夕卡岩、绿帘石夕卡岩，围岩夕卡岩化强烈。11-0 勘探线矿体无夹石较完整，15 勘探线矿体最厚，达到 29m，并出现一层夹石，向东矿体逐渐变薄并尖灭。矿体平均品位 TFe 为 36.04%，品位变化系数为 43.96%。由西向东、由上到下 TFe 品位变化均不明显，只在 7 勘探线处品位降低。在 7 勘探线出现锌金矿，锌品位 1.36%，金品位 2.34×10^{-6}。

M10 矿体：为矿区内比较主要的铁、铁金矿体，由 3 条勘探线 13 个钻孔控制，见图 3-7-3，呈似层状产出，倾向 180°，倾角 30°～65°，总体整体产状变化不大。矿体长 600m，厚度 1.09～25.79m，平均厚度 5.06m，厚度变化系数 39.86%，延深 550m。赋矿围岩为透辉石夕卡岩、石榴子石夕卡岩、绿帘石夕卡岩，围岩夕卡岩化强烈。0-8 勘探线矿体无大的夹石较完整。矿体厚度的变化趋势是：厚（0 勘探线）—薄（4 勘探线）—厚（8 勘探线），在 0 勘探线处最厚，达到 25.79m。矿体平均品位 TFe 为 30.84%，品位变化系数为 27.84%，Au 平均品位 4.61×10^{-6}，品位变化系数为 115.25%，Cu 平均品位 0.60%。铁矿分布在 0-4

① 全铁。

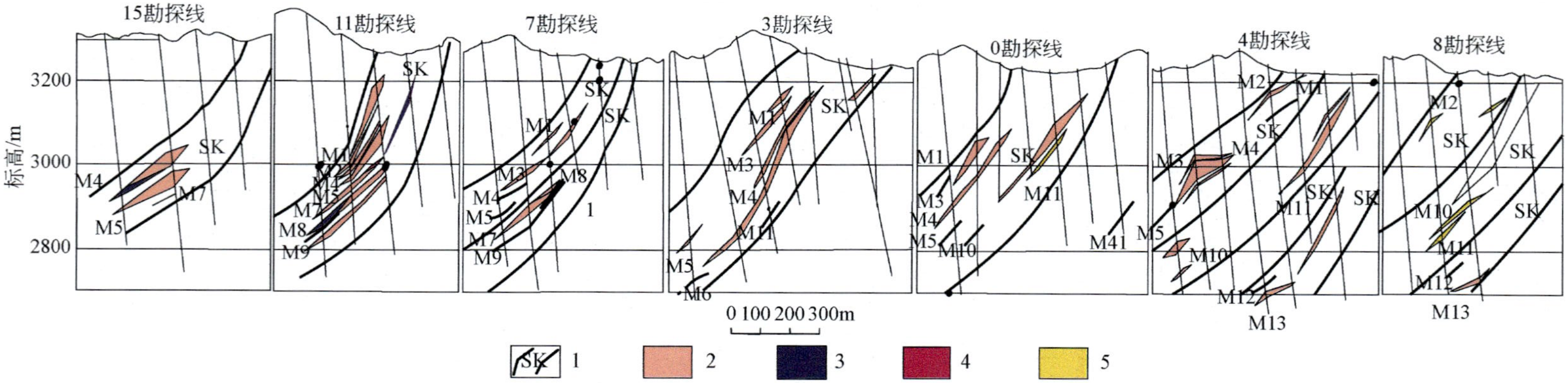

图3-7-2　C11磁异常区15-8勘探线主要矿体联合剖面图
1. 夕卡岩带；2. 铁矿体；3. 锌矿体；4. 铁锌矿体；5. 金矿体

表 3-7-1　矿体特征一览表

矿体编号	矿体形态	产状/（°）		走向水平长/m	矿体平均厚度/m	倾向延深/m	矿石类型	矿石矿物	矿体平均品位	控矿工程
		倾向	倾角							
M1	似层状	180	20～70	1000	4.55	420	Fe/Au/AuZn/Zn/低 Fe	磁铁矿、金矿、闪锌矿	Fe：39.4；Au：2.32；Zn：1.59	15 个钻孔
M2	似层状	180	50～60	300	5.81	100	低 Cu/Cu	黄铜矿	Cu：0.4	3 个钻孔
M3	似层状	180	20～62	1000	4.65	260	Fe/低 Fe/低 Au	磁铁矿、金矿	Fe：39.74；Au：3.03	9 个钻孔
M4	似层状	180	33～65	1400	9.98	400	Fe/Zn/Au/AuZn/低 Fe	磁铁矿、闪锌矿、金矿	Fe：36.04；Zn：1.36；Au：2.34	19 个钻孔
M5	似层状	180	10～68	1400	7.44	600	Fe/FeZnCu/FeZn/Au/AuZn/ 低 Cu	磁铁矿、闪锌矿、黄铜矿、金矿	Fe：39.66；Zn：1.61；Cu：0.25；Au：4.02	19 个钻孔
M6	似层状	180	40～68	200	2.23	600	Fe	磁铁矿	Fe：33.95	5 个钻孔
M7	似层状	180	35～75	600	7.35	500	Fe/Zn/低 Fe/FeZnCu	磁铁矿、闪锌矿、黄铜矿	Fe：34.22；Zn：1.28；Cu：0.31	10 个钻孔
M8	似层状	180	40～68	500	6.46	500	Fe/Zn/低 Zn/ZnAu/ FeZn	磁铁矿、闪锌矿	Fe：34；Zn：1.83	7 个钻孔
M9	似层状	180	40～68	400	4.05	360	Fe/Zn/低 Fe/FeZn	磁铁矿、闪锌矿	Fe：36.36；Zn：3.76	8 个钻孔
M10	似层状	180	30～65	600	5.06	550	Fe/FeAu/Au/Cu/低 Cu	磁铁矿、黄铜矿、金矿	Fe：30.84；Cu：0.6；Au：4.61	13 个钻孔
M11	似层状	180	35～73	1000	5.20	550	Fe/FeAu/Au/Cu/Zn/FeZn/PbZn	磁铁矿、金矿、黄铜矿、铅锌矿	Fe：32.41；Zn：2.11；Cu：0.34；Au：4.36；Pb：1.64	17 个钻孔
M12	透镜状	180	21～60	400	7.73	410	Fe/FeAu/Au	磁铁矿、金矿	Fe：36.41；Au：4.01	5 个钻孔
M13	透镜状	180	10～40	300	2.70	310	Fe/Zn	磁铁矿、闪锌矿矿	Fe：23.98；Au：3.83	3 个钻孔
M14	透镜状	180	53～70	200	1.91	240	Fe/AuZn	磁铁矿、闪锌矿	Fe：35.41；Zn：3.23	2 个钻孔
M15	透镜状	180	73	200	4.65	130	Fe	磁铁矿	Fe：23.14	1 个钻孔
M16	透镜状	180	73	200	1.51	130	Fe	磁铁矿	Fe：25.73	1 个钻孔
M17	透镜状	180	45	200	2.28	90	Fe	磁铁矿	Fe：34.23	1 个钻孔
M18	透镜状	180	45	200	1.39	90	FeAu	磁铁矿、金矿	Fe：23.35；Au：1.28	1 个钻孔
M19	透镜状	180	40～62	300	1.01	100	Cu	黄铜矿	Cu：0.22	2 个钻孔
M20	透镜状	180	55	80	1.58	170	Au	金矿	Au：6.06	2 个钻孔
M21	透镜状	180	55	200	1.15	110	FeAu	磁铁矿、金矿	Fe：26.98；Au：1.28	1 个钻孔
M22	透镜状	180	55	80	1.84	110	Au	金矿	Au：3.57	1 个钻孔
M23	透镜状	180	55	200	1.02	150	FeAu	磁铁矿、金矿	Fe：29.7；Au：1.04	1 个钻孔
M24	透镜状	180	49	400	3.92	130	Fe/Zn	磁铁矿、闪锌矿	Fe：31.87；Zn：0.55；Cu：0.48	2 个钻孔

续表

矿体编号	矿体形态	产状/(°)		走向水平长/m	矿体平均厚度/m	倾向延深/m	矿石类型	矿石矿物	矿体平均品位	控矿工程
		倾向	倾角							
M25	透镜状	180	50～70	80	1.21	300	Au	金矿	Au：5.12	2个钻孔
M26	透镜状	180	20～60	200	2.48	240	Fe/FeCu	磁铁矿、黄铜矿	Fe：35.76；Cu：0.6	3个钻孔
M27	透镜状	180	53～60	400	1.24	110	Fe	磁铁矿	Fe：31.85	2个钻孔
M28	透镜状	180	43	100	2.44	90	Zn/Au	闪锌矿、金矿	Zn：1.03；Au：1.78	1个钻孔
M29	透镜状	180	40～43	400	10.84	100	Fe	磁铁矿	Fe：45.07	2个钻孔
M30	透镜状	180	53～62	200	3.54	70	Fe	磁铁矿	Fe：47.94	1个钻孔
M31	透镜状	180	40	200	1.33	70	Fe	磁铁矿	Fe：25.65	1个钻孔
M32	透镜状	180	40	200	7.25	70	Fe	磁铁矿	Fe：33.90	1个钻孔
M34	透镜状	180	60	100	2.67	130	Zn	闪锌矿	Zn：0.53	1个钻孔
M35	透镜状	180	40～45	200	2.20	360	Fe/Zn	磁铁矿、闪锌矿	Fe：36.67；Zn：0.82	3个钻孔
M36	透镜状	180	68	100	1.43	170	Zn	闪锌矿	Zn：0.74	2个钻孔
M37	透镜状	180	45	80	1.58	80	Au	金矿	Au：9.37	1个钻孔
M38	透镜状	180	51	200	1.07	90	Fe	磁铁矿	Fe：41.1	1个钻孔
M39	透镜状	180	51	200	1.67	90	Fe	磁铁矿	Fe：29.67	1个钻孔
M40	透镜状	180	50	100	1.01	80	Cu	黄铜矿	Cu：0.25	1个钻孔
M41	透镜状	180	50	80	3.12	90	Au	金矿	Au：4.69	1个钻孔
M42	透镜状	180	58～64	200	1.18	180	Fe	磁铁矿	Fe：25.98	2个钻孔
M43	透镜状	180	38	100	1.86	100	Cu	黄铜矿	Cu：0.28	1个钻孔
M44	透镜状	180	45	200	1.55	100	Fe	磁铁矿	Fe：30.43	1个钻孔
M45	透镜状	180	37	100	1.90	80	Cu	黄铜矿	Cu：0.23	1个钻孔
M46	透镜状	180	37	100	3.36	80	Cu	黄铜矿	Cu：0.37	1个钻孔
M47	透镜状	180	37	100	1.61	90	Cu	黄铜矿	Cu：0.24	1个钻孔
M48	透镜状	180	37	100	10.68	90	Cu	黄铜矿	Cu：0.23	1个钻孔
M49	透镜状	180	53	80	1.35	110	Au	金矿	Au：3.61	1个钻孔
M50	透镜状	180	53	80	1.21	110	Au	金矿	Au：3.67	1个钻孔
M51	透镜状	180	35～50	400	2.23	160	Fe/Zn	磁铁矿、闪锌矿	Fe：21.8；Zn：0.89	2个钻孔
M52	透镜状	180	35～50	400	2.45	160	Fe/Zn	磁铁矿、闪锌矿	Fe：20.2；Zn：3.43	2个钻孔
M53	透镜状	180	35～50	300	6.03	390	Zn	闪锌矿	Zn：2.58	3个钻孔
M54	透镜状	180	65	80	1.02	120	ZnAu	闪锌矿、金矿	Zn：2.44	1个钻孔

勘探线，由西向东 TFe 品位变化不大；金矿、铁金矿主要分布在 0、4 勘探线，与铁矿体分布空间关系密切，无明显品位变化，0 勘探线 Zk008 钻孔中出现矿区单样最高 Au 品位值 210×10^{-6}。

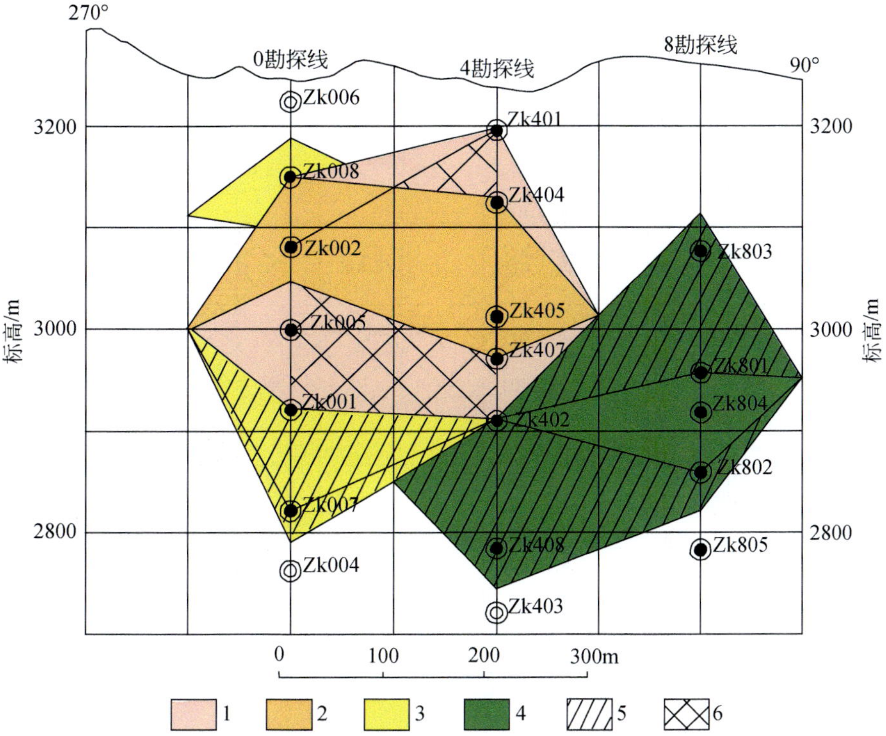

图 3-7-3　M10 矿体垂直纵投影示意图

1. 铁矿体；2. 铁金矿体；3. 金矿体；4. 铜矿体；5. 低品位矿体；6. 控制资源量

M11 矿体：为矿区内最主要的铁金矿体，由四条勘探线 17 个钻孔控制，见图 3-7-4，呈似层状产出，倾向 180°，倾角 35°～73°，总体产状变化不大，在 M10 矿体下部与之平行产出。矿体长 1000m，平均厚度 5.20m，厚度 1.30～14.17m，厚度变化系数 38.56%，延深 550m。赋矿围岩为透辉石夕卡岩、阳起石夕卡岩、石榴子石夕卡岩、绿帘石夕卡岩，围岩夕卡岩化、黄铁矿化、磁黄铁矿化强烈。3-8 勘探线矿体无大的较完整夹石。矿体厚度的变化趋势是：薄（3、0 勘探线）—厚（4 勘探线）—薄（8 勘探线），在 4 勘探线处最厚，达到 14.51m。矿体平均品位 TFe 为 31.70%，品位变化系数为 32.41%，Au 平均品位 4.36×10^{-6}，品位变化系数为 54.27%。铁矿由西向东 TFe 品位有变富的趋势；金矿在 3～8 勘探线均有出现，由西向东有变富的趋势，垂向变化不明显。

（二）矿石特征

矿区内矿石可分为：铁矿石、铁金矿石、铁锌矿石、铁铜矿石、铁锌铜矿石、铁金铜矿石、金矿石、金锌矿石、铅锌矿石、锌矿石、锌铜矿石、铜铅锌矿石、铜矿石，以铁矿石为主。本书重点介绍金相关矿石特征如下。

1. 矿石矿物成分

（1）金矿石的主要金属矿物

金矿石中的主要金属矿物有：磁铁矿、磁黄铁矿、黄铁矿、闪锌矿等。金矿与其他金属矿物一般有两种共生关系，一种是金矿与磁铁矿、磁黄铁矿、黄铁矿共生，另一种是与闪锌矿、黄铁矿共生。根据选矿试验结果，金矿石自然类型为混合矿。

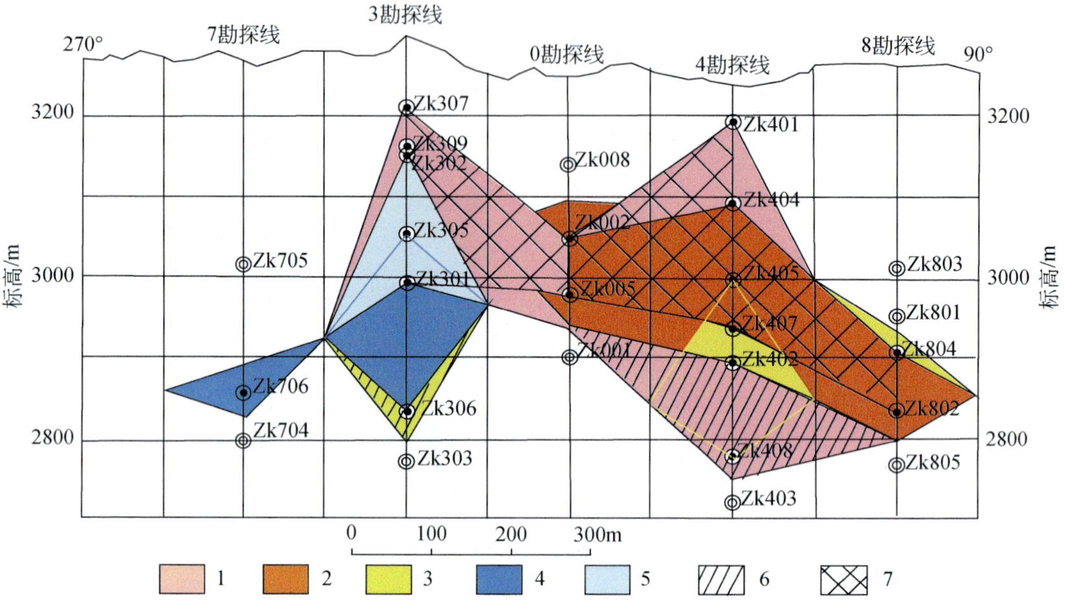

图 3-7-4 M11 矿体垂直纵投影示意图

1. 铁矿体；2. 铁金矿体；3. 金矿体；4. 锌矿体；5. 锌铜矿体；6. 低品位矿体；7. 控制资源量

磁铁矿：在金矿中分布较普遍，而且与磁铁矿体空间距离较近。磁铁矿为半自形晶粒状，灰棕色，均质体，单体粒径在 0.5mm 以下，广泛分布，集合体粒径多在 1.0mm 左右，聚集态分布，呈稠密浸染状构造，具强磁性。黄铁矿、磁黄铁矿、石墨呈微脉状多沿岩石裂隙、微裂隙分布。

磁黄铁矿：为半自形晶粒状，淡玫瑰棕色，非均性显著，偏光色呈黄灰-红棕色，粒径多在 1.0mm 左右，星点状分布，见磁黄铁矿沿磁铁矿的边缘和裂隙进行交代。石墨为鳞片状，粒径多在 0.5mm 以下，浅棕灰色，反射多色性强，非均性特强，偏光色为淡棕黄色，常见弯曲变形及波状消光现象，常呈星点状沿裂隙出现。

黄铁矿：为半自形晶粒状，黄白色，均质性，粒径多在 0.5mm 以下，零星可见。

闪锌矿：一般已发生蚀变，为土黄色，呈集合体状沿岩石裂隙充填分布，也见少量交代黄铁矿呈交代残余结构，集合体粒径多在 0.3mm 以下，呈微脉状分布在岩石中。

（2）金矿石的脉石矿物

金矿石中的脉石矿物主要有透辉石、绿帘石、方解石、绿泥石等。

透辉石：为柱粒状、短柱状，杂乱分布，粒径在 0.2mm×0.5mm 以下，见简单双晶，与其他矿物穿插镶嵌分布。

绿帘石：呈柱粒状、粒状集合体，广泛聚集态杂乱分布，单体粒径多在 0.4mm 以下，部分为显微粒状集合体，具鲜艳的二级-三级干涉色。

方解石：为显微粒状-他形晶粒状，粒径在 0.3mm 以下，与其他矿物镶嵌分布。

绿泥石：呈显微隐晶-显微鳞片状、鳞片状集合体聚集态不均匀分布，集合体粒径在0.3mm 以下，光性微弱。岩石中矿物分布不均匀。手标本遇冷稀盐酸在方解石分布处明显起泡。金属矿物不均匀分布其中。岩石中矿物分布不均匀。

2. 矿石化学成分

（1）主要有用组分

矿石有用组分有：Fe、Au、Zn、Pb、Cu。

矿床 TFe 平均品位为 36.77%，Au 平均品位为 4.11×10^{-6}，Zn 平均品位为 1.89%，Pb 平均品位为 1.64%，Cu 平均品位为 0.45%。

（2）伴生有益、有害组分

据矿石组合分析以及铁矿石选矿试验结果，铁矿石中伴生有益组分为 Au、Co；铅锌矿石中伴生有益组分为 Au、Ag、Cu、Co、S；金矿石中伴生有益组分为 Ag、Co、S；铜矿石中伴生有益组分为 Au、Ag、Co、S。

3. 矿石组构

1）矿石结构

矿石结构主要为半自形粒状结构、不规则状结构、交代结构、包裹结构。

（1）半自形粒状结构：磁铁矿、黄铁矿、闪锌矿、方铅矿多呈自形-半自形晶分布于透辉石、阳起石、绿帘石及其他矿物中，形成半自形粒状结构。

（2）不规则状结构：磁黄铁矿、黄铁矿、黄铜矿呈不规则状分布于夕卡岩脉石矿物中，形成不规则状结构。

（3）交代结构：褐铁矿沿黄铁矿边缘交代黄铁矿，白钛石交代钛铁矿，形成交代结构，见图 3-7-5a。

（4）包裹结构：磁铁矿包裹黄铁矿、磁黄铁矿包裹磁铁矿、闪锌矿包裹黄铜矿等，形成此结构，见图 3-7-5b。

图 3-7-5 矿石结构镜下特征（反×100）

a. 磁铁矿与褐铁矿化的黄铁矿规则连生；b. 磁铁矿和磁黄铁矿规则连生，其中磁黄铁矿包裹细粒磁铁矿。1. 磁铁矿；2. 黄铁矿；3. 褐铁矿；4. 磁黄铁矿

2）矿石构造

矿石构造主要为块状、稠密浸染状构造、浸染状构造、星散状-星点状构造、条带状构造。

（1）块状、稠密浸染状构造：磁铁矿半自形粒状，呈稠密浸染状分布于矿石中，局部磁铁矿富集而呈块状构造，见图 3-7-6a。

（2）浸染状构造：磁铁矿、黄铜矿呈他形粒状以浸染状分布于矿石中，并且分布不均匀，形成浸染状构造，见图 3-7-6b、c。

（3）星散状-星点状构造：部分磁铁矿、黄铁矿、黄铜矿等在矿石中呈星散状-星点状分布，形成星散状-星点状构造，见图 3-7-6d。

（4）条带状构造：磁铁矿呈他形及半自形晶，浸染状、稠密浸染状分布于脉石矿物间，与脉石矿物一起组成脉石矿物磁铁矿质条带；少数呈压碎状，其集合体呈条纹、条带状，与黄铁矿聚在一起构成黄铁矿、磁铁矿质条带，与脉石矿物磁铁矿质条带相间，定向分布，形成条带状构造。

矿石的结构构造是反映其成因及演化历史极为重要的一项标志。从矿石结构构造可以看出，该矿床的成矿作用和成矿过程是比较复杂的，具有多期次、多阶段、多成因的特点。

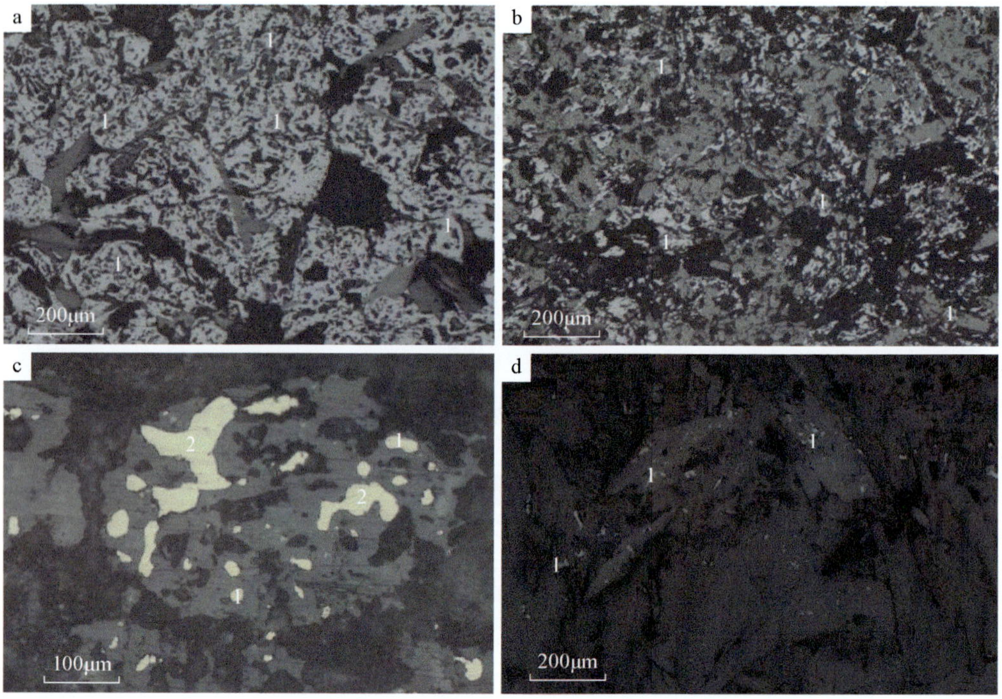

图 3-7-6　矿石构造镜下特征（反×100）

a. 稠密浸染状分布的磁铁矿（反×100）；b. 细粒浸染状分布的磁铁矿（反×100）；c. 浸染状分布的黄铜矿（反×200）；d. 星点状分布的细粒磁铁矿（反×100）。1. 磁铁矿；2. 黄铜矿

4. 矿物共生组合及生成顺序

1）矿物共生组合

根据矿石类型及光片鉴定，矿区矿石矿物共生组合初步分为如下几类：

（1）磁铁矿-黄铁矿-黄铜矿-石墨组合，主要出现于透辉石夕卡岩、阳起石夕卡岩或石榴子石夕卡岩中，位于矿带的中上部。

（2）磁铁矿-闪锌矿-方铅矿-黄铁矿-黄铜矿组合，主要出现于透辉石夕卡岩、透闪石夕卡岩、绿帘石夕卡岩中，位于矿带的中下部。

（3）闪锌矿-方铅矿组合，主要出现于绿帘石夕卡岩中，位于矿带的下部。

（4）金-磁铁矿-磁黄铁矿-黄铁矿组合，分布范围不定，在矿带的上中下部均有出现。

（5）磁黄铁矿-黄铜矿组合，主要出现于透辉石夕卡岩、绿帘石夕卡岩中，分布在8勘探线。

2）矿物生成顺序

根据矿石结构构造特征，矿物的交代、穿插关系，矿区矿物生成顺序初步确定为：磁铁矿、黄铁矿→闪锌矿、方铅矿→黄铜矿→磁黄铁矿、黄铁矿、金矿。

5. 矿石类型

铁矿石的自然类型按含铁矿物分为磁铁矿石，按结构构造分为块状、浸染状矿石。铅锌矿石的自然类型按矿石矿物分为闪锌矿石、闪锌方铅矿石，按结构构造分为浸染状矿石。金矿石按结构构造分为浸染状矿石。矿区主要矿体均赋存在地下150～300m范围内，根据物相分析及选矿试验结果，按矿石氧化程度矿石自然类型可划分为：磁铁矿石原生矿，金矿石为混合矿，铅锌矿石为混合矿。

哈西亚图铁金多金属矿床TFe平均品位为36.77%，铁矿石工业类型为需选铁矿石；根据铁矿石物相分析结果及选矿试验报告，mFe/TFe的平均值为79%，从选矿工艺要求出发，矿石工业类型为需选弱磁性铁矿石。其他矿石按所含有用元素组合划分13种工业类型：Fe、FeAu、FeZn、FeCu、FeZnCu、FeAuCu、Au、AuZn、PbZn、Zn、ZnCu、CuPbZn、Cu。主要类型有5种：Fe、FeAu、FeZn、Au、Zn。同一矿体中FeAu、FeZn、Au、Zn等4种矿石一般分布于Fe矿体首尾或顶底板。

（三）围岩蚀变

矿床主要矿体的顶、底板围岩为夕卡岩，夕卡岩具体分为透辉石夕卡岩、阳起石夕卡岩、石榴子石夕卡岩、绿帘石夕卡岩。夕卡岩矿物依不同种类而在矿物含量上有所差别，主要有透辉石、阳起石、石榴子石、绿帘石、透闪石、长石、方解石、黄铁矿等。

各类型夕卡岩分布不均，同一矿体围岩在延伸方向上的夕卡岩类型可能不同，但依据矿石类型不同，矿体围岩有区别，以铁为主的矿体围岩一般为透辉石夕卡岩、阳起石夕卡岩、透辉石石榴子石夕卡岩，以锌铅为主的矿体围岩一般为绿帘石夕卡岩、石榴子石夕卡岩，以金为主的矿体围岩岩性不定，但围岩的蚀变矿化特征明显。

矿体与围岩的界线一般是截然的，但围岩的矿化蚀变一般是渐变的，越远离矿体围岩蚀变越弱，直至过渡到正常围岩，个别围岩矿化蚀变地段可达十几米厚。

金矿体与围岩界线不清，肉眼较难区分，需取样分析来圈定。

矿体围岩蚀变类型主要有夕卡岩化、硅化、碳酸盐化、黄铁矿化等（南卡俄吾，2017）。

三、矿体赋存富集规律

矿区的矿床地质特征较明显，赋矿岩性均为夕卡岩，夕卡岩具垂直分带，从上至下可分为透辉石夕卡岩-透辉石夕卡岩+绿帘石夕卡岩-绿帘石夕卡岩。

矿区的54条隐伏矿体呈层状、似层状、透镜状平行分布，构成了铁多金属矿带，见图

3-7-7。矿带长 1.4km，厚 200～350m，倾向 180°，倾角 45°～75°，矿体总体沿矿带产状顺层产出。从垂直方向上看，矿体分布大致可分为四层，第一层主要由 M1、M3、M4、M5 四条矿体构成，分布范围从 15 勘探线至 8 勘探线，矿石类型有磁铁矿、磁铁闪锌矿、闪锌矿、闪锌金矿、金矿、黄铜矿，以磁铁矿为主，赋矿岩性主要为透辉石夕卡岩；第二层主要由 M7、M8、M9 三条矿体构成，分布范围从 15 勘探线至 7 勘探线，矿石类型有磁铁矿、磁铁闪锌矿、闪锌矿，以磁铁矿、闪锌矿为主，赋矿岩性主要为透辉石夕卡岩；第三层主要由 M10、M11 两条矿体构成，分布范围从 7 勘探线至 8 勘探线，矿石类型有磁铁矿、闪锌矿、磁铁金矿、金矿、黄铜矿，以磁铁矿、磁铁金矿为主，赋矿岩性主要为透辉石夕卡岩、绿帘石夕卡岩；第四层主要由 M12、M13 两条矿体构成，分布范围从 4 勘探线至 8 勘探线，矿石类型有磁铁矿、磁铁金矿、金矿，以磁铁矿、金矿为主，赋矿岩性主要为绿帘石夕卡岩。从矿石类型的分布特征看，磁铁矿主要分布在第一层，闪锌矿主要分布在第二层，铁金矿主要分布在第三层，第四层由于矿体规模较小，规律不明显。从走向上看，主矿体以主干剖面 3 勘探线为最厚，并且连续性最好，3 勘探线以东矿体变薄，以西变窄（倾向延伸变小）；成矿元素沿走向也有一定的变化，3 勘探线以西以铁、锌为主，3 勘探线以东至 8 勘探线以铁、铁金、金为主，8 勘探线以铜为主，铜主要产自磁黄铁矿中。

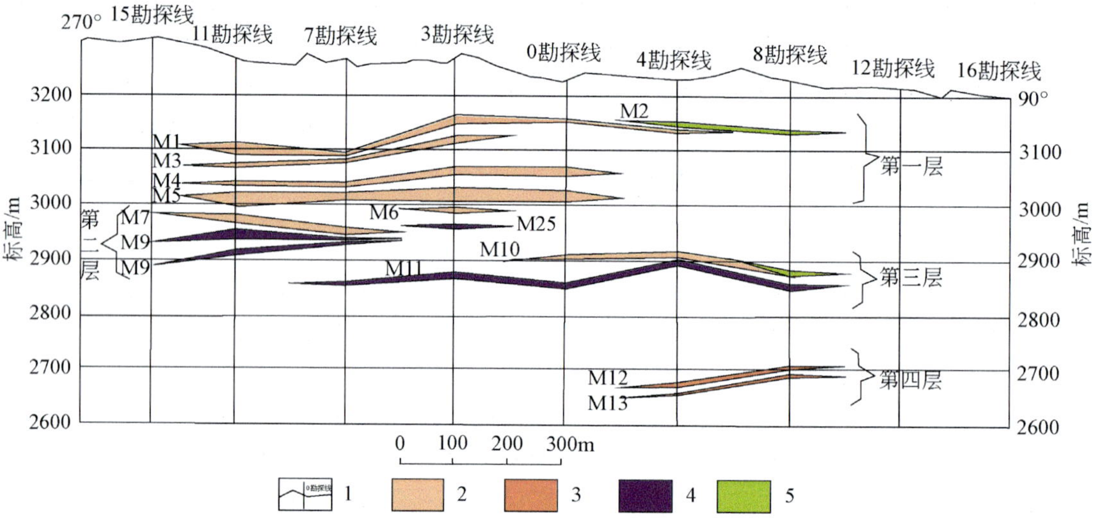

图 3-7-7　C11 磁异常主要矿体纵剖面图

1. 勘探线及编号；2. 铁金矿体；3. 锌金矿体；4. 铁锌矿体；5. 铜矿体

有一定规模的伴生元素为 Au 和 S，Au 主要赋存在磁铁矿中，以 3 勘探线最富。S 由西向东含量逐渐增加，由 0 勘探线向东 8 勘探线更加明显，4 勘探线磁铁矿中磁黄铁矿含量增加，8 勘探线矿化以磁黄铁矿化、黄铜矿化为主。

同一矿体沿倾向延伸方向存在元素分带现象，矿头矿尾一般出现低温矿物，如闪锌矿、黄铜矿、金矿等。

从氧化程度看，地表 20m 以上为氧化层，矿床多为隐伏矿体，剥蚀浅，故矿床矿体以原生矿和混合矿为主。

哈西亚图铁金多金属矿床含矿夕卡岩带厚大，矿层相对较稳定，矿体分布规律清晰，初步确定矿床类型为层状夕卡岩型，均为隐伏矿体。

四、成矿机制

（一）成矿时代

对矿区东北部花岗闪长岩进行 LA-ICP-MS 锆石定年（西北大学大陆动力学国家重点实验室）。从图 3-7-8 中可以看出，锆石粒晶无色透明至浅黄色，以短柱状晶体为主，长柱状晶体次之，长宽比为 2∶1～4∶1，粒径 100～300μm，半自形至自形，部分振荡环带发育，显示出岩浆锆石特征，测得的 40 个花岗闪长岩锆石的 $^{206}Pb/^{238}U$ 年龄介于 243～235Ma，其加权平均值为 240.1±0.8Ma（MSWD=0.62，应代表花岗闪长岩的侵位年龄，属中三叠世）（南卡俄吾等，2014）。

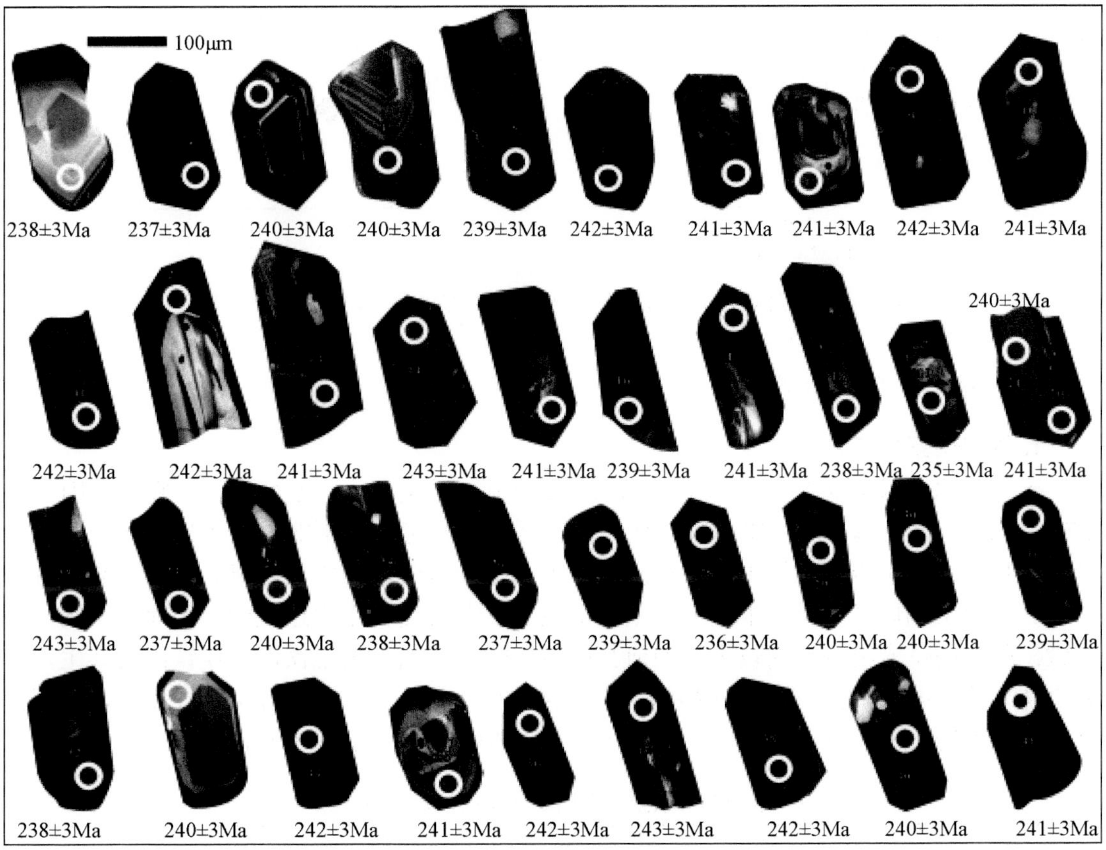

图 3-7-8 哈西亚图花岗闪长岩 CL 图像、$^{206}Pb/^{238}U$ 年龄

根据莫宣学等（2007），东昆仑岩浆弧三叠纪花岗岩类分布达 20000km^2，占花岗岩类出露面积的 42%，其壳幔混合特征也被众多学者证实，如卡尔却卡花岗闪长岩、虎头崖花岗闪长岩。从岩石地球化学特征来看，哈西亚图花岗闪长岩与区域其他同类岩石具有相似

特征，即富集大离子亲石元素 Rb、K、LREE 和活泼不相容元素 Th、U，同时表现出“TNT”（Ta、Nb、Ti）负异常等俯冲带幔源岩石的成分特点，说明幔源物质参与了岩浆活动，具有安第斯型活动大陆边缘火成岩的构造属性，此外，构造环境判别结果也暗示花岗闪长岩形成于俯冲岩浆弧环境（图 3-7-9）。南卡俄吾等（2015）获得哈西亚图花岗闪长岩年龄为 240.1±0.8Ma，与矿区含闪长质包体的石英闪长岩 246.8±1.8Ma 年龄相近，表明两种岩浆岩应该是同期构造活动的产物，形成于阿尼玛卿洋盆闭合过程（260～230Ma），所不同的是花岗闪长岩中并不发育暗色微粒包体。因此，哈西亚图接触交代型铁多金属（金共生）矿床形成于岩浆侵入接触交代作用发生阶段，成矿年龄与成岩年龄相当，或稍晚于成岩年龄，但总体属中三叠世。

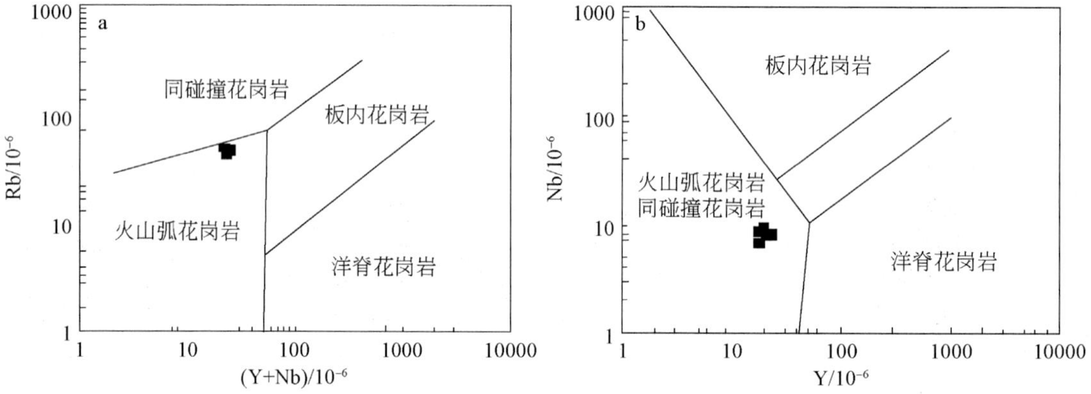

图 3-7-9 哈西亚图花岗闪长岩 Y+Nb-Rb 图解（a）和 Y-Nb 图解（b）

（二）成矿物质来源

1. 氧同位素特征

磁铁矿氧同位素分析结果见表 3-7-2，磁铁矿 $\delta^{18}O_{V\text{-}SMOW}$ 均为正值，变化范围介于 2.7‰～4.1‰，暗示矿石铁质的来源受相同成矿环境与地质条件控制。夕卡岩矿床中磁铁矿具有两种成因：①岩浆流体中直接结晶，多为中基性岩浆岩在岩浆熔离、分异结晶过程中产生。②岩浆期后成矿流体中结晶，主要形成于夕卡岩交代作用过程中。因而，不同成因磁铁矿的氧同位素组成差别较大，如前文所述，哈西亚图矿床磁铁矿与镁铁闪石共生，且 $\delta^{18}O$ 平均为 3.4‰，与典型岩浆成因的拉科铁矿的磁铁矿（$\delta^{18}O$=3.7‰）相比略低，说明磁铁矿形成于岩浆期后夕卡岩阶段，并非从岩浆流体中直接结晶而来（南卡俄吾等，2018）。

表 3-7-2 哈西亚图铁金多金属矿床氧同位素分析结果 （单位：‰）

样品编号	测试对象	采样位置	$\delta^{18}O_{V\text{-}PDB}$	$\delta^{18}O_{V\text{-}SMOW}$
12HXYT-1	磁铁矿	TC301	−27.1	3.0
12HXYT-2	磁铁矿	TC301	−26.7	3.4
12HXYT-3	磁铁矿	TC301	−26.0	4.1
12HXYT-4	磁铁矿	TC301	−26.4	3.7
12HXYT-5	磁铁矿	TC301	−27.4	2.7

2. 硫同位素特征

黄铁矿及闪锌矿硫同位素分析结果见表 3-7-3。数据显示矿区硫同位素均为正值，分布区间较为集中（3.99‰～6.30‰），极差为 2.25‰，说明硫的均一化程度很高，并且在后期结晶过程中，成矿流体没有明显的分馏作用。黄铁矿 $\delta^{34}S$ 值为 4.63‰～6.30‰，平均 5.18‰，闪锌矿 $\delta^{34}S$ 值为 3.99‰～4.23‰，平均 4.06‰。通常认为，硫同位素示踪应用前提是硫同位素分馏必须达到平衡，并且金属硫化物之间的 $\delta^{34}S$ 关系是 $\delta^{34}S$ 辉钼矿 > $\delta^{34}S$ 黄铁矿 > $\delta^{34}S$ 闪锌矿 > $\delta^{34}S$ 黄铜矿 > $\delta^{34}S$ 方铅矿，从表 3-7-3 可以看出黄铁矿 $\delta^{34}S$ 值略高于闪锌矿 $\delta^{34}S$ 值，说明哈西亚图铁金多金属矿硫化物中的黄铁矿、闪锌矿达到了平衡，并且在直方图（图 3-7-10a）中显示出单峰塔式分布特征，峰值介于 4‰～5‰之间。

表 3-7-3　哈西亚图铁金多金属矿床硫同位素分析结果

样品编号	测试矿物	采样深度/m	$\delta^{34}S$/‰	样品编号	测试矿物	采样深度/m	$\delta^{34}S$/‰
12HXYT-16	黄铁矿	350	4.85	12HXYT-24	黄铁矿	175	6.24
12HXYT-17	黄铁矿	344	4.78	12HXYT-26	黄铁矿	242	5.12
12HXYT-18	黄铁矿	354	4.76	12HXYT-16-2	闪锌矿	350	4.05
12HXYT-19	黄铁矿	349	4.91	12HXYT-17-2	闪锌矿	344	4.00
12HXYT-20	黄铁矿	346	5.05	12HXYT-18-2	闪锌矿	354	3.99
12HXYT-22	黄铁矿	513	6.30	12HXYT-19-2	闪锌矿	349	4.02
12HXYT-23	黄铁矿	92	4.63	12HXYT-20-2	闪锌矿	346	4.23

表 3-7-3 中 12HXYT-16（黄铁矿）与 12HXYT-16-2（闪锌矿）是来自同一样品的一组矿物对，且黄铁矿与闪锌矿彼此共生，又无明显交代、穿插现象，本次共测得 5 组矿物对数据，利用矿物对 $\delta^{34}S$ 值线性关系计算得出哈西亚图总硫同位素组成 $\delta^{34}S_{\Sigma S}$ 值为 3.77‰（图 3-7-10b）。

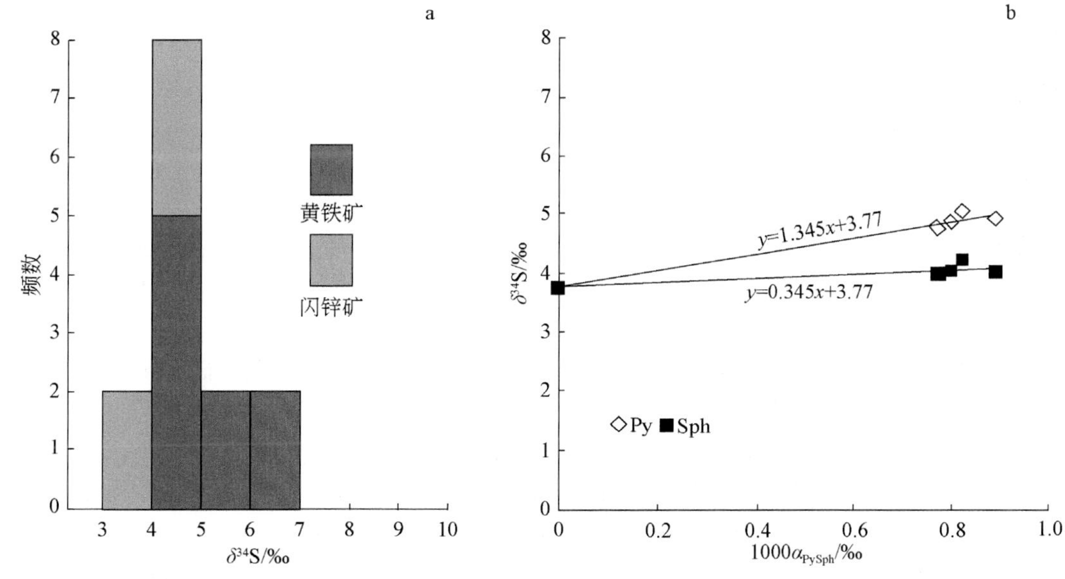

图 3-7-10　哈西亚图铁金多金属矿床硫同位素组成

3. 铅同位素特征

黄铁矿铅同位素组成 $^{208}Pb/^{204}Pb$、$^{207}Pb/^{204}Pb$、$^{206}Pb/^{204}Pb$ 分别为 38.471～38.629、15.627～15.671 和 18.435～18.473，变化率＜1%。地幔中铀铅比μ为 8.92，钍铅比ω为 31.844；造山带中μ为 10.87，ω为 39.567；上地壳μ为 12.24，ω为 41.861；下地壳μ为 5.89，ω为 35.222。哈西亚图黄铁矿铅同位素μ（$^{238}U/^{204}Pb$）值为 9.51～9.60，ω（$^{232}Th/^{204}Pb$）值为 36.74～37.67，变化范围介于地幔与造山带之间（朱炳泉，1998）。

4. 成矿物质来源

一般认为，地幔 $\delta^{34}S$ 值 0±2‰的范围内，大洋岛弧玄武岩硫化物 $\delta^{34}S$ 值通常为 1.0‰±1.9‰的范围内，两端元硫混合后形成的混合岩浆硫 $\delta^{34}S$ 值范围为 1‰±3.9‰，而下地壳物质的参与使该范围值总体略有升高，东昆仑造山带三叠纪岩浆岩 $\delta^{34}S$ 值范围为 2.6‰±2.3‰，岩浆源区更可能接近于安山质成分。哈西亚图矿区总硫值为 3.77‰，说明矿区硫来源于壳幔混合岩浆，并有下地壳物质硫的参与。Zartman 和 Doe 根据不同构造环境的显生宙岩石和矿床铅同位素特征建立了不同地质环境下铅同位素构造模式图。将哈西亚图黄铁矿铅同位素数据投影到图 3-7-11 中，结果显示出明显的线性分布，图 3-7-11a 中落入上地壳与造山带模式线之间，图 3-7-11b 中落入下地壳与造山带模式线之间。再结合朱炳泉提出的铅同位素 $\Delta\beta$-$\Delta\gamma$ 图解，可以看出铅同位素点都落入地壳与地幔混合的俯冲铅范围内（图 3-7-11c），结果很好地印证东昆仑地区三叠纪板块俯冲与壳幔岩浆混合的事实，显示出矿区铅来源的壳幔混合特征。

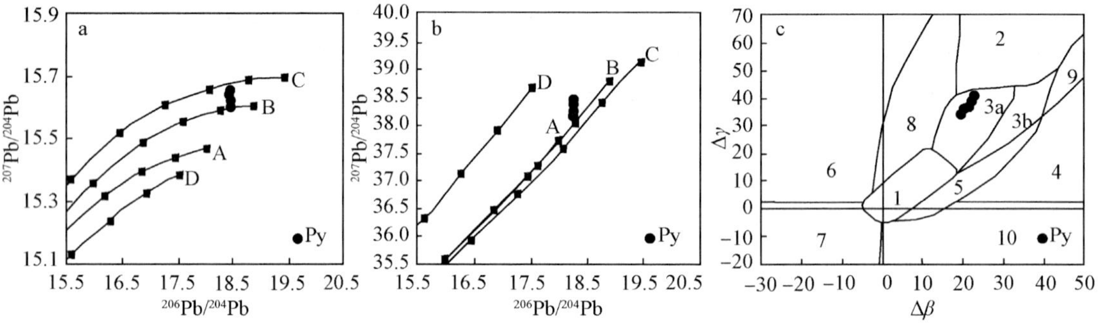

图 3-7-11　哈西亚图铁多金属矿床矿石铅构造模式图（a，b）（据 Doe，1979）以及 $\Delta\beta$-$\Delta\gamma$ 成因分类图解（c）（据朱炳泉，1998）

A 代表地幔，B 代表造山带，C 代表上地壳，D 代表下地壳；1 代表地幔源铅，2 代表上地壳铅，3a 代表岩浆作用，3b 代表沉积作用，4 代表化学沉积型铅，5 代表海底热水作用铅，6 代表中深变质作用铅，7 代表深变质下地壳铅，8 代表造山带铅，9 代表古老页岩上地壳铅，10 代表退变质铅

不同成因磁铁矿氧同位素特征同样具有明显的差异，沉积变质型铁矿多形成于前寒武纪，矿床普遍遭受了强烈的变质、变形作用，故而磁铁矿 $\delta^{18}O$ 值往往具有较大负值（-10‰）和较大的正值（＞10‰）；沉积型铁矿磁铁矿 $\delta^{18}O$ 同样具有较大正值，但很少出现负值；火山岩型铁矿（包括岩浆型）磁铁矿 $\delta^{18}O$ 变化范围较小，介于 2‰～6‰之间，平均 4‰左右。相比于火山岩型铁矿，夕卡岩型矿床磁铁矿的 $\delta^{18}O$ 值变化范围较宽，介于-1‰～9‰，其中接近零值附近的可能与“轻”的流体渗入、围岩蚀变等相关。哈西亚图磁铁矿 $\delta^{18}O_{V\text{-}SMOW}$ 平均值为 3.4‰，高于海水和大气降水 $\delta^{18}O$ 值，但低于正常岩浆水 $\delta^{18}O$ 值，说

明成矿流体中除了岩浆水外，还有地层同生水（南卡俄吾等，2018）。

（三）成矿阶段

根据矿区矿物共生组合关系，并结合夕卡岩矿床矿物生成顺序，将哈西亚图矿床划分为夕卡岩阶段、退化蚀变阶段、金属硫化物阶段三个期次。其中，夕卡岩阶段又按夕卡岩矿物生成顺序分为早期和晚期两个时间段（图 3-7-12）。

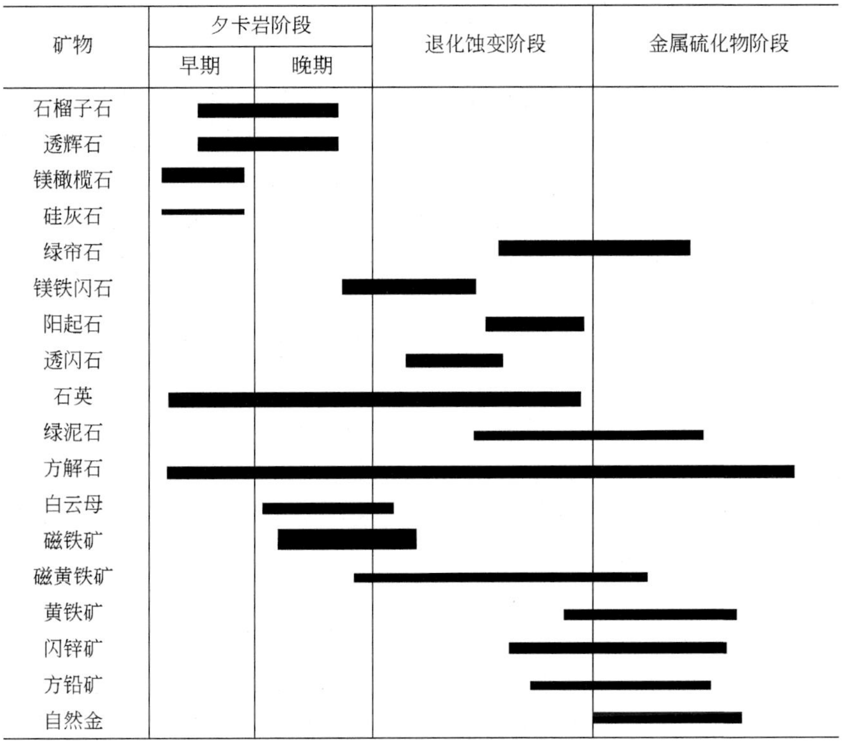

图 3-7-12　哈西亚图矿床成矿期、成矿阶段及矿物生成顺序

夕卡岩阶段早期经历了岩浆热液与大理岩初步交代作用过程，形成了早期的石榴子石、透辉石、镁橄榄石等早期干夕卡岩矿物；热液随着交代反应的不断进行，温度逐渐降低，体系进入夕卡岩阶段晚期开始出现闪石族矿物，如镁铁闪石等，同时沉淀磁铁矿、磁黄铁矿等；退化蚀变阶段以大量形成闪石族矿物为标志，并有绿帘石以及大量磁黄铁矿形成；金属硫化物阶段以含硫金属矿物形成为特征，出现了大量的黄铁矿、闪锌矿、方铅矿等矿物，属湿夕卡岩矿物形成阶段。自然金形成于后期热液作用过程中，形成温度较低。总体而言，矿床内部夕卡岩矿物形成受温度环境控制，显示出从高温到低温的生成顺序，从干夕卡岩到湿夕卡岩的一般夕卡岩矿物形成顺序。

（四）控矿因素分析

1. 地层控矿因素

矿区以铁为主的多金属矿化与碳酸盐岩密切相关，赋矿地层为古元古代金水口岩群，矿区内大理岩地层分布较多，并且地层中铁、锌、铅、金等元素含量高，具有丰富的物源，矿体空间延伸具有一定的层位。从区调报告资料看，该区地层经原岩恢复，也存在火山岩地层，但分布较少，故该区也可能存在火山成矿作用。

2. 构造控矿因素

矿区成矿与构造关系密切，矿区内 F11 断裂是片麻岩和大理岩与夕卡岩的接触带，证明 F11 断裂可能是热液活动和成矿物质运移的通道，为夕卡岩的形成提供构造条件，后期的次级破碎带又是金矿、闪锌矿成矿有利部位。

3. 侵入岩控矿因素

C11 磁异常区 8 勘探线以东出现花岗闪长岩体，岩体与金水口岩群直接接触，岩体为夕卡岩的形成提供热源，携带丰富的成矿物质在夕卡岩中成矿，或使围岩中的成矿物质进一步富集，进而成矿。从成矿元素水平分带也可看出侵入岩的成矿作用，靠近岩体形成大量的磁黄铁矿，向西逐渐变成磁铁矿与磁黄铁矿共生，矿带中西段为磁铁矿，矿带中西段底部及西侧出现大量闪锌矿，由东向西显示了从高温矿物到低温矿物分布的总体趋势。

4. 变质作用控矿因素

矿区内变质作用有早期区域变质作用、夕卡岩化作用及晚期热液成矿作用三个阶段。

（1）早期区域变质作用

在区域变质作用过程中，由于脱水、脱碳酸及进变质作用，岩石中有大量 H_2O 和 CO_2 被排出形成变质水，随着温度、压力的增高，变质水溶解金属及其他物质的能力增强，并在其迁移过程中使早期矿物质活化转移并加入溶液，使成分较简单的变质水渐渐演化为矿化度、含盐度均较高的含矿溶液。

（2）夕卡岩化作用

经历区域变质作用使最初形成的成矿溶液的活动得到了加强，并在偏酸条件下促使方解石发生分解。这时开始有深部热卤水呈脉动式加入，使溶液含盐度、温度进一步增高，并在有利的构造、岩性条件，特别是在大理石和片麻岩的交接部位，由于压力的变化，发生双交代和渗透交代作用，形成夕卡岩，同时形成早期的磁铁矿体。夕卡岩形成的晚期有少量的金属硫化物-磁黄铁矿、闪锌矿、黄铜矿等形成，为下一阶段的成矿活动积累了丰富的成矿物质。

（3）晚期热液成矿作用

经过夕卡岩作用过程，大部分造岩元素参与反应形成夕卡岩矿物被固定下来，溶液中各种挥发分和矿化剂的浓度相对增高，深部热卤水的加入，带来了深部的成矿物质，进一步升高了溶液的含盐度和矿化度，形成富含成矿物质的成矿热液。这种热液在物理化学条件发生变化时，形成金、闪锌矿、方铅矿、黄铁矿、黄铜矿等，同时大量沉淀出各种金属硫化物，使早期形成的矿石进一步变富，从而形成锌多金属矿体以及金矿体。

综上所述，本区控矿因素是多样的，而不是单一因素控矿。矿床的形成具有多成因、多阶段和多期性的特点。

（五）矿床成因及找矿标志

1. 矿床成因

矿区铁多金属矿体均产于厚大夕卡岩内，与夕卡岩关系密切，产状比较稳定，矿体分布规律清晰，磁性铁含量高，矿石易选，主矿体沿走向和倾向延伸较大，其矿床成因类型应属层控夕卡岩型。

矿床首先经过印支期的夕卡岩化作用形成了早期的铁多金属矿带，并形成了由东向西高温矿物至低温矿物的分布特征。粗大的磁铁矿颗粒，显示了漫长的成矿作用时间，为磁铁矿成矿后期矿头矿尾形成低温硫化物矿（如闪锌矿、黄铜矿等）提供了充裕的时间，故部分早期矿体自身也存在分带现象。成矿后期由于构造运动影响，部分早期铁多金属矿体遭到破坏或贫化，随着热液的加入，硫含量增加，原多金属矿进一步富集，此时也是金成矿的重要时期，早期形成的矿体中伴生金含量本身较高，经过构造、热液作用在原矿体内部或顶底板、矿头矿尾形成具有一定规模的金矿体。

2. 找矿标志

岩性标志：夕卡岩地层是该区主要的赋矿岩层，夕卡岩化越强一般越接近矿体或直接为近矿围岩。

构造标志：矿区内第四系覆盖严重，但从槽探揭露的情况看，破碎带也较发育，有些破碎带含金，故本区破碎带或大破碎带中的后期小破碎带是寻找金矿的重要线索。

异常标志：南正北负的磁异常，正磁异常极值大于负磁异常极值，剖面上正异常处显示为双峰或多峰，异常值大于 3000nT，梯度较陡的磁异常可能为矿致异常，并且 ΔT 在 3000～10925nT 时矿体埋深不大于 20m；相反，峰值小，ΔT 在 800～3000nT 时可能为埋藏较深的磁铁矿引起，并且伴有铜、锌等多金属。

蚀变标志：透辉石化、阳起石化、绿帘石化是本区寻找含矿层的主要蚀变标志，地表的铁帽也是寻找浅深部矿带的重要标志。

矿物标志：透辉石、阳起石、石榴子石、绿帘石是寻找夕卡岩带的直接标志，磁铁矿、赤铁矿、褐铁矿、孔雀石等矿物是寻找铁多金属矿的直接标志，黄铁矿富集地段是寻找金矿的重要标志。

第四章　东昆仑金矿成矿规律

第一节　金成矿地质条件

东昆仑成矿带北侧为柴达木盆地成矿带，南侧以昆南断裂为界与阿尼玛卿成矿带为邻；东端以苦海-赛什塘断裂为界接壤西秦岭成矿带。区内发育横贯全区的昆北、昆中、昆南三条区域性深大断裂，深大断裂与北西、北北西向和北东向断裂一起，将地层和岩体切割成大小不等的断块，构成复杂的构造格局。

东昆仑成矿带以昆中断裂为界跨越了东昆仑造山系和昆南俯冲增生杂岩带两个二级构造单元，由北向南依次跨越东昆仑造山系的祁漫塔格-夏日哈岩浆弧、十字沟蛇绿混杂岩带、昆北复合岩浆弧、鄂拉山陆缘弧、苦海-赛什塘蛇绿混杂岩带和昆南俯冲增生杂岩带的纳赤台蛇绿混杂岩带6个三级构造单元。

一、含矿建造及赋矿地层

成矿带地层属于秦祁昆地层大区，东昆仑-柴达木地层区、西秦岭地层区，跨越柴达木地层分区、东昆北地层分区、东昆南地层分区、万保沟-鄂拉山地层分区、苦海-赛什塘地层分区五个三级地层分区。成矿带内地层出露面积不大，主要有古元古代金水口岩群、奥陶纪祁漫塔格群、寒武—奥陶纪纳赤台蛇绿混杂岩、三叠纪地层、早-中侏罗世羊曲组、第四纪地层等，其他地层出露面积较小。与金成矿有关的地层有古元古代金水口岩群、中元古代蓟县纪万保沟群、奥陶纪祁漫塔格群、寒武—奥陶纪纳赤台蛇绿混杂岩、石炭纪地层、中二叠世切吉组、早-中三叠世闹仓坚沟组、晚三叠世鄂拉山组、第四纪冲洪积层等。

1. 古元古代金水口岩群（Pt_1J）

主要分布于东昆仑山北坡，总体呈北西西-南东东向展布，绵延超500km，是构成东昆仑造山带的主体地层。根据变质岩岩性组合、变质变形特征，将其细分为片麻岩岩组、大理岩岩组、片岩岩组。金水口岩群各岩组之间均为韧性剪切接触关系。

与金水口岩群成矿有关的矿产为金、银、铅、锌、铁、钼、铜、钨、萤石等，成矿类型为岩浆热液型、接触交代型、斑岩型等，成矿时代主要为三叠纪，与金相关代表性矿产地有都兰县五龙沟地区红旗沟-深水潭金矿床、格尔木市哈西亚图铁金多金属矿床、格尔木市那陵郭勒河西铜铅锌矿床、拉陵灶火中游铜钼矿床等。

2. 早古生代奥陶纪祁漫塔格群（OQ）

主要分布在成矿带西段的祁漫塔格—拉陵灶火一带，在成矿带中段的清水河地区、成矿带东段的柯柯赛一带也有小面积出露。地层总体呈北西西-南东东向条带状展布，出露面积较小。可分为下部碎屑岩组、中部火山岩组和上部碳酸盐岩组。

与祁漫塔格群成矿有关的矿产为铁、金、铅、锌、铜、钴、铋等，成矿类型为接触交代型，成矿时代为三叠纪。代表性矿产地有格尔木市肯德可克铁铅锌金钴铋矿床、格尔木市尕林格铁矿床、格尔木市茫崖河东金多金属矿床等。

3. 寒武—奥陶纪纳赤台蛇绿混杂岩（∈-O*N*）

主要分布在雪山峰—雪水河一带。总体呈近东西向带状展布，出露集中，面积不大。纳赤台蛇绿混杂岩带，岩石组合可划分为基性火山岩组合、碳酸盐岩组合、硅质岩组合、碎屑岩组合和中酸性火山岩组合。其中与成矿关系密切的为碳酸盐岩组合，该组合比较发育，集中分布在水泥厂南、石灰厂西和驼路沟沟脑等地，在苏海图河上游、诺木洪郭勒、野牛沟北也有小面积分布。属局限台地沉积，为海山碳酸盐岩建造。

与该层成矿有关的金多金属矿产为铁、钴、金、钒、铜、钼等，成矿类型为海相火山岩型，成矿时代为奥陶纪，代表性矿产地有格尔木市驼路沟钴（金）矿床。

4. 晚石炭世缔敖苏组（C_2d）

在东昆仑山北坡分布较广，发育完整，主要见于打柴沟、肯德可克、云居萨依、东大干沟等地。一般厚度 333～801m，西薄东厚。在祁漫塔格地区除底部有较薄的石英砂岩外，全部为生物碎屑灰岩，在布尔汗达山则为碎屑岩和碳酸盐岩互层。与下伏大干沟组为平行不整合接触，有时超覆在前石炭纪地层之上。与上覆打柴沟组为整合接触关系。为台地缓坡碎屑岩-碳酸盐岩建造。

与缔敖苏组成矿有关的矿产为铁、铅、锌、铜，成矿类型为接触交代型，成矿时代为三叠纪，金共伴生代表性矿产地有格尔木市四角羊-牛苦头锌铁铅矿床、格尔木市肯德可克铁铅锌矿床等。

5. 三叠系（T）

（1）早-中三叠世闹仓坚沟组（$T_{1\text{-}2}n$）

闹仓坚沟组主要出露于成矿带南部的阿拉克湖、冬给措纳湖、歇玛昂里、桑钦贡玛等地。呈北西西向条带状，出露面积较小。下部为深灰色核形石灰岩、薄层纹层状灰岩夹碎屑岩，产遗迹化石，为浅滩相至浅海相；上部灰红色块状灰质角砾岩夹岩屑长石砂岩、微晶灰岩、砂屑灰岩，产腕足类、双壳类等化石，为浅海相。整合于洪水川组之上，厚度 838m。冬给措纳湖地区下部为细砾岩夹巨砾岩、砂岩、粉砂岩，产菊石；上部以板岩为主，夹细砂岩、粉砂岩以及层状流纹岩、流纹质晶屑凝灰岩等，砂岩发育鲍马序列，交错层理，上部生物扰动构造发育，为次深海斜坡浊积扇沉积。为潮汐带沉积作用下的潮下带、潮间带和潮上带沉积类型，属于杂砂岩-碳酸盐岩建造。

与该层成矿有关的矿产主要为金、铜等，成矿类型为岩浆热液型，成矿时代为三叠纪。代表性矿产地有都兰县开荒北金矿床、格尔木市红石山南金矿床、格尔木市黑海北金铜矿点等。

（2）晚三叠世鄂拉山组（T_3e）

分布较为集中，主要分布在成矿带东段的都兰县以东地区，西段的景忍、拉陵灶火等地区也有小面积出露。鄂拉山组是一套火山碎屑岩为主夹火山熔岩及不稳定沉积碎屑岩的地层。下部以中基性火山岩为主夹碎屑岩，上部以中-中酸性火山岩为主夹碎屑岩，组成较完整的火山喷发旋回，与下伏地层和侵入体为不整合接触。火山岩为高钾钙碱系列，属陆缘弧环境。

与该层成矿有关的矿产为铜、金、银、砷，成矿类型为浅成中-低温热液型，成矿时代为三叠纪。代表性矿产地有共和县泽很错铜金矿床等。

6. 第四纪冲洪积层（Q^{pal}）

分布于成矿带河谷台地、河漫滩及河流的砂砾石层，出露面积较大，主要组成为冲洪积成因的砾岩夹粉砂岩及砂岩。

与第四纪冲洪积层成矿有关的矿产为砂金，成矿类型为砂矿型，成矿时代为第四纪。代表性矿产地有兴海县金矿沟砂金矿床、兴海县切毛龙洼砂金矿点等。

二、构造与成（控）矿

地质构造对矿床的形成、改造和保存有重要作用，从构造成矿控矿的整体看，大尺度—小尺度—微区是一个自然作用体系，可统称为成矿构造。构造与成矿的关系可概括地分为两类：区域成矿构造和矿集区成矿构造。

区内构造活动显著，北西西向深大断裂和大型剪切带是主要控岩、导矿构造，北西西、北西向次级褶皱和断裂通常为控矿和容矿构造，而大多数情况下北东向和南北向断裂为成矿后构造。

构造不仅对地层和岩体具有明显的控制作用，而且与金矿的形成具有密切关系，是金矿形成的关键控矿因素。大型剪切带控制着东昆仑地区金矿的区域导矿或控矿构造，大型剪切带的次级构造（断裂、褶皱）控制着矿床和矿体分布。储矿构造通常是韧性剪切带内或旁侧次级脆性断裂或脆-韧性断裂以及褶皱转折部位叠加的脆性断裂。

（一）区域构造控矿作用

东昆仑地区经历的复合造山过程决定了该区成矿作用具有多期次复合-叠加的特点，成矿作用在空间展布具有一定的规律性，表现为不同级别构造的控矿作用不同，区域性深大断裂是区域成矿的导矿构造，控制着区域成矿带的空间展布，其次级构造则控制矿化集中区及矿化类型的分布。昆北、昆中、昆南和哇洪山-温泉四条区域性深大断裂的存在，是造成东昆仑现今构造格局、分带及沉积建造差异的主要因素，并对区域地质发展演化及区域成矿带具控制作用。

区域性深大断裂对整个东昆仑地区成矿控制作用明显，主要表现在：

（1）沿四条主要深断裂带矿床（点）较密集分布，如昆北断裂为深部构造层次的变形带，大地构造环境为陆缘弧-陆碰撞裂谷带，具有铁、钴、铜、铅、锌、金、锡、钨的含矿特征；沿昆北断裂一系列次级构造分布的铜、铅、锌、铁矿床（点），自西向东依次分布有虎头崖-野马泉铁铅锌矿、拉陵灶火-夏日哈木-哈西亚图铁铜镍金铅锌矿、五龙沟金铜锌矿等矿集区。昆中断裂为挤压型变形带，以浅部脆性变形为主，大地构造环境为陆缘弧-陆碰撞带，具有钴、金、铜、玉石、稀有稀土等含矿特征，沿昆中断裂带主要发育有卡而却卡铜钼铁铅锌金矿、沟里金矿、抗得弄舍金铜铅锌矿、赛什塘铜铅锌矿等矿集区。昆南断裂为挤压型变形带，大地构造环境为陆-陆碰撞带，沿昆南断裂两侧分布的金、锑矿床（点），金矿体的产出严格受昆中以及昆南大断裂的次级逆冲走滑断裂控制，典型的如格尔木市大灶火沟-黑刺沟金矿床中矿体都是产在该组断裂之中；黑海南含金石英脉的产出也与该组构造配套，可见其切穿早期形成的顺劈理石英脉，具有铜、钴、金、锑等矿成特征；且存在多期活动的特征，左行、右行走滑可能相互叠加，运动性质较复杂，断裂在延伸方向上可能出现尖灭重现或分支复合现象，特别是在这些断裂走向或倾向发生变化的部位，容易出现膨胀扩容空间，成为金矿体的有利产出部位。例如，开荒北金矿（闫臻等，2000）、大灶火、黑海北等金矿床集中带的分布，这些金矿就产在区域构造带的膨胀或狭缩带、产状转变带、断层分叉或陡变带。哇洪山-温泉断裂大地构造环境为陆内走滑构造带，具有铜、铅、锌、锡、金、银等含矿性特征。

（2）区域断裂虽然本身含矿性较差，但作为导矿构造意义非凡，来自深源的含矿流体可以以深大断裂为通道而到达地壳较浅部，并在其旁侧一系列次级构造中富集成矿，这些深大断裂为区域导矿构造，昆北、昆中和昆南等巨型断裂之间发育的北西向断裂构造是重要的控矿和容矿构造。

由上所述，区域性深大断裂带是控制区域成矿作用分布的断裂构造；矿集区宏观上受控于数条区域性深大断裂带，北西西向、北东向等多组构造交汇部位是中酸性岩浆热液活动以及金属矿成矿的有利地段。

（二）矿集区构造与成矿

矿集区构造对成矿有明显控制作用，主要表现在金、铜、铅锌等金属矿产。五龙沟地区发育有较多规模宏大的韧性剪切带及区域次级断裂构造，而金矿多产于大型韧性剪切带与印支期中酸性侵入岩中的构造蚀变带内。沟里地区主要发育有近东西向、北西向、北东向三组断裂，而前者受力性质多属压性，与成矿无关，后两者多属压扭性，与成矿密切相关，既控矿又容矿。二道沟-驼路沟地区，构造线总体呈东西向展布，其内褶皱与断裂及韧性剪切带十分发育，为含矿热液提供了运移通道和储存空间。日龙沟-赛什塘地区断裂构造极为发育，可分为四组，北北西向断层为一组平移断层；北东向和北东东向断层组为逆断层；近南北向和北北东向断层为次一级断层，具有控矿作用；北北东向隐伏断裂带，为一级导矿构造。

另外，一些矿床（点）发育有成矿后断裂构造及次级节理裂隙，这些构造对成矿有破坏作用，主要表现在大理岩、花岗岩、石灰岩等非金属矿产。

三、岩浆作用与成矿

（一）岩浆侵入活动与成矿

东昆仑造山带岩浆活动强烈，分布广泛，时代上从中元古代到侏罗纪都有发育。该带在显生宙主要经历了 3 个构造—岩浆旋回，加里东期、海西期、印支期是主要的岩浆作用时期，其中尤以晚海西—印支旋回花岗岩最为重要，构成了东昆仑造山带侵入岩的主体。该期花岗岩类多数呈大型复式岩基状产出，总体上近北西向展布，与区域构造线方向基本一致，表现出明显构造岩浆作用特点。

岩浆矿床的成岩成矿是一个统一的持续发展过程，在岩浆活动的每个阶段，都可能有成矿作用。中-酸性侵入岩的成矿过程贯穿始终，主要有两个作用，一是提供基本成矿物质来源，二是提供热源，驱动热水溶液对流，给热液成矿提供条件，常与斑岩型矿床、热液脉型矿床和接触交代型矿床等不同类型矿床具有密切的时空及成因联系。总之，岩浆活动对各类矿床的形成具有明显的控制作用。

带内中酸性侵入岩特别发育，与之有关的成矿作用发育，矿产分布甚广。金属矿产有铁、铜、铅、锌、金、银、锡、钨、稀有、稀土等；非金属矿产有白云母、冰洲石、石榴子石、高岭土、蛇纹岩、砷、辉绿岩、钾长石、花岗岩、滑石、水晶、萤石、玉石、硫铁矿等。涉及金的矿床成因类型主要有：斑岩型、接触交代型、岩浆热液型等。

1. 奥陶纪—志留纪侵入岩与成矿

带内出露大量与奥陶纪—志留纪造山有关的花岗岩，由于恶劣的自然条件及本身复杂的叠覆造山过程，奥陶纪—志留纪造山痕迹大部分被后期构造隆升剥蚀作用及造山作用所改造，保存至今的甚少（郝娜娜等，2014）。与奥陶纪—志留纪中酸性侵入岩成矿作用相关矿床以金、钨、玉石等矿产为主，成矿类型主要为岩浆热液型，其次有接触交代型、斑岩型、岩浆型等，代表性矿产地有格尔木小干沟金矿、都兰县打柴沟金矿等。

2. 泥盆纪—二叠纪侵入岩与成矿

该期侵入岩主要集中在泥盆纪和二叠纪。侵入岩有英云闪长岩、花岗闪长岩、二长花岗岩，主要分布于祁漫塔格南坡，沿断裂带断续分布；二长花岗岩分布较广，其中有一巨型岩体，面积超过 1400km^2，其余呈岩株产出。侵位最老地层为古元古界，最新地层为石炭系。

在该阶段带内形成的金属矿床规模不大，主要矿种为铀、铜、金，成矿类型主要为岩浆热液型，如格尔木市铜金山钨矿床等。

3. 三叠纪侵入岩与成矿

三叠纪与中酸性侵入岩有关的成矿作用显著，与之有关的矿产分布甚广，金属矿产在该带占据十分重要的位置，东昆仑地区金、铜、铁、铅、锌矿是青海省近年来最大的找矿成果之一，它是与三叠纪花岗岩成矿作用的综合产物，也构成了一个完整的成矿系列。据精确的同位素研究，其成矿时代为中-晚三叠世。成矿类型主要有斑岩型、接触交代型、岩浆热液型等。与三叠纪中酸性侵入岩浆活动有关的成矿矿种体现了一定的岩浆成矿专属性，类型较复杂，闪长质岩体主要形成铁、铅、锌、金、银等矿产，花岗质岩体主要形成铜、钼、钨、锡等矿产，碱长花岗质岩体和伟晶岩形成三稀矿产，斑岩型主要形成铜、钼矿产。自岩体向外接触带通常具有矿种分带，常出现 Fe、W、Sn、Mo-Cu、Au-Pb、Zn、Ag 的分带现象（张爱奎等，2017）。

斑岩型矿床如共和县扎龙加当根铜金银矿床等；接触交代型矿床如格尔木市四角羊-牛苦头锌铁铅矿床、格尔木市尕林格铁矿床、格尔木市卡而却卡铜锌铁矿床、格尔木市肯德可克铁铅锌矿床；岩浆热液型如都兰县五龙沟地区红旗沟-深水潭金矿床、都兰县岩金沟金矿床、兴海县满丈岗金矿床、都兰县那更康切尔银矿床、都兰县无名沟-百吨沟金矿床、都兰县果洛龙洼金矿床、都兰县哈日扎铅锌矿床、都兰县托克妥铜金银矿床等。

（二）火山活动与成矿

东昆仑成矿带从元古宙到新生代不同程度发育火山岩，有海相，亦有陆相。该带与火山有关的矿产亦占据重要的位置，海相、陆相火山岩都有成矿，但以海相为主，海相火山岩成矿主要集中在早古生代，陆相火山岩成矿主要集中在晚三叠世。带内已发现火山岩型金属矿产主要有铁、铜、铅、锌、金、银、钴、钼等。

1. 奥陶纪海相火山岩

主要出露于祁漫塔格地区和东昆仑南部。带内控制成矿的海相火山岩主要是早古生代早期祁漫塔格群和纳赤台蛇绿混杂岩中的火山岩。岩浆早期喷发活动为区内铅、锌、钴矿的形成奠定了物源基础，火山喷发间歇期形成了碳酸盐岩沉积及纹层状石膏、菱铁矿层、纹层状硅质岩等热水沉积岩类和铅锌矿体；晚期火山喷发形成了中-基性熔岩和次火山岩建造，海相火山作用伴随热水喷流沉积作用，致使海水升温、海底富氧层中的浮游生物大量繁殖，伴随环境变化，浮游生物在该部位死亡并逐渐沉淀下来，同时期海底热水活动也带上来大量成矿物质，形成与黑色岩系有关的矿产。纳赤台蛇绿混杂岩中多地发育有规模不等的黑色岩系，多有热水喷流沉积岩和铅锌、钴矿、钒钼矿生成。

金属矿主要是金铜，次为钒、钼、铁、铅、锌等。如带内赋存于纳赤台岩蛇绿混杂岩带火山碎屑岩中的格尔木市驼路沟钴（金）矿床、格尔木市菜园子沟西铁金矿床。

2. 三叠纪火山岩

（1）陆相火山岩

印支期陆相火山岩在鄂拉山一带有广泛分布，除此在野马泉、八宝山也有零星分布。带内与成矿关系密切的陆相火山岩为鄂拉山组火山岩，成矿主要受控于陆相火山机构，矿体多产于陆相火山机构及其外部的裂隙系统，火山岩岩石类型十分复杂，主要有潜火山岩类、火山碎屑岩类和熔岩类，其中潜火山岩、火山角砾岩是良好的赋矿岩石。由陆相火山活动作用形成的铜、铅、锌、金、钼、钴等矿床、矿点主要分布于鄂拉山一带，成矿类型为陆相火山岩型，成矿时代为三叠纪。代表性矿产地有兴海县索拉沟铜铅锌银矿床等。

（2）海相火山岩

主要为早三叠世洪水川组海相火山岩，分布于纳赤台构造岩浆岩亚带中，西起黑海，向东经水泥厂、雪水河、埃坑得勒斯特、沟里、尕日当，至醉马滩等地，东部鄂拉山岩浆亚带东南缘也有出露。岩性以中酸性火山碎屑岩、火山熔岩为主，少量基性熔岩和碎屑岩构成的玄武岩-安山岩-英安岩-流纹岩组合。结合产出状态（夹层状产于浊积岩中）、微量和稀土元素特征以及区域大地构造背景，洪水川组火山岩可能是在俯冲背景下弧后前陆盆地内形成的弧火山岩。属海相火山岩喷发环境。

与该套火山岩有关的矿产主要为金、铅、锌等，成矿类型为海相火山岩型，成矿时代为三叠纪，代表性矿产地有玛多县抗得弄舍金铅锌矿床。

四、变质作用与成矿

东昆仑成矿带内区域变质作用及其形成的变质岩十分发育。

从区域变质岩时空分布来看，变质岩地区存在多种矿产。古元古代—中元古代区域动力热流变质作用形成的角闪岩相变质岩集中分布于东昆仑基底变质带中，变质程度达角闪岩相。大多数矿产尤其是金属矿产是由沉积作用和火山作用过程中初步富集的成矿元素受到后来的变质作用叠加改造而形成的，变质作用与变质矿产有着极为密切的联系。

中元古代晚期—印支期是低绿片岩相的区域低温动力变质作用的主要发生期，印支期以后区域变质作用不明显。

区域低温动力变质作用形成的低绿片岩相变质岩广泛分布，尤以加里东期和海西—印支期形成的低绿片岩相变质岩最为广泛，其中东昆仑南坡俯冲增生杂岩带是加里东期低绿片岩相变质岩最集中分布之处；带内动力变质极为发育，动力变质作用主要沿深大断裂及规模较大的构造带形成了线状、带状变质岩系，尤其是沿东昆仑俯冲增生杂岩带以及祁漫塔格蛇绿混杂岩带和那陵郭勒河断裂（昆北分支断裂）附近，绿片岩相强变形弱变质的糜棱岩化带极为发育，在变质基底中亦有一定规模，并形成了五龙沟矿集区多个岩浆热液型金矿床；由于岩浆活动极为发育，接触变质作用是东昆仑造山带最具特色的变质作用，而接触变质作用主要与各时代中、酸性侵入岩体相关，特别是与古生代—中生代侵入岩关系密切，印支期热接触交代变质作用非常强烈，形成规模巨大、类型不一的夕卡岩带和接触交代型矿床。同时在变质地层中受后期改造，也多形成一些岩浆热液型、浅成中低温热液型金矿。

第二节　成矿单元及特征

根据青海省成矿单元研究划分当前最新成果——《中国矿产地质志·青海卷》资料，其以成矿系列理论为指导，以大地构造单元及大地构造演化与成矿为基础，以《中国成矿区带划分方案》（徐志刚等，2008）为依据，同时参考了青海省内重力、航磁、遥感解释，以及地球化学所反映的综合信息，将青海省成矿区带进行了五级划分。该书将东昆仑成矿带进一步划分为 5 个Ⅳ级成矿亚带和 15 个Ⅴ级成矿带（矿集区）（表 4-2-1），其中与金相关的矿集区 14 个。其成果是在汇总青海省基础地质、找矿成果、成（控）矿规律、成岩成矿年龄等方面研究认识基础上进行划分的，系统、全面、科学，本书认同且摘用了其内容，其划分依据、划分原则不再赘述，东昆仑成矿带各成矿亚带及与金相关矿集区特征引用分述如下。

一、祁漫塔格-都兰 Ni、Fe、Cu、Pb、Zn、W、Sn、Co、Bi、Au、Ag、Mo、硅灰石、白云岩、石灰岩、石墨成矿亚带（Ⅳ-26-1）

该Ⅳ级成矿带位于柴达木盆地南缘，西起青（海）新（疆）边界，东至都兰以东的清根河。在大地构造位置上，与祁漫塔格-夏日哈岩浆弧、十字沟蛇绿混杂岩带、昆北复合岩浆弧北部大致相当。此带总体呈北西向展布，分东、西两段，西段北界为昆北断裂，南界为那陵郭勒河断裂，长约 380km，宽 30～70km，面积 18798km^2；东段北界为昆北断裂，南界为乌兰乌珠尔-阿达滩断裂，二者在柴达木河附近相交，东界为哇洪山-温泉断裂，长约 140km，宽约 50km，面积 5146km^2，成矿带总面积达 23944km^2。其中段大灶火—香日德一线为第四系覆盖区。

带内出露地层主要有古元古代金水口岩群，奥陶纪祁漫塔格群，泥盆纪契盖苏组、黑山沟组和哈尔扎组，石炭纪石拐子组、大干沟组和缔敖苏组，二叠纪打柴沟组，晚三叠世鄂拉山组和新生界等。

表 4-2-1　东昆仑成矿带成矿单元划分表

Ⅰ级成矿域	Ⅱ级成矿省	Ⅲ级成矿带 编号	Ⅲ级成矿带 名称	Ⅳ级成矿亚带 编号	Ⅳ级成矿亚带 名称	Ⅴ级矿带（矿集区） 编号	Ⅴ级矿带（矿集区） 名称
Ⅰ-2 秦祁昆成矿域	Ⅱ-6 昆仑成矿省	Ⅲ-26	东昆仑 Ni、Au、Fe、Pb、Zn、Cu、Ag、W、Sn、Co、Bi、Hg、Mn、玉石、萤石、硅灰石、页岩气、重晶石、大理岩、石灰岩、石墨、硫铁矿成矿带（青海段）	Ⅳ-26-1	祁漫塔格-都兰 Ni、Fe、Cu、Pb、Zn、W、Sn、Co、Bi、Au、Ag、Mo、硅灰石、白云岩、石灰岩、石墨成矿亚带	V-26-1-1	可特勒高勒-尕林格 Fe、Cu、Pb、Zn、Au、Mo、Co、石灰岩矿集区
						V-26-1-2	海寺-加羊 Fe、Cu、Pb、Zn、Au、Mo、Co、石灰岩矿集区
						V-26-1-3	鑫拓-什多龙 Zn、Pb、Au、Cu、Mo、Ag、Fe、高岭土矿集区
				Ⅳ-26-2	伯喀里克-香日德 Au、Cu、Pb、Zn、Fe、Ni、Ag、W、Mo、石墨、萤石、玉石、煤、花岗岩成矿亚带	V-26-2-1	夏日哈木-哈西亚图 Ni、Au、Cu、Fe、Zn、Mo、Co、Pb、石墨、玉石、白云岩、石灰岩、煤矿集区
						V-26-2-2	五龙沟 Au、Cu、Pb、Zn、Sb、萤石矿集区
						V-26-2-3	托克妥-夏拉可特力 Fe、Cu、Pb、Zn、Au、Ag、花岗岩、白云母、钾长石矿集区
						V-26-2-4	白石崖-占布扎勒 Fe、Cu、Au、Ag、Pb、Zn、Mo、W、大理岩、钾长石、花岗岩、石棉、水晶、白云母矿集区
						V-26-2-5	沟里 Au、Fe、Cu、Pb、Zn、大理岩、滑石矿集区
						V-26-2-6	哈日扎-那更康切尔 Ag、Au、Fe、Cu、Pb、Zn、Mo、W、水晶矿集区
				Ⅳ-26-3	东昆仑南部 Cu、Au、Co、Ni、W、Fe、Mn、V、Mo、石墨、大理岩、玉石、石灰岩、煤成矿亚带	V-26-3-1	二道沟-驼路沟 Au、Co、Ag、Fe、Cu、Pb、Zn、Mo、W、水晶矿集区
						V-26-3-2	大格勒沟脑-开荒北 Au、Cu、Pb、U 矿集区
						V-26-3-3	小庙-清水河 Fe、Au、Cu、Pb、Zn、Ag、Mn、Co、U、滑石矿集区
						V-26-3-4	巴勒木特尔-抗得弄舍 Au、Cu、Pb、Zn、Ag、Co、石墨、水晶矿集区
				Ⅳ-26-4	向前沟-满丈岗 Au、Ag、Fe、Cu、Pb、Zn、花岗岩成矿亚带	—	—
				Ⅳ-26-5	智益-铜峪沟 Cu、Pb、Zn、Au、Ag、Sn、Hg、重晶石、萤石、白云母、煤成矿亚带	V-26-5-1	日龙沟-赛什塘 Cu、Pb、Zn、Au、Sn、Fe、Ag、白云母矿集区

注：据《中国矿产地质志·青海卷》摘编。

西部的祁漫塔格地区，区域性断裂十分发育，主要为昆北断裂、昆北断裂分支断裂及其派生的次级断裂，断裂主体走向为北西西向，断裂的交合部位在成矿和聚矿上具有重要意义；东部的都兰地区，主要发育一系列北西向的断裂，且向南东有敛合的趋势。断裂的敛合交织部位，是形成大型矿床的有利环境。带内成矿事实所显示的成矿和控矿因素与西部相似，但矿化的普遍性和多样性均大于或多于西部。

岩浆活动比较强烈，中、酸性岩浆侵入活动和火山喷发活动都有分布。中、酸性岩浆侵入活动有加里东期、海西期和印支期，以海西期和印支期为主。一些热液型矿床与其有着直接或间接的关系。带内陆相和海相火山岩均有分布，晚奥陶世火山活动的成矿作用显著。

该成矿亚带内矿产比较丰富，是青海省内重要的多金属成矿带之一。已知金属矿产有金、铁、钼、铅、锌、铜、镍、锡、钨、钼、铀、银、钴、铋；非金属矿产有白云岩、大理岩、石灰岩、水晶、硅灰石、冰洲石、高岭土、花岗岩、钾长石、石墨、煤；水气矿产有地下热水、地下水等，矿产地 183 处，矿床 68 处，计有超大型矿床 2 处、大型矿床 3 处、中型矿床 11 处、小型矿床 52 处，各类矿点 115 处，居东昆仑各成矿亚带之首。

该带属大陆边缘活动区，其成矿作用具有多期性和多样性的特点，前南华纪以受变质型为主；南华纪—泥盆纪以岩浆型、化学沉积作用为主，形成铜、金矿点及白云岩矿床、矿点；石炭纪—三叠纪是该带最重要的成矿时期，以岩浆成矿作用为主，形成特色的接触交代型、岩浆热液型铁、锡、铜、金多金属矿产，此外还有斑岩型、陆相火山岩型、伟晶岩型金属矿产以及化学沉积型、受变质型、生物化学沉积型、风化型非金属矿产。侏罗纪—新近纪、喜马拉雅早期成矿事实不多。总体矿床类型以接触交代型、岩浆热液型、斑岩型、化学沉积型和岩浆型矿床为主。

该成矿亚带进一步划分出矿集区 3 处。

（一）可特勒高勒-尕林格 Fe、Cu、Pb、Zn、Au、Mo、Co、石灰岩矿集区（V-26-1-1）

该矿集区位于格尔木市以西祁漫塔格一带，矿集区大致呈不规则状六边形东西向展布，交通方便，南北宽约 16～40km，东西向长约 61～71km，面积约 2526km^2。目前已发现有格尔木市尕林格铁大型矿床、格尔木市四角羊-牛苦头锌铁铅大型矿床，其他矿床有茫崖市虎头崖铜铅锌铜矿床、格尔木市肯德可克铁铅锌矿床、格尔木市野马泉铁多金属矿床、格尔木市群力铁矿床等矿产地 29 处，其中 2 处大型矿床、4 处中型矿床、7 处小型矿床、16 处矿点。主要矿床类型有接触交代型、化学沉积型、岩浆热液型。有 Fe、Cu、Pb、Zn、Au、Ag、Sn、石灰岩等矿种。工作程度为 1 处勘探、6 处详查、6 处普查、16 处预查，矿产分布相对较密集，地质工作相对较高。有 4 家企业正在开采铅、锌、铜、铁矿。

1. 成矿地质背景

矿集区大地构造位于大地构造单元属昆北复合岩浆弧（O—T_3）北部的北东部位，处于祁漫塔格-都兰成矿亚带中。

主要出露地层为古元古代金水口岩群，中新元古代蓟县纪—待建纪狼牙山组，奥陶纪祁漫塔格群，早泥盆世契盖苏组，早石炭世大干沟组，晚石炭世缔敖苏组，早-中二叠世打柴沟组，晚三叠世鄂拉山组及第四系。岩浆岩分布范围广泛，有新元古代变质二长花岗岩，晚泥盆世花岗闪长岩，中三叠世二长花岗岩，晚三叠世二长花岗岩、石英闪长岩、钾长花岗岩等。

区内有 4 处 1∶20 万化探综合异常：肯德可克西 $AS^{132}_{甲1}$ SnCdMoBiWAgCu，野马泉 $AS^{146}_{甲2}$ UCuMoFRbW（PBiZnAg），牛苦头沟 $AS^{147}_{甲1}$ SbCdHgRb，球路奥窝头 $As^{148}_{甲1}$ CuCrSnYThCoPbF（BiNiLaVZr）。异常元素中 Cu 出现频数最大。

2. 成矿特征

区内成矿类型以接触交代型为主，已知的该类型矿床多产出于晚三叠世中酸性侵入岩体周边，同时处于异常浓集中心部位。此外，在区内古元古代金水口岩群内有少量受变质型铁矿产出。

截至 2018 年，区内查明具有中型以上规模的主要金属矿产有铁、铜、铅、锌、铋等，共（伴）生金属矿产有钴、锡、钨、钼、金、银、镉、硫铁矿等。

（二）海寺-加羊 Fe、Cu、Pb、Zn、Au、Mo、Co、石灰岩矿集区（V-26-1-2）

该矿集区位于都兰县一带，矿集区大致呈北西-南东向展布，交通方便。东西长约 63km，南北宽约 15～28km，面积约 1390km^2。矿集区属柴达木南缘中切割山地，位于都兰县境内，交通较为便利。

1. 成矿地质背景

矿集区大地构造单元属祁漫塔格-夏日哈岩浆弧东段，处于祁漫塔格-都兰成矿亚带中。

主要出露地层为古元古代金水口岩群、奥陶纪祁漫塔格群、早石炭世大干沟组、晚三叠世鄂拉山组及第四系等。岩浆岩分布范围广泛，主要是印支期中酸性侵入岩，有中三叠世花岗闪长岩、二长花岗岩、斑状二长花岗岩、二长石英闪长岩、角闪岩，晚三叠世二长花岗岩、斑状二长花岗岩，其他有晚志留世英云闪长岩、早侏罗世钾长花岗岩等。

矿集区内分布有 2 处 1∶20 万甲类异常，异常元素组合 PbSnAgLiBiZnB、BiWAgMoAsPb。

2. 成矿特征

区内多数矿产地产于地层与印支期中酸性侵入岩接触形成的夕卡岩带内，成矿类型以接触交代型矿床为主，次为岩浆热液型、化学沉积型、浅成中-低温热液型等。主要矿种为铁、铜、铅、锌、钼、金、钨、锡、银、白云岩、硅灰石、高岭土、水晶。成矿时代集中在三叠纪。共产出有各类矿产地 42 处，其中超大型矿床 1 处、大型矿床 1 处、中型矿床 1 处、小型矿床 15 处、矿点 24 处，矿产分布相对集中。工作程度中等，有详查地 13 处，普查地 11 处，其余 18 处为预查。有 4 家企业在本区开采铅、锌、铁、铜、钨、锡、硫铁矿等。

区内查明具有中型以上规模的主要金属矿产有铁、铜、铅、锌、锡、钼、钨、银等，非金属矿产主要为硅灰石。青海省矿产资源潜力评价预测该区钼、铅、铁、铜、钨、锡、锌、银等矿产找矿潜力较大。

（三）鑫拓-什多龙 Zn、Pb、Au、Cu、Mo、Ag、Fe、高岭土矿集区（V-26-1-3）

该矿集区位于都兰—兴海县一带，呈似圆状展布，东西长约 29km，南北宽约 23km，面积约 624km^2。构造单元隶属祁漫塔格-夏日哈岩浆弧东段，处于祁漫塔格-都兰成矿亚带中。矿集区属柴达木南缘中深切割山地，交通较便利。

区内基础地质工作程度较高，1∶20万、1∶5万区调，物化探，遥感等基础地质工作全覆盖。有1家企业在本区开采铅、锌、银矿等。

1. 成矿地质背景

主要出露地层为古元古代金水口岩群、奥陶纪祁漫塔格群、晚三叠世鄂拉山组及第四系等。岩浆岩分布范围广泛，主要是印支期中酸性侵入岩，为中三叠世花岗闪长岩，晚三叠世花岗闪长岩、二长石英闪长岩均有一定规模出露。

1∶20万什多龙AS$^{202}_{\text{甲1}}$ W BiNbAgSnCuCdPb（LaPMoV）异常覆盖矿集区，异常面积大，异常元素套合好，浓集中心明显。兴海县什多龙铅锌银矿床就产于该异常浓集中心。

2. 成矿特征

岩体和围岩呈侵入接触关系，在接触带上发生夕卡岩化，而矿化体就赋存在接触带中。在围岩和花岗闪长岩体中钾长花岗岩脉较发育，脉体多呈北西向展布。该处岩浆活动至少有两期，较早为晚三叠世时期，首先为石英闪长岩在金水口岩群内部呈小岩株侵位，随后为花岗闪长岩较大规模侵入，吞蚀破坏金水口岩群；晚期为早侏罗世二长花岗岩沿金水口岩群和早期花岗岩接触带侵入，对该矿的形成起到一定的作用。在期后有钾长花岗岩脉侵入，最终形成该铅锌矿。

区内已知矿床成矿类型以接触交代型和斑岩型矿床为主，次为岩浆热液型、浅成中-低温热液型。成矿时代以三叠纪为主。主要矿种有铜、铅、锌、金、银、钼等金属矿产。共计有各类矿产地8处，包括中型矿床1处、小型矿床3处、矿点4处。工作程度中等，工作程度有1处达到勘探、3处普查、4处预查。青海省矿产资源潜力评价预测区内钼、铅、铁、铜、锡、锌、银等矿产找矿潜力较大。

二、伯喀里克-香日德 Au、Cu、Pb、Zn、Fe、Ni、Ag、W、Mo、石墨、萤石、玉石、煤、花岗岩成矿亚带（Ⅳ-26-2）

该成矿亚带在地质构造位置上与昆北复合岩浆弧南部一致，位于昆仑山北坡，西起青海-新疆边界，东至鄂拉山西缘，北以那陵郭勒河断裂为界，南以昆中断裂为限，呈EW向展布。长约800km，宽20～50km，面积达31872km^2。

带内出露的地层主要有古元古代金水口岩群，中元古代长城纪小庙组，中新元古代蓟县纪—待建纪狼牙山组，新元古代青白口纪丘吉东沟组，奥陶纪祁漫塔格群，泥盆纪契盖苏组，石炭纪大干沟组、缔敖苏组，晚三叠世鄂拉山组，侏罗纪大煤沟组和新生界。带内元古宇的含铁、含锰建造中发现了一些受变质型的铁、锰、石墨矿床，盖层的含矿性不佳，矿化信息极少。

带内断裂构造十分发育，尤其与边界断裂斜列的次级断裂构造十分发育。在大水沟—五龙沟—诺木洪一线，发育有多条北西向韧性剪切带，大体平行排列，这些剪切带往往是区域控矿构造或矿集区构造，通常一条大型剪切带往往控制着多个矿床和矿点的展布。构造蚀变岩型金矿床分布于区内北西向大型剪切带及其旁侧的次一级断裂中，受构造控制明显。成矿时代为晚海西—印支期。如五龙沟矿集区，其所有的金矿床、矿（化）点均分布在岩金沟剪切带、萤石沟—红旗沟剪切带、三道梁-苦水泉剪切带及其旁侧的脆性断裂裂隙中。在五龙沟以西的大水沟-白日其利沟地区和五龙沟以东的诺木洪-洪水河地区，也分布有此类金矿（化）点，矿体直接赋存于脆性断裂破碎带内。

该带岩浆活动极为强烈，尤以中-酸性侵入岩最为显著，构成本区典型的多旋回构造岩浆旋回，基性、超基性岩浆活动及火山活动较微弱。

中-酸性侵入岩是造山期和造山期后的产物，每次岩浆活动基本都是由中性→弱酸性→酸性的演化。侵入岩侵入时期为元古宙、加里东期、海西期、印支期，形成东昆仑著名的巨型复杂构造岩浆岩带，以海西期为主体，其次是印支期，多以规模宏伟的岩基产出。岩浆岩的发育对带内接触交代型矿床和岩浆热液型矿床的形成起着重要的作用。接触交代型铁、铜及多金属矿通常分布在中酸性侵入岩体与地层接触带附近，成矿时代多为印支期，部分为海西期。

火山喷发活动发育，晚泥盆世为海陆交互相，晚三叠世为陆相，中心式喷发。前者为基性-中酸性熔岩和火山碎屑岩，后者以流纹岩、流纹质火山角砾岩为主，成矿作用不明显。

带内共分布有 17 处 1∶20 万化探综合异常，其中甲类异常 6 处，乙类异常 6 处，丙类异常 5 处，异常元素以 Au、As、Sb、Cu、Cd、Y 等为主。成矿亚带内最著名的都兰县五龙沟地区红旗沟-深水潭金矿就是通过检查 $AS^{198}_{甲1}$异常发现的。

该成矿亚带已知矿产有金、银、钴、铁、锰、铜、铅、锌、钼、钨、锑、锰、砂金、重稀土等金属矿产，以及石墨、白云母、白云岩、萤石、水晶、花岗岩、滑石、钾长石、磷、煤、冰洲石、蛇纹岩、石榴子石、石棉、蛭石、地下水和地下热水等非金属矿产，共 20 余类矿种，矿产地 204 处。其中大型矿床 9 处、中型矿床 16 处、小型矿床 43 处、各类矿点 136 处。金、银、铁、锰等多金属是该成矿亚带较为重要的矿产。接触交代型和岩浆热液型矿床是该成矿亚带内的主要成矿类型。主成矿期为三叠纪。

伯喀里克-香日德成矿亚带是青海省内矿产地分布最密集的集中分布区，结合成矿地质背景，进一步划分出与金相关矿集区 6 处（表 4-2-1）。

（一）夏日哈木-哈西亚图 Ni、Au、Cu、Fe、Zn、Mo、Co、Pb、石墨、玉石、白云岩、石灰岩、煤矿集区（V-26-2-1）

该矿集区位于格尔木市以西乌图美仁乡南部一带，北西-南东向展布，东西长约 49km，南北宽约 20～23km，面积约 $1006km^2$。矿集区构造单元纵跨祁漫塔格-夏日哈岩浆弧和昆北复合岩浆弧，处于祁漫塔格-都兰成矿亚带及伯喀里克-香日德成矿亚带结合部位。交通较便利。该区是东昆仑成矿带内镍矿的密集分布区，基础地质工作程度高。矿产勘查自 21 世纪以来是青海省的重点勘查区，陆续发现并评价多处大中型铁多金属矿床。科研是重点地区，特别是夏日哈木大型镍矿床取得丰硕成果。有 4 家企业在本区开采铁矿。

1. 成矿地质背景

主要出露地层为古元古代金水口岩群，中元古代长城纪小庙组，晚三叠世鄂拉山组及第四系。岩浆岩分布范围广泛，有晚奥陶世辉长岩，早志留世花岗闪长岩，中泥盆世辉长岩、角闪石岩、辉石岩、石英闪长岩、钾长花岗岩，晚二叠世花岗闪长岩、云英闪长岩，中三叠世花岗闪长岩、二长花岗岩、石英闪长岩等。

矿集区内有拉陵灶火河沟脑 $AS^{175}_{丙}$ MoWAsHg 和向阳沟北 $AS^{183}_{丙}$ LiHgBiFB 两处 1∶20 万化探综合异常分布。

2. 成矿特征

从区内已知矿产看，主要产出有与泥盆纪基性岩有关的岩浆型铜镍矿和与二叠世—三叠世中酸性侵入岩有关的接触交代型铜、铁、金、钴、钼、玉石等。此外古元古代金水口岩群中产出有受变质型石墨、石榴子石等矿产。

区内累计发现各类矿产地 11 处，其中超大型矿床 1 处、中型矿床 4 处、小型矿床 1 处、矿点 5 处。11 处矿产地中工作程度达到勘探 1 处、详查 1 处、普查 4 处、预查 5 处。整体工作程度较高。区内查明具有中型以上规模的主要金属矿产有铁、铜、铅、锌、镍、钼、金、钴，非金属矿产为玉石。青海省矿产资源潜力评价预测区内铁、钼、金等矿产找矿潜力较大。

（二）五龙沟 Au、Cu、Pb、Zn、Sb、萤石矿集区（V-26-2-2）

矿集区位于格尔木以东，都兰县以西，近南北向展布，南北长约 33km，东西宽约 20km，面积约 692km^2。构造单元隶属昆北复合岩浆弧中段，处于伯喀里克-香日德成矿亚带上，自 21 世纪以来是青海省的重点金矿勘查区，陆续发现并评价多处大中型金多金属矿床。特别是都兰县五龙沟地区红旗沟-深水潭大型金矿床取得丰硕成果。有 3 家企业开采金矿，区内交通便利。

1. 成矿地质背景

主要出露地层为古元古代金水口岩群，中元古代长城纪小庙组、中新元古代蓟县纪—待建纪狼牙山组，新元古代青白口纪丘吉东沟组，奥陶纪祁漫塔格群及第四系等。岩浆岩分布范围广泛，有晚志留世花岗闪长岩、二长花岗岩、英云闪长岩，早泥盆世钾长花岗岩，中泥盆世超基性岩（未分）、辉长岩，中二叠世英云闪长岩，晚三叠世花岗闪长岩等。区内矿床级断裂构造极为发育，多数金矿床均产出于区内大型韧性剪切带与印支期中酸性侵入岩形成的构造蚀变带内。

区内有 1 处 1∶20 万化探综合异常 $AS^{198}_{甲1}$分布，该异常为甲类异常，异常元素组合为 AuAsSnUSbPbMoB，异常元素间套合紧密，异常浓集中心明显，后经 1∶5 万水系沉积物测量工作后，该异常重现性好，异常强度大。都兰县五龙沟地区红旗沟-深水潭金矿床就产于该异常内。

2. 成矿特征

该矿集区是青海省内金矿床的集中产出区之一，区内共产出有各类矿产地 42 处，其中大型矿床 3 处、中型矿床 1 处、小型矿床 6 处、矿点 32 处。矿种以金为主，其次为铜、铅锌、萤石、水晶等矿产。成矿类型以岩浆热液型矿床为主，此外还有接触交代型、浅成中-低温热液型等矿产产出。42 处矿产地中工作程度达到勘探 1 处、详查 4 处、普查 7 处、预查 30 处。12 处矿床的整体工作程度较高，其余矿点的工作程度相对较低。

区内查明具有中型以上规模的主要金属矿产有金、铜、铅、锌、锑，非金属矿产主要为萤石。青海省矿产资源潜力评价预测该区金、钼、铁、稀土、萤石等矿产找矿潜力巨大。

（三）托克妥-夏拉可特力 Fe、Cu、Pb、Zn、Au、Ag、花岗岩、白云母、钾长石矿集区（V-26-2-3）

矿集区位于都兰县以南，交通较为便利。呈近东西向椭圆状展布，东西长约 45km，南北宽约 22km，面积约 768km^2，大地构造单元属昆北复合岩浆弧（O—T_3）东段，成矿带处于伯喀里克-香日德成矿亚带中。

1. 成矿地质背景

主要出露地层为早石炭世大干沟组和晚三叠世鄂拉山组。其中大干沟组岩石组合以灰岩为主，为陆表海环境陆源碎屑岩-碳酸盐岩建造。鄂拉山组则是一套火山碎屑岩为主夹火山熔岩及不稳定沉积碎屑岩的地层，属陆缘弧环境。

矿集区南部被大面积的中三叠世闪长岩、花岗闪长岩、斑状二长花岗岩侵占。西端有一定面积的晚三叠世钾长花岗岩分布。该矿集区未见明显的化探异常。

2. 成矿特征

目前已发现有都兰县托克妥铜金银矿床，其他矿床有都兰县可尔铜矿床、都兰县双庆铁铅锌矿床、都兰县乌妥沟铅锌银矿、都兰县大洪山铁铜矿床、都兰县夏拉可特力金矿点等矿产地 12 处，其中有 5 处小型矿床、7 处矿点。矿床类型以岩浆热液型为主，次为接触交代型、伟晶岩型、岩浆型等。矿种以铜、铅锌、铁、金银等金属矿产为主，花岗岩、白云母、钾长石等非金属矿产多不具规模。工作程度为 4 处详查，3 处普查，其余全为预查。矿产分布相对集中，地质工作程度相对中等。该区有 3 家企业开采铁、铜、铅、锌、钾长石矿。青海省矿产资源潜力评价预测该区钼、铅、铁、铜、钨、锌、银等矿产找矿潜力较大。

（四）白石崖-占布扎勒 Fe、Cu、Au、Ag、Pb、Zn、Mo、W、大理岩、钾长石、花岗岩、石棉、水晶、白云母矿集区（V-26-2-4）

该矿集区位于都兰县以南，紧邻托克妥-夏拉可特力矿集区（V-26-2-2），交通较为便利。矿集区大致呈北西-南东向不规则状展布，东西长约 56km，南北宽约 14～22km，面积约 880km^2。构造单元隶属昆北复合岩浆弧东段，处于伯喀里克-香日德成矿亚带内。

1. 成矿地质背景

区内主要出露地层为晚三叠世鄂拉山组，南西和北东边缘位置有小面积的早石炭世大干沟组和晚石炭世缔敖苏组出露，西侧部分位置被第四系覆盖。其中鄂拉山组是一套以火山碎屑岩为主夹火山熔岩及不稳定沉积碎屑岩的地层。下部以中基性火山岩为主夹碎屑岩，上部以中-中酸性火山岩为主夹碎屑岩，属陆缘弧环境。区内构造较发育，主构造线方向呈近南北向，有两条区域性断裂穿过矿集区。

矿集区被大面积岩浆岩占据，中西部以中三叠世花岗闪长岩、斑状二长花岗岩、钾长花岗岩为主，东部以晚三叠世钾长花岗岩、花岗闪长岩、斑状二长花岗岩，晚二叠世石英闪长岩等为主。目前区内发现的多数矿产地均产于各类侵入岩的边部。

1∶20 万化探综合异常热水乡西 $AS^{200}_{甲1}$ BiHgAsMoSbCu 和察汗乌苏河南 $AS^{201}_{乙2}$

AsCdMnAgPb 分别位于矿集区东、西两侧，显示了区内良好的地球化学条件。

2. 成矿特征

矿集区内已知矿体多呈似层状、透镜状、脉状赋存于大干沟组与中三叠世酸性侵入岩的接触带中或大干沟组灰岩层间构造内。

目前已发现有都兰县白石崖铁铅锌矿床，其他矿床有都兰县柴湾铜铅锌矿床、都兰县龙洼尕当多金属矿床、都兰县窑洞沟铁铅锌矿床、都兰县占布扎勒铁矿床、都兰县恰当铜矿床等矿产地 18 处，其中 1 处中型矿床，5 处小型矿床，12 处矿点。矿床类型以接触交代型为主，少数矿产地为变成型或岩浆热液型。矿种以铜、铅锌、铁等多金属矿产为主，少量产出大理岩、花岗岩等非金属矿产。成矿时代集中在三叠纪。矿集区内整体地质工作程度相对中等，有 1 处勘探、3 处详查、4 处普查、10 处预查。矿产分布相对集中。有 4 家企业开采铁、铜、铅、锌矿。

区内查明具有中小型规模的主要金属矿产有铁、铜、铅、锌、银。青海省矿产资源潜力评价预测该区铅、铁、铜、稀土、锌、银等矿产找矿潜力较大。

（五）沟里 Au、Fe、Cu、Pb、Zn、大理岩、滑石矿集区（V-26-2-5）

该矿集区位于都兰县以南一带，白石崖-占布扎勒矿集区（V-26-2-3）以南，交通较为便利。矿集区呈北西-南东向近等轴状展布，东西长约 28km，南北宽约 19～22km，面积约 637km^2。大地构造单元属昆北复合岩浆弧东段，成矿带处于伯喀里克-香日德成矿亚带中。

1. 成矿地质背景

主要出露地层为古元古代金水口岩群、中元古代长城纪小庙组、寒武—奥陶纪纳赤台蛇绿混杂岩、晚石炭世缔敖苏组等。断裂构造按其展布方向分近东西向、北西向和北东向断层组。其中前者受力性质多属压性，与成矿无关。后两者多属压扭性，与成矿有关，既控矿又容矿，其内蚀变与矿化均较发育而构成含金构造破碎带。区内岩浆活动强烈，加里东—印支期均有活动，主要有酸性-中酸性岩浆岩，还有次要的长英岩脉、煌斑岩脉和伟晶岩脉及石英脉。其中煌斑岩脉和石英脉与金成矿有关。

化探异常有旦却合北 AS$^{225}_{乙2}$ WAuBiSnPCuMoZr（CrTi）支撑。

2. 成矿特征

目前已发现有都兰县果洛龙洼金矿床、都兰县阿斯哈金矿床、都兰县按纳格金矿床、都兰县瓦勒尕金矿床，以及都兰县香日德巴力格-妥力海铁矿点、都兰县色德日铜铅锌矿点、都兰县念堂大理岩矿点、都兰县沟里乡抓尕滑石矿点等矿产地 11 处，其中有大型矿床 1 处、中型矿床 2 处、小型矿床 2 处、矿点 6 处。主要矿床类型有岩浆热液型、接触交代型、变成型。有金、铁、铜、铅、锌、银、大理岩、滑石等。工作程度为 1 处详查、7 处普查、3 处预查。矿产分布相对集中，地质工作程度中等。该区有 2 家企业开采金矿、滑石矿。区内矿产以金为主，截至 2018 年底，区内查明具中型以上规模金属矿产主要为金。青海省矿产资源潜力评价预测该区金资源远景可达超大型规模。

（六）哈日扎–那更康切尔 Ag、Au、Fe、Cu、Pb、Zn、Mo、W、水晶矿集区（V-26-2-6）

矿集区位于都兰县以南一带，沟里矿集区北东，交通较为便利。矿集区大致呈北西–南东向展布，东西长约 33km，南北宽约 15km，面积约 519km^2。

1. 成矿地质背景

矿集区大地构造单元属昆北复合岩浆弧东段，处于伯喀里克–香日德成矿亚带。

主要出露地层为古元古代金水口岩群、晚三叠世鄂拉山组及第四系等。岩浆岩分布范围广泛，有奥陶纪超基性岩（未分）、辉长岩，中奥陶世闪长纯橄岩，晚二叠世二长花岗岩，早三叠世二长花岗岩、斑状二长花岗岩，中三叠世花岗闪长岩、钾长花岗岩，晚三叠世二长花岗岩，早侏罗世钾长花岗岩等。侵入岩与石炭系大理岩接触处形成夕卡岩，断续出露长 500m，宽约 100～200m，以石榴子石夕卡岩为主。

化探异常有鲁木切南 $AS^{226}_{乙2}$ MoWSbCrAsPNiLi（CoF）支撑。

2. 成矿特征

目前已发现有都兰县那更康切尔银矿床、都兰县哈日扎铅锌矿床、都兰县胜利铁铜锌矿床、都兰县哈龙休玛钼钨矿床，以及都兰县尕之麻地区金银矿点、都兰县夏日扎水晶矿点等矿产地 7 处，其中有大型矿床 1 处、中型矿床 2 处、小型矿床 1 处、矿点 3 处。主要矿床类型有浅成中–低温热液型、岩浆热液型、斑岩型、接触交代型。成矿时代以三叠纪为主，主要矿产有 Ag、Au、Fe、Cu、Pb、Zn、Mo、W、水晶等。工作程度全部为普查。矿产分布相对集中，地质工作程度相对中等。该区目前仅有 1 家企业开采铁、铜、锌、金矿。截至 2018 年底，区内查明具有中型以上规模的主要金属矿产有金、银。青海省矿产资源潜力评价预测该区钼、铅、铁、锌、银找矿潜力较大。

三、东昆仑南部 Cu、Au、Co、Ni、W、Fe、Mn、V、Mo、石墨、大理岩、玉石、石灰岩、煤成矿亚带（Ⅳ-26-3）

该带位于昆仑山南坡，介于昆中断裂与昆南断裂之间，构造位置对应昆南俯冲增生杂岩带之纳赤台蛇绿混杂岩带。呈东西向延展，长约 650km，宽约 20～40km，面积 22790km^2。

带内出露的地层主要有古元古代金水口岩群，中元古代长城纪小庙组，中元古代蓟县纪万保沟群，寒武纪沙松乌拉组，寒武—奥陶纪纳赤台蛇绿混杂岩，石炭纪哈拉郭勒组，晚石炭世—早二叠世浩特洛洼组，晚二叠世格曲组，三叠纪红水川组、闹仓坚沟组、希里可特组、八宝山组，侏罗纪羊曲组和新生界等。

奥陶—志留系为一套碎屑岩夹碳酸盐岩与基性或中基性火山岩相间的旋回组合，岩石普遍具有有色金属元素含量偏高的背景环境，但成矿却十分微弱；石炭系及其后的盖层沉积的含矿性普遍不佳，且矿化信息匮乏。

该成矿带所对应的构造单元在加里东时期是与稳定区相邻的活动区的边缘带，而在海西—印支期则转化成与活动区相邻的稳定区的陆缘带，且分界（或边界）断裂为元古宙古陆裂解成生的，至今仍在活动的复合型昆南断裂带。驼路沟钴矿和开荒北金矿等规模型矿床，均与断裂构造密切相关。

岩浆活动比较强烈，基性岩、超基性岩、中-酸性侵入岩、火山岩均较发育。中-酸性岩浆侵入活动时期有加里东期、海西期、印支期、燕山期，以海西期为主，是多旋回构造岩浆旋回，各期岩浆演化，对本区岩浆热液型、接触交代型矿床以及海相火山型矿床的形成起着重要作用。该带成矿条件优越，矿产线索较多。火山喷发活动，主要发生于早古生代和三叠纪。

该成矿亚带内目前累计发现各类矿产地 159 处，其中（超）大型矿床 6 处、中型矿床 12 处、小型矿床 21 处、矿点 120 处。按矿种分类有钴、金、银、锑、铜、铅、锌、铁、锰、铬、钼、镍、钨、钒、砂金等十余种金属矿产，白云岩、板岩、大理岩、地下水、滑石、辉绿岩、矿泉水、煤、砷、石灰岩、石棉、石墨、石英岩、玉石、水晶、叶蜡石等 16 种非金属矿产和水气矿产等。成矿类型以岩浆热液型矿床为主，此外受变质型矿床、变成型矿床和海相火山岩型矿床也是该成矿亚带内重要的成矿类型。主成矿时代为三叠纪和奥陶纪。

主要成矿地质事件及矿化类型有：与古-中元古代变质作用有关的石墨、大理岩、铁、锰矿化（都兰县巴勒木特尔石墨矿床、格尔木市纳赤台饰面用大理岩矿床、都兰县洪水河铁矿床等），与寒武—奥陶纪纳赤台蛇绿混杂岩海相火山岩有关的钴、金、铁矿化（格尔木市驼路沟钴金矿床、格尔木市菜园子沟西铁金矿床等），与奥陶纪碎屑岩建造有关的化学沉积型石灰岩矿化（格尔木市石灰窑电石石灰岩矿床等），与奥陶纪岩浆活动有关的金、钨矿化（都兰县哈拉郭勒金矿床等），与泥盆纪中酸性岩浆侵入活动有关的钨矿化（格尔木市铜金山钨矿床等），与石炭纪海相火山岩有关的铜、钴矿化（都兰县督冷沟铜钴矿床等），与三叠纪岩浆活动有关的金、银、钨、铅锌、铁、萤石、玉石矿化（玛多县抗得弄舍金多金属矿床、格尔木市铜金山钨矿床等）。

该成矿亚带进一步划分出矿集区 4 处（表 4-2-1）。

（一）二道沟-驼路沟 Au、Co、Ag、Fe、Cu、Pb、Zn、Mo、W、水晶矿集区（V-26-3-1）

矿集区位于格尔木市以南，交通较为不便。呈近东西向展布，东西长约 80km，南北宽约 25～26km，面积约 2045km^2。大地构造单元属纳赤台蛇绿混杂岩带西段，成矿带处于东昆仑南部成矿亚带内。

1. 成矿地质背景

主要出露地层为古元古代金水口岩群、中元古代蓟县纪万保沟群、底-早寒武世沙松乌拉组、寒武—奥陶纪纳赤台蛇绿混杂岩、早泥盆世雪水河组、晚石炭世—早二叠世浩特洛洼组、早三叠世洪水川组、早-中三叠世闹仓坚组、晚三叠世八宝山组等。岩浆岩分布范围有限，主要有早志留世二长花岗岩、黑云母花岗闪长岩，晚三叠世花岗闪长岩、二长花岗岩、石英二长岩，早侏罗世二长花岗岩等。矿集区处于昆南断裂和昆中断裂之间，受印支—燕山期南北向挤压作用的影响，构造线呈东西向展布，其内褶皱与断裂及韧性剪切带十分发育，为含矿热液的运移和赋存提供了通道与矿体定位空间。

化探异常有万宝山西支沟北 $AS_{乙1}^{217}$ CuUVCrLaNiTiSn（ThCoAu），纳赤台 $AS_{乙1}^{218}$

MoCdUCuBaSbSnAs（AuAgBe），驼路沟 $AS^{219}_{甲2}$ AuBaCu 支撑。

2. 成矿特征

目前已发现有格尔木市菜园子沟西铁金矿床、格尔木市驼路沟钴（金）矿床、格尔木市铜金山钨矿床、格尔木市大格勒沟脑金矿床等矿产地 38 处，其中大型矿床 5 处、中型矿床 5 处、小型矿床 4 处、矿点 24 处。主要矿床类型有岩浆热液型、变成型、受变质型、浅成中-低温热液型、接触交代型、化学沉积型、海相火山岩型。有金、钴、银、铁、铜、铅、锌、钼、钨、玉石、石灰岩、大理岩、石英岩、水泥配料用板岩、矿泉水、滑石、水晶、地下水等。工作程度为 1 处勘探、3 处详查、17 处普查，其余为预查。矿产分布相对集中，地质工作程度相对中等。该区有 6 家企业开采玉石、大理岩、蛇纹岩、矿泉水、石英岩、石灰岩、水晶矿。

区内查明具有中型以上规模的主要金属矿产有铁、钴、金。青海省矿产资源潜力评价预测该区金、钼、铜、钨等矿产找矿潜力较大。

（二）大格勒沟脑-开荒北 Au、Cu、Pb、U 矿集区（V-26-3-2）

该矿集区位于布尔布达山南东，格尔木市—都兰县交界南部一带，交通较为不便。近东西向展布，南北宽约 14km，东西长约 66km，面积约 938km^2。大地构造单元属纳赤台蛇绿混杂岩带中段，成矿带处于东昆仑南部成矿亚带内。

1. 成矿地质背景

主要出露地层为古元古代金水口岩群、中元古代蓟县纪万保沟群、底-早寒武世沙松乌拉组、寒武—奥陶纪纳赤台蛇绿混杂岩、早泥盆世雪水河组、晚石炭世—早二叠世浩特洛洼组、晚二叠世格曲组、早三叠世洪水川组、早-中三叠世闹仓坚组、晚三叠世八宝山组等。受变质作用影响，岩石均发生较强的变形变质，蚀变以硅化为主，伴有黄铁矿化、黄铜矿化、孔雀石化、蓝铜矿化、方铅矿化等。构造以北西西向断裂为主，主要发育在灰岩段与板岩段间，断裂带内发育有糜棱岩和断层泥。岩浆岩出露较少，仅局部见晚奥陶世二长斑岩和晚三叠世钾长花岗岩。

1∶20 万化探异常有开荒东 $AS^{235}_{甲2}$ AuAsCuNiCrVCoFe_2O_3 支撑。

2. 成矿特征

目前已发现有格尔木市大格勒沟脑金矿床、格尔木市红石山南金矿床，其他矿床有都兰县开荒北金矿床、格尔木市大格勒沟脑西铜矿点、格尔木市石人山口铅矿点等矿产地 8 处，其中 3 处小型矿床、5 处矿点。主要矿床类型有岩浆热液型、浅成中-低温热液型。成矿时代以三叠纪为主，矿种有金、铜、铅、铀等。工作程度为 1 处详查、3 处普查、4 处预查。矿产分布相对集中，地质工作程度相对中等。该区有 1 家企业开采金矿。区内查明的资源主要为小型规模的金。青海省矿产资源潜力评价预测该区金、稀土找矿潜力较大。

（三）小庙-清水河 Fe、Au、Cu、Pb、Zn、Ag、Mn、Co、U、滑石矿集区（V-26-3-3）

该矿集区位于格尔木市—都兰县交界南部一带，交通较为便利。矿集区呈近东西向展布，东西长约 30km，南北宽约 9.5～15km，面积约 1692km^2。

1. 成矿地质背景

矿集区大地构造单元属纳赤台蛇绿混杂岩带中段，成矿带处于东昆仑南部成矿亚带内。

主要出露地层为古元古代金水口岩群、中元古代蓟县纪万保沟群、寒武—奥陶纪纳赤台蛇绿混杂岩、晚石炭世—早二叠世浩特洛洼组、早三叠世洪水川组、晚三叠世八宝山组等。断裂以近东西向的正断层为主，长度一般 1000～1500m，最长 3450m，断距 200m，对矿体有一定的破坏作用。岩浆岩分布范围广泛，主要有寒武—奥陶纪超基性岩（未分）、辉长岩，晚奥陶世二长石英闪长岩、二长石英岩，早志留世二长石英岩、斑状二长花岗岩，晚志留世闪长石英岩、花岗闪长岩，早泥盆世二长花岗岩、斑状二长花岗岩、斑状钾长花岗岩，中三叠世花岗闪长岩、二长花岗岩等。

化探异常有洪水河中游 $AS_{\text{甲}1}^{221}$ AsCuAuSbAgBaMoCdHg，埃坑德勒斯特东 $AS_{\text{乙}1}^{223}$ U LaSnPbThBeFMo（Y CuBiWNbNiZr）支撑。

2. 成矿特征

目前已发现有都兰县诺木洪郭勒金银矿床、都兰县哈拉郭勒金矿床、都兰县清水河铁矿床、都兰县洪水河铁矿床、都兰县清水河铜矿床、都兰县小庙铁矿床、都兰县三通沟铁矿床、都兰县卜郭勒锰铁矿床、都兰县郭勒铜钴矿点、都兰县清水河滑石矿点等矿产地 28 处，其中中型矿床 3 处、小型矿床 5 处、矿点 20 处。主要矿床类型有岩浆热液型、浅成中-低温热液型、受变质型、变成型。成矿时代集中于中元古代和三叠纪，矿种有铁、金、铜、铅、锌、银、钴、锰、铀、滑石等。工作程度为 1 处勘探、2 处详查、6 处普查，其余均为预查。矿产分布相对集中，地质工作程度相对中等。该区有 3 家企业开采铁、铜、锌、金矿。

截至 2018 年底，区内查明具有中小型规模的主要金属矿产有铁、金、铜、铅、锌、银。青海省矿产资源潜力评价预测该区金、钼、铁具有一定找矿潜力。

（四）巴勒木特尔-抗得弄舍 Au、Cu、Pb、Zn、Ag、Co、石墨、水晶矿集区（V-26-3-4）

矿集区位于都兰县南部及玛多县北部一带，呈近东西向展布，东西长约 89km，南北宽约 14～19km，面积约 348km^2。大地构造单元属纳赤台蛇绿混杂岩带东段，成矿带处于东昆仑南部成矿亚带中。

1. 成矿地质背景

主要出露地层为古元古代金水口岩群、中元古代蓟县纪万保沟群、寒武—奥陶纪纳赤台蛇绿混杂岩、早石炭世哈拉郭勒组、晚石炭世—早二叠世浩特洛洼组、早三叠世洪水川组、早-中三叠世闹仓坚沟组、中三叠世希里可特组等。区内断裂构造较为发育，尤其是北东向者最常见，多发育于万保沟群火山岩与凝灰质碎屑岩的过渡部位。断裂带内蚀变强烈，片理化发育，并有后期脉岩侵入。岩浆活动主要表现为喷发、喷流及沉积的韵律特征。从超基性岩到酸性岩都有出露，时代从中元古代到三叠纪，有中元古代辉长岩，中寒武世辉长岩，早奥陶世花岗闪长岩，中奥陶世闪长岩、二长花岗岩、花岗闪长岩，石炭纪—中二叠世超基性岩（未分）、辉长岩，中二叠世花岗闪长岩，早三叠世花岗闪长岩、二长花岗岩等。

化探异常有下鄂当 $AS^{241}_{甲1}$ NiCuCr，智玉 $AS^{243}_{乙3}$ CrNiNbBeVCuUCo（LaAuMnZnMo），智玉东 $AS^{244}_{乙3}$ Au SrWNiBaCuCrCo（AgVRb）支撑。

2. 成矿特征

目前已发现有玛多县抗得弄舍金多属矿床、都兰县达尔乌拉铁矿床，其他矿床有都兰县督冷沟铜钴矿床、都兰县巴勒木特尔石墨矿床、都兰县泽立坑东石墨矿床、都兰县双雪包石墨矿床、都兰县德龙金矿床、都兰县塔妥煤矿床、都兰县清水泉铬矿点、都兰县达热尔地区金银矿点、都兰县候共儿特铁铜矿点、都兰县卡尔当水晶矿点等矿产地 25 处，其中大型矿床 1 处、中型矿床 1 处、小型矿床 6 处、矿点 17 处。主要矿床类型有海相火山岩型、岩浆型、岩浆热液型、受变质型、浅成中-低温热液型、化学沉积型、变成型。成矿时代以元古宙和三叠纪为主，矿种有金、铜、铅、锌、银、铁、钴、石墨、水晶等。工作程度为 5 处详查、7 处普查，其余全为预查。矿产分布相对集中，地质工作程度相对中等。该区有 1 家企业开采铜、钴矿。

区内查明具有小型规模以上的主要金属矿产有金、铁、铜、铅、锌、钴、银等，非金属矿产有煤、石墨、重晶石。青海省矿产资源潜力评价预测该区金、硫铁、铜、稀土具有一定找矿潜力。

四、向前沟-满丈岗 Au、Ag、Fe、Cu、Pb、Zn、花岗岩成矿亚带（Ⅳ-26-4）

该成矿亚带位于东昆仑造山带与西秦岭造山带的接合部位，围限于哇洪山-温泉断裂、宗务隆山南缘断裂及温泉-祁家断裂之间。北起乌兰县北东，向东南直抵共和、兴海两县界；南从兴海县温泉乡向东到唐乃亥连线的青根河、大河坝河流域约 $6740km^2$ 的三角形区域内。面积约 $12495km^2$。

带内出露的地层主要有古元古代金水口岩群，二叠纪切吉组，三叠纪红水川组、希里可特组、鄂拉山组和新生界。

成矿亚带西部边缘以北北西向具俯冲性质的哇洪山-温泉断裂为界，其东侧出露有规模不大的印支期中酸性岩及燕山期中酸性岩侵入体。除西侧的哇洪山-温泉断裂外，尚有派生的北西、北东及近东西向次级断裂。本带褶皱形态总体为一轴向北西的复背斜，次级褶皱以短轴及线状褶皱为主。

亚带内主要发育印支期中酸性岩浆岩及三叠纪陆相火山岩。岩浆岩主要分布在成矿带的北部和西部，主要侵位于中三叠世希里可特组和晚三叠世鄂拉山组，呈岩基状产出；陆相火山岩为晚三叠世鄂拉山组，在带内大面积分布。岩浆岩的发育为带内接触交代型、岩浆热液型和中-低温热液型矿床的形成提供了必要的条件。

背景场为负磁场场值为-10～25nT，中间为一条强磁性异常带，该带由五六个规模较大的局部异常组成，总的走向为北西向，东段异常走向近于南北向。各局部异常首尾衔接组成不规则的异常带，为中酸性岩体所引起，在局部异常的边缘的弱磁异常部位多见有铁铅锌矿点。

带内分布有 1∶20 万化探综合异常 5 处，其中甲类异常 1 处，乙类异常 4 处。异常主元素有 Au、Ag、Sb、Pb、Cd、Bi 等。

已知矿产有金、铜、铅、锌、银、铁、钨、钼、铀等金属矿产 9 种，白云岩、冰洲石、大理岩、地下水、花岗岩、膨润土、蛇纹岩、砷等非金属矿种 8 种以及水气矿产 2 种。累计发现各类矿产地 67 处，其中大型矿床 1 处、中型矿床 5 处、小型矿床 13 处、矿点 48 处。成矿时代集中在三叠纪。成矿类型以接触交代型、岩浆热液型、浅成中-低温热液型、海相火山岩型和陆相火山岩型为主。

主要成矿地质事件及矿化类型有：与二叠纪海相火山岩有关的铁、铅锌矿化（共和县达纳亥公卡铁铅锌矿床等）；与三叠纪中酸性岩浆侵入活动有关的金、银、铜、铅锌、铁矿化（兴海县满丈岗金矿床等）；与三叠纪含矿流体有关的铜、铅、金、银矿化（共和县泽很错铜金矿床等）；与三叠纪接触交代作用有关的铁、铅、锌、铜、钨矿化（共和县孤山铁矿床等）；与三叠纪陆相火山岩有关的铅、锌、银矿化（兴海县鄂拉山口铅锌银矿床等）。

五、智益-铜峪沟 Cu、Pb、Zn、Au、Ag、Sn、Hg、重晶石、萤石、白云母、煤成矿亚带（Ⅳ-26-5）

该成矿亚带呈东西向展布，为北东向延展的向南东方向凸出的弧形构造带，展布于苦海—赛什塘一带，后期哇洪山-温泉右行走滑断裂和昆中断裂的切错使其错位成明显的北东和南西两段。南西段西、北以温泉-祁家断裂（F21）为界，东以苦海-赛什塘断裂（F22）为界，南以昆南断裂（F18）为界，呈不规则四方形，面积 1568km^2；北东段北以温泉-祁家断裂（F21）为界，南以苦海-赛什塘断裂（F22）为界，西被哇洪山-温泉断裂（F20）截断，温泉-祁家断裂（F21）、苦海-赛什塘断裂（F22）东段相交于兴海县东北部 50km 处，面积 2031km^2。本成矿亚带总面积约 3599km^2。

出露地层主要有古元古代金水口岩群、晚二叠世格曲组、石炭纪—中二叠世苦海-赛什塘蛇绿混杂岩、早三叠世洪水川组、早-中三叠世闹仓坚组和新生界等。

成矿亚带所在区的褶皱形态大体为东西向展布的复式背斜，以同层挤压、线型紧闭褶皱及断裂交错等构造形态为特点。

侵入岩由西向东依次有加里东期的中酸性侵入岩和印支期中酸性侵入岩。带内各种岩体均以规模不大的岩株、岩枝状产出。

共分布有 5 处 1∶20 万化探综合异常，其中甲类异常 2 处，乙类异常 1 处，丙类异常 2 处，异常主元素为 Hg、Cu、Au、Ag、Cd 等。

成矿亚带已知主要金属矿产有汞、金、银、铜、铅、锌、锡、铁、砂金等，非金属矿产有砷、石灰岩、煤、白云母、玉石等，共有矿产地 20 处，其中大型矿床 3 处、中型矿床 2 处、小型矿床 1 处、矿点及矿化点 14 处。带内的成矿类型多为二叠纪海相火山岩型，容矿围岩均为早二叠世海相碎屑岩、中基性火山岩夹碳酸盐建造。

主要成矿地质事件及矿化类型为与二叠纪海相火山岩有关的铜、铅锌、金、锡矿化（兴海县铜峪沟铜矿床、兴海县赛什塘铜矿床等）；与三叠纪含矿流体作用有关的汞、金矿化（兴海县苦海汞矿床等）。

该成矿亚带进一步划分出矿集区 1 处（表 4-2-1）：

矿集区位于兴海县西南部一带，大致呈北西-南东向展布，东西长约 29～41km，南北宽约 26km，面积约 952km^2。大地构造单元属Ⅰ-7-5 苦海-赛什塘蛇绿混杂岩带（CP_2）北东段，成矿带处于Ⅳ-26-5 智益-铜峪沟成矿亚带中。

1. 成矿地质背景

主要出露地层为古元古代金水口岩群，局部为早三叠世洪水川组、早-中三叠世闹仓坚沟组及第四系等，主要含矿地层为苦海-赛什塘蛇绿混杂岩，主要岩性为碎屑岩夹火山岩和少量灰岩。区内断裂构造极为发育，纵横交错，可分为四组，北北西向断层为一组平移断层；北东向和北东东向断层组为逆断层；近南北向和北北东向断层为次一级断层，具有控矿作用；北北东向隐伏断裂带，为一级导矿构造。岩浆岩不发育，仅见大块古元古代变质石英闪长岩侵入体，其他还有晚泥盆世花岗闪长岩、石炭纪—中二叠世辉长岩、中三叠世英云闪长岩、晚三叠世石英闪长岩。

2. 成矿特征

目前已发现有兴海县铜峪沟铜矿床、兴海县日龙沟锡铅锌铜矿床、兴海县赛什塘铜矿床等矿产地 13 处，其中 3 处矿床、10 处矿点。主要矿床类型有海相火山岩型、陆相火山岩型、伟晶岩型、接触交代型、岩浆热液型、砂矿型等。成矿时代以二叠纪为主，矿种有铜、铅、锌、金、锡、铁、银、铋、白云母等。工作程度为 2 处勘探、1 处详查、10 处预查。矿产分布相对集中，地质工作程度相对较高。该区曾有 1 家企业开采铁、铜、铅、锌、金、银、镓、镉、硒、硫铁矿、砷矿。

区内查明具有中型规模的主要金属矿产有铁、铜、铅、锌、锡、金、银、铋、锗、镓、镉、硒、硫铁矿等。青海省矿产资源潜力评价预测该区金、硫铁、钼、铅、锑、铜、钨、锡、锌、银等矿产找矿潜力巨大。

第三节　区域成矿规律

东昆仑造山带经历了复杂的地球动力学演化阶段，具有多期次造山旋回特点，在不同时期响应着超大陆的聚合、裂解事件，呈现独特的微陆块、有限洋盆等大地构造环境及演化特征。东昆仑主要构造演化阶段形成了不同的成矿作用。就金矿而言，东昆仑地区金矿成矿类型主要有岩浆热液型、接触交代型、海相火山岩型、浅成中-低温热液型、沉积型，其中以岩浆热液型金矿为主，接触交代型金矿次之，金成矿既有独立矿种矿床，又有共伴生金矿。其在时间和空间分布上具有明显的成矿规律。

一、成矿时间规律

一个地区矿床在时间上的分布规律往往不均匀地集中在某一个或几个时代，从而可以划分出不同的成矿期。东昆仑地区在早古生代、晚古生代—早中生代是两个连续的构造演化过程。早古生代昆中洋盆经历俯冲-闭合，经陆内造山作用后东昆仑地区又成为复杂的活动大陆边缘，之后受到来自阿尼玛卿洋的俯冲作用，从石炭纪开始陆续存在与洋壳俯冲有关火山喷发和岩浆侵入活动，一直持续到二叠纪末—三叠纪初，阿尼玛卿洋闭合以后开始了陆内造山活动，东昆仑地区上升成陆，与之相应的金矿内生矿作用可划分为前南华纪成矿期、南华纪—泥盆纪成矿期、石炭纪—三叠纪成矿期三个成矿期。

区内金矿成矿作用普遍具有长期性、多期性、多源叠加等特点，大型-超大型矿床尤为突出。区内金矿赋矿岩石涵盖了沉积岩、变质岩、侵入岩和火山岩，赋矿地层层位众多，元古宇—三叠系均有矿化显示，其中以金水口岩群、长城系、青白口系、奥陶系、石炭系、二叠系、三叠系最为重要，岩性以片麻岩、碎屑岩、火山碎屑岩为主，次为碳酸盐岩；含矿侵入岩主要为印支期中酸性花岗岩；含矿火山岩主要为奥陶纪、石炭纪—二叠纪及三叠纪的海相火山岩，岩性以凝灰岩、凝灰质玄武岩、细碧岩为主，次为安山岩。大部分金矿床成矿时代晚于含矿围岩，其成矿物质主要来自深源，成矿与构造-岩浆活动密切相关，时代基本一致，由图 4-3-1 可知，区内金矿主要集中于南华纪—泥盆纪成矿期、石炭纪—三叠纪成矿期，其中以石炭纪—三叠纪成矿期的三叠纪最为重要，50 处金矿床中有 42 处形成于三叠纪，区内暂未发现金矿的时期为前寒武纪、寒武纪、石炭纪。按金矿资源储量，绝大多数为三叠纪金矿，占全区金矿资源储量的 84.52%；其次志留纪占 8.97%，二叠纪占 5.0%，奥陶纪占 0.91%，泥盆纪占 0.59%。按发现矿产地数，成矿具有普遍性的时代依次为三叠纪、奥陶纪、二叠纪，泥盆纪、志留纪发现的矿产地数相对较少。

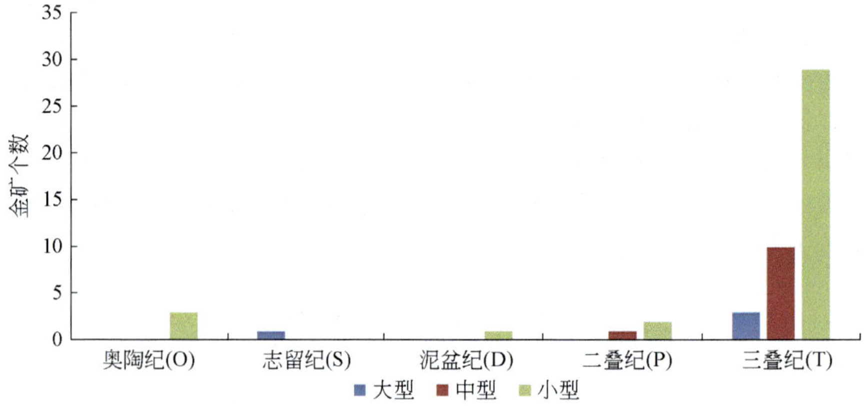

图 4-3-1　东昆仑地区金矿成矿时代统计图

1. 前南华纪成矿期金矿化富集期

该区前南华纪以现今的昆中断裂为界，两侧地质体经历了不同的演化历史。昆中断裂构造以北的柴达木地块在 1400Ma 固结成地台后，其后的中-新元古代形成狼牙山组和丘吉东沟组盖层沉积，昆中断裂以南中元古代形成了大洋玄武岩高原的万保沟群，该时期沉积地层形成的同时也形成了东昆仑地区 Au 元素较为富集的矿源层，为东昆仑成矿带后期金成矿作用奠定了重要的物质基础。

2. 南华纪—泥盆纪成矿期

南华纪—泥盆纪是东昆仑造山带内重要的构造活动期，早期柴达木地块南缘从被动陆缘转为活动陆缘，并形成完整的沟-弧-盆体系，东昆北弧后裂陷形成。同时，南侧的万保沟大洋玄武岩高原也发育了相应的沟-弧体系。与之相对应的是形成了大量的基性火山岩及有关的热水喷流沉积岩，如东昆北带内肯德可克矿区硅质岩和东昆南带内驼路沟矿区的硅质钠长质岩等，并发生了相应的金多金属成矿作用；它们或形成有利的矿源岩（肯德可克），为后期叠加成矿奠定物质基础，或直接形成工业矿床（驼路沟），其范围主要涉及昆北复合岩浆弧和纳赤台蛇绿混杂岩带两个三级构造单元，主要成矿作用为钴、金、铜矿的海相火山岩型成矿作用。

晚期万保沟大洋玄武岩高原沿东昆中俯冲带与柴达木地块拼贴，使东昆北早古生代弧后裂陷带封闭，洋壳俯冲带南移至现今的东昆南断裂带。此时，东昆仑南、中、北三分构造格局形成。伴随着玄武岩高原的拼贴和柴达木地块增生作用的进行，发生了同期的同碰撞花岗质岩浆活动，并形成了相关的侵入体和热液成矿作用，如打柴沟金矿等。但需要指出的是，由于此次万保沟大洋高原与柴达木地块的碰撞、拼贴属软碰撞性质，所以该时期的花岗质岩浆活动并非十分强烈。同时，因后期东昆仑地区一直处于抬升剥蚀状态，不易保存浅成金矿床。

总之，南华纪—泥盆纪成矿作用，最具潜力的应是东昆北、东昆南构造带内与热水喷流沉积作用有关的钴、金、铜矿，与晚期花岗岩质岩浆侵入活动有关的高温钨、锡、铋矿化也有一定潜力（潘彤和孙丰月，2003）。

3. 石炭纪—三叠纪成矿期

石炭纪—二叠纪时，洋壳俯冲带已从东昆中俯冲带迁移到东昆南俯冲带，在东昆北、东昆中和东昆南三个带中均形成与洋壳俯冲作用有关的花岗质岩浆侵入活动，尤其在东昆中带更是如此，构成东昆中巨型花岗岩带的主体。伴随花岗质岩浆活动，应有与之相关的热液成矿作用，并形成相关的矿床（点）。同时，局部由于弧后裂陷槽形成时发育了一定的海相基性火山岩，相伴发生了相应的金多金属成矿作用，形成了有关的海相火山岩型金多金属矿床（铜峪沟铜矿、赛什塘铜矿床），但我们认为海西期在东昆仑不是重要的成矿期，主要是因为：第一，海西期并非重要的构造转折期，东昆仑地区在海西—印支期同属于一连续的地质演化过程；第二，因后期抬升剥蚀作用，海西期花岗质岩石绝大多数呈岩基形式产出，不利于热液矿化的形成与保存（孙丰月等，2003）。

三叠纪是区内最重要的成矿期，早期东昆仑南侧的巴颜喀拉洋封闭，整个东昆仑地区转入陆内演化阶段的重要时期，该期发生了强烈的构造岩浆活动，为东昆仑成矿作用提供了重要的地质前提。

进入晚期以后，随着巴颜喀拉洋的最后封闭，整个地区发生强烈的壳-幔相互作用，并开始从挤压构造体制向伸展构造体制转化，通过岩石圈拆沉及幔源岩浆的底侵作用，区内岩石圈减薄，为大量的幔源物质参与该区的岩浆活动和成矿作用提供了重要基础，形成一系列热液矿床。我们认为东昆仑地区印支晚期的地球动力学条件和成矿作用特征及其重要性，可与燕山期在中国东部的地位相媲美。该期成矿作用发生于东昆北、东昆中、东昆南构造带中，该成矿期内金矿具有极为重要的意义，矿床类型以与印支晚期中酸性侵入岩有关的岩浆热液型金、铜矿为主。

总之，东昆仑地区金矿床（点）成矿时代主要集中于奥陶—志留纪、泥盆纪、二叠纪及三叠纪(图 4-3-1)。前南华纪沉积地层主要形成了东昆仑地区 Au 元素较为富集的矿源层，为东昆仑成矿带后期金成矿作用奠定了重要的物质基础；南华纪—泥盆纪同样是以形成 Au 高背景地层为主，同时在局部形成了与同碰撞花岗质岩浆活动相关的热液成矿作用；石炭纪—二叠纪由于弧后裂陷的发育局部形成了与海相火山岩相应的金多金属成矿作用；而三叠纪是区内最重要的金矿成矿期，形成了一系列与构造背景相对应的金矿床。东昆仑地区部分金矿床显示具有多期次叠加成矿特征，反映主成矿时代由北向南、由东向西，显示由老到新的趋势，以及成矿作用和构造演化的一致性。

二、成矿空间规律

（一）各构造单元金矿产分布情况

东昆仑金矿分布相对较广泛，主要集中分布在 5 个Ⅲ级构造单元内（表 4-3-1）。从矿床（点）数量来看，金矿床（点）集中分布于昆北复合岩浆弧（O—T_3）Ⅲ级构造单元内，共有 28 处金矿床，占东昆仑总数的 56.00%；从查明资源量来看，昆北复合岩浆弧（O—T_3）Ⅲ级构造单元内查明金资源量占东昆仑金资源总量的 70.53%；其次为纳赤台蛇绿混杂岩带（Pt_2、∈—O）、鄂拉山陆缘弧（P—T）、苦海-赛什塘蛇绿混杂岩带（C—P_2）3 个Ⅲ级构造单元，查明金资源量分别占资源总量的 17.77%、6.41%和 5.03%。

表 4-3-1 东昆仑金矿床空间分布表

构造单元	矿产地数量/个					占资源总量/%
	合计	超大型	大型	中型	小型	
Ⅰ-7-1 祁漫塔格-夏日哈岩浆弧（O—T_3）	4	0	0	0	4	0.25
Ⅰ-7-3 昆北复合岩浆弧（O—T_3）	28	0	3	9	16	70.53
Ⅰ-7-4 鄂拉山陆缘弧（P—T）	3	0	0	1	2	6.41
Ⅰ-7-5 苦海-赛什塘蛇绿混杂岩带（C—P_2）	4	0	0	1	3	5.03
Ⅱ-1-1 纳赤台蛇绿混杂岩带（Pt_2、∈—O）	11	0	1	0	10	17.77
合计	50	0	4	11	35	100

（二）区域金矿分布规律

东昆仑造山带经历了复杂的造山过程和构造-岩浆-成矿作用，近东西向 3 条断裂带将东昆仑地区划分为 3 个东西向构造单元或成矿亚带，各成矿亚带经历了不同的地质演化历史，发生了不同的构造岩浆活动，控制了各类成矿作用的发生，为金及多金属成矿作用提供了有利的背景条件，不同构造单元中成矿作用、主要矿种及矿床（点）空间分布规律具有不同的特点。

1. 岩浆弧金矿产分布规律

主要包括祁漫塔格-夏日哈岩浆弧、鄂拉山陆缘弧 2 个构造单元。时间上前寒武纪无明显的金矿成矿作用，从早古生代早期开始处于拉张裂解环境，相对洋壳环境其热水沉积成矿作用较弱，该阶段热水沉积更多地形成了有利的矿源层，为该区后续形成多类型金矿叠生或共存提供了有利条件，早古生代晚期裂陷槽闭合造山后，在前期热水沉积的基础上，经海西期和印支期构造-岩浆作用的叠加，发生了岩浆热液型及夕卡岩型金多金属成矿作用。空间上，热水沉积-后期岩浆热液叠加改造型金多金属矿主要分布于二叠纪海相火山岩地层中，夕卡岩型金多金属矿床（点）主要产于早古生代、石炭纪、二叠纪碳酸盐岩与中酸性侵入岩接触带部位，岩浆热液型金多金属矿主要分布于三叠纪中酸性火山岩地层内的构造破碎带内。

2. 复合岩浆弧金矿产分布规律

主要涉及昆北复合岩浆弧 1 个构造单元，该构造单元出露地层以早古生代的碎屑岩和火山岩为主，并有元古宙岩块或块体包容在其内，始于晚泥盆世的陆相碎屑岩和中酸性火山岩岩石组合为盖层沉积，之上为分布较广的滨浅海相石炭纪沉积的碎屑岩和碳酸盐岩，其次为分布较广的三叠纪陆相中酸性火山岩。岩浆岩非常发育，以呈岩基产出的印支期中-酸性侵入岩为主，其中亦有较多的呈岩株状产出的海西期和燕山期的钾长花岗岩体。该构造单元内断裂构造对金成矿的控制作用显著，所有浅成中-低温热液型及岩浆热液型金多金属矿床（点）均分布于大型北西-近东西向韧性剪切带两侧次级（或后期叠加）北西向、北东-北东东向和近南北向断裂构造内，如五龙沟、沟里等金矿矿集区皆显示该特征，地层岩性对此类金矿的控制作用不明显；构造单元内中酸性岩体分布广泛，其与古元古代、奥陶纪、三叠纪碳酸盐岩和中基性火山岩的接触部位分布有接触交代型金多金属矿。

3. 蛇绿混杂岩带金矿产分布规律

该带主要涉及纳赤台蛇绿混杂岩带、苦海-赛什塘蛇绿混杂岩带 2 个构造单元，为海-山拼合带，早古生代沿昆中断裂带扩张形成洋盆，发育奥陶纪纳赤台蛇绿混杂岩，发生了以热水沉积为主的海相火山岩型金多金属成矿作用；在早古生代晚期洋盆闭合造山后，于晚古生代晚期又发生了短暂的拉张裂陷和闭合，时间主要集中于二叠纪—三叠纪，形成了苦海-赛什塘蛇绿混杂岩，伴随区域拉张运动形成了相应的海相火山岩型金多金属矿成矿作用和俯冲碰撞有关的岩浆热液型及接触交代型金多金属成矿作用。空间上，与喷流沉积作用有关的海相火山岩型金多金属矿均分布于纳赤台蛇绿混杂岩带和苦海-赛什塘蛇绿混杂岩带的海相火山沉积岩系内，与带内碎屑岩和中酸性火山岩组合关系密切；而与岩浆活动相关的岩浆热液型金多金属矿床仍然受脆韧性断裂构造控制明显，矿床（点）均分布于大型北西-近东西向韧性剪切带两侧次级或后期叠加其内的北西向、北东-北东东向和近南北向断裂构造内，地层岩性对其控制作用不明显；而与岩浆活动相关的接触交代型金多金属矿床则受地层和岩性控制明显，但该类型金多金属矿在本带内成矿作用较弱，目前发现的矿床仅有都兰县清水河铜矿床，伴生 Au 资源量约 30kg，主要分布于中酸性侵入岩与金水口岩群大理岩接触带部位。

三、区域金矿成矿作用时空分布特征

根据上述区域金矿时间和空间分布规律结合成矿作用类型可知，东昆仑地区金矿成矿作用类型由北西到南东也具有明显的变化特征。区内由北西肯德可克-它温查汉-哈西雅图西段区域金矿成矿主要类型均为接触交代成因类型的金多金属矿床（点），其成矿时代主要集中于三叠纪；大灶火-纳赤台-大格勒沟脑中西段区域金成矿主要类型均为浅成中-低温热液型金矿（点），其成矿时代主要集中于奥陶纪；大格勒沟-五龙沟-那更康切尔中东段区域金成矿作用类型主要为岩浆热液型金矿床（点），其成矿时代主要为三叠纪；抗德弄舍-日龙沟-赛什塘东段区域金成矿主要类型为海相火山岩型金多金属矿床（点），主要成矿时代为二叠纪—三叠纪。总体来说，东昆仑地区金矿呈现出了不同成矿类型分段富集的特征。

四、成矿流体与金富集规律

东昆仑地区脉型金矿主要分布于约 240～227Ma 的同碰撞和碰撞后环境中。典型分布于低 $\varepsilon_{Hf}(t)$值区［$\varepsilon_{Hf}(t)$=8.4～3.5］，中元古代 T_{DM} 年龄（T_{DM}=1355～1821Ma），地壳厚度较厚（40.1～48.9km）。厚地壳区更容易发生变形和断裂作用，为脉状金矿床的形成创造必要的构造条件（Groves et al.，1998，2005）。此外，由于渗透率降低和流体包裹的可能性增加，厚地壳区域可能保留含金流体（Bierlein et al.，2006）。东昆仑造山带脉状金矿床在空间和时间上与中三叠世岩浆作用有关，岩浆作用为金成矿提供了成矿流体和成矿金属（Liang et al.，2021；Wu et al.，2021）。因此，厚地壳区以其独特的地质构造特征，为碰撞期脉状金矿床的形成提供了有利的环境。

深部热液 Ag-Pb-Zn-(Au)矿床形成于同碰撞环境和后碰撞环境。含矿花岗岩 $\varepsilon_{Hf}(t)$值较低［$\varepsilon_{Hf}(t)$=24.6～1.0］，T_{DM} 年龄较老（T_{DM}=1191～2810Ma）。这些同位素特征表明，与 Ag-Pb-Zn-(Au)矿床有关的岩浆活动起源于古地壳的部分熔融，以及地幔成分的输入（Zhang et al.，2016b）。然而，超热 Ag-Pb-Zn-(Au)矿床在同碰撞环境中，成矿作用位于大陆地壳较厚的部分（37.7～46.2km）。相反，在碰撞后环境中，此类超热液 Ag-Pb-Zn-(Au)矿床位于地壳厚度较薄（26.2～38.5km）的区域。同、后碰撞环境中 Ag-Pb-Zn-(Au)浅成热液成矿的同位素特征相似。但地壳厚度不同，可能与古地壳熔融机制不同有关，类似于中、晚三叠世斑岩成矿的岩浆作用。

第五章　东昆仑金矿成矿系列

第一节　成矿系列研究现状

矿床学研究的最终目的是总结成矿规律，由已知到未知，预测找矿方向、找矿靶区，指导找矿勘查部署。

矿物的使用可以追溯到史前文明。早在中国的夏商时代人们就已经掌握了冶炼技术，开始了铜矿、铁矿开采和青铜制造；公元前 14 世纪古埃及法老图坦卡蒙死后所戴黄金面具是古老民族矿床开采和加工技术的实证，也是其文明发达程度的象征。16 世纪是矿床地质学创建之始，1556 年 G. 阿格里科拉在《论金属》中提出矿脉是从循环于裂隙的溶液中沉淀出来的。稍晚，丹麦 N.斯泰诺等认为，地球内部的喷气作用从深部带动金属上升而使其沉淀在裂隙中；18 世纪晚期，火成论者 J.赫顿和水成论者 A. G. 维尔纳的两种对立观点和长期论战统治了矿床地质学的思路（薛春纪等，2006）。

1841 年，法国 G. A. 多布雷开始以实验方法研究矿床，这标志着矿床学的研究进入一个新的发展阶段。1900 年，洛奈报道了矿脉中矿物组分向下变化分带后，又于 1905 年初步提出成矿系列的概念。1907 年，林格伦提出矿床成因分类，并陆续加以完善（袁见齐等，1985）。20 世纪 20 年代，Emmons（1924）提出矿床地热分带的观点，自岩体向外因受地热梯度的控制，形成了金属分带次序：Sn-W-Bi-As-Cu-Zn-Pb-Ag-(Au，Ag)-Sb-Hg。以上是成矿系列概念的雏形，其所指为矿床矿物组分变化分带，研究的内容主要是温度、压力与表生作用对矿物分带的制约，在研究的维度和矿床间成因联系等方面具有很大的局限性。

在我国区域成矿规律研究中首先使用成矿系列名词的是翁文灏先生，他在 1920 年发表的《中国矿产区域论》文章中论述中国南方矿床分带时用了此名词，1927 年翁文灏研究砷矿物时提出华南成矿系列。1974 年，陈毓川、李文达等在研究宁芜地区中生代火山岩型铁矿时，对与火山作用有关形成的各类铁矿及非金属矿建立了宁芜铁矿区域成矿模式。1975 年程裕淇先生在研究全国铁矿类型时，提出一个地区同时可存在几种有内在联系的铁矿类型，并取名为铁矿成矿系列（程裕淇等，1976）。程裕淇等（1979）发表了《初论矿床的成矿系列问题》，提出成矿系列的概念，并提出了 19 个矿床成矿系列，强调对矿床的研究是从区域地质的发展历史角度来考虑，彼此之间存在着内在的联系，并构成一个四维成矿整体，即一个矿床成矿系列，并明确是在“一定的地质历史时期”“一定的地质单元”“一定的主要地质作用”下，形成“含有一定的有用组分”的“矿床类型组合”（陈毓川等，2020）。成矿系列是用系统论、活动论观点研究在地球演化各阶段、各特定地质构造环境中的地质成矿作用过程及形成的矿床类型组合自然体（程裕淇等，1979），这是矿床学研究的中国自主创新理论，或者说是为“成矿系列”这一名词给出了中国定义和内涵。

陈毓川等在《三论矿床的成矿系列问题》中进一步定义：成矿系列是矿床地质学科中

研究区域成矿规律的一种学术思想，用系统论、活动论观点研究在地质历史发展各阶段、各特定地质构造环境中成矿作用的过程及形成的矿床组合自然体（陈毓川等，2006），亦是地球系统四维成矿论（陈毓川等，2020），这是对这一创新理论的继承和发展。

成矿系列研究冲破了过去矿床研究中只注重单个矿床类型的倾向，而以联系的观点作指导，既考虑成矿过程中的演化特征，又注重地质局部异常对矿化类型的控制作用。从矿床个体成因研究发展到成矿系列研究，可以认为是矿床成因分类研究史上的一个突破。成矿系列研究给地学工作者树立起了一个整体观念，根据已知矿床，找寻未知矿床，因而能起到扩宽找矿思路、明确找矿方向的作用。

在国外，也曾有学者提出类似成矿系列的观点。X. M. 阿伯杜拉也夫 1960 年划分了地槽、地背斜、过渡带和地台等大地构造单元的 4 个成岩成矿系列，并进一步划分了与岩浆建造有关的矿床成因系列。П. А. 斯特罗纳 1978 年系统论述了“含矿建造”，划分了含矿建造类型。她明确指出，含矿建造是稳定的矿床组合，而不仅仅是狭义的、具体的矿石建造。就其含矿建造的定义，是相当于成矿系列或矿床成矿系列的。1982 年 В. И. 斯米尔诺夫提出了岩浆、变质和沉积 3 大成矿系列。

20 世纪 80 年代以来，我国地勘单位广大地质工作者应用成矿系列创新理论开展成矿规律研究、预测靶区，指导找矿工作部署，在找矿勘查中取得了显著成果，各大科研院所的专家学者对成矿系列也开展了广泛深入的研究，在各类成矿系列中，研究较深入的是与岩浆和热液作用有关的成矿系列。因为这方面矿产勘查和研究的资料很丰富，成矿系列表现也较明显和全面，有较多研究成果（陈毓川，1983；陈毓川等，1989；夏宏远等，1991；翟裕生，1992；毛景文等，1998 及其他）。陶维屏（1989，1994）系统论述了中国非金属矿产的成矿系列。在成矿系列内涵方面，翟裕生和熊永良（1987）提出了成矿系列结构概念，包括分带性、阶段性、过渡性、重叠性、互补性等结构形式，以表示一个成矿系列内部各矿床类型间的时空、物质和成因联系。程裕淇等（1983）提出了成矿系列的序次及其含义及矿床成矿系列的继承性、后期改造等问题；陈毓川等（1995）提出了矿床成矿系列类型的概念；王登红等（2002）将矿床成矿系列在区域内的演化归结为成矿谱系。

1999～2004 年中国地调局组织开展了“中国成矿体系和区域成矿评价”大调查综合研究项目，该项目组织了 40 个科研、教学、地勘单位的 200 多位科技骨干参加，其中包括 7 位院士，较系统地综合研究了全国及各省、区的区域成矿规律问题，取得了丰硕成果，其中对成矿系列的研究达到了新高度，进一步完善了成矿系列的概念，在全国建立了 214 个矿床成矿系列，434 个矿床成矿亚系列，978 个矿床式，编制了第二代全国前寒武纪、古生代、中生代及新生代成矿系列图。该项成果在 2007 年获得国家科学技术进步奖二等奖。

陈毓川等（2020）发表《论地球系统四维成矿及矿床学研究趋向——七论矿床的成矿系列》一文，回顾了矿床学的发展轨迹，阐述了“成矿系列——地球系统的四维成矿”的学术思想和概念理论，并总结了成矿系列概念的六个方面新认识：“突出成矿的时间域”，“突出成矿的地质构造环境”，“对成矿作用按不同性质不同环境划分为 5 类”，“对矿床的研究，除对矿床本身的传统研究外，给予在自然界中的定位”，“在矿床分类领域，开创性地提出矿床自然分类，开拓了矿床分类的新领域”，“提出矿床成矿系列‘全位成矿，缺位找矿’的预测思维”。提出成矿系列研究的主要内容要拓展到“从全球视野，研究地球系统四维时空域中的区域成矿”，充分应用与区域成矿有关的各类地质学科知识及最新成果，研究与厘定地球系统演化各时段、各地段客观存在的“三同四一体”的矿床类型组合自然体——矿床成矿系列（陈毓川等，2020）。

我国矿床成矿系列的研究起步较早、起点较高、成果显著，居于国际同类研究的前列。在新一轮找矿突破战略行动中，为了更有成效地运用成矿系列理论指导勘查工作部署和找矿，需要加强对主要成矿区带成矿系列形成机理和结构特征的研究，提升对成矿系列的形成条件、控制要素、形成过程及其动力学机制的研究认识，提高区域成矿预测精准度和验证找矿的成功率。

第二节　青海省成矿系列研究现状

青海省成矿系列研究起步相对较晚，最早涉足于 20 世纪末，代表性的成果是 1990 年完成的《青海省区域矿产总结》，在对青海省主要矿床的成矿规律进行了全面分析探讨的基础上，建立了成矿作用在不同成矿期次及地质构造环境中的成矿系列，提高了区域矿产研究程度。进入 21 世纪以来，先后有不少学者、专家、团队开展了青海省全矿种或某一构造单元多矿种、全域某一矿种的成矿系列研究。

2005 年青海省国土资源厅编写的《青海省第三轮成矿远景区划研究及找矿靶区预测》，通过对 336 个矿床实例研究，划分出 4 个矿床成矿系列组合、15 个矿床成矿系列类型、37 个矿床成矿系列、21 个矿床成矿亚系列，并以此建立了青海省成矿谱系图。杨生德等（2013a）通过对包括铁、铜、金、镍、钨、铬、稀土、钾、硼、锂等 23 个主要矿种实例的研究，划分出 68 个矿床系列（组）家族、115 个成矿系列、83 个代表性矿床式，并编制了成矿谱系图。上述成矿系列的研究划分，都是以矿床实例为主线，在矿床成矿地质构造环境、典型矿床特征研究的基础上，从矿床的成矿作用、成矿环境和成矿时间以及空间组合关系进行了成矿系列的厘定。

潘彤等（2005）对东昆仑成矿带钴矿成矿系列进行了深入研究，探讨了东昆仑成矿带的成矿动力学演化；在对肯德可克钴铋金矿、驼路沟钴金矿、督冷沟铜钴矿的矿床（点）的控矿因素和成矿特征研究的基础上，首次提出并建立东昆仑成矿带钴矿成矿系列和成矿模式。

赵俊伟（2008）对青海东昆仑造山带造山型金矿成矿系列进行了研究，认为该区产出的金、锑（金）及含金汞矿床具有相似的地质-地球化学特征，为典型的造山型金矿床；在确定各典型金矿床成矿深度的基础上，首次建立了该区造山型金矿床由浅成（苦海）—中浅（大场、东大滩）—中深成（开荒北、五龙沟、纳赤台）的金矿地壳连续成矿模式，并总结了东昆仑造山带造山型金矿成矿系列、成矿规律，建立了金矿区域成矿模式。

丰成友等（2012）在系统总结柴达木周缘成矿地质背景、矿床类型、成矿规律的基础上，以内生矿床中的岩浆作用矿床为主，初步划分了柴达木周缘 5 个金属矿床成矿系列。

谭文娟等（2013）对祁连成矿省成矿系列进行了初步划分，以祁连成矿省划分的 4 个Ⅲ级成矿带为基础，初步将祁连成矿省划分为 24 个成矿系列家族，并进一步划分为 47 个成矿系列。

杨生德等（2013b）通过“潜力评价”项目，针对铁、铜、铅、锌、金、镍、锡、钼、钨、锰、银、铬、钒、钛、自然硫（硫铁矿）、稀土、磷、煤、萤石、菱镁矿、钾、硼、锂等 23 个主要矿种实例进行了研究，划分出 68 个矿床系列（组）家族、115 个成矿系列、83 个代表性矿床式，按成矿省编制了成矿规律谱系图。

乔耿彪等（2014）采用杨合群等（2012）提出的与各类地质建造有关成矿系列细化为同生成矿系列、准同生成矿系列、后生成矿系列和表生风化成矿系列等类别，对阿尔金成矿带成矿系列进行了划分，并构建了阿尔金成矿带中各亚带的 11 个成矿系列家族和 16 个成矿（或矿化）系列。

潘彤（2015，2017，2018，2019）将青海省金矿成矿划分为前寒武纪、早古生代、晚古生代—早中生代、晚中生代和新生代 5 个成矿期，结合典型金矿特征，首次建立了青海省金矿成矿系列，划分了 20 个金矿成矿系列（组），厘定了东昆仑成矿带黑色金属、有色金属及贵金属等 5 个矿床成矿系列。以区域成矿规律为主线，系统阐述了青海省成矿单元划分方案，将青海成矿单元划分为秦祁昆和特提斯 2 个Ⅰ级成矿域，北祁连、柴达木盆地、东昆仑、西秦岭西、可可西里-巴颜喀拉、三江北西延 6 个Ⅱ级成矿省，16 个Ⅲ级成矿带和 41 个Ⅳ级矿带。在对青海以已查明资源储量的能源矿产、金属矿产、非金属矿产为主的成矿规律进行总结的基础上，据青海构造演化、岩石建造组合及矿产特征，进一步厘定青海省矿床成矿系列，划分出 33 个成矿系列（组）、91 个成矿亚系列、60 个矿床式，进一步丰富了青海省矿床成矿系列研究内容。

张爱奎等（2019）对青海省铁矿时空分布、成矿系列和成矿模式进行了研究，将青海省铁矿床划分为 9 个成矿系列，建立了元古宙沉积变质型、寒武纪—奥陶纪海相火山-沉积型、二叠纪—三叠纪海相火山-沉积型、三叠纪接触交代夕卡岩型 4 个主要成矿系列的成矿模式。

潘彤等（2019）在柴达木盆地南北缘以地质成矿作用划分矿床成矿系列组合，共划分出 3 个组合，即岩浆、沉积和变质成矿作用成矿系列组合；据柴达木盆地南北缘矿床成矿时代划分为前南华纪、早古生代早期、早古生代晚期、晚古生代、中生代 5 个时期；将柴达木盆地南北缘划分出 8 个矿床成矿系列，同时划分出 13 个矿床成矿亚系列、19 个矿床式。

青海省第四地质勘查院（2020）据柴北缘及邻区大地构造演化与成矿的特点，划分为 5 个成矿单元，厘定出成矿系列组 33 个、矿床成矿系列 60 个、亚系列 51 个、矿床式 35 个。

2014 年至今，由青海省地质矿产勘查开发局潘彤主持实施的《中国矿产地质志·青海卷》研编项目，基于矿床成矿系列理论，以构造-流体-成矿体系为统一体系，全面系统梳理了青海省成矿单元、成矿规律、成矿系列等内容，划分出青海省矿床 8 个成矿系列组、42 个成矿系列、97 个成矿亚系列、61 个矿床式。

李世金等（2022）根据青海省“358 地质勘查工程”及找矿突破战略行动实施以来取得的矿产勘查成果，通过系统梳理总结已发现的 137 种矿产、895 处矿床和 4597 处矿（化）点的成矿地质构造环境、成矿地质条件、成矿特征、成矿作用、成因类型、成矿时代及成矿规律，运用陈毓川等提出的成矿系列理论，按照 5 个成矿系列序次（层次），划分出青海省主要矿床成矿系列组 14 个、成矿系列 46 个，成矿亚系列 76 个和矿床式 131 个。最后提出了最具找矿前景的11个成矿系列组、25个成矿系列、44个成矿亚系列及其63个典型矿床式。

李善平等（2022）撰写的《柴达木盆地北缘稀有及贵金属成矿系列和找矿方向》，以成矿系列理论及其新进展为指导，在区域成矿地质背景、成矿地质条件、成矿时段、成矿规律、成矿模式等方面取得了新认识，阐明了柴北缘成矿带区域构造演化与金、稀有金属矿成矿系列的关系，进而将柴北缘成矿带金、稀有金属矿厘定出矿床成矿系列组合4个，矿床成矿系列5个，矿床成矿亚系列10个，矿床式9个。圈定9处金矿找矿靶区9处、稀有金属矿找矿靶区42处。

张勤山等（2022）以成矿系列理论为指导开展了“青海省金矿成矿系列”课题研究。通过深入分析青海省成矿动力学演化过程，系统总结了金成矿地质构造环境，深化了金矿成矿作用研究，结合典型金矿床（点）地质背景、控矿因素、成矿年代及成因等特征，建立了青海省金矿成矿系列。将青海省大地构造划分为前南华纪基底演化（AnNh）、南华纪—泥盆纪原特提斯洋演化（Nh—D）、石炭纪—三叠纪古特提斯洋演化（C—T）、侏罗纪—白垩纪新特提斯洋演化（J—K）、古近纪—第四纪高原隆升共5个阶段，梳理总结出7个主要成矿地质事件、4个金矿成矿旋回和5个金矿主成矿期。首次开展了青海省金矿单矿种成矿单元和成矿系列的划分，重新划分为5个二级成矿单元、7个三级成矿单元、17个四级成矿单元，厘定出青海省金矿成矿系列组5个、成矿系列17个、成矿亚系列19个、矿床式20个。

薛万文等（2023）在《中国矿产地质志·青海卷》研编项目成果的基础上，结合“青海省潜在矿产资源评价”项目最新成果，以成矿系列理论为指导，编著出版《青海铅锌矿》，结合青海省铅锌矿成矿条件、时空分布规律，首次建立了15个铅锌矿成矿系列、23个矿床成矿亚系列和31个矿床式，划分了11个铅锌矿产集中区。

《中国矿产地质志·青海卷》研编项目，根据青海省成矿特点，按5个构造-成矿旋回，以Ⅱ级成矿省为基础，以5大地质成矿作用为主线，厘定矿床成矿系列和成矿亚系列，以及相应的矿床式和相关的地质成矿信息。在此基础上，再划分成矿系列组。共厘定出16个成矿系列组、48个成矿系列、114个成矿亚系列、155个矿床式。其中秦祁昆成矿域划分出10个矿床成矿系列组、32个矿床成矿系列、77个亚系列、129个矿床式；特提斯成矿域划分出6个矿床成矿系列组、16个矿床成矿系列、37个亚系列、26个矿床式。

青海省矿床成矿系列厘定，在遵循陈毓川等矿床成矿系列理论的前提下，建立了符合青海省实际特点的成矿系列划分原则，以全矿种、全矿产、全时域为研究对象，进行了成矿系列的建立，丰富和完善了成矿系列理论，是对中国成矿系列理论的重要实践。

第三节　东昆仑金矿成矿系列划分

一、金矿成矿系列划分的依据

针对成矿系列的四要素，本次东昆仑金矿成矿系列研究，时间一般以大地构造旋回为限；空间采用《中国矿产地质志·青海卷》研编成果确定的三级构造单元为范围，也就是相当于三级成矿单元（成矿区带）的范围；矿床成矿系列划定的最关键因素是成矿作用（陈毓川等，2016），地质成矿作用的确定原则是每一个矿床成矿系列以一种主导的地质成矿作用来构筑（陈毓川等，2006），本次划分应用陈毓川等（2016）《矿床成矿系列——五论矿床的成矿系列问题》一文提出的三大类成矿作用：岩浆成矿作用、沉积成矿作用和变质成矿作用。考虑到成矿条件及成矿作用性质的不同，从传统的沉积成矿作用中分出了表生成矿作用（指在地表大气圈范围内风化淋滤等物理、化学、生物作用有关的成矿作用）作为独立的一类，而沉积成矿作用限于在水体中的成矿作用。另外，新增加了一类在地壳中与岩浆、变质作用无关的包括成因暂时不明的矿床（陈毓川等，2006）流体成矿作用，一般是中-低温的含矿流体成矿。因此，成矿作用可以分成五类，矿床成矿系列因成矿作用的不同亦可分为五类，并相应组成五类矿床成矿系列组合（陈毓川等，2016）。成矿系列划分重点参照陈毓川等（2006，2015，2016，2020）提出的矿床成矿系列划分 5 个序次来研究（表 5-3-1）。东昆仑金矿成矿系列的划分主要涉及岩浆成矿作用，次为流体成矿作用和沉积成矿作用。

表 5-3-1 矿床成矿系列序次划分表

序次	名称	含义
第 1 序次	矿床成矿系列组合	由不同地质成矿作用各自所形成的矿床成矿系列集合（本书采用）
	矿床成矿系列类型	不同时代、不同地区，在类似的地质构造和同类成矿作用下，形成的各具特色的矿床成矿系列
	矿床成矿系列组	在一个成矿区带内，同一个大地构造旋回活动过程中，在不同阶段、不同大地构造环境条件中形成的各种成矿系列的组合
第 2 序次	矿床成矿系列	在特定的四维时间-空间域中，由特定的地质成矿作用形成的有成因联系的矿床组合
第 3 序次	矿床成矿亚系列	地质构造区较大，形成时间相对较长，而不同地段成矿的地质构造条件有一定差异形成的矿床组合构成成矿系列内的成矿亚系列
第 4 序次	矿床式	矿床成矿系列中由相同成因和相似的矿物构成的矿床类型组成一个矿床式，一般常以其中的代表性矿床来命名
第 5 序次	矿床	单个矿床作为成矿系列最基础的组成单元（工作程度低的地区，矿点、矿化点可列入研究范围）

二、金矿成矿系列划分的原则

（1）成矿系列就是矿床的自然分类。把自然界形成矿床的主要因素（时间、空间和成矿作用）作为分类原则，将具有同样因素的矿床归为一类，就是矿床成矿系列实体，亦是矿床自然分类中的基本单元；然后，把这些基本单元按成矿作用，归类为矿床成矿系列组合；再对基本单元按次级地质构造环境、成矿作用期次阶段等因素进行科学分解，构成基本单元的次级单元：亚系列、矿床式、矿床（陈毓川等，2020）。

（2）遵循“三同四一体”原则，即：同时段、同地质构造环境、同地质作用成矿作用，在“一定的地质历史时期”“一定的地质单元”“一定的主要地质作用”下，形成“含有一定的有用组分的矿床类型组合”。

（3）以《中国矿产地质志·青海卷》构造单元划分、成矿构造演化旋回及相关统计数据和研究成果为基础，以成矿时代为主线，按矿床成因类型和成矿构造演化旋回，厘定东昆仑金矿成矿系列，突出东昆仑不同时段不同构造环境金成矿特色。

（4）重点突出岩金矿产，兼顾重要的共伴生金矿产。

（5）矿床式建立以引用已有典型矿床资料为主，对有新成果认识的进行补充完善，无典型矿床的以工作程度高的矿床（点）建立。

三、金矿成矿系列划分的方法

（一）成矿序次划分方法

矿床成矿系列划分为 5 个序次（层次）：矿床成矿系列（组合、类型、组）→矿床成矿系列→矿床成矿亚系列→矿床式（矿床类型）→矿床。

第 1 序次：可分出三类，即矿床成矿系列组合、矿床成矿系列类型、矿床成矿系列组，本书按成矿作用进行划分，即划分矿床成矿系列组合。

矿床成矿系列组合是由不同地质成矿作用所形成的矿床成矿系列集合体，可分为：①岩浆作用矿床成矿系列组合；②沉积作用矿床成矿系列组合；③变质作用矿床成矿系列组合；④表生作用矿床成矿系列组合；⑤含矿流体作用矿床成矿系列组合（包括成因暂时不明的矿床成矿系列）。

矿床成矿系列组合的命名采用：成矿省（成矿区带）+构造演化时段+成矿作用+主要或特色矿产（中-大型规模金属矿产为主或重要矿种）+矿床成矿系列组合。

第 2 序次：矿床成矿系列是矿床世界的基本单元，是成矿系列序次中最核心的组成部分，是地球演化的某一特定时段和地段中，与特定的成矿作用有关，形成的有成因联系的矿床（矿化）组合自然体。重点强调矿床与矿床之间的相关性。概括地说，对于每一个具体的矿床成矿系列而言，构造空间、成矿时间、地质成矿作用、元素或矿种是厘定矿床成矿系列的四要素。研究矿床成矿系列，时间一般以大地构造旋回为限；空间采用三级构造单元的范围，也就是相当于三级成矿单元（成矿区带）范围较为适宜；地质成矿作用通常划分为岩浆成矿作用、沉积成矿作用、变质成矿作用、表生成矿作用、非岩浆-非变质流体成矿作用。

“一定的历史时期”采用地质历史时期+构造运动阶段来表达。“一定的地质构造单元”通常（一般）大致对应一个（或一个以上）Ⅲ级大地构造单元。“一定的地质成矿作用” 采用二级，包括岩浆作用（I）、沉积作用（S）、变质作用（M）、含矿流体作用（F）和表生风化作用（H）。以上三个“一定”条件下一组具有成因联系的矿床的“自然组合”形成一个矿床成矿系列。

矿床成矿系列的命名采用：三级成矿带号+成矿时间+成矿作用+主要或特色矿产（小-大型规模金属矿产为主或重要矿种）+矿床成矿系列。矿床成矿系列的代号采用成矿时间+序号+成矿作用来表达。

第 3 序次：矿床成矿亚系列，一般不需要，只对于地质构造区较大，形成时间相对较长，而不同地段成矿的地质构造条件有一定差异形成的矿床组合构成矿床成矿系列才考虑进一步划分成矿亚系列。

矿床成矿亚系列的命名采用：四级成矿带号+成矿时间+成矿作用+主要矿产（小-大型规模金属矿产为主或重要矿种）+矿床成矿亚系列。

第 4 序次：矿床成矿系（亚）列中的矿床组合由各种具有相同成因和相似的矿物构成的矿床类型所组成，各个矿床类型的代表性矿床为矿床式。矿床式以典型矿床为主建立，对指导找矿而言，将矿点、矿化点也考虑在内。

第 5 序次：单个矿床作为矿床成矿系列最基本的组成单元；将重要矿种的矿点纳入研究范围。

（二）成矿系列划分要素

矿床成矿系列的命名应反映四种要素：成矿空间（Ⅳ级构造单元或Ⅳ级成矿单元）+成矿时间（地质年代或大地构造旋回）+成矿地质作用（岩浆作用，沉积作用，变质作用，表生作用，含矿流体作用）+成矿矿种（矿种多时可表示主要的，按先金属后非金属列出）。

1. 成矿空间

根据《中国成矿区带划分方案》（徐志刚等，2008），东昆仑地区属昆仑成矿省（Ⅱ-6），东昆仑 Ni、Au、Fe、Pb、Zn、Cu、Ag、W、Sn、Co、Bi、Hg、Mn、玉石、萤石、硅灰石、页岩气、重晶石、大理岩、石灰岩、石墨、硫铁矿成矿带（Ⅲ-26）；按照《中国矿产地质志·青海卷》的成矿区带划分方案，进一步划分为五个成矿亚带（表 4-2-1）。成矿（亚）带编号参与矿床成矿（亚）系列命名时，为了清晰表达并减少命名赘长，删除了Ⅲ、Ⅳ级成矿带编号中的连接符“-”，Ⅳ级成矿亚带序号用带圈的数字表示，如伯喀里克-香日德 Au、Cu、Pb、Zn、Fe、Ni、Ag、W、Mo、石墨、萤石、玉石、煤、花岗岩成矿亚带代号表示为Ⅳ26②。

2. 成矿时间

本次东昆仑金矿成矿系列研究中，按照东昆仑地区成矿构造演化旋回，金成矿期（成矿时代）划分为：前寒武纪成矿期（Pt）、早古生代成矿期（Pz_1）、晚古生代成矿期（Pz_2）、中生代（三叠纪）成矿期（Mz）、新生代（第四纪）成矿期（Cz）5 个主成矿期。各地质年代代号：前南华纪（AnNh），南华纪—泥盆纪（南华纪 Nh、震旦纪 Z、寒武纪€、奥陶纪 O、志留纪 S、泥盆纪 D），石炭纪—三叠纪（石炭纪 C、二叠纪 P、三叠纪 T），古近纪—第四纪（古近纪 E、新近纪 N、第四纪 Q）。

3. 成矿地质作用

以 5 类地质作用的英文第一字母大写代号表示，即岩浆作用为 I（图解时用红色）、沉积作用为 S（图解时用绿色）、变质作用为 M（图解时用紫色）、表生作用为 H（图解时用橘黄色）、含矿流体作用为 F（图解时用蓝色）。

4. 成矿矿种

根据目前工作程度，整个东昆仑地区内生金属矿产比较丰富，成矿矿种主要为铁、铜、金及多金属，包括有铁、铜、金、铅锌、锰、钒、锡、钨、钼、银、砷、稀土、镍、铬、钴、汞、水晶、石棉、石墨、磷、芒硝、白云石、萤石、硫、煤、滑石。其中铁、金及多金属矿种即存在独立矿种的单矿物矿床，同时也存在多矿种共、伴生的复合矿床。

5. 矿床成矿系列

Ⅲ级成矿单元编号+时代代号+成矿作用代号+该单元的矿床成矿系列序号（1，2，3，…）。概括地讲，就是空间、时间、地质成矿作用三种要素的代号组合再加序号，如Ⅲ26C：T-I-1 表示东昆仑成矿带石炭纪—三叠纪与岩浆作用有关的 Au、Ag、Cu、Pb、Zn、Sb、W、V、Mo、Co、Fe、U、萤石成矿系列；需要划分矿床成矿亚系列时，编号中成矿单元采用Ⅳ级，该矿床成矿亚系列序号进一步用英文小写字母分别表示，即 a、b、c 等依次排序，如Ⅳ26①T-I-1b 表示祁漫塔格-都兰成矿亚带与三叠纪接触交代作用有关的 Au、Ag、Cu、Pb、Zn、W、Mo、Co、Sn、Fe、水晶、石榴子石、硅灰石成矿亚系列，而Ⅳ26②T-I-1c 表示伯喀里克-香日德成矿亚带与三叠纪中酸性岩浆侵入活动有关的 Au、Ag、Cu、Pb、Zn、Sb、W、V、Mo、Co、Fe、U、萤石、水晶成矿亚系列。

对于矿床式命名，主要沿用前人习惯，有的借用典型矿床名称来命名，有的借用地区名称来命名。

四、东昆仑金矿床成矿系列划分

矿床成矿系列、成矿的时空分布和演化与大地构造演化密切有关，成矿事件与包括火山事件、沉积事件、岩浆侵入事件及变质事件在内的地质事件具有一致性。根据东昆仑地壳演化、岩浆岩带复合、叠加等特点，将东昆仑地区自元古宙至第四纪经历的漫长地质构造演化划分为 5 个成矿构造演化旋回（表 5-3-2），即前南华纪基底演化（AnNh）、南华纪—泥盆纪（764～362Ma）原特提斯洋演化（Nh—D）、石炭纪—三叠纪（362～199.6Ma）

表 5-3-2 东昆仑成矿构造演化旋回划分表

<table>
<tr><th colspan="2">地质时代</th><th rowspan="2">旋回</th><th rowspan="2">阶段</th></tr>
<tr><th>代</th><th>纪</th></tr>
<tr><td rowspan="3">新生代（Cz）</td><td>第四纪（Q）</td><td rowspan="3">高原碰撞隆升</td><td>持续隆升（2.6Ma 至今）</td></tr>
<tr><td>新近纪（N）</td><td>快速隆升（5～2.6Ma）</td></tr>
<tr><td>古近纪（E）</td><td>隆升（65～5Ma）</td></tr>
<tr><td rowspan="3">中生代（Mz）</td><td>白垩纪（K）</td><td rowspan="2">特提斯洋演化</td><td rowspan="2">陆内发展（盆山转换）（199.6～65Ma）</td></tr>
<tr><td>侏罗纪（J）</td></tr>
<tr><td>三叠纪（T）</td><td rowspan="3">古特提斯洋（阿尼玛卿洋）演化</td><td rowspan="3">板内海相及复合岩浆弧/陆内裂谷（362～199.6Ma）</td></tr>
<tr><td rowspan="3">晚古生代（Pz_2）</td><td>二叠纪（P）</td></tr>
<tr><td>石炭纪（C）</td></tr>
<tr><td>泥盆纪（D）</td><td rowspan="7">原特提斯洋演化</td><td rowspan="2">碰撞-碰撞后伸展（436～362Ma）</td></tr>
<tr><td rowspan="4">早古生代（Pz_1）</td><td>志留纪（S）</td></tr>
<tr><td>奥陶纪（O）</td><td rowspan="3">俯冲消减（543～436Ma）</td></tr>
<tr><td>早-晚寒武世（$€_2$—$€_4$）</td></tr>
<tr><td>底寒武世（$€_1$）</td></tr>
<tr><td rowspan="3">新元古代（Pt_3）</td><td>震旦纪（Z）</td><td rowspan="2">裂解、离散（764～543Ma）</td></tr>
<tr><td>南华纪（Nh）</td></tr>
<tr><td>青白口纪（Qb）</td><td rowspan="5">基底演化</td><td rowspan="3">基底盖层形成（1600～800Ma）</td></tr>
<tr><td rowspan="3">中元古代（Pt_2）</td><td>待建纪</td></tr>
<tr><td>蓟县纪（Jx）</td></tr>
<tr><td>长城纪（Ch）</td><td rowspan="2">结晶基底形成（2366～1600Ma）</td></tr>
<tr><td>古元古代（Pt_1）</td><td>滹沱纪（Ht）</td></tr>
<tr><td colspan="2">成矿省</td><td colspan="2">东昆仑成矿省</td></tr>
<tr><td colspan="2">成矿域</td><td colspan="2">秦祁昆成矿域</td></tr>
</table>

古特提斯洋演化（C—T）、侏罗纪—白垩纪（199.6～65Ma）特提斯洋演化（J—K）和古近纪—第四纪（65.0Ma 至今）高原碰撞隆升演化（E—Q）。其中，早古生代晚期（志留—泥盆纪）以及早中生代（晚三叠世）阶段是东昆仑成矿带金矿成矿的高峰期。

东昆仑地区金矿床分布受区域大地构造单元和地质演化阶段的控制，其成矿作用类型、强度、共伴生组合均有显著差异。依据矿床成矿系列划分原则、划分方法，结合东昆仑地质构造环境、成矿作用、矿床（点）特征及时空分布，以东昆仑成矿构造演化 5 个旋回为主线（表 5-3-3），厘定出 3 个与金成矿相关的成矿构造旋回、3 个金成矿时段，划分出东昆仑金矿成矿系列组 5 个、成矿系列 5 个、成矿亚系列 12 个、矿床式 10 个（表 5-3-3）。

表 5-3-3　东昆仑三级成矿单元金矿成矿系列划分表

成矿时段	矿床成矿系列组合	矿床成矿系列	矿床成矿亚系列	矿床式	代表性矿产地（矿床）
E—Q	东昆仑第四纪与沉积作用有关的砂金、Mn成矿系列组合	Ⅲ26Q-S-1 与第四纪冲洪积有关的砂矿成矿系列			兴海县金矿沟砂金矿点
C—T	东昆仑石炭纪—三叠纪与岩浆作用有关的Au、Ag、Cu、Pb、Zn、Sb、W、Sn、V、Mo、Co、Fe、U、萤石成矿系列组合	Ⅲ26C：T-I-1 石炭纪—三叠纪与岩浆作用有关的Au、Ag、Cu、Pb、Zn、Sb、W、V、Mo、Co、Fe、U、萤石成矿系列	Ⅳ26②T-I-1a 与三叠纪斑岩有关的 Cu、Mo、W、Au、Sn、Ag 成矿亚系列		都兰县哈龙休玛钼钨矿床 共和县扎龙加当根铜金银矿床
			Ⅳ26①T-I-1b 与三叠纪接触交代作用有关的 Fe、Pb、Zn、Au、Ag、Cu、W、Mo、Bi、Co、Sn、Cd 成矿亚系列	哈西亚图式 肯德可克式	格尔木市肯德可克铁铅锌矿床 它温查汉西铁铅锌矿床 哈西亚图铁金多金属矿床 格尔木市尕林格铁矿床
			Ⅳ26②P：T-I-1c 与三叠纪中酸性岩浆侵入活动有关的 Au、Ag、Cu、Pb、Zn、Sb 成矿亚系列	红旗沟-深水潭式	都兰县五龙沟金矿床 都兰县红旗沟-深水潭岩金矿床 都兰县哈西哇金多金属矿床 都兰县无名沟-百吨沟金矿床 都兰县黑风口金矿床
			Ⅳ26④T-I-1d 与三叠纪陆相火山作用有关的 Au、Ag、Cu、Pb、Zn、Fe 成矿亚系列	满丈岗式	兴海县满丈岗金矿床
			Ⅳ26③⑤P：T-I-1e 与二叠纪—三叠纪海相火山岩有关的 Cu、Pb、Zn、Ag、Au、As、Sn、Bi、Cd、Ge、Se、Ga、硫铁矿成矿亚系列	抗得弄舍式 铜峪沟式	玛多县抗得弄舍金多金属矿床 兴海县铜峪沟铜矿床 兴海县赛什塘铜矿床
	东昆仑石炭纪—三叠纪与含矿流体作用有关的 Cu、Pb、Zn、Hg、Au 成矿系列组合	Ⅲ26P：T-F-2 与二叠纪—三叠纪含矿流体作用有关的 Cu、Pb、Zn、Hg、Au、Ag 成矿系列	Ⅳ26①④⑤T-F-2a 与三叠纪成矿流体有关的 Au、Cu、Pb、Zn、Hg、Ag、Ga 成矿亚系列	苦海式	兴海县苦海汞矿床 共和县泽很错铜金矿床

续表

成矿时段	矿床成矿系列组合	矿床成矿系列	矿床成矿亚系列	矿床式	代表性矿产地（矿床）
Nh—D	东昆仑南华纪—泥盆纪与岩浆作用有关的Au、Ni、Cu、Pb、Zn、V、W、Mo、Co、Fe、U、重晶石成矿系列组合	Ⅲ26O：D-I-1与奥陶纪—志留纪岩浆作用有关的Au、Ni、Cu、Pb、V、Mo、Co、Fe、U、重晶石成矿系列	Ⅳ26②D-I-1a 与泥盆纪中酸性岩浆侵入活动有关的 Au、Cu、Pb、Zn成矿亚系列	果洛龙洼式	都兰县按纳格金矿床 都兰县果洛龙洼金矿床
			Ⅳ26②S-I-1b与志留纪接触交代作用有关的Pb、Zn、Au成矿亚系列		都兰县岩金沟口北铅锌金矿点
			Ⅳ26②S-I-1c与志留纪中酸性岩浆侵入活动有关的Au、Cu、Pb、Zn、Fe成矿亚系列		都兰县打柴沟金矿床
			Ⅳ26③O-I-1d 与奥陶纪中酸性岩浆侵入活动有关的 Au、W、Cu成矿亚系列		都兰县哈拉郭勒金矿床
			Ⅳ26③O-I-1e 与奥陶纪海相火山岩有关的Au、Co、Fe成矿亚系列	驼路沟式	格尔木市驼路沟钴（金）矿床 格尔木市莱园子沟西铁金矿床
	东昆仑南华纪—泥盆纪与含矿流体作用有关的Au、Cu、Pb、Zn、Fe、稀有、滑石、蛇纹岩成矿系列组合	Ⅲ26O：D-F-2与奥陶纪—泥盆纪含矿流体作用有关的 Au、Cu、Pb、Zn、Fe、稀有、滑石、蛇纹岩成矿系列	Ⅳ26①②③D-F-2a 与泥盆纪含矿流体有关的Au、Ag、Sb、Cu、Pb、Zn成矿亚系列	茫崖河东式	格尔木市茫崖河东金多金属矿床 都兰县红石山南AS20异常金矿点

根据东昆仑金矿成矿系列的综合研究，显示东昆仑金矿主要为与岩浆作用和含矿流体作用有关的矿床成矿系列组合、成矿系列，各占矿床成矿系列组合和成矿系列的40%（表5-3-4）。因东昆仑地区地质演化的复杂性及成矿构造的多旋回性，矿床成矿亚系列可分性强，尤以南华纪—泥盆纪、石炭纪—三叠纪两个成矿构造旋回与岩浆作用成矿有关的金多金属矿床成矿亚系列划分特征明显，进一步划分出12个成矿亚系列（表5-3-3），统计显示，与岩浆作用成矿有关的金多金属矿床成矿系列、亚系列占主导地位，其和数占总数比例为70.6%（图5-3-1）。成矿时段上，表现出南华纪—泥盆纪（40%）和石炭纪—三叠纪（40%）为东昆仑金矿成矿的两个主要成矿构造旋回和成矿时段（表5-3-4，图5-3-2）。

表5-3-4 东昆仑金矿成矿系列划分表

成矿时段	成矿系列组合数	成矿系列数	成矿系列组成结构					成矿亚系列数	成矿亚系列组成结构					矿床式	占矿床式/%
			I	S	M	H	F		I	S	M	H	F		
E—Q	1	1	—	1	—	—	—	—	—	—	—	—	—	0	0
C—T	2	2	1	—	—	—	1	6	5	—	—	—	1	7	70
Nh—D	2	2	1	—	—	—	1	6	5	—	—	—	1	3	30
合计	5	5	2	1	—	—	2	12	10	—	—	—	2	10	100
占比/%		100	40	20	0	0	40	100	83.3	0	0	0	16.7		

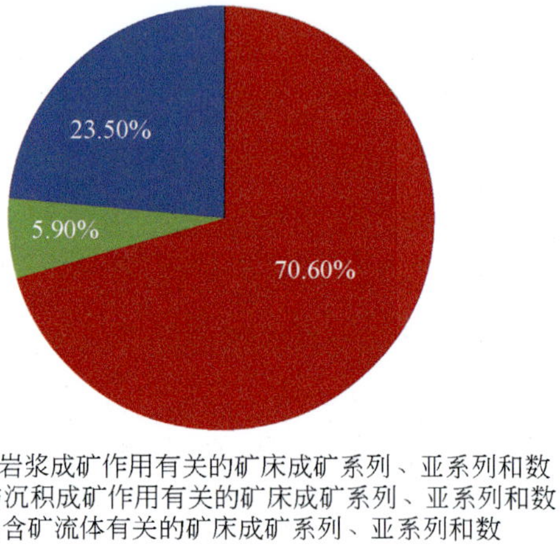

图 5-3-1　东昆仑金矿成矿系列、亚系列和数组成结构饼图

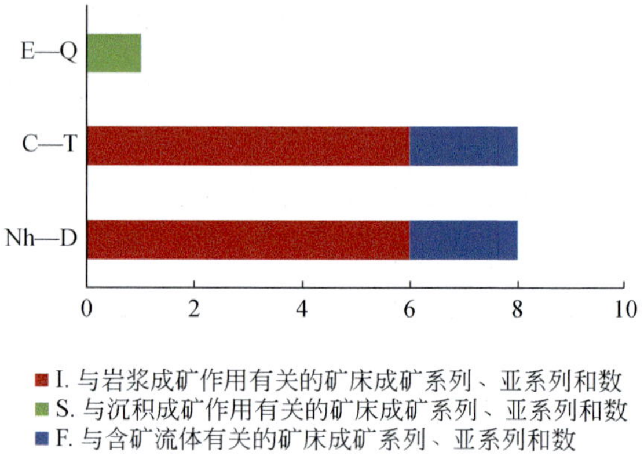

图 5-3-2　东昆仑金矿成矿系列、亚系列各成矿时代与成矿作用结构图

五、金矿成矿系列特征

根据东昆仑成矿带成矿地质条件、矿产特征，按照“四个一定”原则厘定成矿系列组合 5 个、成矿系列 5 个、矿床成矿亚系列 12 个、矿床式 10 个。

（一）东昆仑南华纪—泥盆纪与岩浆作用有关的 Au、Ni、Cu、Pb、Zn、V、W、Mo、Co、Fe、U、重晶石成矿系列组合

Ⅲ26O：D-I-1 与奥陶纪—志留纪岩浆作用有关的 Au、Ni、Cu、Pb、V、Mo、Co、Fe、U、重晶石成矿系列

该成矿系列分布于昆仑（造山带）成矿省（Ⅱ6）东昆仑成矿带（Ⅲ26）。东昆仑-柴北缘原特提斯洋演化寒武纪—奥陶纪构造属俯冲消减环境，志留纪—泥盆纪进入碰撞-碰撞后伸展阶段。侵入岩分布于中灶火-金水口、滩北雪峰-诺木洪南、拉陵灶火-五龙沟，见有奥陶纪、志留纪、泥盆纪中酸性侵入岩及奥陶纪祁漫塔格群海相火山岩地层，岩性有闪长岩、石英闪长岩、花岗闪长岩、二长花岗岩、正长花岗岩、石榴堇青石花岗闪长岩、石榴子石

二长花岗岩闪长岩及安山岩、玄武安山岩、凝灰质板岩等。与金相关的矿产 17 处，其中大型 1 处、中型 1 处、小型 6 处、矿（化）点 9 处，主要分布于伯喀里克-香日德成矿亚带（Ⅳ26②）和东昆南成矿亚带（Ⅳ26③），矿床类型主要为岩浆热液型、接触交代型，依次划分为Ⅳ26②D-I-1a 与泥盆纪中酸性岩浆侵入活动有关的 Au、Cu、Pb、Zn 成矿亚系列，Ⅳ26②S-I-1b 与志留纪接触交代作用有关的 Pb、Zn、Au 成矿亚系列，Ⅳ26②S-I-1c 与志留纪中酸性岩浆侵入活动有关的 Au、Cu、Pb、Zn、Fe 成矿亚系列，Ⅳ26③O-I-1d 与奥陶纪中酸性岩浆侵入活动有关的 Au、W、Cu 成矿亚系列，Ⅳ26③O-I-1e 与奥陶纪海相火山岩有关的 Au、Co、Fe 成矿亚系列共 5 个矿床成矿亚系列。

1）Ⅳ26②D-I-1a 与泥盆纪中酸性岩浆侵入活动有关的 Au、Cu、Pb、Zn 成矿亚系列

分布在东昆仑成矿带（Ⅲ26）伯喀里克-香日德成矿亚带（Ⅳ26②），对应东昆北造山带。中-新元古代处于洋盆环境，洋盆扩张发生强烈的火山活动，并伴有泥质岩和硅质岩，形成了金的初始富集。经过泥盆纪中酸性岩浆活动，岩浆热液作用促使成矿，三叠纪大规模岩浆活动叠加改造二次富集。

【果洛龙洼式金矿】

成矿区带：伯喀里克-香日德成矿亚带（Ⅳ26②）；

含矿建造：浅变质碎屑岩建造，海西期花岗岩、闪长岩，印支期花岗斑岩；

成矿时代：泥盆纪—三叠纪；

矿床类型：岩浆热液型；

共（伴）生矿种：金；

矿床（点）实例：果洛龙洼金矿床、按纳格金矿床。

简要特征：处于区域复式向斜的北翼（倒转翼）。主要出露中元古代蓟县纪万保沟群含碳绢云/绿泥石英千枚岩、角闪片岩、绿泥石英片岩、千糜岩、硅质岩，地层在矿区内构成走向近东西，向南倾角陡、缓变化大的单斜构造，为区域复式向斜的北翼（倒转翼）。断裂主要为东西向，次为北西向、北东向，控制着水系异常及矿体的分布。Chen 等（2020a）对金矿床中第二阶段石英-黄铁矿脉和第三阶段多金属石英-硫化物脉的黄铁矿进行了 Re-Os 测年，分别得到 374±15Ma 和 354±7Ma 的年龄，被解释为记录了两期金矿化事件；三叠纪含有基性岩浆包体的花岗斑岩体，指示通过地壳部分熔融形成，继承有部分地幔同位素特征（257～200Ma；Shao et al.，2021），与肖晔等（2014）报道的果洛龙洼金矿床的绢云母/白云岩 Ar-Ar 年龄相近，约为 203Ma，后期热液叠加作用明显。矿床经历与多期岩浆活动有关的矿化事件而具有多个成矿阶段。圈定金矿体 69 个，长度 40～2600m，厚度 0.51～2.02m，金矿体平均品位 1.03×10^{-6}～19.66×10^{-6}，单样最高 841.0×10^{-6}。主要的矿化类型为石英脉型，蚀变以硅化为主，矿石矿物有银金矿、自然金、黄铜矿、黄铁矿，半自形-他形粒状、填隙、反应边、隐晶状、土状结构，细脉浸染状、晶洞状、斑杂状、块状、网脉状、皮壳状构造。围岩蚀变为硅化、绢云母化、黄铁矿化、绿泥石化。果洛龙洼金矿床的惰性气体分析表明，含矿流体主要来自地壳源，有少量的地幔成分（Li et al.，2021）。果洛龙洼金矿床热液黄铁矿（Py1～Py3）中普遍较低的 Co 和 Ni 含量通常被解释为与酸性岩浆热液的亲缘性指示物（Bajwah et al.，1987；Large et al.，2009；Reich et al.，2016）。成矿流体携带大量 Au 以络合物形式（Ridley and Diamond，2000；Phillips and Powell，2009）

沿深大断裂上升迁移至地壳浅部。

2）Ⅳ26②S-I-1b 与志留纪接触交代作用有关的 Pb、Zn、Au 成矿亚系列

该矿床成矿亚系列主要矿种为铅、锌、金，矿产地主要分布于东昆仑成矿带（Ⅲ26）伯喀里克-香日德成矿亚带（Ⅳ26②）五龙沟地区，主要地层为古元古代滹沱纪金水口岩群，侵入岩为加里东期花岗闪长岩、英云闪长岩等，代表性矿产地为岩金沟口北铅锌金矿点，成矿时代为志留纪，矿床类型为接触交代型。

3）Ⅳ26②S-I-1c 与志留纪中酸性岩浆侵入活动有关的 Au、Cu、Pb、Zn、Fe 成矿亚系列

该矿床成矿亚系列主要矿种为金、铜、铅、锌、铁，矿产地主要分布于东昆仑成矿带（Ⅲ26）伯喀里克-香日德成矿亚带（Ⅳ26②）五龙沟地区。早志留世开始进入陆-陆碰撞阶段，形成同碰撞花岗岩；中泥盆世为后碰撞阶段，多发育后碰撞花岗岩，晚泥盆世为后造山阶段。花岗岩类与围岩地层作用，在断裂破碎带内成矿。矿床（点）实例：打柴沟金矿床等，成矿时代为志留纪，矿床类型为岩浆热液型。

4）Ⅳ26③O-I-1d 与奥陶纪中酸性岩浆侵入活动有关的 Au、W、Cu 成矿亚系列

该矿床成矿亚系列主要矿种为金、钨、铜，矿产地主要分布于东昆仑成矿带（Ⅲ26）东昆南成矿亚带（Ⅳ26③）格尔木市二道沟—都兰县哈拉郭勒一带。主要地层为纳赤台蛇绿混杂岩，侵入岩为加里东期中酸性花岗岩类等，代表性矿产地为哈拉郭勒金矿床，成矿时代为奥陶纪，矿床类型为岩浆热液型。

5）Ⅳ26③O-I-1e 与奥陶纪海相火山岩有关的 Au、Co、Fe 成矿亚系列

该成矿系列分布于东昆仑成矿带（Ⅲ26）东昆南成矿亚带（Ⅳ26③）。出露地层主要为纳赤台蛇绿混杂岩，中基性和中酸性火山熔岩及其火山碎屑岩均有发育，基性火山岩主要为块状玄武岩、杏仁状玄武岩；中酸性火山岩有灰绿色蚀变安山岩、流纹英安岩、英安质火山角砾熔岩夹安山质凝灰熔岩、流纹质熔结凝灰岩、晶屑凝灰岩等。构造环境分析有洋中脊、洋岛、岛弧、弧后拉张、陆缘弧等环境。主要矿产有钴、金、铁、铜、铅、锌、钒、钼等。

【驼路沟式钴（金）矿】

成矿区带：东昆仑成矿带（Ⅲ26）东昆南成矿亚带（Ⅳ26③）；

含矿建造：晚奥陶世海相火山沉积岩建造；

成矿时代：奥陶纪；

矿床类型：海相火山岩型；

共（伴）生矿种：钴、金；

矿床（点）实例：格尔木市驼路沟钴（金）矿床、菜园子沟西金矿点。

简要特征：地处纳赤台蛇绿混杂岩带，出露纳赤台群海相碎屑岩、火山岩-碳酸盐岩建造，下部碎屑岩组分四个岩性段，自下而上为碳质板岩、千枚岩第一岩性段，绢云石英片岩第二岩性段，绿泥绢云石英片岩夹石英钠长岩第三岩性段，绢云石英片岩夹砾岩第四岩性段。第三岩性段是赋矿层位。受印支—燕山期南北向挤压作用的影响，构造线呈东西向展布，其内褶皱、韧性剪切带发育。岩浆活动极其微弱。变质作用主要是区域变质作用和动力变质作用，对地层中钴金元素再次改造、富集成矿。圈定钴金矿体 14 个，长度 178～882m，厚度 1.41～4.41m，平均品位 Co 0.025%～0.085%，伴生金 0.37×10^{-6}。矿石类型可

分为黄铁矿化石英钠长岩钴矿石、块状黄铁矿钴矿石、黄铁矿化绿泥绢云石英片岩钴矿石，其中前者占70%，中者占25%，后者占5%。矿石呈自形粒状、半自形-他形粒状、自形柱状结构，浸染状、斑杂状、条带褶皱、块状构造。矿石矿物主要有黄铁矿、黄铜矿、斑铜矿、硫钴矿、硫铜钴矿、硫锑铅矿、闪锌矿、毒砂和褐铁矿等；脉石矿物有石英、绢云母、白云母、绿泥石、黑云母、斜长石及电气石等。

（二）东昆仑南华纪—泥盆纪与含矿流体作用有关的Au、Cu、Pb、Zn、Fe、稀有、滑石、蛇纹岩成矿系列组合

Ⅲ26O：D-F-2 与奥陶纪—泥盆纪含矿流体作用有关的Au、Cu、Pb、Zn、Fe、稀有、滑石、蛇纹岩成矿系列

该成矿系列分布于昆仑（造山带）成矿省（Ⅱ6）东昆仑成矿区带（Ⅲ26）祁漫塔格-都兰成矿亚带（Ⅳ26①）。秦祁昆地区早古生代寒武纪由一系列海底裂谷进化为多岛洋，形成以塔里木、扬子为代表的泛华夏陆块群；中寒武世昆中洋向北开始俯冲，由裂解离散转变为汇聚阶段；晚寒武世—奥陶纪，开始了洋陆消减，步入了汇聚重组洋-陆转换构造阶段弧盆系构造期。在东昆仑出现了大量奥陶纪俯冲期TTG、GG花岗岩，以及岛弧火山岩；志留纪早期秦祁昆大部分地区进入弧-陆、陆-陆碰撞阶段。奥陶纪—志留纪构造活动，使地层中断裂构造发育，呈多组形态，主要为走向断裂，为含矿流体矿液运移通道，并具多次活动（奥陶纪—志留纪）特征；而北北东向断裂组作为主要储矿构造，志留纪含矿流体通过低温交代作用，形成金、铜、铅锌、铁、锰、汞、铀、重稀土、石棉、滑石、蛇纹岩等矿产。成矿时代为奥陶纪—泥盆纪，与金相关的矿产80处，中型矿床1处，其余均为矿化点。可细分为Ⅳ26①②③D-F-2a与泥盆纪含矿流体有关的Au、Ag、Sb、Cu、Pb、Zn成矿亚系列，代表性矿产地为格尔木市茫崖河东金多金属矿床。

【茫崖河东式金】

成矿区带：东昆仑成矿带（Ⅲ26）祁漫塔格-都兰成矿亚带（Ⅳ26①）；

含矿建造：海相火山岩建造，断裂构造；

成矿时代：早泥盆世；

成矿类型：浅成中-低温热型；

共（伴）生矿种：金、铅、锌；

矿床（点）实例：格尔木市茫崖河东金多金属矿床、都兰县红石山南AS20异常金矿点、格尔木市纳赤台金矿点；

简要特征：金矿体主要产于祁漫塔格群火山岩组玄武岩、安山玄武岩内，受北西向断裂构造控制。金矿带北东出露少量印支期花岗闪长岩，北西向展布，与祁漫塔格群碎屑岩组呈侵入接触。共发现5条北西向含金构造蚀变带，长0.5～5.2km，宽0.8～9.9m；带内共圈定金矿体14条，长160～1300m，品位0.80×10^{-6}～47.4×10^{-6}，平均品位2.27×10^{-6}，真厚度0.80～9.34m；矿体倾向南西，倾角平均60°。金矿石具隐晶质-鳞片粒状变晶结构、碎裂化结构、微粒半自形柱粒状结构，板状构造、块状构造、千枚状构造；矿石矿物以黄铁矿、毒砂、磁黄铁矿为主，其次为闪锌矿、方铅矿、黄铜矿及自然金；脉石矿物为石英、方解石、绿泥石、白云石、黑云母、白云母、钠长石、阳起石、绢云母等。茫崖河东金矿

石中与硫化物紧密伴生的热液磷灰石 LA-ICP-MS U-Pb 测年结果为 406±13Ma，成矿时代为早泥盆世，即海西早期。成矿过程划分为三个阶段：成矿早期绢英岩化阶段（Ⅰ），碳酸盐-绿泥石-硫化物-自然金阶段（Ⅱ）及成矿晚期方解石-黄铁矿脉阶段（Ⅲ）。

（三）东昆仑石炭纪—三叠纪与岩浆作用有关的 Au、Ag、Cu、Pb、Zn、Sb、W、Sn、V、Mo、Co、Fe、U、萤石成矿系列组合

Ⅲ26C：T-I-1 石炭纪—三叠纪与岩浆作用有关的 Au、Ag、Cu、Pb、Zn、Sb、W、V、Mo、Co、Fe、U、萤石成矿系列

石炭纪—三叠纪古特提斯洋演化集中在东昆仑造山带的苦海-赛什塘蛇绿混杂带、鄂拉山岩浆弧和昆北复合岩浆弧和昆南俯冲增生杂岩带。从石炭纪东昆仑造山带进入古特提斯洋演化时期，特提斯洋在石炭纪打开（莫宣学等，2007）。在早三叠世仍处于洋壳俯冲阶段，中三叠世处于陆（弧）陆初始碰撞阶段，晚三叠世转变为陆-陆全面碰撞-碰撞后阶段（武若晨等，2017），也是与构造岩浆活动有关的成矿作用最强烈的时期。在此阶段，花岗岩和陆相火山岩十分发育，形成了东昆仑乃至青海省极具特色的接触交代型、岩浆热液型、斑岩型及陆相火山岩型矿床，如尕林格铁矿床、五龙沟金矿床、那更康切尔银矿床、乌兰乌珠尔铜矿床及鄂拉山口铅锌银矿床等。已发现的接触交代型、斑岩型矿产与三叠纪花岗岩和浅成斑岩密切相关，其中接触交代型、热液型铁多金属矿产多产于花岗岩内、外接触带或远离接触带，斑岩型多金属-贵金属矿产与斑岩关系密切，产于斑岩体内部、顶部及外围的裂隙带内。矿产种类与岩体时代无直接关系，但是与侵入岩岩石组合具有密切的关系，花岗闪长质岩体形成以铁、铅锌为主的矿产，花岗质岩体形成铜、铅锌、钨锡钼等矿产（张爱奎等，2017）。与金相关的矿产 125 处，其中大型 3 处、中型 9 处、小型 29 处、矿（化）点 84 处。东昆仑各成矿亚带均有分布，矿产类型主要为岩浆热液型、接触交代型、斑岩型及海相火山岩型。依次划分为Ⅳ26②T-I-1a 与三叠纪斑岩有关的 Cu、Mo、W、Au、Sn、Ag 成矿亚系列，Ⅳ26①T-I-1b 与三叠纪接触交代作用有关的 Fe、Pb、Zn、Au、Ag、Cu、W、Mo、Bi、Co、Sn、Cd 成矿亚系列，Ⅳ26②P：T-I-1c 与三叠纪中酸性岩浆侵入活动有关的 Au、Ag、Cu、Pb、Zn、Sb 成矿亚系列，Ⅳ26④T-I-1d 与三叠纪陆相火山作用有关的 Au、Ag、Cu、Pb、Zn、Fe 成矿亚系列，Ⅳ26③⑤P：T-I-1e 与二叠纪—三叠纪海相火山岩有关的 Cu、Pb、Zn、Ag、Au、As、Sn、Bi、Cd、Ge、Se、Ga、硫铁矿成矿亚系列共 5 个矿床成矿亚系列。

1）Ⅳ26②T-I-1a 与三叠纪斑岩有关的 Cu、Mo、W、Au、Sn、Ag 成矿亚系列

该矿床成矿亚系列分布于东昆仑成矿带（Ⅲ26）伯喀里克-香日德成矿亚带（Ⅳ26②）。三叠纪为青海省内中酸性侵入岩的高峰期，分布范围最广、出露面积最大，构成东昆仑构造岩浆岩带的重要组成部分，由总体为俯冲环境（局部拉伸）的以 GG 花岗岩为主的岩石构造。分布于那陵郭勒河南—察汗乌苏一带，以花岗闪长岩、二长花岗岩和似斑状二长花岗岩、正长花岗岩、闪长玢岩、石英闪长玢岩、英云闪长岩为主。侵位于元古宙—石炭纪碳酸盐建造，形成斑岩型矿床。该矿床成矿亚系列主要矿种为铜、钼、钨、金、锡、银等矿产，代表性矿产地为共和县扎龙加当根铜金银矿床、哈龙休玛钼钨矿，成矿时代为三叠纪，矿床类型为斑岩型。

2）Ⅳ26①T-I-1b 与三叠纪接触交代作用有关的 Fe、Pb、Zn、Au、Ag、Cu、W、Mo、Bi、Co、Sn、Cd 成矿亚系列

分布于东昆仑成矿带（Ⅲ26）祁漫塔格-都兰成矿亚带Ⅳ26①，对应东昆仑造山带昆北复合岩浆弧。元古宙为陆缘裂谷环境。造山期以寒武纪和奥陶纪沉降作用、志留纪隆升作用主导。印支期花岗岩类为主的侵入岩发育，与碳酸岩盐层接触交代形成夕卡岩型矿床。

【哈西亚图式铁金（多金属）矿】

成矿区带：东昆仑成矿带（Ⅲ26）伯喀里克-香日德成矿亚带（Ⅳ26②）；

含矿建造：碳酸盐岩建造、火山岩建造，中酸性侵入岩；

成矿时代：三叠纪；

成矿类型：接触交代型；

共（伴）生矿种：铁、金、铜、铅、锌；

矿床实例：格尔木市哈西亚图铁金多金属矿床、格尔木市肯德可克铁铅锌矿床、它温查汉西金（铁铅锌）矿床、尕林格金（铁铅锌）矿床等。

简要特征：出露金水口岩群片麻岩岩组中深变质的斜长片麻岩、大理岩以及接触交代夕卡岩。北西-北西西向、北东-北东东向、东西向断裂活动生成于海西期或更早，印支—燕山期复活、发展、壮大。印支期花岗闪长岩、石英闪长岩及花岗岩脉侵入于金水口岩群片麻岩组，形成北东东向夕卡岩带。圈定铁金多金属矿体 54 个，其中独立金矿体 7 个，大多为单工程控制，金品位 3.57×10^{-6}～9.37×10^{-6}；铁金矿体 5 个，金品位 1.04×10^{-6}～4.01×10^{-6}；金多金属矿体 7 个，金品位 1.78×10^{-6}～4.61×10^{-6}；规模矿体 5 个，均为金多金属矿体，矿体长度 1000～1400m，平均厚度 4.55～9.98m，倾向延深 400～600m，平均品位：TFe 为 30.84%～39.66%，Au 为 2.32×10^{-6}～4.61×10^{-6}，Cu 为 0.25%～0.60%，Zn 为 1.36%～2.11%。矿石矿物有磁铁矿、磁黄铁矿、黄铁矿、黄铜矿、闪锌矿、方铅矿，呈半自形粒状、不规则状、交代、包裹结构，块状、稠密浸染状、星散状-星点状、条带状构造。围岩蚀变为夕卡岩化、硅化、碳酸盐化、黄铁矿化。

【肯德可克式铅锌（金）】

成矿区带：东昆仑成矿带（Ⅲ26）祁漫塔格-都兰成矿亚带（Ⅳ26①）；

含矿建造：印支期花岗斑岩，碳酸盐岩建造；

成矿时代：三叠纪；

成矿类型：接触交代型；

共（伴）生矿种：铜，铅，锌，金，硫（镉，银，钴，铋）；

矿床实例：格尔木市哈西亚图铁金多金属矿床、格尔木市肯德可克铁铅锌矿床、它温查汉西金（铁铅锌）矿床、尕林格金（铁铅锌）矿床等。

简要特征：矿体产于印支期花岗岩侵入体与金水口岩群、缔敖苏组碳酸盐岩接触带的含矿夕卡岩带。矿体受断裂构造控制，铅矿体绝大部分赋存于碳酸盐岩中；矿区分为南、北两个矿带，共有各类矿体 146 个。矿体规模悬殊，形态常为豆荚状、似层状、扁豆状和透镜状，大矿体和较大矿体的连续性与对应性较好，小矿体的连续性和对应性较差，58 号矿体长 1650m，最厚处 113. 02m，是矿区规模最大的矿体；规模最小的 128 号矿体长 100m，真厚 0.15m。全区长 100m 的小矿体 112 个。铁矿体、锌铁矿体和锌矿体从晚石炭世缔敖苏

组到钙镁橄榄石夕卡岩带中皆有分布，主要赋存于石榴子石透辉石夕卡岩带中。肯德可克矿区横向上分南北两个矿带。其中磁铁矿石、锌铁矿石、铅矿石、铁硫矿石、锌矿石主要分布于南矿带；硫铁矿石、铜矿石分布于北矿带。主要矿石矿物有磁铁矿、磁黄铁矿、闪锌矿、方铅矿、黄铁矿、黄铜矿。平均品位：铁矿石 TFe 为 33.35%，铅矿石 Pb 为 0.98%，锌矿石 Zn 为 1.25%，铜矿石 Cu 为 0.91%，硫铁矿石 S 为 15.14%，伴生 Co 为 0.032%～0.377%，Cd 为 0.028%，Bi 为 0.59%～2.08%，Au 为 3.18×10^{-6}～12.20×10^{-6}，Ag 为 8.7×10^{-6}。

3）Ⅳ26②P：T-I-1c 与三叠纪中酸性岩浆侵入活动有关的 Au、Ag、Cu、Pb、Zn、Sb 成矿亚系列

分布于东昆仑成矿带（Ⅲ26）伯喀里克-香日德成矿亚带（Ⅳ26②），对应东昆仑造山带昆北复合岩浆弧。出露元古宇，造山期后接受晚泥盆世、石炭纪、早二叠世的沉积，印支期碰撞造山环境岩浆侵入活动强烈，受闪长岩类和花岗岩类侵入作用影响，在区域性断裂派生的北西、北东、近东西及近南北向次级断裂带内成矿。

【红旗沟-深水潭式金】

成矿区带：东昆仑成矿带（Ⅲ26）伯喀里克-香日德成矿亚带（Ⅳ26②）；

含矿建造：中酸性侵入岩；

成矿时代：三叠纪；

矿床类型：岩浆热液型；

共（伴）生矿种：金、铅、锌、银；

矿床（点）实例：红旗沟-深水潭金矿床、岩金沟金矿床、黑风口金矿床、沙丘沟金矿床、无名沟-百吨沟金矿床、巴隆金矿床等。

简要特征：出露古元古代金水口岩群、青白口纪丘吉东沟组、奥陶纪祁漫塔格群变火山岩组。北西向、近南北向和北西西向断裂活动强烈，形成系列断裂破碎带，带内断层泥、构造角砾岩、构造挤压透镜体、糜棱岩、碎裂岩发育。岩浆活动以新元古代、泥盆纪及三叠纪中-酸性岩浆侵入为主。火山活动主要为新元古代中性火山喷发，沿Ⅺ号主干断裂为中心的裂陷槽谷呈线型裂隙式喷发，至少有四个喷发旋回。区域动力热液变质作用使金活化、迁移、富集，形成了硅化、绢云母化、高岭土化及碳酸盐化。划分为 4 个矿段，红旗沟矿段圈定金矿体 63 条，黄龙沟段圈定金矿体 95 条，黑石沟段圈定金矿体 20 条，水闸东沟段圈定金矿体 36 条。规模最大矿体长度 880m，厚度 0.84～40.94m，矿床平均品位 3.41×10^{-6}，含矿岩性以碎裂岩、糜棱岩为主，少量硅化凝灰质板岩、硅质板岩、碎裂状蚀变闪长岩。矿石矿物有黄铁矿、毒砂、黄铜矿、方铅矿、闪锌矿、磁黄铁矿，半自形-自形柱粒状、鳞片变晶、交代、压碎、包含结构，以浸染状细脉状构造为主，网脉状构造及角砾状构造次之。围岩蚀变有硅化、绢云母化、高岭土化、黄铁矿化。

4）Ⅳ26④T-I-1d 与三叠纪陆相火山作用有关的 Au、Ag、Cu、Pb、Zn、Fe 成矿亚系列

分布于东昆仑成矿带（Ⅲ26）向前沟-满丈岗成矿亚带（Ⅳ26④），对应东昆仑造山带鄂拉山陆缘弧。与晚三叠世陆相火山喷发作用有关，火山岩为同碰撞高钾钙碱性火山岩构造岩石组合，火山沉积断陷盆地环境。

【满丈岗式金】

成矿区带：东昆仑成矿带（Ⅲ26）向前沟-满丈岗成矿亚带（Ⅳ26④）；

含矿建造：三叠纪陆相火山沉积岩建造；

成矿时代：三叠纪；

矿床类型：陆相火山岩型；

共（伴）生矿种：金、铅、锌、银、硫；

矿床（点）实例：日干山金矿点、拿东北金矿点。

简要特征：处于鄂拉山陆缘弧。主要出露早-中三叠世古浪堤组板岩、粉砂岩夹细砂岩，晚三叠世鄂拉山组陆相火山喷发的酸性火山碎屑岩、熔岩夹中酸性火山碎屑岩。鄂拉山组第二岩性段——中部火山熔岩-火山碎屑岩段岩性以玻屑晶屑凝灰岩为主，次为晶屑凝灰岩、流纹质凝灰岩，倾向一般240°～270°，倾角54°～68°，厚度大于600m。北西向、北北西向、近南北向及北东向断裂发育，多期活动、纵横交错。为印支期侵入岩发育，岩性主要有中细粒黑云母花岗闪长岩、似斑状花岗岩等，岩体大致呈北北西向展布，与围岩界线清楚，接触带附近发育轻微的钾长石化、绿泥石化，蚀变带一般宽 100～300m。矿区共圈定金矿体30个，其中工业金矿体18个，矿体长度50～212m，厚度1.92～4.71m，平均品位4.38×10^{-6}～7.23×10^{-6}。金矿体均赋存于鄂拉山组第二岩性段玻屑晶屑凝灰岩中，形态较简单，以似层状、脉状、透镜状为主，受地层和断裂构造控制。矿体沿走向、倾向有分支复合、尖灭再现、膨大缩小现象。含矿岩性为石英脉、蚀变凝灰岩、构造破碎蚀变岩。围岩为晶屑凝灰岩，岩石热液蚀变强，具明显的硅化、绢云母化、弱碳酸盐化、高岭土化，金属矿化以黄铁矿化、褐铁矿化、磁黄铁矿化为主，局部见黄铜矿化、方铅矿化。矿石矿物有毒砂、黄铁矿、钛铁矿、磁铁矿、黄铜矿，自形-半自形-他形粒状、压碎、交代结构，浸染状、脉状、泥状、角砾状、块状构造。含金较高的鄂拉山组第二岩性段是金成矿的主要矿源层，晚三叠世陆相火山活动和印支期岩浆活动为成矿提供了热源，活化了地层中的金元素，具压扭性的北西向、北北西向断裂和岩浆活动为成矿提供了能量，驱动成矿流体运移并在构造裂隙中富集成矿（刘恒轩等，2017）。

5）Ⅳ26③⑤P：T-I-1e 与二叠纪—三叠纪海相火山岩有关的 Cu、Pb、Zn、Ag、Au、As、Sn、Bi、Cd、Ge、Se、Ga、硫铁矿成矿亚系列

该成矿亚系列分布于东昆仑成矿带（Ⅲ26）东昆南成矿亚带（Ⅳ26③）和智益-铜峪沟成矿亚带（Ⅳ26⑤）。发育石炭纪—二叠纪苦海-赛什塘蛇绿混杂岩、中二叠世切吉组火山岩、晚石炭—早二叠世浩特洛洼组中酸性火山岩，以海相中酸性火山熔岩、火山碎屑岩为主，岩性有玄武安山岩、安山岩、英安岩、流纹岩、安山质凝灰熔岩、英安质含角砾熔岩凝灰岩等。构造环境归属为消减带岛弧。其中分布有铜、钴、铅、锌、锡等金属矿产。

【铜峪沟式铜（金）】

成矿区带：东昆仑成矿带（Ⅲ26）智益-铜峪沟成矿亚带（Ⅳ26⑤）；

含矿建造：灰岩建造、含蛇绿岩碎片浊积建造、火山岩建造；

成矿时代：中二叠世；

矿床成因：海相火山岩型；

共（伴）生矿产：铜、铅、锌、硫（银、金）；

矿床（点）实例：青海兴海县铜峪沟铜矿床、青海兴海县赛什塘铜矿床；

简要特征：主要产于中二叠世切吉组含蛇绿碎片浊积建造夹碳酸盐岩建造中。把赋存

于同一岩性层中矿体群称为矿带，圈定了 63 个矿体，矿体断续分布。最大矿体走向长 1710m，厚 0.44～9.09m，延深 600m，呈层状、似层状或透镜状。矿体产状与地层产状基本一致，沿走向与倾向矿体随地层同步发生波状起伏。Cu 品位 0.30%～3.5%，平均 0.89%，同时含有 Ag、Au、Cd、In 等有益组分。矿石矿物为黄铜矿、磁黄铁矿，次为黄铁矿、白铁矿、方铅矿、闪锌矿。

【抗得弄舍式金】

成矿区带：东昆仑成矿带（Ⅲ26）东昆南成矿亚带（Ⅳ26③）；

含矿建造：含矿建造为中酸性火山岩、部分同沉积白云岩及少量火山角砾岩建造；

成矿时代：二叠纪；

成矿类型：海相火山岩型；

共（伴）生矿种：金、银、铜、铅、锌、锑、砷；

矿床（点）实例：玛多县抗得弄舍金多金属矿床；

简要特征：赋矿岩性为晚石炭世—早二叠世浩特洛洼组含火山角砾流纹质岩屑晶屑凝灰岩、浅灰绿色流纹质岩屑晶屑凝灰岩、浅绿灰色霏细岩、灰-浅灰色沉凝灰岩、火山角砾岩、白云岩、重晶石岩。共圈定 36 条金多金属矿体，在地表呈侧向平行状排列。矿体一般长为 80～400m，平均厚度 1.68～32.46m，控制矿体倾斜延深为 130～720m。该矿床的成矿元素为 Au、Pb、Zn、Ag，有益元素为 Cu。Au 品位一般为 1×10^{-6}～5.3×10^{-6}，Pb 品位一般为 0.3%～1.84%，Zn 品位一般为 0.5%～3.6%，Ag 品位一般为 40×10^{-6}～67.60×10^{-6}。划分为重晶石型金多金属矿体和重晶石化流纹质凝灰岩型铅锌矿体。金属矿物以银金矿、自然金、自然银、闪锌矿、方铅矿、黄铜矿为主，其次为黄铁矿、黝铜矿、菱锌矿、白铅矿、铅矾、斑铜矿等；脉石矿物以重晶石为主，其次为石英、长石、碳酸盐、绿泥石、绿帘石，少量绢（白）云母、石膏、黏土矿物。蚀变有重晶石化、硅化、绿帘石化、黄铁矿化、方解石化。

（四）东昆仑石炭纪—三叠纪与含矿流体作用有关的 Cu、Pb、Zn、Hg、Au 成矿系列组合

Ⅲ26P：T-F-2 与二叠纪—三叠纪含矿流体作用有关的 Cu、Pb、Zn、Hg、Au、Ag 成矿系列。

该成矿系列分布于昆仑（造山带）成矿省（Ⅱ6）东昆仑成矿区带（Ⅲ26）。东昆仑-柴北缘石炭纪—二叠纪进入古特提斯洋演化期洋陆转换造山阶段，晚二叠世—早三叠世转入洋壳俯冲消减阶段。构造变形以布青山俯冲增生杂带、宗务隆和苦海蛇绿混杂带较为显著，在昆中断裂以北出现 TTG 性质的中灶火石英闪长岩组合，标志着与俯冲作用有关的岩浆活动的出现。相应地形成与含矿流体作用有关的铜、铅、锌、金、银、汞等矿产。可进一步细分为Ⅳ26①④⑤T-F-2a 与三叠纪成矿流体有关的 Au、Cu、Pb、Zn、Hg、Ag、Ga 成矿亚系列，与金有关的代表性矿产地为苦海汞矿、共和县泽很错沟脑东砷银矿床等。

【苦海式汞】

成矿区带：东昆仑成矿带（Ⅲ26）东昆南成矿亚带（Ⅳ26③）；

含矿建造：海相碎屑-碳酸盐沉积建造，断裂构造；

成矿时代：中二叠世；
成矿类型：浅成中-低温热型；
共（伴）生矿种：汞、金；
矿床（点）实例：兴海县苦海汞矿床、共和县泽很错沟脑东砷银矿床；
简要特征：矿体均受褶皱、断裂构造控制，沿中二叠世切吉组层位分布，一般产在褶皱构造的轴部和翼部的层间剥离间隙、裂隙及节理中，或者产于褶皱翼部的断裂破碎带内，产状与地层产状基本一致，多呈透镜状、似层状平行产出。三个矿化带规模不一，一般延伸30～100m，个别600m；宽一般4～19m。矿石组成较简单，矿石矿物主要为辰砂，次为辉锑矿、黄铁矿，偶见黄铜矿、硫锑汞矿、毒砂、自然汞等；脉石矿物主要为石英、方解石、白云石等，另见少量绢云母、绿泥石及石膏等；矿床平均品位：Hg为0.192%，Au为0.11×10^{-6}。

（五）东昆仑第四纪与沉积作用有关的砂金、Mn成矿系列组合

III26Q-S-1与第四纪冲洪积有关的砂矿成矿系列。

分布于东昆仑成矿带（III26）东昆南成矿亚带（Ⅳ26③），对应东昆南俯冲增生杂岩带。砂金主要分布于兴海地区第四系，全为陆相，残坡积、冲积、洪积、风积、湖积、沼泽沉积、化学沉积、冰碛、冰水沉积均有发育。沉积型砂金矿产于上更新统、全新世。矿床（点）实例：托素湖北查卡曲砂金矿点、金矿沟砂金矿点、水塔拉砂金矿点、切毛龙洼砂金矿点、额尔滚赛埃图中游砂金矿点、阿勒坦郭勒砂金矿点。

第四节　东昆仑区域成矿演化与区域成矿谱系

於崇文（1994）认为成矿作用动力学是研究成矿作用的速率、机制和过程，可揭示成矿作用的本质，是矿床成因的核心问题。前期对东昆仑成矿带进行了大量研究，初步建立了东昆仑地球动力学演化，并提出了不同的构造演化模式。

一、地球动力学演化研究现状

东昆仑造山带位于青藏高原东北部，北濒柴达木盆地，被红柳泉-格尔木断裂分割；南临巴颜喀拉地体，被木孜塔格-布青山-阿尼玛卿蛇绿杂岩带分割；沿着红柳泉-格尔木断裂和木孜塔格-布青山-阿尼玛卿蛇绿杂岩带分别向外推覆在柴达木盆地南缘和巴颜喀拉地体北缘，形成陆内逆冲体系；东西两侧分别为阿尔金断裂、哇洪山-温泉断裂。属中央造山带西段、柴达木盆地南缘历经多期次造山作用（由北向南不断拼贴、增生）的混合造山带（程裕淇，1994；姜春发等，1992，2000；孙丰月等，2003；Dong et al.，2018），东西延伸约1500km。东昆仑造山带由北部祁漫塔格带、昆中部地块和昆南部地块组成，由昆北缝合带（Dong et al.，2018，2019）和昆中缝合线带分隔（Meng et al.，2013；Dong et al.，2018）。

许多学者从岩浆岩和沉积地层等不同角度论述了东昆仑地区构造演化的特点（徐强等，1998；袁万明等，1998；朱云海等，1999；莫宣学等，2007；陈守建等，2008；蔡雄飞和刘德民，2008；Dong et al.，2018）。姜春发等（1992，2000）提出东昆仑多阶段开合构造

模型。殷鸿福和张克信（1997）认为东昆仑前造山阶段具有多岛小洋盆特点，其造陆-造山阶段具有软碰撞、构造迁移和多旋回的特点，认为东昆仑至少经历了早古生代和晚古生代—早中生代两个构造旋回。范丽琨等（2009）认为东昆仑地区加里东期洋壳沿东昆仑的俯冲为岛弧型，存在完整的沟-弧-盆体系；海西—印支期洋壳沿东昆仑南俯冲带俯冲，为安第斯型，洋壳直接俯冲到陆壳之下，没有形成岛弧及弧后盆地，两个阶段具有不同的形成模式。Zhang 等（2023）认为晚古生代—中生代东昆仑造山带古特提斯演化经历了俯冲（约 270～240Ma）、大陆碰撞（约 240～224Ma）和碰撞后伸展（约 224～200Ma）等过程。Dong 等（2018），提出了一个长期的俯冲-增生构造模型来解释东昆仑造山带的构造演化，主要有四点：①阿其克库勒湖-昆中蛇绿岩混杂岩带、木孜塔格-布青山-阿尼玛卿蛇绿岩混杂岩带和南昆仑带代表了一个范围广泛、寿命较长的俯冲增生；②十字沟蛇绿混杂岩带（有文献称为祁漫塔格-香日德蛇绿岩混杂岩带）标志着早古生代弧后盆地，与昆仑洋向北俯冲有关；③昆中带由柴达木地块分裂为早古生代岛弧，是昆仑洋向北俯冲导致祁漫塔格弧后盆地扩张；④在早古生代—三叠纪时期，东昆仑造山带演化为海沟-弧-弧后盆地构造体系和复合造山作用，其中包括广泛的增生杂岩和长期的北俯冲。

二、动力学演化与成矿作用

东昆仑成矿带是横亘青海省中部的一个规模巨大的大陆边缘增生复合造山带，属秦祁昆造山系的昆仑造山带。昆中断裂以北为柴达木古老地块的基底，其南侧并不存在同时代的古陆块，两者之间的拼合不是属于陆-陆碰撞的内部造山带，而是在大陆外缘随着洋壳由南向北俯冲，洋壳不断向北拼贴形成的边缘造山带（祁生胜等，2019）。东昆仑地区目前尚未发现太古宙地质记录，是在古元古代结晶基底上发展、演化的造山带。自中元古代开始，原始古陆产生拉张并在奥陶纪发展为多岛洋，又经历晚古生代至中生代多期次地壳拉张、闭合的长期构造演化，叠加了不同时代、不同构造环境下形成的各类地质体。其后，经受了喜马拉雅期构造运动的强烈挤压、增厚抬升作用，形成了总体呈东西向展布的巨型复合造山带。

东昆仑发展演化经历了除太古宙外显生宙不同地质时期一个长期演化全过程，同时也留下了不同时期构造体制的转换和多旋回构造阶段演化丰富的地质记录，发育了多期不同构造属性的沉积建造、岩浆活动和变质变形作用。同时，不同构造-建造及其相关联的成矿作用产物，在多旋回构造作用过程中既有新生组分的产生，也有原有组分的拼贴、混杂以及变质、变形作用发生，本区构造和成矿都极为复杂。该区被大量的不同时代侵入岩所占据，地层多被岩体所侵蚀残留于岩浆岩带中，其中海西—印支期岩浆岩是本区最主要的中酸性侵入岩，形成于俯冲、碰撞和碰撞后陆内造山的不同构造环境。

东昆仑成矿带独特的大地构造位置、复杂的构造环境、频繁的岩浆活动及不同程度的变质作用，造就了该带多样的金属矿化类型和丰富的矿产资源，不同的地质构造环境控制着不同类型矿床的形成与改造。因此，重要的成矿事件应能反映特定的构造环境及其演化和改造（李文渊等，2011）。

研究表明，东昆仑成矿带的地质构造演化主要经历了：前南华纪造山带基底演化、南华纪—泥盆纪原特提斯洋演化、石炭纪—三叠纪古特提斯洋演化、侏罗纪—白垩纪特提斯洋演化以及古近纪—第四纪青藏高原碰撞—隆升等 5 个阶段。其中，石炭纪—三叠纪古特提斯洋演化与区内金属矿产的成矿关系最为密切。

（一）前南华纪（2366～800Ma）造山带基底演化与成矿

东昆仑地区前南华纪基底形成于古元古代晚期，属于造山带的基底（邓晋福等，2004；莫宣学等，2007；肖庆辉等，2009a），与东昆仑具有多旋回构造演化的地质历史事实相符。古元古代以来，东昆仑成矿带在太古宙初始陆核的基础上经历了陆壳垂向增生过程，并在吕梁运动中形成较稳定的以金水口岩群为代表的结晶基底，为中-高级角闪岩相变质岩石。中元古代中-晚期东昆仑在结晶基底的基础上拉张出现浅海裂陷盆地，形成以小庙组和狼牙山组、万保沟群为代表的碎屑岩-火山岩-碳酸盐岩组合。小庙组为一套中级变质的长英质变质岩及变基性火山岩，长英质变质岩原岩为成熟度较高的浅海陆缘碎屑岩，代表裂解初期或稍后阶段比较稳定的沉积响应，变基性火山岩原岩为一套拉斑玄武岩，岩石地球化学特征显示其形成于陆内裂谷环境，代表裂解初期的岩浆事件，小庙组变质岩系记录了东昆仑地区长城纪早期裂解的演化过程，随着初始裂谷进一步拉张，沉积了蓟县纪万保沟群、蓟县纪—待建纪狼牙山组和青白口纪丘吉东沟组，为浅海环境的碎屑岩夹碳酸盐岩沉积，形成潟湖碳酸盐岩建造。古元古代以来东昆仑地区发育的基性火山岩、火山碎屑岩建造及碳质板岩含有丰富的 Au、Cu、Co、Ni 等元素，这些沉积建造为后期的成矿提供了丰富的矿质来源，如区域上古元古代金水口岩群、中元古代长城纪小庙组为都兰县五龙沟地区红旗沟-深水潭金矿的主要容矿围岩；东昆北地区中元古代冰沟群盖层沉积，主要形成沉积变质铁矿；而万保沟群在区域上作为 Au、Cu、Co、Ni、Pb、Zn 等元素的矿源层。

前人研究表明前南华纪东昆仑地区存在强烈的构造岩浆活动，东昆北带存在 0.91Ga 的碰撞花岗质岩浆作用（陈能松等，2006）。朱云海和张克信（2000）在瓦勒尕—杀雄一带发现了晋宁期的奥长花岗岩和英云闪长岩，并测得奥长花岗岩锆石 Pb-Pb 年龄为 913±4～1011±4Ma，U-Pb 同位素一致线年龄为 703±15Ma，表明该期侵入岩为新元古代早-中期的产物，形成于火山弧和同碰撞构造环境。陆松年（2001）在东昆仑地区识别出大规模的花岗质岩浆杂岩带，年代学和地球化学资料证明其是新元古代早期汇聚过程的产物。综上所述，新元古代早期的构造岩浆作用具有明显的区域性，它与晋宁期罗迪尼亚（Rodinia）超大陆的汇聚事件在时间上一致（陆松年等，2003），因此，东昆仑地区基底岩系的区域动力变质和广泛的深熔作用实际上记录了罗迪尼亚大陆的聚合信息，是罗迪尼亚大陆聚合事件在东昆仑地区的直接地质表现（王国灿等，2004）。东昆仑地区的前南华纪构造演化十分复杂，形成了以沉积变质型、火山-沉积岩型为代表的一系列 Fe-Fe(Cu)-Cu(Co)矿床；整个地区强烈的构造岩浆活动和广泛的区域变质作用使中元古代地层发生变形变质，在区域变质过程中，往往可形成变质热液流体，它们可与原岩或原含矿建造发生广泛的交代作用，并促使成矿物质活化迁移而初步富集，形成次生矿源层，为后期进一步成矿奠定了物质基础。

东昆仑成矿带该阶段内形成了一系列与区域变质作用有关的受变质矿床和变成矿床系列。铁、锰、石英岩主要成矿期为古元古代和中元古代，含矿建造为含铁硅质建造和含铁碳酸盐建造；石墨、石榴子石及白云岩主要成矿期为古元古代，产于金水口岩群中，形成了以那西郭勒为代表的铁-石墨受变质型矿床。

（二）南华纪—泥盆纪（800～362Ma）原特提斯洋演化与成矿

从南华纪开始，东昆仑地区进入一个新的构造—岩浆—成矿旋回，该阶段是东昆仑造山带内重要的构造活动期。新元古代晚期开始，伴随着原特提斯洋的扩张，东昆仑地区发生了广泛的裂解，并一直延续到早古生代，拉伸裂解形成了一系列的不同时期的小洋盆或裂谷组成的多洋盆间隔多地块的构造格局。这一时期代表洋盆性质的蛇绿岩主要有：布青山地区得力斯坦蛇绿岩，形成时代为寒武纪，其中辉长岩的同位素年龄为516.4±6.3Ma（孙雨，2010），其代表了布青山-阿尼玛卿地区早古生代洋盆的存在；东昆中清水泉蛇绿岩-乌妥蛇绿岩带和柯柯沙-科科可特-达瓦特超镁铁岩-镁铁质岩带的形成时代为寒武纪，其中辉长岩的同位素年龄为518±3Ma（Yang et al.，1996）、522.3±4.1Ma（陆松年等，2002）、509.4±6.1Ma（冯建赟等，2010），SSZ型阿其克库勒湖-昆中蛇绿岩混杂岩带形成于约504～480Ma（魏博，2015；Dong et al.，2018）；锆石U-Pb年代学表明，东昆中E-MOR型蛇绿岩形成于约537～436Ma（Yang et al.，1996；任军虎等，2009；魏博，2015；祁晓鹏等，2016；Dong et al.，2018），代表在东昆仑地块内因拉张作用形成的小洋盆或是弧后盆地。所以东昆南部早古生代构造混杂岩系及东昆中断裂带内早古生代蛇绿岩套和超镁铁岩-镁铁质岩的产出，代表了这次裂解事件，体现早古生代时期东昆仑地区发生了广泛的裂解作用，并导致多洋盆多地块的形成。中寒武世随着原特提斯洋的进一步扩张，在局部地区发生了洋壳的俯冲消减，东昆仑进而演化为整体离散、局部碰撞的局面。阿拉克湖岩体的全岩Rb-Sr年龄为508Ma（张晓飞，2011），具有弧后花岗岩的性质。

都兰柯柯沙石英闪长岩体形成年龄为515.2±4.4Ma，代表洋壳俯冲过程中形成的一套岛弧型岩浆杂岩体为中寒武世初始陆缘弧构造环境，代表了局部洋盆俯冲的时代（张亚峰等，2010）。这表明中寒武世已经出现与板块向北俯冲有关的深成岩浆侵入活动。

这一阶段，地壳以拉伸为主，在这种构造环境下，形成了一系列裂谷（或小洋盆）和与其构造环境相关的矿床成矿系列。在拉伸裂解作用阶段，形成的一系列裂谷和小洋盆中，广泛产出一套陆缘裂谷火山岩、岛弧钙碱性火山岩和洋岛玄武岩的沉积组合，为块状硫化物型矿床的形成提供了良好的物质基础和有利的构造背景。同时，在陆缘裂谷的海盆环境中可形成与喷气-沉积作用有关的铅锌矿床，而洋盆、岛弧和弧后盆地等构造环境是块状硫化物型铜、钴、金矿床形成的理想场所。在这一阶段也形成了大量的基性火山岩及有关的热水喷流沉积岩（郭晓东等，2004），如祁漫塔格带内肯德可克矿区硅质岩和东昆南带内驼路沟矿区的硅质钠长质岩，发生了相应的成矿作用；它们或形成有利的矿源岩（肯德可克），为后期叠加成矿奠定物质基础，或直接形成工业矿床（驼路沟），其范围主要涉及东昆北和东昆南两个构造带，主要成矿作用为与铜、钴、金矿有关的热水沉积成矿作用。

晚寒武世—早志留世为原特提斯洋俯冲阶段。在东昆仑地区，这一时期的花岗岩为石英闪长岩、二长花岗岩组合，以钙碱性花岗岩为主，形成于俯冲带之上的火山弧环境，形成时代大体为500～430Ma（李荣社等，2007）。在玛沁地区的德尔尼闪长岩，其SHRIMP锆石U-Pb年龄为493±6Ma，具有岛弧性质（李王晔等，2007）；早古生代纳赤台蛇绿混杂岩带变中基性弧火山岩年龄为474Ma（裴先治，未发表）；在布青山地区发现的早志留世具有岛弧环境性质的白日切特花岗闪长岩 441.1±6.3Ma 及中酸性火山熔岩（刘战庆等，2011）；东部亿可哈拉尔岛弧型花岗闪长岩437.5±2.3Ma；少量源于增生杂岩体中变质杂砂岩和变质泥质岩的部分熔融成因的英云闪长岩体和花岗闪长岩体（约424～421Ma）（施彬等，2016）。祁漫塔格-香日德蛇绿混杂岩带的形成时间在 480～420Ma 左右，其中不同地区辉长岩和辉绿岩锆石 U-Pb 年龄为486～420Ma（Meng et al.，2015；Dong et al.，2018），大洋榴辉岩（428±2Ma；Meng et al.，2013），粗玄武岩和玄武岩全岩 Sm-Nd 等时线年龄为468～442Ma，辉石 Sm-Nd 等时线年龄为466±33Ma（宋泰忠等，2010）。夏日哈木地区超镁铁质-镁铁质杂岩主要由橄榄岩、辉石岩、辉长岩和辉长岩组成。基性岩表现出轻稀土微富集，Nb、Ta、P、Zr、Ti 微量亏损的地球化学特征，与俯冲环境相一致，辉长岩锆石 U-Pb 年龄为439～423Ma（姜常义等，2015；Peng et al.，2016）代表了俯冲的时间。奥陶—志留系由绿片岩相变质火山岩、杂砂岩和浊积岩组成。火山岩主要由玄武岩、安山岩、英安岩和流纹岩组成，具有弧型地球化学特征，锆石 U-Pb 年龄约为474～450Ma（丰成友等，2005；张耀玲等，2010；陈衍景，2013）。杂砂岩形成于约538Ma（靳立杰等，2015）和425Ma（周春景等，2010）之前的弧前盆地，与它们的地球化学特征相一致（陈有炘等，2014）。奥陶—志留纪地层的沉积特征（Dong et al.，2018）反映了南昆仑带弧前盆地环境。这都是晚寒武世—早志留世洋壳向北俯冲消减的有力证据，并形成了东昆仑地区沟-弧-盆体系。

奥陶纪祁漫塔格群的岩石组合为安山岩、英安岩、流纹岩、(英安质) 流纹质凝灰岩加玄武岩，显示了活动大陆边缘的岩性和地球化学特征，以响应祁漫塔格弧后盆地持续的俯冲和闭合（Dong et al.，2018）。蛇绿岩混杂岩带不同板块的年代学数据（约460～425Ma），以及北祁漫塔格带与俯冲有关的大量岩浆岩的年代学数据（Dong et al.，2018）表明，祁漫塔格弧后盆地可能在约486Ma之前形成，并在约460Ma之前演化为向北俯冲，在约420Ma时闭合（Dong et al.，2021）。

祁漫塔格弧后盆地的闭合时间受同碰撞岩体的控制，其年龄约为425～420Ma（高晓峰等，2010；李国臣等，2012；高永宝等，2014；周建厚等，2015；郑震等，2016），也可能受到420～390Ma 的碰撞后岩体的限制。例如，侵位在夏日哈木与俯冲有关的超基性-基性杂岩体中的辉长岩和辉石岩含有碱性矿物，具有堆积结构，年龄约为413～405Ma（Zhang et al.，2015；Song et al.，2016）。这明显标志着碰撞后的伸展构造背景，与421～390Ma碰撞后相关的A型花岗岩类的形成相一致（Dong et al.，2018）。此外，这些地球化学和年代学数据还表明，泥盆系磨拉石沉积在 420～390Ma 左右经历了一个由碰撞到碰撞后崩塌的重要转变过程。综上所述，综合已有的弧后火山岩、花岗质火山岩、变质岩及沉积记录的地球化学和年代学资料，祁漫塔格弧后盆地明确记录了约 450～425Ma 向北俯冲的过程。碰撞时间约425～420Ma，碰撞后延伸时间约420～390Ma（Dong et al.，2021）。

晚志留世—中泥盆世原特提斯洋已完全闭合，进入主碰撞-后碰撞造山阶段。东昆仑地区内普遍缺失晚志留世—中泥盆世沉积。在都兰北东，刘成东（2008）采集了加里东期的二云母花岗岩，其高精度 SHRIMP 测试年龄为 416±1Ma。祁漫塔格东部那棱郭勒河东黑云母二长花岗岩及祁漫塔格乌兰乌珠尔钾长花岗岩锆石 U-Pb 年龄分别为 420.6±2.6Ma、

421.2±1.9Ma，岩石成因类型以高钾钙碱性 I 型花岗岩为主，但同时出露同时期 S 型花岗岩，为同碰撞挤压造山作用向后碰撞区域拉伸构造体制（约 420Ma）的转换时期（郝娜娜等，2014）。这均表明原特提斯洋盆最迟在晚志留世以前已经闭合。早古生代末期的造山作用，使东昆仑及其以北的地区连为一体，进入陆内演化阶段。

在俯冲、碰撞造山阶段，由于受东昆中小洋盆的闭合及随后原特提斯洋向北的俯冲汇聚，及其碰撞造山作用的影响，东昆仑地区发生了强烈的构造、岩浆活动，并在东昆中及东昆北带形成了广泛发育的二长花岗岩、花岗闪长岩等深成岩体，同时沿碰撞带形成一系列近东西-北西西向的韧性剪切带，导致了成矿流体的活化和金等多金属成矿物质的初步富集。如在东昆中断裂带的北侧已发现了多条长约 30～50km、宽 10～100 余米的北西-北西西向或近东西向的大型韧性剪切带，其中的一些剪切带控制了多个金矿床（点）的分布，是金矿区的重要控矿构造（丰成友，2002）。同时，由于构造作用所形成的含矿流体沿碰撞带、缝合带、大型剪切带等裂隙构造带运移，可与围岩发生强烈的交代作用，使成矿物质进一步富集，在深大断裂带及其次级构造等有利环境中可形成夕卡岩型、热液脉状多金属（包括金、银）矿化。因此，在这一构造旋回中东昆仑地区主要形成与裂解或俯冲作用有关的喷（流）气-沉积型铜、钴、金、铅、锌矿床组合；与碰撞造山过程有关的夕卡岩型；热液脉状多金属矿化等岩浆热液型矿床组合。

由于本期碰撞作用属软碰撞性质（殷鸿福和张克信，1997），所以加里东晚期的花岗质岩浆活动及其成矿作用并不十分强烈，只是形成与造山作用有关的矿化（局部可形成小型矿床），但为晚海西—印支期造山型矿床的形成提供了物质基础。同时由于加里东期之后，东昆仑地区一直处于抬升剥蚀状态，因此不利于浅成矿床的保存。

（三）石炭纪—三叠纪（362～199.6Ma）古特提斯洋演化

志留纪的碰撞作用，使整个东昆仑地区再次结为统一块体。从泥盆纪开始，东昆仑地区进入相对稳定的演化阶段。在东昆中构造带北侧，晚泥盆世牦牛山组磨拉石建造不整合堆积的开始发育，标志着东昆仑地区加里东造山旋回的结束和海西—印支造山旋回的开始（莫宣学等，2007；陈能松等，2008）。

晚泥盆世古特提斯洋分支阿尼玛卿洋盆开始闭合。晚泥盆世—中二叠世，东昆仑地区处于拉伸背景中。随着中央造山带微板块群与欧亚板块合为一体，总体向北移动，沿这一微板块群的南缘，由于拉张作用，东昆仑地块与可可西里-巴颜喀拉地块之间发生裂解，在布青山地区发现的哈尔郭勒蛇绿岩形成年龄为 332.8±3.1Ma（刘战庆等，2011），属于早石炭世，表明洋盆打开的时间应早于早石炭世。早石炭世的哈拉郭勒组火山岩具有裂谷火山岩性质。这些都表明在早石炭世开始时，已出现布青山-阿尼玛卿石炭—二叠纪小洋盆，其属于古特提斯洋的一部分。这一时期，东昆南断裂以北地区沉积面貌总体相对稳定，表现为相对稳定的滨浅海盖层沉积，局部出现火山岩，而以南地区除石炭纪为相对稳定的滨浅海沉积外，进入二叠纪强烈裂解分化，出现包括斜坡相复理石建造、深海硅泥质岩建造、基性和中基性火山岩建造、台地相或海山富生物的碳酸盐岩建造、代表洋壳的蛇绿岩组合以及一些古老陆块，显示出多岛洋的构造古地理格局（张晓飞，2011）。

近年来，通过岩石年代学、地球化学研究，晚二叠世古特提斯洋开始闭合已被大多数学者所接受，从 260Ma 开始阿尼玛卿洋盆开始闭合，俯冲作用造成该区发育大量安第斯型弧长英质岩浆岩，这些岩浆岩年龄峰值介于 270～240Ma，主要为中-高钾钙碱性系列，富集大离子亲石元素（LILEs）和轻稀土元素，亏损高场强元素（HFSEs）。这些岩石的 $\varepsilon_{Hf}(t)$ 由负向正（-11.6～12.4），两阶段 Hf 模型年龄为 486～2004Ma（Zhang et al.，2023）。广泛的地幔包体的出现和 Hf 同位素的亏损表明地幔物质对这些花岗类岩石的形成有贡献（Xiong et al.，2012；Chen et al.，2017）。板片熔体被认为在以下几个方面解释了当代区域岩浆活动：①大洋板块的俯冲导致流体交代作用，导致富集的岩石圈地幔楔部分熔融（Zhao et al.，2019；Li et al.，2020b）；②板片状熔体与富集幔源熔体的混合也是区域花岗岩类岩石的成因之一（Chen et al.，2017；Pan et al.，2022）。因此，板片和次大陆地幔诱发的区域岩浆活动导致了俯冲背景下地壳的生长。结果，基于（La/Yb）$_N$、Sr/Y 数据，地壳厚度从 270～240Ma 增厚约 45km（Zhang et al.，2023）。

晚二叠世—早中三叠世主要为布青山-阿尼玛卿洋由南向北俯冲阶段，晚二叠世洋壳开始初始俯冲，早三叠世进入强烈俯冲，于中三叠世早期洋壳俯冲消减已接近尾声，在东昆仑南缘发育沟弧体系。在东昆仑南侧形成早-中三叠世的弧前堆积，同时造成东昆北及东昆中带广泛的构造岩浆活动，形成大规模海西晚期—印支早期花岗岩类侵入岩和弧状火山岩，形成陆缘岩浆弧，岩浆侵位时代集中在 270Ma、240Ma，由南向北逐渐减小；这与北俯冲的地球化学极性一致（Thomas and Billen，2009，Li et al.，2015；Zhang et al.，2023）。分布于东昆中断裂附近的哈拉朵吐花岗闪长岩寄主岩 LA-ICP-MS 锆石 U-Pb 年龄 255.3±3.6Ma，暗色闪长质包体 LA-ICP-MS 锆石 U-Pb 年龄 252.9±2Ma，显示为岩浆混合作用（孙雨等，2009）；香加南山千瓦大桥花岗闪长岩的形成时代为 242～251Ma，花岗闪长岩中暗色微粒包体的形成时代为 252～248Ma（Huang et al.，2014；陈国超等，2018），均形成于晚二叠世晚期，与格曲组和下伏地层间角度不整合面的形成时代近乎一致，共同指示东昆仑地区自晚二叠世以来进入了与洋壳俯冲相关的构造环境。简而言之，哈拉尕吐、香加南山花岗类岩体形成于与俯冲有关的陆缘弧构造环境，与南美洲安第斯型陆缘弧构造环境相类似。郭正府等（1998）研究认为，东昆仑地区 260～230Ma 为俯冲时期，当洋壳俯冲时，俯冲造成洋壳板片断离，在下地壳过渡带脱水并随着软流圈物质上涌，实验岩石学已证明，成熟（>50Ma）或冷的俯冲板片是把水带到深部地幔的最好载体，当上升的水体遇到地壳玄武岩底垫时，基性岩浆岩发生部分熔融，在这种间歇性岩浆作用下，基性岩浆沿着俯冲形成的岩浆通道上升与上地壳物质发生反应，并发生岩浆混合，最后形成了区域广泛出露的印支期花岗质岩石（杜远生，1998），也为金成矿带来了深源物质。岩浆岩表现出安第斯型活动大陆边缘构造属性。岩浆作用在约 240～237Ma 期间减弱。这一间隙与早期大陆挤压期非常吻合（熊富浩，2014；夏锐，2017）。因此，古特提斯洋闭合和初始增生碰撞过程估计发生在 240Ma 左右（Zhang et al.，2023）。

随后在 230Ma 左右，洋盆闭合，并进入陆内造山阶段，以下地壳拆沉—部分熔融—岩浆混合发育为主导过程，岩浆活动依然强烈。240～224Ma 形成的岩浆具有更广泛的类型和地球化学成分。主要为广泛发育的 I 型花岗岩、A 型花岗岩和板内型基性岩脉（奥琮等，2015；张炜等，2016；Liu et al.，2017；李金超等，2021）。同碰撞环境下产生的花岗岩类 Eu 负异常更为明显，锆石 $\varepsilon_{Hf}(t)$值变化较大（-24.6～10.5），两阶段 Hf 模型年龄范围为 597～

2810Ma（Zhang et al.，2023）。A 型花岗岩和板内型基性岩脉的出现，指示东昆仑地区在240Ma 左右局部地区已经进入伸展环境（Whalen et al.，1987；King et al.，1997；Bonin，2007；Zhang et al.，2023）。这表明岩石圈伸展是在一个整体的大陆挤压碰撞环境中进行的。Zhang 等（2023）提出大洋板片断裂模式，认为热软流圈地幔通过板片窗上升，在岩石圈上覆地幔中产生了短暂的热异常，且引起了下地壳的热侵蚀和机械变形（Ratschbacher et al.，2003；Roy et al.，2014；Tesauro et al.，2018）。这导致了具有板内特征的瞬时岩浆脉冲的产生，以及地壳的拉伸变形和局部薄化。因此，地壳整体厚度增厚，但也观察到局部变薄，范围较广，为 25～60km（Zhang et al.，2023）。

大约在 230Ma，俯冲结束后区域整体由挤压向伸展转变，由于加厚下地壳的存在，地球动力平衡造成下地壳不断拆沉，再与幔源岩浆混合后底侵、侵入并成矿，最终的表现是整个东昆仑地区在印支期金成矿作用持续稳定。晚二叠世，东昆仑（东段）地区沉积盆地类型亦由之前伸展背景下的被动大陆边缘浅水盆地转化为挤压背景下的弧前盆地（李瑞保，2012）。盆地古流向研究结果表明，盆地物源主要来自其北侧岩浆弧及基底岩系，并有少量来自南缘的（蛇绿）构造混杂岩带，这与弧前盆地的沉积特征一致。此外，东昆仑地区晚二叠世具有底砾岩特征的格曲组角度不整合于下伏地层之上（李瑞保，2012）。东昆南地区的早三叠世洪水川组、早-中三叠世闹仓坚沟组沉积序列记录了水体变化是由浅变深，再由深变浅，火山岩主体显示为岛弧-碰撞构造环境的产物，反映了弧前盆地沉积的特征（青海省地质矿产局，1991）。进一步，证实晚二叠世以来至中三叠世早期，东昆仑地区沉积体系及沉积环境发生了根本性变化，由之前的被动大陆边缘系统演变为弧前盆地系统，晚二叠世是东昆仑地区南缘洋壳演化的重要构造转折期，由之前的洋壳伸展突变为向北的开始俯冲。洋壳向北俯冲过程中在其北缘东昆仑地区产生强烈的陆缘弧岩浆作用，俯冲造山作用以深部地幔楔和下地壳部分熔融引起的构造岩浆作用为主，形成了与俯冲带大致平行的巨量岩浆混合花岗岩，构成典型的陆缘弧型（安第斯山型）俯冲造山带。阿尼玛卿洋的 MORB 型蛇绿岩（333Ma）与陆缘弧型花岗岩（256～247Ma）及弧前盆地的空间配置关系共同指示俯冲造山作用极性为由南向北。在东昆仑地区已经鉴别出与板块俯冲作用有关的大量陆缘弧型花岗岩及基性岩墙群。东昆仑造山带东段哈拉尕吐花岗岩体年龄为 256Ma（李瑞保，2012），香加南山岩体年龄为 247Ma（李瑞保，2012），均形成于活动大陆边缘构造环境，而且其产出形态明显与古俯冲带大致平行。东昆仑造山带白日其利地区发育有一套 251Ma 的基性岩墙群，位于东昆仑造山带晚二叠世—早三叠世岩浆弧弧后伸展区域，东昆仑造山带和勒岗那仁地区发育有一套早三叠世辉绿岩墙群，亦可能与陆缘弧局部伸展构造环境相关。区域上，该次俯冲造山不仅局限于东昆仑区段，而是古特提斯洋北缘分支向北俯冲的一次重要的区域构造事件（陈亮等，2000，2001，2003），在阿尼玛卿地区亦有弧岩浆岩记录（Yang et al.，1996；杨经绥等，2003，2004），只是俯冲时间相对东昆仑地区略早（260Ma）。以上资料表明强烈俯冲造山作用主要发生在晚二叠世晚期—早三叠世。

中三叠世为由俯冲体制向碰撞体制的转换阶段，和勒岗希里可特岩体属于富钾钙碱性花岗岩类，有着壳幔岩浆混合的特点，即形成于这种构造环境中，其形成年龄为 230±4.6Ma（陈国超，2011）。和勒岗希里可特后碰撞型花岗岩的侵位，标志着东昆仑地区由同碰撞阶段转变为后碰撞阶段。区域上，代表该次后碰撞事件的岩体分布较多，布青山地区马尼特花岗岩体岩浆混合花岗岩中包体年龄为 226Ma，地球化学特征表明其与后碰撞造山的构造环境密切相关（李瑞保，2012）。东昆仑那陵郭勒河花岗岩体形成时代为 225～214Ma，地球化学特征显示其形成于造山晚期（常有英等，2009）。岩浆岩的记录表明，在俯冲结束碰撞开始的转变时期东昆仑发生了广泛的岩浆底侵作用和岩浆混合作用（刘成东，2008；孙雨等，2009）。这可能与布青山-阿尼玛卿洋壳的断裂作用有关（莫宣学等，2007）。中三叠世洋壳俯冲接近尾声，局部地段陆（弧）陆已经开始差异性碰撞造山，海水大面积退出，中三叠统希里可特组海陆过渡相沉积（莫宣学等，2007；李瑞保，2012）在东昆仑地区出露局限，与闹仓坚沟组间为微角度或平行不整合接触，是这一时期洋陆转换过程的沉积响应。从此以后，东昆仑地区因碰撞造山而开始隆升，海水完全退出，结束了海相沉积的历史。由不整合面可以限定碰撞造山时限为中三叠世晚期—晚三叠世早期。

晚三叠世早期东昆仑地区基本完成碰撞造山，约 224Ma 进入碰撞后阶段（Yao et al.，2017；Zhou et al.，2020），并造成东昆仑及邻区地层褶皱冲断。于 225Ma 左右俯冲板片发生断离作用，从而导致地幔物质底侵上涌，形成了具后碰撞构造属性和壳幔岩浆混合特征的岩浆岩。形成于约 224～200Ma 的岩浆岩显示出含量较高 SiO_2、Na_2O 和 K_2O 和弱过铝质（A/CNK=1.03～1.07），锆石 $\varepsilon_{Hf}(t)$值变化在-20.2～12.5，Hf 模型年龄为 457～2524Ma（Zhang et al.，2023）。在东昆仑地区发现的高镁埃达克岩（Chen et al.，2013）、碱性花岗岩类、OIB 型基性岩墙和高 Nb-Ta 流纹岩（Hu et al.，2016；Liu et al.，2017；Zhu et al.，2022）表明，加厚的下地壳在约 224～200Ma 期间发生了剥落作用。与板片断裂相比，拆沉导致大规模的软流圈上升流，为古代地壳的熔化和地壳变薄提供额外的热量。其结果是地壳厚度急剧减小，在 200Ma 时约厚 45km（Zhang et al.，2023）。这些岩浆岩主要为侵位于东昆仑东段南缘早-中三叠世闹仓坚沟组的和勒岗希里可特与科科鄂阿龙高镁花岗岩体，侵位年龄为 225～218Ma（李瑞保，2012），花岗岩岩石地球化学属性表明其形成于后碰撞环境。底侵的部分地幔物质沿地壳中的断裂上升到中上地壳，引起围岩部分熔融并在中上地壳部位发生岩浆混合，从而形成了 214±1Ma 的香日德高 Nb-Ta 流纹岩（丁烁等，2011）。此外，在东昆仑造山带南缘哥日卓托地区出露的 225±1Ma 的花岗岩体，亦为该期碰撞造山后洋壳断离事件的岩浆响应（李瑞保，2012）。形成于约 224～200Ma 期的岩浆岩的锆石 $\varepsilon_{Hf}(t)$值显示出逐渐增大的趋势，地壳厚度急剧减小（Zhang et al.，2023）。因此，晚二叠世—晚三叠世东昆仑地区的构造演化经历了 3 个阶段：①古特提斯洋 270～240Ma 俯冲；②中三叠世大陆碰撞（约 240～224Ma）；③晚三叠世碰撞后（约 224～200Ma）伸展环境（熊富浩，2014；夏锐，2017；Yao et al.，2017；Zhou et al.，2020；Zhang et al.，2023）。这一结论与该时期区域沉积变质事件相一致。晚三叠世中晚期以来，在已经褶皱冲断的中三叠统及更老地层基础上，接受了一套八宝山组河湖相沉积，构成晚三叠世中晚期背驮盆地。

晚三叠世—早侏罗世，可可西里-巴颜喀拉地块与东昆仑地块发生碰撞，东昆仑进入陆内复合造山阶段。晚三叠世晚期—早侏罗世东昆仑地区同碰撞型-陆内俯冲型花岗岩的侵入和陆相火山岩的喷发，以及广泛的低级-极低级区域动力变质作用都是中、晚三叠世之交的印支期构造事件的产物。这一阶段在东昆仑造山带的主要表现是，形成推覆构造、走滑构造以及大面积的隆起。东昆仑一些地区发育陆相火山盆地及陆相含煤碎屑岩盆地，沉积了晚三叠世八宝山组、晚三叠世鄂拉山组和早侏罗世羊曲组，另一些地区则发生缓慢的隆升剥蚀，分布于东昆仑南缘地区的晚三叠世八宝山组，与下伏早-中三叠世闹仓坚沟组及中三叠世希里可特组之间呈角度不整合接触关系。八宝山组为一套陆相碎屑岩组合，局部夹有陆相酸性火山岩（如浅灰色或紫红色流纹斑岩）。东昆北带的晚三叠世以鄂拉山组为代表，主要为一套火山碎屑岩夹火山熔岩及不稳定沉积碎屑岩的地层，鄂拉山组火山岩的岩石及地球化学特征显示出具有明显双峰结构的大陆裂谷火山岩，反映出伸展裂解的构造环境（孙崇仁等，1997）。科科鄂阿龙岩体侵位于 221Ma，为地壳拆沉形成的埃达克质火成岩，属于后碰撞伸展环境（陈国超，2011）。

晚古生代—早中生代期间，东昆仑造山带南侧布青山-阿尼玛卿古特提斯洋相继经历了洋盆打开、扩张、俯冲消减到碰撞等一系列地质作用，使整个东昆仑造山带明显受到了晚古生代晚期—早中生代复合造山作用的叠加改造。在这一演化阶段，随着布青山-阿尼玛卿古特提斯洋向北俯冲、拼合，侧向挤压强烈，不但在区内形成了一些深断裂、大型剪切带及次一级的褶皱和断裂-裂隙构造系统，而且在先成的加里东期造山带上形成了叠加的花岗岩带和叠加变形带，它们皆为复合造山作用的结果。同时相应的岩浆侵入活动携带部分深部来源的成矿元素形成了热液流体。成矿物质上升参与到地壳成矿，驱动流体大规模循环，对地层中呈分散状态的成矿元素进行活化、萃取运移等作用，构成矿质的进一步富集，而在有利构造部位初步成矿，再次对前期形成的金等矿床产生叠加作用，金矿成矿作用与印支期构造-岩浆活动存在密切的关系（袁万明等，2003）。进入印支晚期以后，整个东昆仑地区开始发生强烈壳幔作用，促进了壳-幔间物质与能量交换，大量的幔源物质与热流进入地壳，参与到该区的岩浆活动和成矿作用中（罗照华等，2002；刘成东等，2004；肖庆辉等，2009b）。

东昆仑地区晚三叠世转变为陆-陆全面碰撞-碰撞后阶段（武若晨等，2017），该阶段也是与构造岩浆活动有关的成矿作用最强烈的时期。在此阶段，花岗岩和陆相火山岩十分发育，形成了东昆仑乃至青海省极具特色的接触交代型、岩浆热液型、斑岩型及陆相火山岩型矿床，如尕林格铁矿床、五龙沟金矿床、那更康切尔银矿床、乌兰乌珠尔铜矿床及鄂拉山口铅锌银矿床等。

已发现的接触交代型、斑岩型矿产与三叠纪花岗岩和浅成斑岩密切相关，其中接触交代型、热液型铁多金属矿产多产于花岗岩内、外接触带或远离接触带，斑岩型多金属-贵金属矿产与斑岩关系密切，产于斑岩体内部、顶部及外围的裂隙带内。矿产种类与岩体时代无直接关系，但是与侵入岩岩石组合具有密切的关系，花岗闪长质岩体形成以铁、铅锌为主的矿产，花岗质岩体形成铜、铅锌、钨锡钼等矿产。侵入岩岩石组合不同造成的成矿差异显示了岩浆深部过程对于成矿的制约（张爱奎等，2017）。

（四）侏罗纪—白垩纪特提斯洋演化与成矿

经历了晚古生代—中生代造山阶段以后，特提斯构造域转入了新特提斯构造演化阶段（莫宣学等，2007），东昆仑造山带持续处于陆内发展（盆山转换）阶段。此后，沉积、岩浆作用的主要动力来自高原南部的班公湖-怒江洋盆、印度河-雅鲁藏布江洋盆的裂解、拼合，以及拼合后的整体隆升、调整。受班公湖-怒江洋盆打开的影响，侏罗纪主要表现为差异块断运动，沉积了陆相含煤建造。晚侏罗世末期—早白垩世班公湖-怒江洋盆关闭，冈底斯带向北拼贴，造成白垩系与下伏地层的广泛角度不整合，绝大多数地区发育杂色碎屑岩夹膏盐沉积。印度板块与亚洲板块碰撞之后，除在塔里木南缘局部有古近系与白垩系的连续海相沉积外，由于应力和变形的远程效应，不同地区对于该构造事件的反映方式和时间有差异，总体上距离越远，反映程度越弱，时间越滞后。即在东昆仑成矿带多为河湖相沉积，含膏盐及含油建造。

该阶段中以侏罗纪为区内的主要成矿期，普遍沉积了含煤碎屑岩地层和工业煤层，是区内第四个成煤期，形成了一批以都兰县塔妥煤矿为代表的生物化学沉积型煤矿。

（五）古近纪—第四纪青藏高原碰撞—隆升与成矿

随着印度板块与欧亚板块的碰撞，青藏高原开始隆升，古近—新近纪随着青藏高原进入整体抬升，差异性升降形成山间盆地，且因气候干燥沉积了红色（石膏）碎屑岩，在山前一带沉积物粒度由底层面向上（顶层面）显著变粗，反映其昆仑山开始隆起。青藏高原北部地壳加厚、快速隆升过程大致开始于上新世初期（5.0Ma），在上新世末期前后达高峰（±3.0Ma），进入第四纪以后为持续快速隆升的时期。青藏高原自 0.01Ma 至现今仍在不断隆起上升，气候条件发生了明显变化，交替出现冰期、间冰期，岩溶地区发现多层洞穴堆积，高原北部和东部有岩浆喷发，形成现今的地理格局和地貌形态，形成了一些砂金矿点。

三、岩浆演化与金成矿作用

活动大陆边缘俯冲作用不仅为东昆仑地区金成矿提供了重要的物质基础，而且形成有利的成矿构造条件，俯冲作用波及范围广，持续时间长，东昆仑整体俯冲活动从晚二叠世开始到中三叠世结束。

印支期东昆仑地区经历了俯冲碰撞、陆内造山过程。断离的俯冲板片容易与幔源岩石发生相互作用，形成幔源 C-H-O 流体。板片断离作用会导致软流圈物质上涌，对岩石圈地幔进行热侵蚀改造，地幔部分熔融形成镁铁质岩浆对地壳进行底侵，随着俯冲作用的持续，弧后盆地向伸展环境转变，促进了幔源 C-H-O 流体上涌，这一点可以从白日其利 248Ma 辉长岩得到很好证明，即俯冲过程中存在有利于深源岩浆上升的通道。当幔源流体运移至上地幔源区，萃取金等成矿物质，含金的幔源流体沿断裂向地壳运移，并在构造适合部位沉淀形成金矿（李金超等，2015）。

金属矿物中硫的来源主要有：地幔硫、地壳硫、岩浆硫和混合硫；其中地幔硫的 $\delta^{34}S$ 接近于 0±2‰；地壳硫以 $\delta^{34}S$ 值变化范围宽、区域分布离散为特征；岩浆硫的 $\delta^{34}S$ 接近于 0±5‰；混合硫指不同来源硫混合成的硫源。

作为阿斯哈金矿容矿围岩的闪长岩-花岗闪长岩和花岗岩的岩石地球化学研究分别显示出碰撞前（俯冲晚期）活动大陆边缘特征和后碰撞花岗岩特征。昆仑洋壳向北不断俯冲拼合导致底侵作用发生，使来自幔源的基性岩浆提供巨量热动力导致地壳物质熔融，在该带区域上形成了规模宏大的花岗质岩带。花岗质岩体与矿脉密切伴生，通过研究表明其可能来源于交代富集地幔，推测其形成的构造环境为陆内造山由挤压向伸展转换的相对松弛阶段，与矿床时间近一致，成因上联系密切。

东昆仑地区岩浆岩极其发育，以花岗岩类为主，少量为基性岩和超基性岩。花岗岩类包括 I 型、S 型和 A 型，形成于 470～380Ma 和 270～204Ma 两个不同的侵位期（Chen et al.，2017；Xiong et al.，2015；Dong et al.，2018；Xin et al.，2019；Zhu et al.，2022）。这些花岗岩类与黑海北、岩金沟、阿斯哈等众多金矿床在时空上密切相关（Yu et al.，2022；Wu et al.，2021；Liang et al.，2021）。二叠纪—三叠纪时期（270～204Ma）是东昆仑地区岩浆活动最显著的时期，该时期大量的 I 型和少量的 A 型花岗岩体侵位，具有广泛的同时期中基性岩脉群（Dong et al.，2018；Xin et al.，2019）。这是向北俯冲在 EKOB 下的阿尼玛卿洋演化的结果（Liu et al.，2014；Shao et al.，2017；Kong et al.，2020；Fan et al.，2022；Shao et al.，2021）。I 型花岗质侵入体主要包括出露在整个造山带的花岗闪长岩和二长花岗岩。EKOB 西部主要出露 A 型花岗岩和等量火山岩，东部有少量 A 型火山岩，如 A_2 型南沟正长花岗岩（Yan et al.，2020）和土房子流纹斑岩（Hu et al.，2016），以及 A_1 型于沟子钠闪石花岗岩（钱兵等，2015）和香日德火山岩（Zhu et al.，2022）。它们被认为在碰撞后的拆沉和伸展中，经过长期的分离结晶和轻微的地壳污染，由交代岩石圈地幔的部分熔融发展而来（约 235～209Ma；Fan et al.，2022；Hu et al.，2016；Shao et al.，2021；Zhu et al.，2022）。

晚三叠世岩浆岩在东昆仑造山带出露最为广泛，侵位年龄集中在 209～231Ma，峰值年龄为约 230Ma（肖晔等，2013；Liu et al.，2017；Liang et al.，2021；Kong et al.，2022；Zhu et al.，2022），主要包括肯德可克二长花岗岩、野马泉二长花岗岩、都兰花岗闪长岩和石英闪长岩、野马泉闪长岩、小尖山辉长岩、香日德碱性火山岩、热水流纹斑岩等。同时伴随强烈的金矿化活动，形成了大规模与晚三叠世岩浆岩有密切时空联系的金矿床或金矿点。例如，三叠纪代表性的金矿床：五龙沟矿集区红旗沟-深水潭金矿床的成矿年龄为 220～237Ma（Zhang et al.，2017）；巴隆地区瑙木浑金矿床成矿年龄为 228.9Ma（李金超，2017）；沟里矿集区阿斯哈金矿床的成矿年龄为 227.1±6.5Ma（Liang et al.，2021）、果洛龙洼金矿床的晚期成矿年龄为 203Ma（肖晔等，2014）；麻莱金矿田大场金矿成矿年龄为 218.6±3.2Ma（张德全等，2005）。

东昆仑造山带的岩浆活动的剧烈程度在整个特提斯演化过程中实属罕见，而沟里地区又是东昆仑造山带岩浆活动最强烈的地区，同时也是金矿化活动最丰富的矿集区。基于可靠的精确年代数据，表明沟里金矿集区发育东昆仑成矿带中两期金热液矿化事件。早期金矿化以果洛龙洼和安纳格金矿床为代表，应为晚泥盆世—早石炭世热液事件活动的产物，赋存于变质岩石中；晚期金矿化以瓦勒尕和阿斯哈金矿床为代表，应为晚三叠世热液事件活动的产物，赋存于同时空的长英质岩石中（Chen et al.，2020a；Liang et al.，2021）。此外，果洛龙洼金矿床可能存在晚三叠世热液事件活动叠加，还需进一步验证。相比于早期东昆仑地区金矿化，晚期金矿化与岩浆作用存在密切的时空和成因联系，而沟里地区是探讨岩浆-热液-金矿化的绝佳场所。综合本书及前人大量成矿年代学研究数据指示，东昆仑晚期金矿化在造山后伸展背景软流圈上涌期（240～220Ma）相当短的时间内形成了大规模的金矿床（237～220Ma），这些矿床具有同一成矿背景、构造-岩浆-流体成矿系统。Liang 等（2023）对阿斯哈杂岩体（石英闪长岩和花岗斑岩）开展的 Sr-Nd-Pb、Hf、S 等同位素组成特征研究结果表明，成矿流体和成矿物质来源受深部俯冲板块脱水交代作用、壳-幔混合作用和水-岩相互作用（上地壳）的共同约束。这和在晚三叠世大洋板块回撤或断裂诱发的软流圈上涌及有关强烈的基性岩浆底侵作用的构造背景是相契合的。沟里地区广泛发育的花岗岩围岩成岩时代为 231.0±2.0Ma（Liang et al.，2023），与花岗斑岩年龄（228.0±1.4Ma；Liang et al.，2021）在误差范围内一致，与金矿化年龄一致（阿斯哈金矿：227.1±6.5Ma；Liang et al.，2021）。但石英闪长岩围岩缺乏矿化特征，因此排除了石英闪长质岩浆作用对金成矿金富集贡献的可能，但是其对金运移和沉淀提供了有利的运移通道及沉淀空间，归因于其侵位和快速固结冷却产生的构造接触带（非均质性应力和应变特征），这也是绝大多数金矿床形成于花岗质岩体内外的重要因素。

全岩的主微量研究表明阿斯哈花岗斑岩为高分异 I 型花岗岩，具有较高结晶温度（温度高达 806℃），强烈的 LREE/HREE 分馏［$(La/Yb)_N$=11.5～23.7］指示其为部分熔融成因，而 Zr/Y 值（平均值 11.5）和 Sm/Nd 值（平均值 0.18）特征［Zr/Y=9.19，Sm/Nd=0.174（UCC①）vs. Zr/Y=4.25，Sm/Nd=0.255（LCC②）；Rudnick and Gao，2003］支持其与 UCC 存在遗传联系，显然这与部分熔融的地质事实相矛盾，然而这却是交代的次大陆岩石圈地幔部分熔融的典型特征。俯冲期弧后伸展背景的板片脱水的交代作用对次大陆岩石圈地幔注入陆相沉积物和挥发分等，诱发次大陆岩石圈地幔发生部分熔融产生花岗质岩浆的镁铁质母岩浆，随后继续演化并侵位在上地壳形成长英质岩石，以埃达克花岗岩为代表，残留的交代次大陆岩石圈地幔保存于深部进入造山后伸展背景。很多挥发分是金重要的络合物，比如硫化氢，而在俯冲期交代作用导致大量挥发分注入次大陆岩石圈地幔，同时也伴随金的输入，这是造山过程中金的第一次富集，该时期产生的花岗岩结晶温度和金含量偏低，金矿化以果洛龙洼金矿床为代表。

同位素研究表明阿斯哈花岗斑岩为镁铁质岩浆底侵作用诱发的部分熔融导致壳幔混合来源，$\varepsilon_{Nd}(t)$（范围为−6.0～−5.0）和 I_{Sr}（0.7087～0.7133）特征指示壳幔混合成因，类似于东昆仑造山带壳幔混合成因的 I 型花岗岩。同时 Nd-Hf 同位素组成特征也支持这一观点，与东昆仑地区高 Nb-Ta 流纹岩（212Ma；丁烁等，2011）和幔源基性岩脉的 Nd-Hf 同位素组成一致（218Ma；Hu et al.，2016）。结合阿斯哈花岗斑岩高氧逸度（$\log f_{O_2}$ 值范围为−21.49～−7.63）和高温的形成环境，表明其形成于软流圈上涌的伸展背景，其镁铁质母岩浆来源于次大陆岩石圈地幔的部分熔融。伸展背景减压环境极易发生部分熔融，而部分熔融是花岗岩产生的重要机制，这也是俯冲期弧后和造山碰撞后伸展背景产生大量花岗岩的原因。造山碰撞后板片回撤或断裂导致构造由挤压转向伸展环境，减压和拆沉作用导致软流圈上涌，携带大量的热和硫-金诱发次大陆岩石圈地幔发生部分熔融产生镁铁质岩浆，继续演化为花岗质岩浆侵位到上地壳形成花岗岩，这是造山过程中金的第二次富集，该时期产生的花岗岩的结晶温度、氧逸度和金含量高于俯冲期花岗岩，金含量低于基性岩，只有当发生部分熔融的为预交代的次大陆岩石圈地幔，即经历了第一次金富集，才会形成的高金含量的花岗岩，也就是我们研究的阿斯哈花岗斑岩，阿斯哈和瓦勒尕金矿为该金矿化的典型产物。

① UCC 代表平均上地壳标准化值（是一个反映地壳中元素的相对富集程度的地球化学参数）。

② LCC 代表平均大陆下地壳标准化值（是一个反映大陆下地壳中元素的相对富集程度的地球化学参数）。

这也解释了为什么我们发现大量的与金矿存在时空关系的长英质岩石金含量普遍比较低，它们要么经历俯冲期的金富集，要么经历了造山后伸展期的较高的金富集，这种单一的金富集过程往往极易发生，且远低于基性岩的金含量（玄武岩金含量为 5×10^{-9}，Wang et al.，2020），也是低含金量长英质岩石（玄武岩金含量小于 5×10^{-9}）大量产生的原因，只有两次金富集过程同时发生实现金的叠加方可产生金含量远高于基性岩的长英质岩石，如阿斯哈花岗斑岩（0.02×10^{-6}～0.05×10^{-6}），这也是其稀缺的主要原因。而高金的长英质岩石往往形成于造山碰撞后伸展背景，为岩浆热液金矿化的主要控矿岩体。该岩体除了与金矿化一致的时空关系和富金及自交代矿化特征，还表现出与成矿流体一致的硫同位素和铅同位素组成。成矿黄铁矿的 $\delta^{34}S$ 值，范围为 3.9‰～8.9‰，与花岗斑岩成岩黄铁矿的 $\delta^{34}S$ 值接近（$\delta^{34}S$ 值的范围为 4.3‰～5.6‰）。成矿黄铁矿原位 $^{206}Pb/^{204}Pb$、$^{207}Pb/^{204}Pb$、$^{208}Pb/^{204}Pb$ 值分别为 18.4、15.6～15.7、38.5～38.6，与全岩的铅同位素比值（$^{206}Pb/^{204}Pb\approx18.1$～19.0；$^{207}Pb/^{204}Pb\approx15.6$～15.7；$^{208}Pb/^{204}Pb\approx38.2$～38.9）基本一致。高金的花岗质岩浆侵位在上地壳，随着岩浆-热液的进一步演化，最初在富水岩浆中的金优先与硫化物（黄铁矿）相容，将被分配到出溶的热液流体中，在流体中大量富集（Pokrovski et al.，2013）。金和硫优先沿超岩石圈断裂向二级断裂输送，在二级断裂沉积，形成含金石英脉。

四、区域金矿成矿谱系

近年来，将不同类型矿床之间的相关性、矿床成矿系列放在更大尺度的成矿构造背景中去研究，进一步发展产生了“成矿谱系”和“成矿体系”的新理论（张均，2000；陈毓川等，2006；王登红等，2007；姚书振等，2011）。一般内生成矿系统的时限可对应于大地构造活动旋回或相对独立的构造活动阶段，沉积成矿系统与变质成矿系统应与地质年代（代、纪、世）相对应，在空间尺度上，成矿系统从大到小可划分为包括成矿域、成矿省、成矿区带、成矿亚带或矿集区、矿田和矿床在内的多个层次。低级别成矿系统的发育受到高一级成矿系统的约束，它们又受多级别成矿构造体系的控制（姚书振等，2011）。按照区域构造演化与成矿关系，根据上述建立的矿床成矿系列为基础，以空间（III-Ⅳ级成矿带）为横坐标，时间（成矿时代）为纵坐标，建立东昆仑区域成矿谱系（图 5-4-1）。

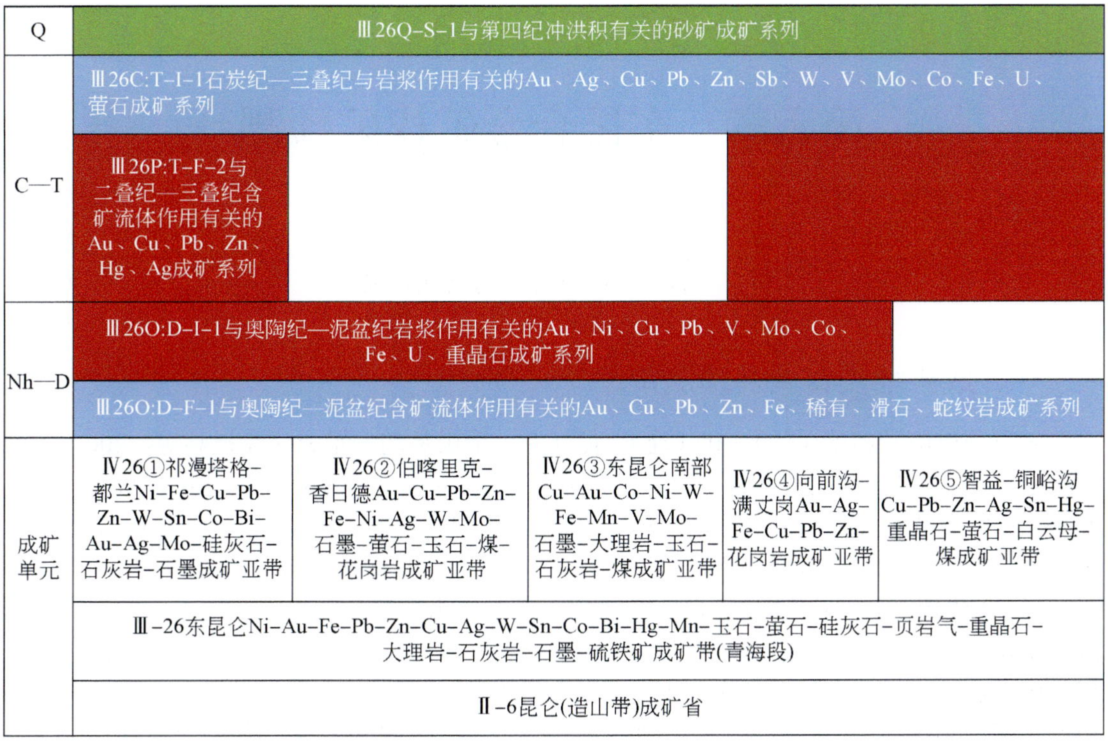

图 5-4-1　东昆仑成矿带金矿成矿谱系图

第六章　东昆仑金矿找矿预测

第一节　金找矿预测模型

一、成矿地质背景及预测依据

东昆仑造山带属秦（岭）-祁（连）-昆（仑）造山系的一部分（潘桂棠等，2009），南北分别以昆南、昆北断裂为限，呈近东西向展布于东昆仑北坡—鄂拉山一带。从早寒武世开始，原特提斯洋洋壳向北俯冲，到早志留世中期碰撞造山和大陆深俯冲（421～437Ma），再到特提斯洋在石炭纪打开（莫宣学等，2007），进入古特提斯洋演化时期，晚二叠世—中三叠世主要发生洋壳俯冲与增生造山作用，东昆仑造山带经历了加里东期、海西—印支期两期造山事件的复杂演化过程。两期复合造山旋回使洋壳深俯冲熔融形成壳幔混源岩浆上侵，中三叠世进入岩浆活动的爆发期，形成了东昆北巨型岩浆弧。岩浆侵位和挤压造山作用产生了一系列接触交代变质夕卡岩带和韧性剪切带变形构造体系，伸展转换或造山期后的伸展阶段叠加的脆性张扭性断裂为俯冲板片脱水累积的巨量岩浆热液提供了成矿空间，其次洋壳俯冲和海陆交互阶段形成的海相火山岩也为金多金属成矿提供了便利条件。因此，复杂的构造演化，造就了东昆仑金矿多期成矿、叠加复合以及集中于早古生代晚期（志留—泥盆纪）和早中生代（三叠纪）成矿的特点，尤其以岩浆热液成矿作用为主导的三叠纪为东昆仑成矿带金矿成矿的主成矿期。

东昆仑造山带构造演化的复杂性决定了东昆仑成矿带金矿成矿作用的多样和多期叠加的特点，具有构造背景各异、成矿类型典型、规模大小不一、分区分类分期集中产出的成矿规律。不同类型不同成矿作用形成金矿的控矿要素存在较大差异，因此，大地构造环境、成矿建造、岩浆活动、构造发育程度、成矿作用、围岩蚀变、物化遥异常等是预测不同成矿作用、不同类型金矿床成矿的关键要素。

在本书第二章第三节“地球物理特征”、第四节“地球化学特征”，第四章第一节“金成矿地质条件”，第五章第四节“东昆仑区域成矿演化与区域成矿谱系”梳理研究成果及典型矿床研究的基础上，结合红旗沟、阿斯哈典型矿床原生晕研究——与金矿相关元素相关系数矩阵（Li et al.，2016；李惠等，2019，2020；表 6-1-1，表 6-1-2）分析研究，得出的 Au 与 Ag、Hg、As、Sb 普遍表现出显著的正相关性成果。我们收集了东昆仑地区 23 幅 1∶50 万区域化探扫描成果原始数据资料，编制了 Au、Ag、Hg、As、Sb 元素衬值累加（真值/背景值）地球化学图，作为靶区预测的重要依据。

表 6-1-1　红旗沟 QM4 矿体微量元素相关矩阵

元素	Au	Ag	As	Sb	Hg	B	Cu	Pb	Zn	Bi	Mo	Mn	Co	Ni	V	Ti	W	Sn
Au	1																	
Ag	0.51	1																
As	0.51	0.64	1															
Sb	0.02	0.16	0.5	1														
Hg	0.39	0.39	0.32	0.36	1													
B	0.08	0.09	0.43	0.15	0.15	1												
Cu	−0.09	0.42	0.11	0.06	0.23	−0.3	1											
Pb	0.18	0.69	0.11	−0.05	0.18	−0.31	0.47	1										
Zn	0.02	0.41	0.18	0.04	0.24	−0.12	0.3	0.58	1									
Bi	0.32	0.34	0.08	−0.06	0.07	−0.05	−0.03	0.4	−0.09	1								
Mo	−0.03	0.2	−0.03	0.11	0.12	−0.28	0.2	0.28	0.03	0	1							
Mn	0.04	0.02	0	−0.23	0.1	−0.15	0.15	−0.24	0.06	−0.05	−0.09	1						
Co	0.03	−0.02	−0.07	0.04	0.38	−0.15	0.19	−0.11	0.12	−0.07	0.13	0.41	1					
Ni	−0.03	−0.08	0.01	0.1	0.38	−0.09	0.21	−0.26	0.04	−0.13	0.16	0.37	0.87	1				
V	0.01	−0.07	0.01	0.14	0.26	−0.24	0.21	−0.1	−0.1	0.18	0.39	0.44	0.53	0.5	1			
Ti	−0.21	−0.08	0.04	0.15	0.15	−0.06	0.35	−0.14	0.09	0	0.18	0.38	0.65	0.59	0.72	1		
W	0.22	0.09	−0.09	−0.05	0.3	0.02	−0.08	0.11	0.06	−0.1	−0.19	0.05	0.47	0.3	−0.21	−0.21	1	
Sn	0.19	0.4	−0.03	−0.1	0.1	−0.2	−0.05	0.53	0.56	0.24	0.19	0.02	0.23	0.06	0.02	0.06	0.25	1

表 6-1-2　阿斯哈金矿矿石元素相关性系数表

元素	Au	Ag	Cu	Pb	Zn	Bi	Sn	W	Mo	Hg	As	Sb	Co	Ni	Cd
Au	1														
Ag	0.957	1													
Cu	0.11	0.33	1												
Pb	0.965	0.925	0.008	1											
Zn	0.198	0.401	0.88	0.102	1										
Bi	0.561	0.662	0.731	0.464	0.607	1									
Sn	−0.04	0.065	0.631	0.154	0.502	0.462	1								
W	0.171	−0.21	0.194	0.149	−0.19	0.195	0.216	1							
Mo	0.129	0.166	0.022	0.141	0.055	0.097	0.038	0.054	1						
Hg	0.826	0.894	0.189	0.847	0.374	0.382	−0.08	0.217	0.123	1					
As	0.384	0.289	0.131	0.32	−0.02	0.058	−0.21	0.214	−0.06	0.259	1				
Sb	0.976	0.912	−0.03	0.969	0.104	0.419	−0.15	0.138	0.116	0.847	0.417	1			
Co	0.214	0.242	0.207	0.159	0.235	0.11	0	0.292	−0.1	0.306	0.743	0.237	1		
Ni	0.042	0.169	0.55	0.038	0.598	0.401	0.262	0.125	0.049	0.331	−0.14	−0.07	0.19	1	
Cd	0.362	0.572	0.845	0.29	0.961	0.705	0.459	0.203	0.136	0.536	0.004	0.266	0.236	0.645	1

二、预测模型

东昆仑成矿带已发现独立金矿床、金共伴生多金属矿床共50个，与金有关矿点72处、矿化点97处（图2-1-1，表2-5-1）。其中独立大型金矿床3处，中型金矿床4处，小型矿床12处，大型共生金多金属矿1处，中型共生金多金属矿5处，小型共生金多金属矿8处，中型伴生金多金属矿2处，小型伴生金多金属矿15处。金矿化及化探异常等信息丰富。成矿类型有岩浆热液型、浅成中-低温热液型、海相火山岩型、接触交代型及砂矿型等。岩浆热液型矿床以五龙沟矿集区都兰县红旗沟-深水潭金矿床、都兰县岩金沟金矿床、沟里矿集区都兰县果洛龙洼金矿床、都兰县阿斯哈金矿床为代表，接触交代型矿床以格尔木市哈西亚图金铁铅锌矿床为代表，海相火山岩型矿床以玛多县抗得弄舍金多金属矿床为代表，浅成中-低温热液型矿床以格尔木市茫崖河东金多金属矿为代表。结合各典型矿床研究，提取有效预测要素，建立东昆仑成矿带岩浆热液型、接触交代型、海相火山岩型、浅成中-低温热液型金矿找矿预测模型，并分别列表如下（表6-1-3～表6-1-6）。

表6-1-3　东昆仑成矿带岩浆热液型金矿找矿预测模型

序号	要素（变量）	内容（与矿有关的变量及属性）	要素（变量）分类
1	成矿时代	印支期	重要
2	成矿建造	古元古代金水口岩群，新元古代青白口纪丘吉东沟组，奥陶纪祁漫塔格群，寒武—奥陶纪纳赤台蛇绿混杂岩，早三叠世洪水川组，早-中三叠世闹仓坚沟组	重要
3	岩浆作用	晚志留世、顶志留世、晚三叠世侵入岩（斜长花岗岩、正长花岗岩、二长花岗岩、花岗闪长岩）等	重要
4	成矿构造	北西西向、北西向、北北西向破碎蚀变带，该组断裂带内均发现有金矿体	必要
5	围岩蚀变	硅化、绢云母化、黄铁矿化、毒砂化与金矿化关系密切，尤其是硅化强烈地段，矿石品位较富	重要
6	磁异常	磁异常与破碎蚀变岩型金矿在空间上的对应关系不明显，重磁推断的地质构造可作为间接找金矿的要素	次要
7	化探	Au、Ag、As、Sb、Hg异常组合	重要
8	自然重砂	异常反映不显著	次要
9	遥感异常	线要素、近矿找矿标志	次要
10	矿产地	五龙沟矿集区、沟里矿集区等	重要

表6-1-4　东昆仑成矿带接触交代型金矿找矿预测模型

序号	要素（变量）	内容（与矿有关的变量及属性）	要素（变量）分类
1	成矿时代	三叠纪	重要
2	成矿建造	奥陶纪祁漫塔格群碳酸盐岩地层；早石炭世大干沟组和晚石炭世缔敖苏组大理岩、结晶灰岩、含碳质大理岩、生物碎屑灰岩等	必要
3	岩浆作用	三叠纪花岗岩侵入体	必要
4	成矿构造	三叠纪花岗岩侵入体与祁漫塔格群、缔敖苏组碳酸盐岩接触带的夕卡岩带是主要的含矿构造	必要

续表

序号	要素（变量）	内容（与矿有关的变量及属性）	要素（变量）分类
5	围岩蚀变	围岩蚀变主要为夕卡岩化、绿泥石化等，略具有分带性。矿带中心部位以铁镁质夕卡岩为主，边部和两侧以透辉石夕卡岩、石榴子石透辉石夕卡岩和石榴子石夕卡岩为主，再向外侧则以绿泥石化大理岩为主	重要
6	磁异常	磁异常与夕卡岩带在空间上的对应关系明显，可作为间接找矿的要素	次要
7	化探	Cu、Pb、Zn、Ag、Au、As、Sb 异常组合	重要
8	矿产地	肯德可克金钴矿床、哈西亚图铁金（多金属）矿床	重要

表 6-1-5　东昆仑成矿带海相火山岩型金矿找矿预测模型

序号	要素（变量）	内容（与矿有关的变量及属性）	要素（变量）分类
1	成矿时代	二叠纪	重要
2	成矿建造	二叠纪切吉组含蛇绿碎片浊积建造夹碳酸盐岩建造；晚石炭世—早二叠世浩特洛洼组中酸性火山岩、部分同沉积白云岩及少量火山角砾岩建造，赋矿岩性为含火山角砾流纹质岩屑晶屑凝灰岩、浅灰绿色流纹质岩屑晶屑凝灰岩、浅绿灰色霏细岩、灰-浅灰色沉凝灰岩、火山角砾岩、白云岩、重晶石岩	必要
3	成矿构造	矿化体主要赋存于下二叠统火山岩和上石炭统灰岩之间的层间断裂带及其附近，断裂整体呈北西-北西西向，断裂构造的多期活动和性质变化明显，早期表现为张性断裂。矿体分布严格受构造活动控制，断裂构造是主要的控矿因素	必要
4	围岩蚀变	与矿化密切相关的蚀变有硅化、重晶石化、黄铁矿化和绿帘石化	重要
5	磁异常	激电异常与部分矿体分布地段吻合，激电异常经初步验证，基本确定了含矿层位延伸和分布。因此，物探激电异常是本区的找矿标志之一	重要
6	化探	Au、Ag、As、Sb、Hg 异常组合	重要
7	矿产地	抗得弄舍金多金属矿床、铜峪沟铜床、赛什塘铜矿床	重要

表 6-1-6　东昆仑成矿带浅成中-低温热液型金矿找矿预测模型

序号	要素（变量）	内容（与矿有关的变量及属性）	要素（变量）分类
1	成矿时代	早泥盆世	重要
2	成矿建造	祁漫塔格群火山岩组，蚀变安山质玄武岩或原岩为蚀变安山质玄武岩的构造角砾岩	必要
3	岩浆作用	晚三叠世浅红色-肉红色细粒二长花岗岩	重要
4	成矿构造	NW 向昆北深大断裂的次一级断裂，为导矿储矿构造	必要
5	围岩蚀变	硅化、碳酸盐化、绿泥石化、黑云母化、白云母化、钠长石化、阳起石化、绢云母化	重要
6	磁异常	正负伴生的低缓磁异常	次要
7	化探	Au、As、Sb、Cu、Co、Ni 等元素	重要
8	矿产地	茫崖河东金矿床等	重要

第二节　金矿成矿远景区

一、划分原则

成矿远景区的划分主要受东昆仑成矿带主要构造线和含矿建造的严格控制，不同成矿地段的矿种及规模也各有不同。因此，依据东昆仑成矿带查明的已知矿点、矿化点和矿化线索及重要地球化学异常的分布，结合含矿建造，容矿岩石、重要控矿构造特征来划分。在具体划分过程中，遵循如下原则（李善平等，2022）：

（1）处于相同的地质环境、成矿条件十分有利的地段，一般为Ⅳ级成矿亚带的一部分。

（2）同处于一个物探异常带（区）内。

（3）同处于一个化探异常带（区）内。

（4）具有包括中、大型矿床在内的一系列矿床点的找矿潜力，通过勘查，可以形成资源富集区。

二、划分类型

据上述划分原则，将东昆仑地区金成矿远景区划分为A、B、C三类（表6-2-1）。

表 6-2-1　东昆仑成矿带金矿成矿远景区分类表

成矿有利程度标志	A类远景区	B类远景区	C类远景区
区域成矿地质背景	现有地球物理、地球化学测量结果和遥感图像解释以及地质分析均能充分说明远景区处于十分有利的区域成矿地质背景中	已知地球物理、地球化学测量结果和遥感图像解释以及地质分析均能充分说明远景区处于有利的区域成矿地质背景中	现有地球物理、地球化学测量结果和遥感图像解释以及地质分析尚难说明远景区处于有利的区域成矿地质背景中
远景区控矿因素	远景区内存在多种有利的控矿因素，而且这些因素在时间上和空间上达到最佳的配置	远景区内存在多种有利的控矿因素，但部分因素不足以说明在空间上或时间上与其余因素协调一致	远景区内或者只存在少数几种有利控矿因素，或者存在多种有利因素，但难以说明它们之间存在有机的联系
远景区直接矿化信息	远景区内已有大量金或金共伴生矿床（点）分布；或金及相关元素地球化学综合异常强度和规模都很显著，元素组合特征与目标矿床相似或相近，且异常所在部位为成矿有利部位或与多种异常叠加	远景区内有一定量的金或金共伴生矿床（点）分布；或圈定的金及相关元素地球化学综合异常具有一定的强度和规模，元素组合与目标矿床具有可比性	远景区内有少量金及多金属矿点分布，或圈定的金及相关元素地球化学综合异常较弱，且元素组合单一
远景区间接矿化信息	①显著的围岩蚀变晕，并具有明显的蚀变分带；②存在与矿化有关的标志层；③区域地球物理场和局部异常的推断和解释提供了较好的断裂构造或岩体接触交代矿化等成矿信息；④已圈出有一定规模的和强度的重砂矿物异常，而且重砂矿物组合可能与所预测的目标矿床有关	①发育较强的围岩蚀变，但分带性不明显；②存在与矿化有关的标志层；③区域地球物理异常明显，局部异常推断可能由线性断裂或接触交代矿化引起，但具有多解性；④已圈出有一定规模和强度的重砂异常	①发育围岩蚀变，无分带现象；②地球物理异常具有多解性；③已圈出一定规模的重砂异常

A 类远景区：成矿条件十分有利，或在现有矿区外围或深部，预测依据充分，金矿资源潜力大或较大，埋藏在可采深度范围内。

B 类远景区：成矿条件有利，或在现有矿区外围或深部，有预测依据，有一定的资源潜力。

C 类远景区：据成矿条件，有可能发现矿产资源，或在现有矿区外围或深部，有预测依据但资源潜力较小的地区。

三、成矿远景区划分

据东昆仑成矿带地质背景、重砂、化探及矿化等信息，结合区域金矿成矿类型、成矿条件等因素，将东昆仑成矿带金矿划分为 A、B、C 三类，共 16 个找矿远景区（表 6-2-2，图 6-2-1）。

表 6-2-2　东昆仑成矿带金矿找矿远景区及靶区划分表

Ⅳ级成矿区带	远景区（Ⅴ级矿集区）	类型	找矿靶区	类型	矿产地
祁漫塔格-都兰 Ni、Fe、Cu、Pb、Zn、W、Sn、Co、Bi、Au、Ag、Mo、硅灰石、白云岩、石灰岩、石墨成矿亚带（Ⅳ-26-1）	十字沟岩浆热液型金矿远景区（YJ-1）	B	莲花石沟找矿靶区（BQ-1）	B	茫崖镇东沟金铜矿点、茫崖镇莲花石沟金矿点、茫崖镇十字沟金矿点、茫崖镇十字沟西岔金矿点
			小盆地北找矿靶区（BQ-2）	C	
			十字沟找矿靶区（BQ-3）	B	
			双石峡找矿靶区（BQ-4）	C	
	肯德可克接触交代型金矿远景区（YJ-2）	A	肯德可克找矿靶区（BQ-5）	A	格尔木市肯德可克金钴矿床、格尔木市野马泉金矿点
	茫崖河东浅成中-低温热液型金矿远景区（YJ-3）	A	茫崖河东找矿靶区（BQ-6）	A	格尔木市茫崖河东金矿床、格尔木市雪山河金矿化点
			雪山河找矿靶区（BQ-7）	C	
	夏日哈-什多龙接触交代岩浆热液型金矿远景区（YJ-4）	B	海寺找矿靶区（BQ-8）	B	都兰县海寺金矿点、都兰县沙柳河西Ⅳ号金矿床、都兰县阿尔茨托山南坡金矿床、都兰县鑫拓金矿床
			沙柳河西找矿靶区（BQ-9）	B	
			鑫拓找矿靶区（BQ-10）	B	
伯喀里克-香日德 Au、Cu、Pb、Zn、Fe、Ni、Ag、W、Mo、石墨、萤石、玉石、煤、花岗岩成矿亚带（Ⅳ-26-2）	卡而却卡接触交代型金矿远景区（YJ-5）	C	卡而却卡矿靶区（BQ-11）	C	
	白日其利岩浆热液型金矿远景区（YJ-6）	C	白日其利矿靶区（BQ-12）	C	格尔木市白日其利沟金矿点
	五龙沟岩浆热液型金矿远景区（YJ-7）	A	大水沟沟口矿靶区（BQ-13）	A	都兰县五龙沟红旗沟-深水潭金矿床、都兰县无名沟-百吨沟金矿床、都兰县打柴沟金矿床、都兰县岩金沟金矿床、都兰县诺木洪郭勒金银矿床、都兰县哈西哇金多金属矿床、都兰县沙丘沟金矿床、都兰县小垭口金矿床
			五龙沟矿靶区（BQ-14）	A	
			诺木洪郭勒矿靶区（BQ-15）	A	

续表

Ⅳ级成矿区带	远景区（Ⅴ级矿集区）	类型	找矿靶区	类型	矿产地
伯喀里克-香日德 Au、Cu、Pb、Zn、Fe、Ni、Ag、W、Mo、石墨、萤石、玉石、煤、花岗岩成矿亚带（Ⅳ-26-2）	洪水河岩浆热液接触交代型金矿远景区（YJ-8）	A	洪水河矿靶区（BQ-16）	A	都兰县洪水河口金矿床、都兰县巴隆金矿床、都兰县清水河东金铜矿床、都兰县杨树沟金矿床、都兰县巴隆瑙木浑金矿床、都兰县瑙木浑沟口金矿床
	果洛龙洼金矿远景区（YJ-9）	A	果洛龙矿靶区（BQ-17）	A	都兰县果洛龙洼金矿床、都兰县阿斯哈金铜矿床、都兰县瓦勒尕金矿床、都兰县德龙金铜矿床、都兰县按纳格金矿床
			都龙西矿靶区（BQ-18）	C	
东昆仑南部 Cu、Au、Co、Ni、W、Fe、Mn、V、Mo、石墨、大理岩、玉石、石灰岩、煤成矿亚带（Ⅳ-26-3）	拓琨曲-雪峰沟岩浆热液型金矿远景区（YJ-10）	C	拓琨曲矿靶区（BQ-19）	C	格尔木市拓琨曲中下游金矿点、格尔木市拓琨曲上游金矿点、格尔木市雪峰沟金铜矿点、格尔木市稳流河下游北金矿点
			雪峰沟矿靶区（BQ-20）	C	
	黑海北-大格勒沟脑岩浆热液型、浅成中-低温热液型金矿远景区（YJ-11）	A	黑海北矿靶区（BQ-21）	A	格尔木市黑海北金矿床、青海省格尔木市向阳沟金矿床、格尔木市大灶火沟-黑刺沟金矿床、格尔木市黑刺沟地区金矿床、格尔木市纳赤台金矿床、格尔木市小干沟金矿床、格尔木市驼路沟东部外金矿床、格尔木市雪水沟金矿点
			向阳沟矿靶区（BQ-22）	A	
			昆仑河上游矿靶区（BQ-23）	C	
			黑刺沟矿靶区（BQ-24）	A	
			纳赤台矿靶区（BQ-25）	A	
			驼路沟东矿靶区（BQ-26）	A	
			大格勒沟脑矿靶区（BQ-27）	A	
	开荒北岩浆热液型金矿远景区（YJ-12）	A	开荒北矿靶区（BQ-28）	A	都兰县开荒北金矿床、都兰县休闲沟金矿床、都兰县好汉沟金矿床、都兰县白金沟金矿床、都兰县远景沟-扇子沟金矿床、都兰县鲁尼郭勒东金矿
	巴隆东岩浆热液型、浅成中-低温热液型金矿远景区（YJ-13）	B	和洛佳矿靶区（BQ-29）	B	都兰县和洛佳金矿床、哈图中游金矿点、都兰县哈拉山金矿点
			哈拉山矿靶区（BQ-30）	C	
	抗得弄舍海相火山岩型、岩浆热液型金矿远景区（YJ-14）	A	抗得弄舍矿靶区（BQ-31）	A	玛多县抗得弄舍金多金属矿床、玛多县查卡曲-陇通 M1 金矿点、玛多县查卡曲-陇通 M2 金矿点、玛多县查卡曲-陇通 M3 金矿点、玛多县查卡曲-陇通 M4 金矿点
向前沟-满丈岗 Au、Ag、Fe、Cu、Pb、Zn、花岗岩成矿亚带（Ⅳ-26-4）	满丈岗浅成中-低温热液型、岩浆热液型金矿远景区（YJ-15）	A	巴硬格莉沟矿靶区（BQ-32）	C	兴海县满丈岗金属矿床、共和县阿尕泽金铜矿床、共和县牦牛沟金铜矿床、共和县泽很错铜金矿床、兴海县日干山金铜矿点、兴海县果洛恰当金矿点、共和县巴硬格莉沟金矿化点
			满丈岗矿靶区（BQ-33）	A	
			果洛恰当矿靶区（BQ-34）	C	

续表

Ⅳ级成矿区带	远景区（Ⅴ级矿集区）	类型	找矿靶区	类型	矿产地
智益-铜峪沟 Cu、Pb、Zn、Au、Ag、Sn、Hg、重晶石、萤石、白云母、煤成矿亚带（Ⅳ-26-5）	赛宗寺岩浆热液型金矿远景区（YJ-16）	C	塔吾让矿靶区（BQ-35）	C	兴海县塔吾让金矿沟金矿点、兴海县西岭秋褐安果龙金矿点、兴海县西岭秋喝-小山金矿点、兴海县赛宗寺金矿点
			赛宗寺矿靶区（BQ-36）	C	

四、成矿远景区特征

1. 十字沟岩浆热液型金矿远景区

远景区位于莲花石沟—十字沟一带，面积约 890km^2，隶属于祁漫塔格-都兰 Ni、Fe、Cu、Pb、Zn、W、Sn、Co、Bi、Au、Ag、Mo、硅灰石、白云岩、石灰岩、石墨成矿亚带（Ⅳ-26-1）。

远景区整体工作程度较低，已发现有茫崖镇东沟金铜矿点、茫崖镇莲花石沟金矿点、茫崖镇十字沟金矿点、茫崖镇十字沟西岔金矿点。

主要出露地层为中元古代长城纪小庙组，奥陶纪祁漫塔格群，早石炭世石拐子组—大干沟组、晚石炭世缔敖苏组，早-中二叠世打柴沟组等。

区内岩浆活动较强烈，侵入岩多为加里东期—海西期中酸性侵入岩，此外印支期中酸性侵入岩也有一定面积出露。

区内成矿条件优越，已发现的金矿点主要为岩浆热液型，区内北西西断裂构造与成矿关系密切，是主要的控矿构造，应继续围绕区内北西西断裂构造开展工作，力争发现新的矿产地。

通过本次研究工作，在区内圈定了 4 处找矿靶区，其中 B 类 2 处，C 类 2 处。

2. 肯德可克接触交代型金矿远景区

远景区位于肯德可克一带，面积约 614km^2，隶属于祁漫塔格-都兰 Ni、Fe、Cu、Pb、Zn、W、Sn、Co、Bi、Au、Ag、Mo、硅灰石、白云岩、石灰岩、石墨成矿亚带（Ⅳ-26-1）。

研究区整体工作程度较高，已发现主要矿产地有格尔木市肯德可克金钴矿床和格尔木市野马泉金矿点。

主要出露地层为古元古代金水口岩群，中元古代小庙组、狼牙山组，奥陶纪祁漫塔格群，早泥盆世契盖苏组，晚泥盆世黑山沟组—哈尔扎组，早石炭世石拐子组—大干沟组，晚石炭世缔敖苏组，早-中二叠世打柴沟组，晚三叠世鄂拉山组等。

区内岩浆活动较强烈，侵入岩多为加里东期中酸性侵入岩，此外印支期中酸性侵入岩也有一定面积出露。

区内成矿条件优越，是东昆仑成矿带乃至青海省最大的接触交代型铁多金属矿床的密集分布区，随着找矿工作的开展，在该区又发现一批金矿产地，多为接触交代型，因此，除进一步加大对已知多金属矿床的勘查和研究力度外，应兼顾金矿找矿工作，力争在金矿找矿工作中取得突破。

通过本次研究工作，在区内圈定了 1 处找矿靶区，为 A 类找矿靶区。

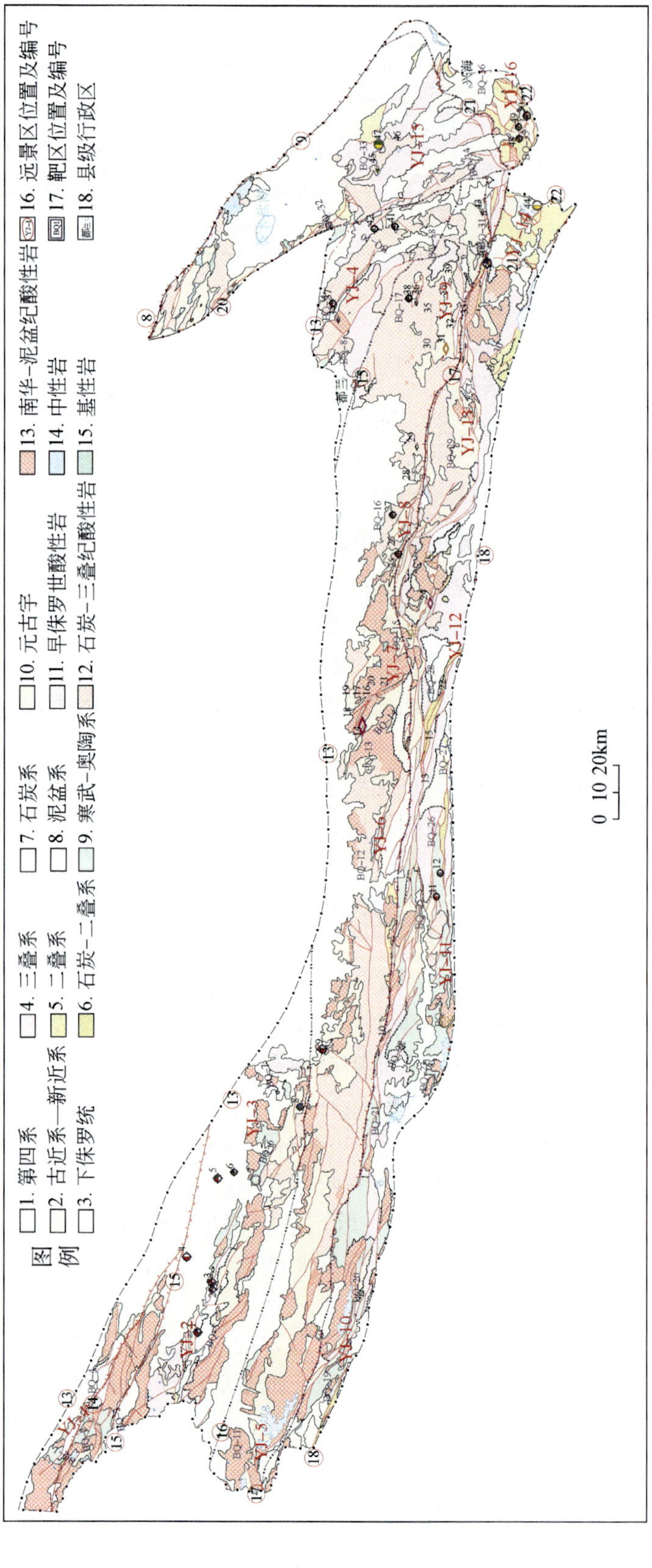

图6-2-1 东昆仑成矿带金矿成矿预测图

3. 茫崖河东浅成中-低温热液型金矿远景区

远景区位于茫崖河东—雪山河一带，面积约 756km^2，隶属于祁漫塔格-都兰 Ni、Fe、Cu、Pb、Zn、W、Sn、Co、Bi、Au、Ag、Mo、硅灰石、白云岩、石灰岩、石墨成矿亚带（Ⅳ-26-1）。

区内整体工作程度较高，已发现有格尔木市茫崖河东金矿床和格尔木市雪山河金矿化点。

区内出露的地层主要有古元古代金水口岩群，奥陶纪祁漫塔格群，早石炭世石拐子组、大干沟组等。

受区域深大断裂构造影响，区内断裂构造发育，主要为北西向深大断裂、北西向次级断裂，其次为北东向、近东西向断裂。矿区内岩浆岩主要为中酸性侵入岩，岩体总体呈北西-北西西向展布，与区域构造线方向一致，受构造控制明显。侵入岩有晚志留世灰白色花岗闪长岩，晚三叠世浅红色-肉红色细粒二长花岗岩、浅肉红色-肉红色中细粒正长花岗岩、灰白色似斑状花岗闪长岩。

随着近几年金矿找矿工作的开展，在茫崖河东地区发现中型金矿床 1 处，在其东侧具有多处与之相似的地质背景和地球化学条件，故该远景区具有较大的浅成中-低温热液型金矿的找矿潜力。

通过本次研究工作，在区内圈定了 2 处找矿靶区，其中 A 类 1 处，C 类 1 处。

4. 夏日哈-什多龙接触交代岩浆热液型金矿远景区

远景区位于夏日哈—什多龙一带，面积约 2684km^2，隶属于祁漫塔格-都兰 Ni、Fe、Cu、Pb、Zn、W、Sn、Co、Bi、Au、Ag、Mo、硅灰石、白云岩、石灰岩、石墨成矿亚带（Ⅳ-26-1）。

研究区整体工作程度较高，已发现有都兰县海寺金矿点、都兰县沙柳河西Ⅳ号金矿床、都兰县阿尔茨托山南坡金矿床、都兰县鑫拓金矿床等。

区内主要出露地层为古元古代金水口岩群，奥陶纪祁漫塔格群，早石炭世石拐子组—大干沟组，晚石炭世缔敖苏组，早-中二叠世打柴沟组，晚三叠世鄂拉山组等。

区内岩浆活动较强烈，侵入岩多为印支期中酸性侵入岩，此外加里东期中酸性侵入岩也有一定面积出露。

区内成矿条件优越，已发现的金矿主要为岩浆热液型，区内北西西向断裂构造与成矿关系密切，是主要的控矿构造，应继续围绕区内北西西向断裂构造开展工作，力争发现新的矿产地，另外，在该区奥陶纪祁漫塔格群与后期中酸性侵入岩接触部位具有寻找接触交代型金矿的找矿潜力，是下一步找金重点方向。

通过本次研究工作，在区内圈定了 3 处找矿靶区，均为 B 类找矿靶区。

5. 卡而却卡接触交代型金矿远景区

远景区位于卡而却卡一带，面积约 250km^2，隶属于伯喀里克-香日德 Au、Cu、Pb、Zn、Fe、Ni、Ag、W、Mo、石墨、萤石、玉石、煤、花岗岩成矿亚带（Ⅳ-26-2）。

远景区北西部主体地层为奥陶纪祁漫塔格群。南东部则以古元古代金水口岩群为主。此外西部有少量的晚三叠世鄂拉山组出露。

区内断裂构造不发育。中北部岩浆侵入活动强烈，西部以印支期花岗闪长岩为主，中东部则以加里东期基性、中酸性岩体为主。

区内特异的地层分布及侵入岩类型造就了区内类型各异的矿产，从目前发现的矿产地看，北西部岩浆活动剧烈区以接触交代型铜多金属矿产为主，南东部变质岩系发育区以受变质型石墨非金属矿产为主。

该成矿远景区内中西部岩浆活动强烈，南东部变质岩系发育，根据衬值累加地球化学强度，具有寻找接触交代型金矿产的找矿潜力。通过进一步矿产勘查工作，具有发现金矿产地的可能。

通过本次研究工作，在区内圈定了1处找矿靶区，为C类找矿靶区。

6. 白日其利岩浆热液型金矿远景区

远景区位于南山口—白日其利一带，面积约1034km^2，隶属于伯喀里克-香日德 Au、Cu、Pb、Zn、Fe、Ni、Ag、W、Mo、石墨、萤石、玉石、煤、花岗岩成矿亚带（Ⅳ-26-2）。

远景区整体工作程度较低，仅发现有格尔木市白日其利沟金矿点。

区内出露古元古代金水口岩群片麻岩岩组，中-新元古代蓟县纪—待建纪狼牙山组，早泥盆世契盖苏组，早石炭世石拐子组—大干沟组等。各地层总体走向北西西，与构造展布方向一致。由于后期岩浆活动强烈而吞蚀，使地层呈条状、块状分布。

岩浆活动强烈，主要有海西期的黑云母花岗岩、斜长花岗岩、花岗闪长岩及闪长脉岩等。

远景区断裂构造发育，按其展布方向分为北西向、北东向和近东西向三组。其中近东西向断裂构造最发育，控制区内基础构造构架，其内蚀变发育，主要金矿（化）体赋存其中，而构成近东西向含矿构造蚀变带。

通过本次研究工作，在区内圈定了1处找矿靶区，为C类找矿靶区。

7. 五龙沟岩浆热液型金矿远景区

远景区位于大水沟沟口—五龙沟—诺木洪郭勒一带，面积约3070km^2，隶属于伯喀里克-香日德 Au、Cu、Pb、Zn、Fe、Ni、Ag、W、Mo、石墨、萤石、玉石、煤、花岗岩成矿亚带（Ⅳ-26-2）。

远景区整体工作程度较高，区内已发现矿产地主要有都兰县五龙沟红旗沟-深水潭金矿床、都兰县无名沟-百吨沟金矿床、都兰县打柴沟金矿床、都兰县岩金沟金矿床、都兰县诺木洪郭勒金银矿床、都兰县哈西哇金多金属矿床、都兰县沙丘沟金矿床、都兰县小垭口金矿床等。

区内出露古元古代金水口岩群片麻岩岩组，由一套中深变质的片麻岩夹大理岩、石英片岩、斜长角闪（片）岩和混合岩组成。总体走向北西，产状30°～50°∠40°～60°。由于后期岩浆活动强烈而被侵蚀，使地层呈条状、块状分布。远景区内发育岩金沟、萤石沟-红旗沟、三道梁-苦水泉三条韧性剪切带，控制区内基础构造构架。远景区内已发现的金矿床、金矿（化）点均沿三条韧性剪切带分布，韧性剪切带内及其上下盘叠加的脆性断裂构造控制着金矿体的产出，按其展布方向为北西向、北东向和近东西向三组，其中北西向断裂构造最发育。沿断裂构造蚀变发育，主要金矿（化）体赋存其中，构成北西向含矿断裂破碎蚀变带。岩浆活动强烈，主要有海西期的黑云母花岗岩、斜长花岗岩、花岗闪长岩及闪长岩等脉岩。五龙沟金矿远景区内各矿床随着勘查工作的不断深入，金资源储量不断增加，资料显示，各矿床沿倾向及走向方向矿体均未完全封闭，并展现出分段富集、尖灭再现、南东侧伏的赋存富集规律。因此，已有矿区深边部金矿找矿潜力巨大。

通过本次研究工作，在区内圈定了 3 处找矿靶区，均为 A 类找矿靶区。

8. 洪水河岩浆热液接触交代型金矿远景区

远景区位于洪水河—巴隆一带，面积约 705km^2，隶属于伯喀里克-香日德 Au、Cu、Pb、Zn、Fe、Ni、Ag、W、Mo、石墨、萤石、玉石、煤、花岗岩成矿亚带（Ⅳ-26-2）。

远景区整体工作程度较高，已发现矿产地有都兰县洪水河口金矿床、都兰县杨树沟金矿床、都兰县巴隆金矿床和都兰县瑙木浑沟口金矿床等。

远景区出露地层为中-新元古代万保沟群上碎屑岩组和早石炭世哈拉郭勒组，前者主要有灰绿色安山岩，局部夹板岩、千枚岩；后者主要有变砂岩、千枚岩和板岩，次为安山岩。狼牙山组岩性为大理岩、硅质条带大理岩夹黑云斜长片麻岩等。矿点附近断裂构造发育，受昆中断裂影响，控制了区内地层和岩浆岩的分布，构造线沿东西向展布，主断裂为昆中断裂。侵入岩有三叠纪含霞石正长花岗岩，侵入于昆中断裂南侧的万保沟群基性火山岩中。

通过本次研究工作，在区内圈定了 1 处找矿靶区，为 A 类找矿靶区。

9. 果洛龙洼金矿远景区

远景区位于果洛龙洼—都龙西一带，面积约 2328km^2，隶属于伯喀里克-香日德 Au、Cu、Pb、Zn、Fe、Ni、Ag、W、Mo、石墨、萤石、玉石、煤、花岗岩成矿亚带（Ⅳ-26-2）。

研究区整体工作程度较高，已发现矿产地有都兰县阿斯哈金铜矿床、都兰县果洛龙洼金矿床、都兰县瓦勒尕金矿床及都兰县按纳格金矿床等。

远景区出露地层较单一，为古元古代金水口岩群，由下部的结晶片岩组和中部的变中性火山岩组组成。其中结晶片岩组主要由黑云斜长片麻岩、斜长角闪片岩及大理岩组成。矿点位于卡可特儿复背斜的轴部。断裂构造按其展布方向分近东西向、北西向和北东向断层组。其中前者受力性质多属压性，与成矿无关。后两者多属压扭性与成矿有关，既控矿又容矿，其内蚀变与矿化均较发育而构成含金断裂破碎蚀变带。岩浆活动强烈，从加里东期到印支期均有活动，主要有酸性-中酸性岩浆岩及次要的长英岩脉、煌斑岩脉和伟晶岩脉及石英脉。

通过本次研究工作，在区内圈定了 2 处找矿靶区，其中 A 类 1 处，C 类 1 处。

10. 拓琨曲-雪峰沟岩浆热液型金矿远景区

远景区位于拓琨曲—雪峰沟一带，面积约 2068km^2，隶属于东昆仑南部 Cu、Au、Co、Ni、W、Fe、Mn、V、Mo、石墨、大理岩、玉石、石灰岩、煤成矿亚带（Ⅳ-26-3）。

远景区工作程度较低，目前仅发现有格尔木市拓琨曲中下游金矿点、格尔木市拓琨曲上游金矿点、格尔木市雪峰沟金铜矿点、格尔木市稳流河下游北金矿点。

区内出露地层有古元古代金水口岩群，蓟县纪万保沟群，寒武—奥陶纪纳赤台蛇绿混杂岩，早三叠世洪水川组以及早-中三叠世闹仓坚沟组。

远景区内断裂构造较发育，NW 向或近 SN 向展布，多为地层间或岩体与地层间的界线。中北部岩浆活动强烈，多为奥陶—志留纪中酸性侵入岩。

根据区内综合信息特征，该区具有寻找金矿产的找矿潜力。

通过本次研究工作，在区内圈定了 2 处找矿靶区，均为 C 类找矿靶区。

11. 黑海北-大格勒沟脑岩浆热液型、浅成中-低温热液型金矿远景区

远景区位于黑海北—大格勒沟脑一带，面积约 7958km^2，隶属于东昆仑南部 Cu、Au、Co、Ni、W、Fe、Mn、V、Mo、石墨、大理岩、玉石、石灰岩、煤成矿亚带（Ⅳ-26-3）。

远景区内已发现矿产地有格尔木市黑海北金矿床、青海省格尔木市向阳沟金矿床、格尔木市大灶火沟-黑刺沟金矿床、格尔木市黑刺沟地区金矿床、格尔木市纳赤台金矿床、格尔木市小干沟金矿床、格尔木市驼路沟东部外金矿床、格尔木市雪水沟金矿点等。

区内纳赤台群大面积出露，为一套海相碎屑岩、火山岩-碳酸盐岩建造。该地层分下部碎屑岩组和上部碳酸盐岩组，其中前者为矿区的主要含矿层位。下部碎屑岩组：据沉积旋回可细分四个岩性段，自下而上为碳质板岩、千枚岩第一岩性段；绢云石英片岩第二岩性段；绿泥绢云石英片岩夹石英钠长岩第三岩性段；绢云石英片岩夹砾岩第四岩性段。其中第三岩性段是矿区矿体的赋矿层位，其特点是岩石挤压片理发育，沿片理方向多见细小的石英脉、碳酸盐脉分布，并见绢云母化和金属矿化黄铁矿、磁铁矿、黄钾铁矾、钴华及电气石较其他岩性段发育。处于昆南断裂和昆中断裂之间，受印支—燕山期南北向挤压作用的影响，构造线呈东西向展布，其内褶皱与断裂及韧性剪切带十分发育，为含矿热液的运移和赋存提供了通道与矿体定位空间。该矿区位于驼路沟沟脑向斜的北翼，倾向南，其内发育有长征沟-短沟韧性剪切带，在区域上长达 34km，宽 20～600m，局部有膨大分支现象，总体走向近东西，有扭曲现象。海西晚期万保沟二长花岗岩体分布于矿区北侧约 3km，侵入于下古生界中。区域性近东西-北西西向断裂横贯远景区的中部，其构造角砾岩带断续出露，宽 1～20m。区内岩浆活动极其微弱。短沟一带碳酸盐脉密集分布，多沿岩石片理贯入。区内变质作用主要是区域变质作用和动力变质作用两类，对地层中的钴元素再次改造、使之富集成矿起了重要作用。

通过本次研究工作，在区内圈定了 7 处找矿靶区，其中 A 类 6 处，C 类 1 处。

12. 开荒北岩浆热液金矿远景区

远景区位于红石山南—开荒北一带，面积约 481km^2，隶属于东昆仑南部 Cu、Au、Co、Ni、W、Fe、Mn、V、Mo、石墨、大理岩、玉石、石灰岩、煤成矿亚带（Ⅳ-26-3）。

远景区工作程度较高，已发现矿产地有都兰县休闲沟金矿床、都兰县好汉沟金矿床、都兰县开荒北金矿床、都兰县远景沟-扇子沟金矿床、都兰县白金沟金矿床等。

区内地层主要为早-中三叠世闹仓坚沟组，岩石类型简单，分三个岩性段，即变砂岩段、砂板岩段及灰岩段，受变质作用影响，岩石均发生较强的变形变质，蚀变以硅化为主，伴有黄铁矿化、黄铜矿化、孔雀石化、铜蓝、方铅矿化等。地层总体走向北西西，产状 180°～220°∠40°～60°，局部倾角 80°，构造以北西西向断裂为主，主要发育在灰岩段与板岩段间的 F1 断层和灰岩段底部的 F2 断裂，形成宽窄不一的断层破碎带，带内发育有糜棱岩和断层泥，产状 190°～210°∠50°～70°。F1 断层以北砂板岩段地层是主要赋矿层位。区内未见岩浆岩出露，但石英脉发育，主要赋存于砂板岩段地层中。

通过本次研究工作，在区内圈定了 1 处找矿靶区，为 A 类找矿靶区。

13. 巴隆东岩浆热液型金矿远景区

远景区位于巴隆东—哈拉山郭勒一带，面积约 4200km^2，隶属于东昆仑南部 Cu、Au、Co、Ni、W、Fe、Mn、V、Mo、石墨、大理岩、玉石、石灰岩、煤成矿亚带（Ⅳ-26-3）。

远景区整体工作程度较高，已发现有都兰县和洛佳金矿床、哈图中游金矿点和都兰县哈拉山金矿点等。

区内出露古元古代金水口岩群片麻岩岩组，晚三叠世八宝山组火山岩等。各地层总体走向北西-北西西，与构造展布方向一致。由于后期岩浆活动强烈而吞蚀，使地层呈条状、块状分布。

岩浆活动强烈，主要有印支期的中酸性岩体，加里东期侵入岩也有一定规模分布。

区断裂构造发育，按其展布方向为北西向、北东向和近东西向三组。其中北西向断裂构造最发育，控制区内基础构造骨架，其内蚀变发育，主要金矿（化）体赋存其中，而构成近东西向含矿构造蚀变带。

通过本次研究工作，在区内圈定了 2 处找矿靶区，其中 B 类 1 处，C 类 1 处。

14. 抗得弄舍海相火山岩型、岩浆热液型金矿远景区

远景区位于抗得弄舍—花石峡五道班一带，面积约 395km^2，隶属于东昆仑南部 Cu、Au、Co、Ni、W、Fe、Mn、V、Mo、石墨、大理岩、玉石、石灰岩、煤成矿亚带（Ⅳ-26-3）。

远景区内已发现矿产地有玛多县抗得弄舍金多金属矿床、玛多县查卡曲-陇通 M1 金矿点、玛多县查卡曲-陇通 M2 金矿点、玛多县查卡曲-陇通 M3 金矿点、玛多县查卡曲-陇通 M4 金矿点等。

区内主要出露地层为古元古代金水口岩群、早石炭世哈拉郭勒组、晚石炭世—早二叠世浩特洛洼组和中二叠世切吉组。区内北西向、北西西向断裂构造发育，且大致平行排列，断裂性质多为推覆逆冲断裂，对区内地层分布、岩浆活动及矿产的形成和分布具有明显的控制作用。矿区岩浆岩不发育，以岩脉为主。

矿体赋存于浩特洛洼组灰岩的层间断裂带以及断裂附近构造裂隙中，赋矿岩石主要为重晶石岩、硅化重晶石化流纹质凝灰岩，另外，流纹质凝灰岩及部分霏细岩、白云岩和花岗斑岩的岩石构造裂隙中常具有矿化。矿化带内具重晶石化、硅化、黄铁矿化、绢云母化、碳酸盐化、褐铁矿化等蚀变。

通过本次研究工作，在区内圈定了 1 处找矿靶区，为 A 类找矿靶区。

15. 满丈岗浅成中-低温热液型、岩浆热液型金矿远景区

远景区位于巴硬格莉沟—鄂拉山口一带，面积约 5600km^2，隶属于向前沟-满丈岗 Au、Ag、Fe、Cu、Pb、Zn、花岗岩成矿亚带（Ⅳ-26-4）。

远景区整体工作程度较低，已发现矿产地有兴海县满丈岗金矿床、共和县牦牛沟金铜矿床、共和县果洛恰当金矿点等。

区内出露地层为中二叠世切吉组和晚三叠世鄂拉山组，晚三叠世鄂拉山组火山岩的岩相、岩性和厚度变化较大，为一套在陆缘弧环境下形成的高钾钙碱性系列英安岩-流纹岩组合。成层性较差。第四系在区内相当发育，主要为冰积、洪积及冲洪积。构造：位于黄清河裂隙式火山构造东缘，局部形成近南北向的层间宽缓短轴向斜构造。区域性北北西向断裂十分发育。侵入岩出露于满丈岗山脊一带，为花岗岩体。脉岩发育，有浅灰色蚀变花岗闪长斑岩脉，浅灰-灰白色花岗斑岩脉，灰绿色泥石化细粒花岗岩脉等，岩脉一般长 100～200m，宽 10～30m，走向北西。

通过本次研究工作，在区内圈定了 3 处找矿靶区，其中 A 类 1 处，C 类 2 处。

16. 赛宗寺岩浆热液型金矿远景区

远景区位于塔吾让—赛宗寺一带，面积约 614km^2，隶属于智益-铜峪沟 Cu、Pb、Zn、Au、Ag、Sn、Hg、重晶石、萤石、白云母、煤成矿亚带（Ⅳ-26-5）。

区内整体工作程度较低，已发现有兴海县塔吾让金矿沟金矿点、兴海县西岭秋褐安果龙金矿点、兴海县西岭秋喝-小山金矿点和兴海县赛宗寺金矿点等。

出露地层主要为古元古代金水口岩群、中二叠世切吉组、早三叠世洪水川组、早-中三叠世闹仓坚沟组等。

岩浆活动不甚强烈，仅在靶区中部有中酸性侵入岩呈岩株状产出。

断裂构造及褶皱构造均较为发育。断裂构造以北东向和北东东向为主，次为近南北向。向斜构造出露于靶区南部，呈北东向展布，其两翼地层为中二叠世切吉组。

区内已发现赛宗寺金矿点，产于中二叠世切吉组砾岩内的石英脉中，石英脉分布稀疏，金品位 0.2×10^{-6}。区内于金异常强度高，但工作程度较低，有一定的石英脉型和构造蚀变岩型金矿找矿潜力。

通过本次研究工作，在区内圈定了 2 处找矿靶区，均为 C 类找矿靶区。

第三节　金矿找矿靶区

一、划分原则

（1）东昆仑地区金矿床（点）时空展布具丛聚性，在空间上常成带分布，在时间演化上，具有三期成矿特征。靶区划分主要在远景区划分基础上，面积逐步缩小，通过对远景区内金矿成矿聚焦作用而圈定优选找矿靶区。

（2）以金成矿有利构造部位和找矿标志为依据，圈定和筛选金找矿靶区。

（3）以地质背景为基础，汇集地质异常、地球化学异常、地球物理异常、重砂异常、遥感异常以及矿化蚀变、围岩蚀变等综合信息为依据的评价原则，进行综合信息集成优选找矿靶区。

二、划分依据

（1）据 1∶20 万、1∶5 万、1∶2.5 万化探异常和重砂异常等工作确定的具有进一步工作价值，或可能发现、扩大已有矿床远景的地段。

（2）以成矿远景区为基础，对具体成矿地质环境、控矿条件、化探异常、矿化信息等进行综合分析，与典型矿床类比，圈定找矿靶区。

（3）在对异常进行分类、评述及对各综合异常推断解释与评价基础上，依据区内异常的元素组合特征、金元素异常规模和地质成矿条件的有利性评估，圈定找矿靶区。

（4）与异常内已发现的金矿（化）点、矿化线索等进行综合类比，按找矿价值及意义划分不同级别的找矿靶区。

三、找矿靶区分类

据找矿靶区划分原则，对各种综合方法所提取的各项预测要素，在优化基础上进行综合评价，合理组合，使划分的优选找矿靶区取得最佳效果。找矿靶区共划分出三个级别，即 A、B、C 类找矿靶区。

A 类找矿靶区：成矿条件十分有利，已有金成矿事实，并已经发现有金矿床、点，不同比例尺化探异常强度较高、重现性好，且各相关元素异常套合较好区段，或在现有矿区外围或深部，金矿资源潜力较大的地区。

B 类找矿靶区：成矿条件有利，有金矿化点或矿化线索，不同比例尺的化探异常强度较高，且各相关元素异常套合较好区段，或在现有矿区外围或深部，有一定金矿找矿潜力的地区。

C 类找矿靶区：据远景区内金成矿条件，有矿化线索，且有化探异常显示，或在现有矿区外围或深部，有预测依据但资源潜力较小的地区。

四、找矿靶区特征

在划分金矿找矿远景区基础上，结合具体成矿地质环境、控矿条件、化探异常、矿化信息等综合地质异常信息，圈定优选找矿靶区 36 处（表 6-3-1），其中 A 类找矿靶区 16 处，B 类 6 处，C 类 14 处（表 6-2-2）。

表 6-3-1　东昆仑金矿优选找矿靶区地质特征表

靶区名称	面积/km^2	类别	成矿类型	地质特征	矿床式
莲花石沟找矿靶区（BQ-1）	110	B	岩浆热液型	主要出露地层为古元古代金水口岩群、早古生代奥陶纪祁漫塔格群、晚古生代早石炭世石拐子组和大干沟组、晚石炭世—早二叠世打柴沟组。区内构造变形十分复杂，褶皱、断裂及节理构造均较发育。区内构造线总体呈北西-北西西向，与山脉走向基本一致。断裂多属破坏性，以逆断层为主，由于区域构造应力影响，北东-北东东向平移及性质不明的次级断裂十分发育，其分布具有一定的规律性。区内岩浆活动频繁，时代跨度大，分布面积广泛。从元古宙到中生代不同程度地保留了其岩浆活动的印记，形成了区域岩石类型各异、时空不同、规模不等的各类侵入岩和喷出岩。尤其泥盆纪侵入岩，与成矿关系密切，为成矿提供了物源和热源。 区内 1∶20 万 Au、As、Sb、Hg、Ag 衬值累加地球化学图中显示，异常浓度分带明显，圈定北西-南东异常 1 处，异常呈带状分布，异常长轴方向为北东-南西向，具双峰浓集中心，已发现的两处金矿点分布于浓集中心，峰值分别为 7.5 及 6.9。推测有两条潜在的含金矿化蚀变带分布，进一步找矿潜力较大	五龙沟式
小盆地北找矿靶区（BQ-2）	80	C	岩浆热液型	主要出露地层为古元古代金水口岩群、长城纪小庙组、早古生代奥陶纪祁漫塔格群、晚古生代早石炭世石拐子组和大干沟组。区内构造变形十分复杂，褶皱、断裂及节理构造均较发育。区内构造线总体呈北西-北西西向。北东-北东东向平移及性质不明的次级断裂十分发育，其分布具有一定的规律性。区内岩浆活动频繁，时代跨度大，分布面积广泛。分别有中元古代二长花岗岩、晚奥陶世花岗闪长岩、晚泥盆世闪长岩、早二叠世二长花岗斑岩等，并发育较广泛的中酸性、基性沿脉。 区内 1∶20 万 Au、As、Sb、Hg、Ag 衬值累加地球化学图中显示，异常浓度分带明显，圈定近东西向异常 1 处，异常呈带状分布，异常与区内祁漫塔格群分布区位较吻合，异常长轴方向为东西向，具双峰浓集中心，峰值分别为 1.8 及 8.7。推测有 1 条近东西向含金矿化蚀变带分布，该靶区找矿潜力较大	五龙沟式

续表

靶区名称	面积/km²	类别	成矿类型	地质特征	矿床式
十字沟找矿靶区（BQ-3）	219	B	岩浆热液型	靶区内地层主体为早古生代奥陶纪祁漫塔格群，岩性为黑色碳质板岩、灰-深灰色粉砂质板岩。岩石受构造作用，普遍破碎，矿化较强，产状多变。总体呈北西西走向。在脉岩和断裂附近岩石多发生黄铁矿化、赤铁矿化、褐铁矿化、硅化等矿化蚀变，其次出露少量早石炭世大干沟组。区内断裂主要为北西西向，多为压扭性，产状200°∠50°～70°，一般断裂特征表现为地层不连续、破碎蚀变和脉岩的贯入。异常查证区内以断裂构造为主，共有7条，褶皱构造次之，多为紧闭的线状背向斜褶皱。区内岩浆活动仅表现为一个小规模的闪长岩岩枝侵入和众多的辉长岩脉、花岗斑岩脉、石英脉沿裂隙贯入。未发现大规模的侵入体出露，但不排除隐伏岩体存在的可能性。 区内1∶20万Au、As、Sb、Hg、Ag衬值累加地球化学图中显示，异常浓度分带明显，圈定近东西向异常1处，异常呈带状分布，异常强度高，规模大，且与区内祁漫塔格群、北西向断裂构造分布区位较吻合，异常长轴方向为东-西向，具多峰浓集中心，峰值10.5～14.5。区内已发现的金矿点均分布于异常浓集中心。地、化及成矿事实相互映衬，该靶区找矿潜力较大	五龙沟式
双石峡找矿靶区（BQ-4）	25	C	岩浆热液型	主要出露地层为早古生代奥陶纪祁漫塔格群火山岩组、晚古生代早泥盆世哈拉郭勒组、早石炭世石拐子组等。区内侵入岩不甚发育，断裂构造以北西向次级断裂为主。 区内1∶20万Au、As、Sb、Hg、Ag衬值累加地球化学图中显示，异常浓度分带明显（峰值达19.2），强度高、规模大。化探异常与祁漫塔格群火山岩组的分布较为吻合，加之北西向次级断裂密集展布，综合分析认为，靶区具有寻找岩浆热液型金矿的潜力	五龙沟式
肯德可克找矿靶区（BQ-5）	542	A	接触交代型	出露地层为早古生代奥陶纪祁漫塔格群、上泥盆统、石炭系、第四系。早古生代奥陶纪祁漫塔格群，岩性以不纯硅质岩为主夹碎屑岩，分为硅质岩岩段和泥钙质硅质岩岩段，钴、铋、金矿体主要赋存于该套地层中。晚泥盆世牦牛山组，岩性为灰色英安质凝灰熔岩、灰绿色块状安山岩、灰褐色火山角砾岩。石炭系，分为大干沟组和缔敖苏组。区内褶皱构造较发育，为单斜构造。区内断裂构造主要是区域性构造的表现，北西向和北西西向区域断裂在矿区内汇合，表现为复合构造特点，韧性剪切作用强烈，分为脆性和脆韧性两类。区内地表仅见零星的闪长玢岩、斜长花岗岩等中酸性小岩脉。 区内1∶20万Au、As、Sb、Hg、Ag衬值累加地球化学图中显示，异常浓度分带明显，圈定北西-南东向串珠状分布的异常带1处，异常强度高，规模大，且与区内祁漫塔格群、北西向断裂构造分布区位较吻合，异常长轴方向为北西-南东向，具多峰浓集中心，峰值11～149.3。区内已发现的肯德可克金钴铋矿床分布于异常浓集中心（149处）。地、化及成矿事实相互映衬，该靶区下部找矿潜力巨大。 综合分析认为，在奥陶纪由于海底喷流沉积作用形成了祁漫塔格岩群，因为喷流物中含有大量从深部携带上来的成矿物质，故在沉积成岩的过程中，成矿物质沉积下来，形成含矿的沉积地层。在三叠纪，区域上发生大规模的岩浆活动，在岩浆和构造的共同作用下，引起祁漫塔格群和晚石炭世缔敖苏组局部发生夕卡岩化，使成矿物质进一步进行了活化和富集，最终形成富矿矿体。区内早古生代奥陶纪祁漫塔格群、侵入岩、北西向断裂构造十分发育，地球化学条件良好，且金矿成矿事实清楚，故该靶区具较大的接触交代型金矿找矿潜力	肯德可克式
茫崖河东找矿靶区（BQ-6）	348	A	浅成中-低温热液型	出露的地层由老到新分别有古元古代金水口岩群，奥陶纪祁漫塔格群，早石炭世石拐子组、大干沟组，第四系等。受区域深大断裂构造影响，区内断裂构造发育，主要为北西向深大断裂、北西向次级断裂，其次为北东向、近东西向断裂。矿区内岩浆岩主要为中酸性侵入岩，岩体总体呈北西-北西西向展布，与区域构造线方向一致，受构造控制明显。侵入岩有晚志留世灰白色花岗闪长岩，晚三叠世浅红色-肉红色细粒二长花岗岩、浅肉红色-肉红色中细粒正长花岗岩、灰白色似斑状花岗闪长岩	茫崖河东式

续表

靶区名称	面积/km²	类别	成矿类型	地质特征	矿床式
茫崖河东找矿靶区（BQ-6）	348	A	浅成中-低温热液型	区内1∶20万Au、As、Sb、Hg、Ag衬值累加地球化学图中显示，异常浓度分带明显，圈定北西-南东向串珠状分布的异常带2处，异常强度高，规模大，且与区内祁漫塔格群、北西向断裂构造分布区位较吻合，异常长轴方向为北西-南东向，具多峰浓集中心，峰值5.9～17.1。区内已发现的茫崖河东金矿分布于异常浓集中心（5.9处）。地、化及成矿事实相互映衬，该靶区找矿潜力巨大。 1∶5万地磁测量工作在区内圈出多处磁异常，其中属致矿异常的有2处，余者推测为火山岩、侵入岩所引起的非矿异常和待查定性的异常。1∶20万化探工作，圈定2处综合异常，金均为伴生异常。1∶5万化探工作，在区内圈定以Au为主元素或伴生元素的综合异常7处，3处以Au为主元素，4处以Au为伴生元素。异常元素组合以Au、As、Sb、Co、Cu、Zn为主。1∶2.5万水系沉积物测量工作，在区内圈定Au异常67处，异常峰值3×10^{-9}～1710×10^{-9}。1∶1万土壤测量工作，在区内圈定以金为主元素的综合异常AP2，该异常呈不规则状北西-南东向展布，主元素为Au，组合元素为As、Sb、Cu、Pb、Zn、Ag、V。 区内已发现中型金矿床1处（茫崖河东金矿床），累计圈出14条金矿体。其中Ⅰ-1、Ⅰ-3、Ⅰ-4、Ⅱ-1、Ⅱ-2、Ⅱ-5等6条规模最大的金矿体以及Ⅰ-2、Ⅰ-5、Ⅰ-6、Ⅱ-4、Ⅳ-1～Ⅳ-3、Ⅴ-1等8条零星金矿体，初步估算潜在金金属量达到中型规模。 区内早古生代奥陶纪祁漫塔格群，早二叠世和晚三叠世侵入岩、北西向断裂构造十分发育，地球化学条件良好，故该靶区具有较大的中低温热液型金矿的找矿潜力	茫崖河东式
雪山河找矿靶区（BQ-7）	124	C	浅成中-低温热液型	区内出露地层由老至新依次有奥陶纪祁漫塔格群，晚泥盆世牦牛山组，早石炭世石拐子组、大干沟组，晚三叠世鄂拉山组，第四系。区内断裂极为发育，以近东西向、北西-南东向和北西西向断裂最为发育，北东向、近南北向和北北西向断裂次之；近东西向、北西西向和北西-南东向断裂是区域性断裂，控制区内地层、层间构造及岩浆侵入活动与演化。区域岩浆活动频繁，始于中元古代，止于晚中生代，基性岩-酸性岩均有产出，以酸性活动最为强烈。侵入岩以中酸性为主，喷出岩以中基性为主。空间上侵入岩分布受构造控制明显，其长轴方向为东西向或北西-南东向，与区域构造线方向一致，岩相分带性较明显，区域中部以晚期（晚三叠世和早白垩世）酸性侵入体为主，喷出岩在区域内各时代地层中均有出露，其中以元古宙、晚奥陶世、晚泥盆世及晚三叠世最为发育。 区内1∶20万Au、As、Sb、Hg、Ag衬值累加地球化学图中显示，异常浓度分带明显，圈定近东西向串珠状分布的异常带1处，异常强度高，规模中等，异常长轴方向为近东西向，具多峰浓集中心，峰值9.0～12.8。异常与奥陶纪祁漫塔格群的分布较为吻合，成矿地质背景、地球化学条件优越。 区内1∶5万化探综合异常4处，其中1处以Au为伴生元素。异常元素组合以Au、As、Ni、Co、Cr、Zn为主。 区内有金矿点1处，共发现12条规模较大的构造破碎蚀变带（Sb1～Sb12），5条金矿化体（M1、M3、M4、M5、M6）。 靶区具有进一步寻找浅成中低温热液型金矿的潜力	茫崖河东式
海寺找矿靶区（BQ-8）	103	B	接触交代型	区内出露地层为奥陶纪祁漫塔格群碎屑岩组、石炭纪大干沟组、晚三叠世鄂拉山组及第四系。区内及周边有大小断层14条，归纳起来可分为北东向、北西向和南北向三组。北西向切割北东东向，南北向切割北西向又切割北东东向，说明北东东向断裂最早，其次为北西向，最后为南北向。区内岩浆活动频繁。北、西、南三面火山熔岩、碎屑岩分布广泛，东部广泛分布花岗闪长岩，属印支—燕山期复式花岗岩体（即区域上称为南戈泉南山复式花岗岩体）西侧（外侧）部分，呈北西-南东向展布，侵入于奥陶纪祁漫塔格群及晚三叠世鄂拉山组火山岩地层中，早石炭世怀头他拉组中亦可零星见到	肯德可克式

续表

靶区名称	面积/km^2	类别	成矿类型	地质特征	矿床式
海寺找矿靶区（BQ-8）	103	B	接触交代型	区内1∶20万Au、As、Sb、Hg、Ag衬值累加地球化学图中显示，异常浓度分带明显，圈定椭圆状1处，异常强度高，规模中等，具单峰浓集中心，峰值16.5。异常与奥陶纪祁漫塔格群、晚三叠世鄂拉山组、早石炭世大干沟组的分布较为吻合，成矿地质背景、地球化学条件优越，该靶区找矿潜力巨大。 区内已发现都兰县斜龙沟下游金矿化点、都兰县斜龙沟上游东支沟金矿化点、都兰县海寺铜金矿点等3处金矿化点。其中海寺铜金矿点内共圈定矿化带6条，编号为K1～K6，圈定矿体16条，矿化带及矿体产于祁漫塔格群地层与中二叠世中酸性侵入岩接触部位，属于夕卡岩型，综合区内地质背景及化探异常特征，该靶区具有进一步寻找接触交代型金矿的潜力	肯德可克式
沙柳河西找矿靶区（BQ-9）	141	B	岩浆热液型	区内出露地层为古元古代达肯大坂岩群中深变质岩系、奥陶纪祁漫塔格群及少量晚泥盆世牦牛山组，其中达肯大坂岩群中深变质岩可分为下部片麻岩组和上部片岩组。金矿点产于下部片麻岩组，岩性为二云二长片麻岩，蚀变带北侧见有闪长岩体分布，达肯大坂岩群区域上为复式褶皱构造，矿点产于次一级背斜构造，呈北西西向展布，断裂发育，主要呈北西西向及近东西向。区内岩浆岩不甚发育，北部主要为古元古代花岗闪长岩，南部出露早泥盆世石英闪长岩。 区内1∶20万Au、As、Sb、Hg、Ag衬值累加地球化学图中显示，异常浓度分带不甚明显，圈定不规则状异常1处，异常强度较低，规模中等，具浓集中心不明，峰值6.9。异常不凸显与地区覆盖较大有关。 1∶20万区域化探在本区沙柳河西Ⅳ号金矿化点处圈定AS4异常，1999年经1∶5万水系沉积物测量分解为AS4-1、AS4-2、AS4-3异常。1988～1989年青海省地质局第八地质队在1∶5万区调时圈出AS4-4异常，本点位于AS4-4异常北缘。 区内已发现都兰县沙柳河西Ⅳ号金矿床、都兰县阿尔茨托山南坡金矿床、都兰县沙柳河东金矿点等3处金矿床（点），3处矿床（点）内的含金矿化蚀变带均发育于古元古代达肯大坂岩群片麻岩组中，与北西向断裂构造关系密切。 综合区内成矿地质背景、化探异常特征及金矿成矿事实，认为该靶区有进一步寻找岩浆热液型金矿的潜力	五龙沟式
鑫拓找矿靶区（BQ-10）	292	B	岩浆热液型	出露地层主要有：晚三叠世鄂拉山组，为中-中酸性火山岩夹碎屑岩，中基性火山岩和酸性火山岩夹碎屑岩及第四纪冲洪积层与冰水堆积层。晚三叠世鄂拉山组下岩段的岩石以流纹岩、石英流纹岩、硅质岩、火山角砾岩夹细砂岩为主，上岩段则为英安岩、安山岩等，靶区构造以断裂为主，为NW向断裂（F1、F2），NE向断裂（F3、F4）和EW向断裂F5，以及相应的次一级断裂。EW向断裂控制了含矿斑岩体的出现，其次一级断裂破碎带为成矿构造之一。见有印支期斜长花岗斑岩侵入，脉岩不发育。 区内1∶20万Au、As、Sb、Hg、Ag衬值累加地球化学图中显示，异常浓度分带明显，圈定带状异常1处，异常强度高，规模中等，具浓集中心不明显，峰值26.6。 区内已发现鑫拓金矿床、扎龙加当根金矿等2处金矿床点。其中扎龙加当根金矿矿区目前圈出的16条矿体（编号M1～M16）赋存于晚三叠世鄂拉山组石英流纹岩，印支期花岗斑岩体内接触带和挤压破碎带内，矿体呈带状、脉状，走向为NW、NW转NNW向及近SN向三种，矿床成因为斑岩型，构造控矿。 综合分析认为，该靶区金矿成矿事实清楚，成矿地质条件及地球化学异常优越，进一步寻找岩浆热液型金矿的潜力巨大	

续表

靶区名称	面积/km^2	类别	成矿类型	地质特征	矿床式
卡而却卡矿靶区（BQ-11）	201	C	接触交代型	区内出露地层简单，由老到新有古元古代金水口岩群、奥陶纪祁漫塔格群、晚三叠世鄂拉山组及第四系。经受以断裂为主的构造作用，岩浆活动极为强烈，尤以中-酸性岩浆侵入，构成本区典型的多旋回构造岩浆，基性、超基性岩浆活动及火山活动微弱。区域内与成矿关系密切的地层为古元古代金水口岩群和奥陶纪祁漫塔格群。 区内经历了多次复杂而强烈的构造运动，不同规模和力学性质的构造形迹发育尚好，区域构造活动强烈，北西西向、北西向压性、压扭性断裂组成了区域主体构造骨架，且对各时代地层分布、各类岩浆岩和变质作用及矿产等都起着主要的控制作用。区内断裂构造十分发育，根据断裂形迹、力学性质按展布方向划分为北西向、北东向。北西向断裂主要分布于区域北侧，北西西向断裂主要分布于区域的卡而却卡和喀雅克登一带，北东向断裂在卡而却卡矿区野拉赛等一带分布。区内岩浆活动强烈，主体表现形式为侵入岩，少量火山岩。 区内 1∶20 万 Au、As、Sb、Hg、Ag 衬值累加地球化学图中显示，异常浓度分带明显，圈定椭圆状异常 1 处，异常强度高，规模大，且与区内金成矿作用关系密切的祁漫塔格群、金水口岩群、北西向断裂构造分布区位较吻合，具多峰浓集中心，峰值 14.3～36.1。该靶区找矿潜力巨大。 1∶5 万化探工作，在区内圈定以 Au 为主元素或伴生元素的综合异常 4 处，1 处以 Au 为主元素，3 处以 Au 为伴生元素。异常元素组合以 Au、Bi、W、Ag 为主。靶区具有进一步寻找接触交代型、岩浆热液型金矿的潜力	肯德可克式
白日其利矿靶区（BQ-12）	555	C	岩浆热液型	出露地层主要为古元古代金水口岩群、蓟县纪狼牙山组及少量第四系；岩浆岩主要为海西期斜长花岗岩、印支期正长花岗岩；区内构造十分发育，具多期活动特点，不同时期构造类型、构造形式均不同，海西—印支早期形成逆冲推覆构造，印支期造山伸展及岩浆底侵作用形成变质核杂岩构造，燕山期形成南部断裂构造。区内地层、岩浆岩、物化异常、矿化体严格受不同时期的构造控制。目前发现的矿（化）体均赋存于强烈黄铁矿化、硅化、绿泥石化、褐铁矿化动力变质岩部位。区内以金元素为主的 1∶5 万水系沉积物异常 6 处，金最高值为 22.2×10^{-9}，已发现 1 处金矿点，品位 0.52×10^{-6}，靶区具有寻找岩浆热液型金矿的潜力	五龙沟式
大水沟沟口矿靶区（BQ-13）	257	A	岩浆热液型	区内出露的地层主要为古元古代金水口岩群；侵入岩主要为海西期英云闪长岩、石英闪长岩，花岗闪长岩以及基性岩脉等；区内断裂发育，有北东向和北西向断裂两组，以北西向为主。1∶5 万水系沉积物测量圈定出系列以 Au 为主的综合异常 1 处，金品位最高值为 87.5×10^{-9} 且在异常中有金矿体发现，在该找矿靶区东部已发现五龙沟金矿，南西部发现白日其利金矿，靶区位于以上两金矿床之间，且与之具有相似地质背景。靶区具有寻找岩浆热液型金矿的潜力	五龙沟式
五龙沟矿靶区（BQ-14）	566	A	岩浆热液型	区内出露地层主要为元古宇，呈北西-南东向与区内构造线方向基本一致。自北东至南西，依次为古元古代金水口岩群→中元古代长城纪小庙组→新元古代青白口纪丘吉东沟组→早古生代奥陶纪祁漫塔格群变火山岩组。区内断裂构造十分发育，是东昆仑地区的一个构造密集分布区。总体构造线呈北西-南东向展布，其主要构造形迹以三条脆韧性剪切带为特征，构成了五龙沟地区三个主要的控矿构造带，由北至南分别为：岩金沟断裂构造集中分布带、萤石沟-红旗沟断裂构造集中分布带、三道梁-苦水泉断裂构造集中分布带，基本控制了区内含金构造破碎蚀变带及金矿体的分布，是本区寻找金矿（化）体的有利地段。已发现都兰县红旗沟-深水潭金矿床、都兰县无名沟-百吨沟金矿床、都兰县打柴沟金矿床等22处金矿床(点)，品位 1.38×10^{-6}～12.7×10^{-6}。在海西晚期—印支期的构造运动，形成了一系列区域性大断裂、大型剪切带及次一级的褶皱和断裂控矿构造，五龙沟金矿的形成与印支期构造-岩浆活动密切相关，矿体产出严格受剪切破碎带及其次级断裂构造控制。靶区寻找岩浆热液型金矿的潜力巨大。另外，随着近几年在区内构造叠加晕等科研工作的开展，发现在矿区深边部仍有巨大找矿潜力	五龙沟式

续表

靶区名称	面积/km²	类别	成矿类型	地质特征	矿床式
诺木洪郭勒矿靶区（BQ-15）	383	A	岩浆热液型	区域上出露地层主要有古元古代金水口岩群、中元古代万保沟群、早石炭世哈拉郭勒组、晚石炭世—早二叠世浩特洛洼组、早三叠世洪水川组、晚三叠世八宝山组、第四系等。区内褶皱、断裂构造十分发育，第四纪以前的地层普遍遭受了褶皱变形。断裂构造主要有北西向、近东西向断裂两组断裂，次生的北东向断裂与金成矿关系密切。另外，区域上韧性剪切带发育，平面上呈由西向东逐渐变宽的“刀”形条带状，呈北西西向展布。哈拉郭勒组为本区的金多金属矿的矿源层，北西向断裂及其韧性剪切带为成矿物质的运移和沉积提供了导矿构造和容矿构造。后期印支期岩浆活动不但为成矿提供了部分物质来源，也为成矿物质提供了热源，含矿热液多次活动使有益组分叠加，富集成矿。是本区寻找金矿（化）体的有利地段。已发现都兰县洪水河口金矿床、都兰县清水河东金铜矿床、都兰县杨树沟金矿床、都兰县巴隆瑙木浑金矿床、都兰县巴隆金矿床、都兰县瑙木浑沟口金矿床等10处金矿床（点），品位 0.49×10^{-6}～8.03×10^{-6}。靶区寻找岩浆热液型金矿的潜力巨大	五龙沟式
洪水河矿靶区（BQ-16）	692	A	岩浆热液型、接触交代型	区内地层出露较全，由老到新有古元古代金水口岩群，中元古代长城纪小庙组、万保沟群、蓟县纪狼牙山组，新元古代青白口纪丘吉东沟组，早石炭世哈拉郭勒组，晚石炭世—早二叠世浩特洛洼组，晚三叠世八宝山组、鄂拉山组，早-中侏罗世大煤沟组、羊曲组及第四系。区内断裂构造和褶皱构造较为发育。区域内褶皱构造为波洛斯太复向斜的西延部分，核部由晚三叠世八宝山组砂砾岩段（T_3bb^c）组成，两翼由晚三叠世八宝山组砂岩段、砂砾岩火山岩段组成。区内岩浆活动极为频繁，且有多期次，多成因的特点。侵入岩分布较为广泛，占基岩出露面积的3/5左右，以中-酸性岩体为主，侵入时代以海西期为主，局部有印支期花岗岩体分布；脉岩以中、酸性为主，分布受构造裂隙控制明显；各岩浆旋回伴随有基性-酸性（以中性、酸性为主）火山岩喷发，构成相应时代地层主体。 区内1∶20万Au、As、Sb、Hg、Ag衬值累加地球化学图中显示，异常浓度分带明显，圈定多处形态不规则异常，金异常强度较高，规模大，具多峰浓集中心，峰值 13×10^{-9}～15.7×10^{-9}。异常带与区内金成矿关系密切的金水口岩群、长城纪小庙组、北西向断裂构造及金矿床（点）区位较吻合。 区内已发现洪水河口金矿床、杨树沟金矿床等10处金矿床（点），其中杨树沟金矿床共圈定矿化带7条，圈定矿体5条。 综合区内地质背景、地球化学特征及成矿事实，该靶区找矿潜力较大	五龙沟式
果洛龙洼矿靶区（BQ-17）	2227	A	岩浆热液型	区内出露地层有古元古代金水口岩群、中元古代万保沟群、奥陶—志留纪纳赤台蛇绿混杂岩、晚石炭世浩特洛洼组、早-中三叠世洪水川组等。区内构造发育，区内构成近东西向的复式向斜，向斜中心为浩特洛洼组。区内近东西向断裂特别发育，且规模大，并具多期活动特征。区内侵入岩体较发育。加里东期侵入岩，该期侵入活动在本区表现微弱，岩体为片麻状石英闪长岩和片麻状斜长花岗岩。海西期侵入体构成靶区侵入岩的主体。 区内1∶20万Au、As、Sb、Hg、Ag衬值累加地球化学图中显示，异常浓度分带明显，圈定近东西向分布的带状异常2处，异常强度较高，规模大，具多峰浓集中心，峰值7.5～12.7。异常带与区内金成矿关系密切的金水口岩群、北西向断裂构造分布区位相吻合。 区内目前已发现果洛龙洼金等6处金矿床、达里吉格塘金矿等7处金矿点，其中果洛龙洼金矿依据金矿体产出部位、空间展布特征以及矿化类型等，划分为AuⅠ～AuⅥ等6条成矿带，矿带出露范围东西长约3.0km，南北宽约1.0km，走向近东西，倾向南，倾角陡，一般在45°～75°之间，均产于古元古代金水口岩群。目前于6条金矿带内圈	果洛龙洼式

续表

靶区名称	面积/km^2	类别	成矿类型	地质特征	矿床式
果洛龙洼矿靶区（BQ-17）	2227	A	岩浆热液型	出大小金矿体 52 条，单矿体长在 40～1340m 之间，延深最大 570m，一般在 40～320m 之间，真厚度 0.51～2.02m，单工程控制最厚为 8.74m，平均金品位 $1.03\times10^{-6}\sim15.56\times10^{-6}$，单矿体最高 19.661×10^{-6}，单样最高 274.0×10^{-6}。矿体形态简单，呈脉状，透镜状、囊状、串珠状，在走向及倾向上具分支复合，尖灭再现，膨大收缩现象。矿石类型：矿石自然类型主要有氧化矿石、混合矿石、原生矿石；矿石工业类型主要有石英脉型和构造蚀变岩型两种。 该靶区具有较好的金矿成矿地质背景及优越的地球化学异常，已发现多处金矿床（点），具寻找岩浆热液型金矿的巨大潜力。通过近几年综合研究认为矿区深边部仍有巨大找矿潜力	果洛龙洼式
都龙西矿靶区（BQ-18）	59	C	岩浆热液型	区内出露地层有古元古代金水口岩群，少量中元古代万保沟群、奥陶—志留纪纳赤台蛇绿混杂岩。区内构造发育，多为近东西向断裂特别发育，且规模大，并具多期活动特征。区内侵入岩体较发育。主要为中-晚二叠世石英闪长岩、二长花岗岩。 区内 1∶20 万 Au、As、Sb、Hg、Ag 衬值累加地球化学图中显示，异常浓度分带明显，圈定似圆状异常 1 处，异常强度较高，规模较小，具单峰浓集中心，峰值 18.1。 该靶区具有较好的找矿潜力	果洛龙洼式
拓琨曲矿靶区（BQ-19）	448	C	岩浆热液型	区内出露地层主要为寒武—奥陶纪纳赤台蛇绿混杂岩，其次为古元古代金水口岩群。该区断裂构造主要为北西向断裂，横贯该区，呈北西向展布，倾向北东，为逆冲断层。该区发育多种中酸性岩脉，均呈北西向展布，与构造线基本一致。本区变质作用较强，以区域动力变质作用为主，变质产物主要为板岩、千枚岩、片岩等。孔雀石化石英脉及碎裂岩化、硅化砂岩是金矿的赋矿岩性。 区内 1∶20 万 Au、As、Sb、Hg、Ag 衬值累加地球化学图中显示，异常浓度分带明显，圈定北西-南东向串珠状分布的异常多处，异常强度中等，规模较大，且与区内纳赤台蛇绿混杂岩、北西向断裂构造分布区位较吻合，异常长轴方向为北西-南东向，具多峰浓集中心，峰值 9.5～13.2。区内已发现的拓琨曲金矿处于异常浓集中心（13.2 峰值处）。地、化及成矿事实相互映衬。 1∶5 万水系沉积物测量在预查圈定 3 个综合异常，其中 AS2 以金为主，规模大，强度高，浓集中心突出；针对 AS2 异常开展 1∶1 万土壤测量，圈定了 AP1、AP2 两个土壤异常。针对 AS2 开展的 1∶1 万填图中发现金铜矿化点 1 处，位于断裂南侧，AP1 浓集中心西南侧，长约 100m，宽约 3m，Au 品位 0.72×10^{-6}，Cu 品位 0.58%，走向北西，矿石矿物为孔雀石、黄铜矿、黄铁矿、褐铁矿，脉石矿物主要为石英，矿化类型以细脉状为主，少量浸染状。矿石具他形结构，压碎、破裂、块状构造。两侧被残坡积掩盖，中间露头断续出露。属构造蚀变岩型铜金矿。靶区具有进一步寻找岩浆热液型金矿的潜力	五龙沟式
雪峰沟矿靶区（BQ-20）	710	C	岩浆热液型	出露中元古代万保沟群青办食宿站组的结晶灰岩、大理岩夹阳起石绿岩、角闪片岩及角闪岩，寒武—奥陶纪纳赤台蛇绿混杂岩及第四系残坡积。岩石节理发育，沿节理裂隙往往有石英脉及中-酸性岩脉充填，尤以绿岩、角闪片岩及角闪岩更为常见。 区内 1∶20 万 Au、As、Sb、Hg、Ag 衬值累加地球化学图中显示，异常浓度分带明显，圈定北西-南东向串珠状分布的异常多处，异常强度中等，规模较大，且与区内纳赤台蛇绿混杂岩、北西向断裂构造分布区位较吻合，异常长轴方向为北西-南东向，具多峰浓集中心，峰值 6.7～11.6。区内已发现的金矿点均分布于异常浓集中心。该靶区下部找矿潜力巨大	五龙沟式

续表

靶区名称	面积/km^2	类别	成矿类型	地质特征	矿床式
雪峰沟矿靶区（BQ-20）	710	C	岩浆热液型	区内有1∶20万水系沉积物AS6雪山峰主元素Cu、W、Ag，并伴有Au、Hg、As、Bi元素综合异常，该异常是不规则等轴状，面积550km^2，与水系重砂SZ3基本套合，处于同一地质环境中，其范围大，组合好，浓集中心明显，其中Ag、Au分别为面积105km^2和25km^2，极值96×10^{-9}和3×10^{-9}，均值67×10^{-9}、2.1×10^{-9}，规模370和9.07。 区内已发现金矿点3处，其中雪峰沟金矿点含金石英脉产于灰绿色角闪片岩节理裂隙中。脉长约27m，宽0.2～0.8m，最宽处约1m。走向与地层走向基本一致，但倾角较陡，一般在65°～75°。脉体呈灰白-浅黄白色，局部地方有围岩角砾，脉体较窄处石英脉较纯，脉体多呈乳白色。石英为他形粒状集合体，块状构造。局部受后期动力作用产生碎裂，沿裂隙局部可见孔雀石化和黄铁矿化，呈星点状或不规则团块状不均匀分布，肉眼未见金矿化。在石英脉中取拣块样分析含金一般为0.06×10^{-6}～0.28×10^{-6}，最高0.34×10^{-6}；Cu一般为0.15%～0.32%，最高可达0.42%。成因属热液（石英脉）型。靶区内金矿成矿条件优越，具有进一步寻找岩浆热液型金矿的潜力	五龙沟式
黑海北矿靶区（BQ-21）	242	A	岩浆热液型	区内出露地层由老到新主要有古元古代金水口岩群，中元古代万保沟群，底-早寒武世沙松乌拉组，寒武—奥陶纪纳赤台蛇绿混杂岩，晚泥盆世牦牛山组，晚石炭—早二叠世浩特洛洼组，早-中三叠世洪水川组、闹仓坚沟组，中三叠世希里可特组、晚三叠世八宝山组等。区内构造较为发育。区域跨越不同类型的构造单元，经历了不同期次、不同层次、不同体制的构造变形，形成了不同类型的褶皱。区内岩浆岩发育，时代上从老到新的晚志留世—早泥盆世—三叠纪均有一定分布。就目前资料看来，其中尤以印支期岩浆与本区成矿关系密切，造就了区域内大量的以金为主的矿化线索。 区内1∶20万Au、As、Sb、Hg、Ag衬值累加地球化学图中显示，异常浓度分带明显，圈定北西-南东向串珠状分布的异常多处，异常强度大，规模较大，且与区内纳赤台蛇绿混杂岩、万保沟群、北西向断裂构造分布区位较吻合，异常长轴方向为北西-南东向，具多峰浓集中心，峰值8.3～22.8。 区内已发现金矿点2处，其中黑海北金矿区内累计圈定出金矿体7条，矿化体22条。靶区内金矿成矿条件优越，具有进一步寻找岩浆热液型金矿的潜力	五龙沟式
向阳沟矿靶区（BQ-22）	239	A	岩浆热液型	区内出露地层由老到新主要有古元古代金水口岩群，中元古代万保沟群，底-早寒武世沙松乌拉组，寒武—奥陶纪纳赤台蛇绿混杂岩，第四纪冲洪积、残坡积。褶皱断裂构造发育。断裂可分为北西西向、北西向、北东向三组，以北西西向为主。岩浆活动强烈，侵入岩有晚三叠世闪长岩、花岗闪长岩、黑云母花岗岩。花岗闪长岩在靶区以北呈大面积分布。脉岩以花岗岩脉和石英脉为主。 区内1∶20万Au、As、Sb、Hg、Ag衬值累加地球化学图中显示，在靶区北西侧圈定椭圆形异常1处，异常强度高，规模较中等，异常区内纳赤台地层、北西向断裂构造分布区位较吻合，异常长轴方向为北东-南西向，峰值16.4。 区内1∶50万化探异常有$AS^{37}_{乙3}$异常，1∶20万区调有17号钍石重砂异常，1∶5万水系沉积物异常有AS1、AS2异常。 区内已发现青海省格尔木市向阳沟金矿床、格尔木市大灶火沟-黑刺沟金矿床等8处金矿床、矿化点，成矿事实清楚，且具有较好的成矿地质背景及优越的地球化学条件，具有进一步寻找岩浆热液型金矿的潜力	五龙沟式

续表

靶区名称	面积/km^2	类别	成矿类型	地质特征	矿床式
昆仑河上游矿靶区（BQ-23）	471	C	岩浆热液型	区内出露地层主要为寒武—奥陶纪纳赤台蛇绿混杂岩、早石炭世哈拉郭勒组。区内构造较为发育，不同规模和力学性质的构造形迹发育尚好，区域构造活动强烈，北西西向、北西向压性、压扭性断裂组成了区域主体构造骨架。岩浆活动强烈，侵入岩主要为晚泥盆世二长花岗岩、二长花岗斑岩、花岗闪长岩等。 区内 1∶20 万 Au、As、Sb、Hg、Ag 衬值累加地球化学图中显示，异常浓度分带明显，圈定北西-南东向异常 1 处，异常强度高，规模大，且与区内纳赤台蛇绿混杂岩、北西向断裂构造分布区位较吻合，异常长轴方向为北西-南东向，具多峰浓集中心，峰值 10.2～61.7。靶区西侧异常内已发现一系列串珠状分布的金矿床（点），其位置及方向与异常较吻合，该靶区找矿潜力巨大。 区内 1∶5 万化探综合异常共计 20 处，其中以 Au 为主元素及伴生元素的综合异常有 4 处，异常组合主要为 Au、W、Bi 等。 综合分析认为，该靶区具有进一步寻找岩浆热液型金矿的潜力	五龙沟式
黑刺沟矿靶区（BQ-24）	570	A	岩浆热液型	出露地层主要为寒武—奥陶纪纳赤台蛇绿混杂岩，其次为早-中三叠世洪水川组、闹仓坚沟组，岩性以灰-深灰色-灰黑色板状绢云母千枚岩、千枚状砂质长石粉砂岩为主。区内断裂构造较发育，以东西向和北西西向为主。岩浆活动在靶区北侧及南侧较为明显，主要发育有晚志留世和晚三叠世中酸性岩体。 区内 1∶50 万化探扫面 AS116 异常中，经 1∶5 万水系沉积物测量分解出 HS-02 异常，异常呈不规则状，长 5.5km，宽 5.6km，面积 9.5km^2，异常点数 34 个，金含量平均值 3.55×10^{-9}，极大值 6.5×10^{-9}，标准离差 1.08，衬度 1.18，浓集中心明显。异常受黑刺沟断裂控制。1∶5 万水系沉积物测量工作，在区内圈定异常 HS-13，面积 10km^2。HS-08 异常面积 6.5km^2。 区内 1∶20 万 Au、As、Sb、Hg、Ag 衬值累加地球化学图中显示，圈定不规则状分布的异常 1 处，异常强度中等，规模较大，且与区内纳赤台蛇绿混杂岩、北西向断裂构造分布区位较吻合，异常峰值 8.0。 区内目前已发现金矿点 1 处，为黑刺沟金矿点，圈定两条金矿脉：Ⅰ号脉位于西藏大沟 HS-08 号异常蚀变带，宽 5～10m，长 300～500m，产状 175°∠60°，Au 品位 0.36×10^{-6}，主要为黄铁矿化、硅化。Ⅱ号脉位于小黑刺沟 HS-02 异常中，蚀变带宽 10～30m，长 300～500m，产状 200°∠70°，主要为黄铁矿化、硅化构造角砾岩，星点状分布黄铁矿含量 3%～5%，金品位 0.31×10^{-6}～0.43×10^{-6}。Ⅲ号脉位于 HS-13 异常中，蚀变剪切带宽约 10～25m，长约 500m，产状 297°∠45°。主要有硅化、碳酸盐化、黄铁矿化。细晶结构、星点状、细脉浸染状构造，金品位 1.36×10^{-6}。 综合分析认为，该靶区具有进一步寻找岩浆热液型金矿的潜力	五龙沟式
纳赤台矿靶区（BQ-25）	988	A	岩浆热液型	出露地层为中元古代万保沟群青办食宿站组、纳赤台蛇绿混杂岩。万保沟群青办食宿站组岩性为一套浅灰色白云岩、条带状硅质白云岩夹灰岩、变砂岩及砂质板岩等。断裂构造以近东西向断裂最为发育，北西向断裂次之，性质以压性、压扭性为主。其走向与区域主体构造线近于一致，为区域大断裂派生的次级构造。区内以金元素为主的 1∶5 万水系沉积物异常 6 处，金最高含量为 16.0×10^{-9}，已发现格尔木市纳赤台金矿床、格尔木市小干沟金矿床 9 处金矿床（点），品位 0.78×10^{-6}～6.57×10^{-6}，金矿（化）体产在中元古代万保沟群青办食宿站组中，较严格受构造裂隙控制。靶区具有寻找岩浆热液型金矿的潜力	五龙沟式

续表

靶区名称	面积/km²	类别	成矿类型	地质特征	矿床式
驼路沟东矿靶区（BQ-26）	951	A	岩浆热液型、浅成中-低温热液型	区内出露地层主要有中元古代万保沟群（Pt_2W）、寒武—奥陶纪纳赤台蛇绿混杂岩、石炭—二叠纪浩特洛洼组、中三叠世希里可特组、侏罗纪大煤沟组（$J_{1\text{-}2}dm$）、始新世—中新世雅西错组（E_2—N_1y）和第四系（Q）。本区处于南北两大构造单元的结合部位，经历了多期裂解和拼合造山过程，因而留下了十分复杂的地质构造现象。基本上以昆中和昆南两大断裂为格架，造就了两大断裂之间的次级断裂和褶皱构造系统。断裂构造十分发育，大部分呈东西向展布，这些构造为后期各种矿产的形成提供了通道和空间，并控制着矿产的分布。区内以金、钴元素为主的 1∶5 万水系沉积物异常 5 处，伴生元素有 Ag、Bi、Pb、Zn、Cu、Ni、As 等。主元素 Co、Au 异常浓度分带清晰，浓集中心明显，各元素异常彼此套合程度高，金最高值为 215×10^{-9}，已发现格尔木市驼路沟东部外围金矿床、格尔木市煤矿沟金矿点、格尔木市雪水沟金矿点等 6 处金矿（床）点，品位 0.63×10^{-6}～1.81×10^{-6}。靶区具有寻找岩浆热液型、浅成中低温热液型金矿的潜力	五龙沟式
大格勒沟脑矿靶区（BQ-27）	393	A	浅成中-低温热液型、岩浆热液型	出露地层主要为万保沟群和纳赤台蛇绿混杂岩。区内断裂构造十分发育，主要为东西向断裂和北东向断裂构造，性质以压扭性为主。断层形成的破碎带蚀变强，多有石英脉贯入，局部赋存有金矿体或金矿化体。区内侵入岩主要沿断裂带分布，多以脉岩形式产出。区内以金元素为主的 1∶5 万水系沉积物异常 3 处，金最高值为 10.0×10^{-9}，已发现格尔木市大格勒沟脑金矿床、格尔木市布尔汗布达山金矿点等 10 处金矿（床）点，品位 0.3×10^{-6}～2.93×10^{-6}，靶区具有寻找岩浆热液型金矿的潜力	茫崖河东式
开荒北矿靶区（BQ-28）	369	A	岩浆热液型	处于昆中断裂及昆南断裂之间的秀沟河北侧的红石山南坡。出露的地层除少量新近系和第四系外，其余均为三叠系。早-中三叠世闹仓坚沟组（$T_{1\text{-}2}n$）是矿区出露的主要地层之一，呈近东西向的条带状分布，为一套浅海相的碎屑岩碳酸盐岩建造，夹有火山岩及粗碎屑岩，是区内的主要含矿层位。矿区位于昆中断裂和昆南断裂之间，断裂构造较为发育。区内以金元素为主的 1∶5 万水系沉积物异常 2 处，金最高值为 10.0×10^{-9}，已发现都兰县开荒北金矿床、都兰县休闲沟金矿床、都兰县好汉沟金矿床、都兰县白金沟金矿床、都兰县远景沟-扇子沟金矿床等 7 处金矿（床）点，品位 1.13×10^{-6}～5.79×10^{-6}，靶区具有寻找岩浆热液型金矿的潜力	五龙沟式
和洛佳矿靶区（BQ-29）	1053	B	岩浆热液型、浅成中-低温热液型	区内发育的地层有古元古界、古生界、中生界、新生界，时代跨度大，地层出露复杂且不完整。区内金水口岩群、万保沟群、长城纪小庙组、蓟县纪狼牙山组、奥陶纪祁漫塔格群均发生变质作用。金水口岩群在区内东西两侧及南部见有大面积出露，变质程度较高，基本受断裂构造控制。与区域对比，五龙沟地区金矿床的产出多与该套地层有关。 区域上处于昆中和昆南断裂之间，经历了加里东期、海西期、印支期等多期次的构造活动，构造极为发育且较复杂。区内构造以断裂为主，褶皱次之。区域岩浆侵入、喷发活动极为频繁，喷发活动主要发育于加里东中期、海西期早期和印支期；侵入活动以中-酸性岩体为主，侵入时代以海西期为主，局部有印支期花岗岩体分布。岩体出露面积约占总面积的 72%。 区内 1∶20 万 Au、As、Sb、Hg、Ag 衬值累加地球化学图中显示，圈定不规则状异常 1 处，异常强度中等，规模较大，异常与区内小庙组、金水口岩群、北西向断裂构造分布区位较吻合，异常峰值 7.8～10.7。 区内已发现和洛佳金矿床、哈图金矿点、哈图中游金矿点等 3 处金矿床（点），其中和洛佳金矿床内共圈出矿（化）体 8 条，其中金多金属矿体 2 条。矿体长度 750m，厚度 0.86～2.82m，地表 Au 平均品位为 1.22×10^{-6}～1.98×10^{-6}。 综合该靶区地质背景、化探异常特征及金矿成矿事实，下一步找矿潜力较大	五龙沟式

续表

靶区名称	面积/km^2	类别	成矿类型	地质特征	矿床式
哈拉山矿靶区（BQ-30）	327	C	岩浆热液型	靶区位于东昆仑南部成矿亚带东段，出露地层岩性主要是晚石炭—早二叠世浩特洛洼组灰白色钙质千枚岩、灰绿色绿泥片岩、千枚岩、灰色不纯硅灰石灰岩夹灰色石英长石砂岩。区内构造活动强烈，表现为地层有强烈揉皱，小褶曲发育。断裂破碎带、韧性剪切构造十分发育，见有石英脉、辉长岩脉、闪长岩脉出露。 区内1∶20万Au、As、Sb、Hg、Ag衬值累加地球化学图中显示，圈定带状异常1处，异常强度中等，规模较大，异常呈北西-南东向展布，与区内小庙组、金水口岩群、北西向断裂构造分布区位较吻合，异常峰值8.0～104。 由Au、Sb、As、Cu元素组成的1∶5万综合异常内，Au下限1×10^{-9}，峰值14×10^{-9}。在异常区内见有黄铁矿化、褐铁矿化，次为黄铜矿化、孔雀石化、铬云母化，与辉长岩脉关系密切。 区内已发现哈拉山金矿点，金矿化体赋存于构造蚀变带中，主要与黄铁矿化及褐铁矿化有关，主要有三处。西沟上游金异常区，处于走向北东的层间断裂带中，带中表现为强硅化、褐铁矿化，石英脉、石英团块发育，有金属硫化物伴生。金属硫化物氧化呈孔洞状、土状，偶见星点状黄铜矿、黄铁矿，其中金品位最高为0.3×10^{-6}，一般在0.1×10^{-6}以下。 该靶区具有进一步寻找岩浆热液型金矿的潜力	五龙沟式
抗得弄舍矿靶区（BQ-31）	418	A	海相火山岩型、岩浆热液型、浅成中-低温热液型	靶区位于东昆仑南部成矿亚带东段，区域成矿条件有利。出露地层主要有古元古代金水口岩群、早石炭世哈拉郭勒组、晚石炭世—早二叠世哈特洛洼组、晚二叠世格曲组等。以昆中断裂为代表的大型北西向断裂是本区主要构造，具规模大和多期活动特征。岩浆岩分布较少，主要为三叠纪花岗闪长岩、花岗斑岩等。靶区内以金为主的化探异常众多，沿昆中断裂成带分布。异常强度较高，浓集中心明显，分带齐全。靶区内已发现大型海相火山岩型金矿床（抗得弄舍）1处及金矿（化）点4处。抗得弄舍金矿床圈定金多金属矿体14条，估算共（伴）生金资源量达到大型规模，证实此区内具备寻找海相火山岩型金矿的潜力，同时也有岩浆热液型、中低温热液型金矿的找矿前景	抗得弄舍式
巴硬格莉沟矿靶区（BQ-32）	74	C	浅成中-低温热液型	靶区内出露的地层主要为中二叠世切吉组，岩性主要为白云岩、页岩、砂板岩等，次为古元古代达肯大坂岩群的片麻岩、片岩、大理岩、角闪岩及混合岩地层，第四纪洪积层少量分布。区内断裂构造和褶皱构造均较为发育。其中哇洪山断裂呈北北西向分布于靶区中部，其次级褶曲较为发育。断裂构造以北北西向和北东东向为主，多为平推断层。区内岩浆活动主要是发生于印支晚期的花岗岩侵入，多呈岩株状分布。1∶20万化探工作在本区圈出以金为主元素的异常一处，金异常呈扁豆状，北西向展布，与断裂构造走向一致。峰值450×10^{-9}，浓度分带明显。在区内北西向断裂构造的次级断裂中，已发现金矿化2处，矿化产于破碎带内石英脉中。破碎带规模大，长约2km，石英脉最长110m，最宽80cm。该靶区具有寻找浅成中-低温热液型金矿的潜力	茫崖河东式
满丈岗矿靶区（BQ-33）	1855	A	岩浆热液型、接触交代型	出露地层主要有中二叠世切吉组、早三叠世洪水川组、早-中三叠世闹仓坚沟组、中三叠世希里克特组、晚三叠世鄂拉山组等。区内构造活动强烈，褶皱和断裂均十分发育。断裂构造主要为北西向、近东西向和近南北向，具多期活动特点，背斜和向斜构造主要见于宁切乡卡一带，呈北西走向。岩浆活动以印支期为主，岩性主要为花岗岩、闪长岩、闪长玢岩等，中酸性脉岩发育，主要为花岗斑岩脉、花岗闪长斑（玢）岩脉。脉岩的侵入活动为热液活动提供了条件，对矿体的形成、改造和金的富集十分有利，是成矿因素之一。区内Au、Sb、Pb、Cu等元素化探异常分布众多，从金元素（衬值）地球化学图上可明显看出呈北西向分布的3条异常带，金元素浓度分带明显，且与地层同岩体的接触带较为吻合。目前在该靶区内已发现兴海县满丈岗金矿床、共和县牦牛沟金铜矿床、共和县果仁蒙地区金矿床3处，矿点4处，仍有较大找矿空间。主要的成矿类型为岩浆热液型，次为接触交代型	五龙沟式

续表

靶区名称	面积/km^2	类别	成矿类型	地质特征	矿床式
果洛恰当矿靶区（BQ-34）	373	C	浅成中-低温热液型	出露地层主要为早三叠世洪水川组、早-中三叠世闹仓坚沟组及晚三叠世鄂拉山组。构造主要是北北西向构造体系，以断裂为主，褶皱不发育，区域性温泉-哇洪山大断裂自本区通过，断裂挤压破碎带局部宽达30～50m，带内可见糜棱岩，构造角砾岩，局部见黄铁矿化、孔雀石化、方铅闪锌矿化等。该断裂两侧大量发育张性小断裂。岩浆岩以印支期中酸性侵入岩为主，受构造控制明显，接触热液蚀变较强，具角岩化、硅化、绿泥石化、阳起石化、黑云母化，局部黄铁矿化。以衬值法制作的金元素地球化学图显示，区内金元素峰值21.6×10^{-9}，金异常围绕近南北向断裂构造分布，分带明显。靶区内已发现金矿点3处，圈定的金矿体中金品位最高12.7×10^{-6}。具有寻找中低温热液型金矿的潜力	茫崖河东式
塔吾让矿靶区（BQ-35）	493	C	岩浆热液型	出露地层主要为古元古代金水口岩群和中二叠世切吉组及少量早三叠世洪水川组，断裂构造极为发育，主要分为北东向、北西向和近东西向三组，这些断层控制了其他派生断层的规模和方向、控制了次生晕综合异常整体展布及多金属矿化点产出。褶皱构造主要分布于靶区南西和北东部。区内岩浆岩活动强烈，以侵入活动为主，喷发次之。前者以晚泥盆世—晚三叠世中酸性岩为主。从金元素（衬值）地球化学图上来看，靶区北部金异常分布零散，最高9.2×10^{-9}。南部金异常近东西向分布，略呈哑铃状，峰值分别为15×10^{-9}、23.4×10^{-9}，异常区内石英脉和长英质岩脉发育，多见硅化、弱黄铁矿化。靶区内已发现金矿点5处，具有寻找岩浆热液型金矿的潜力	五龙沟式
赛宗寺矿靶区（BQ-36）	218	C	岩浆热液型、沉积型	出露地层主要为古元古代金水口岩群和中二叠世切吉组、早三叠世洪水川组、早-中三叠世闹仓坚沟组等。断裂构造及褶皱构造均较为发育。断裂构造以北东向和北东东向为主，次为近南北向。向斜构造出露于靶区南部，呈北东向展布，其两翼地层为切吉组。岩浆活动不甚强烈，仅在靶区中部有中三叠世中酸性侵入岩呈岩株状产出。金元素地球化学图显示金异常呈北东-南西向略带状展布，有3处浓集中心，其中2处位于本靶区内，峰值分别为281.15×10^{-9}、218.2×10^{-9}。区内已发现赛宗寺金矿点，产于中三叠统砾岩内的石英脉中，石英脉分布稀疏，金品位0.2×10^{-6}。经与地球化学图对比，该矿点位于金异常的边缘而非浓集中心位置，因此靶区内仍有一定的岩浆热液型和沉积型金矿找矿潜力	五龙沟式

参 考 文 献

奥琮, 孙丰月, 李碧乐, 等, 2015. 东昆仑祁漫塔格地区小尖山辉长岩地球化学特征、U-Pb 年代学及其构造意义. 大地构造与成矿学, 39(6): 1176-1184.

蔡雄飞, 2006. 试论造山带层序地层的类型、特点和控制因素: 以东昆仑三叠系为例. 地层学杂志, 30(2): 131-135.

蔡雄飞, 刘德民, 2008. 东昆仑三叠系下、上浊积扇体的识别及研究意义. 海洋地质动态, 24(6): 1-8, 32.

常有英, 李建放, 张军, 等, 2009. 青海那陵郭勒河东晚三叠世侵入岩形成环境及年代学研究. 西北地质, 42(1): 57-65.

陈柏林, 王永, 韩玉, 等, 2019. 东昆仑五龙沟矿田岩金沟金矿床成矿时代新认识. 矿床地质, 38(3): 541-556.

陈沧海, 刘宏民, 1992. 青海东部 1∶100 万区域重力调查报告. 西宁: 青海省地球物理勘查队.

陈国超, 2011. 东昆仑南缘印支期花岗岩岩石成因及其地质意义. 西安: 长安大学.

陈国超, 裴先治, 李瑞保, 等, 2018. 东昆仑东段三叠纪岩浆混合作用: 以香加南山花岗岩基为例. 岩石学报, 34(8): 2441-2480.

陈国超, 裴先治, 李瑞保, 等, 2020. 东昆仑造山带东段晚古生代: 早中生代构造岩浆演化与成矿作用. 地学前缘, 27(4): 33-48.

陈加杰, 2018. 东昆仑造山带东端沟里地区构造岩浆演化与金成矿. 武汉: 中国地质大学.

陈加杰, 付乐兵, 魏俊浩, 等, 2016. 东昆仑沟里地区晚奥陶世花岗闪长岩地球化学特征及其对原特提斯洋演化的制约. 地球科学, 41(11): 1863-1882.

陈建林, 王雷, 马永久, 等, 2015. 青海省都兰县五龙沟地区红旗沟-深水潭金矿勘查报告（2010 年—2014 年）. 海东: 青海省第一地质矿产勘查院.

陈亮, 孙勇, 柳小明, 等, 2000. 青海省德尔尼蛇绿岩的地球化学特征及其大地构造意义. 岩石学报, 16(1): 106-110.

陈亮, 孙勇, 裴先治, 等, 2001. 德尔尼蛇绿岩 ^{40}Ar-^{39}Ar 年龄: 青藏最北端古特提斯洋盆存在和延展的证据. 科学通报, 46(5): 424-426.

陈亮, 孙勇, 裴先治, 等, 2003. 古特提斯蛇绿岩的综合对比及其动力学意义: 以德尔尼蛇绿岩为例. 中国科学 D 辑: 地球科学, 33(12): 1136-1142.

陈能松, 李晓彦, 王新宇, 等, 2006. 柴达木地块南缘昆北单元变质新元古代花岗岩锆石 SHRIMP U-Pb 年龄. 地质通报, 25(11): 1311-1314.

陈能松, 孙敏, 王勤燕, 等, 2008. 东昆仑造山带中带的锆石 U-Pb 定年与构造演化启示. 中国科学 D 辑: 地球科学, 38(6): 657-666.

陈守建, 李荣社, 计文化, 等, 2008. 昆仑造山带早-中泥盆世沉积特征及盆地性质探讨. 沉积学报, 26(4): 541-551.

陈衍景, 2013. 大陆碰撞成矿理论的创建及应用. 岩石学报, 29(1): 1-17.

陈有炘, 裴先治, 李瑞保, 等, 2014. 东昆仑东段纳赤台岩群变沉积岩地球化学特征及构造意义. 现代地质, 28(3): 489-500.

陈毓川, 1983. 华南与燕山期花岗岩有关的稀土、稀有、有色金属矿床成矿系列. 矿床地质, 2(2): 15-24.

陈毓川, 裴荣富, 张宏良, 等, 1989. 南岭地区与中生代花岗岩类有关的有色及稀有金属矿床地质. 北京: 地质出版社.

陈毓川, 毛景文, 黄民智, 等, 1995. 桂北地区矿床成矿系列和成矿历史演化轨迹. 北京: 地质出版社.

陈毓川, 裴荣富, 王登红, 2006. 三论矿床的成矿系列问题. 地质学报, 80(10): 1501-1508.

陈毓川, 裴荣富, 王登红, 等, 2015. 论矿床的自然分类——四论矿床的成矿系列问题. 矿床地质, 34(6): 1092-1106.

陈毓川, 裴荣富, 王登红, 等, 2016. 矿床成矿系列——五论矿床的成矿系列问题. 地球学报, 37(5): 519-527.

陈毓川, 裴荣富, 王登红, 等, 2020. 论地球系统四维成矿及矿床学研究趋向——七论矿床的成矿系列. 矿床地质, 39(5): 745-753.

程龙, 丁清峰, 邓元良, 等, 2019. 东昆仑五龙沟矿集区中三叠世辉绿岩脉的岩石成因: 年代学、地球化学特征及其构造意义. 吉林大学学报(地球科学版), 49(6): 1628-1648.

程裕淇, 1994. 中国区域地质概论. 北京: 地质出版社.

程裕淇, 赵一鸣, 陆松年, 1976. 我国几组主要铁矿类型. 地质科技, 2: 8-29.

程裕淇, 陈毓川, 赵一鸣, 1979. 初论矿床的成矿系列问题. 地球学报, 1(1): 32-58.

程裕淇, 陈毓川, 赵一鸣, 等, 1983. 再论矿床的成矿系列问题. 中国地质科学院院报, 4(2): 1-64, 134-135.

崔敏利, 陈秀法, 张伟波, 等, 2020. 全球金矿地质特征与战略分析. 北京: 地质出版社.

代岩, 黄军, 耿阿乔, 等, 2013. 青海省格尔木市哈西亚图 C11 磁异常铁多金属矿详查报告. 西宁: 青海省核工业地质局.

邓晋福, 罗照华, 苏尚国, 等, 2004. 岩石成因、构造环境与成矿作用. 北京: 地质出版社.

丁清峰, 金圣凯, 王冠, 等, 2013. 青海省都兰县果洛龙洼金矿成矿流体. 吉林大学学报(地球科学版), 43(2): 415-426.

丁烁, 黄慧, 牛耀龄, 等, 2011. 东昆仑高 Nb-Ta 流纹岩的年代学、地球化学及成因. 岩石学报, 27(12): 3603-3614.

杜远生, 1998. 关于造山带动力沉积学若干问题的思考. 地学前缘, 5(S8): 135-140.

范丽琨, 蔡岩萍, 梁海川, 等, 2009. 东昆仑地质构造及地球动力学演化特征. 地质调查与研究, 32(3): 181-186.

丰成友, 2002. 青海东昆仑地区的复合造山过程及造山型金矿床成矿作用. 北京: 中国地质科学院矿产资源研究所.

丰成友, 张德全, 党兴彦, 等, 2005. 青海格尔木地区驼路沟钴(金)矿床石英钠长石岩锆石 SHRIMP U-Pb 定年: 对"纳赤台群" 时代的制约. 地质通报, 24(6): 501-505.

丰成友, 张德全, 贾群子, 等, 2012. 柴达木周缘金属矿床成因类型、成矿规律与成矿系列. 西北地质, 45(1): 1-8.

冯建赟, 裴先治, 于书伦, 等, 2010. 东昆仑都兰可可沙地区镁铁-超镁铁质杂岩的发现及其 LA-ICP-MS 锆石 U-Pb 年龄. 中国地质, 37(1): 28-38.

高晓峰, 校培喜, 谢从瑞, 等, 2010. 东昆仑阿牙克库木湖北巴什尔希花岗岩锆石 LA-ICP-MS U-Pb 定年及其地质意义. 地质通报, 29(7): 1001-1008.

高永宝, 李文渊, 钱兵, 等, 2014. 东昆仑野马泉铁矿相关花岗质岩体年代学、地球化学及 Hf 同位素特征. 岩石学报, 30(6): 1647-1665.

郭晓东, 张玉杰, 刘桂阁, 等, 2004. 东昆仑地区金铜等成矿规律及找矿方向. 黄金地质, 10(4): 16-22.

郭正府, 邓晋福, 许志琴, 等, 1998. 青藏东昆仑晚古生代末—中生代中酸性火成岩与陆内造山过程. 现代地质, 12(3): 344-352.

国显正, 贾群子, 孔会磊, 等, 2016. 东昆仑东段哈日扎石英闪长岩时代、成因及其地质意义. 地质科技情报, 35(5): 18-26.

国显正, 栗亚芝, 贾群子, 等, 2018. 东昆仑五龙沟金多金属矿集区晚二叠世—三叠纪岩浆岩年代学、地球化学及其构造意义. 岩石学报, 34(8): 2359-2379.

郝娜娜, 袁万明, 曹建辉, 等, 2014. 东昆仑喀雅克登塔格晚泥盆世花岗闪长岩的发现与地质意义. 西北地质, 47(1): 107-115.

胡宁, 赵永娜, 1990. 青海省区域物性研究报告. 西宁: 青海省地球物理勘查队.

胡荣国, 2008. 青海省果洛龙洼金矿地质地球化学特征及矿床成因研究. 长沙: 中南大学.

黄汲清, 任纪舜, 姜春发, 等, 1977. 中国大地构造基本轮廓. 地质学报, 51(2): 117-135.

姜常义, 凌锦兰, 周伟, 等, 2015. 东昆仑夏日哈木镁铁质–超镁铁质岩体岩石成因与拉张型岛弧背景. 岩石学报, 31(4): 1117-1136.

姜春发, 杨经绥, 冯秉贵, 1992. 昆仑开合构造. 北京: 地质出版社.

姜春发, 王宗起, 李锦轶, 2000. 中央造山带开合构造. 北京: 地质出版社.

靳立杰, 周汉文, 王继林, 等, 2015. 东昆仑地区纳赤台群碎屑岩段碎屑锆石 LA-ICP-MS U-Pb 年龄及其地质意义. 地质通报, 34(10): 1848-1859.

寇林林, 罗明非, 钟康惠, 等, 2010. 青海五龙沟金矿矿集区 I 号韧性剪切带 $^{40}Ar/^{39}Ar$ 年龄及地质意义. 新疆地质, 28(3): 330-333.

李碧乐, 沈鑫, 陈广俊, 等, 2012. 青海东昆仑阿斯哈金矿 I 号脉成矿流体地球化学特征和矿床成因. 吉林大学学报(地球科学版), 42(6): 1676-1687.

李国臣, 丰成友, 王瑞江, 等, 2012. 新疆白干湖钨锡矿田东北部花岗岩锆石 SIMS U-Pb 年龄、地球化学特征及构造意义. 地球学报, 33(2): 216-226.

李惠, 禹斌, 魏江, 等, 2019. 矿区深部盲矿预测新突破: 构造叠加晕找盲矿法. 矿产勘查, 10(12): 3070-3073.

李惠, 禹斌, 魏江, 等, 2020. 热液型矿床深部盲矿预测的构造叠加晕实用理想模型及其意义. 地质与勘探, 56(5): 889-897.

李积清, 王涛, 陈静, 等, 2019. 东昆仑马尼特金矿床赋矿花岗闪长岩锆石 U-Pb 年龄及岩石地球化学特征. 矿物岩石, 39(3): 69-77.

李金超, 2017. 青海东昆仑地区金矿成矿规律及成矿预测. 西安: 长安大学.

李金超, 贾群子, 杜玮, 等, 2014. 东昆仑东段阿斯哈矿床石英闪长岩 LA-ICP-MS 锆石 U-Pb 定年及岩石地球化学特征. 吉林大学学报(地球科学版), 44(4): 1188-1199.

李金超, 杜玮, 孔会磊, 等, 2015. 青海省东昆仑大水沟金矿英云闪长岩锆石 U-Pb 测年、岩石地球化学及其找矿意义. 中国地质, 42(3): 509-520.

李金超, 孔会磊, 栗亚芝, 等, 2017. 青海东昆仑瑙木浑金矿蚀变绢云母 Ar-Ar 年龄、石英闪长岩锆石 U-Pb 年龄和岩石地球化学特征. 地质学报, 91(5): 979-991.

李金超, 国显正, 孔会磊, 等, 2021. 东昆仑浪麦滩地区 A 型花岗岩年代学、地球化学特征及其地质意义. 地质学报, 95(5): 1508-1522.

李荣社, 计文化, 赵振明, 等, 2007. 昆仑早古生代造山带研究进展. 地质通报, 26(4): 373-382.

李瑞保, 2012. 东昆仑造山带(东段)晚古生代－早中生代造山作用研究. 西安: 长安大学.

李瑞保, 裴先治, 李佐臣, 等, 2012. 东昆仑东段晚古生代—中生代若干不整合面特征及其对重大构造事件的响应. 地学前缘, 19(5): 244-254.

李善平, 王进寿, 余福承, 等, 2022. 柴达木盆地北缘稀有及贵金属成矿系列和找矿方向. 武汉: 中国地质大学出版社.

李少南, 马海云, 王斌, 等, 2024. 青海省格尔木市茫崖河东地区铜多金属矿普查报告(2019—2023). 海东: 青海省第一地质勘查院.

李少南, 王辉, 谢海林, 等, 2025. 青海祁漫塔格地区茫崖河东金矿成矿机制: 热液磷灰石 U-Pb 定年及黄铁矿微量元素的制约. 地质通报, 44(4): 601-622.

李世金, 曾小平, 王富春, 等, 2022. 青海省主要成矿系列与找矿前景. 吉林大学学报(地球科学版), 52(5): 1419-1445.

李王晔, 李曙光, 郭安林, 等, 2007. 青海东昆南构造带苦海辉长岩和德尔尼闪长岩的锆石 SHRIMP U-Pb 年龄及痕量元素地球化学: 对“祁-柴-昆” 晚新元古代—早奥陶世多岛洋南界的制约. 中国科学 D 辑: 地球科学, 37(S1): 288-294.

李文渊, 张照伟, 高永宝, 等, 2011. 秦祁昆造山带重要成矿事件与构造响应. 中国地质, 38(5): 1135-1149.

李艳军, 魏俊浩, 李欢, 等, 2017. 青海省东昆仑地区五龙沟金矿田典型矿床成因类型与成矿模式. 矿物学报, 37(1): 576-577.

栗亚芝, 孔会磊, 李金超, 等, 2015. 青海五龙沟矿区月亮湾斜长花岗岩地球化学特征及 U-Pb 年代学研究. 矿物岩石地球化学通报, 34(2): 401-409.

刘成东, 2008. 东昆仑造山带东段花岗岩岩浆混合作用. 北京: 地质出版社.

刘成东, 莫宣学, 罗照华, 等, 2004. 东昆仑壳-幔岩浆混合作用: 来自锆石 SHRIMP 年代学的证据. 科学通报, 49(6): 596-602.

刘广才, 周天祯, 周光第, 等, 1987. 青海祁漫塔格晚古生代地层. 成都: 四川科学技术出版社.

刘恒轩, 张思山, 刘鑫, 等, 2017. 满丈岗金矿地质特征及成因. 四川地质学报, 37(2): 223-227.

刘增铁, 任家琪, 杨永征, 2005. 青海金矿. 北京: 地质出版社.

刘战庆, 裴先治, 李瑞保, 等, 2011. 东昆仑南缘布青山构造混杂岩带的地质特征及大地构造意义. 地质通报, 30(8): 1182-1195.

卢财, 2014. 青海抗得弄舍金多金属矿床金矿石特征及金矿物赋存状态研究. 黄金科学技术, 22(3): 48-53.

陆露, 张延林, 吴珍汉, 等, 2013. 东昆仑早古生代花岗岩锆石 U-Pb 年龄及其地质意义. 地球学报, 34(4): 447-454.

陆松年, 2001. 从罗迪尼亚到冈瓦纳超大陆: 对新元古代超大陆研究几个问题的思考. 地学前缘, 8(4): 441-448.

陆松年, 于海峰, 赵风清, 等, 2002. 青藏高原北部前寒武纪地质初探. 北京: 地质出版社.

陆松年, 李怀坤, 陈志宏, 等, 2003. 秦岭中-新元古代地质演化及对 Rodinia 超级大陆事件的响应. 北京: 地质出版社.

罗明非, 莫宣学, 喻学惠, 等, 2015. 东昆仑五龙沟晚二叠世花岗闪长岩 LA-ICP-MS 锆石 U-Pb 定年、岩石成因及意义. 地学前缘, 22(5): 182-195.

罗照华, 柯珊, 曹永清, 等, 2002. 东昆仑印支晚期幔源岩浆活动. 地质通报, 21(6): 292-297.

马延虎, 蔡德华, 任晋祁, 2002. 1∶5 万万保沟幅（J46E024018）区域地质调查说明书. 西宁: 青海省地质调查院.

马永久, 赵志飞, 曾福基, 等, 2018. 青海省五龙沟地区金矿整装勘查区找矿部署研究报告. 海东: 青海省第一地质矿产勘查院.

马忠英, 马文君, 王斌, 等, 2023. 青海省格尔木市长山-红卫山地区 1∶2.5 万地球化学测量报告.海东: 青海省第一地质勘查院.

毛景文, 李红艳, 王登红, 等, 1998. 华南地区中生代多金属矿床形成与地幔柱关系. 矿物岩石地球化学通报, 17(2): 63-65.

孟军海, 孙王勇, 王成栋, 等, 2003. 青海省东昆仑东段 1∶20 万区域重力调查报告. 西宁: 青海省地质调查院.

莫宣学, 罗照华, 邓晋福, 等, 2007. 东昆仑造山带花岗岩及地壳生长. 高校地质学报, 13(3): 403-414.

南卡俄吾, 2017. 东昆仑哈西亚图铁多金属矿床蚀变分带研究. 西部资源 (5): 64-67.

南卡俄吾, 贾群子, 李文渊, 等, 2014. 青海东昆仑哈西亚图铁多金属矿区石英闪长岩 LA-ICP-MS 锆石 U-Pb 年龄和岩石地球化学特征. 地质通报, 33(6): 841-849.

南卡俄吾, 贾群子, 唐玲, 等, 2015. 青海东昆仑哈西亚图矿区花岗闪长岩锆石 U-Pb 年龄与岩石地球化学特征. 中国地质, 42(3): 702-712.

南卡俄吾, 贾群子, 李金超, 等, 2018. 东昆仑哈西亚图铁多金属矿床氧、硫、铅同位素组成及对成矿物质来源的示踪. 中山大学学报(自然科学版), 57(4): 37-47.

潘桂棠, 肖庆辉, 陆松年, 等, 2009. 中国大地构造单元划分. 中国地质, 36(1): 1-16, 255, 17-28.

潘彤, 2015. 青海省柴达木南北缘岩浆熔离型镍矿的找矿: 以夏日哈木镍矿为例. 中国地质, 42(3): 713-723.

潘彤, 2017. 青海成矿单元划分. 地球科学与环境学报, 39(1): 16-33.

潘彤, 2018. 柴达木盆地北缘Ⅳ级成矿单元划分. 世界地质, 37(4): 1137-1148.

潘彤, 2019. 青海矿床成矿系列探讨. 地球科学与环境学报, 41(3): 297-315.

潘彤, 孙丰月, 2003. 青海东昆仑肯德可克钴铋金矿床成矿特征及找矿方向. 地质与勘探, 39(1): 18-22.

潘彤, 王福德, 2018. 初论青海省金矿成矿系列. 黄金科学技术, 26(4): 423-430.

潘彤, 孙丰月, 李智明, 等, 2005. 青海省东昆仑钴矿成矿系列研究. 北京: 地质出版社.

潘彤, 王秉璋, 张爱奎, 等, 2019. 柴达木盆地南北缘成矿系列及找矿预测. 武汉: 中国地质大学出版社.

潘晓萍, 李荣社, 于浦生, 等, 2013. 祁漫塔格地区肯德可克铁钴多金属矿围岩时代及其意义. 岩石矿物学杂志, 32(1): 53-62.

祁生胜, 李五福, 于文杰, 等, 2019. 中国区域地质志 • 青海志. 北京: 地质出版社.

祁晓鹏, 杨杰, 范显刚, 等, 2016. 东昆仑东段东昆中构造混杂岩带长石山蛇绿岩年代学、地球化学特征及其构造意义. 中国地质, 43(3): 797-816.

钱兵, 高永宝, 李侃, 等, 2015. 新疆东昆仑于沟子地区与铁-稀有多金属成矿有关的碱性花岗岩地球化学、年代学及 Hf 同位素研究. 岩石学报, 31(9): 2508-2520.

乔耿彪, 杨合群, 杜玮, 等, 2014. 阿尔金成矿带成矿单元划分及成矿系列探讨. 西北地质, 47(4): 209-220.

青海省地质调查院, 2012. 1∶25 万布伦台幅（J46C004002）、大灶火幅（J46C004003）区域地质调查报告. 西宁: 青海省地质矿产局.

青海省地质矿产局, 1991. 青海省区域地质志. 西宁: 青海省地质矿产局.

青海省地质矿产勘查开发局, 2021. 中国矿产地质志·青海卷. 北京: 地质出版社.

青海省第四地质勘查院, 2020. 柴北缘地区战略性矿产资源找矿方向及靶区优选报告. 西宁: 青海省第四地质勘查院.

任军虎, 柳益群, 冯乔, 等, 2009. 东昆仑清水泉辉绿岩脉地球化学及 LA-ICP-MS 锆石 U-Pb 定年. 岩石学报, 25(5): 1135-1145.

沈洪江, 杨林, 覃爽, 等, 2018. 昆仑山世界地质公园哈萨山蛇绿岩地球化学特征及锆石 U-Pb 年龄. 地质论评, 64(4): 980-992.

施彬, 朱云海, 钟增球, 等, 2016. 东昆仑黑海地区加里东期过铝质花岗岩岩石学、地球化学特征及地质意义. 地球科学, 41(1): 35-54.

斯米尔诺夫 B . И., 1981. 内生金属矿床的物质来源在地壳发展历史过程中的演变. 秦国兴, 张国荣, 译. 北京: 地质出版社.

宋泰忠, 赵海霞, 张维宽, 等, 2010. 祁漫塔格地区十字沟蛇绿岩地质特征. 西北地质, 43(4): 124-133.

宋鑫, 2014. 黄金的战略使命. 人民政协报, 2014-05-06(6).

孙崇仁, 陈国隆, 李璋荣, 等, 1997. 青海省岩石地层. 武汉: 中国地质大学出版社.

孙丰月, 陈国华, 迟效国, 等, 2003. 新疆-青海东昆仑成矿带成矿规律和找矿方向综合研究成果报告. 长春: 吉林大学.

孙雨, 2010. 东昆仑南缘布青山得力斯坦蛇绿岩地质特征、形成时代及构造环境研究. 西安: 长安大学.

孙雨, 裴先治, 丁仨平, 等, 2009. 东昆仑哈拉尕吐岩浆混合花岗岩: 来自锆石 U-Pb 年代学的证据. 地质学报, 83(7): 1000-1010.

谭文娟, 杨合群, 姜寒冰, 等, 2013. 祁连成矿省成矿系列概论. 地质科技情报, 32(3): 135-146.

陶斤金, 2014. 青海省按纳格金矿流体包裹体特征及矿床成因研究. 长沙: 中南大学.

陶维屏, 1989. 中国非金属矿床的成矿系列. 地质学报, 63(4): 324-337.

陶维屏, 1994. 中国非金属矿床的研究进展与前沿问题. 地学前缘, 1(4): 164-169, 139.

田承盛, 2012. 东昆仑中段五龙沟矿集区金矿成矿作用及成矿预测研究. 北京: 中国地质大学.

田承盛, 钟康惠, 寇林林, 等, 2009. 青海省都兰县五龙沟地区金矿成矿规律研究及大比例尺成矿预测报告. 海东: 青海省第一地质矿产勘查大队.

王秉璋, 2011. 祁漫塔格地质走廊域古生代—中生代火成岩岩石构造组合研究. 北京: 中国地质大学.

王秉璋, 张智勇, 张森琦, 等, 2000. 东昆仑东端苦海-赛什塘地区晚古生代蛇绿岩的地质特征. 地球科学, 25(6): 592-598.

王秉璋, 罗照华, 潘彤, 等, 2012. 青藏高原祁漫塔格地区早古生代火山岩岩石构造组合和 LA-ICP-MS 锆石 U-Pb 年龄. 地质通报, 31(6): 860-874.

王登红, 陈毓川, 徐志刚, 2002. 阿尔泰成矿省的成矿系列及成矿规律研究. 北京: 原子能出版社.

王登红, 陈世平, 王虹, 等, 2007. 成矿谱系研究及对东天山铁矿找矿问题的探讨. 大地构造与成矿学, 31(2): 186-192.

王福德, 李云平, 贾妍慧, 2018. 青海金矿成矿规律及找矿方向. 地球科学与环境学报, 40(2): 162-175.

王国灿, 王青海, 简平, 等, 2004. 东昆仑前寒武纪基底变质岩系的锆石 SHRIMP 年龄及其构造意义. 地学前缘, 11(4): 481-490.

王京彬, 王玉往, 李庆哲, 等, 2024. 造山型金矿容矿建造分类、成矿模式及找矿勘查. 地质学报, 98(3): 898-919.

王铜, 2015. 青海五龙沟金矿床地质特征与成因研究. 北京: 中国地质大学.

王威, 袁万明, 郭娇, 等, 2015. 东昆仑造山带都兰地区花岗岩类锆石 U-Pb 定年和地球化学特征. 电子显微学报, 34(3): 222-233.

王艺龙, 李艳军, 魏俊浩, 等, 2018. 东昆仑五龙沟地区晚志留世 A 型花岗岩成因: U-Pb 年代学、地球化学、Nd 及 Hf 同位素制约. 地球科学, 43(4): 1219-1236.

魏博, 2015. 东昆中构造带(东段)蛇绿岩与岛弧型侵入岩地质特征及构造属性研究. 西安: 长安大学.

魏俊浩, 魏占浩, 王艺龙, 等, 2016. 东昆仑五龙沟金矿及外围地区构造控矿规律及矿体定位预测成果报告. 海东: 青海省第一地质矿产勘查院.

武若晨, 顾雪祥, 章永梅, 等, 2017. 东昆仑造山带早古生代—早中生代构造演化的沉积地球化学记录. 现代地质, 31(4): 716-733.

西安工程学院资源系, 1997. 青海省都兰县五龙沟地区构造蚀变带金矿特征及成矿预测. 西安: 地矿部西安测试中心实验室.

奚仁刚, 校培喜, 伍跃中, 等, 2010. 东昆仑肯德可克铁矿区二长花岗岩组成、年龄及地质意义. 西北地质, 43(4): 195-202.

夏宏远, 梁书艺, 张千明, 1991. 珊瑚钨锡矿床的矿化水平分带和成矿机理. 矿物岩石, 11(1): 59-72.

夏锐, 2017. 东昆仑古特提斯造山过程与金成矿作用. 北京: 中国地质大学.

夏锐, 邓军, 卿敏, 等, 2013. 青海大场金矿田矿床成因: 流体包裹体地球化学及 H-O 同位素的约束. 岩石学报, 29(4): 1358-1376.

肖庆辉, 王涛, 邓晋福, 等, 2009a. 中国典型造山带花岗岩与大陆地壳生长研究. 北京: 地质出版社.

肖庆辉, 邓晋福, 莫宣学, 等, 2009b. 中国花岗岩重大基础问题研究//肖庆辉, 等. 花岗岩研究思维与方法. 北京: 地质出版社.

肖晔, 丰成友, 刘建楠, 等, 2013. 青海肯德可克铁多金属矿区年代学及硫同位素特征. 矿床地质, 32(1): 177-186.

肖晔, 丰成友, 李大新, 等, 2014. 青海省果洛龙洼金矿区年代学研究与流体包裹体特征. 地质学报, 88(5): 895-902.

熊富浩, 2014. 东昆仑造山带东段古特提斯域花岗岩类时空分布、岩石成因及其地质意义. 武汉: 中国地质大学.

徐强, 潘桂棠, 许志琴, 等, 1998. 东昆仑地区晚古生代到三叠纪沉积环境和沉积盆地演化. 沉积与特提斯地质, 18(22): 80-93.

徐志刚, 陈毓川, 王登红, 等, 2008. 中国成矿区带划分方案. 北京: 地质出版社.

许志琴, 杨经绥, 李海兵, 等, 2011. 印度-亚洲碰撞大地构造. 地质学报, 85(1): 1-33.

薛春纪, 祁思敬, 隗合明, 等, 2006. 基础矿床学. 北京: 地质出版社.
薛万文, 田永革, 雷晓清, 等, 2023. 青海铅锌矿. 武汉: 中国地质大学出版社.
闫臻, 胡正国, 刘继庆, 等, 2000. 东昆仑开荒北金矿床地质特征及控矿条件. 西安工程学院学报, 22(1): 23-27.
严威, 邱殿明, 丁清峰, 等, 2016. 东昆仑五龙沟地区猴头沟二长花岗岩年龄、成因、源区及其构造意义. 吉林大学学报(地球科学版), 46(2): 443-460.
杨合群, 赵国斌, 谭文娟, 等, 2012. 论成矿系列与地质建造的关系. 地质与勘探, 48(6): 1093-1100.
杨金中, 沈远超, 李光明, 等, 1999. 新疆东昆仑鸭子泉蛇绿岩的基本特征及其大地构造意义. 现代地质, 13(3): 309-314.
杨经绥, 刘福来, 吴才来, 等, 2003. 中央碰撞造山带中两期超高压变质作用: 来自含柯石英锆石的定年证据. 地质学报, 77(4): 463-477.
杨经绥, 王希斌, 史仁灯, 等, 2004. 青藏高原北部东昆仑南缘德尔尼蛇绿岩: 一个被肢解了的古特提斯洋壳. 中国地质, 31(3): 225-239.
杨生德, 潘彤, 李世金, 等, 2012. 青海省矿产资源潜力评价. 北京: 地质出版社.
杨生德, 潘彤, 吴正寿, 等, 2013a. 青海省重要矿种区域成矿规律研究成果报告. 西宁: 青海省地质矿产勘查开发局.
杨生德, 吴正寿, 赵呈祥, 等, 2013b. 青海省矿产资源潜力评价成果报告. 西宁: 青海省地质矿产勘查开发局.
姚书振, 周宗桂, 宫勇军, 等, 2011. 初论成矿系统的时空结构及其构造控制. 地质通报, 30(4): 469-477.
殷鸿福, 张克信, 1997. 东昆仑造山带的一些特点. 地球科学——中国地质大学学报, 22(4): 339-342.
殷鸿福, 张克信, 陈能松, 等, 2000. 1∶25 万冬给错那湖幅（I47C001002）区域地质调查报告. 武汉: 中国地质大学.
於崇文, 1994. 成矿作用动力学: 理论体系和方法论. 地学前缘, 1(3): 54-82.
袁见齐, 霍承禹, 蔡克勤, 1985. 干盐湖阶段的沉积特征兼论钾盐矿层的形成. 地球科学, 10(4): 1-9.
袁万明, 莫宣学, 喻学惠, 等, 1998. 东昆仑早石炭世火山岩的地球化学特征及其构造背景. 岩石矿物学杂志, 17(4): 289-295.
袁万明, 莫宣学, 王世成, 等, 2003. 东昆仑金成矿作用与区域构造演化的关系. 地质与勘探, 39(3): 5-8.
翟裕生, 1992. 成矿系列研究问题. 现代地质, 6(3): 301-308.
翟裕生, 熊永良, 1987. 关于成矿系列的结构. 地球科学, 12(4): 375-380.
张爱奎, 李东生, 何书跃, 等, 2017. 青海省祁漫塔格地区主要矿产成矿规律与成矿系列. 北京: 地质出版社.
张爱奎, 马生龙, 刘光莲, 等, 2019. 青海省铁矿时空分布、成矿系列及成矿模式. 矿物学报, 39(1): 41-54.
张德全, 党兴彦, 佘宏全, 等, 2005. 柴北缘—东昆仑地区造山型金矿床的 Ar-Ar 测年及其地质意义. 矿床地质, 24(2): 87-98.
张均, 2000. 高精度预测模型及其构建方法: 以脉状金矿为例. 高校地质学报, 6(1): 64-71.
张亮, 李碧乐, 刘磊, 等, 2021. 东昆仑五龙沟地区早泥盆世双峰式侵入岩年代学、地球化学及其地质意义. 岩石学报, 37(7): 2007-2028.
张勤山, 王福德, 李五福, 等, 2022. 青海省金矿成矿系列. 武汉: 中国地质大学出版社.
张炜, 周汉文, 朱云海, 等, 2016. 东昆仑与成矿有关的三叠纪花岗岩演化: 基于莫河下拉岩体岩石学、地球化学和锆石 U-Pb 年代学的证据. 地球科学, 41(8): 1334-1348.

张晓飞, 2011. 东昆仑阿拉克湖-红水川地区地质构造演化特征及成矿规律研究. 西安: 长安大学.

张亚峰, 裴先治, 丁仨平, 等, 2010. 东昆仑都兰县可可沙地区加里东期石英闪长岩锆石 LA-ICP-MS U-Pb 年龄及其意义. 地质通报, 29(1): 79-85.

张延林, 马永久, 陈建林, 等, 2010. 青海省都兰县五龙沟地区红旗沟-深水潭金矿区详查报告(2005 年—2010 年）. 海东: 青海省第一地质矿产勘查院.

张耀玲, 胡道功, 石玉若, 等, 2010. 东昆仑造山带牦牛山组火山岩 SHRIMP 锆石 U-Pb 年龄及其构造意义. 地质通报, 29(11): 1614-1618.

章午生, 任家琪, 伊有昌, 等, 2005. 青海省第三轮成矿远景区划研究及找矿靶区预测. 西宁: 青海省国土资源厅.

赵俊伟, 2008. 青海东昆仑造山带造山型金矿床成矿系列研究. 长春: 吉林大学.

郑震, 陈衍景, 邓小华, 等, 2016. 东昆仑祁漫塔格地区白干湖钨锡矿田白云母 $^{40}Ar/^{39}Ar$ 定年及地质意义. 中国地质, 43(4): 1341-1352.

中国地质科学院地质力学研究所, 2011. 1∶25 万卡巴纽尔多幅（I46C001004）区域地质调查报告. 西安: 西安地质调查中心.

周春景, 胡道功, Barosh P J, 等, 2010. 东昆仑三道湾流纹英安斑岩锆石 U-Pb 年龄及其地质意义. 地质力学学报, 16(1): 28-35.

周建厚, 丰成友, 李大新, 等, 2015. 东昆仑白干湖钨锡矿床成矿岩体岩石学、年代学和地球化学. 岩石学报, 31(8): 2277-2293.

朱炳泉, 1998. 地球科学中同位素体系理论与应用——兼论中国大陆壳幔演化. 北京: 科学出版社.

朱云海, 张克信, 2000. 东昆仑造山带东段晋宁期岩浆活动及其演化. 地球科学, 25(3): 231-266.

朱云海, 张克信, Pan Yuanming, 等, 1999. 东昆仑造山带不同蛇绿岩带的厘定及其构造意义. 地球科学, 24(2): 139.

Abraitis P K, Pattrick R A D, Vaughan D J, 2004. Variations in the compositional, textural and electrical properties of natural pyrite: a review. International Journal of Mineral Processing, 74(1-4): 41-59.

Bajwah Z U, Seccombe P K, Offler R, 1987. Trace element distribution, Co∶Ni ratios and genesis of the big Cadia iron-copper deposit, new south Wales, Australia. Mineralium Deposita, 22(4): 292-300.

Barbour K M, 1961. The Republic of the Sudan: a regional geography. London: The Princeton University.

Barker S L L, Cox S F, 2011. Oscillatory zoning and trace element incorporation in hydrothermal minerals: insights from calcite growth experiments. Geofluids, 11(1): 48-56.

Belousov I, Large R R, Meffre S, et al., 2016. Pyrite compositions from VHMS and Orogenic Au deposits in the Yilgarn Craton, western Australia: implications for gold and copper exploration. Ore Geology Reviews, 79: 474-499.

Beus A A, Gregorian S V, 1977. Geochemical Exploration Methods for Mineral. Wilmette, IL: Applied Publishing.

Bi S J, Li J W, Zhou M F, et al., 2011. Gold distribution in As-deficient pyrite and telluride mineralogy of the Yangzhaiyu gold deposit, Xiaoqinling district, southern North China Craton. Mineralium Deposita, 46(8): 925-941.

Bierlein F P, Groves D I, Goldfarb R J,et al., 2006. Lithospheric controls on the formation of provinces hosting giant orogenic gold deposits. Mineralium Deposita,40 (8): 874-886.

Bonin B, 2007. A-type granites and related rocks: evolution of a concept, problems and prospects. Lithos, 97(1-2): 1-29.

Bralia A, Sabatini G, Troja F, 1979. A revaluation of the Co/Ni ratio in pyrite as geochemical tool in ore genesis problems. Mineralium Deposita, 14(3): 353-374.

Burnard P G, Hu R, Turner G, et al., 1999. Mantle, crustal and atmospheric noble gases in Ailaoshan gold deposits, Yunnan Province, China. Geochimica et Cosmochimica Acta, 63(10): 1595-1604.

Campbell F A, Ethier V G, 1984. Nickel and cobalt in pyrrhotite and pyrite from the Faro and Sullivan ore bodies. Canadian Mineral, 22:503-506.

Carstens C W, 1941. Om geokjemiske undersøkelser av malmer. Norsk Geologisk Tidsskrift, 21: 213-227.

Chen J J, Wei J H, Fu L B, et al., 2017. Multiple sources of the early Mesozoic Gouli batholith, eastern Kunlun Orogenic Belt, northern Tibetan Plateau: linking continental crustal growth with oceanic subduction. Lithos, 292: 161-178.

Chen J J, Fu L B, Selby D, et al., 2020a. Multiple episodes of gold mineralization in the East Kunlun Orogen, western Central Orogenic Belt, China: constraints from Re-Os sulfide geochronology. Ore Geology Reviews, 123: 103587.

Chen J J, Fu L B, Wei J H, et al., 2020b. Proto-Tethys magmatic evolution along northern Gondwana: insights from Late Silurian–Middle Devonian A-type magmatism, East Kunlun Orogen, Northern Tibetan Plateau, China. Lithos, 356: 105304.

Chen L, Li X H, Li J W, et al., 2015. Extreme variation of sulfur isotopic compositions in pyrite from the Qiuling sediment-hosted gold deposit, West Qinling orogen, Central China: an in situ SIMS study with implications for the source of sulfur. Mineralium Deposita, 50(6): 643-656.

Chen Y X, Pei X Z, Li R B, et al., 2013. Zircon U-Pb age, geochemical characteristics and tectonic significance of meta-volcanic rocks from Naij Tal Group, east section of East Kunlun. Frontiers of Earth Science, 20: 240-254.

Clark C, Grguric B, Mumm A S, 2004. Genetic implications of pyrite chemistry from the Palaeoproterozoic Olary Domain and overlying Neoproterozoic Adelaidean sequences, northeastern South Australia. Ore Geology Reviews, 25(3-4): 237-257.

Cline J S, 2001. Timing of gold and arsenic sulfide mineral deposition at the Getchell Carlin-type gold deposit, north-central Nevada. Economic Geology, 96(1): 75-89.

Coveney R M, 2000. Metalliferous shales and the role of organic matter, with examples from China, Poland, and the United States: a review. Economic Geology, 95: 251-280.

Davis B K, Hippertt J F M, 1998. Relationships between gold concentration and structure in quartz veins from the Hodgkinson Province, northeastern Australia. Mineralium Deposita, 33(4): 391-405.

Deditius A P, Reich M, Kesler S E, et al., 2014. The coupled geochemistry of Au and as in pyrite from hydrothermal ore deposits. Geochimica et Cosmochimica Acta, 140: 644-670.

del Real I, Thompson J F H, Simon A C, et al., 2020. Geochemical and isotopic signature of pyrite as a proxy for fluid source and evolution in the Candelaria-Punta del cobre iron oxide copper-gold district, Chile. Economic

Geology, 115(7): 1493-1517.

Diamond L W, 1990. Fluid inclusion evidence for P-V-T-X evolution of hydrothermal solutions in late-Alpine gold-quartz veins at Brusson, Val d'Ayas, Northwest Italian Alps. American Journal of Science, 290(8): 912-958.

Ding Q F, Jiang S Y, Sun F Y, 2014. Zircon U-Pb geochronology, geochemical and Sr-Nd-Hf isotopic compositions of the Triassic granite and diorite dikes from the Wulonggou mining area in the Eastern Kunlun Orogen, NW China: petrogenesis and tectonic implications. Lithos, 205: 266-283.

Ding Q F, Yan W, Zhang B L, 2016. Sulfur- and lead-isotope geochemistry of the Balugou Cu-Pb-Zn skarn deposit in the Wulonggou area in the eastern Kunlun Orogen, NW China. Journal of Earth Science, 27(5): 740-750.

Ding Q F, Song K, Zhang Q, et al., 2018. Zircon U-Pb geochronology and Hf isotopic constraints on the petrogenesis of the Late Silurian Shidonggou granite from the Wulonggou area in the Eastern Kunlun Orogen, Northwest China. International Geology Review, 61(13): 1666-1689.

Doe B R, Zartman R E, 1979. Plumbotectonics, the Phanerozoic// Barnes H L. Geochemistry of Hydrothermal ore Deposits. New York: Wiley.

Dong Y P, He D F, Sun S S, et al., 2018. Subduction and accretionary tectonics of the East Kunlun orogen, western segment of the Central China Orogenic System. Earth-Science Reviews, 186: 231-261.

Dong Y P, Sun S S, Liu X M, et al., 2019. Geochronology and geochemistry of the Yazidaban ophiolitic mélange in Qimantagh: constraints on the Early Paleozoic back-arc basin of the east Kunlun Orogen, northern Tibetan Plateau. Journal of the Geological Society, 176(2): 306-322.

Dong Y P, Sun S S, Santosh M, et al., 2021. Central China Orogenic Belt and amalgamation of east Asian continents. Gondwana Research, 100: 131-194.

Drummond S E, Ohmoto H, 1985. Chemical evolution and mineral deposition in boiling hydrothermal systems. Economic Geology, 80(1): 126-147.

Emmons W H, 1924. The Principles of Economic Geology. New York: McGraw-Hill.

Fallick A E, Ashton J H, Boyce A J, et al., 2001. Bacteria were responsible for the magnitude of the world-class hydrothermal base metal sulfide orebody at Navan, Ireland. Economic Geology, 96(4): 885-890.

Fan X Z, Sun F Y, Xu C H, et al., 2021. Genesis of Harizha Ag-Pb-Zn deposit in the eastern Kunlun Orogen, NW China: evidence of fluid inclusions and C-H-O-S-Pb isotopes. Resource Geology, 71(3): 177-201.

Fan X Z, Sun F Y, Xu C H, et al., 2022. Volcanic rocks of the Elashan Formation in the Dulan-Xiangride basin, East Kunlun Orogenic Belt, NW China: petrogenesis and implications for Late Triassic geodynamic evolution. International Geology Review, 64(9): 1270-1293.

Feng K, Fan H R, Groves D I, et al., 2019. Geochronological and sulfur isotopic evidence for the genesis of the post-magmatic, deeply sourced, and anomalously gold-rich Daliuhang orogenic deposit, Jiaodong, China. Mineralium Deposita, 55(2): 293-308.

Fleet M E, Mumin A H, 1997. Gold-bearing arsenian pyrite and marcasite and arsenopyrite from Carlin Trend gold deposits and laboratory synthesis. American Mineralogist, 82(1-2): 182-193.

Fougerouse D, Reddy S M, Saxey D W, et al., 2016. Nanoscale gold clusters in arsenopyrite controlled by growth rate not concentration: evidence from atom probe microscopy. American Mineralogist, 101(8): 1916-1919.

Fry B, Gest H, Hayes J M, 1988.$^{34}S/^{32}S$ fractionation in sulfur cycles catalyzed by anaerobic bacteria. Applied and Environmental Microbiology, 54(1): 250-256.

Fuchs S, Williams-Jones A E, Przybylowicz W J, 2016. The origin of the gold and uranium ores of the Black Reef Formation, Transvaal Supergroup, South Africa. Ore Geology Reviews, 72: 149-164.

Goldfarb R J, Groves D I, Gardoll S, 2001. Orogenic gold and geologic time: a global synthesis. Ore Geology Reviews, 18(1-2): 1-75.

Goldfarb R J, Baker T, Dub'e B, et al., 2005. Distribution, Character, and Genesis of Gold Deposits in Metamorphic Terran. Economic Geology 100th Anniversary Volume.

Groves D I, Goldfarb R J, Gebre-Mariam M, et al., 1998. Orogenic gold deposits: a proposed classification in the context of their crustal distribution and relationship to other gold deposit types. Ore Geology Reviews, 13(1-5): 7-27.

Groves D I, Condie K C, Goldfarb R J, et al., 2005. 100th anniversary special paper: secular changes in global tectonic processes and their influence on the temporal distribution of gold bearing mineral deposits. Economic Geology, 100(2): 203-224.

Groves D I, Santosh M, Deng J, et al., 2020. A holistic model for the origin of orogenic gold deposits and its implications for exploration. Mineralium Deposita, 55(2): 275-292.

Harraz H Z, Hamdy M M, 2015. Zonation of primary haloes of Atud auriferous quartz vein deposit, Central Eastern Desert of Egypt: a potential exploration model targeting for hidden mesothermal gold deposits. Journal of African Earth Sciences, 101: 1-18.

He D F, Dong Y P, Liu X M, et al., 2016. Tectono-thermal events in east Kunlun, northern Tibetan Plateau: evidence from zircon U-Pb geochronology. Gondwana Research, 30: 179-190.

He H Y, Zhu R X, Saxton J, 2011. Noble gas isotopes in corundum and peridotite xenoliths from the eastern North China Craton: implication for comprehensive refertilization of lithospheric mantle. Physics of the Earth and Planetary Interiors, 189(3-4): 185-191.

Hodkiewicz P F, Groves D I, Davidson G J, et al., 2009. Influence of structural setting on sulphur isotopes in Archean orogenic gold deposits, Eastern Goldfields Province, Yilgarn, Western Australia. Mineralium Deposita, 44(2): 129-150.

Hoefs J, 1976. Stable Isotope Geochemistry. Berlin Heidelberg: Springer-Verlag.

Hoefs J, 2009. Stable Isotope Geochemistry. 6th Ed. Berlin Heidelberg: Springer-Verlag.

Hofmann A W, 1988. Chemical differentiation of the earth: the relationship between mantle, continental crust, and oceanic crust. Earth and Planetary Science Letters, 90(3): 297-314.

Hu H L, Fan H R, Liu X, et al., 2020. Two-stage gold deposition in response to H_2S loss from a single fluid in the Sizhuang deposit (Jiaodong, China). Ore Geology Reviews, 120: 103450.

Hu Y, Niu Y L, Li J Y, et al., 2016. Petrogenesis and tectonic significance of the Late Triassic mafic dikes and felsic volcanic rocks in the East Kunlun Orogenic Belt, Northern Tibet Plateau. Lithos, 245: 205-222.

Hu Z C, Zhang W, Liu Y S, et al., 2015. “Wave” signal-smoothing and mercury-removing device for laser ablation quadrupole and multiple collector ICPMS analysis: application to lead isotope analysis. Analytical

Chemistry, 87(2): 1152-1157.

Huang H, Niu Y L, Nowell G, et al., 2014. Geochemical constraints on the petrogenesis of granitoids in the East Kunlun Orogenic belt, northern Tibetan Plateau: implications for continental crust growth through syn-collisional felsic magmatism. Chemical Geology, 370: 1-18.

Kendrick M A, Burnard P G, 2013. Noble gases and halogens in fluid inclusions: a journey through the earth's crust// Burnard P. The Noble Gases as Geochemical Tracers. Berlin, Heidelberg: Springer.

King P L, White A J R, Chappell B W, et al., 1997. Characterization and origin of aluminous A-type granites from the Lachlan fold belt, southeastern Australia. Journal of Petrology, 38(3): 371-391.

Koglin N, Frimmel H E, Lawrie Minter W E, et al., 2010. Trace-element characteristics of different pyrite types in Mesoarchaean to Palaeoproterozoic placer deposits. Mineralium Deposita, 45(3): 259-280.

Kong H L, Liu Y G, Zhang J W, et al., 2022. Petrogenesis and tectonic implications of the quartz diorites and mafic microgranular enclaves in the Asiha gold ore deposit in the East Kunlun orogenic belt: evidence from zircon U-Pb dating, geochemistry, and Sr-Nd-Hf isotopes. Geological Journal, 57(5): 1759-1782.

Kong J J, Niu Y L, Hu Y, et al., 2020. Petrogenesis of the Triassic granitoids from the east Kunlun Orogenic Belt, NW China: implications for continental crust growth from syn-collisional to post-collisional setting. Lithos, 364: 105513.

Kouzmanov K, Pokrovski G S, 2012. Hydrothermal controls on metal distribution in porphyry Cu (-Au-Mo) systems. Special Publications of the Society of Economic Geologists,16: 573-618.

Kusebauch C, Gleeson S A, Oelze M, 2019. Coupled partitioning of Au and As into pyrite controls formation of giant Au deposits. Science Advances, 5(5): eaav5891.

Large R R, Danyushevsky L, Hollit C, et al., 2009. Gold and trace element zonation in pyrite using a laser imaging technique: implications for the timing of gold in orogenic and Carlin-style sediment-hosted deposits. Economic Geology, 104(5): 635-668.

Large R R, Halpin J A, Danyushevsky L V, et al., 2014. Trace element content of sedimentary pyrite as a new proxy for deep-time ocean-atmosphere evolution. Earth and Planetary Science Letters, 389: 209-220.

Li C L, Li L, Yuan M W, et al., 2020a. Study on pyrite thermoelectricity, ore-forming fluids and H-O-Rb-Sr isotopes of the Yongxin gold deposit, Central Asian Orogenic Belt: implications for ore genesis and exploration. Ore Geology Reviews, 121: 103568.

Li H R, Qian Y, Sun F Y, et al., 2020b. Geochemistry, zircon geochronology, and isotopic systematics of the Zhanbuzhale granites in the East Kunlun, Qinghai Province, northwestern China: implications for the tectonic setting. Canadian Journal of Earth Sciences, 57(2): 275-291.

Li N, Chen Y J, Santosh M, et al., 2015. Compositional polarity of Triassic granitoids in the Qinling Orogen, China: implication for termination of the northernmost paleo-Tethys. Gondwana Research, 27(1): 244-257.

Li X H, Fan H R, Yang K F, et al., 2018. Pyrite textures and compositions from the Zhuangzi Au deposit, southeastern North China Craton: implication for ore-forming processes. Contributions to Mineralogy and Petrology, 173(9): 73.

Li X H, Fan H R, Liang G Z, et al., 2021. Texture, trace elements, sulfur and He-Ar isotopes in pyrite: implication for ore-forming processes and fluid source of the Guoluolongwa gold deposit, East Kunlun metallogenic belt.

Ore Geology Reviews, 136: 104260.

Li Y Q, Zhang D H, Dai L, et al., 2016. Characteristics of structurally superimposed geochemical haloes at the polymetallic Xiasai silver-lead-zinc ore deposit in Sichuan Province, SW China. Journal of Geochemical Exploration, 169: 100-122.

Li Z C, Pei X Z, Li R B, et al., 2014. Geochronology, geochemistry and tectonic setting of the Bairiqiete granodiorite intrusion (rock mass) from the Buqingshan tectonic mélange belt in the southern margin of east Kunlun. Acta Geologica Sinica-English Edition, 88(2): 584-597.

Liang G Z, Yang K F, Sun W Q, et al., 2021. Multistage ore-forming processes and metal source recorded in texture and composition of pyrite from the Late Triassic Asiha gold deposit, Eastern Kunlun Orogenic Belt, western China. Journal of Asian Earth Sciences, 220: 104920.

Liang G Z, Yang K F, Wei Z H, et al., 2023. Reactivation of metal-fertilized lower continental crust: origin of intrusion-related Asiha gold deposit in Eastern Kunlun orogenic Belt, China. Ore Geology Reviews, 156: 105372.

Liang Y Y, Xia R, Shan X Y, et al., 2019. Geochronology and geochemistry of ore-hosting rhyolitic tuff in the Kengdenongshe polymetallic deposit in the eastern segment of the east Kunlun Orogen. Minerals, 9(10): 589.

Libbey R B, Williams-Jones A E, 2016. Relating sulfide mineral zonation and trace element chemistry to subsurface processes in the Reykjanes geothermal system, Iceland. Journal of Volcanology and Geothermal Research, 310: 225-241.

Liu B, Ma C Q, Zhang J Y, et al., 2014. ^{40}Ar-^{39}Ar age and geochemistry of subduction-related mafic dikes in northern Tibet, China: petrogenesis and tectonic implications. International Geology Review, 56(1): 57-73.

Liu B, Ma C Q, Huang J, et al., 2017. Petrogenesis and tectonic implications of Upper Triassic appinite dykes in the East Kunlun orogenic belt, northern Tibetan Plateau. Lithos, 284: 766-778.

Loftus-Hills G, Solomon M, 1967. Cobalt, nickel and selenium in sulphides as indicators of ore genesis. Mineralium Deposita, 2(3): 228-242.

Luhr J F, Logan M A V, 2002. Sulfur isotope systematics of the 1982 El Chichón trachyandesite: an ion microprobe study. Geochimica et Cosmochimica Acta, 66(18): 3303-3316.

Maddox L, Bancroft G, Scaini M, et al., 1998. Invisible gold: comparison of Au deposition on pyrite and arsenopyrite. American Mineralogist, 83(12): 1240-1245.

McKibben M A, Eldridge C S, 1990. Radical sulfur isotope zonation of pyrite accompanying boiling and epithermal gold deposition: a SHRIMP study of the Valles Caldera, New Mexico. Economic Geology, 85(8): 1917-1925.

Memagh T P, Bastrakov E N, Zaw K, et al., 2007. 澳大利亚造山型金矿和侵入岩有关金矿系统流体包裹体资料和矿化过程的比较. 岩石学报, 23(1): 21-32.

Meng F C, Zhang J X, Cui M H, 2013. Discovery of Early Paleozoic eclogite from the East Kunlun, Western China and its tectonic significance. Gondwana Research, 23(2): 825-836.

Meng F C, Cui M H, Wu X K, et al., 2015. Heishan mafic-ultramafic rocks in the Qimantag area of Eastern Kunlun, NW China: remnants of an early Paleozoic incipient island arc. Gondwana Research, 27(2): 745-759.

Mernagh T P, Bastrakov E N, Zaw K, et al., 2007. Comparison of fluid inclusion data and mineralization processes for Australian orgenic gold and intrusion-related gold systems. Acta Petrologica Sinica, 23(1): 21-32.

Meyer F M, Robb L J, Oberthür T, et al., 1990. Cobalt, nickel and gold in pyrite from primary gold deposits and Witwatersrand reefs. South African Journal of Geology, 93:70-82.

Migdisov A A, Zezin D, Williams-Jones A E, 2011. An experimental study of Cobalt (Ⅱ) complexation in Cl^- and H_2S-bearing hydrothermal solutions. Geochimica et Cosmochimica Acta, 75(14): 4065-4079.

Mookherjee A, Philip R, 1979. Distribution of copper, cobalt and nickel in ores and host-rocks, Ingladhal, Karnataka, India. Mineralium Deposita, 14(1): 33-55.

Morimoto K, 1992. Relationship among the Trace Element Composition, Crystal Morphology and Physical Property of Natural Pyrite. Sendai, Japan: Tohoku University.

Naden J, Shepherd T J, 1989. Role of methane and carbon dioxide in gold deposition. Nature, 342(6251): 793-795.

Ohmoto H, 1972. Systematics of sulfur and carbon isotopes in hydrothermal ore deposits. Economic Geology, 67(5): 551-578.

Ohmoto H, 1986. Stable isotope geochemistry of ore deposits. Reviews in Mineralogy and Geochemistry, 16(1):491-559.

Ohmoto H, Rye R O, 1979. Isotopes of sulfur and carbon//Barnes H L. Geochemistry of Hydrothermal Ore Deposits. New York: John Wiley.

Ohmoto H, Goldhaber M B, 1997. Sulfur and Carbon Isotopes//Barnes H L. Geochemistry of Hydrothermal Ore Deposits. New York: John Wiley.

Painter M G M, Golding S D, Hannan K W, et al., 1999. Sedimentologic, petrographic, and sulfur isotope constraints on fine-grained pyrite formation at Mount Isa Mine and environs, Northwest Queensland, Australia. Economic Geology, 94(6): 883-912.

Palme H, Jones A, 2003. Solar system abundances of the elements//Holland H D, Turekian K K. Treatise on Geochemistry. Amsterdam: Elsevier Science.

Pan Z C, Sun F Y, Cong Z C, et al., 2022. Petrogenesis and tectonic implications of the Triassic granitoids in the Ela Mountain area of the East Kunlun Orogenic Belt. Minerals (Basel),12: 880.

Peng B, Sun F Y, Li B L, et al., 2016. The geochemistry and geochronology of the Xiarihamu Ⅱ mafic-ultramafic complex, Eastern Kunlun, Qinghai Province, China: implications for the genesis of magmatic Ni-Cu sulfide deposits. Ore Geology Reviews, 73: 13-28.

Peng H W, Fan H R, Liu X, et al., 2021. New insights into the control of visible gold fineness and deposition: a case study of the Sanshandao gold deposit (Jiaodong, China). American Mineralogist, 106:135-149.

Peterson E C, Mavrogenes J A, 2014. Linking high-grade gold mineralization to earthquake-induced fault-valve processes in the Porgera gold deposit, Papua New Guinea. Geology, 42(5): 383-386.

Phillips G N, Powell R, 2009. Formation of gold deposits: review and evaluation of the continuum model. Earth-Science Reviews, 94(1-4): 1-21.

Pichavant M, Ramboz C, Weisbrod A, 1982. Fluid immiscibility in natural processes: use and misuse of fluid inclusion data I. phase equilibria analysis: a theoretical and geometrical approach. Chemical Geology, 37(1/2): 1-27.

Pokrovski G S, Kara S, Roux J, 2002. Stability and solubility of arsenopyrite, FeAsS, in crustal fluids. Geochimica et Cosmochimica Acta, 66(13): 2361-2378.

Pokrovski G S, Borisova A Y, Bychkov A Y, 2013. Speciation and transport of metals and metalloids in geological vapors. Reviews in Mineralogy and Geochemistry, 76(1): 165-218.

Price B J, 1972. Minor elements in pyrites from the smithers map area, b.c. and exploration applications of minor element studies. Vancouver: University of British Columbia.

Pridmore D F, Shuey R T, 1976. The electrical resistivity of galena, pyrite, and chalcopyrite. American Mineralogist, 61: 248-259.

Pudack C, Halter W E, Heinrich C A, et al., 2009. Evolution of magmatic vapor to gold-rich epithermal liquid: the porphyry to epithermal transition at Nevados de Famatina, Northwest Argentina. Economic Geology, 104: 449-477.

Putnis A, 2002. Mineral replacement reactions: from macroscopic observations to microscopic mechanisms. Mineralogical Magazine, 66(5): 689-708.

Raiswell R, Berner R A, 1985. Pyrite formation in euxinic and semi-euxinic sediments. American Journal of Science, 285(8): 710-724.

Rajabpour S, Behzadi M, Jiang S Y, et al., 2017. Sulfide chemistry and sulfur isotope characteristics of the Cenozoic volcanic-hosted Kuh-Pang copper deposit, Saveh county, northwestern central Iran. Ore Geology Reviews, 86: 563-583.

Ratschbacher L, Hacker B R, Calvert A, et al., 2003. Tectonics of the Qinling (Central China): tectonostratigraphy, geochronology, and deformation history. Tectonophysics, 366(1-2): 1-53.

Reed M H, Palandri J, 2006. Sulfide mineral precipitation from hydrothermal fluids. Reviews in Mineralogy and Geochemistry, 61(1): 609-631.

Reich M, Kesler S E, Utsunomiya S, et al., 2005. Solubility of gold in arsenian pyrite. Geochimica et Cosmochimica Acta, 69: 2781-2796.

Reich M, Deditius A, Chryssoulis S, et al., 2013. Pyrite as a record of hydrothermal fluid evolution in a porphyry copper system: a SIMS/EMPA trace element study. Geochimica et Cosmochimica Acta, 104: 42-62.

Reich M, Simon A, Deditius A, et al., 2016. Trace element signature of pyrite from the Los Colorados iron oxide-apatite (IOA) deposit, Chile: a missing link between Andean IOA and iron oxide copper-gold systems? Economic Geology, 11: 743-761.

Reimann C, Filzmoser P, Hron K, et al., 2017. A new method for correlation analysis of compositional (environmental) data—a worked example. Science of the Total Environment, 607-608: 965-971.

Ridley J R, Diamond L W, 2000. Fluid chemistry of orogenic lode gold deposits and implications for genetic models. Reviews in Economic Geology, 13: 141-162.

Rollinson H R, 1993. Using Geochemical Data: Evaluation, Presentation, Interpretation. London: Longman Scientific.

Román N, Reich M, Leisen M, et al., 2019. Geochemical and micro-textural fingerprints of boiling in pyrite. Geochimica et Cosmochimica Acta, 246: 60-85.

Roy S K, Ravi Kumar M, Srinagesh D, 2014. Upper and lower mantle anisotropy inferred from comprehensive

SKS and SKKS splitting measurements from India. Earth and Planetary Science Letters, 392: 192-206.

Rudnick R L, Gao S, 2003. Composition of the continental crust//Holland H D, Turekian K K. Treatise on Geochemistry 3. Oxford: Elsevier-Pergamon.

Rye R O, Ohmoto H, 1974. Sulfur and carbon isotopes and ore genesis: a review. Economic Geology, 69(6): 826-842.

Seal R R, 2006. Sulfur isotope geochemistry of sulfide minerals. Reviews in Mineralogy and Geochemistry, 61(1): 633-677.

Shao F L, Niu Y L, Liu Y, et al., 2017. Petrogenesis of Triassic granitoids in the East Kunlun Orogenic Belt, northern Tibetan Plateau and their tectonic implications. Lithos, 282: 33-44.

Shao F L, Niu Y L, Kong J J, et al., 2021. Petrogenesis and tectonic implications of the Triassic rhyolites in the East Kunlun Orogenic Belt, northern Tibetan Plateau. Geoscience Frontiers, 12(6): 101243.

Simmons S F, Brown K L, Tutolo B M, 2016. Hydrothermal transport of Ag, Au, Cu, Pb, Te, Zn, and other metals and metalloids in New Zealand geothermal systems: spatial patterns, fluid-mineral equilibria, and implications for epithermal mineralization. Economic Geology, 111:589-618.

Simon G, Huang H, Penner-Hahn J, et al., 1999a. Oxidation state of gold and arsenic in gold-bearing arsenian pyrite. American Mineralogist, 84: 1071-1079.

Simon G, Kesler S E, Chryssoulis S, 1999b. Geochemistry and textures of gold-bearing arsenian pyrite, Twin Creeks, Nevada: implications for deposition of gold in carlin-type deposits. Economic Geology, 94(3): 405-421.

Song S G, Bi H Z, Qi S S, et al., 2018. HP-UHP metamorphic belt in the east Kunlun Orogen: final closure of the proto-Tethys ocean and formation of the Pan-North-China Continent. Journal of Petrology, 59(11): 2043-2060.

Song X Y, Yi J N, Chen L M, et al., 2016. The giant Xiarihamu Ni-Co sulfide deposit in the east Kunlun Orogenic Belt, northern Tibet Plateau, China. Economic Geology, 111(1): 29-55.

Sun G T, Zeng Q D, Zhou L L, et al., 2020. Trace element contents and in situ sulfur isotope analyses of pyrite in the Baiyun gold deposit, NE China: implication for the genesis of intrusion-related gold deposits. Ore Geology Reviews, 118: 103330.

Tan J, Wei J H, He H Y, et al., 2018. Noble gases in pyrites from the Guocheng-Liaoshang gold belt in the Jiaodong province: evidence for a mantle source of gold. Chemical Geology, 480: 105-115.

Tardani D, Reich M, Deditius A P, et al., 2017. Copper-arsenic decoupling in an active geothermal system: a link between pyrite and fluid composition. Geochimica et Cosmochimica Acta, 204: 179-204.

Templ M, Filzmoser P, Reimann C, 2008. Cluster analysis applied to regional geochemical data: problems and possibilities. Applied Geochemistry, 23(8): 2198-2213.

Tesauro M, Kaban M K, Petrunin A G, et al., 2018. Strength and elastic thickness variations in the Arabian plate: a combination of temperature, composition and strain rates of the lithosphere. Tectonophysics, 746: 398-411.

Thomas C, Billen M I, 2009. Mantle transition zone structure along a profile in the SW Pacific: thermal and compositional variations. Geophysical Journal International, 176(1): 113-125.

Torgersen T, Kennedy B M, Hiyagon H, et al., 1989. Argon accumulation and the crustal degassing flux of ^{40}Ar in the Great Artesian Basin, Australia. Earth and Planetary Science Letters, 92(1): 43-56.

Velásquez G, Béziat D, Salvi S, et al., 2014. Formation and deformation of pyrite and implications for gold mineralization in the El Callao district, Venezuela. Economic Geology, 109(2): 457-486.

Voute F, Hagemann S G, Evans N J, et al., 2019. Sulfur isotopes, trace element, and textural analyses of pyrite, arsenopyrite and base metal sulfides associated with gold mineralization in the Pataz-Parcoy district, Peru: implication for paragenesis, fluid source, and gold deposition mechanisms. Mineralium Deposita, 54(7): 1077-1100.

Wang G C, Chen N S, Zhu Y H, et al., 2003. Late Caledonian ductile thrusting deformation in the central east Kunlun Belt, Qinghai, China and its significance: evidence from geochronology. Acta Geologica Sinica-English Edition, 77(3): 311-319.

Wang G W, Feng Y, Carranza E J M, et al., 2016. Typomorphic characteristics of pyrite: criteria for 3D exploration targeting in the Xishan gold deposit, China. Journal of Geochemical Exploration, 164: 136-163.

Wang Z C, Cheng H, Zong K Q, et al., 2020. Metasomatized lithospheric mantle for Mesozoic giant gold deposits in the North China Craton. Geology, 48(2): 169-173.

Wang Z L, Xu D R, Zhang Z C, et al., 2014. Mineralogy and trace element geochemistry of the Co- and Cu-bearing sulfides from the Shilu Fe-Co-Cu ore district in Hainan Province of South China. Journal of Asian Earth Sciences, 113: 980-997.

Weatherley D K, Henley R W, 2013. Flash vaporization during earthquakes evidenced by gold deposits. Nature Geoscience, 6(4): 294-298.

Whalen J B, Currie K L, Chappell B W, 1987. A-type granites: geochemical characteristics, discrimination and petrogenesis. Contributions to Mineralogy and Petrology, 95(4): 407-419.

Wilkinson J J, Johnston J D, 1996. Pressure fluctuations, phase separation, and gold precipitation during seismic fracture propagation. Geology, 24(5): 395-398.

Williams-Jones A E, Bowell R J, Migdisov A A, 2009. Gold in solution. Elements, 5: 281-287.

Wolf M B, London D, 1994. Apatite dissolution into peraluminous haplogranitic melts: an experimental study of solubilities and mechanisms. Geochimica et Cosmochimica Acta, 58(19): 4127-4145.

Wu F Y, Jahn B M, Wilde S, et al., 2000. Phanerozoic crustal growth: U-Pb and Sr-Nd isotopic evidence from the granites in northeastern China. Tectonophysics, 328(1-2): 89-113.

Wu J J, Zeng Q D, Santosh M, et al., 2021. Intrusion-related orogenic gold deposit in the East Kunlun belt, NW China: a multiproxy investigation. Ore Geology Reviews, 139: 104550.

Xia R, Wang C M, Deng J, et al., 2014. Crustal thickening prior to 220Ma in the east Kunlun Orogenic Belt: insights from the Late Triassic granitoids in the Xiao-Nuomuhong pluton. Journal of Asian Earth Sciences, 93: 193-210.

Xia X H, Li Z G, 1999. Hydrothermal deposition and microbial mineralization of oolitic pyrite. Acta Sedimentology, 17: 712-717.

Xin W, Sun F Y, Li L, et al., 2018. The Wulonggou metaluminous A2-type granites in the eastern Kunlun Orogenic Belt, NW China: rejuvenation of subduction-related felsic crust and implications for post-collision extension. Lithos, 312: 108-127.

Xin W, Sun F Y, Zhang Y T, et al., 2019. Mafic-intermediate igneous rocks in the East Kunlun Orogenic Belt, northwestern China: petrogenesis and implications for regional geodynamic evolution during the Triassic. Lithos, 346: 105159.

Xing Y L, Brugger J, Andrew T, et al., 2019. Arsenic evolution as a tool for understanding formation of pyritic gold ores. Geology, 47: 335-338.

Xiong F H, Ma C Q, Zhang J Y, et al., 2012. The origin of mafic microgranular enclaves and their host granodiorites from East Kunlun, Northern Qinghai-Tibet Plateau: implications for Magma mixing during subduction of Paleo-Tethyan lithosphere. Mineralogy and Petrology, 104(3): 211-224.

Xiong F H, Ma C Q, Jiang H A, et al., 2014. Geochronology and geochemistry of Middle Devonian mafic dykes in the East Kunlun orogenic belt, Northern Tibet Plateau: implications for the transition from Prototethys to Paleotethys orogeny. Geochemistry, 74(2): 225-235.

Xiong F H, Ma C Q, Wu L, et al., 2015. Geochemistry, zircon U-Pb ages and Sr-Nd-Hf isotopes of an Ordovician appinitic pluton in the East Kunlun orogen: new evidence for Proto-Tethyan subduction. Journal of Asian Earth Sciences, 111: 681-697.

Xue J L, Li S R, Sun W Y, et al., 2014. Characteristics of the genetic mineralogy of pyrite and its significance for prospecting in the Denggezhuang gold deposit, Jiaodong Peninsula, China. Science China Earth Sciences, 57(4): 644-661.

Yan J M, Sun F Y, Qian Y, et al., 2020. Petrogenesis and tectonic implications of the Late Triassic Nangou granodiorite porphyry in the Eastern Kunlun Orogenic Belt, northern Tibetan Plateau. Canadian Journal of Earth Sciences, 57:801-813.

Yang J S, Robinson P T, Jiang C F, et al., 1996. Ophiolites of the Kunlun Mountains, China and their tectonic implications. Tectonophysics, 258(1-4): 215-231.

Yao L, Lü Z C, Zhao C S, et al., 2017. Zircon U-Pb geochronological, trace element, and Hf isotopic constraints on the genesis of the Fe and Cu skarn deposits in the Qiman Tagh area, Qinghai Province, Eastern Kunlun Orogen, China. Ore Geology Reviews, 91: 387-403.

Yu L, Sun F Y, Beier C, et al., 2022. Geology, U-Pb geochronology and stable isotope geochemistry of the Heihaibei gold deposit in the southern part of the Eastern Kunlun Orogenic Belt, China: a granitic intrusion-related gold deposit?. Ore Geology Reviews, 144: 104859.

Yuan W M, Mo X X, Zhang A K, et al., 2013. Fission track thermochronology evidence for multiple periods of mineralization in the Wulonggou gold deposits, eastern Kunlun Mountains, Qinghai Province. Journal of Earth Science, 24(4): 471-478.

Zhang H, Gao Z M, Ma D Y, et al., 2004. Distribution and genetic significance of Sn in oolitic pyrite and colloidally structured pyrite from Gejiu tin deposits. Acta Mineralogica Sinica, 1: 87-91.

Zhang J Y, Ma C Q, Li J W, et al., 2017. A possible genetic relationship between orogenic gold mineralization and post-collisional magmatism in the eastern Kunlun Orogen, western China. Ore Geology Reviews, 81: 342-357.

Zhang J Y, Lei H L, Ma C Q, et al., 2021. Silurian-Devonian granites and associated intermediate-mafic rocks along the eastern Kunlun Orogen, western China: evidence for a prolonged post-collisional lithospheric extension. Gondwana Research, 89: 131-146.

Zhang S H, Li H Y, Jiang G Q, et al., 2015. New paleomagnetic results from the Ediacaran Doushantuo